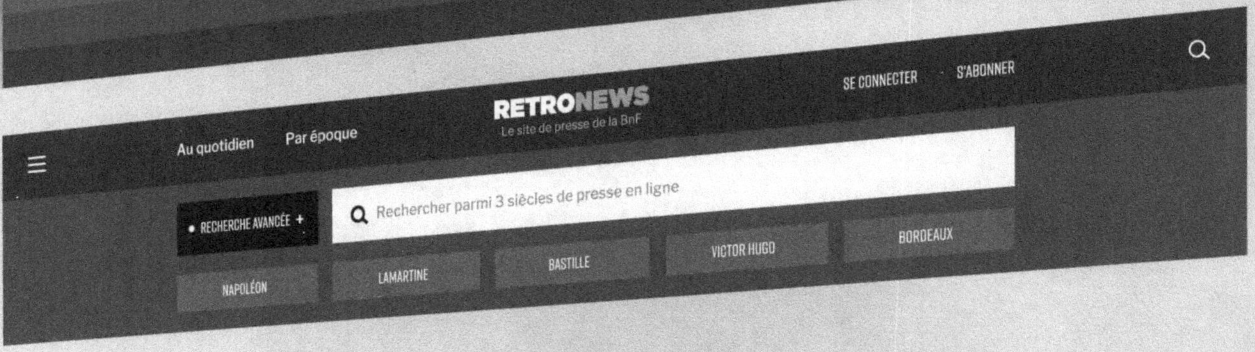

REVUE D'ASTRONOMIE POPULAIRE,

DE MÉTÉOROLOGIE ET DE PHYSIQUE DU GLOBE,

EXPOSANT

LES PROGRÈS DE LA SCIENCE PENDANT L'ANNÉE;

PUBLIÉE PAR

CAMILLE FLAMMARION,

AVEC LE CONCOURS DES PRINCIPAUX ASTRONOMES FRANÇAIS ET ÉTRANGERS

DEUXIEME ANNÉE, 1883,

Illustrée de 172 figures.

PARIS,

GAUTHIER-VILLARS, IMPRIMEUR-LIBRAIRE

DE L'OBSERVATOIRE DE PARIS,

Quai des Augustins, 55.

1er Janvier 1884

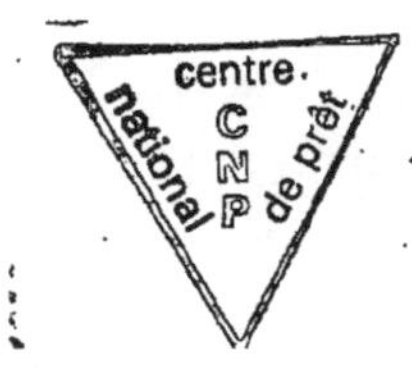

LA REVUE parait mensuellement, par ascicules de 40 pages, le 1er de chaque Mois.
Elle est publiée annuellement en volume à la fin de chaque année.

Prix de l'abonnement :

PARIS : **12** fr. — DÉPARTEMENTS : **13** fr. — ÉTRANGER : **14** fr.

(L'abonnement ne se prend que pour un an, à partir du 1er janvier.)

PRIX DU NUMÉRO : **1 fr. 20** c. chez tous les Libraires.

Prix des années parues :

TOME I. 1882 (10 Nos avec 135 figures). — Broché : **10** fr. Relié avec luxe : **14** fr.
TOME II. 1883 (12 Nos avec 172 figures). — Broché : **12** fr. Relié avec luxe : **16** fr.

Un cartonnage spécial, pour relier tous les volumes uniformément, est mis à la disposition des abonnés, au prix de 2fr, 50.

L'ASTRONOMIE.

ŒUVRES DE CAMILLE FLAMMARION

OUVRAGE COURONNÉ PAR L'ACADÉMIE FRANÇAISE

ASTRONOMIE POPULAIRE

Exposition des grandes découvertes de l'Astronomie moderne; illustrée de 360 figures, planches et chromolithographies. *Soixantième mille.* 12 fr.

LES ÉTOILES ET LES CURIOSITÉS DU CIEL

SUPPLÉMENT DE L'« ASTRONOMIE POPULAIRE »

Description complète du Ciel, étoile par étoile, constellations, instruments, etc. Illustré de 400 figures et chromolithographies. *Trentième mille.* 10 fr.

LES TERRES DU CIEL

Voyage astronomique sur les autres mondes et description des conditions actuelles de la vie à leur surface. 1 vol. grand in-8°, illustré de photographies célestes, vues télescopiques, 400 figures. *Trentième mille.* 10 fr.

LA PLURALITÉ DES MONDES HABITÉS

Au point de vue de l'Astronomie, de la Physiologie et de la Philosophie naturelle. 30e édition. 1 vol. in-12. 3 fr. 50

LES MONDES IMAGINAIRES ET LES MONDES RÉELS

Revue des théories humaines sur les habitants des astres. 18e édition. 1 vol. in-12. 3 fr. 50.

HISTOIRE DU CIEL

Histoire populaire de l'Astronomie et des différents systèmes imaginés pour expliquer l'Univers. 4e édition. 1 vol. gr. in-8, illustré. 9 fr.

RÉCITS DE L'INFINI

Lumen. — Histoire d'une âme. — Histoire d'une comète. — La vie universelle et éternelle. 8e édition. 1 vol. in-12. 3 fr. 50.

DIEU DANS LA NATURE

Ou le Spiritualisme et le Matérialisme devant la Science moderne. 18e édition. 1 fort vol. in-12, avec le portrait de l'auteur. 4 fr.

CONTEMPLATIONS SCIENTIFIQUES

Nouvelles études de la Nature et exposition des œuvres éminentes de la Science contemporaine. 3e édition. 1 vol. in-12. 3 fr. 50.

VOYAGES AÉRIENS

Journal de bord de douze voyages scientifiques en ballon, avec plans topographiques. 1 vol. in-12. 3 fr. 50.

LES DERNIERS JOURS D'UN PHILOSOPHE

PAR SIR HUMPHRY DAVY

Ouvrage traduit de l'anglais et annoté. 1 vol. in-12. 3 fr. 50.

ÉTUDES SUR L'ASTRONOMIE

Ouvrage périodique exposant les découvertes de l'Astronomie contemporaine, les recherches personnelles de l'auteur etc. 9 vol. in-12. Le vol. 2 fr. 50.

ASTRONOMIE SIDÉRALE : LES ÉTOILES DOUBLES

Catalogue des étoiles multiples en mouvement, contenant les observations et l'analyse des mouvements. 1 vol. gr. in-8. 8 fr.

LES MERVEILLES CÉLESTES

Lectures du soir à l'usage de la jeunesse. 89 grav. et 3 cartes célestes (38e mille). 1 vol. in-12. 2 fr. 25.

ATLAS CÉLESTE

Contenant plus de cent mille étoiles. 30 cartes in-folio. 45 fr.

PETIT ATLAS DE POCHE

Résumant l'Astronomie en 18 cartes. 1 fr. 50.

PETITE ASTRONOMIE DESCRIPTIVE

Pour les enfants, adaptée aux besoins de l'enseignement par C. Delon, et ornée de 100 figures. 1 vol. in-12. 1 fr. 25.

A NOS LECTEURS.

Nous ne voulons pas inaugurer cette deuxième année sans offrir à nos lecteurs nos meilleurs souhaits et sans leur exprimer nos sentiments de sympathique gratitude. Nous avons senti dès le premier jour que nous avons en eux non des indifférents, mais des amis. Grâce à cette fraternité intellectuelle, notre organe de communication s'est rapidement répandu parmi tous ceux qui comprennent la grandeur et l'importance de l'Astronomie, parmi tous ceux qui tiennent à honneur de connaître l'univers au milieu duquel nous vivons, et qui sont heureux de rester toujours au courant des progrès merveilleux et rapides de la Science. Dès cette première année, pour répondre à toutes les demandes, le chiffre de notre tirage a déjà dépassé six mille exemplaires.

Ce succès immédiat et grandissant est pour nous un gage de notre utilité. Sachant que nous répondons à un besoin, nous nous efforcerons de réaliser de mieux en mieux le but de notre fondation. Déjà nous avons tenu plus que nous n'avions promis, car au lieu de trente-deux pages nos Cahiers en ont régulièrement quarante. Ajoutons que, tout en restant toujours populaire et d'une lecture attachante pour les gens du monde, notre Revue s'élèvera progressivement dans la Science, de sorte que sa collection formera plus tard une véritable encyclopédie de l'Astronomie moderne.

Plusieurs de nos maîtres ont bien voulu s'unir à nous dès cette première année pour assurer notre succès scientifique et littéraire. Nous leur en exprimons ici notre bien sincère reconnaissance.

Nous associons dans le même sentiment l'éditeur éclairé de notre belle Revue, qui a été publiée avec des soins typographiques trop rarement accordés aux Recueils « populaires ». Remercions aussi nos artistes, MM. Paul Fouché, Blanadet, Poyet, Morieu, Gillot, et demandons-leur de rendre notre création de plus en plus belle, à mesure qu'elle grandira et se développera.

Nos lecteurs trouveront toujours ici une grande variété d'études, car l'Astronomie touche à presque toutes les sciences. Déjà l'année dans laquelle nous entrons nous promet bien des surprises. L'atmosphère de la Lune sera-t-elle confirmée lors de l'éclipse prochaine du 6 mai? Les canaux de Mars seront-ils revus à la fin de l'année? Les anneaux de Saturne se rapprochent-ils vraiment de la planète? Le Soleil se refroidit-il?... Mais ne nous attardons pas. Tant de richesses nous attendent!

LE COMITÉ DE RÉDACTION.

LES ÉTOILES, SOLEILS DE L'INFINI,

ET LE MOUVEMENT PERPÉTUEL DANS L'UNIVERS.

A l'heure silencieuse de minuit, lorsque la Terre endormie a laissé s'évanouir les bruits du monde, et que la nature entière, muette et recueillie, paraît arrêtée dans son cours, comme si elle était sous le charme d'une fascination supérieure, le ciel étoilé nous environne de ses splendeurs et vient parler à notre âme un divin langage. Ici la radieuse constellation d'Orion monte dans l'espace, géant aspirant à la domination des cieux; là, l'éblouissant Sirius darde ses rayons ensoleillés, qui flamboient à travers l'atmosphère transparente; plus haut, scintillent les tremblantes Pléiades blotties dans leur nid d'azur; la Voie Lactée se répand comme un fleuve céleste coulant au milieu de l'armée des étoiles; et là-bas, dans le nord léthargique, se traîne le char du Septentrion, suivi par le Bouvier conduisant lentement le mouvement de la sphère. Ces étoiles, nos pères les ont contemplées comme nous, et comme nous aussi ils ont pensé et rêvé au sein de cette contemplation profonde. Nos aïeux nomades de l'Asie centrale, les Chaldéens de Babel il y a cinquante siècles, les Égyptiens des Pyramides il y a quatre mille ans, les Argonautes de la Toison-d'Or, les Hébreux chantés par Job, les Grecs chantés par Homère, les Romains chantés par Virgile, tous ces yeux de la Terre, depuis si longtemps éteints et fermés, se sont attachés de génération en génération à ces yeux du Ciel, toujours ouverts, toujours animés, toujours vivants. Les générations terrestres, les nations et leurs gloires, les trônes et les autels, tout a disparu dans la poussière des siècles éphémères; mais cet étincelant Sirius est toujours là, ces Pléiades veillent toujours, et toujours ces mêmes étoiles sollicitent la pensée des mortels. Elles nous caressent de leurs rayons, elles nous enveloppent de leur clarté, elles nous causent à voix basse, elles touchent mystérieusement nos yeux interrogateurs, les pénètrent d'un doux fluide et se mettent en communication intime avec nos plus secrètes pensées, partageant nos émotions, semblant répondre à nos désirs, comprendre nos peines, soutenir nos espérances. Car ce sont des amies intimes aux heures de solitude, et nous croyons sentir en elles de discrètes confidentes, dans le sein desquelles se réfugie l'essaim voltigeant de nos pensées. Oui, elles semblent nous connaître, elles paraissent nos voisines, nous nous imaginons pouvoir, sinon les toucher, du moins les saisir du regard et nous envoler jusqu'à elles. Ah! qu'il y a loin de la coupe aux

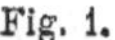

Fig. 1.

Le Ciel étoilé.

lèvres, de l'apparence à la réalité! Que la nuit est profonde! combien le Ciel est insondable! Quels abîmes! Quelle immensité! Chacune de ces étoiles est un soleil analogue à celui qui nous éclaire; chacun de ces soleils est des milliers, des centaines de milliers, des millions de fois plus volumineux que notre globe terrestre tout entier. C'est l'effroyable distance qui nous en sépare, qui les réduit pour nous à l'aspect de petits points brillants. Si nous pouvions approcher de l'une quelconque d'entre elles, nos pauvres corps seraient carbonisés, vaporisés, avant d'atteindre l'éblouissante fournaise. Si l'étoile la plus proche de nous (α du Centaure) subissait une explosion formidable susceptible de nous être transmise à travers l'espace qui nous en sépare, le bruit d'une telle explosion n'emploierait pas moins de trois millions d'années pour arriver jusqu'à nous, à la vitesse normale de la transmission du son dans l'air (340^m par seconde)! Oui, *la plus proche* de ces douces confidentes gît à une telle distance de nous que le son devrait marcher pendant trois millions d'années pour franchir cet abîme! Un boulet de canon qui serait venu de Sirius, l'astre d'Osiris et des Pyramides, avec la vitesse moyenne du son dans l'air, et qui nous arriverait aujourd'hui, aurait dû partir de là il y a près de quinze millions d'années. Pour venir de l'étoile polaire, il ne lui en faudrait pas moins de trente huit millions!...

O prodigieuse, prestigieuse apothéose de la Science! Qu'est-ce que l'univers de Moïse, de Pythagore, d'Homère, de Virgile, devant les panoramas de l'Astronomie moderne? Hésiode croyait donner une idée immense de la grandeur du monde en disant qu'une enclume emploierait neuf jours et neuf nuits à tomber du Ciel sur la Terre, et autant pour traverser l'espace qui sépare la Terre du fond des Enfers. Le calcul montre que cette durée de chute de neuf fois vingt-quatre heures correspondrait à $581\,870^{km}$ seulement. Comme la Lune gravite à la distance moyenne de $384\,400^{km}$, on voit que l'univers d'Hésiode n'atteindrait même pas en dimension le double du diamètre de l'orbite lunaire. C'est le cocon d'un ver à soie; c'est une cellule où la pensée moderne étoufferait; c'est un microcosme qui semble aujourd'hui un jouet d'enfant dans la main de l'astronome.

Rappelons-nous que le Soleil trône au milieu de la famille dont il est le père; que cette famille se compose de huit planètes principales; que ces planètes circulent autour de lui aux distances suivantes : Mercure, à 15 millions de lieues; — Vénus, à 26 millions; — la Terre, à 37 millions; — Mars, à 56; — Jupiter, à 192; — Saturne, à 355; — Uranus, à 710; — et Neptune, à un milliard cent dix millions de lieues. Ainsi notre seul système planétaire mesure plus de deux milliards de lieues de diamètre. Eh bien, ce vaste système n'est qu'une île au milieu de l'océan des cieux, une île environnée de toutes parts d'un immense désert. Entre cette île et le système stellaire le plus proche, la distance est pour ainsi dire incom-

Fig. 2.

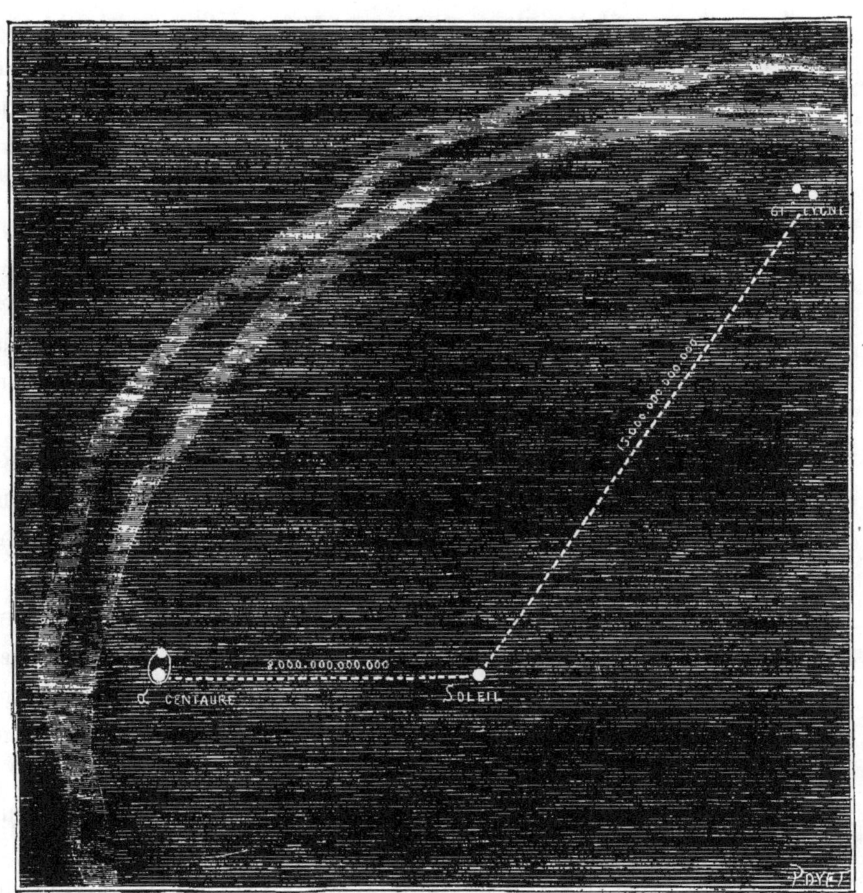

Les deux soleils les plus proches.

mensurable. D'ici au soleil le plus proche, on pourrait aligner, l'un au bout de l'autre, trois mille sept cents systèmes comme le nôtre, trois mille sept cents systèmes mesurant chacun deux milliards deux cents millions de lieues d'étendue.

Et ne nous imaginons pas que les autres étoiles soient toutes à cette même distance et se distribuent en quelque sorte le long d'une sphère concentrique tracée avec ce rayon autour de nous. Nullement. Cette étoile, *alpha* du Centaure, qui trône à 8 trillions de lieues d'ici, est pour nous une voisine. Aucune autre n'est aussi proche. Nous n'en connaissons pas une seconde, en aucune direction de l'espace, qui soit aussi voisine. La plus proche après elle est la 61e du Cygne : elle plane dans une tout autre direction, puisque la première appartient à l'hémisphère céleste austral, et que la seconde appartient à l'hémisphère boréal, et sa distance est de 15 trillions de lieues.

Ainsi les soleils les plus proches du nôtre brillent, l'un à huit mille milliards de lieues d'ici, l'autre à quinze mille milliards, en des directions différentes, et dans cet immense désert il n'y a pas un seul soleil, pas une seule étoile, pas un seul monde connu. Peut-être l'historien du cosmos éternel voyageant en cette nuit profonde heurterait-il au passage les ruines de quelque soleil oxydé, les dernières cendres de quelques planètes défuntes ; peut-être les errantes comètes emportent-elles dans leurs suaires les spectres oubliés de bien des splendeurs évanouies ; car depuis l'origine des choses bien des soleils se sont éteints et bien des fins de monde ont sonné au glas funèbre des beffrois du Ciel; mais nos télescopes ne découvrent aucun phare sur cet océan sans bords, et d'ici à l'astre du Centaure, d'ici au soleil du Cygne, et tout autour de nous jusqu'en ces incommensurables profondeurs, nous ne connaissons qu'un espace noir, vide, désert et silencieux.

Oui, ce sont là les deux cités célestes les plus proches de la nôtre. Un train express marchant sans s'arrêter à la vitesse de 1^{km} par minute, de 60^{km} à l'heure, de 1440^{km} ou 360 lieues par jour, roulerait pendant 60 millions d'années pour atteindre le premier de ces soleils, et pendant 114 millions d'années pour atteindre le second !

Toutes les autres étoiles que nous voyons scintiller pendant la nuit profonde sont plus éloignées que ces deux « voisines ».

Les trillions, c'est-à-dire les milliers de milliards, sont l'unité de mesure des distances célestes exprimées en lieues de 4^{km}. *Alpha* du Centaure et la 61e du Cygne planent, avons-nous dit, la première à 8 trillions et la seconde à 15. Ces distances sont certaines, car les valeurs obtenues pour ces parallaxes sont satisfaisantes et concordantes. Mais plus les étoiles sont éloignées dans les profondeurs de l'immensité, plus leur parallaxe est faible, et plus minutieuses, plus difficiles, plus incertaines sont les mesures. On estime que Castor est éloigné à 35 trillions, Sirius à 39, Véga à 42, Arcturus à 60, l'étoile polaire à 100,

Capella à 170; mais elles peuvent être plus éloignées encore. Les mesures essayées sur Rigel, Procyon, Bételgeuse, Aldébaran, Antarès, Fomalhaut et sur plusieurs centaines d'autres moins brillantes, n'ont conduit à aucun résultat : pour nos moyens d'investigation, leurs distances peuvent être regardées comme infinies.

La plus grande variété règne dans la nature intrinsèque des étoiles, dans leur valeur lumineuse et calorifique, dans leurs dimensions, dans leur éclat, dans leur mode d'activité. Les unes sont considérablement plus volumineuses que notre propre soleil, d'autres sont plus petites. L'éclatant Sirius paraît être, d'après la mesure photométrique de sa lumière, 1700 à 2000 fois plus gros que notre Soleil. Telle petite étoile, à peine visible à l'œil nu, comme la 70ᵉ de la constellation d'Ophiuchus, par exemple, pèse environ trois fois plus que tout notre système solaire, y compris le Soleil. Nous devons donc nous représenter ces lointains soleils comme étant d'âges différents, de forces différentes, d'éclats divers, de rayonnements lumineux, calorifiques, électriques, magnétiques, extrêmement variés, et surtout comme dispersés dans toutes les directions, dans tous les sens, à d'immenses distances les uns des autres. Les astronomes penseurs admettent, depuis Kepler, Newton et Laplace, que la plupart d'entre eux doivent être comme le nôtre des centres de systèmes planétaires fécondés par leur rayonnement. Déjà nous connaissons des systèmes, comme celui de Sirius, par exemple, dans lesquels on voit un ou plusieurs satellites graviter autour d'un soleil suivant les mêmes lois qui régissent les mouvements de la Terre et des planètes autour de notre Soleil. Qui pourrait deviner quelles étranges formes d'existences se succèdent sur ces lointaines patries, illuminées par des soleils différents de celui qui régit notre humanité sublunaire! Quel Arioste, quel Gœthe, quel Swedenborg, quel Dante oserait imaginer les scènes ultra-terrestres, les idées, les sentiments, les passions, les plaisirs ou les douleurs, les richesses ou les misères, les aspirations ou les désespoirs des êtres qui doivent, là comme ici, vivre, penser, chercher, aimer ou haïr, blasphémer ou bénir!

De notre petite Terre, tout immergée dans les rayons du Soleil, notre vue est organisée de telle sorte que, même pendant la nuit la plus profonde, nous ne voyons pas plus de six mille étoiles à l'œil nu. Si notre rétine avait sa sensibilité accrue dans la proportion de l'œil géant du télescope de lord Rosse, nous en verrions quarante millions. C'est peut-être ce que perçoivent les indigènes de Neptune.

Mais, dès que notre vue est amplifiée par le moindre instrument d'optique, par exemple une jumelle de théâtre, nous distinguons, outre les étoiles des six premières grandeurs visibles à l'œil nu, celles du septième ordre d'éclat, qui sont à elles seules au nombre de treize mille.

Fig. 3.

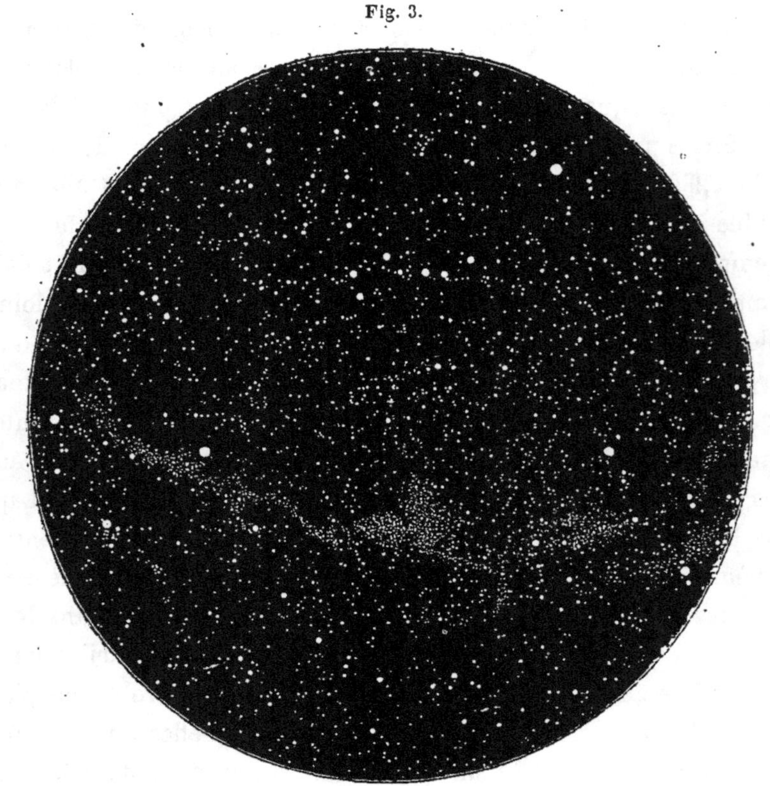

Les étoiles visibles à l'œil nu pour une vue moyenne.
[Hémisphère boréal (2478).]

Une longue-vue terrestre montre celles de huitième grandeur, qui sont au nombre de quarante mille. Ainsi s'accroît le nombre des étoiles à mesure qu'on pénètre plus loin au delà de la sphère de la vision naturelle. Une petite lunette astronomique fait découvrir les étoiles de la neuvième grandeur, dont le nombre surpasse cent mille. Et ainsi de suite. Une lunette ou un télescope de moyenne puissance montre les étoiles de la dixième grandeur, qui sont au nombre de près de quatre cent mille. Déjà ici le spectacle est prodigieux, éblouissant. La progression continue. On peut estimer à un million le nombre des étoiles de la onzième grandeur et à trois millions celui des astres de la douzième. D'après les jauges astronomiques faites pour sonder l'espace, le nombre des étoiles de la treizième grandeur ne s'élève pas à moins de dix millions, et celui des étoiles de la quatorzième à moins de trente millions. Si nous additionnons tous ces chiffres, nous trouvons pour le total des étoiles jusqu'à la

Fig. 4.

Les étoiles visibles à l'œil nu pour une vue moyenne.
[Hémisphère austral (3307).]

quatorzième grandeur inclusivement le nombre déjà difficile à concevoir de *quarante-cinq millions*.

Mais ce ne sont pas là *toutes* les étoiles. Déjà même les puissants télescopes construits en ces dernières années ont pénétré les profondeurs de l'immensité assez loin pour découvrir les étoiles de la quinzième grandeur, et la statistique stellaire s'élève actuellement à *cent millions!* (La Voie Lactée seule en renferme dix-huit millions).... Les chiffres deviennent dès lors si énormes, qu'ils nous écrasent de leur poids sans rien nous apprendre.

Cent millions d'étoiles! C'est dix-sept mille étoiles pour chacune de celles que nous voyons à l'œil nu. Déjà nous ne distinguons plus ni constellations ni divisions; une fine poussière brille là où l'œil, laissé à sa seule puissance, ne voyait qu'une obscurité noire sur laquelle ressortaient deux ou trois étoiles. A mesure que les découvertes merveilleuses de l'optique augmenteront notre puissance visuelle, toutes les régions du Ciel se couvriront de ce fin sable d'or, et un jour viendra où le regard étonné, s'élevant vers ces profondeurs inconnues, se trouvant arrêté par l'accumulation des étoiles qui se succèdent à l'infini, ne trouvera plus devant lui qu'un délicat tissu de lumière ([1]).

Mais ce n'est encore là que notre univers visible. Là où s'arrête la puissance télescopique, là où s'abat l'essor de nos investigations extrêmes, la nature, immense et universelle, continue son œuvre; le télescope nous porte dans l'infini et *nous y laisse*.

L'espace est sans bornes. Quelle que soit la frontière que nous lui supposions par la pensée, immédiatement notre imagination s'envole jusqu'à cette frontière et, regardant au delà, y trouve encore de l'espace. Et quoique nous ne puissions pas comprendre l'infini, toutefois chacun de nous sent qu'il lui est plus facile de concevoir l'espace illimité que de le concevoir limité, et qu'il est impossible que l'espace n'existe pas *partout*.

Voulons-nous essayer de sonder ces profondeurs? Envolons-nous vers elles, fuyons la Terre avec la vitesse de la lumière (75000 lieues par seconde), élançons-nous en ligne droite vers un point quelconque du Ciel. Nous volons pendant trois ans et six mois avant d'atteindre la distance du soleil le plus proche. Ne nous arrêtons pas. Continuons pendant dix ans, vingt ans, cent ans, mille ans ce même voyage, avec la même vitesse de 75000 lieues par chaque seconde. Oui, pendant mille années, sans arrêt ni trêve, traversons, examinons au passage ces nouveaux *soleils* de toutes grandeurs, foyers féconds et puissants, astres

([1]) On a essayé de réunir dans un même cadre de la dimension de ces pages (*fig.* 7, p. 15) les **324198** étoiles des quarante cartes de l'Atlas d'Argelander, projection de l'hémisphère boréal faite par notre savant collègue d'outre-Manche M. R. A. Proctor. Chacun de ces points représente une étoile observée à l'équatorial de 7 centimètres de l'Observatoire de Bonn et *cataloguée*. Nous avons ici jusqu'à la neuvième grandeur et demie; rien de la dixième ni des suivantes. L'agglomération graduelle vers la Voie lactée est particulièrement remarquable. Notre *fig.* 6 reproduit l'une de ces cartes d'Argelander. C'est l'aspect télescopique du rectangle vu à l'œil nu (*fig.* 5).

dont la lumière flamboie et palpite, ces innombrables familles de *planètes*, variées, multipliées, terres lointaines peuplées d'êtres inconnaissables, de toutes formes et de toute nature, ces *satellites* aux phases multicolores, et tous ces paysages célestes inattendus; observons ces nations sidérales; saluons leurs travaux, leurs œuvres, leur histoire; devinons leurs sensations, leurs mœurs, leurs idées; mais ne nous arrêtons pas. Voici mille autres années qui se présentent pour continuer notre voyage en ligne droite; acceptons-les, occupons-les, traversons tous ces amas de soleils, ces univers lointains, ces nébuleuses qui poudroient, cette Voie Lactée qui se déchire en lambeaux, ces genèses formidables qui se succèdent à travers l'immensité toujours béante; ne soyons pas surpris si des soleils qui s'approchent ou des étoiles lointaines pleuvent devant nous, larmes de feu tombant dans l'abîme éternel; assistons à l'effondrement des globes, à la ruine des terres caduques, à la naissance des nouveaux mondes; suivons la chute des systèmes vers les constellations qui les appellent; mais ne nous arrêtons pas! Encore mille ans, encore dix mille ans, encore cent mille ans de cet essor, sans ralentissement, sans vertige, toujours en ligne droite, toujours avec la même vitesse de 75 000 lieues par chaque seconde. Concevons que nous voguions ainsi pendant un million d'années.... Sommes-nous aux confins de l'univers visible? Voici des immensités noires qu'il faut franchir.... Mais là-bas de nouvelles étoiles s'allument au fond des cieux. Élançons-nous vers elles; atteignons-les. Nouveau million d'années, nouvelles révélations, nouvelles splendeurs étoilées, nouveaux univers, nouveaux mondes, nouvelles terres, nouvelles humanités!... Et quoi! jamais de fin? Jamais d'horizon fermé? Jamais de voûte? Jamais de ciel qui nous arrête? Toujours l'espace, toujours le vide? Où donc sommes-nous? Quel chemin avons-nous parcouru.... Ah! que celui dont l'entendement est ouvert comprenne bien le résultat final de cet interminable voyage. Nous sommes arrivés... où?... Au *vestibule de l'infini!...* En réalité nous n'avons pas avancé *d'un seul pas!* Nous ne sommes pas plus rapprochés d'une limite que si nous étions restés à la même place; nous pourrions recommencer la même course à partir du point où nous sommes, et ajouter à notre voyage un voyage de même étendue; nous pourrions joindre les siècles aux siècles dans le même itinéraire, dans la même vitesse, continuer le voyage sans fin ni trêve; nous pourrions nous diriger vers quelque endroit de l'espace que ce fût, à gauche, à droite, en avant, en arrière, en haut, en bas, dans tous les sens; et lorsque, après des siècles employés à cette course vertigineuse, nous nous arrêterions fascinés ou désespérés devant l'immensité éternellement ouverte, éternellement renouvelée, nous reconnaîtrions encore que notre vol séculaire ne nous a pas fait mesurer la plus petite partie de l'espace, et que nous ne sommes pas plus avancés qu'à notre point de départ. Le centre est partout, la circonférence nulle part.... Dans cet infini, les associations de soleils et de mondes qui constituent notre univers visible ne forment qu'une île du grand archipel, et, dans l'éternité de la durée, la vie de

Fig. 5.

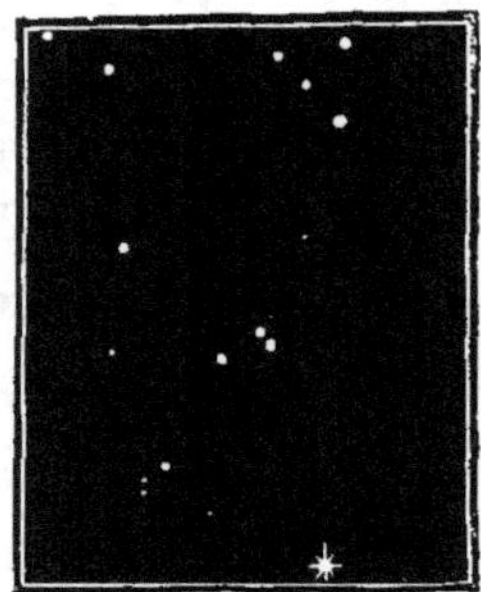

Un point du Ciel vu à l'œil nu.

notre humanité si fière, avec toute son histoire religieuse et politique, la vie de notre planète tout entière n'est que le songe d'un instant!...

Et maintenant, comment se soutiennent dans l'espace ces innombrables soleils disséminés à d'aussi formidables distances les uns des autres? Ils se soutiennent sur l'équilibre de la gravitation universelle. Chaque soleil attire chaque soleil, et, jusqu'à l'infini sans bornes, ils se sentent tous à travers l'immensité, subissent leurs influences mutuelles, et glissent dans le vide éternel emportés par l'attraction de chacun et de tous. Aucun atome n'est en repos dans l'immense univers. Loin d'être fixes comme elles le paraissent, ces étoiles sont, au contraire, animées de vitesses prodigieuses. Chacune d'elles est emportée par un mouvement rapide. Telle étoile se déplace sur la sphère céleste d'une quantité égale au diamètre apparent de la Lune (31′) en 265 ans; telle autre se déplace de la même quantité en 300 ans; telle autre en 400 ans. Et ces mouvements divers s'effectuent dans tous les sens. C'est la brièveté de notre vie qui nous a fait croire à l'immutabilité des cieux; notre impression a été sur ce point la même que celle de la petite libellule d'été qui, naissant à midi pour mourir à deux heures, ne saurait s'imaginer

Fig. 6

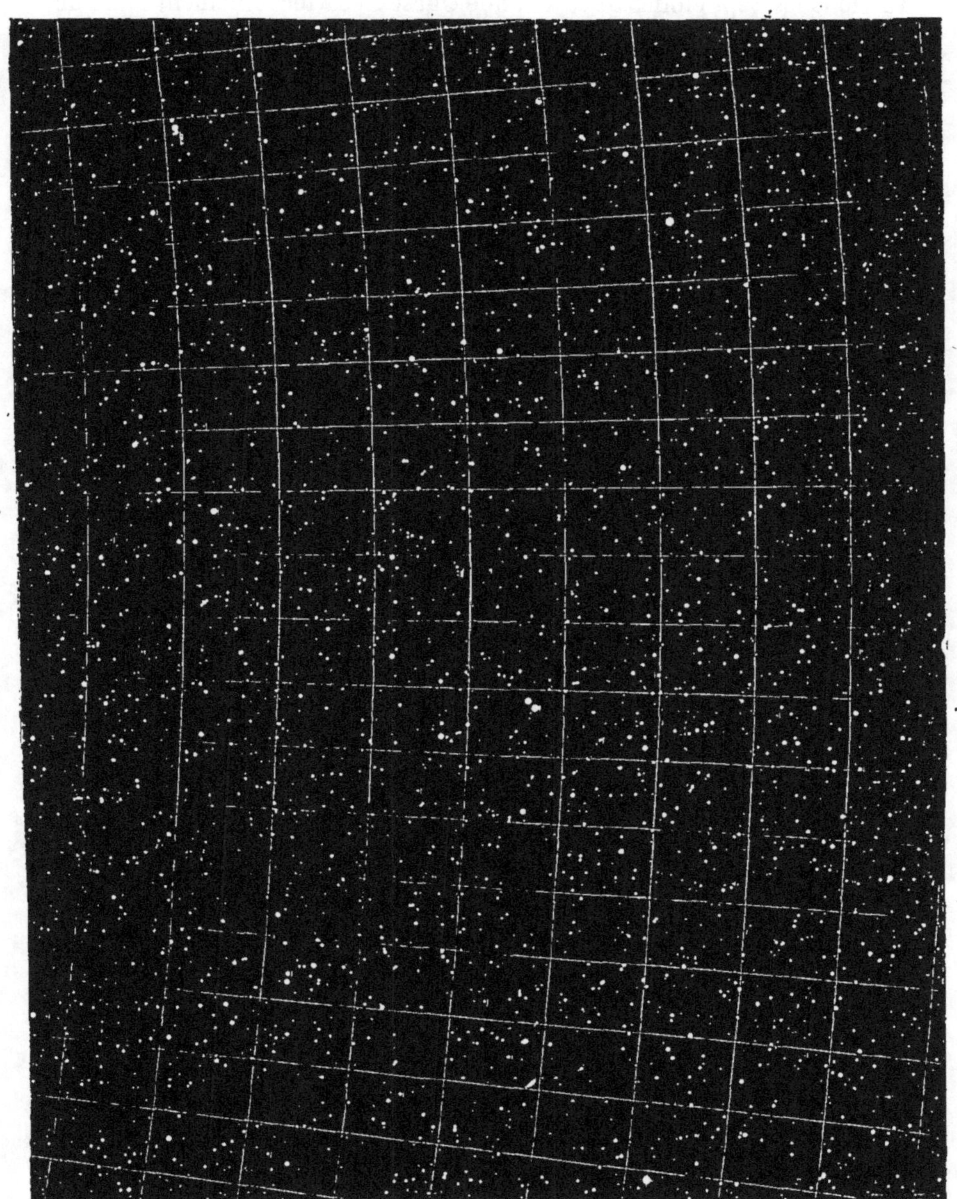

Le même point du Ciel vu jusqu'aux étoiles de la neuvième grandeur inclusivement.

que le Soleil se couchera : pour elle, le jour est éternel. Mais si notre mémoire personnelle ou historique s'étendait sur un laps de temps suffisant, l'aspect des cieux perdrait pour nous cette immutabilité; nous assisterions à la dislocation graduelle de toutes les constellations; nous verrions les sept étoiles de la Grande Ourse s'écarter lentement l'une de l'autre, dessiner dans l'espace d'abord une croix (il y a cinquante mille ans), puis un char, et dans quatre ou cinq cents siècles, se disperser le long d'une ligne brisée; nous verrions dans Orion les Trois Rois se séparer pour toujours de leur association provisoire, Procyon s'approcher d'eux, et l'épaule gauche du Géant s'effacer devant le Taureau qui s'avance; nous verrions les quatre bras de la Croix du Sud tomber chacun de son côté. Ces mouvements vus de si loin nous paraissent s'accomplir avec lenteur. Mais en réalité quelles formidables projectiles que tous ces soleils lancés à travers l'espace! Nos boulets de canon sont des tortues devant ces vitesses formidables. Notre propre Soleil nous emporte tous, Terre, Lune, planètes, vers la constellation d'Hercule; le soleil α du Centaure, au contraire, s'élance vers le Grand Chien. Sirius s'éloigne obliquement de nous au taux de 700 000 lieues par jour, 268 millions de lieues par an, 26 milliards 800 millions par siècle, — et pourtant, depuis la fondation des Pyramides, depuis quarante siècles que nous tenons les yeux fixés sur cet astre splendide, il ne paraît pas avoir diminué d'éclat! L'étoile α du Cygne arrive vers nous en ligne droite, avec une vitesse de 1 382 000 lieues par jour, plus de 500 millions de lieues par an ou 50 milliards de lieues par siècle! Le boulet, l'obus chargé à mitraille, lancé par l'explosion de la poudre, s'échappe de la gueule enflammée du monstre avec la vitesse déjà terrifiante de 500^{m} par seconde : un soleil de la Grande Ourse, situé à environ 85 trillions de lieues d'ici, traverse en ce moment l'Univers avec une rapidité 600 fois plus grande, au taux de *trois cent mille mètres par seconde!* Pour l'esprit qui saurait s'abstraire des conditions étroites d'espace et de temps dans lesquelles nous vivons ici-bas, le Ciel perdrait son silence, son calme, son apparente immobilité. Au lieu d'étoiles, nous verrions, comme en un rêve, des soleils énormes, lourds, flamboyants, environnés de tempêtes, roulant sur eux-mêmes, lançant autour d'eux les éclats assourdissants du tonnerre, électrisant au loin les mondes qu'ils conduisent à travers l'immensité, courant, montant, descendant, tombant, fuyant, se précipitant dans tous les sens, pleuvant en tourbillons fantastiques et répandant jusqu'au fond des cieux l'activité, le travail et la vie. Plus de mort. Partout le mouvement, partout la lumière, partout la transformation, partout le déploiement de forces gigantesques, partout le développement d'une intarissable somme d'énergie, jusqu'à l'infini répandue.

Fig. 7.

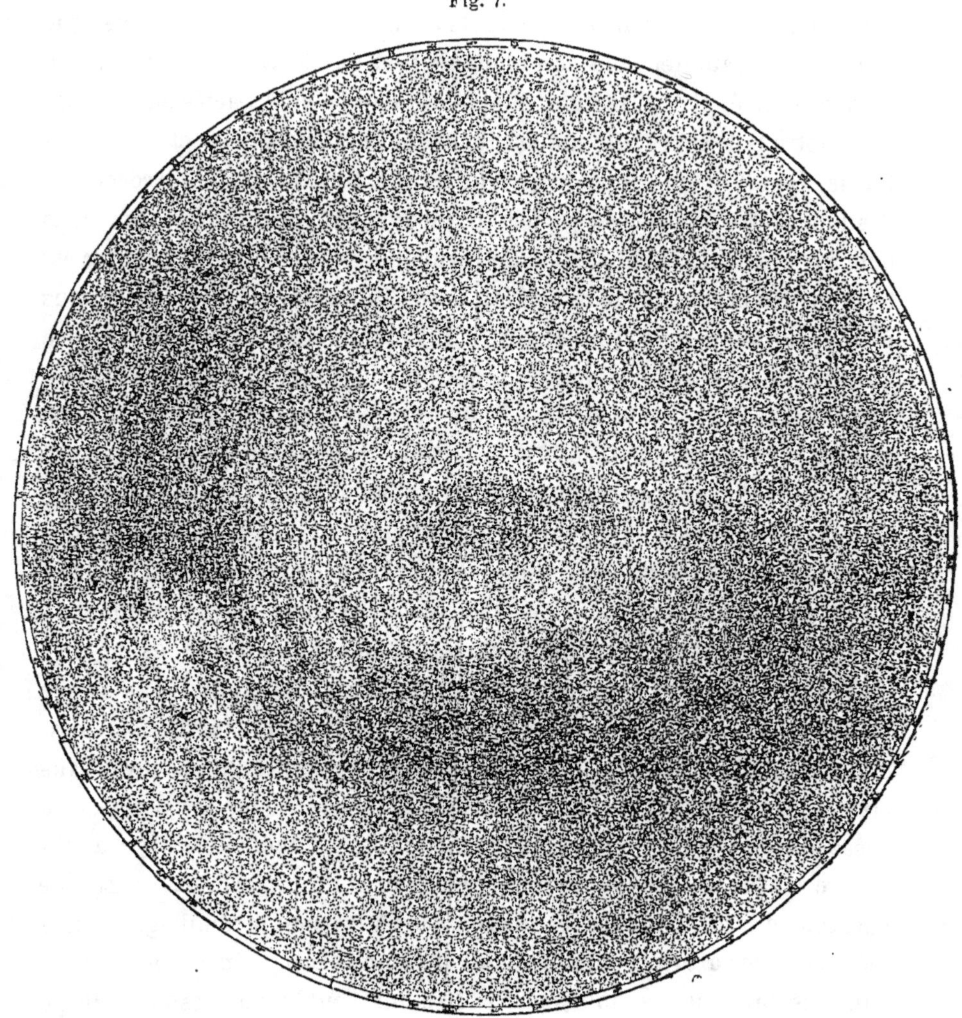

Carte des 324 198 étoiles de l'hémisphère céleste boréal, de la première à la neuvième grandeur.

Et maintenant qu'est-ce que la Terre et qu'est-ce que l'Homme? Devant le regard ébloui, stupéfié, de l'astronome terrestre, né hier pour mourir demain sur un globule perdu dans le fourmillement des mondes, les univers stellaires s'envolent comme des tourbillons de poussière à travers l'espace sans fin, pendant l'éternité sans années, sans jours et sans

choisir, car ce globe se trouvant alors éclairé de face par le Soleil, nous ne pouvons jüger des reliefs de sa surface. Au contraire, pendant les soirées qui précèdent le Premier Quartier, la Lune se trouve placée obliquement relativement au Soleil, ses montagnes portent ombre jusqu'à de grandes distances, et l'on peut saisir du premier coup d'œil la configuration si singulière, si étrange du monde le plus voisin de nous et peut-être le plus différent de tous ceux de notre grande famille solaire.

Éclipses. — Nous aurons en 1883 deux éclipses de Soleil et deux de Lune, comme en 1865, car on sait que les mêmes positions respectives du Soleil, de la Lune et de la Terre reviennent tous les 18 ans et 11 jours.

La première sera une *éclipse partielle de Lune*, le 22 avril. Comme elle arrivera pendant le jour pour nous, elle sera invisible en France, la Pleine Lune étant alors au-dessous de notre horizon. Commencement à 9h17m; fin à 2h18m.

La deuxième sera une *éclipse totale de Soleil*, le 6 mai. A l'inverse de la précédente, elle aura lieu pendant la nuit pour nous, et sera, par conséquent, aussi invisible pour la France. Commencement à 7h30m, fin à minuit 36m. La ligne de totalité passe par les îles de l'océan Pacifique. Plusieurs astronomes s'y rendront pour cette observation. Lors de la dernière éclipse totale du 17 mai dernier, observée en Égypte, on a cru reconnaître les traces d'une atmosphère lunaire. C'est principalement pour vérifier cette indication précieuse que l'on se propose d'observer l'éclipse prochaine avec un soin spécial. Cette éclipse sera extrêmement précieuse à cause de sa rare durée (*voir* p. 21).

La troisième éclipse de cette année sera une *éclipse partielle de Lune*, le 16 octobre. Elle sera *en partie visible* à Paris. Commencement à 4h52m du matin, entrée dans l'ombre à 6h8m, milieu à 7h4m, sortie de l'ombre à 7h59m, fin à 9h16m; grandeur de l'éclipse, 0,277, le diamètre de la Lune étant *un* (c'est un peu plus du quart du diamètre, et c'est assez insignifiant); du reste, ce jour-là, à Paris, la Lune se couche à 6h25m du matin : on ne pourra donc observer même jusqu'au milieu de l'éclipse. Le Soleil se lève à 6h23m. On pourra voir en même temps, si l'horizon est pur à l'Est comme à l'Ouest, le Soleil se levant et la Lune se couchant juste à l'opposé, partiellement éclipsée dans l'ombre de la Terre, notre planète étant alors située juste sur la ligne qui joint les deux astres.

La quatrième éclipse sera une *éclipse annulaire de Soleil*, le 30 octobre, de 9h27m du soir à 2h57m du matin, par conséquent *invisible* pour nos latitudes. La ligne de l'éclipse centrale commence au Japon et traverse l'océan Pacifique.

Marées. — Les principales marées de l'année sont celles de la Nouvelle Lune du 9 mars (1,15), de la Nouvelle Lune du 7 avril (1,14), de la Pleine Lune du 16 octobre (1,13) et de la Pleine Lune du 16 septembre (1,12). On sait qu'en France ces grandes marées arrivent le lendemain des dates de la Nouvelle et de la Pleine Lune. Pour connaître la hauteur qu'une grande marée doit atteindre dans un port, il faut multiplier les chiffres que nous venons de donner par *l'unité de hauteur* qui convient à ce port (on la trouve dans les Annuaires). Ainsi, par exemple, à Granville, où ce chiffre est le plus élevé, l'unité de hauteur est 6m,15. Le 10 mars, la mer s'élèvera donc dans ce port jusqu'à $6^m,15 \times 1,15$, c'est-à-dire jusqu'à $7^m,07$ au-dessus du niveau moyen ou jusqu'à $14^m,14$ au-dessus de la basse mer qui précédera et suivra cette grande marée. Ce sont les jours de ces grandes marées qu'il faudra choisir pour aller observer le mascaret à Caudebec, ou l'arrivée de la mer à la baie du Mont Saint-Michel.

Planètes. — On peut cette année, au point de vue des conditions favorables pour l'observation, classer les planètes dans l'ordre suivant : Jupiter — Saturne — Vénus — Mercure — Uranus — Mars — Neptune.

Jupiter brille d'un éclat splendide pendant toute la nuit dans la constellation du Taureau, à son extrémité gauche ou orientale, à gauche de l'étoile ζ, de troisième grandeur, à 17° à l'est-nord-est d'Aldébaran. Il rétrograde, se rapprochant d'Aldébaran, jusqu'au 15 février, puis repart vers l'Est et arrive devant les Gémeaux le 30 avril. Le 22 mai il passera tout contre l'étoile μ des Gémeaux, de troisième grandeur, à 50′ au Sud. Mais il descend alors au couchant et ne tarde pas à disparaître à l'horizon, comme Castor et Pollux qui se couchent le soir à la fin du crépuscule dès les premiers jours de juin. La belle planète (la plus importante de tout notre système) restera sous notre horizon pendant l'été et reviendra en octobre pour trôner de nouveau alors dans la constellation du Cancer. Le 15 octobre, elle se lève vers 10^h30^m et passe au méridien vers 6^h42^m du matin; le 15 novembre, elle se lève vers 8^h45^m et passe au méridien à 4^h48^m; le 15 décembre, elle se lève vers 6^h40^m et passe au méridien à 2^h46^m; le 15 janvier 1884, elle se lève vers 4^h30^m et passe au méridien à minuit. Ce sont, avec un mois de retard, les mêmes aspects que ceux de l'année dernière, puisque cette planète tourne en douze ans autour du Soleil, et c'est tous les ans la même répétition, de sorte qu'il est impardonnable à tout esprit attentif de ne pas reconnaître Jupiter dans le ciel, ne fût-ce, du reste, que par son éclat sans rival.

Rappelons que la plus petite lunette suffit pour distinguer son élégant et mobile cortège de quatre satellites.

Saturne, la merveille incontestée de tout le système solaire, précède depuis plusieurs années Jupiter sur la sphère céleste, brillant à sa droite ou à son occident, à une distance assez grande déjà, comme une étoile de première grandeur également, mais moins éclatante que Jupiter, un peu terne, et sans aucune scintillation du reste, actuellement dans la constellation du Taureau, à son extrémité occidentale, au-dessous des Pléiades. Il trône, comme Jupiter, dans le ciel limpide de nos belles nuits d'hiver. C'est le 14 novembre qu'il est passé en opposition derrière nous relativement au Soleil, c'est-à-dire en ses meilleures conditions d'observation. Depuis cette époque, son lever avance de jour en jour. Le 14 novembre il se levait à 4^h29^m de l'après-midi, passait au méridien à minuit et se couchait à 7^h10^m du matin. Le 1er janvier 1883, il s'est levé à 1^h15^m, est passé au méridien à 8^h27^m et s'est couché à 3^h50^m du matin. Il reste admirablement visible en février et mars au Sud-Ouest : passage au méridien, le 1er février à 6^h24^m, le 1er mars à 4^h39^m, le 1er avril à 2^h48^m. Dès lors, il se couche au crépuscule et disparaît pour tout l'été.

Tandis que le retard annuel de Jupiter est de trente-deux à trente-cinq jours, celui de Saturne, dont la révolution est presque de trente ans, n'est que de treize à quatorze jours. Ainsi, en 1883, c'est le 28 novembre qu'il sera de nouveau en opposition avec le Soleil (passera au méridien à minuit), et sera à sa plus grande proximité de la Terre. Donc, on le verra reparaître à l'Est en septembre (il sera alors au-dessus d'Aldébaran), et il brillera de nouveau sur nos têtes jusqu'en avril 1884.

Ses merveilleux anneaux continuent à s'ouvrir pour nous en perspective. En 1877 ils ne se présentaient à nous que par la tranche; en 1885 ils se présenteront à nous avec leur maximum d'ouverture.

Le 13 février, la Lune, à la veille du Premier Quartier, passera tout contre Saturne, à 1°40' au Nord, et le 12 mars elle glissera à 1°9' au Nord. Elle passera encore plus près le 9 avril, à 41', le 7 mai à 18' et le 3 juin à 2' seulement; mais la planète sera alors couchée pour nous. Le 21 septembre, de nouveau, la Lune passera à 1°14' au sud de Saturne, le 18 octobre à 1°13', le 15 novembre à 1°2' et le 12 décembre à 55'. Le 1er novembre, il brillera à 3°30' au nord d'Aldébaran.

Vénus, qui est passée devant le Soleil le 6 décembre dernier, et depuis, brille, étoile du matin, dans le ciel de l'aurore, arrive à sa plus grande élongation matutinale le 15 février : elle précède alors le Soleil de deux heures trente-sept minutes et s'en trouve éloignée de 46°50'14". Ses phases sont la contre-partie de ce que nous avons observé en septembre, octobre et novembre derniers; son croissant, toujours tourné du côté du Soleil, va en s'élargissant; son plus grand éclat se présentera le 10 janvier, et au milieu de février le croissant élargi ressemblera au Dernier Quartier de la Lune; puis le disque s'arrondira insensiblement, Vénus s'éloignera de nous, restera visible le matin jusqu'au 25 août et s'en ira passer de l'autre côté du Soleil le 20 septembre; se dégageant ensuite du rayonnement solaire, elle deviendra de nouveau étoile du soir, retardant sur le Soleil de 54 minutes le 27 novembre, de $2^h 2^m$ le 1er janvier 1884.

La Lune passera le 3 février à 44' au sud de Vénus. Le 19 mai, Vénus se trouvera devant Mars, à 48' seulement au Sud, mais l'observation sera impossible, car la conjonction des deux planètes aura lieu pendant le jour, à 6^h du matin. Peut-être, avant le lever du Soleil, pourra-t-on, à l'aide d'une lunette, chercher Mars dans le voisinage de Vénus. On pourra aussi y chercher Saturne le 19 juin et Jupiter le 27 juillet.

Le 3 juin, à 4^h du matin, la Lune passera à 1°31' au nord de Vénus.

Mercure continue ses oscillations rapides de part et d'autre du Soleil.

Voici, d'après les calculs de M. Vimont, ses meilleures époques de visibilité pour l'année 1883 :

21 janvier,	la planète	se couche	$1^h 42^m$	après	le Soleil.
3 mars,	»	se lève	0 57	avant	»
12 mai,	»	se couche	2 9	après	»
10 juillet,	»	se lève	1 21	avant	»
28 août,	»	se couche	0 41	après	»
22 octobre,	»	se lève	1 46	avant	»

et les élongations maxima de cette planète ont lieu aux heures suivantes :

21 janvier,	1h soir,	distance angulaire	au Soleil,	18° 36′ 2″,5
3 mars,	4 »	»	»	27 13 13 ,5
14 mai,	midi,	»	»	21 55 21 ,2
1er juillet,	7 soir,	»	»	21 38 50 ,6
11 septembre,	3 matin,	»	»	26 49 20 ,4
22 octobre,	3 soir,	»	»	18 21 57 ,8

Ces calculs révèlent le fait extrêmement rare d'une différence de 2h 9m entre Mercure et le Soleil; l'époque du 28 avril au 26 mai sera particulièrement favorable pour l'observation de cette planète que l'on reconnaîtra dans le crépuscule à son vif éclat doré, rappelant la nature des feux solaires dans lesquels elle reste constamment baignée.

Ces mêmes calculs nous font voir que Mercure sera très facilement observable le soir depuis le 14 janvier jusqu'au 29; mais, pendant le mois de mars, l'observation sera presque impossible le matin, en Europe, tandis que dans l'hémisphère sud la planète se lèvera plus de deux heures avant le Soleil. Du 1er juillet au 14, Mercure pourra être vu encore le matin par un temps bien clair; mais en septembre, il sera impossible de le voir dans l'Europe occidentale, le soir après le coucher du Soleil : au contraire, les lecteurs de la Revue, habitant l'Amérique du Sud, pourront étudier cette belle planète pendant près d'un mois. Enfin, du 14 octobre au 4 novembre, Mercure sera encore visible le matin en Europe. Les observations de Mercure ne sont pas aussi rares qu'on se plaît à le dire, car en 1882, malgré des circonstances très défavorables, M. Vimont l'a observé 23 fois à l'œil nu.

Le 9 mars au matin on pourra trouver non loin de lui l'étoile δ du Capricorne, dont il s'approche ce jour-là à 1°24′ au Nord. Du 4 au 8 juillet, au matin, il passe tout près de Vénus, à moins de 2° au sud, et le 20 à 32′ au nord de Jupiter. Le 3 septembre, à 10h du soir, il se trouve à 51′ au nord de la Lune, le fin croissant de la Lune n'étant alors qu'à son second jour. Le 20 octobre au matin, il passera au sud de la belle étoile double γ Vierge.

Uranus ne peut être trouvé dans le ciel qu'à l'aide d'une carte (¹), son éclat surpassant à peine celui des étoiles de sixième grandeur, et il faut bien connaître sa position pour y parvenir. On éprouve un intérêt spécial à l'observer lorsqu'on se souvient que William Herschel, en le découvrant le 13 mars 1781, a reculé les frontières du système solaire de 364 à 732 millions de lieues. Il ne marche que très lentement, puisque sa révolution autour du Soleil ne demande pas moins de quatre-vingt-quatre ans pour s'accomplir, et son disque ne devient sensible qu'aux lunettes assez fortes (au moins 108mm). Il plane actuellement dans la constellation du Lion, qui domine sur nos têtes de janvier à juillet. Il passe en opposition avec le Soleil, ou au méridien à minuit, le 11 mars.

(¹) Les cartes du mouvement de Jupiter, Saturne, Uranus et Neptune sur la sphère céleste pendant l'année 1883 seront données dans notre prochain numéro.

Mars. Actuellement la plus intéressante pour nous de toutes les planètes, à cause des progrès si rapides que nous faisons depuis quelques années dans la connaissance de ses conditions d'habitabilité, la planète Mars se trouve en ce moment hors de notre observation. Elle est passée derrière le Soleil le 10 décembre dernier, revient lentement, et ne se trouvera encore à angle droit avec le Soleil et nous que le 31 octobre prochain.

A partir de cette époque on pourra recommencer à l'observer. Le 1er décembre, elle passe au méridien à 4^h50^m du matin et le 1er janvier 1884 à 2^h55^m. Elle n'arrivera en opposition, c'est-à-dire à sa plus grande proximité de la Terre et en ses meilleures conditions d'observation que le 31 janvier 1884.

Neptune est, pour nos observations du moins, la moins intéressante de toutes les planètes. Cependant on aime l'avoir vu au moins une fois dans sa vie, parce qu'il marque actuellement la frontière de notre système, à plus d'un milliard de lieues d'ici, et parce que sa découverte, en 1846, due au génie de Le Verrier, a été faite, selon l'expression d'Arago, « au bout de la plume » du mathématicien. Une carte spéciale est encore plus nécessaire que pour Uranus, car son pâle éclat ne surpasse pas celui des étoiles de huitième grandeur, et elle ne se traîne devant les étoiles qu'avec une désespérante lenteur, son tour du ciel demandant près de cent soixante-cinq années pour s'accomplir. — Chacun sait toutefois que cette lointaine planète est 85 fois plus volumineuse que la nôtre et qu'elle ne brille que par la lumière de notre propre soleil, qu'elle reçoit à cette distance et réfléchit dans l'espace. — Elle gît dans la constellation du Bélier et se trouve en opposition le 11 novembre.

Tels sont les aspects principaux du ciel pour l'année qui va s'ouvrir. Nous n'avons pas à parler des *Étoiles*, car leur étude peut être considérée comme constante et régulière, et chacun peut l'approfondir d'année en année : c'est l'infini à visiter. Les *Comètes*, au contraire, arrivent en général sans nous avoir prévenus et semblent glisser comme des fugues à travers l'harmonie céleste. Notre but dans cet exposé général de l'année est seulement d'esquisser les grands traits du tableau. Pour tous les détails de l'étude du ciel, on trouve ici, chaque mois, l'exposé des observations à faire, dans un article rédigé spécialement pour les observateurs.

LE CIEL EN JANVIER 1883.

L'hiver nous ramène les plus brillantes constellations du Ciel. Jupiter et Saturne, non loin de l'opposition, augmentent encore la splendeur des nuits sereines. Sirius, la plus éclatante des étoiles fixes, se lève au *Sud-Est* avec la constellation du Grand Chien. Au-dessus de lui scintille le géant Orion, surmonté du Taureau avec Aldébaran et Jupiter qui resplendit tout à côté de l'étoile ζ. Les Pléiades, et Saturne au-dessous d'elles, ont à peine dépassé le Méridien.

Tout près du *Zénith*, la constellation de Persée et la si curieuse étoile variable Algol. La Chèvre brille aussi sur nos têtes, un peu à l'est du Zénith; les Gémeaux sont au-dessous d'elle, et Procyon plus bas encore, un peu vers la droite.

A l'*Est* se lève Régulus. Au *Nord-Est* se trouve la Grande Ourse peu élevée sur l'horizon. Au *Nord*, le Dragon se développe au-dessous de la Petite

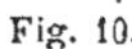

Fig. 10.

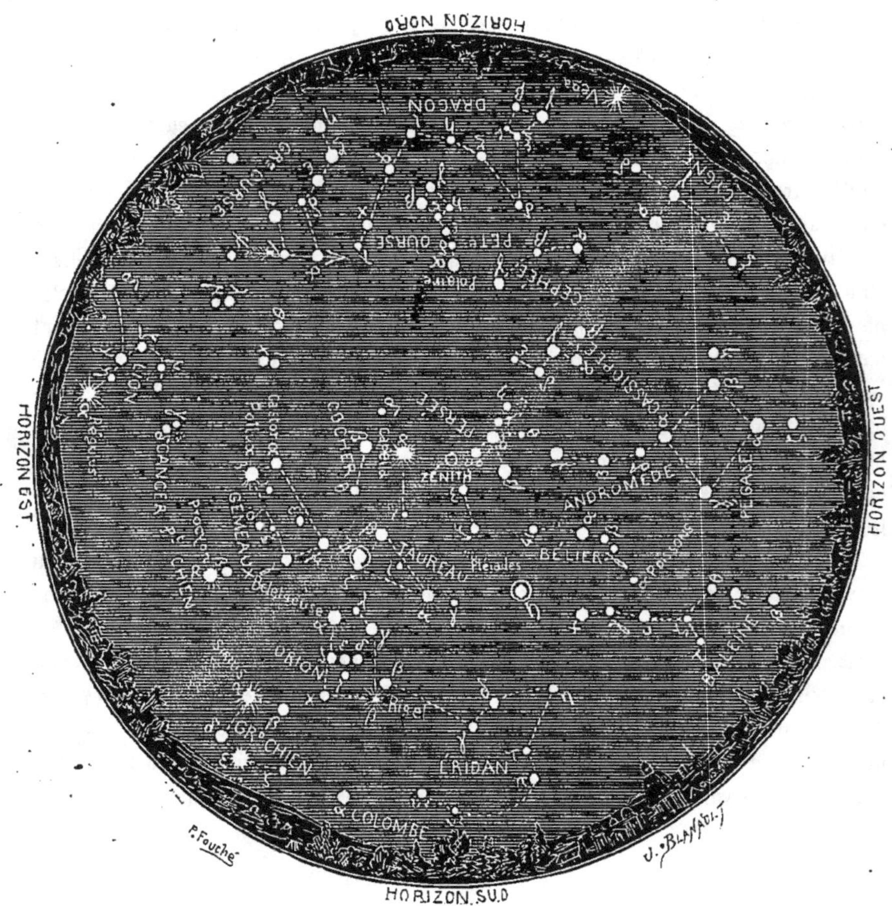

Le Ciel en janvier 1883, avec la position des planètes Jupiter et Saturne le 15.

Ourse, et Véga perce la brume un peu vers l'Orient. Au *Nord-Ouest*, le Cygne se couche au-dessous de Cassiopée, jetant ses derniers rayons au milieu de la Voie Lactée qui s'élève au-dessus de lui jusqu'au Zénith, traversant le Ciel entier du Nord-Ouest au Sud-Est.

A l'*Ouest*, le carré de Pégase descend surmonté d'Andromède, tandis qu'à sa gauche se voient les étoiles de la Baleine et du Bélier.

Au *Sud*, le fleuve Éridan.

Dans la nuit du 2 au 3 janvier, un essaim d'étoiles filantes paraît émaner d'un point situé près de l'horizon nord, entre τ Hercule et β Bouvier.

Principaux objets célestes en évidence pour l'observation.

PLANÈTES : JUPITER, SATURNE, MERCURE.

ÉTOILES :

Les Pléiades (œil nu et jumelle).
La splendide nébuleuse d'Orion (petite lunette).
Les doubles δ, λ, σ, ι d'Orion.
La variable *Algol*; l'Amas de Persée (œil nu et jumelle).
La variable λ du Taureau ; les couples écartés θ, κ, σ Taureau (jumelle); Aldébaran et son compagnon.
L'admirable couple de Castor; δ, ζ, κ des Gémeaux ; Amas M 35.
La double γ du Bélier (très belle).
L'Amas du Grand Chien.
Mira Ceti (ο Baleine).
Doubles 32 et o^2 d'Éridan.
Rouge et variable R du Lièvre.
Doubles η et ι de Cassiopée.
γ d'Andromède (double colorée, magnifique) ; nébuleuse (jumelle).
Double 14 du Cocher.
Étoile rouge μ de Céphée; étoile double et variable δ; β, κ, ξ.
L'étoile polaire.

Observations à faire.

SOLEIL. — Le Soleil se lève le 1er janvier à 7h56m pour se coucher à 4h12m; à la fin du mois, il se lève à 7h34m et se couche à 4h54m; la durée du jour augmente ainsi de 1h4m : elle est de 8h16m le 1er, et de 9h20m le 31. Il est remarquable que l'heure du lever du Soleil avance seulement de 22m, tandis que celle du coucher retarde de 42m depuis le 1er jusqu'au 31 janvier. Nous avons déjà, le mois dernier, appelé l'attention sur ces apparentes anomalies qui tiennent, comme on sait, à la variation de l'équation du temps [*voir* tome I, Numéro 7 (Septembre)]. Le fait en question est même plus accentué pendant la première quinzaine. Le 15 janvier le Soleil ne se lève que 5m plus tôt que le 1er, tandis qu'il se couche 17m plus tard. Le Soleil se rapproche rapidement de l'équateur, sa déclinaison australe est de 23°1' le 1er et de 17°24' le 31 ; elle a ainsi diminué de 5°37'.

LUNE. — Les clairs de lune sont toujours admirables. C'est le 19 janvier que la Lune s'élèvera le plus haut : elle montera cette nuit-là jusqu'à plus de 61° au-dessus de l'horizon ; ce sera entre le Premier Quartier et la Pleine Lune ; notre satellite s'offrira ainsi dans d'excellentes conditions pour les observations. Au mois de mars prochain, nous aurons terminé l'étude mensuelle des constellations visibles pendant chaque saison de l'année, et nous pourrons commencer la description détaillée de la surface lunaire que nous avons déjà promise à nos lecteurs.

PHASES			
	DQ le 1er à	0h59m	soir.
	NL le 9 à	6 9	matin.
	PQ le 16 à	0 57	»
	PL le 23 à	7 25	»
	DQ le 31 à	10 36	»

Occultations.

On pourra observer dans le mois de janvier trois occultations avant 1h du matin.

1° c' Capricorne (5e gr.), le 11 de 6h34m à 6h37m. On voit que cette occultation sera de très courte durée; l'étoile ne fait pour ainsi dire que frôler le disque lunaire, à côté de la corne australe. Elle disparaît à l'Orient, à 61° au-dessus du point le plus bas du disque lunaire, et reparaît presque au même endroit, mais un peu plus bas, à 56° seulement du même point. Ce qui ajoute encore de l'intérêt à cette occultation, c'est que l'étoile occultée est double; les deux composantes sont très écartées (3' environ); malheureusement, la plus petite est de 7e grandeur, et ne pourra être observée aussi près de la Lune qu'avec l'aide d'un instrument assez puissant. Cette occultation est représentée (*fig.* 11).

Fig. 11.

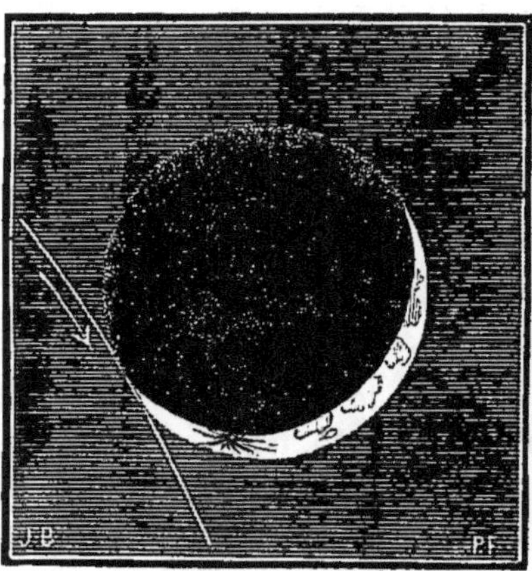

Occultation de c' Capricorne par la Lune, le 11 janvier, de 6h34m à 6h37m.

Fig. 12.

Occultation de χ Verseau par la Lune, le 12 janvier, de 5h5m à 6h 11m.

2° χ Verseau (5e gr.), le 12 de 5h5m à 6h11m. L'étoile disparaît à l'Orient à 37° au-dessus du point le plus à l'est du disque lunaire et reparaît à l'ouest à 21° du point le plus bas; la Lune est en croissant, entre la Nouvelle Lune et le Premier Quartier, de sorte que l'étoile sera occultée par la lumière cendrée (*fig.* 12).

3° 60 Cancer (6e gr.), le 23 de 10h1m à 11h18m. L'étoile disparaît à l'Orient à 28° au-dessus du point le plus bas, et reparaît à l'Occident à 59° au-dessous du point le plus élevé du disque lunaire.

Lever, Passage au Méridien et Coucher des planètes visibles pendant le mois de Janvier 1883.

		Lever.		Passage au méridien.		Coucher.	
MERCURE......	1er	8h42m	matin.	0h44m	soir.	4h46m	soir.
	11	8 50	»	1 13	»	5 37	»
	21	8 35	»	1 27	»	6 20	»
	31	7 44	»	0 50	»	5 56	»

		Lever.		Passage au méridien.		Coucher.	
VÉNUS	1er	$5^h\ 2^m$	matin.	$9^h\ 43^m$	matin.	$2^h 24^m$	soir.
	11	4 39	»	9 19	»	1 59	»
	21	4 30	»	9 6	»	1 42	»
	31	4 29	»	9 1	»	1 31	»
JUPITER	1er	2 52	soir.	10 51	soir.	6 54	matin.
	11	2 8	»	10 7	»	6 10	»
	21	1 24	»	9 23	»	5 26	»
	31	0 42	»	8 41	»	4 44	»
SATURNE	1er	1 10	»	8 27	»	3 47	»
	11	0 30	»	7 40	»	3 6	»
	21	11 50	matin.	7 7	»	2 27	»
	31	11 11	»	6 28	»	1 48	»
URANUS	1er	10 33	soir.	4 55	matin.	11 13	»
	11	9 53	»	4 15	»	10 33	»
	21	9 13	»	3 35	»	9 54	»
	31	8 32	»	2 55	»	9 14	»

MERCURE. — La planète Mercure atteint sa plus grande élongation orientale le 22 janvier à 11^h du matin; elle se trouve ce jour-là à 18°32′ à l'orient du Soleil, et se couche $1^h 42^m$ après lui, à $6^h 20^m$. On voit que Mercure se présente, le soir du 22 janvier, dans d'excellentes conditions d'observation. Si l'état du Ciel est favorable, il sera facile de le voir étinceler dans la lueur affaiblie du couchant.

VÉNUS. — Depuis son passage sur le disque du Soleil, Vénus est devenue l'étoile du matin, l'étoile du Berger, le *Lucifer* des Anciens, c'est-à-dire l'astre qui apporte la lumière. Quoiqu'elle n'atteigne sa plus grande élongation occidentale que dans le courant du mois prochain, c'est pourtant vers le 21 janvier qu'elle est le plus longtemps visible avant le lever du Soleil. Cela tient à ce que sa déclinaison australe, assez forte déjà, continue à augmenter, tandis que celle du Soleil diminue de jour en jour. Il en résulte que le Soleil reste de plus en plus longtemps au-dessus de l'horizon, tandis que Vénus y reste au contraire moins longtemps chaque jour. C'est ce qui explique pourquoi la planète continue à s'éloigner du Soleil, sans que pour cela son lever précède davantage celui du Soleil. Du 20 au 30 janvier, on pourra l'observer plus de trois heures avant le lever du Soleil. Les phases qu'elle va présenter reproduiront dans l'ordre inverse celles que nous avons fait dessiner pendant la période précédente.

Ajoutons que le croissant, au lieu d'être tournée vers l'Occident, sera tourné vers l'Orient, la région éclairée devant toujours être celle qui regarde le Soleil. C'est le matin du 11 janvier qu'elle atteindra son maximum d'éclat.

JUPITER. — Jupiter continue à briller d'un vif éclat dans le ciel du soir. Il se trouve dans la constellation du Taureau, tout à côté et au nord de l'étoile ζ. Depuis l'opposition, il s'éloigne lentement de nous, ce qui diminue quelque peu son diamètre apparent; il faut cependant remarquer que cette variation est bien moins considérable pour Jupiter que pour Mars, et surtout pour Vénus. La distance moyenne de Jupiter au Soleil est en effet 5 fois plus grande environ que celle de la Terre au Soleil : d'où il suit que si l'on représente cette dernière par 1, la distance de Jupiter à la Terre sera de 4 au moment de l'opposition et de 6 au moment de la conjonction. Cette distance et, par suite, le diamètre apparent de la planète varient donc seulement dans le rapport extrême de 4 à 6 ou de 2 à 3, tandis que le diamètre apparent de Mars varie du simple au triple, et celui de Vénus, du simple au sextuple, comme on a pu le voir par la série de figures que nous avons publiée l'année dernière.

Les coordonnées de Jupiter, le 15 à midi, sont :

Ascension droite....... 5h29m9s. Déclinaison....... 22°58′30″ N.

Jours et heures du passage de la tache rouge de Jupiter par le méridien central de la planète.

1er janvier.	10h22m soir.	12 janvier.	4h42m matin.	23 janvier.	8h58m soir.
2 »	6 14 »	13 »	10 30 »	24 »	4 51 »
3 »	12 3 »	14 »	6 23 ».	25 »	10 39 »
4 »	7 55 »	15 »	12 11 »	26 »	6 31 »
6 »	1 43 matin.	16 »	8 4 »	27 »	12 20 »
6 »	9 36 soir.	18 »	1 52 »	28 »	8 12 »
7 »	5 28 »	18 »	9 44 soir.	30 »	2 1 matin.
8 »	11 17 »	19 »	5 37 »	30 »	9 53 soir.
9 »	7 9 »	20 »	11 25 »	31 »	5 45 »
10 »	12 57 »	21 »	7 17 »		
11 »	8 50 »	23 »	13 6 matin.		

Saturne. — Comme Jupiter, Saturne a dépassé l'opposition et s'éloigne de nous; mais les variations de distance sont encore moins sensibles pour Saturne que pour Jupiter : son diamètre apparent varie seulement dans le rapport des nombres 7 à 9. Saturne passe au Méridien dans le commencement de la soirée; sa déclinaison assez forte lui permet de s'élever assez haut sur l'horizon, moins cependant que Jupiter. On le trouvera dans la constellation du Bélier, au-dessous des Pléiades, à peu près à égale distance entre δ Bélier et ξ Taureau. Ses coordonnées, le 15 à midi, sont :

Ascension droite....... 3h9m50s. Déclinaison....... 15°25′37″ N.

Uranus. — Uranus commence à être visible dans la soirée : il se lève à 10h30m environ au commencement du mois, et à 8h30m à la fin. On le trouvera dans la constellation du Lion, au sud-est de l'étoile τ.

Étoile variable. — Minima observables de l'étoile *Algol* ou β Persée.

Le 9 janvier 1h36m matin.	Le 14 janvier 7h13m soir.
11 » 10 24 soir.	31 » 12 7 »

Philippe Gérigny.

LES PIERRES TOMBÉES DU CIEL.

L'étude des pierres tombées du Ciel que l'on a quelquefois nommées

Fig. 13.

Chute d'un bolide au milieu de la campagne.

uranolithes (de οὐρανὸς, ciel et λίθος, roche) touche aux questions fondamentales de l'histoire physique de l'Univers.

A part l'importance que ces corps présentent au point de vue purement astronomique, ils intéressent encore la Géologie par leur constitution même et à un double point de vue.

D'une part, ce sont les seuls échantillons de corps extra-terrestres ou cosmiques qu'il nous soit possible d'avoir entre les mains; ils nous apportent des notions positives sur la constitution de masses appartenant aux espaces célestes. D'autre part, ils nous permettent de comparer cette constitution avec celle de la Terre; ils nous éclairent sur l'origine de notre planète, ainsi que sur la nature de ses régions souterraines, que leur profondeur rendra toujours inaccessibles à l'investigation directe.

Les évolutions par lesquelles a successivement passé notre globe depuis que la matière nébuleuse dont il dérive s'est condensée, paraissent semblables à celles qui se sont produites et se produisent encore de toutes parts dans les profondeurs de l'espace; l'histoire de notre globe est comme un résumé de l'histoire générale de l'Univers.

C'est ainsi que les météorites constituent un chapitre fondamental et nouveau de la Géologie.

Ce seul fait leur assignait naturellement une place dans notre Muséum. Actuellement (janvier 1883), la collection d'échantillons que j'y ai réunie, et qui est l'une des plus riches du monde, comprend des représentants de 307 chutes, et son poids total s'élève à 2131^{kg}.

I

Depuis longtemps, on ne peut douter que, parmi les matières qui tombent de l'atmosphère à la surface du globe, il en est dont l'origine est incontestablement étrangère à la planète que nous habitons. Leur chute se fait reconnaître à la production considérable de lumière et de bruit qui l'accompagne, à la trajectoire presque horizontale qu'elles décrivent souvent, enfin à la vitesse excessive des bolides qui les apportent.

De nombreuses chutes, qui ont été étudiées avec soin, ont permis de préciser les circonstances dans lesquelles a lieu l'arrivée de ces masses sur la terre.

Il est extrêmement remarquable que ces circonstances se reproduisent constamment les mêmes.

La chute des météorites est toujours accompagnée d'une incandescence assez vive pour donner à la nuit l'apparence du jour et pour être parfaitement sensible en plein midi. Par suite de cette vivacité d'éclat, l'arrivée des météorites peut être vue à de très grandes distances (*fig.* 13 et 14); la chute d'Orgueil (Tarn-et-Garonne), du 14 mai 1864, fut aperçue jusqu'à Gisors (Eure), à plus de 500^{km} de distance. La lumière dont il s'agit n'a, du reste, qu'une très faible durée. On pense qu'elle se produit au moment où l'astéroïde pénètre dans notre atmosphère, c'est-à-dire à une hauteur considérable que, pour la chute d'Orgueil, par exemple, on a évaluée à 65 000^{m}. C'est grâce à cette incandescence que l'on peut observer

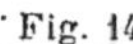

Fig. 14

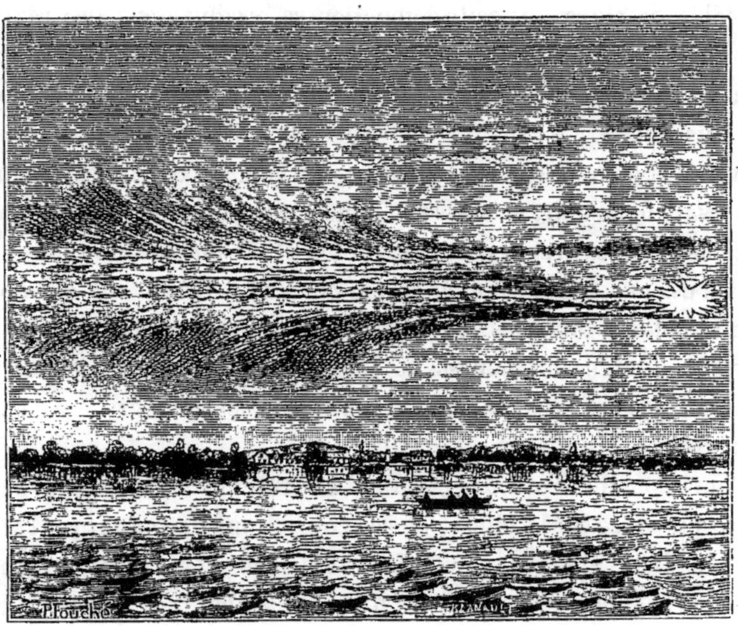

Bolide avec traînée de poussière lumineuse, observé le 27 septembre 1857.

la trajectoire des bolides, laquelle, très souvent, est peu inclinée sur l'horizon. Une trajectoire de cette nature a été particulièrement reconnue pour le bolide d'Orgueil, que nous venons de citer; marchant de l'Ouest vers l'Est, ce bolide fut suivi, à partir de Santander et d'autres localités des côtes d'Espagne, jusqu'au point de sa chute.

L'incandescence des bolides permet, en outre, d'apprécier leur vitesse, qui n'a pas d'analogue sur la terre et qu'on ne peut comparer qu'à celle des planètes lancées dans leurs orbites. Cette seule circonstance suffirait pour prouver l'origine cosmique des météorites. La météorite d'Orgueil paraissait parcourir environ 20^{km} par seconde; on a observé, dans d'autres cas, des vitesses qu'on n'a pas évaluées à moins de 30^{km}.

Constamment, l'apparition du bolide s'accompagne d'une traînée de vapeurs qui ne sont pas dépourvues d'un certain éclat lumineux.

Il n'y a pas d'exemple de chute de météorite qui n'ait été précédée d'une détonation, et même quelquefois de plusieurs. Ce bruit a été comparé par les observateurs, soit à celui du tonnerre, soit à celui du canon, suivant la distance à laquelle ils se trouvaient. Il se fait entendre sur une vaste étendue de pays, quelquefois sur plus de 100^{km} à la ronde, comme dans le cas des chutes de Saint-Amand et d'Orgueil. Si l'on réfléchit, en outre, que cette détonation se produit dans des régions où l'air, très raréfié, se prête très mal à la propagation du son, on sera convaincu qu'elle doit être d'une intensité qui dépasse tout ce que nous connaissons.

Après la détonation, on entend un sifflement dû au rapide passage des éclats dans l'air, et que les Chinois comparent au bruissement des ailes des oies sauvages ou à celui d'une étoffe qu'on déchire.

Il n'est pas inutile d'ajouter que ces phénomènes ont été observés, non seulement dans des régions très diverses du globe, mais en toutes saisons, à toutes les heures du jour, et souvent par un temps serein, sans nuages, et un air calme. Les orages, les trombes n'y sont donc pour rien.

Pour répondre à une objection qui se présente naturellement à l'esprit, en ce qui concerne la vitesse de ces corps, nous devons attirer l'attention sur une distinction essentielle. La vitesse énorme, propre au corps lumineux ou bolide que l'on voit fendre l'atmosphère, contraste avec celle, incomparablement plus faible, que possèdent les éclats, au moment de leur arrivée sur la Terre. Le bolide se comporte comme un corps *lancé* avec une vitesse initiale considérable; au contraire, les éclats qui nous parviennent à la suite de la détonation paraissent, en général, ne posséder qu'une vitesse comparable à celle qui correspondrait à leur *chute*, ralentie par la résistance de l'air.

En outre, les bolides arrivent dans toutes les directions; leur vitesse relative, toutes choses égales d'ailleurs, doit nécessairement varier, d'après l'orientation de la trajectoire, par rapport au sens du déplacement de la Terre.

Les pierres d'une même chute sont plus ou moins nombreuses et, au moment de leur arrivée, toujours brûlantes à la surface, sans toutefois être restées incandescentes. A Orgueil, il est tombé des pierres sur une

Fig. 15.

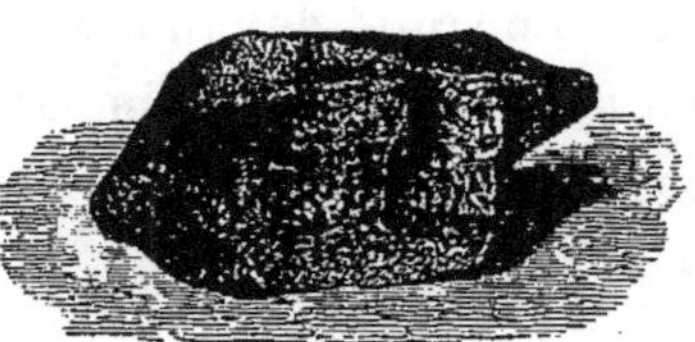

L'un des 3000 aérolithes tombés à Laigle (Orne) en 1863.

soixantaine de points compris dans un ovale dont le grand axe avait 20^{km} de longueur. La chute de Stannern, en Moravie, a donné plusieurs centaines d'échantillons et celle de Laigle en a fourni environ trois mille.

Fig. 16.

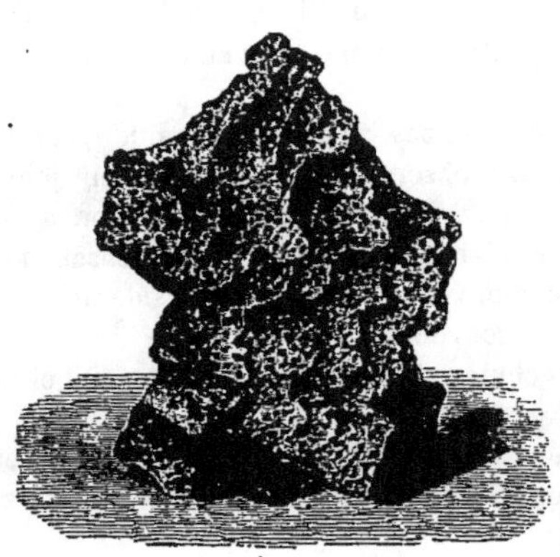

Aérolithe trouvé au Chili en 1866.

Fig. 17.

Aérolithe tombé à Orgueil le 14 mai 1864.

Ici, comme à Orgueil, l'espace recouvert par les pierres était ovale; il avait 12^{km} de longueur. Une chute observée en Hongrie, à Knyahinya, le 9 juin 1866, n'a pas été beaucoup moins abondante que celle de Laigle. La chute qui a eu lieu le 30 janvier 1868 aux environs de Pultusk, en Pologne, paraît surpasser très notablement celle de Laigle, par le nombre des pierres qu'elle a apportées et par la longueur de la zone sur laquelle elles ont été recueillies.

Souvent, les pierres d'un certain volume pénètrent dans le sol; par exemple, l'une de celles recueillies à Aumale s'est enfoncée de plusieurs décimètres dans un bloc de calcaire compact et résistant. C'est ainsi qu'un certain nombre de météorites peuvent rester enfouies et inaperques. Il en est qui se pulvérisent par leur choc sur les rochers, et dont les débris ne peuvent plus être retrouvés qu'au prix de beaucoup de recherches et d'attention. C'est ce qui a eu lieu, le 8 septembre 1868, à Sauguis-Saint-Étienne (Basses-Pyrénées).

Les phénomènes de lumière et de bruit, dont s'accompagne la chute des météorites, ayant des proportions si imposantes, ce n'est pas sans étonnement qu'on constate l'absence de tout bloc volumineux parmi les masses tombées (¹).

(¹) C'est parmi les fers météoriques qu'on trouve les poids les plus forts : on en a trouvé de 700^{kg} à 800^{kg}, comme le fer de Charcas (Mexique); le plus gros bloc de fer de Sainte-Catherine (Brésil) pesait 2250^{kg}; et l'on a également trouvé au Brésil un échantillon dont le poids a été évalué à 7000^{kg}; toutefois ce dernier lui-même ne représente pas un volume égal à 1^{mc}.

Dans les pierres, c'est seulement comme exception qu'on peut en citer de 200^{kg} à 300^{kg}. Le poids de 50^{kg} n'est pas souvent dépassé. Aucun des échantillons de la chute de Laigle n'excédait 9^{kg}, et, parmi les milliers de météorites de Pultusk, celle qu'on a mentionnée comme la plus lourde pesait 7^{kg}. Le plus gros échantillon recueilli à Orgueil était de 2^{kg}. Pour le plus grand nombre de météorites, le poids est notablement au-dessous de ces limites.

Le nombre des chutes connues de météorites n'est pas aussi considérable qu'on le supposerait, d'après la multitude de bolides qu'on a observés et qui apparaissent journellement. Celles que l'on a bien constatées, à notre connaissance, et dont on a pu recueillir les pierres, n'atteignent pas encore un millier. Dans cette sorte de recensement, on ne tient nécessairement pas compte d'un nombre bien autrement considérable de chutes, qui ne nous ont pas laissé de traces ou de souvenir.

Quelque incomplète que soit la statistique des chutes, il est bon de noter comment elles se répartissent.

Il résulte des relevés mensuels qui ont été faits, que les deux périodes d'août et novembre, remarquables par les averses d'étoiles filantes, ne paraissent pas privilégiées, sous le rapport du nombre des chutes de pierres.

Dans la distribution horaire, les variations sont plus marquées ; les chutes paraîtraient plus fréquentes le jour que la nuit.

Quant à la répartition géographique des météorites, on en a signalé dans toutes les parties du globe. Toutefois cette répartition est loin d'être uniforme ; certains points sembleraient favorisés. On sait l'abondance des fers météoriques dans plusieurs parties des deux Amériques, au Mexique, aux États-Unis, au Chili. Tandis que certains pays ne mentionnent pas de chutes de pierres ou n'en mentionnent que très rarement, comme la Suisse, d'autres pays, de même surface et qui ne paraissent pas mieux préparés à la constatation de ce genre de phénomène, en ont été souvent le théâtre : telles sont diverses régions de la France méridionale, la partie septentrionale de l'Italie et de l'Inde anglaise ; cette dernière seule ne figure pas pour moins de trente-sept chutes depuis la fin du siècle dernier seulement.

En un mois environ, du 21 décembre 1876 au 23 janvier 1877, trois chutes ont été observées sur une surface très limitée des États-Unis. Elles ont eu lieu à Rochester (Indiana), le 21 septembre 1876 ; à Warrenton (Missouri), le 21 janvier 1877 et à Cynthiana (Kentucky), le 23 janvier 1877. Une quatrième chute, dans la même région, a eu lieu le 10 mai 1879, comté d'Emmet (Yowa).

On peut dire qu'en moyenne on a trois chutes à signaler par an en Europe. Comme

Toutefois, il ne serait pas impossible que les fragments qui arrivent à la surface de notre globe ne représentassent qu'une petite partie de la masse météorique; celle-ci ressortirait parfois de l'atmosphère pour continuer sa trajectoire, n'abandonnant que quelques parcelles dont la vitesse se trouverait amortie. La chute d'Orgueil fournirait un argument en faveur de cette dernière hypothèse.

Ce que l'on remarque tout d'abord, quand on examine les pierres météoriques *entières*, c'est-à-dire telles qu'elles nous arrivent, c'est une croûte

Fig. 18.

Météorite tombée, le 30 janvier 1868, à Pultusk, près Varsovie (Pologne).

noire qui en recouvre toute la surface. Cette croûte, en général, est mate. Toutefois, dans certaines météorites alumineuses et particulièrement fusibles, elle est luisante, de manière à rappeler un vernis. Son épaisseur n'atteint pas un millimètre. Elle résulte visiblement d'une modification superficielle que la pierre a subie pendant un temps très court; c'est le résultat de l'incandescence que cette pierre a éprouvée en entrant dans notre atmosphère.

cette partie du monde représente les seize millièmes de la surface totale du globe, on arriverait, pour le globe entier, au chiffre annuel de cent quatre-vingts météorites. Si, à raison de la facilité avec laquelle le phénomène peut passer inaperçu, on porte ce nombre au triple, ce qui est sans doute bien au-dessous de la réalité, on arrive à un total de six à sept cents pour le nombre annuel des chutes.

La forme des éclats est essentiellement *fragmentaire :* ce sont des polyèdres irréguliers dont les angles et les arêtes ont été émoussés par l'action simultanée de la chaleur et du frottement (*fig.* 15, 16, 17 et 18). Jamais un corps sphérique, ou petit astre entier, n'est tombé du Ciel.

Les principales circonstances qui viennent d'être énumérées s'expliquent, en partant du fait incontestable que les bolides entrent dans notre atmosphère avec une vitesse considérable. L'air qu'ils compriment ainsi presque instantanément développe une quantité de chaleur énorme, de même que dans l'expérience si connue du briquet à air. Ce n'est donc pas le frottement, comme on l'a dit souvent, mais la *compression* subite de l'air, qui amène la surface du bolide jusqu'à l'incandescence. C'est également par cette compression que s'expliquent l'explosion du bolide, le bruit qui l'accompagne et l'amortissement de sa vitesse.

Tous les faits que nous venons d'énumérer prouvent avec évidence que les uranolithes sont des représentants de corps extra-terrestres ou cosmiques.

La première idée qui s'est présentée a été d'en chercher l'origine dans l'astre le plus rapproché de nous. C'est ainsi que Laplace et Berzélius les considéraient comme des produits projetés par les volcans lunaires.

L'hypothèse la plus généralement admise est celle que Chladni formula, avec hardiesse, dès 1794, et d'après laquelle les pierres tombées du Ciel sont des astéroïdes qui, pénétrant dans la sphère d'attraction de la Terre, sont précipités à la surface de celle-ci.

Ces astéroïdes peuvent, d'ailleurs, ne pas appartenir à notre système planétaire ; rien ne prouve qu'ils ne proviennent pas d'autres régions des espaces. Les belles études de M. Schiaparelli, qui ont si heureusement rattaché aux comètes les essaims périodiques d'étoiles filantes, apprennent, en effet, qu'il peut en être de même des météorites et des bolides, qui nous parviendraient également de régions bien plus éloignées de nous que les planètes proprement dites.

Nous examinerons dans un prochain article quelle est la constitution chimique spéciale de ces pierres tombées du Ciel.

A. Daubrée,

Membre de l'Institut, Directeur de l'École des Mines.

Suite et fin au prochain numéro.

OBSERVATIONS DE JUPITER.

Les quatre dessins de la planète Jupiter que nous mettons sous les yeux des lecteurs de *L'Astronomie* ont été obtenus avec l'aide d'un télescope de 10 pouces (0^m,25), en employant un grossissement de 212. Quelques-uns des objets qui y sont représentés offrent un intérêt particulier.

Fig. 19.

S.

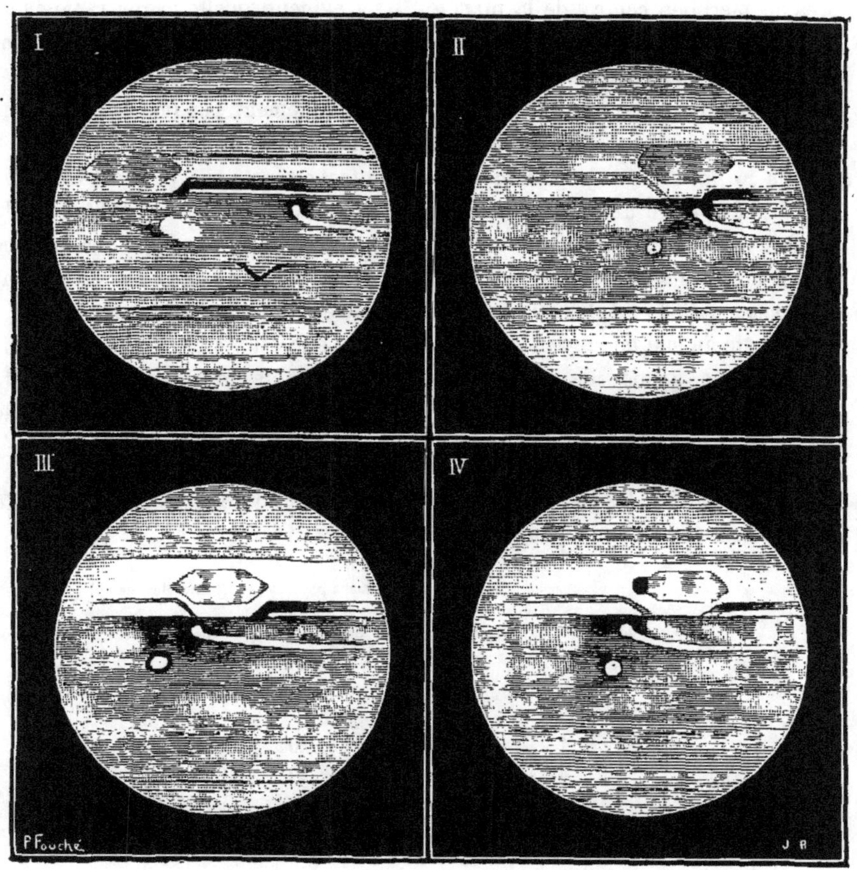

N.

I. — 25 Octobre 1882....... $17^h 50^m$. II. — 30 Octobre 1882....... $15^h 40^m$.
III. — 1er Novembre 1882.... 17 54 IV. — 3 Novembre 1882...... 19 2

Aspects de la planète Jupiter observés par M. Denning à Bristol.

Dans la *fig.* 19 (I), la tache rouge est à l'ouest du méridien central; au-dessous d'elle et à sa suite, se trouve un large espace blanchâtre, avec une tache sombre sur son bord occidental. La tache blanche se montre à l'est du centre, et il y a vers le Nord, non loin du méridien central, une curieuse marque obscure de forme angulaire.

Dans la *fig.* 19 (II), la tache blanche se voit au Nord et à la suite de la tache rouge. Son mouvement plus rapide lui a permis d'atteindre la tache rouge dans l'intervalle de cinq jours qui s'est écoulé depuis la première observation. Une autre tache blanche d'un éclat remarquable se voit très près et au nord de l'équateur, au milieu des bandes obscures qui couvrent cette région.

La *fig.* 19 (III) montre que, depuis la dernière observation, pendant un espace de deux jours, la tache blanche a dépassé le milieu de la tache rouge : elle se trouve près du méridien central de la planète. Il est évident qu'elle gagne rapidement sur l'autre tache brillante (*b*) visible au nord de l'équateur. Le large espace blanc observé à la suite de la tache rouge dans la *fig.* 19 (I) se voit maintenant auprès du bord occidental de la planète; il possède certainement, par rapport à la tache rouge, un mouvement relatif assez rapide vers l'Ouest.

Dans la *fig.* 19 (IV), le premier bord de la tache rouge arrive sur le méridien central, et l'ombre du premier satellite se projette sur lui. La tache blanche du sud de l'équateur a maintenant tout à fait dépassé la tache rouge; elle a presque atteint la tache blanche du Nord. Le large espace blanc est encore visible sur le bord occidental de la planète. Le dessin montre aussi une bande très curieuse située juste au sud de la grande bande australe; elle est visible tout autour de la planète; mais, quand elle arrive en face de l'extrémité de la tache rouge, cette bande s'incline rapidement vers le Nord pour rejoindre la grande bande australe.

Voici les heures des passages des objets étudiés par le méridien central de Jupiter, données en temps moyen de Greenwich :

Jours.			Tache rouge.	Tache blanche (*a*) au sud de l'Equateur.	Tache blanche (*b*) au nord de l'Equateur.
1882.	Octob.	25	$16^h 59^m$	$18^h 32^m$	»
	»	29	10 20	10 52	»
	»	30	16 10	16 22	$15^h 56^m$
	Nov.	1	17 54	17 40	17 22
	»	3	»	18 50	18 41
	»	4	15 22	14 25	14 23
	»	5	»	10 1	10 4

La tache blanche au sud de l'équateur est celle que j'ai suivie pendant les trois dernières oppositions de Jupiter. Elle est venue en conjonction avec la tache rouge le 31 octobre à $14^h 43^m$ environ, après avoir exactement achevé, depuis le 29 novembre 1880, à $9^h 23^m$, seize révolutions autour de la planète par rapport à la tache rouge; quant à la nouvelle tache observée au nord de l'équateur, je fus étonné de lui trouver un mouvement beaucoup plus lent qu'à l'autre tache qui est restée si longtemps visible. La tache (*b*), le nouvel objet, précédait la tache australe de 26^m, le 30 octobre; le 5 novembre, les positions étaient renversées; car, à

10h du soir, la nouvelle tache suivait l'autre de 3m. Ainsi, dans l'intervalle de six jours, s'était produite une différence de 29m dans les positions relatives des deux taches. En fait, la rotation de la deuxième tache (*b*) dure environ 9h 52m, soit à peu près 2m de plus que celle de l'ancienne tache (*a*) et 3h 30m de moins que celle de la tache rouge. Aujourd'hui que la planète s'offre si favorablement aux observations, on comprendra la nécessité de suivre avec le plus grand soin les singuliers détails de sa surface.

La dernière conjonction de la tache rouge et de la tache blanche a eu lieu le 15 décembre dernier.

W. F. Denning,
Astronome à Bristol.

LES INONDATIONS.

Les inondations qui viennent de sévir sur une grande partie de la France, sur les Pays-Bas, la Suisse, l'Allemagne du Nord, sont intimement liées au caractère météorologique de la saison d'automne sur l'Europe occidentale. L'hiver de 1881-82 avait été d'une douceur et d'une sécheresse exceptionnelles; pendant les six mois de la saison froide, la pluie tombée dans les régions du Nord de la France, atteignait à peine la moitié de la quantité qu'on y recueille habituellement. Au 1er avril, un grand nombre de cours d'eau étaient taris ou se tenaient à des niveaux excessivement bas. La Seine, à Paris, était voisine du zéro de l'échelle au pont de la Tournelle, c'est-à-dire du niveau des basses eaux de 1719, qui sont restées légendaires.

C'est un fait bien établi que les pluies d'été n'ont pas d'influence appréciable sur les rivières; l'eau qu'elles produisent est en grande partie absorbée par le sol, ou rendue à l'atmosphère par l'évaporation. Nous avons exposé ici même [1], dès le mois d'avril, les raisons qui rendaient très probable la persistance des basses eaux pendant tout l'été, quelle que soit du reste l'importance des pluies de cette saison; nous ajoutions que, si les pluies étaient faibles, on pouvait s'attendre à une sécheresse excessive.

La situation générale du temps s'est totalement modifiée en été, et, dès le mois de juin, les pluies ont été remarquables par leur persistance; mais, si elles ont réussi à conjurer la sécheresse, elles n'ont eu aucune action sur les cours d'eau qui sont restés à des niveaux très bas jusqu'au mois d'octobre dernier : la Seine, à Paris, ne s'est pas élevée au-dessus de la cote 0m,30. Les pluies du commencement de la saison froide ne sont pas non plus arrivées aux cours d'eau; mais, en saturant le sol d'humidité, elles ont eu pour résultat de *préparer* les inondations.

Il existe une relation bien nette entre les grands mouvements de l'atmosphère et la distribution des pluies dans la région soumise à leur influence. Lorsque les dépressions barométriques passent de l'Océan Atlantique sur la mer du Nord en

(1) L'*Astronomie*, n° 3, p. 103.

traversant l'Angleterre, situation qui correspond au régime des vents humides dans le Nord de la France, les pluies tombent *simultanément* sur tout le pays situé au Nord du Plateau central, depuis la Bretagne jusqu'aux Vosges, au Jura, et souvent aux Alpes. La pluie est d'autant plus abondante que le baromètre est plus bas au centre de la dépression, et que ce centre passe plus près de la Manche; son intensité en chaque point est très inégale et dépend de trois causes principales : le voisinage de la mer, la situation topographique par rapport aux vents pluvieux, et surtout l'altitude.

Cette dernière cause est prépondérante. Pour en donner une idée, imaginons une ligne qui partirait du Havre pour se diriger dans l'Est vers la Forêt-Noire; en comparant avec le relief du sol les hauteurs moyennes annuelles de pluie qui tombent sur toute la région, on constate que les variations des deux éléments sont constamment de même sens, ainsi que le montre le tableau suivant :

	Altitude.	Pluie.		Altitude.	Pluie.
Cap de la Hève	100^{m}	868^{mm}	Gray	234^{m}	720^{mm}
Yvetot	151	981	Lons-le-Saulnier	260	1017
Paris	65	570	Pontarlier	840	1105
Châlons-sur-Marne	90	595	La Rothlach (Vosges).	1000	1540
Sommet du Morvan	902	2154	Strasbourg	141	673
Langres	469	1012	Forêt Noire	1013	1300

Examinons maintenant les faits qui ont provoqué les crues de décembre et de janvier. Octobre avait donné 24 jours de pluie au parc Saint-Maur; on en compte encore 23 en novembre, et le total des pluies de ce dernier mois s'est élevé à 115^{mm}, soit environ le double de la quantité moyenne qui y tombe à cette époque de l'année. Vers la source de l'Yonne, on en a recueilli 429^{mm} dans le même temps, soit 42900^{hl} par hectare. Si l'on se rappelle que le sol était saturé d'humidité par les pluies d'octobre, on ne sera pas étonné qu'un énorme volume d'eau ait été nécessairement entraîné dans les rivières. On a vu par le tableau précédent qu'il tombe relativement peu d'eau à Paris, mais qu'il en est tout autrement vers les sources du fleuve et de ses affluents. Les pluies des environs de Paris n'ont du reste aucune influence sur les crues de la Seine; les variations de niveau du fleuve sont dues exclusivement à l'action des eaux, beaucoup plus abondantes, qui tombent sur la partie haute du bassin.

Le groupe de pluies le plus important est survenu du 12 au 15 novembre; son influence se fait rapidement sentir sur les cours d'eau, et l'on voit par le diagramme ci-contre que la Seine, à Paris, s'élève dès le 18 à près de 4^{m}; une légère baisse se produit ensuite, puis, du 24 au 29, un second groupe de pluies amène encore aux rivières une énorme quantité d'eau; enfin, dans les premiers jours de décembre, survient un nouveau groupe de pluies. La crue qui en résulte est considérable; le 7 décembre, à 8^{h} du soir, la Seine à Paris atteint la cote de 6^{m},12 au pont d'Austerlitz. Les caves des bas quartiers de la ville sont inondées et les plaines, en amont et en aval, deviennent de véritables lacs d'une grande étendue. Les pluies cessent le 8 décembre, et le niveau des cours d'eau s'abaisse progressivement jusqu'au 23; la Seine à Paris redescend à $2^m,40$; mais, dès le 21, le temps s'était remis à la pluie, et cette situation persiste jusqu'à la fin du mois. En douze jours, le niveau de la Seine arrive à dépasser celui du 7 décembre : le 5 janvier, la cote remonte à $6^m,24$. Depuis ce jour, les eaux se retirent rapidement des terrains envahis.

On a pu constater des temps d'arrêt pendant la période de décroissance des eaux, mais il est absolument rare que deux grandes crues, qui compteront parmi les plus importantes du siècle, se succèdent à un mois d'intervalle.

Fig. 20.

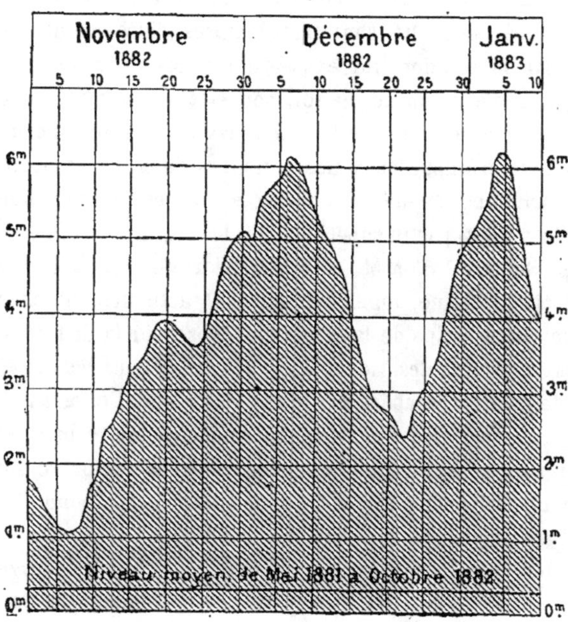

La variation du niveau de la Seine pendant les inondations.

De même que le régime des pluies, celui des crues du bassin de la Seine est commun à tous les cours d'eau de l'Ouest, du Nord et de l'Est de la France, ainsi qu'à ceux qui prennent leur source sur le versant nord du Plateau central. Nous citerons seulement les principaux cours d'eau ayant débordé simultanément pendant les dernières pluies : l'Escaut, la Lys, la Somme, la Meuse, la Moselle, le Rhin, la Saône, le Doubs, l'Ain, le Rhône, les rivières du Nord-Ouest, les affluents de la rive gauche de la Loire, la Dordogne, etc. Les Pays-Bas, la Suisse, l'Allemagne du Nord, l'Autriche occidentale ont eu également à subir le débordement d'un grand nombre de cours d'eau.

Afin qu'on puisse comparer la crue actuelle de la Seine aux crues antérieures, nous donnons ci-dessous le tableau des cotes les plus remarquables observées à Paris depuis l'époque à laquelle on a commencé à noter ces phénomènes.

février 1649.........	7^m,66	3 janvier 1802.........	7^m,45
25 janvier 1651.........	7 ,83	3 mars 1807.........	6 ,70
27 février 1658.........	8 ,81	17 décem. 1836.........	6 ,40
1690.........	7 ,55	17 décem. 1872.........	5 ,85
mars 1711.........	7 ,62	17 mars 1876.........	6 ,69
26 décem. 1740.........	7 ,90	7 décem. 1882.........	6 ,12
février 1764.........	7 ,33	5 janvier 1883.........	6 ,24

On remarquera que toutes ces crues se sont produites pendant la saison froide; nous en avons donné plus haut la raison.

Les crues de la Seine à Paris sont annoncées par les soins du Bureau hydrométrique. Les prévisions ne sont pas déduites directement des observations de la pluie, car la relation qui existe entre ces deux phénomènes est très complexe; la nature et la forme du sol, son état d'humidité, sa température ont en effet, sur la proportion de pluie qui arrive aux cours d'eau, une influence extrêmement difficile à apprécier. Les annonces de crues se déduisent plus simplement des variations de niveau observées en des points déterminés sur les petits cours d'eau de la partie supérieure du bassin. Le système d'annonces pour le bassin de la Seine est dû à M. Belgrand; il a été étendu et complété par son collaborateur M. Lemoine, ingénieur en chef actuellement chargé du service hydrométrique. Le principe de la méthode repose sur la distinction des terrains *perméables* et *imperméables*. Les pluies qui tombent sur les terrains perméables sont, en grande partie, absorbées par le sol, dans lequel elles s'infiltrent, et fournissent peu aux crues; les terrains imperméables, au contraire, à la surface desquels l'eau ruisselle, ont une influence presque exclusive sur le débit des rivières. La comparaison d'un grand nombre de crues a conduit M. Belgrand à formuler la règle empirique suivante. La montée de la Seine à Paris est à peu près égale au double de la moyenne des montées partielles observées aux principaux affluents, aux échelles suivantes : l'Yonne à Clamecy, le Cousin à Avallon, l'Armançon à Aisy, la Marne à Chaumont et à Dizier, la Saulx à Vitry-le-Brûlé, l'Aire à Vraincourt et l'Aisne à Sainte-Menehould. Ces cotes sont transmises régulièrement à Paris, au Bureau hydrométrique, et on en déduit, par un calcul très simple, la hauteur probable de la Seine à Paris. Pour donner une idée de l'approximation à laquelle peut conduire la formule, il suffira de rappeler que la crue de 1866 a été annoncée à 0^m,15 près, celle de 1876 à 0^m,05, et celle du 5 janvier 1883 à 0^m,03 près.

Il peut être intéressant de calculer le débit total de la Seine à Paris pendant les dernières inondations. M. Poirée, inspecteur général des Ponts-et-Chaussées, a calculé une table qui donne directement ce débit en fonction de la hauteur de l'eau dans le fleuve. D'après cette table, on trouve que le 5 janvier, au moment du maximum de la crue, le débit était de 1600^{mc} par seconde; le volume total de l'eau entraînée du 10 novembre au 10 janvier dépasse *cinq milliards et demi* de mètres cubes. Or, M. Boussingault, qui a analysé l'eau de la Seine pendant les différentes phases de la grande crue de 1876, a constaté qu'elle contenait 1gr,20 d'acide azotique par mètre cube pendant la montée, et 5gr,35 vers la fin de la baisse. Cet excès d'acide azotique observé pendant la décrue provient des eaux qui ont traversé les terrains perméables, où elles se sont chargées d'azotates, sous l'influence des matières organiques.

On voit d'après cela que les dégâts matériels immédiats, malheureusement si considérables déjà, ne sont pas les seules conséquences désastreuses des inondations; la quantité énorme de matières fertilisantes ainsi enlevées au sol et entraînées à la mer, constitue pour l'agriculture une perte qui se chiffre par plusieurs millions.

TH. MOUREAUX.
Météorologiste au Bureau central.

BIBLIOGRAPHIE GÉNÉRALE DE L'ASTRONOMIE.

La dernière bibliographie astronomique, celle de Lalande, avait paru en 1803. S'arrêtant au seuil du dix-neuvième siècle, elle n'était même pas complète pour la seconde moitié du dix-huitième. La revoir, la continuer en y ajoutant le tableau détaillé du mouvement scientifique, de plus en plus actif et important, de la génération présente et de celle qui nous a précédés, et en faire ainsi un ouvrage indispensable aux astronomes contemporains, tel a été le projet formé par MM. HOUZEAU, directeur de l'Observatoire royal de Bruxelles, et LANCASTER, bibliothécaire de cet établissement. Il suffit de jeter les yeux sur leur *Bibliographie générale de l'Astronomie* (1) pour constater que ce but a été pleinement atteint. Nous empruntons, à ce Catalogue méthodique des ouvrages, des mémoires et des observations astronomiques publiés depuis l'origine de l'Imprimerie jusqu'en 1880, quelques réflexions très justes sur le progrès des études scientifiques, auquel les auteurs assignent deux causes principales.

L'une réside dans le plus grand nombre de Sociétés savantes et de Revues, ainsi que dans l'habitude toujours croissante d'insérer dans ces recueils des travaux qui auraient fait autrefois l'objet de publications séparées. Mais il y a encore une autre raison, qui fait paraître l'accélération plus rapide qu'elle n'est en effet : c'est que, dans les recueils récents, les communications des auteurs sont plus divisées, plus fragmentaires, si l'on peut s'exprimer ainsi. Le mouvement plus rapide de la société contemporaine engage à publier sur-le-champ chaque observation nouvelle, chaque idée neuve, avant qu'un ensemble complet de recherches ait permis de former un tout.

Remarque intéressante, cette activité ne paraît se ressentir que fort peu des

(1) 4 vol. in-8°. Bruxelles, 1881.

événements politiques, surtout lorsque ces événements n'affectent qu'un ou deux pays à la fois. C'est ainsi que les guerres les plus désastreuses du dix-huitième siècle ne sont pas nettement marquées dans la figure ci-dessous, et que la grande Révolution française elle-même est à peine indiquée par une chute sensible en 1794. En revanche, les longues guerres du premier empire français, qui ont porté la ruine dans la majeure partie de l'Europe, ont nettement ralenti l'essor général; l'année 1815 est tombée si bas, qu'il faut remonter de près d'un demi-

Fig. 21.

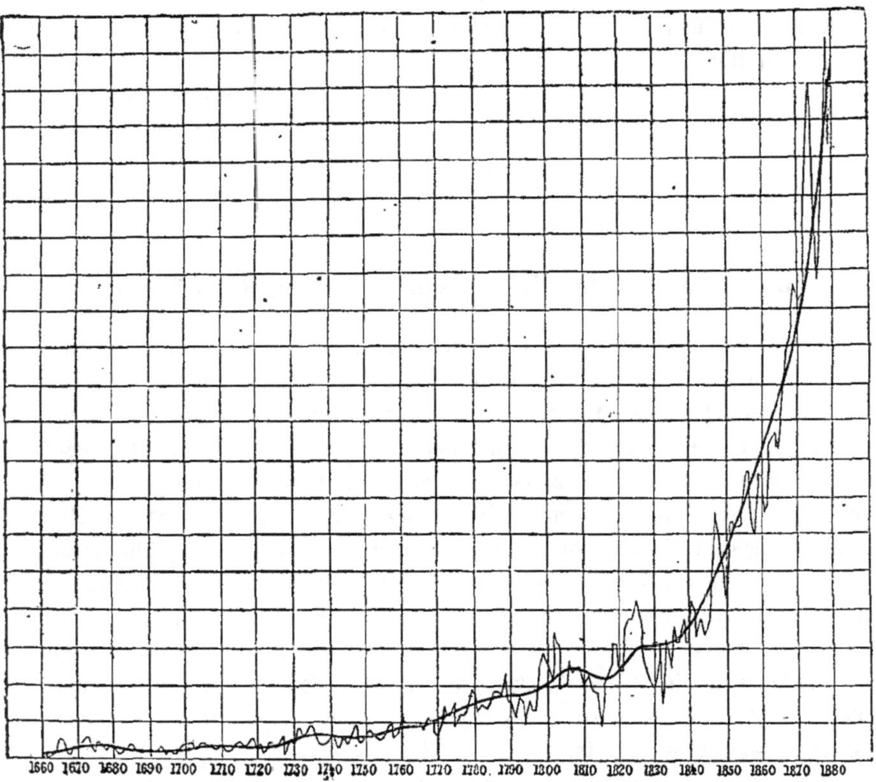

Courbe des travaux astronomiques, tracée en prenant pour hauteurs verticales, le nombre des mémoires publiés chaque année sur l'Astronomie.

siècle pour trouver une époque aussi pauvre. Mais la crise n'est pas plus tôt passée que la production intellectuelle reprend son essor : une période d'une fécondité qui n'avait pas encore été atteinte s'ouvre alors. C'est le moment où fut fondée la Société Astronomique de Londres.

On peut se féliciter de ce que les événements qui répandent la mort et la misère sur les populations n'aient pas une influence notable sur l'activité scientifique. Peut-être ont-ils une certaine action sur la direction des idées; mais c'est là une question différente, que cette statistique ne permet pas d'aborder. Il semble que les hommes d'étude obéissent à une impulsion suffisamment indépendante et se tiennent assez isolés des vicissitudes politiques pour que la Science continue sa marche, en dépit des discussions des maîtres d'empires et des différends entre les peuples.

Il est très encourageant, en même temps, de remarquer que les événements qui provoquent une production abondante sont les événements glorieux ou importants de la Science elle-même. Telle a été, par exemple, la découverte de Neptune; tel a été encore le dernier passage de Vénus.

A. — *Nombre d'auteurs par siècle.*

1601 à 1700	88
1701 à 1800	571
1801 à 1880	2901

B. — *Nombre d'articles par siècle.*

1601 à 1700	396
1701 à 1800	3479
1801 à 1880	18970

C. — *Proportion.*

1600 à 1699	4,5 articles par auteur.
1700 à 1799	6,1 »
1800 à 1880	6,6 »

D. — *Auteurs qui ont fourni plus de 100 articles* (¹).

1. Secchi	360	articles, de	1846 à 1878,	soit 10,9	articles par an.
2. Lalande	299	»	1743 à 1807,	soit 4,6	»
3. de Zach	252	»	1785 à 1832,	soit 5,3	»
4. Bessel	243	»	1805 à 1846,	soit 5,8	»
5. Flammarion	210	»	1863 à 1881,	soit 11,1	»
6. Birt	207	»	1857 à 1881,	soit 8,3	»
7. Proctor	178	»	1865 à 1881,	soit 10,5	»
8. Gruithuisen	177	»	1817 à 1850,	soit 5,2	»
9. Faye	177	»	1846 à 1881,	soit 4,9	»
10. Mädler	169	»	1831 à 1870,	soit 4,2	»
11. Le Verrier	164	»	1839 à 1877,	soit 4,2	»
12. J.-D. Cassini	143	»	1664 à 1709,	soit 3,1	»
13. R. Wolf	142	»	1844 à 1881,	soit 3,7	»
14. Laplace	135	»	1772 à 1827,	soit 2,4	»
15. Airy	134	»	1826 à 1881,	soit 2,4	»
16. Bode	124	»	1775 à 1826,	soit 2,4	»
17. Lockyer	120	»	1864 à 1881,	soit 6,7	»
18. Encke	117	»	1819 à 1865,	soit 2,5	»
19. Arago	110	»	1814 à 1853,	soit 2,8	»
20. Delambre	107	»	1783 à 1822,	soit 2,7	»
21. Heis	106	»	1847 à 1877,	soit 3,4	»
22. Euler	105	»	1735 à 1783,	soit 2,1	»
23. Hansen	105	»	1824 à 1874,	soit 2,1	»

On voit, par le Tableau A, que le nombre des auteurs a été en augmentant,

(¹) Les périodes indiquées représentent l'espace de temps pendant lequel les auteurs ont publié des travaux jusqu'en 1881.

comme celui des articles, mais dans une proportion moins rapide. Aujourd'hui, la moyenne des contributions astronomiques par un même auteur est comprise entre 6 et 7.

« Cette moyenne, écrit le savant directeur de l'Observatoire de Bruxelles, n'est ramenée au chiffre indiqué par le Tableau C qu'à cause du grand nombre des contributeurs qui ne fournissent qu'un seul article ou deux tout au plus. Les astronomes de profession, et surtout les astronomes célèbres, touchent à un grand nombre de sujets, et c'est quelquefois par centaines qu'il faut compter leurs mémoires et leurs notices. Les plus féconds, absolument parlant, ont été SECCHI, LALANDE, DE ZACH, BESSEL et FLAMMARION (voir le Tableau D ci-dessus). Mais si l'on tient compte du nombre d'années qu'a duré la carrière active, la carrière de production de chacun, on trouve que les astronomes qui ont donné le plus grand nombre d'articles par année de travail s'inscrivent dans l'ordre suivant : FLAMMARION, SECCHI, PROCTOR, BIRT, LOCKYER et BESSEL. — FAYE et LE VERRIER comptent également parmi les plus féconds.

« Ce serait ici le lieu de se demander quelles seront, dans l'ordre d'idées du bibliographe, les conséquences de cette production, arrivée à un tel degré d'activité qu'il devient à peu près impossible de se tenir au courant de la marche d'une science, et qu'il est même très difficile de suivre les progrès d'une branche spéciale et restreinte. Les bulletins bibliographiques, qui tendent à se multiplier et qui indiquent, au fur et à mesure de leur apparition, les articles contenus dans les collections, rendent moins de services pratiques qu'on ne serait tenté de le croire, par la raison qu'ils sont trop chargés. L'astronome hésite à chercher ce qui l'intéresse au milieu de centaines d'articles de Chimie, de Physique, de Géologie et de Mathématiques pures. La division devient de plus en plus une nécessité. Chaque science, chaque branche, devrait avoir son bulletin bibliographique séparé.

« Mais, en même temps, il faudrait éviter les rééditions, ou, si l'on préfère, les répétitions dans les travaux scientifiques, qui sont aujourd'hui très fréquentes. Faute de connaître ce qui a été fait, on revient à des intervalles moyens qu'on pourrait évaluer à vingt ou vingt-cinq ans, sur les mêmes idées spéculatives, déjà publiées, discutées et souvent condamnées à bon droit, après un examen approfondi, par l'une ou par l'autre des générations qui nous ont précédés.

« Le seul moyen de conserver à la Science toute sa vigueur, c'est de la débarrasser soigneusement et constamment de tout ce qui est mort. Les branches nouvelles et qui ont besoin de sève sont trop nombreuses pour que les forces des travailleurs continuent à se porter autrement qu'à titre d'étude historique sur les illusions du passé. »

La conclusion de la statistique établie par les auteurs de la *Bibliographie* est, comme on le voit, que, de tous les astronomes qui ont illustré la Science, c'est M. Flammarion qui a produit le plus grand nombre de travaux : son apport, depuis vingt ans déjà, est, en moyenne, de onze mémoires originaux par an. Nous pensons intéresser particulièrement nos lecteurs en extrayant du grand ouvrage dont nous parlons la liste des principaux sujets traités par M. Flammarion jusqu'en 1881 :

Astronomie chinoise : 1877. — Astronomie de l'Asie occidentale : 1876. — Astronomie du moyen âge : 1877. — Astronomie moderne : 1867, 1869, 1872, 1873, 1874.

Astronomie physique : 1872. — Aspects des astres : 1867. — Arcs diurnes : 1867.

Précession : 1875. — Aberration : 1875. — Réfraction dans un milieu mobile : 1875. — Mouvement géocentrique : 1873.

Théorie des éclipses : 1873.

Calcul des parallaxes : 1874.

Calendrier : 1872.

Attraction : 1872, 1874. — Masses des planètes : 1873. — Figures planétaires : 1867, 1870, 1872. — Rotation des planètes : 1873. — Cosmogonie : 1867. — Astéroïdes : 1872, 1877.

Photométrie : 1870.

Diffraction : 1873. — Scintillation : 1875.

Spectre solaire : 1869. — Analyse spectrale : 1869, 1872, 1877. — Déplacement des raies : 1875.

Photographies astronomiques : 1873, 1875. — Réflecteurs : 1873.

Passage des planètes : 1873, 1875, 1877.

Soleil. Constitution : 1867, 1869, 1873, 1874, 1875. — Taches du Soleil : 1868, 1872. — Protubérances solaires : 1875. — Le Soleil pendant les éclipses : 1872, 1873, 1874. — Rayonnement solaire : 1870. — Parallaxe du Soleil : 1873, 1875, 1877.

Transport du système solaire dans l'espace : 1872.

Planètes intra-mercurielles : 1873, 1879.

Mercure : 1877.

Vénus. Lumière cendrée : 1877. — Théorie de Vénus : 1872, 1877. — Physique de Vénus : 1872, 1876, 1877, 1879.

La Terre : 1877. — Déviation des graves : 1866. — Déviation du pendule : 1878.

Lune. Parallaxe : 1873. — Lumière de la Lune : 1873. — Photographie de la Lune : 1873. — Constitution de la Lune : 1869, 1873. — Atmosphère lunaire : 1873, 1874. — Taches de la Lune : 1867, 1869.

Mars : 1877. — Diamètre de Mars : 1877. — Aspect de Mars : 1873, 1877. — Satellites de Mars : 1879.

Jupiter : 1877. — Lumière de Jupiter : 1872. — Constitution de Jupiter : 1875, 1877.

Jupiter sans satellites : 1872. — Constitution des satellites de Jupiter : 1874, 1875, 1877. — Phénomènes des satellites de Jupiter : 1874, 1877.

Saturne : 1877. — Anneau de Saturne : 1877.

Uranus : 1877. — Lumière d'Uranus : 1877. — Aspect d'Uranus : 1872. — Satellites : 1877.

Neptune : 1877. — Constitution physique de Neptune : 1872.

Planète trans-neptunienne : 1880.

Comètes. Constitution : 1877. — Comètes et météores : 1869, 1877. — Étoiles filantes : 1874. — Fréquence des étoiles filantes : 1874. — Description des étoiles filantes : 1874. — Origine des étoiles filantes : 1869. — Théorie des météores : 1864. — Essaims de météores : 1863.

Univers stellaire : 1869, 1875, 1877.

Astrognosie : 1873.

Étoiles variables : 1869.

Mouvements propres des étoiles : 1873, 1875, 1877. — Parallaxe des étoiles : 1874.

Étoiles doubles et multiples : 1874, 1875, 1876, 1878.

Nébuleuses : 1869.

Il n'est peut-être pas inutile d'ajouter que la momenclature, pourtant si étendue, de ces mémoires, ne comprend ni les ouvrages publiés par M. Flammarion (lesquels forment un ensemble de 28 volumes), ni ses conférences, ni ses cours, ni sa collaboration scientifique aux divers grands journaux, ni ses relations de voyages aériens, etc., etc.

La liste précédente, publiée par les astronomes belges, est antérieure à la fondation de notre Revue mensuelle *L'Astronomie*; c'est dans cette publication que paraîtront désormais les recherches et les études de notre rédacteur en chef; c'est là que la plupart des points obscurs de la Science continueront à être proposés à la discussion des savants pour être mis en lumière et élucidés.

HENRY GÉVÉ.

ACADÉMIE DES SCIENCES.

COMMUNICATIONS RELATIVES A L'ASTRONOMIE ET A LA PHYSIQUE GÉNÉRALE.

Photographie de la grande Comète de 1882, faite à l'Observatoire du Cap de Bonne-Espérance par M. D. Gill.

« Les photographies de la grande Comète que j'ai l'honneur de communiquer à l'Académie ont été prises avec un objectif ordinaire à portrait, de Ross, de 2 $\frac{1}{2}$ pouces (0^m,117) d'ouverture et de 11 pouces (0^m,297) environ de foyer. Cet objectif, avec sa chambre, était attaché au contre-poids de l'axe de déclinaison d'un équatorial construit par Grubb et monté à l'Observatoire royal du Cap. Tout mouvement communiqué à l'axe de déclinaison faisait mouvoir également le tube de la lunette et la chambre photographique.

Au moyen du mouvement d'horlogerie, et en se servant des mouvements de rappel en ascension droite et en déclinaison, l'image du noyau de la Comète (ou d'une étoile) était maintenue sur la croisée de fils du micromètre de la lunette pendant l'exposition.

Les temps et les durées d'exposition ont été les suivants :

	Dates.		Milieu de l'exposition (T. m. du Cap).	Durée d'exposition.
Photographie I	1882. Octobre	19	15^h45^m	30^m
» II	» »	20	15 30	60
» III	» »	21	15 40	40
» IV	» Novembre	7	14 42	110
» V	» »	13	14 0	80
» VI	» »	14	14 15	140

Beaucoup de détails visibles sur le négatif original sont perdus dans la copie sur papier : en particulier, l'extension de la curieuse enveloppe en avant du noyau.

En raison de la netteté avec laquelle les petites étoiles sont indiquées dans les photographies V et VI, je ne doute pas que des cartes stellaires ne puissent être produites par photographie directe sur le Ciel. Dans le cas d'étoiles (objets n'ayant aucun diamètre sensible), la durée de pose varierait inversement comme le carré de l'ouverture de la lentille et serait indépendante du rapport de l'ouverture à la distance focale. Il n'y aurait, en conséquence, nulle difficulté en raccourcissant la pose ou en photographiant des étoiles beaucoup plus faibles.

Les plaques V et VI, même avec les moyens limités employés, montrent toutes les étoiles des Catalogues de Lalande et de Stone, et beaucoup d'étoiles jusqu'à la 9e grandeur. En employant une combinaison de plus long foyer par rapport à l'ouverture, il serait probablement possible d'éliminer, dans les limites nécessaires, la distorsion du champ, qui est si évidente dans les photographies et inévitable en raison de la nature de l'objectif employé. Je suis maintenant en communication avec M. Dallmeyer à ce sujet, et je me propose de donner suite à ces idées. »

M. Mouchez, en présentant ces admirables photographies, fait remarquer que ce sont les plus belles qui aient été encore envoyées jusqu'ici à l'Académie et à l'Observatoire de Paris. Les étoiles, au centre de l'image, sont réduites à un point d'une netteté remarquable, malgré la très longue durée de la pose, qui a été jusqu'à cent quarante minutes pour la sixième épreuve. On voit plus de cinquante

Fig. 22.

Photographie directe de la Comète, par M. Gill, au Cap de Bonne-Espérance.

étoiles à travers la queue de la comète. La légère augmentation de diamètre qu'on remarque dans les étoiles éloignées du centre provient évidemment de l'appareil à trop court foyer qui a été employé.

Il fallait toute l'habileté bien connue de M. Gill et la pureté du Ciel du Cap de Bonne-Espérance pour obtenir un si beau résultat, qui ne permet plus de douter maintenant qu'il sera bientôt possible de faire d'excellentes Cartes célestes par Photographie.

Parmi ces photographies, que M. l'amiral Mouchez a bien voulu nous communiquer, nous reproduisons la cinquième qui est particulièrement intéressante par la netteté des étoiles de 6e, 7e, 8e et 9e grandeur, directement photographiées. On pourrait presque y mesurer des étoiles doubles. C'est la première fois qu'un pareil résultat est obtenu.

NOUVELLES DE LA SCIENCE. — VARIÉTÉS.

LE PASSAGE DE VÉNUS.

Nous avons publié dans notre dernier Numéro [1] les résultats connus à la fin du mois de décembre sur l'observation de cet important phénomène. Nous pouvons aujourd'hui compléter ces documents par ceux qui nous ont été transmis depuis cette époque.

Et d'abord, sur nos onze expéditions françaises (Port-au-Prince — Mexique — Martinique — Floride — Santa-Cruz — Chili — Chubut — Rio-Negro — Oran — Pic-du-Midi — Avila), sept ont pu faire toutes les observations attendues. En Floride, le colonel Perrier et ses compagnons ont observé le passage tout entier et pris 600 photographies [2]. Au Mexique, M. Bouquet de la Grye a obtenu également un succès complet. A Santa-Cruz, M. Fleuriais a été favorisé par des circonstances excellentes et a entièrement rempli son programme. A Chubut, M. Hatt a observé également les quatre contacts et pris 462 photographies. Il en a été de même au Chili où M. de Bernardière a observé le passage au milieu du ciel le plus pur. La mission de Port-au-Prince est dans le même cas : M. d'Abbadie annonce de Santiago-de-Cuba que trois contacts ont été observés et qu'on a pris

[1] Voir l'*Astronomie*, numéro de janvier 1883, p. 24.

[2] M. Perrier avait reçu du service météorologique des Etats-Unis des indications qui le tenaient chaque jour au courant des prévisions pour le temps du lendemain.

Jusqu'au 5 décembre, les prévisions furent favorables. Mais, ce jour-là, l'avertissement annonça un temps nuageux pour la Floride. Notre compatriote en fut d'autant plus contrarié qu'il avait constaté la justesse des prévisions antérieures. Néanmoins, au moment du passage, et pendant qu'on faisait les observations dans des conditions très favorables, un télégramme du service météorologique annonçait l'arrivée en Floride d'un orage venu de l'Ouest. En effet, les nuages apparaissaient à l'horizon, et il n'y avait pas trois quarts d'heure que le passage de Vénus sur le Soleil avait eu lieu quand éclata la tempête annoncée.

Les observations ont été faites en Floride avec des équatoriaux de 6 et de 8 pouces. Grâce à ces instruments (dont la Commission française a eu raison de maintenir l'emploi, malgré les objections relatives aux difficultés du transport et de l'installation), nos compatriotes ont pu constater que le contact s'est opéré d'une manière géométrique, et qu'il n'y a pas eu la plus petite apparence du phénomène appelé « la Goutte noire ».

de nombreuses photographies. A Oran, M. Janssen a pris de grandes photographies du Soleil et étudié le spectre de l'atmosphère de Vénus. A la Martinique, M. Tisserand n'a pu observer que le premier contact, et, en Patagonie, M. Perrotin n'a pu, au contraire, observer que la fin du passage. Au Pic-du-Midi et à Avila, MM. Henry frères, Thollon et Gouy n'ont rien pu voir du tout.

Les expéditions anglaises ont donné également d'excellents résultats. Nos collègues d'outre-Manche avaient choisi pour stations, Madagascar, le cap de Bonne-Espérance, la Jamaïque, les Barbades et les Bermudes, combinées pour observer, avec le plus grand intervalle d'espace possible, les instants précis de l'entrée et de la sortie de la planète devant le Soleil.

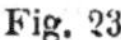

Fig. 23.

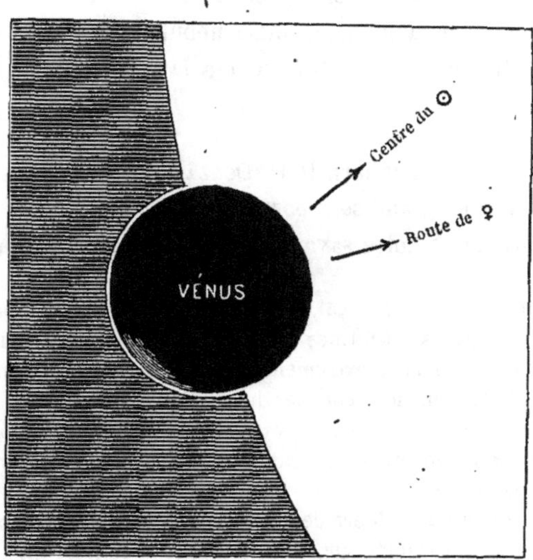

Phénomène observé par M. LANGLEY à l'entrée de Vénus sur le disque solaire.

On estime que la différence du temps noté entre les stations opposées est environ 700s, et que les observations britanniques seules suffiraient pour vérifier la distance du Soleil avec une approximation de 300 000 milles anglais, c'est-à-dire de 482 000km, ce qui est une fort belle approximation pour la distance dont il s'agit, cette distance étant, comme on le sait, de 148 000 000km.

M. Langley, directeur de l'Observatoire d'Allegheny (Pensylvanie), a fait les curieuses observations suivantes.

Lorsque la planète fut entrée de presque la moitié de son diamètre sur le disque solaire, on put apercevoir son contour extérieur tracé par une légère auréole lumineuse. De plus, on remarqua une traînée de lumière s'allongeant sur une longueur de près de 30° de la circonférence de la planète et s'étendant dans l'intérieur de son disque depuis sa périphérie jusque vers un quart du rayon. Cette lumière a été vue par moi à travers le grand équatorial muni d'un oculaire polarisant dont le pouvoir grossissant était de 244. J'ai estimé son angle de position à 178°.

Dans le même temps, mon assistant, M. Keeler, observant avec une lunette de $2\frac{1}{4}$ pouces seulement d'ouverture et un grossissement de 70 fois, aperçut la même lumière et estima sa position à 168°. L'angle de position de la planète elle-même sur le disque solaire, était approximativement de 147°; il en résulte que cette lumière énigmatique se trouvait au bout d'une ligne menée du centre du Soleil au centre de Vénus (*fig.* 23).

L'observation a été répétée plusieurs fois pendant sept ou huit minutes, malgré les nuages. Quelle que puisse être son interprétation, cette observation est certaine en elle-même.

A l'Observatoire de Milan, le deuxième contact de l'entrée a pu être observé, à travers une éclaircie, par MM. Schiaparelli, Celoria et Rajna, qui estimèrent l'instant de ce contact à $2^h57^m24^s$; $2^h57^m23^s$, et $2^h57^m21^s,5$ respectivement. Les deux premiers observateurs aperçurent, tout autour du disque de Vénus, à partir du moment où elle fut à moitié entrée sur le Soleil, une auréole lumineuse, parfaitement nette contre la planète, mais nébuleuse sur son contour extérieur. M. Schiaparelli attribue aussi cette lueur à la réfraction de la lumière solaire dans l'atmosphère de Vénus.

A l'Observatoire de Moncalieri, le P. Denza et ses collègues s'étaient préparés à observer avec le plus grand soin possible les deux premiers contacts. Voici un extrait de la relation que notre savant correspondant a bien voulu nous adresser :

Avant que le phénomène commençât, la partie occidentale du Ciel, où se trouvait le Soleil, fut encombrée de nuages stratiformes qui, en devenant tantôt plus rares, tantôt plus denses, rendaient le bord solaire extrêmement agité, et par suite rendaient l'observation incertaine. Cet état dura jusqu'au coucher du soleil.

Nous dûmes donc renoncer aux observations spectroscopiques que nous nous étions proposé de faire. Par contre, nous nous occupâmes à déterminer avec attention les instants des deux contacts.

J'observais au réfracteur de Merz de 4 pouces d'ouverture. Le grossissement employé a été de 54 pour le contact extérieur, et de 120 pour le contact intérieur.

Voici les résultats que nous avons obtenus :

Premier contact extérieur : $2^h\ 49^m\ 31^s,0$, temps moyen de Rome.
Premier contact intérieur : $3^h\ 9^m\ 54^s,4$.

L'instant du contact intérieur passé, lorsque le disque obscur de Vénus s'était déjà détaché du contour solaire, on le vit assez bien encore uni à ce dernier au moyen de la *goutte noire*. Selon nos déterminations, ce ligament se détacha complètement à $3^h\ 10^m\ 37^s\ 8$.

Je fus attentif à observer si, après le contact extérieur, on distinguait, autour du disque de la planète, l'auréole de lumière, indice de l'atmosphère de Vénus, éclairée par le Soleil; mais je ne pus rien découvrir, pas même sur la portion du contour plus rapprochée du Soleil; l'air étant toujours voilé et quelque peu agité.

Le disque de Vénus n'apparut pas entièrement noir, il avait une teinte entre le rouge faible et le jaune sombre, le contour oscillant, à cause de la trop grande quantité de vapeur dont l'influence allait toujours en augmentant à mesure que le Soleil s'approchait de l'horizon. C'est pour cela que les déterminations que nous avons prises du diamètre de la planète (67″, 12) ne sont pas trop sûres.

P. F. Denza.

M. Birmingham a observé le passage à Millbrook, Tuam (Angleterre). Lorsque la planète fut entrée de moitié sur le disque solaire, il aperçut une faible ligne courbe, lumineuse sur le bord sud-est extérieur au Soleil. Cette ligne ne tarda pas à s'allonger et à compléter la périphérie de la planète. Il semble qu'au commencement de l'observation, le point du contour de la planète où la lumière était la plus vive indiquait une atmosphère très pure et une très grande réfraction en cette contrée de la planète. L'auréole disparut aussitôt que la planète fut complètement entrée sur le Soleil; mais le tour de la planète paraissait beaucoup plus sombre que la partie centrale, laquelle était absolument noire. On n'a vu passer rien qui ressemblât à un satellite.

A l'Observatoire d'Alger, M. Trépied a fait l'observation spectroscopique des bords de la planète dans le but spécial de constater si l'on pourrait remarquer quelque absorption élective produite par l'atmosphère de la planète; il déclare qu'il n'a absolument rien pu découvrir. Toutes les lignes du spectre solaire observées se prolongeaient parfaitement nettes, quelquefois très affaiblies, mais toujours de même intensité dans toute leur longueur jusqu'au bord de Vénus.

Cette observation est en contradiction remarquable avec celles de MM. Tacchini et Millosevich à Rome, ainsi qu'avec celles de M. Ricco à Palerme (*voir* p. 28) et avec celle de M. Young à Princeton (*voir* plus loin).

M. Rozet, lieutenant de vaisseau, directeur de l'Observatoire de la marine, à Toulon, a observé l'entrée de Vénus sur le Soleil avec une lunette de 4 pouces (108^{mm}) d'ouverture et un oculaire grossissant 100 fois.

L'heure approchée du premier contact est : $2^h 21^m 38^s$.

Le second contact a présenté le phénomène de la « goutte noire » très accentué.

L'heure où les bords ont paru tangents est : $2^h 42^m 20^s$; celle où a eu lieu la rupture subite de la goutte noire : $2^h 44^m 6^s$.

Vénus paraissait entourée d'une pâle auréole.

Parmi les expéditions astronomiques étrangères, nous avons reçu tout récemment des nouvelles de la mission belge du Texas. M. Houzeau, directeur de l'Observatoire de Bruxelles, écrit de San-Antonio que, le jour même du passage, le Ciel s'est couvert de grand matin, et que, pendant longtemps, on désespéra de rien pouvoir observer. Mais heureusement le Ciel se découvrit avant la fin du passage et la sortie put être observée par un temps magnifique. On a pu prendre 120 mesures micrométriques. M. Houzeau et ses compagnons s'étaient installés au milieu d'une prairie vierge; mais ils étaient entourés de curieux venus des diverses parties du pays. Le dimanche précédent, des prières avaient été dites dans les temples protestants pour demander au Ciel du beau temps pour l'observation du phénomène.

Le passage a été entièrement observé à Cordoba (République Argentine), par MM. Gould, Davis et Thome. Les instants suivants des quatre contacts, notés par chaque observateur, mettent bien en évidence les différences personnelles et instrumentales. Ces différences montrent que cette méthode de mesure de la parallaxe solaire n'est certainement pas la plus précise des six méthodes applicables à cette solution si importante.

1er contact.	2e contact.	3e contact.	4e contact.	
9h 40m 25s	9h 59m 47s	3h 34m 45s	3h 54m 32s	Gould.
9 40 3	10 0 42	3 34 3	3 54 21	Davis.
9 40 50	10 0 27	3 33 45	3 54 5	Thome.

M. Young, observant à Princeton, à l'aide d'un équatorial de 23 pouces, a vu l'atmosphère de Vénus sous la forme d'un halo délicat entourant le disque entre le 1er et le 2e contacts. Ses observations spectroscopiques ont montré avec certitude (unmistakably) la présence de la vapeur d'eau dans cette atmosphère.

En résumé, l'ensemble des missions a été favorisé et les observations sont plus nombreuses qu'on ne l'avait d'abord espéré. Outre la vérification de la distance du Soleil, elles auront fourni à la Science cet autre résultat, non moins intéressant au point de vue de l'Astronomie physique, de confirmer l'existence de *l'atmosphère de Vénus*, déjà certifiée par un grand nombre d'observations antérieures. Lors du dernier passage (8 décembre 1874), on avait déjà pu estimer la densité de cette atmosphère qui paraît presque deux fois plus épaisse que celle que nous respirons et semble composée des mêmes gaz que la nôtre. Nos lecteurs savent que la planète Vénus a presque exactement les mêmes dimensions que la Terre et que sa principale différence avec notre patrie consiste en ce que ses années sont plus rapides et ses saisons plus marquées. Mais il semble que nous pourrions fort bien habiter cette terre voisine sans y être trop dépaysés. — C'est peut-être là que nous ferons de l'Astronomie lors du prochain passage, le 8 juin de l'an 2004.

LA GRANDE COMÈTE.

Aspect général. — Modifications. — Premières et dernières observations. — Il résulte des derniers renseignements recueillis que ce n'est ni à Rio-de-Janeiro, ni au cap de Bonne-Espérance que la Comète a été découverte, mais bien dans le golfe de Guinée où elle a été aperçue le 1er septembre par l'équipage d'un navire italien (1). On l'à observée le 3 septembre. M. Finlay l'a vue le 8 au cap de Bonne-Espérance; elle ne fut pas observée à Rio-de-Janeiro avant le 12 septembre au matin.

Nous avons reçu un grand nombre de communications relatives à cet astre magnifique.

L'une des particularités qui ont le plus frappé les observateurs, est la division si remarquable de la queue en deux zones longitudinales d'inégales longueurs,

(1) Nous devons cette intéressante communication à M. Mantovani, de Saint-Denis (Réunion).

dont la plus brillante et la plus étroite est la zone australe (MM. V. Artus à Wasmes, près Mons, de Boë et Schleussner à Anvers, Tremblay à Gignac, etc.). MM. de Boë et Schleussner ont vu ces deux zones séparées par un trait de lumière partant du noyau (*fig.* 25). L'espèce de corne que nous avons déjà signalée à l'extrémité australe de la queue s'est contournée d'une façon fort curieuse en forme d'une pointe recourbée qui, les 19 et 20 octobre, paraissait surgir de l'axe même de

Fig. 24.

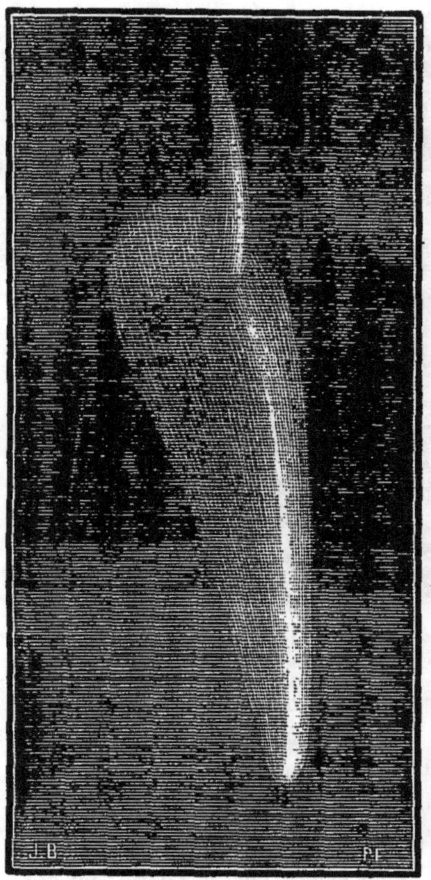

La Comète observée à Wasmes par M. V. Artus, le 19 octobre 1882.

Fig. 25.

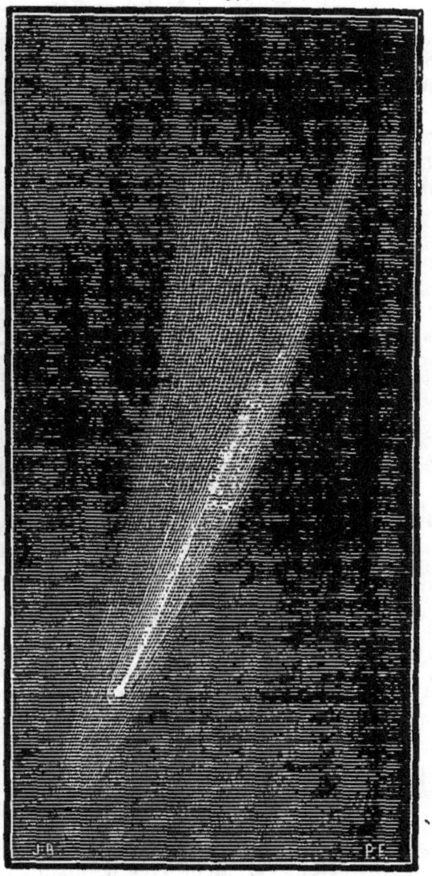

La Comète observée à Anvers, par MM. de Boë et Schleussner, le 24 octobre 1882.

la chevelure dont la partie boréale se terminait en demi-cercle. Les jours suivants, cette pointe s'est raccourcie en se rapprochant du bord austral et a fini par disparaître (*fig.* 24). (V. Artus).

Le 10 novembre, des régions plus obscures apparaissent dans la chevelure (de Boë); le 11, l'éclat général, très affaibli, est égal en moyenne aux plus brillantes régions de la Voie Lactée dans l'Aigle et le Cygne; du 18 au 21, le noyau n'est plus que de 4e ou 5e grandeur; la queue est très diffuse : il est très difficile de dire où elle finit; sa longueur est à peu près égale à la distance de β à γ d'Orion, soit environ 15°, ou même 18° d'après M. Vimont. Ce dernier observateur lui trouve une largeur de 42′ dans la partie moyenne, tandis que le diamètre de la tête est d'environ 20′. Il observe que la partie qui fait suite au noyau sur une longueur de 10° est beaucoup plus brillante que le reste de la queue et émet une lueur bleuâtre très intense et fort curieuse.

Fig. 26.

La Grande Comète dans le Ciel du 20 novembre 1882, d'après une observation de M. Tramblay à Gignac.

Le 11 décembre, l'éclat total est comparable à celui d'une étoile de 3e grandeur; la queue dont le milieu se projette sur ρ Navire, mesure encore plus de 12°. Le bord austral est toujours un peu plus brillant et plus long que l'autre, l'extrémité beaucoup plus large que la tête. (M. Tramblay).

On voit que la diminution d'éclat a été très rapide. Les dernières observations contrastent vivement avec celles du mois de novembre, dont la *fig.* 26 peut donner une idée.

A Cannes, M. C.-J.-B. Williams a observé la Comète jusqu'au 20 décembre. Jusqu'au 12, la queue parut mesurer 10° environ. Quand la Lune brillait sur l'horizon, aucune trace de la queue n'était visible. Le 20, après le coucher de la Lune, la queue mesurait 8° et l'éclat total était de troisième ou de deuxième grandeur.

A Paris, M. Detaille a retrouvé la Comète, le 2 janvier, à l'aide d'une simple jumelle. Elle était invisible à l'œil nu et n'offrait plus aucune apparence de queue; dans une lunette de 0m,75 d'ouverture, elle présentait l'aspect d'une nébulosité circulaire. Sa distance à la Terre était alors d'environ 65 000 000 lieues et sa distance au Soleil, 89 000 000. A Gignac, M. Tramblay l'a revue les 3, 6 et 7 janvier dans le triangle δεζ Grand Chien. La queue, très faible, mesure encore un peu plus de 3° de longueur; le noyau est très nébuleux; l'éclat total, de 6e ou 7e grandeur.

En Algérie, dans la province d'Oran, la Comète est restée visible à l'œil nu jusqu'au milieu d'octobre. (M. Guers).

Observations de la grande Comète à l'Observatoire de Washington. — Autorisé par le vice-amiral Stephen. C. Rowan, U. S, N, superintendant de l'Observatoire, je vous envoie un dessin de la tête de la grande Comète de 1882 (*fig.* 27), tel qu'il a été vu avec l'équatorial de 26 pouces de notre Observatoire, le 21 novembre

Fig. 27.

La tête de la Comète, observée à Washington le 21 novembre 1882.

dernier. Il peut être intéressant pour vous de le comparer avec les dessins analogues qui ont été effectués en Europe.

Il m'a paru très difficile de représenter fidèlement cette Comète; l'apparence vague et laineuse de la masse de la tête et du noyau se prête trop aisément à une exagération de la part de l'artiste. L'aspect général de la *fig.* 103, page 310 du Tome I de votre journal, donne des apparences de la tête une idée aussi exacte qu'aucun des dessins que j'ai vus jusqu'ici.

Les deux points de condensation — c'est tout ce que je puis signaler pour le moment avec certitude — me paraissent se séparer progressivement. L'un d'eux, le plus près de l'extrémité, est peut-être un peu plus brillant et plus large, et l'autre se prolonge en forme d'une pointe étroite et irrégulière dans la direction de la queue. Au moment de l'observation, la tête de la Comète était environ à 30′ à l'est du Méridien, et la puissance de l'instrument donnait un grossissement d'à peu près 200 diamètres. Le 21 novembre, je n'ai pas fait de mesure du noyau; mais le 19 novembre, la distance entre les deux points brillants dont j'ai parlé plus haut, fut mesurée avec le fil du micromètre et trouvée de 20", tandis que, le 16 novembre, elle n'était que de 18". L'angle de position du grand axe du noyau était, le 18 novembre, d'environ 310°. J'ai remarqué que le noyau est un peu excentrique par rapport à la tête, et que l'éclat de celle-ci s'affaiblit légèrement vers le Nord, près de l'extrémité.

Les observations méridiennes de la Comète (*voir* p. 69) ont été faites jusqu'au 22 novembre, à notre Observatoire. Les 19 et 20 septembre, l'observation se rapporte au centre du noyau; mais, les 15, 18, 20, 21 et 22 novembre, j'ai cherché à observer le centre principal de condensation, près de l'extrémité de la tête; mais la difficulté d'une semblable observation est considérable à cause de l'aspect vague et peu distinct que présente le noyau, quand on l'observe avec notre instrument méridien de 8 ½ pouces d'ouverture, en employant un grossissement de 186 diamètres. Les observations sont corrigées de la réfraction; elles ne le sont pas de la parallaxe.

WILLIAM-C. WINLOCK,
Observatoire Naval des États-Unis, Washington.

Segmentation du noyau de la Comète. — On vient de voir que les observations de M. Winlock signalent, dans la tête de la Comète, deux centres de condensation qui ont paru s'éloigner l'un de l'autre. Un dessin de M. W. Doberck effectué à l'Observatoire de Markree, le 12 octobre, nous montre que, dès cette époque, la

Fig. 28.

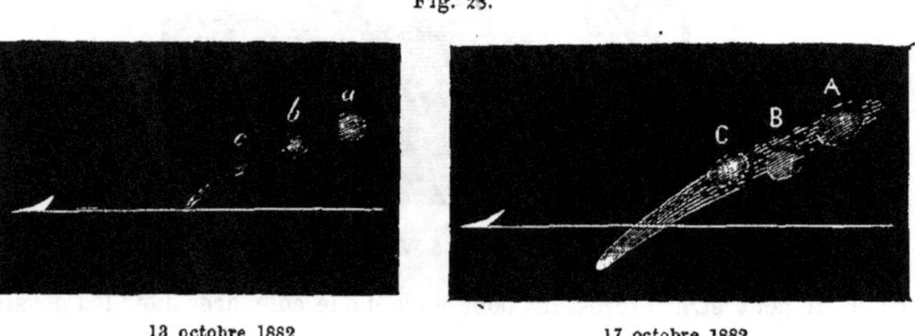

13 octobre 1882 — 17 octobre 1882

Le noyau de la Comète, d'après M. Holden.

condensation se formait en plusieurs centres : on en peut compter quatre, qui sont espacés comme un chapelet le long de l'axe, et dont l'éclat va progressivement en diminuant de la tête vers la queue; le premier est de beaucoup le plus brillant. M. Sampson, qui a suivi la Comète à l'aide d'une lunette de 26 pouces d'ouverture, a d'abord vu le noyau s'allonger en forme d'ovale irrégulier; puis un point brillant s'est montré, le 26 octobre, au centre de cet ovale. Bientôt deux nouveaux centres de condensations se sont formés, vers la pointe de l'ovale, de sorte que, le 4 novembre, on distinguait nettement, dans le noyau, trois points brillants dont les distances mutuelles ont pu être mesurées, de sorte qu'en se reportant à la distance qui nous sépare de la Comète, on a pu conclure que les deux centres extrêmes de condensation étaient éloignés dans l'espace d'environ 26 000^{km}.

A l'Observatoire de Washburn, M. Holden a vu le noyau formé de trois masses séparées qui paraissaient en ligne droite le 13 octobre; mais qui formaient une courbe le 17 octobre (*fig.* 28).

Une observation semblable a été faite à Rio-de-Janeiro par M. Cruls qui s'exprime dans les termes suivants :

« Le 15 octobre, j'ai constaté la présence, à l'intérieur de la Comète qui s'était considérablement allongée, de deux noyaux intérieurs lumineux, offrant l'aspect de deux étoiles, l'une de 7e, l'autre de 8e grandeur.

« J'ai trouvé que la distance angulaire entre ces deux noyaux était de 6",47. L'angle de position a été trouvé de 278°,3, compté du noyau le plus grand. La ligne fictive joignant ces deux noyaux déterminait fort sensiblement la direction de la queue.

« Après la constatation de l'existence de deux noyaux, je suis porté à croire que l'apparence de la queue était produite par deux queues, se projetant à peu près l'une sur l'autre, et dues aux deux noyaux centraux. »

Curieux appendice en avant du noyau. — L'espèce de gaîne qui enveloppait la Comète s'est prolongée au delà de la tête en forme d'appendice. Ce phénomène a été observé avec soin par M. Ricco, à Palerme. C'est le 8 octobre que cet appendice a commencé à se former : il dépassait alors le noyau de 26'; le 17, il mesurait 1°27'; du 20 au 24, 2°. Il est à remarquer que la formation de cet appendice coïncide avec l'allongement du noyau dont la longueur, le 12 novembre, était de 2'12". Le même phénomène nous a été signalé par MM. Zona à Palerme, Gonzalès à Bogota, et Bider à Ténérive (Madagascar).

M. Grover écrit de Dobson's Bay, à 40 milles environ de Melbourne, que ce qu'il a trouvé de plus remarquable, c'est que le noyau est complètement entouré d'une enveloppe nébuleuse qui ne suit pas la forme de la queue, mais présente, au contraire, un contour polygonal.

Le spectre de la grande Comète. — Nous avons déjà parlé des observations spectroscopiques de MM. Thollon, à Nice, et Ricco, à Palerme, et de la disparition des raies du sodium dans le spectre de la Comète. Voici le résultat des observations faites à l'Observatoire Naval de Washington :

Les 15 et 16 octobre, et les jours suivants, le spectre de la Comète se montre formé de quatre bandes séparées; la moins réfrangible est dans le jaune orangé; la plus brillante, qui vient ensuite, se trouve dans le milieu du vert; elle se termine nettement du côté le moins réfrangible et se diffuse, au contraire, en diminuant d'éclat de l'autre côté. Quand on rétrécit la fente du spectroscope, la lumière s'affaiblit progressivement, mais aucune ligne séparée ne vient se montrer, comme aurait pu le faire supposer la netteté du bord de la bande. Les deux dernières bandes, à peu près du même éclat, finissent rapidement du côté le plus réfrangible, tandis qu'elles s'affaiblissent graduellement dans l'autre direction.

On se rappelle que les premières observations spectroscopiques faites à Nice par M. Thollon, indiquaient pour le noyau un spectre continu, très brillant et très étendu du côté du violet. La tête montrait les raies du sodium très brillantes, nettement dédoublées, et paraissant déplacées vers le rouge. Cette observation fut confirmée le jour même, par une semblable de M. Lohse qui put distinguer, en outre, un grand nombre de lignes brillantes paraissant toutes déplacées vers le rouge, et parmi lesquelles celles du sodium étaient les plus lumineuses.

Le 15 octobre, cet état de choses est entièrement changé. Sans doute, les modifications se sont opérées par degrés, et dépendent de la distance de la Comète au Soleil. Les premières observations faites le 18 septembre, quand la Comète était encore tout près du Soleil, indiquaient un spectre continu dû à la grande quantité de lumière réfléchie, tandis que les raies brillantes provenaient des vapeurs développées par la chaleur intense du Soleil. Le 15 octobre, le spectre rappelle celui de la Comète de 1868; des lignes du sodium, il ne reste aucune trace, quoique le spectre contienne encore des rayons dont la réfrangibilité est à peu près la même. La chevelure de la Comète donne un spectre très faible qui paraît continu, et dont l'éclat maximum est dans le vert.

Des modifications analogues, mais s'effectuant dans l'ordre inverse, ont été observées dans le spectre de la comète Wells, à cela près cependant que le noyau donna toujours un spectre continu dans lequel les raies du sodium apparurent quand la Comète s'approcha du Soleil.

W. T. SAMPSON,
Commender U. S. N.

Ces observations confirment celles de M. Ricco, à Palerme (*voy.* l'*Astronomie*, novembre 1882, p. 324). Le spectre était changé dès le 25 septembre.

L'Aurore boréale du 17 novembre. — L'Aurore boréale du 17 novembre dernier est une des plus remarquables que l'on ait observées en Europe depuis celle du 4 février 1872. Elle était formée de franges d'un rose clair dont la teinte a bientôt passé au rouge vif. La couleur, du reste, semble avoir beaucoup varié, car certains observateurs l'ont vue orangée et même jaunâtre. Une particularité qui a signalé cette aurore, c'est la présence de plaques d'un rouge vif, et la production de traînées lumineuses très blanches traversant le fond lumineux de l'aurore. Voici le résumé des observations qui nous sont parvenues :

A Ploërmel, l'aurore s'élève jusqu'à 40° ou 45°, sur une étendue de 100° à 128° de l'Est à l'Ouest. Vers $6^h 15^m$, une bande blanche horizontale se forme vers 35° de hauteur; elle s'avance rapidement vers l'Ouest et disparaît. Un beau rayon de 2° à 3° de large apparaît de temps en temps le long du Méridien. Les étoiles de la Grande Ourse ne se voient pas à travers la lueur rougeâtre de l'aurore. (M. MARTIAL).

— Le phénomène paraît avoir commencé vers 5^h ou $5^h 30^m$, temps moyen de Paris, et s'être terminé vers 7^h. M. Vincent, à Vaux-sous-Aubigny, n'a pu l'observer que quelques minutes; à Cannes, l'aurore a disparu au bout d'une demi-heure. A Merindol (Vaucluse), elle a duré de $5^h 30^m$ à $6^h 30^m$. Le centre d'intensité maximum s'est déplacé plusieurs fois pendant la durée du phénomène.

A Dormans (Marne), le maximum d'éclat a été observé à $5^h 15^m$ (M. PIOT-FAYET.) A Saint-Mandé, M. Dressner a pu l'observer quelques instants, malgré les nuages.

Elle était si brillante qu'on aurait cru que la Lune était derrière les nuages. A Imola (Italie) l'aurore a paru d'un rose *uniforme*.

M. Maggi, directeur de l'Observatoire de Volpeglino, l'a observée à partir de 5^h45^m (temps de Rome); des colonnes jaunâtres d'environ 15° de hauteur sur 8° de large surgirent comme par enchantement, tandis qu'à la base un secteur de 45° répandait une lueur bleu pâle qui, se projetant sur les Alpes, en illuminait vivement les sommets. — Le Ciel entier paraissait enflammé.

A Laon, le phénomène a commencé à 5^h40^m et a pu être observé dans toute sa splendeur. On a vu s'élever une colonne de lumière violette sur un fond jaune pâle, puis des rayons verticaux qui s'élançaient rapidement du sol; puis enfin, une sorte de langue de feu de couleur jaunâtre, mesurant 4° de largeur sur 40° de longueur, s'est élevée subitement à l'horizon Est et a traversé rapidement toute la partie supérieure de l'arc pour aller s'enfoncer sous l'horizon Ouest, semblable à un fantastique serpent lumineux glissant sur la lueur de l'aurore en moins de *une minute et demie*. Le Ciel est resté légèrement lumineux toute la nuit. Le peuple ignorant des environs de Laon a été, paraît-il, fort effrayé de l'apparition de l'aurore boréale, qu'il considérait comme un présage funeste, tant les superstitions les plus grossières ont encore d'empire sur l'esprit des masses, malgré les progrès de la Science et de l'Instruction publique. (M. J. Dupire).

Une particularité fort curieuse de l'aurore du 17 novembre est l'apparition fort rare d'un arc lumineux traversant le Ciel entier de l'Est à l'Ouest en passant par le zénith. Cet arc gigantesque fut observé par M. Montigny, directeur de la classe des Sciences de l'Académie royale de Belgique : Le phénomène commença par deux lueurs d'un blanc laiteux qui s'élevèrent presque en même temps, l'une à l'Ouest, l'autre à l'Est, jusqu'à venir se rejoindre au zénith.

Cette même aurore a été observée à Cherbourg par M. Lamarre, à Saint-Brieuc par M. Le Goz, à Quévy (Nord) par M. van Oordt, à Albi par M. de Lalagade, à Lille par M. Dubois, à Mèze par M. Rouquette. Elle paraît avoir été un phénomène général pour tout l'hémisphère Nord. On l'a observée en Italie, en Angleterre, en Allemagne et même en Amérique.

Du reste, elle n'est pas la seule que nous ayons à signaler; on en a vu le 13 en Danemark, le 12, le 13, le 14, le 15, le 16, le 17 et le 19 à York, en Angleterre, et, en France même, une seconde aurore a été observée à la suite de la première, dans la même nuit, vers 4^h du matin. A Gray, un arc lumineux à large base fut remarqué vers 3^h du matin; quelques instants après, cet arc devint le siège d'une agitation lumineuse qui en fit un magnifique spectacle; de longues bandes roses se détachaient de l'horizon et s'élevaient en forme d'éventails ou de panaches. La même aurore a été vue par M. Haireaux à Guincourt (Ardennes), et, à Rome, par M. Tacchini qui a observé trois apparitions successives de l'aurore, dans la soirée, à minuit et à 1^h du matin.

Perturbation magnétique et taches solaires. — Il est véritablement bien remarquable que les aurores boréales de forte intensité se produisent toujours au moment où la surface solaire est en proie à une agitation considérable. Le 17 novembre, une tache énorme était visible sur le disque du Soleil, comme il résulte de nombreuses observations. Cette tache avait une telle étendue qu'on pouvait facilement la voir à l'œil nu. Elle a été observée par M. Bruguière à Marseille, dès le 15, et par M. Dressner à Saint-Mandé.

M. Maggi, dont nous avons cité la belle observation de l'aurore, a compté, dans la journée du 10 novembre, jusqu'à 17 taches partagées en trois groupes. Le 17, le nombre et la grandeur des taches avait encore augmenté. De plus, leur forme et leur aspect se modifiait avec une extrême rapidité. En Angleterre, on observait,

Fig. 29.

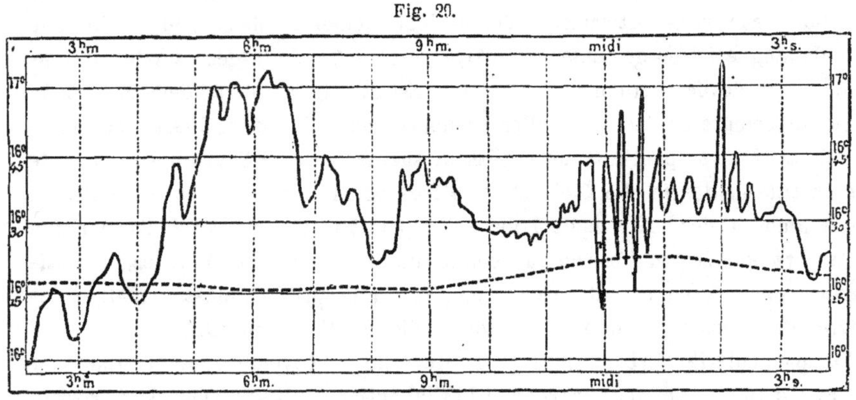

Perturbation magnétique du 20 novembre 1882. — Variations de la déclinaison de l'aiguille aimantée.

le 16, une énorme tache devant laquelle on voyait passer des points lumineux elliptiques venant du Nord-Ouest du bord solaire.

Des perturbations magnétiques considérables ont, comme toujours, accompagné l'aurore boréale. D'après M. Renou, on peut partager ces perturbations en trois périodes : la première commence dans la nuit du 11 au 12, elle dure jusqu'au 14. La deuxième est de beaucoup la plus importante : elle débute brusquement le 17 à $10^h 30^m$ du matin et se continue sans interruption jusqu'au 19, à 6^h du matin, avec un maximum de déviation dans la nuit du 17 au 18. La rapidité et l'amplitude des oscillations de l'aiguille aimantée sont indiquées par la *fig.* 29 qui représente la 3e période d'après les observations de M. Moureaux à l'Observatoire du Parc de Saint-Maur. Pour qu'on puisse mieux se rendre compte de l'importance de la perturbation, on a figuré en trait ponctué l'une des courbes de déclinaison obtenues dans une période ordinaire de calme.

LE CIEL EN FÉVRIER 1883.

C'est peut-être au mois de février que le Ciel étoilé resplendit sous l'éclat de ses plus magnifiques richesses. La Voie Lactée s'étend comme un pont gigantesque du Nord-Nord-Ouest au Sud-Sud-Est en passant un peu à l'Occident du zénith. La Grande Ourse, la Polaire, Cassiopée, Persée, le Taureau, les Gémeaux et le Lion forment, autour du zénith, comme une immense ceinture d'astres étincelants. Ajoutons que le magnifique Orion suivi de l'éclatant Sirius resplendit presque dans le Méridien tandis que le Cœur de l'Hydre scintille au *Sud-Est*.

Au *Sud-Ouest*, le Fleuve Eridan et la Baleine descendent lentement sur l'horizon, pendant qu'Aldébaran répand sa lueur rutilante au-dessous de Jupiter qui vient à peine de dépasser le Méridien.

Fig. 30.

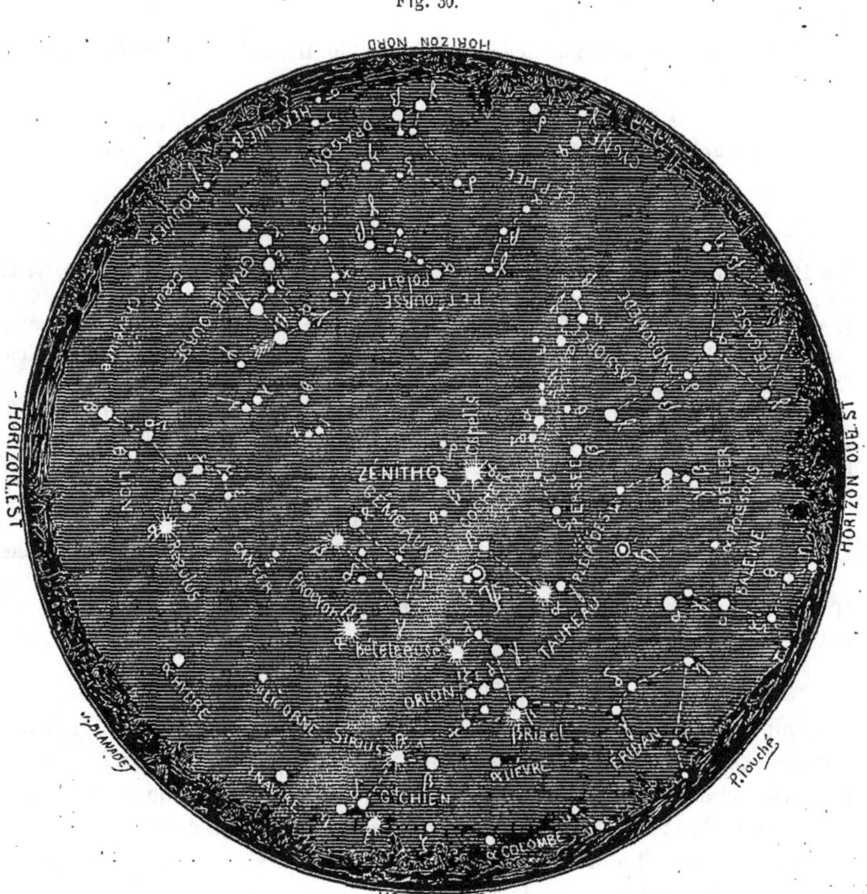

Aspect du Ciel au mois de février 1883, avec la position des planètes Jupiter et Saturne le 15.

A l'*Ouest*, on rencontre, en descendant, d'abord la Chèvre, tout près du zénith, puis le curieux Algol, et les Pléiades à sa gauche; le Bélier, avec Saturne dont la lumière plombée va bientôt disparaître dans les feux du couchant.

Au *Nord-Ouest* se couche le carré de Pégase au-dessous d'Andromède, et, plus au Nord encore, le Cygne, qui ne reste que bien peu de temps invisible au-dessous de l'horizon.

Au *Nord-Est*, le Dragon, la Grande Ourse et le Bouvier qui se lève. Arcturus ne se montrera qu'assez avant dans la nuit.

A l'*Est*, la Vierge s'élève lentement au-dessus des brumes de l'horizon, surmontée de Régulus et du Lion.

L'Hydre et le Navire étincellent non loin de la Voie Lactée, peu au-dessus de l'horizon *Sud-Ouest;* tandis qu'au *Sud* même, glissent le Grand Chien et la Colombe, au-dessous du géant Orion.

La lumière zodiacale commence à devenir visible. Il faut la chercher à l'Occident, peu de temps après le coucher du Soleil.

Principaux objets célestes en évidence pour l'observation.

PLANÈTES : JUPITER, SATURNE, URANUS.

ÉTOILES :

Les Pléiades (œil nu et jumelle).
La nébuleuse d'Orion (petite lunette).
Les doubles écartées θ, σ, κ Taureau (jumelle). Aldébaran ; τ, φ.
La variable λ Taureau.
Castor; δ, ζ, κ Gémeaux.
Les doubles γ du Bélier et α des Poissons.
Les doubles δ, λ, σ, ι Orion.
L'amas de Persée. — *Algol.* — ε et η Persée.
γ Andromède (double colorée). — Nébuleuse.
Mira Ceti.
Les doubles 32 et o' Eridan.
L'amas du Cancer. Les doubles θ, ι; la triple ζ.
L'amas des Gémeaux.
L'amas du Grand Chien. ζ du Grand Chien.
Rouge R du Lièvre.
Licorne : 30; variable et double 15 S.
Double ε de l'Hydre, sous le Cancer.
Régulus. — Les doubles γ et 54 Lion.
Cœur de Charles (double colorée).
Chevelure de Bérénice.
Mizar. Étoile rouge μ de Céphée. Variable et double δ. — β, κ et ξ.
Doubles η, ι, Cassiopée. — La Polaire.

Observations à faire.

SOLEIL. — Le Soleil se lève, le 1er février à 7h33m du matin, pour se coucher à 4h55m du soir; le 15, il se lève à 7h11m et se couche à 5h19m; enfin, le 28, il reste sur l'horizon de 6h47m à 5h40m. La durée du jour, qui est ainsi de 9h22m, le 1er; de 10h8m, le 15, et de 10h53m, le 28, augmente pendant le mois de février de 1h31m. Le Soleil se rapproche rapidement de l'Équateur. Sa déclinaison australe, qui est de 17°7', le 1er; n'est plus que de 7°59', le 28.

Les taches solaires méritent toujours l'attention la plus soutenue de la part des observateurs.

LUNE. — Nous voici dans la saison où la Lune s'offre à nos observations dans les conditions les plus favorables. Le Premier Quartier s'élève déjà beaucoup au-dessus de l'horizon et les amateurs d'Astronomie pourront admirer dans tout leur éclat les magnifiques jeux d'ombre et de lumière que font les rayons du Soleil en tombant sur la surface si accidentée de notre satellite. On peut affirmer que la Lune en quartier, avec ses plaines sombres, ses montagnes étincelantes projetant des ombres d'un noir de poix, ses cratères aux cavités obscures et mystérieuses, ses longues crevasses qui s'étendent, comme d'énigmatiques sillons, presque du Pôle à l'Équateur, présente l'un des spectacles les plus admirables qu'il soit donné à l'œil humain de contempler, parmi toutes les merveilles que nous offre la profondeur nocturne des cieux, aussi bien que l'éclat des paysages terrestres.

PHASES .... { NL le 7 à 6ʰ20ᵐ soir.
PQ le 14 à 10 4 matin.
PL le 22 à 0 28 »

Occultations.

Trois occultations pourront être observées dans la première moitié de la nuit pendant le mois de février :

1° 1563 B, A, C (6ᵉ gr.), le 15 de 10^h18^m à 11^h25^m. L'étoile disparaît à l'Orient, à 39° au-dessous du point le plus haut, et reparaît à l'Occident, le long du bord éclairé, à 63° au-dessus du point le plus bas du disque lunaire.

2° χ^2 Orion (5-6ᵉ gr.), le 16, de 6^h4^m à 7^h6^m. L'étoile disparaît à 4° au-dessus du point le plus à gauche (Est) du disque lunaire, et reparaît à droite (Ouest) à 34° au-dessous du point le plus haut (*fig.* 31). L'étoile χ^2 Orion, que nous avons déjà vue occulter plu-

Fig. 31.

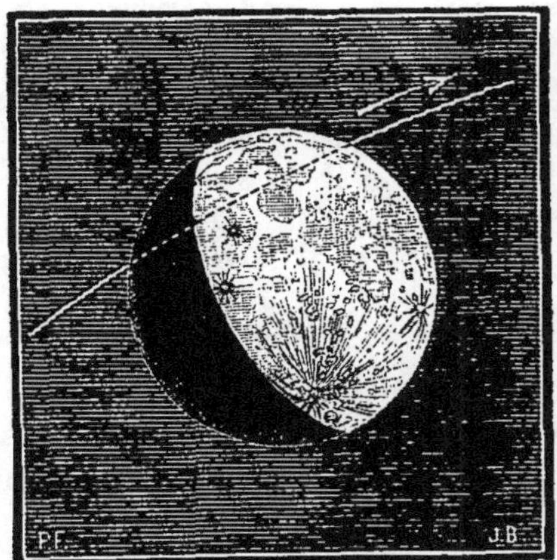

Occultation de χ^2 Orion par la Lune, le 16 février, de $6^h\,2^m$ à $7^h\,6^m$.

Fig. 32.

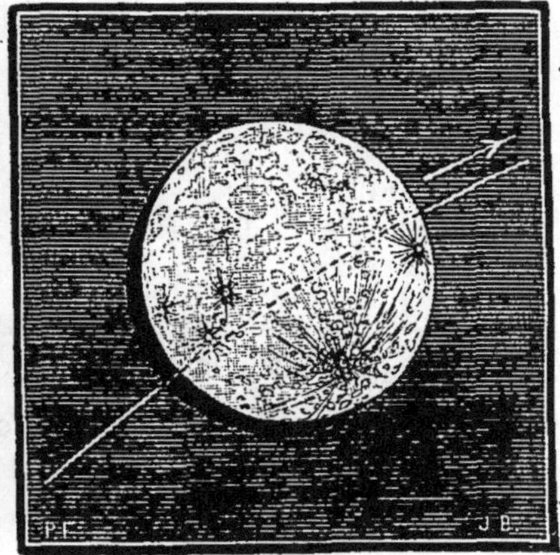

Occultation de ω Lion, le 20 février de $9^h\,29^m$ à $10^h\,37^m$.

sieurs fois après χ^2, ne fera ce mois-ci que frôler le disque lunaire à 3',6 du bord, en un point situé à 32° à droite (Ouest) du point le plus élevé du disque lunaire. Ce phénomène se produira le 16 février à 11^h28^m du soir.

3° ω Lion (6ᵉ gr.), le 20, de 9^h19^m à 10^h37^m. La Lune rencontre cette étoile à 23° au-dessus et à gauche (Est) du point le plus bas de son disque, et la laisse reparaître à droite, à 17° au-dessus du point le plus à l'ouest. Ce qui ajoute de l'intérêt à cette occultation, c'est que l'étoile ω du Lion est une étoile double dont les composantes très serrées ne sont distantes que d'une demi-seconde. Un instrument puissant est nécessaire pour les séparer. Cette occultation est représentée (*fig.* 32).

Ajoutons enfin une appulse qui se produit le 19 à minuit 5^m. A^1 du Cancer (6ᵉ gr.) ne passera qu'à 0',9 du bord de la Lune, tout près du point le plus élevé du limbe. Ce qui rend les appulses intéressantes, c'est que l'étoile, qui à Paris ne fait que raser le disque lunaire, peut être occultée en d'autres régions. L'étoile A^1 du Cancer sera certainement occultée pour des lieux situés non loin au sud de Paris.

Lever, Passage au Méridien et Coucher des planètes visibles pendant le mois de février 1883.

		Lever.		Passage au méridien.		Coucher.	
MERCURE......	1er	7h39m	matin.	0h46m	soir.	5h54m	soir.
	11	6 29	»	11 24	matin.	4 19	»
	21	5 54	»	10 37	»	3 21	»
	28	5 46	»	10 29	»	3 12	»
VÉNUS........	1er	4 29	»	9 0	»	1 30	»
	11	4 32	»	9 0	»	1 27	»
	21	4 36	»	9 3	»	1 31	»
	28	4 37	»	9 7	»	1 37	»
JUPITER.......	1er	0 38	soir.	8 37	soir.	4 40	matin.
	11	11 58	matin.	7 56	»	3 59	»
	21	11 18	»	7 17	»	3 20	»
	28	10 52	»	6 51	»	2 54	»
SATURNE......	1er	11 7	»	6 24	»	1 44	»
	11	10 28	»	5 46	»	1 7	»
	21	9 50	»	5 8	»	0 30	»
	28	9 24	»	4 42	»	0 2	»
URANUS.......	1er	8 28	soir.	2 51	matin.	9 10	matin
	11	7 47	»	2 11	»	8 30	»
	21	7 6	»	1 30	»	7 50	»
	28	6 36	»	1 1	»	7 22	»

MERCURE. — Mercure peut être aperçu le matin, assez difficilement il est vrai, quelque temps avant le lever du Soleil.

VÉNUS. — Vénus brille le matin : elle s'éloigne du Soleil et atteint sa plus grande élongation le 16 à 6h du matin. Elle est, ce jour-là, à 46°45′ à l'Ouest du Soleil, et se lève à 4h34m, plus de deux heures et demie avant le Soleil.

JUPITER. — La planète Jupiter continue à s'éloigner de nous; cependant son éclat ne diminue qu'assez peu : elle est toujours l'astre le plus brillant du Ciel. On a vu, par les belles observations de M. Denning, quel est l'intérêt qui s'attache à l'étude de la surface de cette gigantesque planète. Nous ne saurions trop recommander à ceux de nos lecteurs qui aiment à observer les phénomènes célestes, de chercher à retrouver et à suivre les deux curieuses taches blanches dont parle M. Denning. Malheureusement, les périodes de révolution de ces singuliers objets ne sont ni assez sûres, ni assez invariables pour que nous ayons cru devoir calculer les heures de leur visibilité. Chacun pourra faire ce calcul facilement, d'après les indications de M. Denning. Nous nous contenterons de donner, comme à l'ordinaire, l'éphéméride de la tache rouge, que nous avons calculée en profitant des observations de cet habile astronome pour rectifier la période qui nous avait servi jusqu'ici.

Jours et heures du passage de la tache rouge de Jupiter par le méridien central de la planète.

1er	février.	11h34m soir.	11	février.	10h 2m soir.	21	février.	8h29m soir.
2	»	7 26 »	12	»	5 54 »	23	»	10 10 »
4	»	1 15 matin.	13	»	11 42 »	24	»	6 3 »
4	»	9 7 soir.	14	»	7 35 »	25	»	11 51 »
5	»	4 59 »	16	»	1 23 matin.	26	»	7 43 »
6	»	10 48 »	16	»	9 16 soir.	28	»	1 32 matin.
7	»	6 40 »	18	»	10 56 »	28	»	9 24 soir.
8	»	12 29 »	19	»	6 49 »			
9	»	8 21 »	20	»	12 37 »			

La planète Jupiter se trouve toujours dans la constellation du Taureau, à côté et au Nord-Ouest de l'étoile ζ. Ses coordonnées, le 15 à midi, sont :

Ascension droite...... 5h22m25s. Déclinaison....... 22°58'20" N.

Pendant toute l'année, la planète Jupiter va rester dans les constellations du Taureau et des Gémeaux : son mouvement rétrograde jusqu'en février, devient alors direct et redevient rétrograde au commencement de novembre comme on peut le voir d'après la carte ci-jointe, (*fig.* 33) qui représente les mouvements apparents de Jupiter et Saturne pendant l'année 1883, et que le défaut d'espace nous a empêché de publier le mois dernier en même temps que l'article consacré aux phénomènes astronomiques les plus importants de l'année. (*Voir* T. II, n° 1, p. 34.)

SATURNE. — Saturne va bientôt disparaître : il passe au Méridien à peu près au coucher du Soleil et se couche peu après minuit. On le trouve toujours dans la constellation du Bélier, tout près de celle du Taureau, au-dessous des Pléiades. Saturne, les Pléiades et Aldébaran forment dans le Ciel un magnifique triangle

Fig. 33.

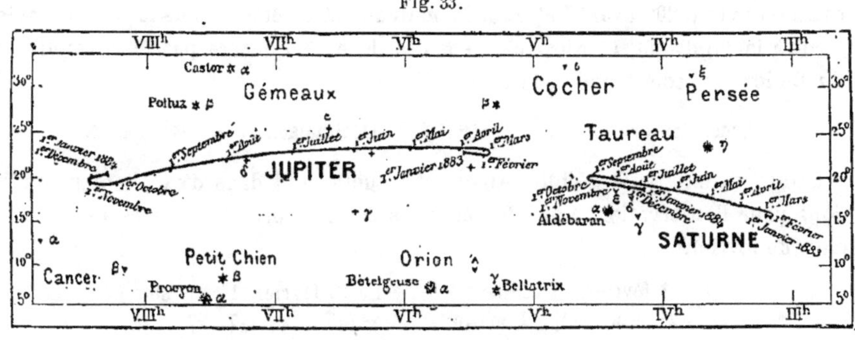

Mouvements et positions de Jupiter et Saturne pendant l'année 1883.

rectangle dont l'angle droit a son sommet dans les Pléiades. Les coordonnées de Saturne, le 15 à midi, sont :

Ascension droite...... 3h12m4s. Déclinaison....... 15°43'50" N.

Saturne reste toute l'année dans la constellation du Taureau. Son mouvement,

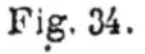

Fig. 34.

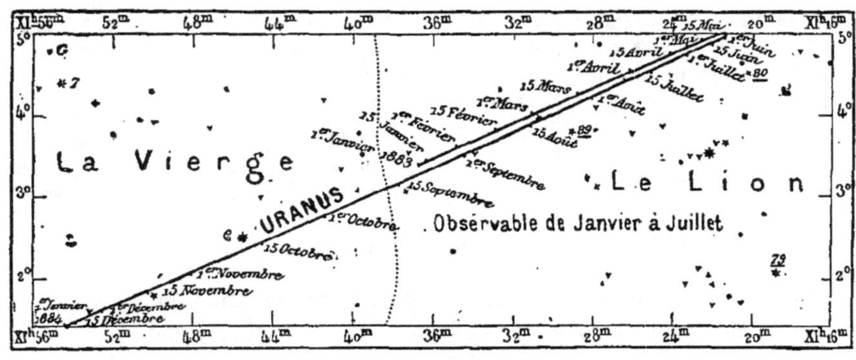

Mouvement et positions d'Uranus pendant l'année 1883.

rétrograde jusqu'au 20 janvier, est direct jusqu'au commencement de septembre et redevient alors rétrograde (*fig.* 33).

Uranus. — Uranus devient plus facile à observer : il se lève au début de la soirée; on le trouvera toujours dans la constellation du Lion, un peu à l'Orient de l'étoile τ. Ses coordonnées, le 15 à midi, sont :

Ascension droite...... 11h33m10s. Déclinaison....... 3°46'37" N.

Le mouvement d'Uranus est rétrograde jusqu'à la fin de mai et devient ensuite direct, comme le montre la carte (*fig.* 34). Sa position changera fort peu pendant toute sa période de visibilité.

Neptune. — La planète Neptune est dans la constellation du Bélier à 20m environ à l'Ouest de Saturne et presque sur le même parallèle. Il faut se hâter de la chercher si l'on tient à l'observer avant qu'elle disparaisse. Elle se lève et se couche environ 20m avant Saturne. Sa marche est directe depuis la fin de janvier jusqu'à la fin d'août, et rétrograde ensuite. Elle ne quittera pas la constellation du Bélier. Ses coordonnées, le 15 à midi, sont :

Ascension droite...... 2h56m48s. Déclinaison...... 14°59'46" N.

Étoile variable. — L'étoile Algol est actuellement dans d'excellentes conditions pour l'observation. Voici les époques des minima observables pendant le mois de février.

Le 3 février, 8h 56m soir.	Le 23 février, 10h38m soir.
21 » 1 49 matin.	26 » 7 27 »

Comète. — Position de la Comète pour le 10 février :

Éclat : 7e grandeur. Ascension droite..... 6h1m0s. Déclinaison..... 19°33' S.

Philippe Gérigny.

LES PIERRES TOMBÉES DU CIEL.

(Suite et fin.)

> Sœpe etiam stellas, vento impendente, videbis
> Prœcipitas cœlo labi, noctisque per umbram
> Flammarum longos a tergo albescere tractus.
> VIRGILE. *Géorgiques*. I.

Examinons maintenant la constitution minéralogique de ces corps.

Tandis qu'un certain nombre d'entre eux, connus sous le nom de fers météoriques, sont entièrement formés d'une substance métallique, ayant l'éclat et la couleur de l'acier, d'autres sont principalement com-

Fig. 35.

Chute d'un uranolithe à Montpreis (Styrie), le 31 juillet 1859. (¹)

posés d'une matière pierreuse, terne et grisâtre, ressemblant, à première vue, à diverses roches terrestres que nous foulons journellement aux pieds; quelques-uns enfin, mais incomparablement plus rares, également pierreux, se font remarquer, tout d'abord, par une teinte noire

(¹) Cette chute, arrivée à $9^h 30^m$ du soir, devant trois paysans qui rentraient à une ferme près du château de Montpreis, a offert ceci de particulier que le bolide n'était guère plus

et par leur aspect analogue à celui d'un lignite terreux ou d'une tourbe compacte.

Si, après ce coup d'œil général, on étudie un peu plus attentivement les masses météoriques, on reconnaît bientôt qu'elles se rapportent à plusieurs types distincts, mais qui se relient par des transitions ménagées. Elles peuvent être toutes réunies dans la classification suivante :

1° **Météorites du premier groupe** ou HOLOSIDÈRES. — *Fers* météoriques proprement dits, masses exemptes de matière pierreuse, et quelquefois assez pures pour pouvoir être immédiatement forgées; on en a même employé à la fabrication d'armes et d'outils.

Les chutes de fer sont incomparablement plus rares, au moins à l'époque actuelle, que les chutes de pierres. On n'en a observé, en Europe, que deux bien certaines en plus d'un siècle : l'une en 1751, à Brannau, en Bohême; l'autre à Agram, en Croatie, en 1847. Cependant on a recueilli dans diverses régions du globe, notamment en Europe, en Sibérie, aux États-Unis, au Mexique, au Brésil et en Afrique, des masses métalliques, auxquelles leur nature et leur position autorisent à assigner une origine extra-terrestre, avec autant de certitude que si on les avait vues tomber. L'aérolithe trouvé au Chili en 1866 (*fig.* 16, p. 45) est un de ceux-là. Il ne pèse pas moins de 104^{kg}.

2° **Météorites du second groupe** ou SYSSIDÈRES. — Certains fers météoriques, au lieu d'être massifs, renferment des parties pierreuses disséminées dans une pâte métallique faisant continuité et formant une sorte d'éponge métallique. Ils constituent ainsi un premier terme de passage des fers vers les pierres. Dans le représentant le plus connu des météorites de ce second groupe (l'aérolithe de Pallas, *fig.* 36), la matière pierreuse, dont les grains sont logés dans le fer, consiste en un silicate à base de magnésie et de protoxyde de fer, appartenant précisément à l'espèce terrestre connue sous le nom de *péridot*. Cette disposition rappelle bien pour l'aspect certains fers produits accidentellement dans les usines où la scorie silicatée joue le rôle rempli par le péridot dans les météorites qui nous occupent.

3° **Météorites du troisième groupe** ou SPORADOSIDÈRES. — La plupart des météorites sont caractérisées par une *pâte pierreuse*, dans laquelle le *fer*, au lieu d'être continu, comme dans les deux premiers groupes, est *disséminé en grains* irréguliers. La relation entre le fer et la pierre est donc précisément inverse de celle qui caractérise le groupe des syssidères. Chacun de ces grains présente

gros qu'une belle étoile filante, qu'il est tombé tout près d'eux sans faire grand bruit (seulement celui d'un papier que l'on déchire), et qu'en se précipitant pour le ramasser, ils n'ont trouvé que trois petites pierres de la grosseur de petites noix, et de la poudre noire. Elles étaient si brûlantes qu'ils ont dû attendre un quart d'heure pour les emporter. (PHIPSON, *Meteors, aerolithes and falling stars.*)

d'ailleurs les caractères de composition et de structure des fers météoriques. Comme eux, ils renferment du nickel, du sulfure et du phosphure de fer. Les grains de fer, en proportion très variable, ont aussi des dimensions fort différentes, depuis la grosseur d'une noisette et au-dessus jusqu'à des grains à peine visibles ou même microscopiques, sorte de poussière disséminée dans la substance pierreuse. Ces échantillons sont les plus communs.

4° **Météorites du quatrième groupe** ou ASIDÈRES. — Météorites dans lesquelles on n'a pu reconnaître de fer : très rares. A mesure que l'on étudie plus attentivement les météorites au point de vue de la présence du fer métallique, le nombre des échantillons de ce dernier groupe se réduit davantage ; il est à peu près restreint, aujourd'hui, aux météorites *charbonneuses* qui, elles-mêmes, ne sont pas toujours dépourvues de traces de métal libre. Ces dernières présentent, dans leur composition, des particularités telles, qu'on n'aurait pu croire à leur origine,

Fig. 36.

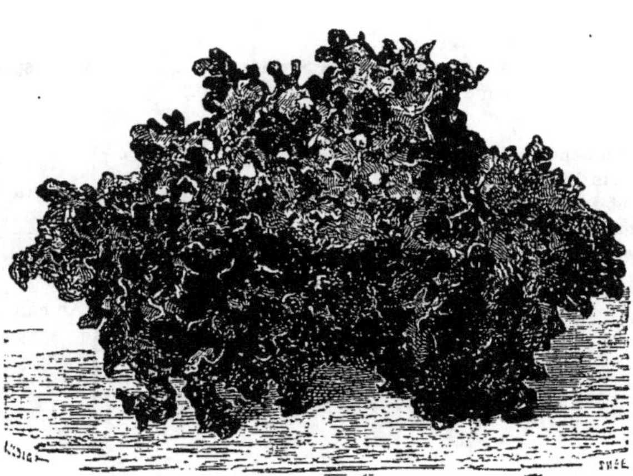

Fragment du fer de Pallas.

si l'on n'avait été témoin de leur chute. Ce qui les caractérise, c'est la présence du charbon, non à l'état de liberté ou de graphite, comme dans certains fers, mais en combinaison avec l'hydrogène et l'oxygène ; c'est aussi la présence de l'eau combinée ; c'est enfin la présence de matières salines solubles et même déliquescentes.

La présence du charbon, à l'état de combinaison oxyhydrogénée et analogue à celles qui résultent de la décomposition des matières végétales, a conduit à rechercher si les météorites charbonneuses ne renfermaient pas de restes ayant appartenu à des êtres vivants ; mais les observations les plus délicates n'ont rien décelé dans ce genre.

Les météorites charbonneuses dont on possède des échantillons se rapportent à quatre chutes. La première eut lieu à Alais (Gard), en 1803 ; la seconde, au cap de Bonne-Espérance, en 1838 ; la troisième, à Kaba, en Hongrie, en 1857 ; et la quatrième, à Orgueil (Tarn-et-Garonne), en 1864.

Météorites pulvérulentes; appendice aux groupes précédents. — A la suite de ces divers groupes de météorites, il convient d'en mentionner qui paraissent en différer surtout par leur état pulvérulent.

L'existence des poussières météoriques n'a pas, autant qu'elle l'aurait dû, attiré l'attention des savants. Cette circonstance tient à l'extrême difficulté de distinguer les poussières, véritablement cosmiques, de celles dont l'origine est terrestre, et qui sont, sans comparaison, les plus abondantes (¹).

Ces types divers se résument dans la classification suivante :

CLASSIFICATION DES MÉTÉORITES.

			Groupes.	Sous-Groupes.	Exemples.	Densités.
SIDÉRITES. Météorites renfermant du fer à l'état métallique.	Ne renfermant pas de matières pierreuses.		I. **Holosidères**		Charcas	7,0 à 8,0
	Contenant à la fois du fer et des matières pierreuses.	Le fer se présente sous forme d'une masse continue.	II. **Syssidères**		Rittersgrünn	7,1 à 7,8
		Le fer se présente en *grains* disséminés.	III. **Sporadosidères**	*Polysidères.* La quantité de fer est considérable.	Sierra de Chaco	6,5 à 7,0
				Oligosidères. La quantité de fer est faible. *Cryptosidères.* Le fer est indiscernable à la vue.	Aumale	3,1 à 3,8
ASIDÉRITES. Météorites ne renfermant pas de fer à l'état métallique.			**Asidères**		Orgueil	1,9 à 3,

Il est digne de remarque que des uranolithes tombés dans des régions du globe très distantes, et à des époques différentes, rentrent dans le même type. Des fragments éloignés au double point de vue géographique et chronologique présentent parfois l'identité la plus complète,

(¹) Il tomba à Lœbau, en Saxe, le 13 janvier 1835, une poudre formée d'oxyde de fer magnétique. Cette chute suivit l'explosion d'un bolide qui se mouvait, dit-on, avec une vitesse extraordinaire, et dont les éclats paraissaient brûler en traversant l'atmosphère. C'est à la production de poussières météoriques qu'on doit rattacher la cause des traînées qui suivent les météorites dans leur trajectoire lumineuse et c'est peut-être à leur combustion qu'est due, en partie, l'incandescence des bolides. Les étoiles filantes laissent souvent des traînées analogues qui se modifient curieusement dans l'air, comme on peut le voir notamment par l'observation représentée *fig.* 37.

de telle sorte qu'il est impossible de distinguer les échantillons respectifs.

Comparons maintenant la constitution minérale des pierres tombées du Ciel à celle du globe terrestre lui-même.

Au-dessous de la surface du globe, les premières couches géologiques que l'on rencontre sont les terrains stratifiés, ainsi nommés parce qu'ils sont disposés en couches parallèles ou en strates.

Quelle que soit leur nature, ces couches ont été formées par la mer, qui, à des époques extrêmement reculées, a séjourné longtemps dans des régions très éloignées de son bassin actuel. Elles renferment des cailloux ou galets, et des sables, si semblables pour la forme et pour la disposition à ceux que la mer produit tous les jours et amasse sur

Fig. 37.

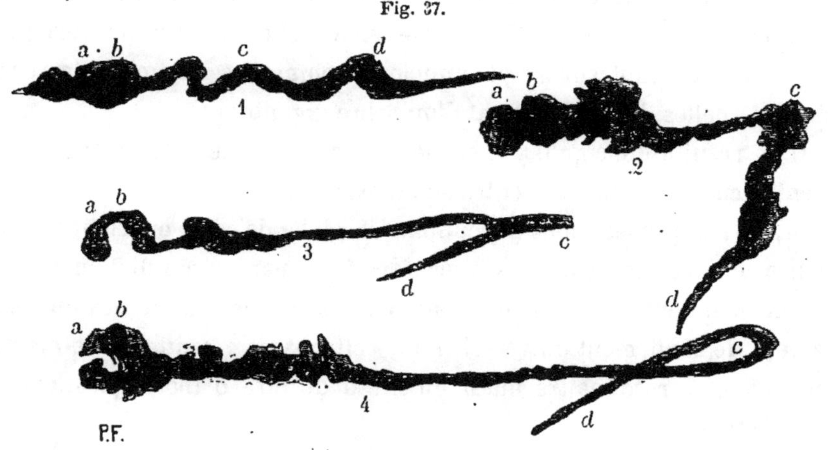

Aspects successifs de la traînée lumineuse laissée par une étoile filante (¹).

ses bords ou dans son bassin, qu'on ne peut douter d'une communauté d'origine. On y trouve aussi, et quelquefois en prodigieuse abondance, des débris d'animaux marins, des poissons et des coquilles, débris que l'on comprend sous le nom général de *fossiles*. Ces coquilles, entières ou brisées, constituent, dans certains cas, la totalité de la roche, fait démontrant, encore plus clairement que le premier, l'intervention de la mer, qui aujourd'hui accumule, sur une foule de points, les dépouilles solides de ses innombrables animaux.

(¹) Observés à Athènes, le 12 avril 1861, par M. J. Schmidt. Les transformations seront appréciées en considérant les quatre aspects et en prenant comme repères les points a, *b*, *c*, *d*.

Les roches stratifiées sont supportées par d'autres roches qui en diffèrent complètement. Tout le monde connaît la principale d'entre elles, le granit, qui est employé pour border nos trottoirs. Ces roches granitiques ne sont pas en véritables couches; elles ne renferment, ni débris arrondis et usés par les eaux, ni restes d'êtres ayant vécu. Leur formation a dû être très différente de celle des roches stratifiées.

Il importe de remarquer que les masses granitiques existent partout dans l'écorce du globe, soit à la surface, soit à une certaine profondeur. Partout on serait certain d'y arriver, si l'on voulait creuser un puits suffisamment profond et qui, à Paris, excéderait certainement un kilomètre. Le granit forme donc la base des terrains stratifiés, leur véritable fondation.

En examinant la série des terrains stratifiés, on voit que ceux-ci se sont empilés les uns sur les autres en couches successives, les plus modernes reposant sur les plus anciens, comme les innombrables couches annuelles d'accroissement d'un arbre gigantesque.

Il en résulte donc qu'il y a eu nécessairement une époque, excessivement reculée, où aucun d'entre eux n'existait.

Si, par la pensée, nous dépouillons le globe de cette enveloppe extérieure, qui s'est formée, dans la série des âges, par l'accumulation prolongée de sédiments épais, nous atteignons les roches granitiques qui leur servent de fondement universel. Pour cette masse granitique elle-même, on arrive à reconnaître aussi qu'elle a dû être d'abord plastique et comme fondue.

Or on n'a trouvé dans les météorites rien qui ressemble aux matériaux constitutifs des terrains stratifiés; pas de calcaire, pas de roches arénacées, ni fossilifères, c'est-à-dire rien qui rappelle l'action d'un océan ou la présence de la vie.

Une grande dissemblance se révèle, même si l'on compare les météorites aux roches terrestres non stratifiées qui forment l'assise générale sur laquelle reposent les terrains sédimentaires. Jamais, en effet, il ne s'est rencontré dans les météorites, ni granit, ni gneiss, ni aucune des roches de la même famille. On n'y voit même aucun des minéraux constituant les roches granitiques, ni orthose, ni mica, ni quartz, non plus que la tourmaline et les autres silicates qui sont l'apanage de ces roches.

Ainsi les roches silicatées, qui forment la croûte de notre globe, sur une épaisseur considérable, font défaut parmi les météorites.

C'est seulement dans les régions profondes et inférieures au granit, dites *infragranitiques*, qu'il faut aller chercher les analogues des météorites, c'est-à-dire dans ces roches silicatées basiques qui, dans leur gisement initial, sont situées au moins à plusieurs kilomètres de la surface.

L'absence, dans les météorites, de toute la série des roches qui forment une épaisseur si importante du globe terrestre, est, quelle qu'en soit la cause, un fait digne de la plus haute attention.

Elle peut s'expliquer de diverses manières, soit que les éclats météori-

Fig. 38.

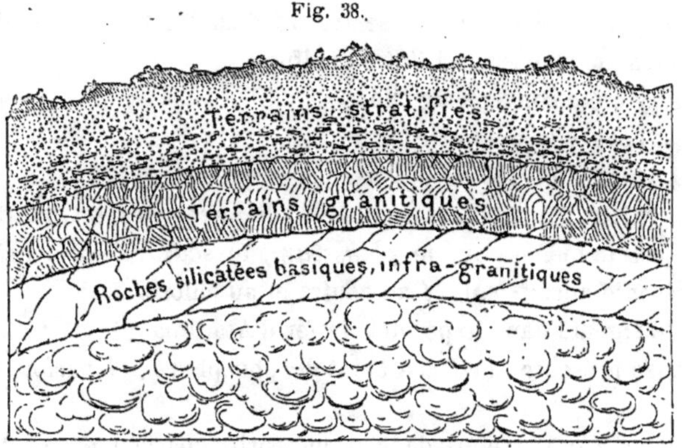

Coupe du globe terrestre.

ques qui nous arrivent ne proviennent que de parties intérieures de corps planétaires, qui auraient pu être constitués comme notre globe; soit que ces corps planétaires eux-mêmes manquent de roches silicatées, quartzifères ou acides, aussi bien que de terrains stratifiés. Dans ce dernier cas, ils auraient donc suivi des évolutions moins complètes que la planète que nous habitons. Il résulte de plusieurs centaines d'analyses dues aux chimistes les plus éminents, que les météorites n'ont présenté aucun corps simple étranger à notre globe. C'est une confirmation des révélations de l'analyse spectrale sur l'unité de composition de l'univers. Les éléments qu'on y a reconnus avec certitude, jusqu'à présent, sont au nombre de vingt-deux; en voici la liste, à peu près suivant l'ordre décroissant de leur importance (1):

(1) Il est extrêmement remarquable que les trois corps qui prédominent dans l'ensemble des météorites, le fer, le silicium et l'oxygène, soient aussi ceux qui prédominent dans notre globe.

Le magnésium, si abondant dans ces corps extra-terrestres, ne paraît pas l'être moins dans notre globe, au moins dans les régions profondes où nous avons reconnu l'importance des roches péridotiques.

Au nombre des combinaisons que ces divers corps simples affectent dans les météo-

Le *fer* est absolument constant, tant à l'état normal qu'à l'état de sulfure. Il est, en outre, à l'état de protoxyde, soit libre, soit engagé dans diverses combinaisons.

Le *magnésium* se rencontre très généralement à l'état de silicate; il a été reconnu aussi dans la constitution de phosphures.

Le *silicium* donne lieu aux silicates, qui constituent la masse principale des météorites pierreuses.

L'*oxygène* se rencontre dans les silicates.

Le *nickel* est le principal compagnon du fer.

Le *cobalt*, sans être en aussi forte proportion, est presque aussi constant.

Il en est de même du *chrome*, qui se trouve dans les pierres, à l'état de fer chromé, et dans les holosidères, à l'état de sulfure.

Le *manganèse* y a été souvent signalé.

Le *titane* y est beaucoup plus rare.

L'*étain* et le *cuivre* y ont été découverts par Berzélius.

L'*aluminium* existe, dans un certain nombre de météorites, à l'état de silicates multiples. Il en est de même pour le *potassium*, le *sodium* et le *calcium;* ce dernier s'est présenté aussi combiné au soufre et au chlore.

L'*arsenic* a été signalé dans le péridot du fer d'Atacama.

Le *phosphore* se présente surtout à l'état de phosphure, et parfois à l'état de phosphate.

L'*azote*, découvert par Berzélius dans la météorite charbonneuse d'Alais, a été retrouvé dans le fer météorique de Lenarto, par M. Boussingault, puis dans d'autres holosidères.

Le *soufre* forme très fréquemment des sulfures.

Des traces de *chlore*, dans certaines holosidères, sont reconnaissables au chlorure de fer, qui suinte à la surface des sections qu'on y pratique.

Le *carbone* se trouve dans les fers, en général à l'état de graphite. Il existe aussi dans les météorites charbonneuses, paraissant combiné à l'oxygène et à l'hydrogène, et, dans l'une d'elles, il a été rencontré à l'état de carbonate.

L'*hydrogène* fait aussi partie des météorites charbonneuses; d'un autre côté, Graham l'a signalé dans le fer de Lenarto, où l'azote avait déjà été rencontré.

Outre ces notions de constitution chimique et de température, les météorites nous apprennent encore trois faits considérables dans l'économie de l'Univers.

rites, il y en a plusieurs que l'on retrouve parmi les espèces minéralogiques terrestres. Tels sont le *péridot*, le *pyroxène*, l'*enstatite* et le *feldspath anorthite*, le *fer chromé*, la *pyrite magnétique* et le *fer oxydulé*. Ce dernier y est singulièrement rare. Le *graphite* et probablement l'*eau* peuvent également être cités parmi les minéraux communs aux météorites et au globe terrestre. De plus, certaines météorites présentent des espèces minéralogiques associées de la même manière que dans certaines roches terrestres.

Elles nous apportent la preuve qu'indépendamment des astres volumineux, visibles à raison de la lumière qu'ils émettent ou qu'ils réfléchissent, certaines régions de l'espace sont comme peuplées de corps innombrables, dont l'existence nous resterait, sans doute, à jamais inconnue, sans ces apports fréquents et subits.

De plus, quelles qu'en soient l'origine et les orbites, les météorites qui viennent échouer sur notre planète nous montrent l'un des modes de changements qui se produisent dans le monde, par la répartition des débris de démolition de certains astres ou astéroïdes entre d'autres astres. Ces rencontres ne constituent pas un fait accidentel et d'exception, mais plutôt un régime, une sorte d'évolution.

La composition des masses météoriques nous apprend enfin, comme on l'a vu, que les corps célestes passent ou ont passé, par des évolutions chimiques, analogues à celles dont les régions profondes de notre planète présentent des indices et dont il paraît possible d'entrevoir la nature. Elle nous ramène donc, par de nouveaux arguments, à la grande hypothèse par laquelle Laplace (en 1794) a si heureusement cherché à expliquer tous les mouvements de notre système planétaire, en faisant dériver la Terre, comme toutes les autres planètes, d'une masse unique.

En constatant, entre les uranolithes et les masses profondes de notre globe des liens d'une intimité surprenante, nous arrivons ainsi, non seulement à dévoiler les phases les plus reculées de l'histoire de notre propre globe, mais encore à faire ressortir la parenté mutuelle des différentes parties de l'Univers.

C'est ainsi que la Géologie, prise à un large point de vue, se rattache intimement à l'Astronomie physique et que, si elle en reçoit les lumières, de son côté, elle contribue à l'éclairer et à la compléter.

Diverses questions relatives à l'histoire des météorites ont été l'objet d'expériences synthétiques, ayant pour objet leur imitation artificielle ou leur reconstitution. Les résultats de ces études expérimentales formeront l'objet d'un article prochain.

A. Daubrée,

Membre de l'Institut, Directeur de l'École des Mines.

CURIEUX PHÉNOMÈNES METÉOROLOGIQUES.

SPECTRES AÉRIENS OBSERVÉS AU PIC DU MIDI ET EN BALLON.

Celui dont la vie s'écoule au sein des villes ou des pays de plaines, qui n'a jamais devant les yeux qu'un aspect uniforme plus ou moins étendu, celui qui n'a point vécu dans la contemplation des hautes montagnes aux cîmes blanchies par la neige, qui n'a pas voyagé à travers les vallons sauvages creusés par les torrents, qui ne s'est pas assis sur la verte colline au-dessus du limpide miroir des lacs immobiles et silencieux; celui-là ne saurait comprendre le caractère de grandeur, de majesté, de domination, qui appartient aux montagnes, géants de granit debout devant les nations, rois de l'atmosphère, collecteurs des nuages, dispensateurs des sources, des fleuves et de la vie.

Là-haut, sur ces sommets baignés dans l'azur céleste, l'âme humaine plane au-dessus des petits mouvements moléculaires qui agitent la surface terrestre. Dans l'aérostat solitaire, emporté par les vents à travers les hauteurs de l'atmosphère, le regard déployé sur le globe donne à l'esprit une idée brillante de la vie, et, de plus, une impression de contentement indéfinissable, de pleine quiétude, de joie intime, résultant de la situation particulière en laquelle plane l'aéronaute dégagé du monde inférieur et de ses vicissitudes. Sur les montagnes, l'impression est moins personnelle, plus sévère, car on sent plus solidement autour de soi le règne des forces physiques en action dans la vie du globe.

Les nues élevées du sein des mers par la chaleur solaire vont se condenser à l'état de neige sur les cîmes alpestres qui les arrêtent, et, successivement, amoncellent une eau solide, cristallisée en blocs, et qui, dans cet état, résiste au tourbillon de la nature et garde en réserve les trésors de la fertilité. Au printemps, le banc de glace laisse sourdre quelques gouttes d'une eau limpide. La source s'éveille, fraîche, surprise, étonnée, sémillante; elle se laisse glisser du roc sauvage, sautille, gazouille, circule en chantant. Elle appelle ses sœurs, qui descendent aussi des neige éternelles, la rejoignent, et, de crête en crête, on les voit, on les entend jaillir ou se précipiter en cascades jusqu'aux ruisseaux des pâturages, se calmer, se taire, devenir rivières dans les fertiles vallées, devenir fleuves le long des continents immenses : ici le Rhône, descendant vers les eaux indolentes de la Méditerranée; à côté, cherchant au contraire la mer du Nord, le Rhin, éternel sujet de guerre entre les molécules humaines qui plantent des drapeaux multicolores sur chaque rive.

Mais, avant de donner la vie aux plantes, à l'herbe des prairies, aux arbres de la forêt, aux oiseaux des bois, aux bestiaux des pâturages, à l'humanité qui distribue ses familles le long des vallées, des rivières et des fleuves, les nuages forment tout un monde, monde spécial, monde immense, fécond en merveilleux spectacles que l'œil de l'homme ne se lasse pas d'admirer. Un mois dans les Alpes vaut des années. L'air qu'on y respire, le calme et la sérénité des hauteurs, l'étendue des horizons, la grandeur des spectacles et surtout l'étonnante variété des phénomènes météorologiques développent là, sous nos yeux, les plus belles pages du livre de la nature, ouvertes devant nous dans les meilleures conditions d'étude et d'appréciation.

Notre intention est de signaler ici de temps à autre quelques-uns de ces grands spectacles observés dans le monde de l'atmosphère. Aujourd'hui, nous décrirons le curieux phénomène des spectres aériens.

Il est impossible de séjourner quelque temps dans les montagnes, au-dessus de la hauteur moyenne des nuages, à 1500^m ou 2000^m d'altitude par exemple, sans être témoin de ce genre particulier de phénomènes optiques, dont l'imagination la moins vive ne peut s'empêcher d'être plus ou moins profondément frappée.

Le brave et infatigable général de Nansouty nous a envoyé du Pic du Midi un grand nombre de dessins dans lesquels on voit, au coucher du Soleil, l'ombre triangulaire du Pic se projeter sur les brumes étendues au-dessus des collines et des plaines du Nord-Est. Assez souvent, le sommet de l'ombre du Pic est environné d'un halo coloré des nuances de l'arc-en-ciel. (Cet effet est surtout remarquable sur un dessin du 12 octobre 1881 à 6^h 15^m du soir.)

L'un des plus beaux spectacles observés de ces hauteurs est, sans contredit, celui que nous reproduisons ici (*fig.* 39), d'après le dessin fait le 17 juillet 1882 par M. Albert Tissandier, alors en excursion au Pic du Midi, en compagnie de M. Mascart, directeur du Bureau météorologique, de M. Th. Moureaux, notre collaborateur, et de M. Favre, de l'Observatoire de Toulouse.

« Du côté du Midi, écrit-il [1], l'immense panorama des montagnes se voyait dans une resplendissante lumière, tandis que, du côté du Nord, les plaines de Pau et de Tarbes étaient complètement voilées par une mer de nuages d'un blanc éclatant et par les vapeurs lumineuses qui s'en détachaient à tous moments pour se perdre ensuite dans le ciel bleu. Vers trois heures et demie, ces vapeurs commençaient à entourer fréquemment le Pic, passant au-dessus des terrasses de l'Observatoire ou allant s'engouffrer dans le ravin d'Etrises. Je dessinais en ce moment dans les rochers, lorsque je fus tout à coup émerveillé par l'aspect lumineux que prirent les brumes qui venaient de me voiler une partie de la vue dont je désirais prendre le croquis. Un arc-en-ciel d'un blanc pâle se forma au-dessus de ma tête, puis deux halos aux teintes éblouissantes se montrèrent dans le fond du ravin d'Etrises, enfin je vis mon ombre tout entière se découper dans le centre même de ces halos. Mon ombre était entourée d'une auréole jaune pâle, puis de lueurs blanches, ensuite de teintes éblouissantes nettement marquées, rougeâtres orangées et violettes.

« J'appelai à ce moment un de mes compagnons de voyage qui vint admirer avec moi ce curieux effet de spectre du Brocken vu au Pic du Midi; en nous approchant l'un contre l'autre, les ombres de nos têtes se trouvèrent dans la même auréole, elles semblaient surmontées de rayons sombres qui venaient couper les lueurs d'arc-en-ciel de nos halos. Nous remuons les bras, et, sur l'ombre, nos doigts semblent jeter aussi un rayon plus sombre qui se meut suivant notre volonté comme les ailes d'un moulin. Au coucher du soleil et le lendemain matin, l'état du Ciel étant à peu près dans les mêmes conditions, nous pûmes jouir du magnifique spectacle de l'ombre du Pic sur les nuages, entourée de lueurs irisées du plus bel effet. »

Ce curieux phénomène se produit dans les montagnes chaque fois qu'il y a simultanément du soleil d'un côté et du brouillard de l'autre, pouvant servir d'écran pour recevoir l'ombre de l'observateur; mais il est rarement aussi complet et aussi grandiose que dans l'observation que nous venons de rapporter. L'une des plus anciennes et des meilleures descriptions qu'on en ait données date du 23 mai 1797 : c'est celle du spectre du Brocken, observé par le voyageur Hane au sommet de cette célèbre montagne, où le phénomène se produit en été, au lever du soleil, assez fréquemment (grâce aux conditions météorologiques de cette station) pour que, depuis bien des siècles, les touristes en fassent l'ascension dans ce but spécial.

J'ai observé maintes fois le même phénomène dans les Alpes, notam-

[1] *La Nature*, du 16 septembre 1882.

Fig. 39.

Spectre aérien observé au Pic du Midi, le 17 juillet 1882.

ment sur le Righi (dont on voit assez souvent l'ombre, au lever du soleil, soit sur les brumes du lac de Lucerne, soit même jusqu'au mont Pilate) et sur les sommets splendides de l'Oberland bernois. Mais, en aucune circonstance, je n'ai pu mieux l'étudier qu'en ballon, parce qu'alors on peut se rendre compte de l'état physique des nuages sur lesquels il se produit, pénétrer ces nuages, en déterminer la température, et constater immédiatement que les hypothèses de Bouguer, de Saussure, de Scoresby et d'autres météorologistes, qui expliquaient le fait par la réflexion de la lumière sur des particules glacées, ne sont point nécessaires. Sur les montagnes, comme on ne peut s'assurer directement du fait en s'envolant dans le nuage, on en est réduit à des conjectures. En ballon, on n'a plus besoin d'hypothèses.

Dès mon deuxième voyage aérien, le 9 juin 1867 [1], j'ai remarqué l'ombre du ballon que nous voyions gracieusement glisser sur les prairies, entourée d'une auréole lumineuse plus claire que le fond de la campagne. Le lendemain, de cinq heures du matin jusqu'à sept heures, j'ai pu constater que cette auréole passant sur des villages, par exemple sur celui de Milly (Seine-et-Oise), occupait un espace plus grand que ce village tout entier. Mais cette ombre encadrée d'une auréole n'est qu'un diminutif du magnifique phénomène qui se présente lorsque l'ombre du ballon tombe sur des nuages placés à une faible distance et formés de vapeurs disposées en cumulus. Là, le spectacle est véritablement merveilleux. Il m'a été donné de l'admirer et de l'étudier complètement pendant mon voyage aérien du 15 avril 1868.

Ce jour-là, à quatre heures de l'après-midi, l'aérostat arrivant au niveau supérieur des nuages, à 1415^{m} de hauteur, nous voyons sortir du nuage, devant nous, à l'opposé du Soleil, un ballon presque aussi gros que le nôtre, soutenant une nacelle comme la nôtre, dans laquelle nous voyons aussi deux voyageurs aériens si faciles à distinguer qu'on aurait pu les reconnaître sans peine à leurs silhouettes caractéristiques.

« On aperçoit, écrivais-je sur mon journal de bord [2], on aperçoit les plus petits détails, jusqu'aux minces ficelles, jusqu'aux instruments suspendus ; j'agite la main droite, mon Sosie agite la main gauche; Godard fait flotter le drapeau national, l'ombre d'un drapeau voltige dans la main du spectre aérien. Autour de la nacelle, on remarque des cercles concentriques de diverses nuances; d'abord,

(1) *Voir* mes *Voyages aériens*, p. 43 et 64.

(2) *Voyages aériens*, p. 231.

Fig. 40.

Spectre aérien observé en ballon, le 15 avril 1868

au centre, un fond jaune-blanc, sur lequel ressort la nacelle, puis un cercle bleu-pâle; alentour une zone jaune, puis une zone rouge-gris, et enfin, comme circonférence aérienne, une légère nuance de violet se fondant insensiblement sur la tonalité grise des nuages.

« Un soleil brûlant nous inonde de ses rayons, et, dilatant l'aérostat, accroît notre force ascensionnelle. Un ciel bleu s'ouvre au-dessus de nous, dans lequel nous montons comme par enchantement. L'ombre du ballon, beaucoup plus petite et plus éloignée de nous, se dessine en entier, et d'autant mieux que le nuage sur lequel elle se projette est plus épais; l'arc-en-ciel l'environne entièrement. Un océan vaste, incommensurable, se déploie sous nos regards, boursouflé en certains points comme des bulles énormes et floconneuses, se tordant et se déformant parfois avec une grande rapidité. Lorsque nous voguons à la surface supérieure de ces amoncellements de nuages, nous pénétrons parfois en d'énormes montagnes blanches, tout surpris de nous enfoncer dans leur sein sans éprouver aucune résistance.

« C'est un spectacle toujours magnifique de se voir suspendu dans le vide au-dessus d'un océan sans bornes, formé d'immenses amoncellements qui se succèdent, collines et vallées de vapeurs visibles, et se déploient jusqu'à l'horizon céleste. La Terre est cachée sous ce voile au-dessus duquel règne la lumière.

« Les hommes vivent là-dessous, sans se douter du plein soleil qui rayonne ici, et restant les trois quarts du temps ensevelis sous des nappes de brouillards!

« Ah! là-haut, que la vie est différente! Que l'on oublie vite la pauvre Terre. »

Mais ne nous oublions pas nous-mêmes ici dans ces descriptions. Quoique assez rares, ces curieux phénomènes d'optique ont pu être maintenant étudiés par un certain nombre d'observateurs. Quatre ans après l'observation précédente, le 8 juin 1872, M. Gaston Tissandier [1] a pu observer aussi en ballon le même phénomène se présentant dans les mêmes conditions météorologiques.

On peut ranger ces spectres aériens dans la classe des *anthélies* (de ἀντὶ, à l'opposite, et ἥλιος, soleil) : ils se produisent juste à l'opposé du Soleil, dans la direction de l'ombre même de l'observateur. Chacun voit son spectre et les effets optiques qui l'accompagnent, comme, au surplus, lors de la production d'un arc-en-ciel, chaque spectateur voit le sien, chacun se trouvant au centre de l'arc qu'il observe. Mais, tandis que les couleurs de l'arc-en-ciel s'expliquent par la réflexion et la réfraction de la lumière sur les gouttelettes limpides de la pluie, les auréoles, rayons ou cercles lumineux qui accompagnent les anthélies sont produits par la *diffraction* de la lumière sur des molécules de brouillard ou même par-

(1) *Observations météorologiques en ballon*, p. 39.

fois simplement sur la rosée. Quelquefois les deux genres de phénomènes s'unissent au coucher du soleil dans les montagnes, lorsqu'il y a simultanément de la pluie qui finit et des nuages qui arrivent. C'est ce que j'ai observé notamment sur l'Abendberg, au-dessus d'Interlaken, dans une singulière circonstance météorologique dont nous aurons prochainement à nous entretenir en nous occupant de ces curieux phénomènes.

CAMILLE FLAMMARION.

OU COMMENCE LUNDI? — OU FINIT DIMANCHE?

LE MÉRIDIEN UNIVERSEL, LES HEURES ET LES JOURS.

Les lecteurs de l'*Astronomie* se souviennent peut-être de l'étude que nous avons publiée dans le Numéro du 1er septembre dernier sous le titre de *Quelle heure est-il?* Nous abordons ici une question du même ordre, mais peut-être plus curieuse et plus intéressante encore. Cette question, on ne se l'est pas souvent posée. Mais actuellement elle s'inscrit d'elle-même au programme des progrès de la science et de la civilisation.

Voici ce dont il s'agit.

C'est, je suppose, aujourd'hui lundi. Les horloges marquent 11h. La Terre est-elle tout entière en ce moment à lundi? Y a-t-il des pays qui en soient encore à dimanche? En est-il d'autres qui en soient déjà à mardi? En un mot, sur quelle surface géographique le jour nominal où nous sommes s'étend-il?

Pour le savoir, prenons un globe terrestre entre nos mains, ou, mieux encore, plaçons-nous devant un beau globe et faisons-en le tour. Il est convenu que le jour civil commence à minuit. Nous sommes, je suppose, à Paris; il est 11h du matin pour la capitale de la France. Il est 11h15m à Nancy, 11h30m à Gottingue, midi à Vienne, 1h à Sébastopol, 2h à Astrakhan, 3h à Boukhara, 4h à Delhi, 5h à Islamabad, 6h à Saïgon, 7h à Shang-Haï, 8h à Yokohama, 9h à Sidney, 10h à l'île des Pins (Nouvelle-Calédonie), et 11h du soir à l'île Futuna. De proche en proche, toutes ces heures appartiennent au même jour, au lundi : au moment où il est 11h du matin à Paris, il est 4h du soir du même jour à Delhi, 8h du soir à Yokohama et 11h du soir à l'île Futuna, toujours du même jour. Continuons maintenant de faire le tour du monde.

Il est alors minuit aux îles Sandwich, minuit du même jour, c'est-à-dire que l'on est au milieu de la nuit du lundi au mardi. En cet instant, les insulaires de ces parages, les marins à l'ancre dans ces ports, passent du lundi au mardi. Les longitudes situées à l'ouest de ces îles comptent 11h, 10h, 9h du soir, de cette nuit-là, tandis que les longitudes situées à l'est comptent 1h, 2h, 3h du matin, de cette

3**

même nuit. Les pays placés sur ces dernières longitudes sont donc alors au mardi matin. Il est alors minuit et demi à la Nouvelle-Zélande, 1^h du matin à Taïti, 2^h au Port des Français (Amérique Russe), 3^h à San-Francisco, 4^h à Guadalaxara (Mexique), 5^h à la Nouvelle-Orléans, 6^h à New-Haven (États-Unis), 7^h à Buenos-Ayres, 8^h à Rio-Janeiro, 9^h aux îles Açores, 10^h aux Canaries, $10^h 33^m$ à Brest, $10^h 44^m$ à Rennes et 11^h à Paris.

Nous voici revenus à notre heure de départ après avoir fait par la pensée, en quelques instants, le tour du monde par l'Est. Oui, nous sommes revenus à notre heure; mais nous avons sauté d'un jour, car, au lieu de lundi 11^h du matin, nous sommes à *mardi* même heure!

Il y a donc, sur la terre, un endroit, une ligne de démarcation, un méridien où, sans nous en apercevoir, nous avons sauté, tout d'un coup, d'un jour entier!

Si, au lieu de nous représenter nos heures des différents pays en les considérant de l'Ouest à l'Est, nous les avions examinées en suivant la direction de l'Ouest, nous aurions trouvé que, lorsqu'il est 11^h du matin à Paris, toujours du jour où nous sommes (le lundi), il est $10^h 33^m$ à Brest, 9^h aux Açores, 7^h à Buenos-Ayres — toujours du même matin, naturellement — 5^h à la Nouvelle-Orléans, 1^h à Taïti, et minuit aux îles Sandwich : minuit du lundi matin, minuit du dimanche au lundi, et, par conséquent, 11^h du dimanche soir à l'île Futuna, 10^h de ce même dimanche soir à l'île des Pins, 8^h à Yokohama, 6^h à Saïgon, 4^h à Delhi, 2^h à Astrakhan, midi à Vienne, $11^h 30^m$ à Gottingue, et $11^h 15^m$ à Nancy... et nous avons reculé d'un jour entier : nous sommes maintenant à *dimanche!*

Recommencez l'expérience comme vous l'entendrez, vous arriverez toujours à l'un de ces deux résultats, aussi absurdes l'un que l'autre.

Ainsi, dans l'état actuel de la géographie de notre planète, il est impossible de savoir quel jour on a, en un moment quelconque, sur l'ensemble des contrées qui peuplent le monde.

Depuis les origines de l'humanité, chaque peuple a compté à sa façon les jours, les mois, les années, les siècles et les ères. Pour chaque méridien, on passe, à chaque minuit, du jour au lendemain — à minuit, par convention, car il y a encore beaucoup de peuples qui commencent le jour au lever du soleil (les israélites le commencent au coucher), et les astronomes de toutes les nations le commencent à midi. — Mais enfin, pour chaque méridien, le jour se décroche, en quelque sorte, et lundi devient mardi. Toutes les vingt-quatre heures, le jour change de nom et de date pour chaque pays; mais considérez l'ensemble du globe à une heure quelconque du jour ou de la nuit, vous ne pourrez pas trouver quel jour on est en réalité.

Et, du reste, cela se conçoit fort bien. Pour la planète considérée comme unité, pour le centre de la Terre, par exemple, pour l'axe du monde, pour l'astre *Terre*, abstraction faite de sa superficie géographique et de sa population, il n'y a pas de jours, pas de dates, pas de Calendrier. Ce petit globe circule en un an autour du Soleil; voilà tout. Il peut compter ses révolutions, ses années, mais, en lui-même, il ne connaît ni jours de la semaine ni dates du mois.

Comme il tourne sur lui-même, il présente tour à tour ses différents méridiens à la lumière du Soleil, et le retour du Soleil sur chaque méridien constitue un jour pour la surface de la planète. Mais la planète elle-même n'a pas de jours. Elle pourrait circuler annuellement autour du Soleil en lui présentant toujours la même moitié du globe, comme la Lune le fait pour la Terre : il n'y aurait alors ni heures ni jours pour aucun pays; il serait toujours midi pour la partie centrale de l'hémisphère terrestre tourné du côté du Soleil et toujours minuit pour le point opposé. Nous n'avons des heures et des jours que parce que nous sommes fixés sur une surface qui tourne devant le Soleil. Supposons que nous puissions faire le tour du monde en vingt-quatre heures le long d'un cercle de latitude; en partant de Paris un jour quelconque à midi et en suivant le Soleil, nous resterons toujours à midi : nous repasserons le lendemain à Paris à midi, nous garderons constamment le Soleil au-dessus de notre tête, et, indéfiniment, nous serons toujours à midi : il n'y aurait plus pour nous ni heures, ni nuits, ni jours. Envoyez une dépêche télégraphique qui, par vingt-quatre bureaux échelonnés de l'Est à l'Ouest d'heure en heure fasse le tour du monde en vingt-quatre heures : cette dépêche sera indéfiniment reçue à son heure de départ, tournât-elle autour du globe pendant plusieurs années. Au surplus, allons au-delà du cercle polaire, dans ces régions où le Soleil ne se couche pas pendant plusieurs mois : là non plus, il n'y a plus de jours et l'on est bien embarrassé de compter les dates.

Ainsi, pour la planète considérée en elle-même, il n'y a pas de jours. Le Soleil se lève constamment, pour un lieu ou pour un autre, se couche constamment, marque constamment midi quelque part, et ne s'arrête à aucun moment. Si donc on veut que la Terre compte des jours, il faut de toute nécessité imaginer une ligne qui coupe cette révolution apparente perpétuelle du Soleil et qui en fasse des morceaux diurnes, des dates s'ajoutant successivement l'une à l'autre.

Mais alors si, dans l'état actuel des choses, nul ne sait où commence lundi et où finit dimanche, comment se fait-il que personne ne s'aperçoive de cette ignorance et que l'on paraisse s'entendre si bien sur le globe entier, quels que soient les voyages que l'on fasse, quelles que soient même les dépêches télégraphiques qui se croisent de toutes parts à la surface de la Terre comme le réseau nerveux de l'humanité pensante et agissante?

Si l'on s'entend si bien, c'est parce qu'on ne s'entend pas du tout.

Imaginons un instant qu'au lieu d'être entrecoupée d'océans, de déserts, de pays incultes et sauvages, de peuplades barbares, notre petite planète soit couverte d'une population homogène, civilisée, parlant une même langue, occupée des mêmes intérêts, intellectuels ou matériels. Eh bien ! dans cette hypothèse, il serait impossible de savoir quel jour on est, à moins d'une loi spéciale du gouvernement de la république terrestre.

Actuellement, le jour change de nom où il n'y a personne pour s'en apercevoir.

A l'opposé juste du méridien de Paris, le 180° degré de longitude — orientale ou occidentale : c'est tout un — traverse l'immense Océan Pacifique sans rencontrer aucune terre. C'est à peine s'il touche le bout de la Sibérie, au détroit de Behring. Le long de ce méridien antipode, il n'y a personne. C'est là que le jour change de nom, et que dimanche devient lundi. Et le changement se fait avec d'autant moins de difficulté qu'il n'y a personne pour s'en apercevoir.

Le subterfuge serait beaucoup plus difficile à sauver si ce méridien était habité, comme les environs de Paris, par exemple. A gauche d'une ligne conventionnelle, c'est dimanche; à droite, c'est lundi. Et cela toute la journée. A l'est de la ligne, c'est le 1er janvier, à l'ouest on est encore au 31 décembre. Tandis qu'à Saint-Denis on est au lundi 1er janvier 1883, à Enghien on est au dimanche 31 décembre 1882, et cela, répétons-le, toute la journée, côte à côte. Que dire de cette difficulté pratique pour une ville comme Paris ou Londres, par exemple? Tandis que le Louvre, le Palais-Royal, la Bourse, le boulevard Montmartre et la moitié du boulevard des Italiens sont pavoisés pour la fête nationale du 14 juillet, le faubourg Saint-Germain, les Tuileries, la Madeleine, l'Opéra, le boulevard des Capucines et l'autre moitié du boulevard des Italiens sont en retard de vingt-quatre heures, car leurs horloges sonnent pour le 13 juillet et non pour le 14.

C'est pourtant ce qui arrive en réalité, mais sans que personne s'en doute, sur le 180e degré de longitude, parce qu'il n'y a guère là que des poissons. Quant aux navigateurs, lorsqu'ils traversent ce méridien, ils en sont quittes pour changer la date de leur journal de bord; ce qu'ils font réglementairement. S'ils ne prenaient pas ce soin, ils rentreraient chez eux, après avoir fait le tour du monde, ayant un jour entier de différence avec la date de leur pays, comme c'est arrivé, pour la première fois, le 6 novembre 1524, lorsque les compagnons de Magellan, partis d'Espagne le 10 août 1519, par l'Ouest, et revenus par l'Est, furent stupéfaits de voir les Espagnols célébrer la fête du dimanche tandis qu'ils étaient convaincus d'arriver la veille et que leur journal tenu régulièrement marquait « Samedi 5 novembre ». Un navire parti par l'Est, par la Méditerranée, la mer Rouge et la mer des Indes, gagne au contraire un jour, et, arrivant le dimanche, croirait arriver le lundi. C'est là, comme on sait, l'origine de *la semaine des trois jeudis* : deux voyageurs ayant fait le tour du monde par l'Est et par l'Ouest placent le jour de leur arrivée, soit un jeudi, par exemple, l'un un jour plus tôt, l'autre un jour plus tard que le jeudi local et trouvent ainsi trois jeudis consécutifs.

Ainsi, il y a, par convention, un méridien d'un côté duquel l'humanité porte une date et de l'autre côté duquel elle porte une autre date. Un voyageur placé soit sur le cap oriental de la pointe sibérienne, soit sur l'une des petites îles Aléoutiennes, pourrait mettre un pied sur le jour de Pâques et un autre pied sur le Samedi-Saint, le pied gauche sur 1882 et le pied droit sur 1883; de même que, si l'on prononce une phrase à minuit, cette phrase, toute brève qu'elle soit, peut commencer le samedi pour finir le dimanche, et qu'un enfant né le 31 décembre 1799 à $11^h 45^m$ du soir et mort le 1er janvier 1800 à $0^h 15^m$, aurait vécu en deux siècles différents, quoique sa vie entière n'eût pas duré plus d'une demi-heure.

Les marins français changent de date en traversant le 180e degré de longitude compté du méridien de Paris. Les Anglais se basent sur le 180e degré compté du méridien de Greenwich; les Américains, sur le 180e degré compté du méridien de Washington; les Allemands, sur le méridien de Berlin; chacun est conduit à choisir le point le plus éloigné de son pays, la ligne antipode de son propre méridien.

Mais ce subterfuge des marins n'empêche pas que les habitants des parages situés vers ces lignes antipodes comptent le temps suivant des heures locales qui s'étendent de part et d'autre des minuits de notre Calendrier, et qui, lorsque nous sommes au lundi, s'avancent jusqu'au mardi ou retardent au dimanche précédent.

D'ailleurs les pays les plus civilisés du globe n'ont pas encore pu s'entendre pour adopter une heure uniforme. En France, il y a $42^m 43^s$ de différence entre Brest et Nancy. Aux États-Unis, il y a $3^h 14^m$ de différence entre New-York et San-Francisco, et, lorsqu'on traverse cette immense distance en chemin de fer, on passe par une série d'heures discordantes. Les Compagnies de chemins de fer des États-Unis avouent que c'est une vraie tour de Babel, et qu'il y a « plus de 70 heures différentes » en usage sur le territoire! Nos nations européennes sont si petites que nous ne nous doutons pas de ces incohérences. Un voyageur s'en aperçoit bien vite. Supposons, par exemple, que nous partions de Londres pour les Indes. Notre montre marque l'heure de Londres, (ou, pour mieux dire, celle de l'Observatoire de Greenwich). Nous arrivons à Calais : c'est maintenant l'heure de Paris, jusqu'en Italie. Là, il nous faut prendre l'heure de Rome. Sur la Méditerranée, c'est le chronomètre du navire qui va nous guider. En arrivant à Alexandrie, ce sera l'heure égyptienne. Sur la mer Rouge, ce sera l'heure du navire, et ainsi jusqu'à la fin de la navigation. En arrivant à Bombay, nous trouverons installées côte à côte deux heures différentes : l'heure locale de Bombay, et l'heure de Madras pour les chemins de fer. Si nous n'avons pas donné de coup de pouce à notre montre pendant tout ce trajet, nous nous trouverons de cinq heures en retard, et si nous poursuivions jusqu'en Chine, notre montre serait en retard de huit heures.

Il n'y aura de l'ordre dans la manière de compter le temps que lorsque toutes les nations civilisées du globe voudront bien s'entendre pacifiquement sur ce point. (Il est certain qu'il serait peut-être plus urgent de commencer par s'entendre sur l'abolition de l'infamie capitale qui stérilise toutes les forces nationales depuis l'infernale invention des armées permanentes, mais ce n'est pas toujours la logique qui domine dans les actions humaines). Les jours et les heures ne seront, disons-nous, bien organisés que lorsque les nations qui entourent la boule terrestre auront bien voulu s'entendre pour adopter un méridien initial. Ce méridien devra passer, autant que possible, par nos antipodes, soit à 180° de Paris, soit à 180° de Greenwich (si l'ensemble de la marine trouve ceci plus commode). Le changement quotidien de la date commencerait à minuit à ce méridien initial, et ensuite successivement, à chacun des vingt-quatre méridiens horaires tracés tout autour du globe, jusqu'à ce que le tour du globe ait été accompli de l'Est à l'Ouest.

Les heures du jour devraient être comptées de 1^h à 24^h sans interruption, et non plus partagées en deux demi-périodes de douze heures avant et après midi, ce qui n'a aucune raison d'être et cause souvent des erreurs désagréables. L'heure du méridien initial donnerait l'*heure universelle*.

Tant qu'on n'aura pas adopté une mesure de ce genre, il n'y aura qu'une cacophonie internationale.

L'adoptera-t-on ? Il est probable que non [1]. Un exemple. Tout le monde sait, en Russie comme ailleurs, que l'année est de $365^j 5^h 48^m 46^s$ et non pas de $365^j 6^h 0^m 0^s$. Depuis trois cents ans, l'Europe a réformé son Calendrier en conséquence. Eh bien! la Russie — c'est-à-dire une population de cent millions d'hommes—ne s'y est pas encore décidée. Ils sont en retard de douze jours, et ils ne peuvent envoyer une lettre, une observation astronomique, une convention commerciale ou autre, sans être obligés de mettre deux dates en tête de leurs écrits, la date européenne (la vraie) et la date russe (la fausse). Mais c'est égal, la routine, la routine!

Le jour viendra où tout sera forcément régularisé, jours et heures. L'heure sera la même pour toute la Terre, comme le jour. L'heure locale disparaîtra; mais, pendant bien des années, elle pourra subsister à côté de l'heure universelle; les villes qui possèdent des gares de chemins de fer ne sont-elles pas accoutumées déjà à compter deux heures différentes? Midi, ou le milieu du jour, arrivera pour chaque pays à l'heure correspondante au méridien horaire le plus proche (l'un des vingt-quatre en relation avec le méridien initial).

Quoi qu'il en soit, cette excursion dans le domaine du temps terrestre n'était pas sans intérêt pour nous, habitants de cette planète. A deux pas d'ici, sur la Lune, on trouverait déjà de tout autres périodes. Dans l'espace absolu, ce serait encore plus bizarre, car là il n'y a *plus de temps du tout*, ni heures, ni jours, ni semaines, ni mois, ni années, ni siècles. Mais ici-bas, c'est différent. Seulement... sur cette tournoyante planète, le temps, cette « étoffe dont la vie est faite » passe et s'use un peu trop vite.

A. LEPAUTE.

P. S. Le gouvernement des États-Unis d'Amérique vient d'informer le gouvernement français qu'il serait utile de convoquer toutes les nations à une Conférence en vue de l'adoption d'un méridien initial commun, et d'une heure universelle. La circulaire américaine expose en outre :

1° Que le manque d'uniformité dans ces matières est, pour le commerce, une source

(1) Le sujet de cet article ne date pas d'aujourd'hui. J'ai, dans ma bibliothèque, un petit livre tout entier écrit il y a au moins 261 ans sur ce même sujet. Il a pour titre : « *Le point du jour*, ou Traité du commencement des jours et de l'endroit où il est établi sur la Terre, par feu M. Nicolas Bergier, de son vivant avocat au Siège présidial de Reims. Reims, 1629 ». L'auteur, né en 1557, est mort en 1623. L'ouvrage date donc au moins de 1622, et il est sans doute même de plusieurs années antérieur.

A. L.

d'embarras, qui ont été particulièrement accrus par l'extension des chemins de fer et des lignes télégraphiques.

2° Que cette question a été discutée, pendant plusieurs années, en Europe et en Amérique, par des corps savants et commerciaux qui ont reconnu la nécessité d'une entente générale.

3° Que l'initiative des mesures à prendre pour préparer cette entente a paru appartenir aux États-Unis qui, de tous les pays intéressés, possèdent le territoire le plus étendu en longitude.

Le président des États-Unis, bien que convaincu des avantages qui découleraient de la réforme projetée, a décidé qu'il consulterait les principaux gouvernements, pour s'assurer si la réunion d'une Conférence internationale leur semble désirable.

ACADÉMIE DES SCIENCES.

COMMUNICATIONS RELATIVES A L'ASTRONOMIE ET A LA PHYSIQUE GÉNÉRALE.

Prochain retour de la comète périodique de d'Arrest,

par M. G. Leveau.

« A cause de la grandeur des perturbations subies par la comète, lors de son passage près de Jupiter, 1859-1863, de l'incertitude des éléments antérieurs et de l'absence d'observations à l'époque de sa troisième apparition, 1864, il n'a pas été possible de comprendre dans un même système d'éléments les observations faites en 1851 et 1857 et celles faites en 1870 et 1877.

J'ai donc été obligé, pour la détermination des éléments osculateurs de 1883, de partir d'éléments représentant seulement les observations de 1870 et 1877.

J'ai obtenu ainsi :

Éléments osculateurs de la comète périodique de d'Arrest.

Temps moyen de Paris.		1869, octobre 13,0.		1877, janvier 14,0.	
Anomalie moyenne............	$\varepsilon - \varpi$	308° 16′ 23″,03		342° 46′ 24″,94	
Longitude du périhélie.........	ϖ	318 41 34,02	Équinoxe et écliptique de 1870,0	319 9 45,16	Équinoxe et écliptique de 1880,0
Longitude du nœud ascendant..	θ	146 25 23,53		146 9 15,52	
Inclinaison....................	φ	15 39 29,63		15 43 12,89	
Angle (sinus = excentricité)....	η	39 25 17,49		38 53 19,18	
Moyen mouvem. héliocentrique, diurne........................	n	540″,25101		532″,38028	

Avec ces éléments, les différences entre l'observation et le calcul sont, pour les deux apparitions de 1870 et 1877 :

Dates	(Æo — Æc) cos (D).	Do — Dc.
1870. Septembre 24........	— 6",1	— 2",5
Octobre 18..........	+ 7,4	+ 5,9
Novembre 19........	+ 0,1	— 1,7
Décembre 13........	+ 1,9	— 8,6
1877. Juin 21..............	+ 0,7	— 7,1
Juillet 15............	+ 5,2	+ 1,5
Août 8..............	— 5,7	+ 9,6

En ajoutant aux éléments osculateurs pour 1877 janvier 14,0 les perturbations produites par Jupiter, Saturne et Mars, de 1877 à 1883, on obtient, pour 1883, les éléments osculateurs suivants :

Éléments osculateurs de la comète périodique de d'Arrest résultant des observations de 1870 et 1877.

Époque : 1883, juin 12,0, temps moyen de Paris.

$\varepsilon - \varpi$........................	328°13'20",34
ϖ...........................	319 11 10,81
θ...........................	146 7 20,98
φ...........................	15 41 47,11
η...........................	38 46 33,42
n...........................	530,65245

(Ces éléments sont rapportés à l'équinoxe et à l'écliptique moyens de 1880,0.)

Avec ces éléments, j'ai, pour l'époque jugée la plus favorable pour l'observation, du 23 avril au 25 novembre 1883, calculé une éphéméride qui sera communiquée à tous les astronomes.

La comète se présentera dans de très difficiles conditions de visibilité. Ce ne sera que grâce à l'habileté des astronomes et à la puissance des instruments dont ils disposent maintenant que nous pouvons espérer nous procurer des observations qui permettront de faire une étude définitive du mouvement de cette intéressante comète. »

NOUVELLES DE LA SCIENCE. — VARIÉTÉS.

LA GRANDE COMÈTE.

La grande Comète observée à l'Observatoire de Lyon. — Nous publions ci-contre (*fig.* 41), un dessin de la grande Comète, fait à Lyon par M. Gonnessiat, assistant de l'Observatoire, le 12 octobre, à l'aide d'une jumelle de 60^{mm} d'ouverture.

Ce qui frappe tout d'abord, c'est la division de la queue en deux parties à peu près égales en étendue, mais bien différentes par l'éclat : la moitié nord n'est pas visible à l'œil nu, celle du sud brille au contraire très vivement sur toute sa longueur.

Six nervures bien marquées partent du noyau. Les deux médianes les plus importantes forment en se prolongeant la partie brillante de la queue; en se détachant du noyau elles s'infléchissent un peu vers le Sud; elles comprennent entre elles un sillon relativement obscur. Deux autres paires de nervures plus faibles et plus divergentes sont placées latéralement et aboutissent aux bords, à peu de distance du noyau.

Une particularité intéressante, c'est que les bords latéraux se prolongent au delà de la tête, à laquelle elles forment comme une enveloppe : ces deux prolon-

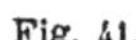

Fig. 41.

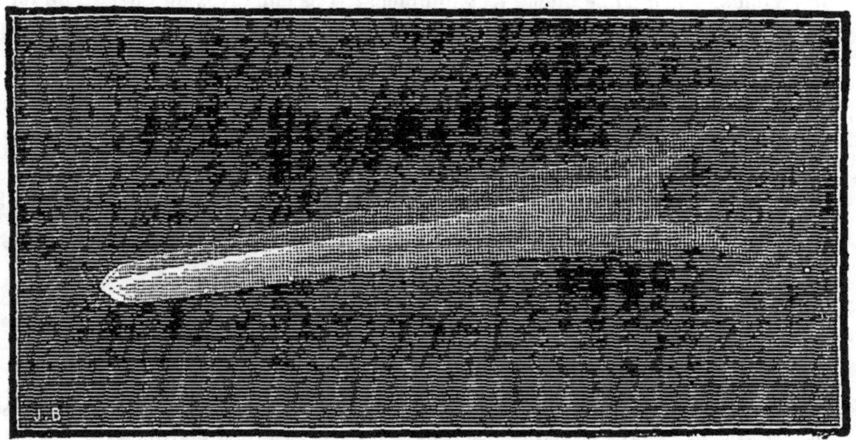

La Grande Comète observée à Lyon, le 12 octobre 1882 (10^h, t. m. Lyon).

gements, visibles dans les conditions de l'observation sur une longueur de plus de 1°, ne se rejoignent pas, et ainsi la Comète paraît se terminer de ce côté par deux pointes aiguës.

Le bord supérieur est net sur toute sa longueur, à peu près rectiligne, et aboutit à α de l'Hydre. Le bord inférieur, également rectiligne, est coupé, un peu avant l'extrémité, par une bande moins lumineuse qui détermine une pointe. A cette hauteur, un faisceau très brillant part de l'axe de la queue et s'avance obliquement, de façon à faire pendant à l'extrémité du bord opposé. De plus, à la première pointe indiquée sur le bord inférieur, correspond un renforcement lumineux évident dans la moitié supérieure de la queue.

A l'aide des Étoiles, on a une situation approchée des différentes parties de la Comète. La belle Étoile figurée à l'extrémité supérieure de droite est *α de l'Hydre;* celle qui est immédiatement au-dessous est *18249 Lalande.* On en conclut que l'axe de la queue avait un angle de position de 279°, tandis que le grand cercle mené par le Soleil et le noyau de la Comète faisait avec le cercle de déclinaison de cette Comète un angle égal à 268° compté dans le même sens. Il en résulte que le faisceau qui forme l'extrémité Sud de la queue est sensiblement dans la direction du Soleil. Remarquons d'ailleurs l'inflexion vers le Sud des nervures principales au voisinage de la tête; cette courbure est encore plus sensible dans un dessin pris le 23 octobre.

Ces curieux aspects nous paraissent intéressants à étudier au point de vue des travaux récents et remarquables faits par M. le Dr Bredichin à l'Observatoire de Moscou.

CH. ANDRÉ,
Directeur de l'Observatoire de Lyon.

La grande Comète, vue de l'hémisphère austral. — M. Gould, directeur de l'Observatoire de Cordoba, écrit que le 6 septembre il a appris par le public que, dans la matinée du 5, on avait vu dans le Ciel oriental une comète aussi brillante que Vénus, ornée d'une queue très lumineuse. Les employés du chemin de fer et les personnes obligées par leurs travaux à se lever avant le jour la remarquaient depuis plusieurs matins. Nous avons vu (l'*Astronomie*, février 1883) qu'elle a été remarquée dès le 1er.

A Melbourne, Australie, M. Ellery l'observait le 7.

A Saint-Denis de la Réunion, M. le Dr Auguste Vinson écrit que toute l'île de la Réunion l'admirait le 8 septembre (1). Quelques jours après, un photographe de la Réunion, M. Eyckermans, l'a photographiée, avant l'aurore, avec le paysage.

(1) On lit dans le *Moniteur de la Réunion* du 19 novembre 1882 :

« M. Flammarion, à force de probité, a manqué là une belle occasion, non pas de passer pour savant (qui oserait en douter dans les cinq parties du globe?) mais de passer pour *sorcier*. On a répandu dans tous les journaux des deux hémisphères que le célèbre astronome avait *prédit*, pour septembre 1882, la venue d'une magnifique comète, dont l'énorme queue balayerait notre globule en le divisant en quatre morceaux. M. Flammarion pouvait se taire et bénéficier, par aventure, des deux tiers de cette chance ou de cette hypothèse du hasard. Quant au dernier tiers, sa théorie de l'éther impalpable illuminé ou de l'*excitation lumineuse de l'éther*, — comme il l'appelle, — de l'impondérabilité et de l'innocuité, du *moins que rien* des queues cométaires, ne permettait pas d'y songer. L'honnête astronome n'a pas voulu usurper la gloire d'un Mathieu Laensberg. Il a droit à mieux. »

Remerciements à mes amis d'outre-mer. Il y a parfois assurément des coïncidences bizarres. On m'a fait annoncer cette comète deux mois avant son apparition et bien des journaux ont refusé d'insérer la rectification que nous en avions donnée ici même (p. 274). Il y a mieux, on m'a fait annoncer la mort de l'empereur de Russie, et peu s'en est fallu même qu'on ne me supposât en correspondance secrète avec les nihilistes. Voici tout simplement ce que j'avais écrit (*Magasin pittoresque*, décembre 1880, p. 390), à propos d'une **rare conjonction des planètes pour le mois de mars 1881** : « l'année 1881 ne sera pas pour cela plus extraordinaire que ses devancières; mais, **si quelque événement capital arrive en Russie,** ce ne seront pas les planètes qui en seront cause ». C'est pour le commencement de mars que cette conjonction des planètes était annoncée, et c'est le 13 mars que l'empereur Alexandre a été assassiné.

Ces coïncidences là n'ont rien de surprenant pour un observateur. En septembre 1881, dans la livraison 81, p. 644, des *Étoiles*, j'ajoutais : « L'homme le moins perspicace pourrait également annoncer que l'année 1882 ne se passera pas sans que des événements graves arrivent *en Afrique.* » C'est ce que la révolte des Kroumirs et la guerre de Tunisie sont venues démontrer.

Il n'est pas nécessaire d'être prophète pour penser que, d'ici à un an, c'est en France que des événements importants pourront survenir.

C. F.

Nous reproduisons (*fig.* 42) cette curieuse photographie. C'est la première fois que nous avons reçu une photographie portant sur une même plaque la comète et le paysage.

Fig. 42.

La comète vue à l'île de la Réunion, photographiée directement, avant le lever du soleil. »

Le 8 septembre aussi, M. Finlay l'observait au Cap de Bonne-Espérance; le 12, M. Cruls l'observait à Rio-Janeiro.

« Le 16 septembre, à Montevideo, écrit M. L. Jacquet, la Comète a été vue dans la journée, tout près du Soleil; noyau brillant entouré d'une nébulosité. Le 18, à Buenos-Ayres, à 11^h du matin, je l'ai vue tout contre le Soleil; le noyau était très brillant, avec une légère chevelure et une petite queue. En masquant le Soleil avec un écran, on voyait admirablement la Comète à l'œil nu. Dans les rues et sur les places de Buenos-Ayres, les passants s'arrêtaient pour la contempler.

« Durant plusieurs jours, ensuite, le temps fut pluvieux ou nuageux, et je ne vis plus la Comète.

« Le 25 septembre, au matin, dans le trajet de Buenos-Ayres à Montevideo, après un coup de vent du sud, avec une atmosphère d'une pureté parfaite, j'ai assisté au spectacle, ineffaçable dans mon souvenir, du splendide lever de cette grande Comète.

« La Lune, à son treizième jour, venait de se coucher lorsque apparut à l'est une immense clarté à l'horizon, de laquelle l'officier de quart, le pilote et moi ne nous rendions pas compte d'abord; mais, peu à peu, cette clarté grandissant en s'élevant dans le Ciel, nous reconnûmes que c'était la queue de la Comète qui se levait. A $4^h 30^m$, lorsque le noyau apparut au-dessus de l'horizon, le spectacle, dans tout son éclat, fut saisissant par son étrange grandeur. Tous, les timoniers et les hommes de quart, en le contemplant, avaient recours aux expressions les plus énergiques de leur langage pittoresque pour exprimer ce qu'ils ressentaient.

« Le noyau était brillant comme une étoile de première grandeur, sans chevelure, et la queue s'allongeait comme un cône de métal en fusion. On aurait dit une aigrette éblouissante, ou plutôt un faisceau brillant de fils d'or vert, dont la partie supérieure se prolongeait au loin. La longueur du cône, prise au sextant, mesurait 8°; la longueur totale de la queue était de 21° et la largeur moyenne de 1°30'. La Comète était inclinée d'environ 40° au-dessus de l'horizon et s'étendait vers le nord. »

Position actuelle de la Comète. — La Comète est désormais invisible à l'œil nu, mais elle peut encore être observée dans les instruments de moyenne puissance. La queue a disparu. On ne voit plus qu'une nébulosité dont l'éclat surpasse à peine celui d'une étoile de 8e grandeur. Position au 1er mars :

Ascension droite...... $5^h 51^m 32^s,1$. Déclinaison....... 15°4'10" S.

Sa distance au Soleil est de 125 millions de lieues, et sa distance à la Terre de 105 millions.

Nous résumerons, dans notre prochain numéro, l'ensemble de toutes les observations, et nous donnerons les orbites conclues.

Comète apocryphe. — Les journaux scientifiques annoncent qu'une Comète a été découverte près de Jupiter à l'Observatoire de Puebla (Mexique), le 23 janvier dernier. Nous n'avons reçu aucun autre renseignement. — Cette Comète n'est autre que la nébuleuse Messier 1, près de ζ Taureau, dans le voisinage de laquelle Jupiter est passé précisément à cette date.

Vénus visible près du Soleil. — Un phénomène extrêmement rare s'est présenté le 21 décembre dernier. Le journal scientifique anglais *Knowledge* rapporte, sans expliquer la nature de cette apparition, que ce jour-là, vers 11^h du matin, l'attention de plusieurs personnes dans Broughty Terry a été attirée par la visibilité d'une belle étoile, brillant auprès du Soleil, lequel était lui-même fort éblouissant. Cette étoile n'avait pas le vif éclat des étoiles visibles pendant la nuit, et elle était d'une apparence un peu laiteuse. En l'observant à travers une jumelle, on distinguait la forme d'un croissant, fort élégant sur le fond bleu du Ciel.

La première idée qui vienne à l'esprit pour expliquer cette apparition, est de songer à Vénus, qui est passée devant le Soleil le 6 décembre dernier. Mais la position de Vénus, le 21 décembre à 11^h, est de 16^h25^m en ascension droite et $-18°25'$ en déclinaison. Celle du Soleil, au même moment, était de 17^h58^m et de $-23°27'$. La distance des deux astres était donc de plus de 23°. Au même moment, Mercure se trouvait à 18^h8^m et $-25°9'$, c'est-à-dire à dix minutes seulement du centre du Soleil ou à 2° 5' seulement de son bord oriental. Cette position s'accorde mieux avec les termes de l'observation « in close proximity to it ». Il serait possible aussi que cette apparition énigmatique fût due à une comète ou à une étoile. Mais dans ce cas, la forme de croissant serait inexplicable. Il n'y a pas là d'étoile de 1re grandeur. Pourtant la célèbre étoile temporaire de 1604 se trouve vers cette région, à 8° environ à l'ouest de la position du Soleil, ce jour-là.

Les astronomes en étaient là des conjectures, lorsqu'une lettre d'un de nos lecteurs, M. Guyot, tailleur à Soissons, est venue nous tirer d'embarras.

Cet astre n'était autre que la planète Vénus et l'expression anglaise est fautive, car l'astre observé n'était pas « tout proche du Soleil ». M. Guyot a suivi ce croissant à l'œil nu depuis 7^h30^m du matin jusqu'à 10^h30^m, heure à laquelle le Ciel s'est couvert [1]. Notre correspondant a distingué à l'œil nu Jupiter, en plein jour, le 24 décembre à 3^h30^m, et un satellite le même jour à 4^h45^m.

Société scientifique Flammarion, à Argentan. — Cette Société, fondée pour la propagation des Sciences et officiellement constituée par arrêté préfectoral en date du 27 juin 1882, compte déjà aujourd'hui plus de 400 membres. Un diplôme, signé par tous les membres du Bureau, est envoyé gratuitement à tous les Sociétaires [2].

Depuis le 15 janvier dernier, la Société publie un *Bulletin mensuel* auquel ont droit aussi tous les membres de la Société. On remarque, dans les deux premiers numéros parus, des articles variés de MM. Schaiparelli, Flammarion, Vimont, Dr Barré, Dr Rouyer, Songeux, Lecœur, Lamy, Gondouin, etc. Il est presque superflu de souhaiter bon succès à la Société : elle vogue déjà de ses propres ailes. Son observatoire, son laboratoire et sa bibliothèque vont être installés dans les meilleures conditions.

Tache solaire visible à l'œil nu. — Le 14 janvier, M. Guyot, à Soissons (Aisne),

(1) Cette observation donne ici un nouveau témoignage en faveur de l'opinion, si souvent émise ici, que les amateurs peuvent rendre à la Science de fort remarquables services. Les astronomes étaient embarrassés sur cette apparition : l'observation d'un amateur résout le problème.

(2) S'adresser à M. Vimont, professeur de Mathématiques au collège d'Argentan (Orne).

nous signalait l'existence sur le Soleil d'une tache visible à l'œil nu. Le 15, M. Bruguière, à Marseille, nous télégraphiait que le noyau de cette tache était quadruple, et, ce même jour, M. Jeanrenaud à Nogent-le-Roi (Eure-et-Loir), nous en adressait un dessin. C'est l'une des taches les plus curieuses de l'époque de maximum que nous venons de traverser.

Uranolithe (¹). — Le docteur von Holleben, ministre résident allemand à Buenos-Ayres, a reçu de M. Burmeister une météorite tombée pendant l'hiver 1880 dans la province d'Entre-Rios (la Plata), entre Nagayà, ville située au sud-est de Santa-Fé et au nord de la rivière la Plata, et Concepcion sur l'Uruguay. Cette météorite, destinée à l'Académie de Berlin, est tombée vers le soir, accompagnée d'une traînée aussi lumineuse que la lumière du jour. Apportée à Concepcion, cette pierre parvint à M. Seekamp, chimiste, qui l'envoya à M. Burmeister, après avoir prélevé un échantillon. Il en fut gardé un quart pour le musée de Buenos-Ayres, et le reste, une bonne moitié de l'uranolithe primitif, fut attribué à l'Académie de Berlin. En prenant des échantillons de cette pierre naturellement tendre, de nombreuses fissures se sont produites; de plus, l'agitation pendant le transport a déterminé une séparation en deux moitiés presque égales. Le plus gros morceau pèse 1239gr, le plus petit 974gr et les miettes 32gr.

C'est un de ces uranolithes extrêmement rares qui contiennent du *carbone;* il se compose d'une masse tendre, peu brillante, couleur gris foncé, ne renfermant pas de fer météorique, mais richement parsemé de noyaux ronds d'un gris clair, accompagnés çà et là de quelques noyaux d'un jaune verdâtre doués d'un éclat métallique mat; dans cette masse se trouvent dispersés de petits noyaux unis et arrondis, formés d'une substance dense d'un gris plus clair et de consistance également terreuse.

L'origine météorique de ce corps est mise hors de doute par la croûte bien conservée qui entoure surtout les petits morceaux. Si l'on réunit les deux morceaux tels qu'ils l'étaient, il est facile de reconnaître le côté qui a été soumis à la pression atmosphérique pendant le mouvement et de le distinguer du côté rugueux qui était à l'arrière, duquel, évidemment, s'est détaché un morceau pendant le trajet. En considérant le morceau qui se trouve à Concepcion, on peut attribuer à cet uranolithe, lors de sa chute, la forme d'un sphéroïde ayant pour plus grand diamètre 180mm et pour plus petit diamètre 150mm.

C. Detaille.

Explosion d'un bolide. — Le 21 juillet 1882, à midi 14m 50s, une explosion formidable se fit entendre de toute la ville de Rome et des environs, jusqu'à un rayon de trente à quarante kilomètres. Certains journaux ont prétendu qu'un uranolithe était tombé dans les jardins du Vatican, non loin du pape Léon XIII. D'après une lettre de M. Respighi, directeur de l'Observatoire du Capitole, à notre correspondant, M. le docteur F-W. Krecke, on n'a constaté aucune chute de pierres et jusqu'à

(¹) *Sirius*, août 1882.

présent on n'a trouvé aucun morceau du bolide qui a dû éclater à quelque distance au nord-ouest de la ville éternelle.

Un arc-en-ciel dans la brume. — Le 26 novembre dernier, à Nantes, M. C. du Bochet a observé le fait fort rare d'un arc-en-ciel produit par un ciel entièrement couvert. Du côté du Soleil, la brume était pénétrée par une lumière diffuse qui ne permettait pas, toutefois, de discerner le disque solaire. A l'opposé du Soleil, au couchant, le ciel était très sombre, et c'est sur cet écran que l'arc-en-ciel s'est dessiné, arc très pâle, bleu, bordé dans sa partie inférieure d'une frange violet pâle.

Simultanéité des grandes perturbations magnétiques. — Nous avons signalé récemment (*voir* l'*Astronomie*, 1re année, novembre 1882, p. 353) la perturbation magnétique formidable des 16 et 20 avril 1882, qui a coïncidé avec la présence sur le Soleil d'un énorme groupe de taches visibles à l'œil nu, et nous avons montré que cette perturbation s'est manifestée à la même heure, et presque à la même minute, en France, en Angleterre, au Canada et en Chine. Un nouvel exemple de cette simultanéité vient de se présenter, à l'occasion de l'orage magnétique du 17 novembre dernier, qui a également coïncidé avec la présence, sur le Soleil, d'une énorme tache visible à l'œil nu. Le maximum de la perturbation s'est manifesté presque au même moment, non seulement sur toute l'étendue de la France et de l'Angleterre, mais encore au cap Horn où s'est rendue la mission scientifique dont nous avons parlé. D'après les renseignements fournis par M. Le Cannellier à M. Mascart, la déclinaison a subi une perturbation de 40′ en trois heures, et les deux composantes ont éprouvé des variations du même ordre.

M. Faye nous permettra de regretter qu'il soit le dernier astronome qui se refuse à admettre cette connexion, aussi importante que remarquable, entre les taches solaires et le magnétisme terrestre.

L'Espace est-il infini? — A propos de l'étude publiée sur « les Étoiles, Soleils de l'infini » dans le premier numéro de la *Revue* pour 1883, je me permettrai de signaler à l'attention des lecteurs un article publié par M. Wundt dans le *Vierteljährschrift für wissenschaftliche Philosophie*, où il traite également la question au point de vue à la fois du naturaliste et du philosophe, et où il conclut que l'Univers est nécessairement *infini*, en ce qui regarde l'espace et le temps; mais qu'il est *fini* en ce qui regarde la quantité de matière. J'ajouterai que la déduction que l'espace doit être fini, parce que l'illumination de la voûte céleste n'est pas uniforme, ne me semble pas satisfaisante. Il n'est même pas nécessaire de recourir à une absorption des rayons lumineux par l'éther, attendu qu'il doit exister un nombre considérable d'astres éteints, qui interceptent les rayons des étoiles lointaines. Prof. E. Wiedemann, à Leipzig.

Les éclipses en Chine. — Les Chinois, malgré leur contact déjà ancien avec les Européens et même l'étude à laquelle ils se livrent sur la marche des sciences et des arts en Europe, n'ont pas perdu leurs préjugés en ce qui concerne certains phénomènes célestes, les éclipses notamment.

Le 17 mai dernier, les habitants de Pékin ont été, comme d'habitude, vivement impressionnés par l'éclipse de Soleil qui était là presque totale. Dès que le disque de l'astre fut obscurci, le ciel, de son côté, se couvrit d'épais nuages. Dès lors, les Chinois se préparèrent au plus épouvantable des cataclysmes. Ils firent en toute hâte des petits paquets de leurs effets précieux, puis ils s'enfermèrent dans leurs logis, pendant qu'au dehors les gongs des temples bouddhistes s'efforçaient de mettre en fuite le dragon céleste qui devait dévorer le Soleil. Grâce à Bouddha, la lumière du jour reprit sa clarté habituelle, la nature son éclat, et les Chinois rassurés revinrent à leurs occupations, en se félicitant de l'avoir échappée belle.

Influence politique des Comètes en Chine. — La fréquence des Comètes depuis deux ans a été regardée comme un présage très menaçant par les Chinois. Dans la queue, qu'ils assimilent à un sabre enflammé, ils voient l'emblème d'une vengeance qui va s'exercer sur une nation indigne. A la suite de la dernière Comète, il a été rendu un décret promulgué au nom du jeune empereur portant que « la Comète prouve la négligence apportée par les fonctionnaires à renseigner le souverain sur les malheurs du peuple ». Une enquête très sévère est ordonnée, et il est possible qu'il s'ensuive une réforme radicale de l'administration chinoise.

Imitation artificielle de la surface lunaire. — A propos des intéressantes recherches de M. J. Bergeron sur le mode de formation des cratères lunaires (1), permettez-moi de vous signaler les résultats des expériences que j'ai entreprises sur ce sujet dès 1874 (2).

On sait que l'hypothèse la plus accréditée, quant à la formation des cratères lunaires, consiste à admettre qu'à l'origine de gigantesques bulles gazeuses se sont précipitées en dehors de la masse encore pâteuse, produisant ainsi des cirques dont la forme dépendait en majeure partie de la plus ou moins grande fluidité de l'astre.

Lorsque la masse était encore très fluide et que les gaz s'y trouvaient en grande quantité, ceux-ci s'échappèrent, formant d'immenses cratères; mais, par suite du peu de consistance, une partie considérable des matières rejetées reflua vers l'intérieur, comblant en majeure partie l'excavation produite d'abord. Le rebord de son côté se trouvait réduit à peu de chose, comparativement aux dimensions du cirque. Telle est l'origine probable des gigantesques circonvallations lunaires.

Plus tard, par suite du refroidissement, la masse devenant plus consistante, il en résulta des cratères plus petits et plus profonds; les matériaux rejetés ne pouvant plus refluer aussi facilement.

Me basant sur ces hypothèses, j'essayai de reproduire ces différents aspects au moyen d'argiles sableuses plus ou moins délayées.

(1) Voir l'*Astronomie*, 1re année, octobre 1882, p. 306.
(2) Voir les *Mondes*, T. XXXV, p. 581, 1874.

J'introduisis d'abord dans une capsule de l'argile à consistance sirupeuse que je portai à l'ébullition; les bulles de vapeur venant crever à la surface produisirent des cirques à rebords faibles en tout semblables à ceux que l'on observe à la surface de la Lune, et qui appartiennent à la première formation. Il m'a été malheureusement impossible de les photographier, à cause de la grande fluidité de la masse.

J'employai alors des argiles moins délayées que je portai également à l'ébullition, mais mes tentatives furent infructueuses; la vapeur s'accumulait entre le vase et l'argile, puis s'échappait par de petites issues.

Je fis alors de nouveaux essais, mais en élevant seulement la température de manière à mettre en liberté l'air dissous dans l'eau. J'ai réussi ainsi à reproduire les cratères appartenant aux dernières formations.

P. DE HEEN.

Orientation du disque solaire suivant l'heure. — Si l'on observe le Soleil le matin, à midi ou le soir, on s'aperçoit que les taches n'occupent pas la même position relativement à la verticale de l'observateur. Cette différence est due au mouvement diurne apparent du Soleil. On peut dire, d'une manière générale, que pour nos latitudes, le bord oriental du Soleil, qui se trouve en bas au lever du Soleil, se trouve à gauche à midi, et en haut au coucher du Soleil. Ce déplacement d'un point quelconque du disque solaire a pour mesure l'angle S du triangle sphérique PZS (*fig.* 43) ayant pour sommets : le Pôle, le Zénith et le Soleil. Le mieux est certainement d'observer toujours vers midi; mais, si l'on ne veut pas s'y astreindre (ce qui du reste n'est pas toujours possible à cause des nuages) il suffit de calculer pour le moment de l'observation cet angle S dans le triangle ci-dessus, dans lequel on connaît : le côté PZ, complément de la latitude du lieu, le côté PS, complément de la déclinaison, et l'angle horaire P.

Fig. 43.

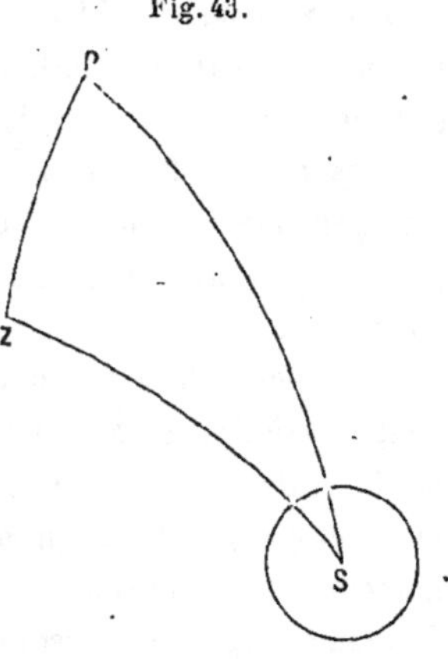

Orientation du disque solaire

Pour ramener la position des taches, observée à une heure quelconque, à celle que l'on aurait observée à midi, il suffira de tourner son dessin du nombre de degrés trouvé pour l'angle S, en entraînant le bas vers la gauche ou vers la droite suivant que l'on aura observé le matin ou le soir

A la latitude de Paris, 49°50′, le déplacement maximum d'un point de la circonférence du disque solaire entre midi et le matin ou le soir est de 43°38′.

Voici ce déplacement calculé pour quelques cas particuliers :

Au lever du Soleil	Solstice d'hiver	39°46
	Équinoxes	41°10′
	Solstice d'été	34°51′
A 6 heures	»	43°38′

Il y a cela de remarquable qu'en été l'angle S, et conséquemment le déplacement d'un point quelconque du disque, n'est pas à son maximum au lever du Soleil mais bien à 6^h. Il commence par croître jusqu'à 6^h pour décroître ensuite.

E. Lafosse.

Bibliographie. — Ceux d'entre nos lecteurs qui s'intéressent aux questions d'Astronomie pratique et mathématique seront heureux d'apprendre que M. Souchon, membre adjoint du Bureau des Longitudes, vient de publier un ouvrage spécial sur le *Calcul des Éphémérides*. Le travail de M. Souchon vient combler une lacune que l'on regrettait d'avoir à signaler dans la littérature scientifique de notre pays. Tandis qu'à l'étranger les livres les plus variés et les plus nombreux se trouvent à la disposition des jeunes astronomes, en France, au contraire, les procédés de réduction des observations et les diverses méthodes de calculs, si utiles pour tous ceux qui aspirent à se faire un nom dans l'Astronomie, restaient pour ainsi dire le secret des établissements officiels dans lesquels ils se perpétuaient par la tradition, ou par des instructions rédigées en vue du personnel et tout à fait inconnues du public même scientifique. On doit savoir gré à M. Souchon d'avoir su réunir une foule de formules disséminées de côté et d'autres pour en former un traité méthodique qui donne ainsi à toute personne un peu versée dans les Mathématiques, le moyen de s'initier aux méthodes de calcul employées par les astronomes pour déterminer à l'avance le cours des astres, et prédire les phénomènes célestes, tels que les éclipses, les occultations des étoiles et des planètes par la Lune, les passages de Vénus et Mercure devant le Soleil, les marées, etc.

L'ouvrage débute par une introduction historique d'une centaine de pages qu'on peut considérer comme une histoire abrégée de l'Astronomie pratique et mathématique depuis les temps les plus reculés jusqu'à nos jours. La fondation et le développement du Bureau des Longitudes, les luttes et les rivalités des astronomes qui, malheureusement, n'ont pas toujours su s'élever au-dessus des questions d'amour propre, si mesquines aux yeux de la postérité, y sont racontés d'une manière concise, mais pleine d'intérêt. Vient ensuite, dans la première partie, l'étude des corrections à faire subir aux observations : réfraction, parallaxe, aberration de la lumière, etc. La deuxième partie débute par l'histoire et la composition actuelle du Calendrier, les diverses manières de compter le temps, et enfin le calcul des Éphémérides et la prédiction des phénomènes astronomiques. Toutes les formules sont développées et démontrées avec toute la rigueur désirable. Chacune d'elles est suivie d'un exemple numérique qui en montre l'application et donne le type et la disposition du calcul. Enfin le livre se termine par le recueil de toutes les formules démontrées dans le cours de l'ouvrage et diverses tables numériques, très utiles pour abréger les calculs. Nous pensons que le livre de M. Souchon est appelé à rendre de grands services dans l'enseignement et la pratique de l'Astronomie.

LE CIEL EN MARS 1883.

Nous avons, pendant une année entière, publié mois par mois l'aspect du Ciel dans la soirée. Comme la position apparente des étoiles et la facilité d'observation qu'elles présentent se retrouvent les mêmes aux mêmes époques de l'année, il serait superflu de nous répéter constamment. Le lecteur désireux de renseignements à cet égard n'aura qu'à se reporter à l'un de nos douze premiers Numéros pour y trouver la carte de la partie visible du Ciel et toutes les indications qui pourront lui être utiles.

Si des étoiles fixes nous passons aux astres errants, Soleil, Lune, planètes, etc., nous ne retrouvons plus la même périodicité, si ce n'est cependant pour le Soleil, dont le mouvement apparent constitue la base de notre Calendrier. Les aspects et positions des planètes dépendent en effet, non seulement de la place que la Terre occupe dans l'écliptique, mais encore de la place que la planète considérée occupe sur son orbite propre, et l'on sait que la durée des révolutions des planètes est essentiellement variable de l'une à l'autre. Aussi, est-il nécessaire que nous continuions à publier chaque mois la position apparente et l'aspect de chacune d'elles. On a vu dans le Numéro précédent les cartes du mouvement apparent des planètes principales. Peu de mots suffiront donc pour indiquer les particularités qu'elles présentent chaque mois. Nous continuerons, comme par le passé, à signaler les occultations les plus remarquables, à cause de l'intérêt qui s'attache à l'observation de ces phénomènes, et de la facilité qu'elles offrent aux commençants pour s'initier au maniement des instruments. Nous y joindrons aussi quelques mots sur le mouvement apparent du Soleil qui présente quelques différences légères d'une année à l'autre, par suite de l'intercalation des années bissextiles, nécessitées par ce fait que la durée de l'année tropique ne renferme pas un nombre exact de jours.

Nous pourrons aussi consacrer une plus large place à certains détails des observations à faire pour les commençants et nous nous promettons de passer successivement en revue les principales curiosités du Ciel. Déjà, nous commencerons, à partir du mois prochain, une étude complète de la surface de la Lune. La grande proximité de cet astre, la connaissance approfondie que l'on possède de sa topographie, et le caractère géologique particulier qui a présidé à la formation du relief de sa surface, font de cette étude l'une de celles qui méritent le mieux d'attirer l'attention. Aussi publierons-nous, dans notre Numéro d'avril, une description générale de l'hémisphère visible avec une carte détaillée qui a été dressée d'après les observations les plus récentes. Nous continuerons, dans les numéros suivants, par des descriptions particulières à chaque région jusqu'à ce que nous ayons fait l'examen de toute la surface observable.

Principaux objets célestes en évidence pour l'observation.

PLANÈTES : JUPITER, SATURNE, VÉNUS, URANUS.

ÉTOILES :

Voir la Carte publiée dans l'*Astronomie*, 1re année, même mois, et les descriptions données dans l'ouvrage *Les Étoiles et les Curiosités du Ciel*, p. 594 à 635.

Observations à faire.

SOLEIL. — Le Soleil se lève le 1er mars à 6h45m, pour se coucher à 5h41m; le 15, il se lève à 6h16m et se couche à 6h3m, et enfin, le 31, il est visible depuis 5h43m du matin jusqu'à 6h27m du soir. La durée du jour, qui est ainsi de 10h56m, le 1er, et de 12h44m, le 31, augmente donc de 1h48m, pendant la durée du mois. La déclinaison du Soleil, australe au début du mois, et égale à 7°36', devient boréale à la fin et atteint 4°8', le 31. C'est le 20 mars, à 10h59m du soir que le Soleil traverse l'Équateur pour passer de l'hémisphère austral dans l'hémisphère boréal. C'est à ce moment précis, où le plan de l'Équateur terrestre prolongé passe par le centre du Soleil, que commence la saison du *Printemps*.

Les taches du Soleil doivent toujours être suivies avec l'assiduité qu'elles méritent. L'activité de la surface solaire commence à entrer dans une phase décroissante. Il est intéressant d'observer tous les détails et toutes les circonstances qui accompagnent cette diminution d'intensité.

LUNE. — La Lune est très belle à observer pendant le mois de mars, qui compte en général un assez grand nombre de nuits sereines. C'est pendant le mois de mars que le Premier Quartier lunaire, qui est la phase la plus admirable à contempler, s'élève le plus haut au-dessus de l'horizon.

PHASES	DQ le	2	à 5h35m	matin.
	NL le	9	à 4 41	»
	PQ le	15	à 8 41	soir.
	PL le	23	à 6 14	»
	DQ le	31	à 8 31	»

Occultations.

Cinq occultations pourront être observées en France pendant le mois de mars dans la première moitié de la nuit :

1° o Bélier (6e gr.), le 12, de 7h7m à 8h1m. L'étoile disparaît au contact de la partie obscure du disque lunaire, à 20° au-dessus du point le plus oriental (gauche), et reparaît à l'Occident (droite), à 5° au-dessus du point le plus bas. Cette occultation est représentée (*fig.* 44).

2° 14 Sextant (6e gr.), le 20, de 12h18m à 13h33m. L'étoile disparaît à 1° au-dessus du point le plus à gauche (Est) du disque lunaire, et reparaît à 12° au-dessous du point le plus à droite (Ouest).

3° 36 Sextant (6e gr.), le 21, de 6h46m à 8h0m. L'étoile disparaît, toujours à l'Orient, à 25° au-dessus du point le plus bas du disque lunaire, et reparaît à l'ouest à 44° au-dessous du point le plus élevé.

4° 50 Vierge (6° gr.), le 24, de 12h51m à 14h7m. L'étoile s'éteint au point le plus oriental du disque lunaire et se rallume à 54° au-dessous et à droite du point le plus élevé.

5° ψ Ophiuchus (5° gr.), le 28, de 12h7m à 13h5m. Cette belle étoile rencontre le bord oriental du disque de la Lune à 6° au-dessous du point le plus à gauche, et se rallume subitement dans le vide apparent du Ciel à 13° au-dessous et à droite du point le plus élevé du disque lunaire. Cette occultation est représentée (*fig.* 45).

Un fait assez rare, une conjonction de Saturne avec la Lune (laquelle devient même une occultation pour l'Angleterre) arrivera le 13 de ce mois. Nous donnons, d'après M. P. Garnier, astronome à Boulogne-sur-Seine, les éléments astronomiques de cette intéressante observation.

Occultation de Saturne par la Lune, le 13 mars. — Les occultations de planètes visibles en France étant assez rares, l'occultation de Saturne du 13 mars prochain

Fig. 44.

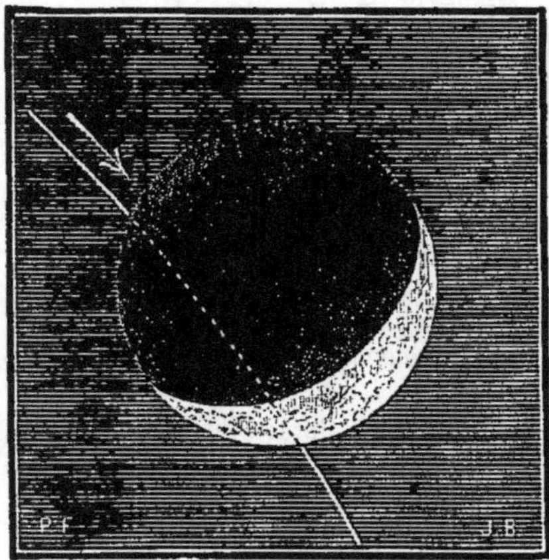

Occultation de o Bélier par la Lune, le 12 mars 1883, de 7h7m à 8h1m.

Fig. 45.

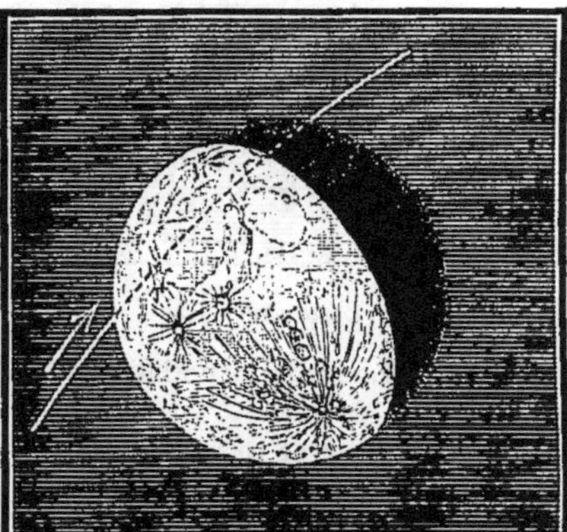

Occultation de ψ Ophiuchus par la Lune, le 28 mars 1883, de 12h7m à 13h5m.

mérite de fixer un instant l'attention, quoiqu'elle ne soit visible qu'en plein jour et par suite difficilement observable.

A Paris, il y a simplement appulse à 9h57m25s du matin; le centre de Saturne s'approche à 2′32″ du bord lunaire; le point du disque lunaire le plus voisin de Saturne est situé à 28° au-dessus et à l'Ouest (gauche) du point le plus bas (*fig.* 47). La Lune se lève à 8h30m du matin.

A Liverpool (Longitude : 5°20′10″ O; Latitude: 53°24′48″ N) Saturne est occulté entièrement (*fig.* 48) et l'on a pour son centre (temps moyen de Paris) :

immersion : 10h10m,8 du matin, à 14° à gauche (Ouest) du point le plus bas du disque lunaire.

émersion : 10 9 ,8 » 34 »

En Angleterre, près Lincoln, dans le lieu dont la longitude est de 3° O et la latitude 53°19′ N un simple contact extérieur a lieu à 10h4m,50 (t. de Paris).

Le simple contact extérieur commence à 10h1m environ dans le lieu dont la longitude est de 20° O et la latitude 47° N. La ligne du simple contact extérieur traverse l'Angleterre près de Milford, Montgomery, au Nord de Lincoln, au Sud de Hull; elle traverse ensuite la mer du Nord, effleure les côtes du Danemark, passe au Nord de Carlstad et de Falhun en Suède, près d'Hernosand et d'Uméa, puis un peu à l'est de Tornéa pour quitter le continent près de Kola. Elle passe ensuite au Nord de la Nouvelle-Zemble, du cap Septentrional, des îles Liakhov et se termine près du détroit de Behring par

Fig. 46.

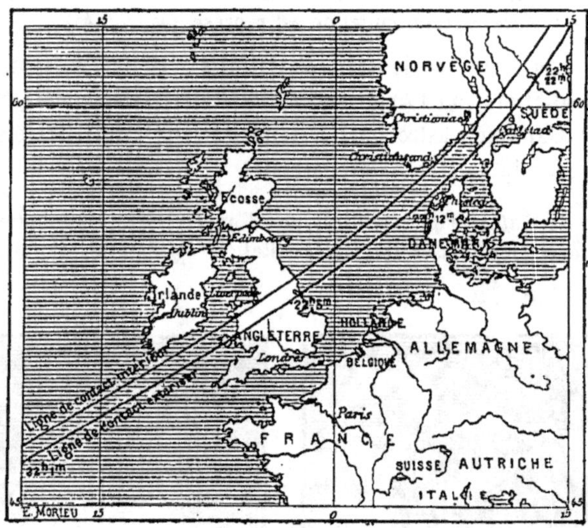

Carte pour l'occultation de Saturne par la Lune, le 13 mars 1883.

170° de longitude O et 64° de latitude N. En ce lieu extrême le simple contact se produit à $11^h 44^m$ (t. m. de Paris).

Un peu au Nord de cette ligne, se trouve celle du contact intérieur, elle passe près

Fig. 47.

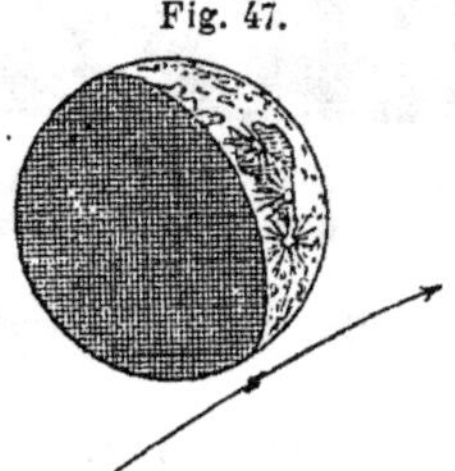

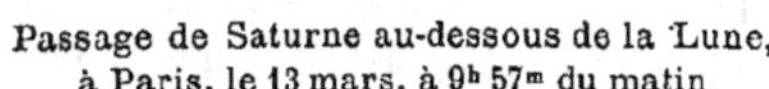

Passage de Saturne au-dessous de la Lune, à Paris, le 13 mars, à $9^h 57^m$ du matin.

Fig. 48.

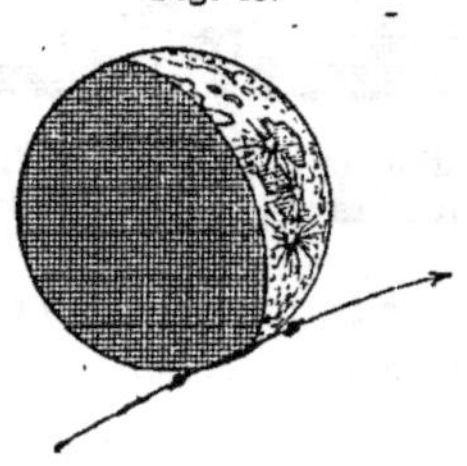

Occultation de Saturne par la Lune, à Liverpool, le 13 mars, de 10^h à $10^h 10^m$ du matin.

de Chester, au sud de Manchester et de York, elle rase les côtes S.-E. de Norwège en passant au Sud de Christiansand et de Christiania, et se dirige ensuite vers Pitéa.

Les lieux situés dans la bande comprise entre ces deux lignes verront une occultation partielle.

Lever, Passage au Méridien et Coucher des planètes visibles pendant le mois de mars 1883.

		Lever.		Passage au méridien.		Coucher.	
MERCURE......	1er	$5^h 45^m$	matin.	$10^h 28^m$	matin.	$3^h 11^m$	soir.
	11	5 41	»	10 34	»	3 28	»
	21	5 35	»	10 50	»	4 6	»
	31	5 27	»	11 12	»	4 59	»

		Lever.		Passage au Méridien.		Coucher.	
VÉNUS	1er	4 37	»	9 8	»	1 38	»
	11	4 36	»	9 14	»	1 53	»
	21	4 31	»	9 21	»	2 11	»
	31	4 22	»	9 26	»	2 33	»
MARS	1er	6 10	»	10 58	»	3 47	»
	11	5 48	»	10 49	»	3 51	»
	21	5 24	»	10 40	»	3 55	»
	31	5 0	»	10 29	»	4 0	»
JUPITER	1er	10 48	»	6 47	soir.	2 50	matin.
	11	10 11	»	6 10	»	2 14	»
	21	9 35	»	5 35	»	1 39	»
	31	9 0	»	5 1	»	1 5	»
SATURNE	1er	9 20	»	4 39	»	11 58	soir.
	11	8 42	»	4 3	»	11 23	»
	21	8 5	»	3 27	»	10 49	»
	31	7 28	»	2 52	»	10 15	»
URANUS	1er	6 32	soir.	0 57	matin.	7 18	matin
	11	5 51	»	0 16	»	6 38	»
	21	5 9	»	11 31	soir.	5 58	»
	31	4 27	»	10 50	»	5 18	»

MERCURE. — La planète Mercure atteint sa plus grande élongation le 3 mars à 5h du soir. Elle est alors à 27°13′ à l'ouest du Soleil; malheureusement, sa déclinaison, assez fortement australe, 16°30′ environ, retarde un peu son lever, de sorte qu'elle ne se lève qu'une heure à peine avant le Soleil. Les circonstances ne sont donc pas très favorables à l'examen de cette planète.

VÉNUS. — Vénus est toujours visible le matin : elle se rapproche du Soleil : elle se lève toujours une heure et demie ou deux avant le Soleil; sa phase diminue : elle a la forme d'une gibbosité, comme la Lune après le Premier Quartier.

MARS. — Cette planète est à peine visible le matin; elle se lève moins d'une heure avant le Soleil. Le 17, à 5h du soir, elle passera tout près de Mercure, à 57′ seulement au nord de cette dernière planète; malheureusement les deux astres se présentent dans des conditions si défavorables que leur conjonction ne pourra pas être observée.

JUPITER. — Jupiter s'éloigne de nous : il n'est plus guère observable que pendant la première moitié de la nuit. Grâce à l'obligeance de M. Trouvelot, nous avons pu rectifier de nouveau les heures du passage de la tache rouge, d'après des observations très récentes. La période de révolution des taches de Jupiter n'est pas absolument constante, ce qui explique les différences qu'on a pu constater entre les heures des passages que nous avons annoncées et les heures réellement observées. Nous espérons que les indications que nous donnons pour le mois de mars seront tout à fait satisfaisantes.

« Du reste, nous écrit M. Trouvelot, la tache rouge est maintenant très faible, et ne peut être reconnue qu'avec de très grands instruments, et sous des conditions atmosphériques favorables. A première vue, elle apparaît comme une tache grisâtre; avec plus d'attention, on voit par moments une faible teinte rosée sous le gris. La tache rouge paraît maintenant être recouverte de vapeurs grisâtres à moitié transparentes : elle n'a plus de forme définie; ses bords sont très vagues et très diffus ».

Jours et heures du passage de la tache rouge de Jupiter par le méridien central de la planète.

1er	mars.	6h46m soir.	11	mars.	2h50m soir.	22	mars.	1h15m matin.
2	»	12 33 »	13	»	6 41 »	22	»	9 6 soir.
3	»	8 24 »	14	»	12 28 »	24	»	10 45 »
5	»	10 3 »	15	»	8 19 »	25	»	6 36 »
7	»	11 41 »	17	»	9 58 »	26	»	12 23 »
8	»	7 33 »	18	»	5 49 »	27	»	8 15 »
10	»	1 20 matin.	19	»	11 36 »	29	»	9 53 »
10	»	9 11 soir.	20	»	7 28 soir.	31	»	11 32 »

Jupiter occupe à très peu de chose près dans le Ciel la même position que le mois dernier, car il s'est trouvé stationnaire le 14 février dernier. On le trouvera donc toujours dans la constellation du Taureau, à côté et au nord de l'étoile ζ. Ses coordonnées, le 15 à midi, sont :

Ascension droite...... 5h27m59s. Déclinaison...... 23°7'16" N.

Saturne. — Depuis le mois dernier, Saturne s'est un peu déplacé vers l'Orient : il se couche déjà de bonne heure et ne va pas tarder à disparaître; on ne peut plus l'observer que dans la première partie de la soirée : il est toujours au-dessous des Pléiades aux confins des constellations du Taureau et du Bélier. Ses coordonnées, le 15 à midi, sont :

Ascension droite...... 3h19m42s. Déclinaison...... 16°21'1" N.

Uranus. — Uranus se présente ce mois-ci dans les conditions les plus favorables. Il est visible presque toute la nuit, et se trouve en opposition avec le Soleil le 12 à 5h du matin. Cette nuit-là, il passe au Méridien à minuit. Il se lève au coucher du Soleil, et se couche à son lever. Il est toujours dans la constellation du Lion, entre les étoiles τ et T. Voici ses coordonnées le 15 à midi :

Ascension droite...... 11h28m52s. Déclinaison...... 4°14'37" N.

Etoile variable. — Les époques des minima observables de l'étoile Algol ou β Persée sont, pendant le mois de mars 1883 :

Le 15 mars, minuit 20m. Le 18 mars, 9h 9m soir.

Philippe Gérigny.

LES PROGRÈS DE L'ASTRONOMIE PHYSIQUE

LA PHOTOGRAPHIE CÉLESTE

La première application de la Photographie à la Science du Ciel a été faite en France. La *première image* d'un astre fixée sur la plaque

Fig. 49.

Photographie directe de la surface du Soleil : vagues lumineuses et courants.

daguerrienne fut celle du Soleil, et cette photographie céleste est due aux auteurs des admirables procédés pour mesurer sur terre la vitesse de la lumière, à MM. Fizeau et Foucault (2 avril 1845).

Peu après, on obtenait aux États-Unis des images de la Lune. Après ces premiers essais, vinrent des travaux suivis dont le Soleil et la Lune surtout furent les objets. Tout le monde connaît les belles épreuves de photographie lunaire dues à M. Warren de la Rue et surtout à M. Rutherfurd. Dans plusieurs observatoires, on a pris régulièrement, depuis vingt ans, des photographies du Soleil au point de vue des taches et facules de l'astre.

Plus récemment, M. Rutherfurd et M. Gould ont abordé la confection des Cartes célestes, et, dans ces derniers temps, on a obtenu, à New-York (M. Draper) et à Meudon, des photographies de la nébuleuse d'Orion.

Tous ces travaux sont fort importants; ils se rapportent à un premier objet de la Photographie astronomique : obtenir des astres et des phénomènes qui s'y produisent, des images durables et fidèles qui se prêtent à des études et à des mesures ultérieures. Jusqu'ici, les observateurs n'avaient, pour conserver le souvenir d'un phénomène, que la mémoire, la description écrite ou le dessin. La Photographie y substitue l'image matérialisée du phénomène lui-même, admirable artifice qui empêche en quelque sorte le phénomène de s'éteindre, d'entrer dans le domaine du passé, et nous le conserve toujours présent pour l'examen ou pour l'étude.

Mais, quelle que soit l'importance de ces résultats, les derniers travaux dont la Photographie a été l'objet, spécialement en ce qui concerne le Soleil, ont montré que cette méthode peut être employée comme moyen de découvertes en Astronomie.

Les grandes images solaires qui ont été obtenues, dans ces dernières années, à Meudon, ont révélé des phénomènes de la surface du Soleil, que ne peuvent montrer nos plus puissants instruments, et qui ouvrent un champ tout nouveau à ces études. Par leur aide, nous connaissons enfin la véritable forme de ces éléments de la photosphère sur lesquels il avait été émis tant d'assertions différentes et contradictoires. Ces éléments sont constitués par une matière fluide qui obéit avec facilité à l'action des forces extérieures. Dans les points de calme relatif, la matière photosphérique prend des formes qui se rapprochent plus ou moins de la sphère, et l'aspect est celui d'une granulation générale. Au contraire, partout où règnent des courants et des mouvements de matière plus violents, les éléments granulaires sont plus ou moins étirés et prennent des aspects qui rappellent les formes de grains de riz, de feuilles de saule ou même de véritables filaments.

Mais ces régions où la photosphère est plus agitée sillonnent des plages limitées. Dans les intervalles, c'est la forme granulaire qui s'observe. Il résulte de cette constitution particulière que la surface du Soleil offre l'aspect d'un réseau, dont les mailles seraient formées par des chapelets de grains plus ou moins réguliers, montrant, dans les intervalles, des corps étirés, allongés dans toutes les directions.

Ces images montrent encore l'énorme différence qui existe entre le pouvoir lumineux de ces éléments de la photosphère et le milieu où ils nagent et qui semble tout à fait obscur à côté d'eux. Il résulte de cette constitution que, suivant le nombre et l'éclat de ces éléments, le pouvoir rayonnant du Soleil sera affecté dans la même proportion. Les taches ne peuvent donc plus être considérées comme l'élément principal des variations que le rayonnement solaire peut éprouver : il faut y ajouter désormais ce nouveau facteur, dont l'action peut être prépondérante.

Ces photographies permettent encore une étude qui promet des résultats d'une extrême importance : je veux parler des mouvements qui animent les éléments granulaires sous l'action des forces qui bouleversent la couche photosphérique. Pour étudier ces mouvements, on prend, à de très courts intervalles, à l'aide du revolver photographique, des images successives d'un même point de la surface solaire. La comparaison de ces images montre, en effet, que la matière photosphérique est animée de mouvements d'une violence dont nos phénomènes terrestres ne peuvent donner qu'une bien faible idée.

La photographie de la surface solaire, prise dans des conditions spéciales de grande amplification des images et de durée extrêmement courte d'action lumineuse, peut nous révéler des détails de structure que les lunettes sont impuissantes à nous donner. Cette méthode nous permet d'obtenir, sur les formes, les mouvements, les transformations, les groupements des éléments granulaires de la surface solaire, des données toutes nouvelles.

Pour mettre en évidence et mesurer ces mouvements, nous prenons d'une même région solaire des photographies à des intervalles déterminés.

Nous avons d'abord reconnu que les mouvements de la matière granulaire sont tels que l'aspect d'une région photosphérique change en de très courts instants; quelquefois l'espace d'une seconde suffit pour amener, dans la forme d'un élément granulaire, un changement complet. Ces mouvements de la matière photosphérique sont de vitesse extrêmement variable, et, en général, du même ordre de grandeur que ceux que mon illustre ami, M. Lockyer, a reconnus dans la matière gazeuse des éruptions solaires.

On s'occupe aussi, à l'Observatoire de Meudon, de poser les bases de la photométrie photographique. Le principe que j'ai énoncé, à savoir que les intensités de deux sources sont entre elles dans le rapport inverse des temps qui leur sont nécessaires pour produire le même travail photographique, par exemple pour déterminer sur deux plaques photographiques identiques la même teinte, ce principe, qui est le parallèle du principe de photométrie optique, a été l'objet de vérifications toutes spéciales.

A l'exemple de l'analyse spectrale, la Photographie a commencé l'inspection générale des Cieux. L'année 1881 a vu la première photographie de comète obtenue avec une portion très considérable de la queue de l'astre (¹). Cette photographie a révélé de curieux détails de structure et a permis diverses mesures photométriques, notamment celle qui montre que l'appendice caudal, malgré l'éclat dont il semble briller, est, à quelques degrés seulement du noyau, deux à trois cent mille fois moins lumineux que la Lune! Il y aura sans doute lieu de chercher à perfectionner ces premiers essais, car il sera de la plus haute importance d'obtenir, par la Photographie, des documents aussi incontestables pour l'histoire de ces astres singuliers, dont la nature présente encore tant d'énigmes.

Des essais non moins intéressants ont été tentés à l'égard des nébuleuses. Ces astres ont une grande importance, au point de vue de la théorie de la formation des systèmes stellaires et de la genèse des mondes. Il y aurait un intérêt immense à constater nettement l'existence et la nature des changements survenus dans leur structure; aussi serait-il précieux, à ce point de vue, d'avoir de bonnes photographies de nébuleuses.

Un premier essai, en Amérique (M. Draper) et à Meudon, a été tenté; mais le sujet présente des difficultés considérables : c'est d'abord l'extrême faiblesse lumineuse de ces nuages de matière cosmique, puis l'incertitude de leurs contours, et enfin l'éclat si différent de leurs diverses parties. Il en résulte que, suivant la longueur de la pose, la pureté du

(¹) Voir cette photographie, intégralement reproduite par la gravure, dans le Numéro 4, Tome Iᵉʳ, de l'*Astronomie*, juin 1882, p. 121.

Ciel, la sensibilité de la plaque, on peut obtenir de la même nébuleuse des images plus ou moins complètes et nullement comparables. Il y a donc ici une nécessité impérieuse de définir rigoureusement les conditions dans lesquelles les images sont obtenues. Un des plus sûrs moyens consiste à prendre, en même temps que l'image de la nébuleuse, celle de quelques belles étoiles voisines; quand ces images sont obtenues en

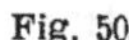

Fig. 50.

Photographie directe de la lumière cendrée de la Lune.

dehors du foyer, elles forment des cercles dont l'opacité plus ou moins grande peut servir de témoin des conditions de l'expérience et être appliquée à une reproduction ultérieure. Il faudra, pour que la seconde image de la nébuleuse soit comparable à la première, que les temps de l'action lumineuse pour ces deux images soient dans le même rapport que les temps qui auront donné des cercles stellaires de la même intensité.

Les photographies que nous reproduisons ici donnent une idée des résultats obtenus récemment à l'Observatoire de Meudon. Sur l'une (*fig.* 49), on peut juger exactement de la nature *de la surface solaire*, dont nous exposions tout à l'heure les mouvements, et de cette granulation qui en représente les mobiles éléments lumineux. Sur l'autre (*fig.* 50), on peut juger des résultats obtenus en essayant de photographier directement *la lumière cendrée de la Lune*. Cette photographie lunaire montre la partie de notre satellite éclairée par la lumière de la Terre ([1]).

C'est avec un télescope de $0^m,50$ de diamètre, à très court foyer, que cette photographie a été obtenue. Une exposition de soixante secondes a suffi pour obtenir l'image en question. La Lune était alors âgée de trois jours.

Bien que cette image soit faible, on peut néanmoins reconnaître, dans la partie de la Lune brillant seulement par la lumière *cendrée*, la configuration générale des *continents lunaires*.

L'intérêt scientifique de cette application de la Photographie sera de permettre de prendre des mesures photométriques plus précises sur la lumière cendrée, et d'étudier les phénomènes lumineux si intéressants qui se produisent, dans la double réflexion de la lumière solaire sur les deux astres, suivant les diverses circonstances atmosphériques ou géographiques que la Terre peut présenter.

Résumons, en terminant, l'ensemble des avantages que la Photographie apportera à l'Astronomie, à l'étude générale de l'Univers.

Notre vue est constituée de manière à nous donner des images du monde extérieur. Ces images doivent se former aussitôt que nous dirigeons notre vue sur un objet, et cesser dès que nous la détournons. De cette nécessité première dérive une propriété fondamentale de la rétine : elle ne conserve les impressions lumineuses que pendant un temps très court. Toute impression qui a environ un dixième de seconde de date est effacée, et la rétine est prête à en recevoir une autre. Aussi, pour conserver dans l'œil une image en permanence, nous sommes obligés de le maintenir sur l'objet, afin de recevoir de celui-ci des impressions toujours nouvelles.

De cette propriété de la rétine découle la fugacité des images oculaires

([1]) Ces deux *photographies directes*, l'une de la surface solaire, l'autre de la lumière cendrée de la Lune, ont été reproduites ici par l'héliogravure, de sorte que la main de l'homme n'a touché ni à l'une ni à l'autre, et que la nature seule a fixé chimiquement ces deux spectacles astronomiques. Sans parler de la lumière cendrée, de ce clair de Terre réfléchi par la Lune, de ce « reflet d'un reflet » photographié pour la première fois, ne semble-t-il pas, lorsqu'on examine avec attention la photographie de la surface solaire, que l'on distingue les courants dont sont animées ces vagues incandescentes, que l'on assiste aux *mouvements* tumultueux qui transforment en quelques secondes chaque hectare de l'océan solaire?

et le faible degré de leur intensité. Nous venons d'expliquer la cause de leur fugacité; leur intensité est réglée par la durée du temps pendant lequel la rétine peut additionner les actions de la lumière. Ce temps étant $\frac{1}{10}$ de seconde, les actions augmentent sur la rétine depuis le commencement de l'action lumineuse jusqu'à la fin de ce temps. Au delà, les actions ultérieures ne font que remplacer celles qui ont plus de $\frac{1}{10}$ de seconde de date, et l'intensité reste constante.

Si la rétine pouvait accumuler les actions lumineuses pendant un temps double, les images oculaires auraient une intensité double; si cette accumulation pouvait se produire pendant une seconde entière, les images auraient une intensité presque décuple. Alors, la lumière du jour nous serait insupportable, et la nuit serait si constellée d'étoiles que la voûte céleste nous semblerait comme une immense voie lactée. Telles seraient les conséquences d'un simple changement dans la durée des impressions rétiniennes.

Or, la couche sensible que nous formons sur nos plaques photographiques possède cette propriété de pouvoir accumuler presque indéfiniment les actions lumineuses et d'en conserver la trace. Voilà ce qui la différencie essentiellement de la rétine humaine. De là, des défauts qui la rendraient absolument impropre à remplir l'admirable fonction de notre organe visuel, mais de là aussi des propriétés qui la rendent précieuse pour la Science. Cette rétine photographique, quand elle a reçu les derniers perfectionnements de l'art, peut nous donner des images dans des limites de durée qui confondent l'esprit. Nous obtenons aujourd'hui du Soleil des impressions photographiques en $\frac{1}{100\,000}$ de seconde.

D'un autre côté, les images de la Comète et celles de la nébuleuse d'Orion ont exigé des temps de pose qui ont varié d'une demi-heure à deux et trois heures. On trouve ainsi que, dans le second cas, les actions lumineuses ont été jusqu'à un milliard de fois plus longues que dans le premier. Quels phénomènes, par la diversité de leur éclat, pourraient échapper à une si admirable élasticité?

Mais il y a plus : les plaques photographiques qu'on sait préparer aujourd'hui sont non seulement sensibles à tous les rayons élémentaires qui excitent la rétine, mais elles étendent encore leur pouvoir dans les régions ultra-violettes et dans ces régions opposées de la chaleur obscure où l'œil demeure également impuissant.

Quels précieux avantages pour toutes nos expériences!

La conservation des images, l'étendue de la sensibilité, la faculté d'embrasser les phénomènes lumineux les plus opposés par leur faiblesse ou leur puissance !

Aussi n'hésité-je pas à dire que *la plaque photographique sera bientôt la véritable rétine du savant.*

L'Astronomie physique est déjà à la hauteur de sa sœur ainée l'Astronomie mathématique? Ne sont-elles pas dignes l'une de l'autre, et ne peuvent-elles pas désormais marcher d'un pas égal à la conquête des Cieux? Comparons-les, en effet.

D'une part, nous voyons le calcul, ce merveilleux levier intellectuel, qui, mettant en œuvre quelques données de l'observation, sait en tirer les conséquences les plus belles et les plus inattendues. D'autre part, ces appareils étonnants, qui analysent la lumière comme si elle était matière, lui font produire des images d'objets proches se peignant simultanément avec des objets éloignés, ou enfin, saisissant ces images fugitives, les rendent fixes et durables.

D'un côté, ce génie mathématique qui a créé l'analyse de l'infini, génie de justesse et de profondeur, qui sait pénétrer tous les éléments d'une question et dégager de la complication des données les dernières conséquences qu'elles comportent. De l'autre, ce génie de l'observation, qui tantôt observe les phénomènes avec ce sens inné et supérieur qui en fait découvrir les rapports intimes, tantôt, illuminé par une inspiration soudaine, fait d'un trait un de ces rapprochements qui ouvrent des horizons immenses.

D'un côté, enfin, les cieux mesurés, le monde solaire placé dans la balance, ses mouvements si bien enchaînés par la loi qui les régit que, bientôt peut-être, le passé, le présent et le futur n'existeront plus pour l'astronome. Et, de l'autre, des merveilles peut-être plus étonnantes encore : des astres nous révélant leurs formes et les derniers détails de leur structure, comme s'ils avaient abandonné les profondeurs des espaces pour venir docilement s'offrir à notre étude; les mondes confiant les secrets de la matière qui les engendre aux rayons qu'ils nous envoient; et l'histoire du Ciel écrite par le Ciel lui-même.

Enfin, par ces efforts réunis, l'Univers entier, dans sa majesté et sa grandeur, devenu le domaine intellectuel de l'homme !

J. Janssen,

Membre de l'Institut, Directeur de l'Observatoire de Meudon.

D'OU VIENNENT LES PIERRES QUI TOMBENT DU CIEL?

En lisant la savante étude de M. Daubrée sur *les Pierres tombées du Ciel*, publiée dans la *Revue*, nos lecteurs n'auront pas manqué de remarquer le fait, assurément bien digne d'attention, que les matériaux constitutifs de ces objets sont identiquement les mêmes que ceux qui existent dans l'intérieur de notre globe, au-dessous des terrains de sédiment et des couches granitiques. Et non seulement ces corps sont absolument de même nature que nos minéraux, mais encore « un grand nombre de ces fragments présentent des espèces minérales associées de la même manière que dans certaines roches terrestres ». Ainsi, par exemple, la pierre tombée à Juvinas (Ardèche), en 1821, est « presque tout à fait identique à certaines laves d'Islande » ; celle qui est tombée à Chassigny (Haute-Marne), en 1815, « offre tous les caractères du péridot terrestre, avec des grains de fer chromé disséminés exactement comme dans la roche nommée *dunite*, découverte à la Nouvelle-Zélande ». L'aérolithe tombé à Soko-Banja (Serbie), en 1877, présente un conglomérat ou tuf trachytique pareil à ceux qu'on trouve dans les anciens volcans d'Auvergne et sur les bords du Rhin. « Le péridot, le pyroxène, l'enstatite, le feldspath anorthite, le fer chromé, la pyrite magnétique, le fer oxydulé, le graphite et probablement l'eau peuvent être cités parmi les minéraux communs aux météorites et au globe terrestre ». « Il est extrêmement remarquable, dit encore M. Daubrée, que les trois corps qui prédominent dans l'ensemble des météorites, le fer, le silicium et l'oxygène, soient aussi ceux qui prédominent dans notre globe ».

D'un autre côté, on n'a jamais trouvé, dans les uranolithes, aucun fragment ayant appartenu à des terrains analogues à nos terrains stratifiés, à ceux qui constituent le revêtement extérieur et pour ainsi dire vital de notre globe. Jamais de calcaire, jamais le moindre sable, la moindre coquille, la moindre trace de fossile. Toutes les roches silicatées qui forment la croûte de notre globe, sur une épaisseur considérable, font défaut parmi les uranolithes.

Il résulte de ces faits constants que « les éclats météoritiques qui nous arrivent ne proviennent que de parties intérieures de corps planétaires qui auraient pu être constitués comme notre globe », et que, s'ils sont des débris de la rupture d'un globe, ils proviendraient d'un monde, non pas arrivé à la décadence, comme la Terre pourra y arriver un jour, mais d'un globe non terminé, pour ainsi dire, « sur lequel il n'y aurait jamais eu traces de vie, et qui aurait suivi une évolution moins complète que la planète que nous habitons ».

Ainsi les uranolithes sont identiques aux roches minérales qui existent à plusieurs kilomètres sous nos pieds, et qui constituent la masse intérieure de notre globe, matériaux fort denses que nous ne trouvons jamais à la surface de notre planète, à moins qu'ils n'y aient été lancés par des éruptions volcaniques ou à la suite de pressions énergiques les ayant poussés dans les failles des roches supérieures.

L'identité est si grande entre ces matériaux et les nôtres, qu'après avoir fait ses belles expériences synthétiques pour produire artificiellement des minéraux analogues à ceux des uranolithes, en imitant les procédés mêmes de la nature, le savant Directeur de notre École des Mines ajoutait encore, pour compléter la ressemblance entre la constitution profonde de notre globe et la composition des pierres tombées du Ciel : « Rien ne prouve qu'au-dessous de ces couches géologiques qui ont fourni, en Islande par exemple, des laves si analogues au type des météorites de Juvinas, qu'au-dessous de nos roches péridotiques, dont se rapproche tellement la météorite de Chassigny, il ne se trouve pas des massifs dans lesquels commence à apparaître le fer natif, c'est-à-dire semblables aux météorites du type commun; puis, en descendant plus bas, des types de plus en plus riches en fer, dont les météorites nous offrent une série de densité croissante, depuis ceux où la densité du fer représente à peu près la moitié du poids de la roche, jusqu'au fer massif » (1).

Constatons maintenant un autre fait non moins remarquable que cette analogie même entre les uranolithes et les roches profondes de notre propre planète : *l'identité de structure* de pierres tombées du Ciel à *des époques bien différentes*. « Des météorites éloignées au double point de vue géographique et chronologique, a dit encore M. Daubrée dans l'article rappelé plus haut, présentent parfois l'identité la plus complète, à *ce point qu'il est impossible d'en distinguer les échantillons respectifs* ». La conclusion est que, sinon tous ces fragments, du moins un très grand nombre, proviennent d'un même gisement, lequel appartenait à une planète pareille à celle que nous habitons, ou, pour mieux dire, pareille à la Terre des premiers âges, à la Terre antérieure à l'Océan et aux dépôts sédimentaires, à la Terre protozoïque (2).

Il arrive aussi, d'autre part, qu'une même chute d'uranolithes apporte des

(1) A. Daubrée. — *Études synthétiques de Géologie expérimentale*, p. 573.

(2) On se rendra exactement compte de l'analogie de structure des aérolithes avec nos roches et minéraux en examinant les diverses figures qui accompagnent les deux articles de M. Daubrée, principalement la *fig.* 36 (p. 83) comme aspect de scorie volcanique, et la *fig.* 38 (p. 87) pour la coupe du globe terrestre. Comparez aussi les quatre figures ci-après (p. 131, 133, 135 et 137). La première représente un fragment tombé à Girgenti (Sicile) le 10 février 1853, et montre des veinules noires qui traversent la pâte, injectées sous une forte pression; la seconde montre l'une des météorites tombées, le 13 octobre 1877, à Sako-Banja (Serbie), pesant 67,5 livres autrichiennes ; on y voit une sorte de pâte générale à grains fins, englobant des fragments en forme de polyèdres émoussés, qui y sont pris exactement comme des cailloux dans du béton, structure identique à celle des roches appelées *trass* dans les régions volcaniques terrestres. La troisième représente le fer météorique rapporté du Mexique (où il servait d'idole invoquée contre la stérilité) lors de l'expédition française (son poids est de 780^{kg}); et la quatrième un fragment des aérolithes de Sainte-Catherine (Brésil), montrant des brèches géologiques caractéristiques.

pierres de différentes natures. Ainsi, le 17 novembre 1773, à Sigena (Espagne), et le 12 novembre 1856, à Trenzano (Italie), des chutes de pierres ont apporté deux types bien différents arrivant en même temps : l'un de ces types est celui d'une météorite tombée à Bustée (Inde anglaise), le 2 décembre 1852, l'autre celui d'une météorite tombée à Parnallée (*Id.*) en 1857; ce sont là des roches différentes arrivées ensemble, et cela deux fois dans les mêmes conditions.

On peut concevoir un globe idéal d'où proviendraient les uranolithes, « globe idéal, dit encore M. Daubrée (*Journal des Savants*, avril 1873, p. 247), dont la densité irait en croissant de la surface vers le centre. A l'extérieur seraient les pierres alumineuses; puis viendraient les pierres péridotiques, celles du type commun, les polysidères, les syssidères, et enfin les holosidères. Cette coupe théo-

Fig. 51.

Uranolithe tombé à Girgenti (Sicile), le 10 février 1853, montrant les veinules noires qui en traversent la pâte.

rique n'est pas sans analogie avec une section idéale du globe terrestre, au-dessous des terrains sédimentaires et de l'assise granitique. Dans cette section, les laves correspondraient aux météorites alumineuses; au-dessous, le péridot serait l'analogue de la pierre de Chassigny, etc. »

De là à voir dans les uranolithes les débris d'un ou plusieurs mondes détruits, il n'y a qu'un pas. « Tous les *débris de corps célestes*, répandus avec profusion dans l'espace, et qui tombent sur notre planète, écrit encore le même géologue, sont des produits certainement formés sous l'action d'une forte chaleur et confirment ainsi l'universalité de l'origine, par voie ignée, des corps cosmiques... Ces fragments qui viennent échouer sur notre planète nous montrent l'un des modes de changements qui se produisent, dans l'Univers, par la répartition des débris de démolition de certains astres ou astéroïdes en d'autres astres. Ces rencontres ne constituent pas un fait accidentel ou d'exception, mais plutôt un régime, une sorte d'évolution ».

La même idée avait déjà été émise par Chladni, en 1794. « La Nature, écrivait-il (*Journal des Mines*, an XII, p. 479), la Nature a la puissance de former des corps célestes, de les détruire, et d'en recomposer d'autres avec leurs débris ». Et le globe idéal dont nous venons de parler avait déjà été imaginé en 1855 par le minéralogiste américain Lawrence Smith, en 1850 par Boisse de Rodez, et même en 1840 par Angelot.

M. S. Meunier a essayé de reconstituer théoriquement ce globe imaginaire d'où pourraient provenir les uranolithes. « Les diverses roches météoritiques, dit-il, occupaient sans doute, dans le globe d'où elles proviennent, des positions relatives semblables à celles que leurs analogues occupent dans le globe terrestre. Or, les roches primitives sont généralement superposées d'après l'ordre de leur densité, les masses éruptives, y compris les roches volcaniques, forment d'habitude des enclaves transversales ou des filons intercalés dans les précédentes; les masses métamorphiques sont en contact ou dans le voisinage des filons injectés; les brèches leur sont liées d'une manière plus ou moins intime, et enfin les filons, concrétionnés dans les failles, peuvent recouper toutes les formations. En rapprochant les données fournies par la Géologie terrestre de celles que fournissent les météorites, on arrive à reconnaître que la région la plus profonde du globe à reconstruire devait être formée de *roches volcaniques*. Celles-ci, en effet, quoique moins denses que les roches de péridot ou que les roches imprégnées de fer natif, ou même que les roches entièrement composées de métal libre, en ont empâté des fragments lors de leur ascension, ce qui suppose nécessairement qu'elles gisaient au-dessous d'elles ».

Mais quel était cet astre? Le même savant a émis l'idée que ce devait être un ancien satellite de la Terre, qui se serait brisé en morceaux. « Il résulte, dit-il, de ces déductions successives, que les météorites sont, en définitive, le produit de désagrégations, par suite du refroidissement porté à ses dernières limites, d'un petit satellite que la Terre voyait autrefois graviter autour d'elle. Dans cette hypothèse, qui place dans un petit satellite de la Terre, maintenant démoli, l'origine des météorites, les conditions d'observation sont aisément remplies : l'absence de périodicité est due à ce que notre globe emporte avec lui, dans sa course annuelle, l'anneau d'où se détachent les météorites, et la fréquence des chutes à ce que tous ces fragments, à peu près dans les mêmes conditions, tendent à tomber à des époques voisines. Cet anneau, au bout d'un temps suffisant, aura environné l'astre central, c'est-à-dire la Terre, autour duquel tous ces fragments gravitent, et dès lors, beaucoup plus sensibles à son attraction, ils ne tardent pas à se précipiter à sa surface. A ce moment, ce sont de véritables météorites, dont l'arrivée est accompagnée de tous les phénomènes que nous connaissons [1] ».

[1] *Comptes rendus de l'Académie des Sciences*, T. LXXII, p. 129 et 187, et *le Ciel géologique*, p. 194.

Nous venons d'exposer la filiation des idées récentes relatives à la recherche de l'origine des uranolithes. Il semble que l'imagination est allée un peu loin, et peut-être inutilement, dans cette recherche si intéressante.

En effet, l'hypothèse d'un deuxième satellite de la Terre, aujourd'hui détruit, n'est-elle pas un peu hardie? On ne crée pas et on ne détruit pas un monde à volonté comme une bulle de savon. Si la Terre avait jamais eu deux satellites, pourquoi l'un des deux se serait-il *brisé en morceaux?* N'est-il pas inadmissible qu'un globe céleste puisse ainsi être réduit en poussière? — car, enfin, des fragments

Fig. 52

Météorite tombée, le 13 octobre 1877, à Sako-Banja (Serbie), montrant un conglomérat de structure identique à certaines roches terrestres.

d'un centimètre ou d'un décimètre cube, comme le sont les uranolithes, c'est de la véritable poussière de monde. — Il y a là hypothèse sur hypothèse, difficultés sur difficultés. Et l'attraction : que devient-elle? D'autre part, si un satellite de notre planète s'était ainsi désagrégé, ne subsisterait-il pas quelques débris assez gros pour être visibles à l'œil nu comme de petits satellites? Mais, que disons-nous? ces innombrables fragments auraient continué de tourner autour de la Terre, de l'Ouest à l'Est, comme la Lune, et ils ne pourraient pas tomber sur la Terre. Pour les faire tomber, il faut créer de nouvelles hypothèses, imaginer un milieu résistant qui n'aurait aucune action sur la Lune, mais en exercerait une sur ces ruines, ralentirait leur mouvement de circulation et les rapprocherait insensiblement de l'atmosphère terrestre jusqu'à ce qu'elles y pénètrent. Mais alors dans cette hypothèse même, ces météores dériveraient tous de la même orbite, devraient nous arriver par l'Ouest, et traverser le Ciel de l'Ouest à l'Est, (ou, en des cas exceptionnels, de l'Est à l'Ouest), *ce qui n'est pas :* ils nous arrivent de toutes les directions, du zénith, de l'Est, du Sud, du Nord et de l'Ouest. Cette diversité de directions suffirait seule pour montrer qu'ils ne viennent pas d'un anneau d'astéroïdes circulant autour de la Terre.

De plus, la Mécanique céleste prouve que de tels corps, qui, à la distance de la Lune, tourneraient autour de la Terre avec la vitesse de 1000^{m} seulement par seconde, n'atteindraient au maximum, en arrivant dans notre atmosphère et en continuant de tourner autour de nous, que la vitesse de 8000^{m}. Or il y a de nombreux exemples de vitesses considérablement supérieures à celle-là (1).

Mais ce n'est pas tout encore. Pour admettre que ce monde imaginaire eût jamais existé et que nous en recevions aujourd'hui les débris sur la tête, il faudrait supposer que ce monde eût été détruit avant d'avoir été fini, qu'il n'eût jamais passé par les phases par lesquelles notre propre planète est passée et par lesquelles nous voyons que toutes les autres planètes passent également, qu'il n'y ait jamais eu là aucune condensation d'eau, aucune mer, aucun terrain de sédiment, puisque ces terrains sont absolument étrangers à tous les débris qui nous arrivent, que cependant il aurait eu la densité et la composition minéralogique de nos propres roches... Quel surcroît d'hypothèses encore!

On crée ainsi dans l'espace, contre toute vraisemblance, contre tous les témoignages de l'observation et contre toutes les probabilités cosmogoniques, un globe constitué comme le nôtre, portant dans son sein nos minéraux terrestres. On imagine que ce globe ait été, dans sa constitution intrinsèque, justement pareil à celui que nous habitons et qu'il ait eu la densité du nôtre, tandis que la densité moyenne de la Lune n'est que les $\frac{6}{10}$ de celle de la Terre. On veut contraindre la nature à avoir fait, dans un satellite, une copie de la planète, à s'être arrêtée avant de la terminer, et à l'avoir ensuite déchirée en morceaux, tout cela pour nous faire tomber sur la tête les matériaux mêmes que l'on trouve dans le sein du globe terrestre. N'est-ce pas là une complication gratuite et inutile?

Si encore ces fragments qui nous arrivent de l'espace avaient quelque chose de céleste, ne fût-ce que la forme! S'ils étaient volumineux! Mais non. C'est exagérer leur importance que de leur accorder le titre de « débris de mondes en ruines ». Si c'étaient vraiment là des morceaux de planètes ou de satellites, ne devraient-ils pas offrir, quelquefois au moins, des dimensions en rapport avec leur origine? Ne devrions-nous pas voir arriver des Alpes ou des Pyrénées, ou tout au moins quelque montagne, ou quelque colline? Mais rien. Le plus gros des

(1) Ainsi, le bolide qui a traversé l'Angleterre le 6 novembre 1869, du Nord-Est au Sud-Ouest, est allé en cinq secondes du zénith du comté Somersetshire à Saint-Yves (Cornwall), parcourant 273^{km} dans cet intervalle, soit 54 000^{m} par seconde; sa hauteur était de 145 000^{m} au-dessus du premier point et de 43 000^{m} au-dessus du second, lorsque le météore disparut à l'horizon de la mer. Celui qui traversa l'Autriche et la France de l'Est à l'Ouest, le 5 septembre 1868, passa en dix-sept secondes du zénith de Belgrade à celui de Mettray (Indre-et-Loire), ayant parcouru 1493^{km}, ce qui donne 88^{km} par seconde. Celui du 14 juin 1877, qui éclata entre Bordeaux et Angoulême, à 252^{km} de hauteur, est arrivé avec la vitesse de 68^{km} par seconde. Etc.

uranolithes recueillis ne mesure pas un mètre cube. En général, ils ont la grosseur d'une pierre qu'on peut tenir dans la main, souvent celle d'un œuf, plus souvent encore celle de noix ou même de noisettes.

Eh bien, ces pierres tombées du Ciel étant *de même composition* que les minéraux

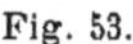
Fig. 53.

Fer météorique du Mexique, actuellement au Muséum de Paris.

dont notre propre planète est formée, n'est-il pas plus naturel de nous demander si, tout simplement, *elles n'auraient pas eu la Terre même pour origine?*

Mais comment?

Les rudes volcans des temps primitifs, les éruptions, les conflagrations formidables des âges primordiaux, les feux tonitruants du pandémonium antique n'ont-ils pu lancer dans le Ciel des laves, des scories, des pierres, avec une telle force de projection que ces objets aient été expédiés dans l'espace à des milliers, à des millions, à des centaines de millions de lieues, sur des orbites qu'ils n'emploieraient pas moins de mille, dix mille, cent mille ans ou davantage à parcourir?

La question vaut la peine d'être examinée.

Quelle vitesse faudrait-il imprimer à un projectile terrestre pour en faire un uranolithe?

La réponse à ce problème n'est pas fort difficile. La vitesse qu'il faudrait imprimer à un corps pour l'envoyer dans l'infini est exactement la même que celle dont serait animé un corps arrivant de l'infini sur la Terre, en vertu de la seule attraction de la Terre. C'est aussi la même que celle dont serait animé un corps tombant de la surface de la Terre jusqu'à son centre, en supposant la pesanteur constante. Nos lecteurs se souviennent peut-être que nous avons déjà fait ce calcul [1]. La formule simplifiée se réduit à [2]

$$v = \sqrt{2gR},$$

dans laquelle $g =$ l'accélération de la pesanteur à la surface de la Terre supposée sphérique ($9^m,80$) et R le rayon moyen de la Terre ($6\,371\,100^m$).

Cette vitesse est de $11\,000^m$.

Tout corps lancé de la Terre avec une vitesse *supérieure* à celle-là serait affranchi sans retour de l'attraction de notre planète : *il voyagerait éternellement dans l'infini et ne reviendrait jamais.* Il fuirait suivant la trajectoire d'une *parabole.*

Tout corps lancé avec une vitesse inférieure à cette limite (mais supérieure à 8000^m) s'éloignerait de la Terre en décrivant la première moitié d'une ellipse, puis il s'arrêterait, fermerait sa courbe *et reviendrait vers le point d'où il est parti.* Il suivrait dans l'espace une *ellipse* dont l'excentricité dépendrait de la force de projection.

Si la Terre existait seule, immobile dans l'immensité, notre projectile, ne subissant aucune influence étrangère, aucune perturbation, décrirait une ellipse régulière, et reviendrait, au bout d'un certain temps, dans la bouche même du volcan d'où il serait parti. Ce temps pourrait être fort long : pour une vitesse très voisine de la vitesse limite, il s'élèverait à *plusieurs millions d'années.* Sa vitesse à son retour sur la Terre serait également de $11\,000^m$.

(1) *L'Astronomie,* T. I, n° 8, p. 303 : *Chute d'un corps au centre de la Terre.*

(2) Le principe des forces vives donne immédiatement, pour l'expression du travail élémentaire de la chute d'un corps, à la distance x :

$$vdv = -\frac{gR^2}{x^2}dx,$$

car l'attraction qui est égale à g, à la surface terrestre, se réduit à $\frac{gR^2}{x^2}$ à la distance x. On en tire immédiatement, en intégrant depuis ∞ jusqu'à R :

$$\frac{v^2}{2} = \int_{\infty}^{R} -\frac{gR^2}{x^2}dx = gR^2\int_{R}^{\infty}\frac{dx}{x^2} = gR^2 \times \frac{1}{R} = gR$$

d'où

$$v = \sqrt{2gR}.$$

Mais notre planète n'est pas seule au monde. Le sort de chaque projectile lancé de son sein sera différent suivant la direction du départ. Un corps lancé vers le Soleil s'en irait tout simplement tomber sur lui. Un corps lancé à l'opposite du Soleil pénétrerait au loin dans les profondeurs de l'espace, si, par un hasard rarissime du reste, Jupiter, Saturne, Uranus ou Neptune ne se trouvaient pas juste sur son chemin pour modifier sa marche. Mais à son retour, au lieu de subir seulement l'attraction de la Terre, il subirait celle du système solaire tout

Fig. 54.

Couches superposées visibles dans un aérolithe de Sainte-Catherine.

entier, irait faire le tour du Soleil comme une comète, et reviendrait vers le point de l'orbite terrestre d'où il serait parti — et cela, à chacune de ses révolutions, tant qu'il ne rencontrerait pas la Terre elle-même pour l'arrêter et finir sa carrière. Si notre planète a eu autrefois des volcans capables d'envoyer de tels projectiles, tous ceux qui ont été lancés, quel qu'en soit le nombre, reviennent à chacune de leurs révolutions traverser l'orbite terrestre. Et ils y arrivent avec la vitesse des comètes et des étoiles filantes, avec la vitesse due à l'attraction du Soleil ajoutée à leur vitesse propre, c'est-à-dire non pas seulement avec la vitesse circulaire de la translation annuelle de la Terre autour du Soleil (29 500^{m} par seconde) mais avec une vitesse elliptique, dont la limite maximum est 29 500 $\sqrt{2}$, ou 41 700^{m}. Un uranolithe arrivant vers la Terre, en sens contraire de notre mouvement de translation, peut donc, par ce fait même, être animé de son côté d'une vitesse de 41 700^{m} et rencontrer la Terre qui arrive avec une vitesse de 29 500^{m}, ce qui donne au total une vitesse de 71 200^{m} comme maximum, pour l'arrivée d'un aérolithe dans notre atmosphère. (Celle de la rotation diurne de notre globe peut être ajoutée ou retranchée, suivant la direction.) Or ces nombres sont précisément de l'ordre des vitesses constatées par l'observation.

Ainsi, toute pierre lancée par un volcan terrestre avec une force initiale suffisante, comprise entre 8000^{m} et 11 000^{m} (abstraction faite de la résistance de l'air) décrirait dans l'espace une courbe fermée, une ellipse extrêmement allongée, deviendrait par ce fait même un astéroïde du système solaire et viendrait traverser l'orbite terrestre à chacune de ses révolutions. Une telle force est-elle admissible? Quelle est la puissance des volcans actuels? Pendant l'éruption du Vésuve de 1822, une énorme masse de lave, pesant plusieurs milliers de kilogrammes, a été lancée par le volcan jusqu'à une distance de près de cinq kilomètres, dans le jardin du prince Ottajana. La force en jeu pour soulever cette masse et la lancer de la sorte était évidemment de beaucoup supérieure à celle de nos plus forts canons laquelle atteint déjà 700^{m} pour la vitesse initiale de certains projectiles. Étant donnés les éléments en activité dans les éruptions volcaniques, surtout dans les convulsions primordiales de la planète naissante, la force requise pour produire les effets dont il s'agit est en rapport avec les conditions mêmes de sa production.

Donc, la constitution chimique des pierres tombées du Ciel nous montrant en elles des échantillons mêmes des minéraux constitutifs de notre globe, il est possible, il est même probable que ces pierres viennent originairement de la Terre, qu'elles ont été lancées autrefois dans l'espace, qu'affranchies de l'attraction de notre planète, elles gravitent autour du Soleil suivant des ellipses très allongées, et que la Terre les rencontre et les ressaisit de nouveau par ce fait même qu'*elles reviennent inévitablement* vers l'orbite terrestre d'où elles sont parties. La translation du système solaire dans l'espace n'empêche pas ces pierres de nous revenir, en vertu du principe bien connu de l'indépendance des mouvements simultanés.

La nature même semble avoir voulu nous mettre sur la voie de cette explication si simple par une constatation toute récente. Il est resté, à la surface même de la Terre, des blocs de fer natif absolument identiques aux uranolithes. Pendant l'année 1870, M. Nordenskiöld a découvert au Groënland, dans l'île de Disko, près d'Ovifak, quinze blocs de fer, dont le plus gros, du poids de 20 000^{kg}, dépasse les plus fortes masses de même nature que l'on ait signalées. Ces blocs se trouvaient les uns à côté des autres, sur une superficie qui n'excède pas 50^{m}. Ces blocs furent considérés comme tombés du Ciel, et telle fut l'opinion présentée et adoptée notamment à notre Académie des Sciences. Plusieurs de nos lecteurs ont pu voir un modèle de l'un de ces blocs à l'Exposition de Géographie de Paris faite dans les salles du pavillon de Flore, aux Tuileries, il y a quelques années.

Eh bien, ces blocs ne sont point du tout des météorites. On a reconnu qu'ils proviennent d'un gisement terrestre, qu'ils sont associés à des éruptions de basalte appartenant au Groënland lui-même. D'autre part, les phénomènes du magnétisme terrestre s'unissent à la Géologie pour nous conduire à admettre que le fer natif existe dans la base même de toute l'écorce de notre globe, à quelques kilomètres de profondeur au-dessous de la surface habitée.

Ajoutons maintenant, pour compléter cet exposé, que, si nous regardons comme très vraisemblable cette origine terrestre des pierres tombées du Ciel, nous ne refusons pas pour cela d'admettre qu'un certain nombre de ces pierres, celles, par exemple, qui ne sont pas tout à fait identiques aux matériaux terrestres, puissent venir d'ailleurs. Si notre planète a pu donner naissance à de tels projectiles, elle ne fait pas exception dans l'Univers, et les autres corps célestes peuvent être dans le même cas. Ainsi, le Soleil lui-même se montre presque constamment environné d'éruptions gazeuses métalliques formidables qui sont lancées jusqu'à dix, vingt, trente, cinquante, et parfois même quatre-vingts et cent mille lieues au-dessus de sa surface. Le 7 septembre 1871, l'astronome américain Young a mesuré une explosion qui s'est élevée, en dix minutes, à $300\,000^{km}$ de hauteur, avec une vitesse d'ascension de $267\,000^{m}$ par seconde. A Rome, Secchi a mesuré un jour une vitesse de $370\,000^{m}$ et Respighi en cite de $600\,000^{m}$, de $700\,000^{m}$, et même de $800\,000^{m}$. Or, d'après notre formule, nous avons, pour le Soleil :

$$v = \sqrt{2g\text{R}} = \sqrt{2 \times 268^{m} \times 691\,000\,000^{m}} = 608\,000^{m}.$$

Et si nous divisons ce dernier chiffre par $1,414 = \sqrt{2}$, nous trouvons, pour limite minimum, $430\,000^{m}$. Donc, tout corps lancé du Soleil (abstraction faite de la résistance de l'atmosphère solaire) avec une vitesse initiale comprise entre $430\,000^{m}$ et $608\,000^{m}$, s'échapperait du Soleil, circulerait dans le système solaire comme une comète périodique, serait exposé à rencontrer les planètes, et serait, pour la planète rencontrée, un bolide et un uranolithe.

Nous avons pour la Lune :

$$v = \sqrt{2 \times 1^{m},60 \times 1\,742\,000^{m}} = 2360^{m}.$$

Tout corps lancé de la Lune avec cette vitesse maximum, et jusqu'à la vitesse minimum de 1668^{m}, ne retomberait plus sur la Lune et pourrait, soit tomber sur la Terre si sa direction était convenable pour ce but, soit tourner autour de la Terre comme un satellite. *Quelques* uranolithes pourraient donc nous être envoyés de la Lune, en admettant à sa surface des volcans doués de cette puissance, assez faible du reste. Laplace et Berzélius adoptaient cette origine en thèse générale.

De pareils projectiles pourraient également nous arriver des petites planètes, de Mars, de Jupiter, d'Uranus, de Neptune et même des étoiles; mais toutes ces causes réunies n'aboutissent, pour une rencontre avec notre planète, qu'à une probabilité extrêmement faible, tandis que l'origine terrestre ramène forcément leurs bataillons vers la route annuellement décrite par notre patrie autour du Soleil. Ce résultat du calcul s'unit donc à l'identité des uranolithes avec nos roches terrestres infravolcaniques pour rendre très admissible, très vraisemblable, la théorie de l'origine terrestre des pierres qui nous tombent du Ciel. Cette théorie n'est pas, du reste, aussi nouvelle qu'elle le paraît. C'est peut-être la plus ancienne de toutes les explications qu'on a données des aérolithes, depuis la fameuse pierre d'Ægos Potamos tombée dans ce fleuve, en Thrace, l'an 465 avant notre ère. Mais les anciens ne s'étaient rendu compte ni de la structure intime de ces minéraux, ni de la force volcanique nécessaire pour lancer des matériaux dans l'espace (on a même cru longtemps à des concrétions atmosphériques ou fulguriques), ni de la nature des orbites que des produits volcaniques devraient parcourir dans l'espace pour retomber sur la Terre à l'état de corps célestes. Plus récemment, M. Tschermack, en Autriche, M. Ball, en Irlande, ont examiné la question au point de vue de la Mécanique céleste. C'est pour la première fois, sans doute, que cette théorie est soutenue en France. Mais nous avons cru intéressant d'établir ici en une même synthèse les analogies géologiques, les observations astronomiques, les vraisemblances cosmogoniques et les calculs de la Mécanique, éléments dont la réunion *pose complètement le problème* devant l'attention studieuse de nos lecteurs. Un adage euclidien n'assure-t-il pas qu'un problème bien posé est à moitié résolu ?

En résumé, les hypothèses suivantes se présentent pour expliquer l'origine des pierres qui tombent du Ciel, uranolithes authentiques, que l'on voit arriver avec une vitesse formidable des hauteurs de l'atmosphère, que l'on ramasse, que l'on analyse et que l'on conserve.

1° *Volcans de la Lune.* — Les grandes vitesses observées, les densités, les directions d'arrivée, les courbes que parcourraient ces projectiles et l'état actuel probable des volcans lunaires s'unissent pour montrer que cette origine ne pourrait être que rare et exceptionnelle.

2° *Ruines de mondes éparses dans l'espace et que la Terre rencontrerait sur son passage.* — Le nombre annuel des chutes d'uranolithes est si grand, que la quantité de ces débris devrait être considérable et qu'elle ajouterait au système solaire une augmentation de masse réelle, sensible aux observations astronomiques — ce qui n'est pas.

3° *Essaims de matières analogues aux courants elliptiques des étoiles filantes.* — Dans ce cas les chutes offriraient des caractères de périodicité annuelle que l'on ne remarque pas.

4° *Débris d'un monde disparu.* — Si ce monde avait été étranger à notre système, une rencontre serait de toute improbabilité. Si c'eût été une planète de notre système, la Terre ne devrait pas en croiser l'orbite. Si c'eût été un satellite, les directions et les vitesses seraient différentes. Dans les trois cas, les fragments devraient être en rapport avec l'origine. Et puis, un tel monde aurait dû être détruit avant d'avoir été fini. — Peu probable.

5° *Restants de la matière cosmique primitive.* — Hypothèse encore moins admissible : ces corps ne sont pas sphériques, ne sont pas entiers; ce sont des morceaux, et de plus, ce sont de véritables minéraux, formés dans l'intérieur d'une planète, dans les conditions de température et de pression qui accompagnent les formations géologiques.

6° *Résultats d'éruptions volcaniques.* — C'est l'hypothèse la plus rationnelle. De telles éruptions peuvent avoir lieu sur tous les mondes. Néanmoins, les éruptions terrestres en feraient revenir à nous les produits, tandis que les autres les enverraient dans toutes les directions. De plus, l'identité de structure de la plupart des uranolithes avec les minéraux terrestres se présente comme un témoignage éloquent en faveur de cette hypothèse qui se résume ainsi :

La plupart des pierres qui tombent du Ciel peuvent être originaires de la Terre même, et avoir été lancées dans l'espace par les éruptions volcaniques des temps primitifs.

CAMILLE FLAMMARION.

OBSERVATION TÉLESCOPIQUE DE LA PLANÈTE MERCURE

J'ai l'honneur de vous adresser quatre observations importantes de cette planète, que j'ai pu faire pendant l'une de ses dernières élongations. Je me suis servi d'un télescope de Browning, de 10 pouces d'ouverture, muni d'un oculaire de Barlow qui en portait le grossissement à environ 212 diamètres.

I. — Le 5 novembre, de $18^h 20^m$ à $18^h 50^m$. Un large espace brillant se montrait entre le bord Est-Nord-Est et le cercle d'illumination, mais plus rapproché du bord; il semblait se contourner parallèlement au bord de la planète. Le long du cercle d'illumination, il y avait trois régions obscures dont deux près des cornes et l'autre presque au centre; la corne australe était visiblement tronquée, tandis que celle du Nord se montrait très aiguë avec une entaille sur son bord intérieur; l'espace brillant et les ombres obscures étaient suffisamment apparentes, mais la planète était trop basse pour donner de bonnes images : le disque tout entier ondulait continuellement par l'effet de l'agitation de l'atmosphère; la moitié australe du croissant se montrait généralement plus sombre que celle du Nord, mais il était impossible de définir la forme exacte des détails.

II. — 6 novembre, de $18^h 25^m$ à $18^h 55^m$. L'aspect de la planète ressemble beaucoup à celui d'hier : l'espace brillant s'observe encore, et les ombres voisines de la corne australe et du centre du cercle d'illumination sont certainement plus sombres que le 5 novembre. Le prolongement aigu de la corne boréale et l'échancrure noire qui l'avoisine sont encore visibles, quoique moins distinctement que dans l'observation précédente; la partie la plus obscure du disque se trouve près de la corne australe. Les images sont encore très troublées par le passage continuel de vapeurs devant la planète; mais de temps en temps la vision devient suffisamment nette.

III. — 8 novembre, de $18^h 35^m$ à $19^h 30^m$. La planète se dessine beaucoup mieux et les divers détails apparaissent avec une netteté charmante, surtout vers la fin de l'observation; je distingue encore l'espace brillant au milieu duquel se montre une petite tache blanche d'où s'irradient des veines lumineuses à travers tout l'espace; ces veines brillent de temps en temps, mais leur éclat n'est pas suffisant pour qu'on puisse déterminer leurs positions. Sur le bord Sud-Ouest de l'espace brillant, se trouve une tache sombre, et une autre plus distincte encore, auprès de la corne australe qui est tronquée; ces ombres sont bien visibles et très certaines; la dernière est si apparente qu'une petite région triangulaire, vers le bord Sud de la planète, se détache du reste de la surface, rappelant ainsi un des aspects de la planète Mars. Je me proposais de suivre ces taches longtemps après le lever du Soleil; mais, à 19^h30^m, comme le Soleil ne faisait qu'apparaître juste au-dessus de l'horizon, les nuages se mirent à cacher la planète. Ce matin, les images étaient exceptionnellement belles : j'ai certainement vu le disque de la planète avec une netteté presque égale à celle de Vénus quand on l'observe à une bien plus grande hauteur, et dans des circonstances bien plus favorables.

Fig. 55

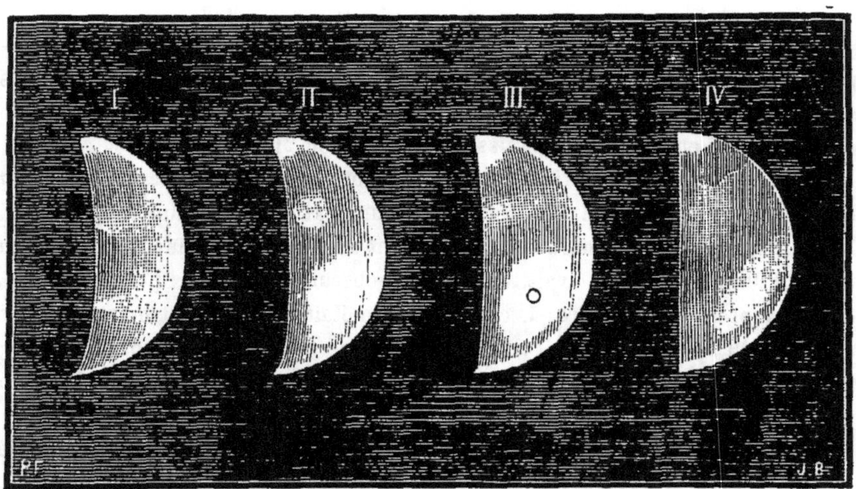

Aspect télescopique de la planète Mercure.

IV. — 9 novembre, de 18^h40^m à 19^h39^m. Par moments, le disque de la planète était encore très nettement dessiné, quoique, pendant la première partie de l'observation, les images fussent très instables. Les taches présentent à peu près le même aspect qu'hier, mais elles paraissent notablement déplacées vers l'Ouest; la région obscure observée le 8 novembre auprès de la corne australe se montre maintenant avec toute son intensité très près du bord; l'espace brillant est plus pâle et probablement situé assez loin vers l'Ouest; il y a une tache sombre bien visible près du milieu du cercle d'illumination, et deux autres plus faibles vers les extrémités Nord et Sud du disque. Par instants, je croyais voir près du premier point une tache brillante bien détachée du disque; mais, quand les images s'amélioraient, ces apparences ne se confirmaient pas : cette tache blanche était sans doute une illusion due aux ondulations du bord de la planète. Vers la fin de l'observation, le disque était nettement dessiné et les taches s'étaient évidemment déplacées vers l'Ouest, sans avoir cependant atteint les positions où je les avais vues la veille; d'où je conclus que la période de rotation de la planète est plus longue qu'on ne l'admet généralement, d'après les observations de Schrœter faites au commencement du siècle.

Je n'ai pas observé de dentelures bien marquées sur le cercle d'illumination, si ce n'est cependant l'échancrure voisine de la corne boréale; mais les plus légères ondulations de l'image sont capables de donner une fausse impression, de sorte que Mercure est un astre dont il est extrêmement difficile d'étudier la surface; car il n'est jamais à la fois dégagé de l'agitation de l'atmosphère et des rayons du Soleil. En outre le cercle d'illumination de Mercure paraît bien moins net que celui de Vénus : il est ainsi bien plus difficile à dessiner; la brillante image blanche de Vénus, observée dans un télescope, présente un véritable contraste avec l'image plus faible et plus petite du disque de Mercure. Si nous considérons les conditions défavorables dans lesquelles se présentent les observations de Mercure, nous devons en conclure que les détails visibles à sa surface sont beaucoup plus marqués que ceux de Vénus, car ceux-ci présentent un caractère de faiblesse et de délicatesse extrême.

A l'œil nu, Mercure était très brillant, surtout le 5 novembre : je l'estimai plus brillant que Sirius. Le 6, le 8 et le 9 novembre, il resta large et brillant, et certainement plus éclatant que ne serait Arcturus s'il était aussi bien noyé dans la lueur de l'aurore. Le 9 novembre, Mercure formait un curieux triangle avec l'Épi de la Vierge et le mince croissant de la Lune à son déclin.

Plusieurs observateurs ont déjà distingué des taches à la surface de cette planète, notamment Prince, par un Ciel remarquablement clair, le 11 juin 1867; Birminghan, le 13 mars 1870; et Vogel, le 14 et le 22 avril de la même année. Il serait intéressant de voir ces observations se continuer à l'aide de puissants instruments.

W. F. Denning,
Astronome à Bristol.

ACADÉMIE DES SCIENCES.

COMMUNICATIONS RELATIVES A L'ASTRONOMIE ET A LA PHYSIQUE GÉNÉRALE.

Accroissement d'intensité de la scintillation des étoiles pendant les aurores boréales, par M. Ch. Montigny.

« Dans sa belle Notice sur la scintillation, Arago dit qu'à la fin du siècle dernier le Dr Ussher a toujours remarqué qu'à Dublin les aurores boréales rendent les étoiles singulièrement ondulantes dans les télescopes, et que, selon Necker, de Saussure et Forbes, les étoiles ne scintillent pas en Écosse, à moins qu'il n'y ait une aurore boréale visible. Depuis l'étude de la scintillation que je commençai, à Bruxelles, en 1870, mes observations ont coïncidé avec plusieurs aurores boréales qui y étaient visibles. *A chacune de ces coïncidences, l'intensité de la scintillation fut beaucoup plus forte, au moment de l'aurore, que l'intensité mesurée la veille ou le lendemain dans les mêmes conditions atmosphériques, mais en dehors de l'influence de ce phénomène.*

Mes observations ont coïncidé jusqu'ici avec cinq aurores boréales visibles à Bruxelles, dont les quatre premières y sont survenues pendant des périodes de sécheresse. Voici les intensités (¹) qui leur correspondent :

	5 avril 1870.	1er juin 1878.	31 janv. 1881.	9 oct. 1882.	17 nov. 1882
Le soir de l'aurore boréale.	90	72	110	131	157
La veille ou le lendemain..	69	58	55	71	122

La comparaison des résultats relatifs aux aurores boréales de 1878 et de 1881 nous montre que l'accroissement d'intensité de la scintillation est moins marqué en été qu'en hiver.

Si l'intensité mesurée le 18 novembre 1882, le lendemain de l'aurore boréale du 17, ne s'est abaissée qu'à 122, c'est parce que, le 19 au matin, la neige tomba à Bruxelles en grande quantité et que toujours la scintillation augmente notablement aux approches de la pluie et de la neige.

Il importe d'ajouter que les résultats relatifs à 1870 ont été déduits de l'observation accidentelle de deux étoiles seulement, Rigel et Sirius, pendant les deux soirées; mais que les observations se rapportant aux autres aurores boréales ont porté respectivement sur 33, 24, 26 et 36 étoiles, et que, pour chaque coïncidence, les mêmes étoiles ont été observées le soir de l'aurore, la veille et le lendemain.

J'ai reconnu que chaque aurore boréale produit *immédiatement* ses effets sur la scintillation : que ce sont les étoiles de la région Nord, celle où brille le météore, qui accusent l'intensité la plus forte, et qu'enfin l'influence du phénomène est la plus marquée pour les étoiles qui sont observées à travers les régions supérieures de l'air.

Il est à remarquer que le trait circulaire décrit par les images des étoiles scintillantes dans la lunette munie du scintillomètre perd beaucoup de sa netteté pendant les aurores boréales.

Mais voici un autre fait plus surprenant encore et qui se rattache au premier, puisque les aurores boréales sont accompagnées de fortes perturbations magnétiques : *Quand une perturbation magnétique qui ne se rattache pas à une aurore boréale visible à Bruxelles s'y manifeste à l'Observatoire et qu'elle se produit pendant nos observations de scintillation, l'intensité de celle-ci*

(¹) *L'intensité de la scintillation* est le nombre moyen de changements de couleurs que les images des étoiles scintillantes accuseraient à la distance zénithale de 60° en une seconde de temps, dans une lunette de 0m,08 d'ouverture, quand ces couleurs y sont séparées par le jeu d'un scintillomètre imaginé par M. Montigny. Pour les recherches du savant physicien belge sur la scintillation, voir les *Études sur l'Astronomie*, par Flammarion, T. VI, 1875, p. 116 à 147.

augmente subitement; et elle est alors beaucoup plus forte que la veille ou le lendemain, dans les mêmes conditions atmosphériques et en dehors de toute perturbation magnétique.

Voici comment mon attention a été attirée sur ce fait singulier.

Pendant l'été de 1881, il s'écoula une période de sécheresse, du 26 juin au 6 juillet, pendant laquelle la scintillation fut très faible; arrivée aux dates des 28, 29, 30 juin et du 1er juillet, son intensité fut respectivement 53, 54, 37, 29. Mais, dans la soirée du 2 juillet, cette intensité s'éleva subitement à 95, pour retomber à 26 le 4 suivant; le ciel étant resté couvert pendant la soirée du 3, il n'y eut pas d'observation. Aucun changement apparent, c'est-à-dire ni pluie ni trouble atmosphérique reconnu comme exerçant, même à l'avance, une influence marquée sur la scintillation, ne survint dans les journées du 2, du 3, du 4 et du 5, pour expliquer l'accroissement subit de la scintillation le 2 au soir. La pluie ne tomba à Bruxelles que dans la journée du 6 juillet. Le Bulletin météorologique de notre Observatoire signala, le 4 juillet, une forte perturbation magnétique qui était survenue dans la nuit du 2 au 5 juillet, principalement à 11h du soir. Or mes observations du 2 ont été poursuivies de 10h à 10h30m.

Dans une seconde période de beau temps, qui dura du 11 au 15 juillet de la même année, la scintillation s'accentua encore subitement sous l'influence d'une nouvelle perturbation magnétique. En effet, son intensité, qui était 37 le soir du 11 juillet, s'éleva à 120 le 14, pour redescendre à 30 le lendemain, et successivement à 48 et à 55 les deux soirées suivantes. D'après les indications que M. Houzeau, directeur de l'Observatoire, m'a données, les courbes du magnétographe ont indiqué des perturbations qui commencèrent le 12, à 8h du soir, pour continuer jusqu'au 13, à 8h du matin. Or mes observations du 12 juillet s'étendirent de 10h à 10h30m, ou pendant la perturbation magnétique.

Afin de savoir si des aurores boréales, non visibles à Bruxelles, n'avaient pas occasionné les perturbations magnétiques du 2 et du 12 juillet et en même temps l'accroissement de la scintillation, je m'informai auprès de M. Hohlenberg, vice-directeur de l'Institut météorologique de Copenhague, pour savoir si des aurores boréales n'avaient pas été observées en Danemark aux dates indiquées. Ce savant m'écrivit, le 25 août suivant, que « le dépouillement de tous les bordereaux de » juillet envoyés à l'Institut par les stations danoises, tant sur terre que sur mer, » ne mentionnent nulle part d'aurore boréale observée en Danemark au mois de » juillet ».

Depuis cette époque (juillet 1881), mes observations de scintillation ont coïncidé *vingt-deux* fois avec des perturbations magnétiques. Parmi ce nombre sont comprises les aurores boréales du 2 octobre et du 19 novembre 1882. Parmi les autres perturbations ne coïncidant pas avec des aurores boréales visibles à Bruxelles, toutes celles qui se sont produites pendant mes observations de scintillation ont été accompagnées d'un accroissement notable d'intensité de ce phénomène. Voici l'un des exemples les plus remarquables de ce fait, qui s'est produit au commencement du mois de février 1882, pendant une période de beaux jours à Bruxelles :

Février 1882.	Intensité de la scintillation.	Caractères de la perturbation magnétique à Bruxelles.
Le 1 au soir........	165	La perturbation commence le 1, à $7^h 15^m$ du soir. Le barreau est resté agité pendant toute la journée. Le 2, à 6^h du soir, il s'est brusquement déplacé. Le 3, à 7^h du matin, il s'est de nouveau brusquement déplacé. Le 4, au soir, aurore boréale à Hernosand et à Haparanda, d'après le *Bulletin météorologique de Paris*; d'après celui de Bruxelles du 5 février, le barreau magnétique a été continuellement agité depuis le samedi 3 février.
Le 2 id...........	179	
Le 3 id...........	155	
Le 4 id...........	190	
Le 5, à 6^h du matin.	59	
Le 5 au soir........	48	
Le 6 id...........	59	

J'ajouterai qu'au moment où je fis l'observation de scintillation, le lundi 5, à 6^h du matin, les irrégularités que présentaient les courbes du magnétographe de Bruxelles étaient beaucoup moins marquées, comme si l'orage magnétique survenu depuis le 1er février s'était apaisé après les aurores boréales du 4 au 5. »

NOUVELLES DE LA SCIENCE. — VARIÉTÉS.

La grande Comète de 1882. — Le retard apporté à la construction et à la gravure de la grande carte destinée à réunir en un même tableau la marche de la grande Comète de 1882 sur la sphère céleste, pendant toute la durée des observations, nous oblige à remettre cet important document à notre prochain Numéro, ainsi que les dernières observations et les orbites définitivement calculées.

Cette comète a été revue pour la dernière fois à l'Observatoire de Nice par MM. Perrotin et Flammarion, comme une pâle nébulosité de 8e à 9e grandeur. On peut encore la chercher à l'aide de puissants instruments munis de faibles grossissements. Voici sa position :

			Distance à la Terre			Distance au Soleil		
	Æ	♁	log. Δ	numérique.	en millions de lieues.	log r.	numérique.	en millions de lieues.
Avril 3	$5^h 56^m 38^s,1$	— 9.30.34	0.57828	3.787	142	0.56944	3.711	39
7	5 58 20 ,9	— 9. 0.19	0.59015	3.892	146	0.57520	3.760	41
11	6 0 13 ,9	— 8.32.21	0.60158	3.995	150	0.58090	3.810	43

Comète a 1883. — Le 23 février dernier, les astronomes américains MM. Brooks et Swift, parcourant à l'aide d'un chercheur la constellation de Pégase délivrée du clair de lune, y ont découvert une petite comète. Elle se trouvait alors par

22h50m d'ascension droite et + 28° de déclinaison. Mouvement Est. Nous en avons reçu, depuis, les observations suivantes :

			Æ	⊕	
Février 24	à 11h 58m 3s	(t. m. Gr.)	23h 7m 23s, 2	+ 30° 27′ 44″	Brooks et Swift, à Rochester (New-York.)
25	7 35 26	(t. m. de Kiel)	23 14 44 ,70	+ 30 45 42 8	Dr Lamp, à Kiel.
26	7 19 45	id.	23 24 5 ,86	+ 31 6 22 8	A. Kruegcr, Kiel.
27	7 29 22	(t. m. de Marseille)	23 33 48 ,81	+ 31 23 59 0	Stephan, à Marseille.
28	7 43 12	(t. m. de Rome)	23 43 19 ,58	+ 31 37 54 5	Millosevich, à Rome.
Mars 1	7 10 58	(t. m. de Dresde)	23 52 46	+ 31 49 8	D'Engelhard, à Dresde.
2	7 47 5	(t. m. Lyon)	0 2 50 ,44	+ 31 56 30 5	Gonnessiat, à Lyon.
3	7 20 13	(t. m. Paris)	0 12 21 ,66	+ 32 0 36 8	Bigourdan, à Paris.
4	7 59 11	id.	0 21 50 ,87	+ 32 1 18 7	id.
5	7 12 1	id.	0 31 26 ,25	+ 31 59 47 9	id.
6	7 11 16				
7	7 22 58	(t. m. de Kiel)	0 50 2 ,16	+ 31 46 48 9	E. Lamp, à Kiel.
8	7 26 11	id.	0 59 15 ,24	+ 31 35 0 6	id.
10	7 21 38	id.	1 16 58 ,12	+ 31 7 1 0	id.

Au moment de sa découverte, la comète était déjà passée au périhélie. Elle s'éloigne à la fois du Soleil et de la Terre. Son éclat, déjà faible, diminue de jour en jour. Le 23 février, elle offrait l'éclat d'une étoile de 6e grandeur, faible nébulosité brillante avec condensation centrale. Queue rudimentaire de 16′ de longueur. Elle n'est déjà plus maintenant que de 8e ½.

Dès ses premières observations, à la date du 27 février, M. Ricco nous écrivait de Palerme :

« Hier, à 8h du soir, j'ai observé la comète Brooks et Swift. Elle a une forme globulaire avec un noyau assez brillant. Le spectre est formé des trois bandes des *hydrocarbures* et d'une trace très-faible du spectre continu du noyau. En envoyant dans le réfracteur (0m,25) la lumière d'une lampe à alcool, eau et sel, je me suis assuré que dans ce spectre la raie du sodium manque. »

Ces orbites ne ressemblent à aucune de celles des comètes connues.

Le Dr D'Engelhard nous écrivait de Dresde à la date du 1 mars : « Observé la comète aujourd'hui à l'aide de l'équatorial de 12 pouces de mon observatoire. Elle est très lumineuse, ronde, avec un diamètre de 2′ : le noyau, de 10″ à peu près, offre l'éclat d'une étoile de 6,5 grandeur. » Le même astronome ajoutait, à la date du 8 mars : « La comète est très brillante : noyau =6,5; queue, très pâle, mesure de 4′ à 5′. »

ORBITES CALCULÉES.

Dr Hepperger, sur les observ. des 24, 25 et 26 février.			*Dr Oppenheim, sur les observ. des 24, 26 fév. et 1 mars.*		*Dr Hepperger, sur les observ. des 24, 28 fév. et 4 mars.*	
Passage au périhélie, fév. 20,20206 (t. m. de Berlin.)			T = 1883 fév. 18,8623 (t.m. Berlin.)		T = fév. 18,97574 (t. m. de Berlin.)	
Longitude du périhélie...	33° 23′ 51″	Equinoxe 1882,0.	π — ☊ = 110° 36′ 24″	Equinoxe 1883,0.	ω = 110° 53′ 11″,8	Equinoxe 1883,0.
Long. du nœud ascendant.	280 4 20		☊ = 278 6 57		☊ = 278 7 0 8	
Inclinaison	77 32 48		i = 78 4 17		i = 78 5 11 9	
Log. dist. périhélie......	9.879124		log. q = 9.88038		log. q = 9.880780	
Mouvement	direct.		Mouvement direct.			

On a, pour les distances de cette comète et son éclat :

	DISTANCE A LA TERRE			DISTANCE AU SOLEIL			
	log Δ.	numérique.	en millions de lieues.	log r.	numérique.	en millions de lieues.	Éclat.
Février 23							100
Mars 7	0.0701	1,175	44	9.9171	0,826	31	85
11	0.0816	1,207	45	9.9343	0,860	32	74
15	0.0974	1,251	47	9.9531	0,898	34	63
19	0.1162	1,307	49	9.9731	0,940	35	53
23	0.1370	1,371	51	9.9936	0,985	37	44
27	0.1588	1,441	54	0.0144	1,034	39	36
Avril 1							

Ephéméride des positions calculées :
(Dr Hepperger)

			DISTANCE A LA TERRE.			
	Æ	D	log Δ.	numérique.	en millions de lieues.	Éclat.
Avril 1, minuit	3h38m25s	+ 20°50',3	0.18634	1,536	58	28
2 »	42 43	20 21,4				
3 »	46 54	19 52,0				
4 »	50 58	19 24,8				
5 »	54 55	18 57,0	0.20841	1,616	61	23

L'éclipse totale de Soleil du 6 mai prochain. — Nous avons déjà signalé à nos lecteurs (*voir* l'*Astronomie*, janvier 1883, p. 21 et 31) l'importance de cette éclipse au point de vue de l'Astronomie physique. Plusieurs expéditions scientifiques viennent de se mettre en route pour les îles Marquises. L'expédition française se compose principalement de M. Janssen, directeur de l'Observatoire de Meudon, et de M. Trouvelot, astronome attaché au même Observatoire. (Tous les amis de la Science française apprendront avec bonheur que notre savant compatriote, qui s'était exilé aux États-Unis depuis l'année 1851, est décidément revenu dans sa patrie qu'il a déjà illustrée de loin par de si admirables travaux : nous féliciterons en particulier M. Janssen d'avoir su attacher M. Trouvelot à l'Observatoire d'Astronomie physique, auquel sa longue expérience rendra les plus éminents services.) A MM. Janssen et Trouvelot se sont joints MM. Tacchini et Palisa, le premier, directeur de l'Observatoire de Rome, le second, astronome de l'Observatoire de Vienne.

Les instruments de l'expédition française comprennent :

1° Un télescope à court foyer pour l'analyse spectrale de l'éclipse.

2° Un équatorial sur lequel est adapté un appareil photographique comprenant cinq chambres noires qui fonctionnent à la fois. Les clichés sont de 0m,40 sur 0m,50. Il faudra cinq minutes de pose. Cet appareil est destiné aux planètes intramercurielles (??).

3° Une lunette de 6 pouces munie d'un chercheur de 3 pouces, avec appareil photographique fonctionnant au moyen de trois chambres à la fois. Cet appareil est destiné à prendre le spectre de la couronne elle-même et ses anneaux.

4° Une quatrième lunette sera spécialement réservée à M. Trouvelot pour les dessins de la couronne et l'étude du voisinage du Soleil.

Nos vœux les plus sincères et les plus sympathiques accompagnent l'expédition jusqu'à son but lointain. Cette éclipse est l'une des plus longues qui puissent se produire, car la durée de la *totalité* atteindra 5^m33^s à l'île Flint et 5^m20^s à l'île Caroline. Celle du 17 mai 1901 sera pourtant plus longue, car elle atteindra 6^m24^s. Mais c'est encore un peu loin de nous, et il vaut mieux profiter tout de suite de celle qui nous est offerte.

Le froid des 7-15 mars 1883. — Une sorte de nappe de froid s'est étendue, pendant cette période, sur la France jusqu'au Midi même et à la Méditerranée, l'Espagne, l'Italie, et même l'Algérie. Le thermomètre est descendu à — 5° à Paris (à —7°,4 au parc Saint-Maur); et la neige est tombée sur toute cette étendue géographique, même sur le littoral si privilégié de Cannes et de Nice, même à Naples et sur le Vésuve, même dans les plaines de l'Espagne, et jusqu'à Alger et à Tripoli.

Principaux minima observés :

Belfort.	— 13°, 2.	Nice (Observatoire).	— 5°, 0.	Lyon.	— 6°, 2.
Bordeaux.	— 5°, 2.	Marseille (*Id.*).	— 5°, 0.	Rochefort.	— 5°, 5.
Rome.	— 4°, 0.	Naples.	— 1°, 0.	Perpignan.	— 2°, 3.
Nancy.	— 9°, 0.				

Cette période de gelée tardive a été inaugurée par de violentes et désastreuses tempêtes. Elle a coïncidé avec la plus forte marée de l'année (1,15). Elle avait été précédée d'une période de beaux jours aussi exceptionnels qu'elle l'a été elle-même. Devant de pareilles surprises, comment peut-on imaginer prédire le temps huit jours à l'avance?

Société scientifique Flammarion à Jaën. — Nous avons observé ici le 24 octobre, à 4^h30^m du matin le curieux appendice qui se prolongeait devant le noyau de la grande Comète. Cet appendice vaporeux se terminait en cône à 3° de la partie brillante du noyau et l'idée nous vint, en faisant ces observations, que

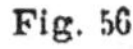

Fig. 56.

Distance des centres = 9°.
Le Soleil, la Lune et Vénus vus à l'œil nu, le 4 février, à 11^h du matin.

nous assistions à un phénomène de dédoublement analogue à celui de la Comète de Biéla. Notre observation a été consignée dans une anagramme qui se traduit ainsi : « *Coma Cometæ contrario sensu elongatur* ».

Nous avons observé la Comète jusqu'au 4 février dernier. Mais comme elle s'évanouit dans les profondeurs de l'espace, nous avons dû, à notre grand regret, lui faire nos adieux.

Ce dernier jour, 4 février, à 11^h du matin, on pouvait admirer à l'œil nu, non loin du Soleil, à 37° à l'Ouest, le mince croissant de la Lune, parfaitement visible sur l'azur du Ciel et, également à l'œil nu, on remarquait aussi, à l'Ouest de la

Fig. 57.

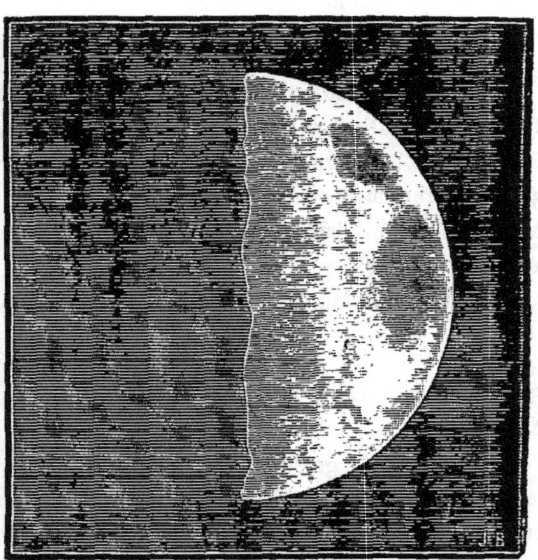

La Lune vue à l'œil nu. Vénus observée à la lunette.

Vénus et la Lune, le 4 février à 11^h du matin.

Lune (à 9°), la planète Vénus, fort brillante malgré la lumière du jour. Les trois astres se présentaient sous l'aspect indiqué par le petit dessin ci-joint (*fig.* 56). La lunette, munie d'un oculaire grossissant 250 fois, montrait Vénus comme on le voit (*fig* 57.) Si nos observations sont dignes de vous être transmises, nous aurons l'honneur de vous les adresser régulièrement. J. M. Folache.

L'étoile 2 de l'Hydre, probablement variable. — A la page 523 des *Étoiles*, M. Flammarion signale à l'attention des observateurs le groupe 1 Hydre, — 30 Licorne, — 2 Hydre, formé de trois étoiles disposées presque en ligne droite. D'après ses observations, ces trois étoiles avaient pour grandeur en 1880 :

1 Hydre = 6,2
30 Licorne = 3,8
2 Hydre = 6,5

Ayant observé ces étoiles les 26 février et 5 mars derniers, j'ai trouvé 2 Hydre incontestablement supérieure à 1 Hydre; j'ai répété les comparaisons de diverses manières, avec un pince-nez concave dont je me sers pour voir de loin, — avec une jumelle de théâtre, avec ma petite lunette : 2 Hydre a toujours gardé sa supériorité; malgré son plus grand rapprochement de 30 Licorne, elle est plus facile à voir que 1 Hydre.

Leur éclat me paraît être actuellement :

1 Hydre = 6,2
30 Licorne = 3,8
2 Hydre = 5,7 à 5,5

TRAMBLAY,
à Gignac.

Position particulière des petites planètes. — On se demande souvent quelle est la cause de la forte inclinaison des petites planètes. Dans une note insérée aux *Comptes Rendus*, T. XCIII, p. 525, M. Tisserand s'est occupé d'une question traitée par Lagrange, concernant les déplacements séculaires des orbites de trois planètes; il indique aujourd'hui un cas particulier qui conduit au résultat suivant :

« Il existe entre Jupiter et le Soleil une position telle que, si l'on y plaçait une petite masse dans une orbite peu inclinée à celle de Jupiter, cette petite masse pourrait sortir de son orbite primitive et atteindre de grandes inclinaisons sur le plan de l'orbite de Jupiter par l'action de cette planète et de Saturne. Il est remarquable que cette position se trouve à très peu près à une distance double de la distance de la Terre au Soleil, c'est-à-dire à la limite inférieure de la zone où l'on a rencontré jusqu'ici les petites planètes... »

Les recherches de M. Tisserand confirment et précisent cette conclusion; en désignant par a le demi-grand axe de l'orbite d'une planète de petite masse m, l'auteur montre que l'inclinaison peut s'élever jusqu'à 25°, mais que, pour a non compris entre 1,98021 et 2,08021, le maximum de l'inclinaison devient égal à 7°.

Chutes d'uranolithes. — Deux uranolithes viennent de tomber à des intervalles assez rapprochés. L'un est tombé à Iserlohn (Prusse rhénane), dans la soirée du 1er février dernier, dans un jardin, dont il avait creusé à une grande profondeur le sol à demi gelé. Sa grosseur est celle d'un œuf de dinde et son poids est de 165gr. L'autre est tombé le 16 février à Alfianello entre Crémone et Brescia, vers 3h de l'après-midi, et ne pèse pas moins de 50kg. Il s'était enfoncé dans le sol à la profondeur de *deux mètres* et avait produit un choc semblable à celui d'un léger tremblement de terre. Malheureusement, les paysans ignorants, aussitôt leur première frayeur passée, l'ont mis en pièces à coups de marteau, de sorte que l'on ne pourra en posséder que de petits fragments dans les collections scientifiques.

Observation du Soleil. — Poursuivant avec persévérance son observation quotidienne du Soleil, M. Brugnière, à Marseille, signale deux faits particulièrement intéressants. Le 8 mars dernier, à midi, observant le Soleil, à la surface duquel quatre taches étaient visibles, il aperçut tout d'un coup, vers la tache qui venait d'apparaître sur le bord oriental, au milieu d'un groupe de facules, une sorte d'*éclair très lumineux*, rapide comme la foudre, qui traversa comme un trait l'une des facules, à l'Ouest de la tache. Était-ce l'indice d'une formidable explosion solaire ? Peut-être.

Le 21, le même observateur nous télégraphiait : « Belle tache avec deux noyaux ». La statistique solaire révèle des fluctuations bien bizarres, à cette époque de maximum.

LE CIEL EN AVRIL 1883.

Principaux objets célestes en évidence pour l'observation.

PLANÈTES : JUPITER, URANUS.

ÉTOILES :

Voir la Carte publiée dans l'*Astronomie*, 1re année, même mois, et les descriptions données dans l'ouvrage *Les Étoiles et les Curiosités du Ciel*, p. 594 à 635.

Observations à faire.

SOLEIL. — Le Soleil se lève le 1er avril à 5^h41^m, pour se coucher à 6^h29^m; le 15, il est visible depuis 5^h12^m jusqu'à 6^h49^m; et le 30, depuis 4^h44^m jusqu'à 7^h11^m. La durée du jour est ainsi de 12^h48^m, le 1er; de 13^h27^m, le 15 et de 14^h27^m le 30, de sorte qu'elle augmente de 1^h39^m pendant la durée du mois. La déclinaison du Soleil, qui est de $4°31'$ le 1er, et de $14°45'$, le 30, augmente de $10°14'$ pendant le mois d'avril : il va sans dire qu'elle est boréale à cette époque de l'année.

La surface solaire mérite toujours la même attention et doit être étudiée avec le même soin que les mois précédents. Du reste, la question de la constitution physique du Soleil, et l'étude des mouvements qui s'accomplissent au sein de cet astre gigantesque paraissent occuper aujourd'hui le monde savant beaucoup plus qu'à aucune autre époque, autant du moins qu'on en peut juger d'après le nombre et l'importance des travaux qui ont été publiés sur ce sujet, depuis un an particulièrement.

LUNE. — On trouvera plus loin la carte de la Lune et la description générale de la surface lunaire. Nous ne saurions trop engager nos lecteurs à étudier attentivement tous les détails observables sur notre satellite. Cette étude est facile avec des instruments de moyenne puissance, et les personnes qui y consacreront leurs loisirs ne pourront manquer d'y trouver un intérêt des plus vifs qui les récompensera amplement de la peine qu'elles auront prise

PHASES...........	NL le 7 à 1^h46^m soir.
	PQ le 14 à 8 59 matin.
	PL le 22 à 11 37 »
	DQ le 30 à 7 13 »

Une éclipse partielle de Lune aura lieu le 22 avril dans la matinée. Cette éclipse, invisible à Paris, ne présente qu'un intérêt médiocre, car il n'y aura même pas la dixième partie du diamètre lunaire qui pénétrera dans le cône d'ombre projeté par la Terre. L'éclipse commencera à 11^h12^m du matin, et se

Fig. 58.

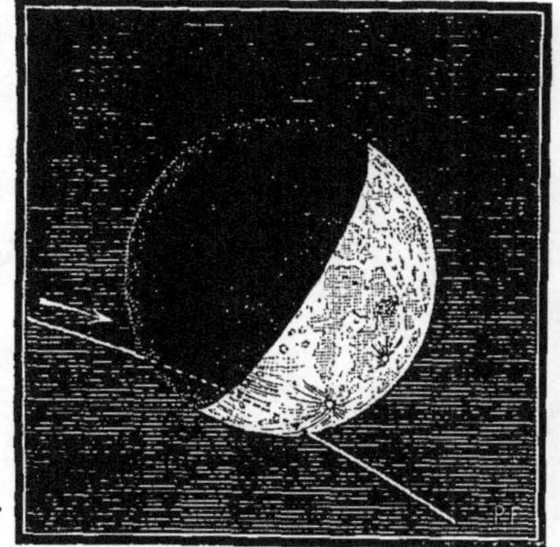

Occultation de λ Gémeaux par la Lune, le 13 avril, de $8^h 39^m$ à $9^h 18^m$.

Fig. 59.

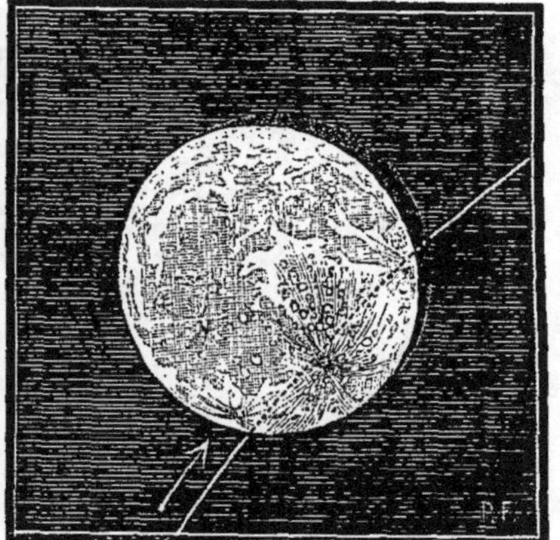

Occultation de ρ Scorpion par la Lune, le 24 avril, de $9^h 11^m$ à $10^h 10^m$.

terminera à midi 23^m. Comme la Lune se couche à 4^h46^m du matin, on voit qu'aucune phase de l'éclipse ne pourra être observée en Europe. Elle ne sera guère visible qu'en Océanie, en Californie, et le long de la côte occidentale du Mexique. Rappelons, à ce propos, que, dans les éclipses de Lune, les portions du disque lunaire qui pénètrent dans le cône d'ombre projeté par la Terre ne perdent pas instantanément leur lumière, mais s'affaiblissent au contraire et s'éteignent d'une manière insensible à mesure qu'elles s'enfoncent davantage dans le cône de pénombre qui enveloppe le cône d'ombre de toutes parts.

Occultations.

Trois occultations et une appulse pourront être observées dans la première moitié de la nuit pendant le mois d'avril 1883.

1° 1361 B,A,C (6° gr.), le 10, de 9h7m à 9h15m. L'étoile disparaît avant d'atteindre la corne boréale du croissant lunaire, à 34° au-dessous et à droite du point le plus élevé du disque de la Lune, et reparaît, un peu plus bas, à 51° au-dessous du même point.

2° λ Gémeaux (4° gr.), le 13, de 8h39m à 9h18m. L'étoile disparaît à 57° au-dessus et à gauche (Est) du point le plus bas du disque lunaire, et reparaît à 9° au-dessus et à droite (Ouest) du même point. Cette occultation est représentée (*fig.* 58).

3° ψ Vierge (5° gr.), le 20, à 12h4m, simple appulse, à 1',7 du bord de la Lune. Le point du bord du disque lunaire dont cette étoile s'approche le plus est situé à 11° au-dessus et à droite (Ouest) du point le plus bas.

4° β Scorpion (2° gr.), le 24, de 9h11m à 10h6m. La Lune ne se lève ce soir-là qu'à 9h10m de sorte qu'on ne pourra assister à la disparition de l'étoile, ce qui est regrettable, car les occultations d'étoiles brillantes sont assez rares, et, de plus, β du Scorpion est une étoile double dont le compagnon, de 5° grandeur, est à une distance de 13" de l'étoile principale. Le dédoublement des deux étoiles est donc facile, même avec des instruments de faible puissance, et l'on pourra les voir reparaître, l'une après l'autre, à 9° au-dessus du point le plus occidental du disque lunaire. Cette occultation est représentée (*fig.* 59).

Lever, Passage au Méridien et Coucher des planètes visibles pendant le mois d'avril 1883.

		Lever.		Passage au Méridien.		Coucher.	
VÉNUS	1er	4h21m	matin.	9h27m	matin.	2h35m	soir.
	11	4 8	»	9 33	»	2 58	»
	21	3 54	»	9 37	»	3 22	»
	30	3 40	»	9 41	»	3 44	»
MARS	1er	4 58	»	10 28	»	4 0	»
	11	4 33	»	10 18	»	4 3	»
	21	4 8	»	10 7	»	4 7	»
	30	3 46	»	9 57	»	4 10	»
JUPITER	1er	8 57	»	4 58	soir.	1 2	matin.
	11	8 23	»	4 24	»	0 29	»
	21	7 50	»	3 52	»	11 54	soir.
	30	7 21	»	3 23	»	11 26	»
SATURNE	1er	7 24	»	2 48	»	10 12	»
	11	6 48	»	2 13	»	9 39	»
	21	6 12	»	1 39	»	9 6	»
	30	5 40	»	1 9	»	8 36	»
URANUS	1er	4 23	soir.	10 46	»	5 14	matin.
	11	3 42	»	10 6	»	4 34	»
	21	3 1	»	9 25	»	3 54	»
	30	2 24	»	8 49	»	3 18	»

MERCURE. — Mercure est invisible; le 16, à 11h du matin, il se trouve en conjonction supérieure avec le Soleil : c'est à ce moment qu'il est le plus éloigné de nous; le 24, il passe au périhélie, c'est-à-dire qu'il s'approche le plus possible du Soleil.

Vénus. — Vénus est encore visible le matin, quoique moins facilement que le mois dernier : elle se lève à peine une heure avant le Soleil.

Mars. — On pourra peut être observer Mars, le matin, un peu avant le lever du Soleil; mais ce sera plus difficile que le mois dernier, quoique la planète s'éloigne du Soleil : cela tient à ce que le jour commence de plus en plus tôt, et aussi à ce que le crépuscule devient de plus en plus long. Mars passe au périhélie, le 13 à 3^h de l'après-midi : il est alors notablement plus près du Soleil que dans sa position moyenne, car l'orbite de Mars est l'une des plus excentriques du système solaire : $e = 0,093$, de sorte que la distance périhélie est à peu près les $\frac{9}{11}$ de la distance aphélie.

Jupiter. — Jupiter a marché sensiblement vers l'Orient depuis le mois dernier : il est toujours dans la constellation du Taureau; mais il s'est éloigné de l'étoile ζ et se trouve maintenant au Nord-Est de cette étoile : il se couche tous les soirs de plus en plus tôt et il faut se hâter de l'observer avant qu'il disparaisse.

Nous cessons de donner les heures du passage de la tache rouge par le méridien central, parce que cette tache paraît toute prête à disparaître; elle est devenue très difficile à reconnaître et ne peut plus être observée qu'avec de puissants instruments.

Les coordonnées de Jupiter, le 15 à midi, sont :

Ascension droite...... $5^h 45^m 1^s$. Déclinaison...... $23°20'48''$ N.

Saturne. — Voici le dernier mois où l'on puisse encore observer Saturne : le 21, il se couche à $9^h 6^m$, un peu plus de deux heures après le Soleil, et les crépuscules sont fort longs à la fin d'avril. On a vu, dans le Numéro précédent, la curieuse conjonction de Saturne et de la Lune. Le 10, à 1^h du matin, Saturne s'approchera de la Lune, plus près encore que le mois dernier. Un observateur placé au centre de la Terre verrait Saturne à 41' seulement au Sud du centre du disque lunaire. Comme la parallaxe de la Lune est d'environ 1°, tandis que celle de Saturne est à peine 1'', il en résulte que la planète sera certainement occultée pour un grand nombre de stations boréales. Malheureusement, la Lune se couche à Paris, cette nuit-là à $9^h 31^m$ du soir, de sorte que le phénomène ne sera pas observable en France. Il faudrait, pour pouvoir l'observer, se déplacer d'au moins 50° de longitude vers l'Occident. Cette intéressante occultation sera donc visible dans le Nord de l'Amérique, un peu après le coucher du Soleil.

Saturne s'est un peu déplacé vers l'Orient, depuis le mois dernier : voici ses coordonnées le 15 à midi :

Ascension droite...... $3^h 32^m 47^s$. Déclinaison..... $17° 14' 55''$ N.

Uranus. — Uranus est toujours dans de bonnes conditions d'observation : il est visible presque toute la nuit, sa position a peu varié depuis le mois dernier : voici ses coordonnées, le 15 à midi :

Ascension droite...... $11^h 24^m 10^s$. Déclinaison...... $4° 43' 12''$ N.

ÉTOILES VARIABLES.

ALGOL (minima).	Le 7 avril, 10h 51m soir.	Le 27 avril, 12h 34m soir.
	10 » 7 40 »	30 » 9 22. »

R. Lion (à 5°,5 précédant Régulus, étoile rouge, voir *les Étoiles*, p. 353 et 701) est en ce moment à son maximum. M. Gore a fait les observations suivantes :

Le 28 fév. = 7,0; le 4 mars = 6,5; le 7 = 5,9; le 8 = 5,8; le 13 = 5,7; le 15 = 5,6; le 17 = 5,5.

M. Gore estime la période à 212,5 jours.

ÉTUDES SÉLÉNOGRAPHIQUES.

Nous commençons ce mois-ci la description détaillée de la surface lunaire. Les amateurs d'Astronomie trouveront, dans l'étude attentive de tous les accidents de terrain visibles sur notre satellite, l'occasion la plus facile et la plus commode de s'habituer au maniement des instruments et de s'exercer la vue à distinguer jusqu'aux détails les moins apparents dans le champ de la lunette. Ajoutons que l'aspect grandiose et fantastique des paysages lunaires constitue peut-être le plus remarquable de tous les spectacles célestes, et celui dont la contemplation est le plus propre à élargir l'esprit et à faire comprendre la haute portée philosophique de l'Astronomie. Une impression de solitude sauvage se dégage de l'apparence immobile et froide de ces hautes montagnes aux crêtes ensoleillées, dont les ombres crues s'allongent en pointes au milieu d'immenses plaines circulaires; rien qui rappelle le mouvement et la vie ne vient distraire l'observateur étonné : le contraste avec l'agitation terrestre est absolu; l'âme s'élève, l'imagination s'exalte et se laisse entraîner dans des rêveries sans fin. On a peine à croire que ce globe merveilleux ne soit qu'un monde désert et glacé, et qu'aucun œil intelligent n'en puisse admirer de près les splendeurs; on se demande avec une sorte d'anxiété s'il est bien vrai qu'aucune brise n'y vient caresser le flanc des rochers abrupts, qu'aucun ruisseau n'y arrose les plaines à jamais desséchées, qu'aucun être sensible n'y a jamais levé les yeux pour contempler le disque de notre Terre qui brille là-bas comme un flambeau gigantesque, éternellement immobile dans un ciel sans azur. On voudrait fouiller les derniers recoins des profonds cratères, et les larges crevasses qui traversent les solitudes lunaires comme le lit d'un torrent desséché, gardant, toujours et malgré tout, l'espoir qu'on y trouvera quelque trace d'un reste de vie dont on n'a cependant pu jusqu'ici découvrir aucune manifestation.

Ce n'est pas à dire que la Lune représente le règne de l'immobilité et de l'immutabilité absolues. Sans doute on n'a pu trouver sur la Lune la moindre trace bien certaine d'atmosphère, et, s'il y existe des gaz, ils y sont certainement très raréfiés et relégués dans le fond des cratères et des crevasses. L'absence de gaz entraîne forcément l'absence de liquides qui, dans le vide, se transformeraient instantanément en vapeurs constituant ainsi une atmosphère qu'on apercevrait d'ici. Et même, il faut l'avouer, la configuration circulaire des montagnes qui semblent avoir conservé sans changement l'aspect rude et sauvage de leur origine ignée, ne permet guère de supposer qu'elles aient jamais subi, à aucune époque, l'action dissolvante des vents et des eaux, qui a joué et qui joue encore, sur la Terre, un rôle si considérable. C'est à peine si les vastes régions sans montagnes appelées *mers* par les premiers sélénographes donnent l'impression, et encore très affaiblie, d'une formation par dépôts ou sédiments. Il semble donc que la Lune ait toujours été, depuis le jour de son refroidissement, ce qu'elle est aujourd'hui, privée de gaz et de liquides. Et pourtant, il arrive sur la Lune des changements certains; il y a des régions, par exemple le fond du cratère de Platon, dont l'aspect et la coloration paraissent varier avec la période de la lunaison, d'une manière qui ne permet guère d'attribuer ces modifications aux seules variations dans le mode d'éclairage. Un cratère entier, celui de Linné, s'est éboulé, comme il résulte des observations de M. Schmidt, directeur de l'Observatoire d'Athènes, comparées à celles de Beer et Mädler. Les deux cirques de Messier, qui ont été si souvent dessinés par Beer et Mädler, sont aujourd'hui très différents de ce qu'ils étaient alors, et paraissent même subir des changements continuels, comme on le reconnaît en comparant les observations de Webb, Gruythuisen, Neison, etc. M. Schmidt, d'Athènes, est peut-être le premier qui ait attiré l'attention des astronomes sur ces changements modernes arrivés dans la configuration des montagnes lunaires, et son travail consciencieux et précis, ses longues et patientes observations lui ont valu, il y a quelques années, l'un des prix que l'Académie des Sciences décerne aux chercheurs de tous les pays qui ont contribué d'une manière efficace aux progrès de la Science. M. Schmidt a ainsi ouvert aux sélénographes une voie nouvelle, accessible aux amateurs aussi bien qu'aux astronomes de profession. L'examen attentif des modifications qui peuvent survenir sur le disque de la Lune est certainement l'un des sujets d'étude les plus attrayants, et les plus dignes d'occuper les loisirs de ceux qui aiment et cultivent l'Astronomie.

Un instrument de moyenne puissance suffit pour étudier une foule de détails, et pour acquérir une connaissance approfondie de ce qu'on pourrait appeler la *Géographie lunaire*. Le premier travail doit consister à se familiariser avec l'aspect général du disque lunaire, à s'habituer à reconnaître et à désigner par leurs noms les espaces sombres appelés improprement *mers*, et les montagnes les plus remarquables, de manière à se former dans la mémoire comme un large canevas dans les mailles duquel on intercalera plus tard les détails. C'est pourquoi nous avons publié ce mois-ci une carte de l'hémisphère visible de la Lune. Les lecteurs de la Revue savent que la Lune nous tourne toujours la même face, de sorte que l'une des moitiés de notre satellite est à jamais invisible à l'humanité; la libration cependant nous amène alternativement l'un et l'autre pôle dans la partie visible, ainsi que des régions qui se trouvent en moyenne un peu au delà du centre de séparation, de sorte que les $\frac{2}{13}$ de l'hémisphère opposé nous sont connus et que les $\frac{11}{26}$ seulement de la surface lunaire nous sont à jamais invisibles.

La carte ci-jointe (*fig.* 60 et 61) représente seulement la moitié du disque lunaire; la partie visible de l'autre hémisphère ne se présente jamais à nous que très obliquement et ainsi se trouve toujours dans de très mauvaises conditions.

On sait aussi que les cratères lunaires affectent tous en réalité une forme *circu-*

laire. Ceux qui se trouvent sur les bords de la Lune y prennent l'aspect ovale

Fig. 60

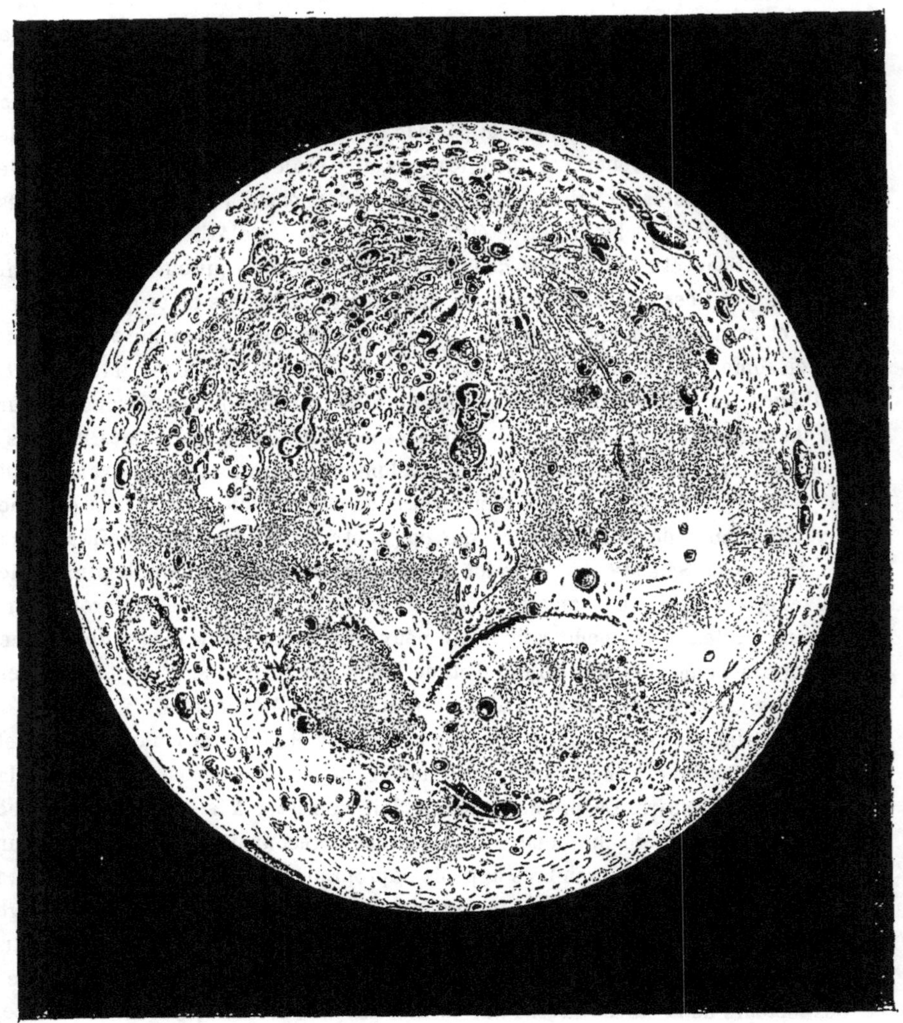

1 Monts Leibnitz.
2 Monts Dörfel.
3 Hommel.
4 Pitiscus.
5 Bacon.
6 Bailly.
7 Clavius.
8 Rosse.
9 Steinhel.
10 Métius.
11 Fabricius.
12 Lockyer.
13 Nicolaï.
14 Maurolycus.
15 Licetus.
16 Stöfler.
17 Huggins.
18 Maginus.
19 Tycho.
20 Longomontanus.
21 Schiller.
22 Hainzel.
23 Phocylides.
24 Schickard.
25 Inghirami.
26 Furnerius.
27 Rheita.
28 Stibarius.
29 Piccolomini.
30 Riccius.
31 Zagut.
32 Aliacensis.
33 Werner.
34 Blanchinus.
35 Walter.
36 Regiomontanus.
34 Purbach.
38 Thébit.
39 Lexell.
40 Gauricus.
41 Wurzelbauer.
42 Sitatus,
43 Capuanus.
44 Vitello.
45 Doppelmayer.
46 Vieta.
47 Piazzi.
48 Lagrange.
49 Phillips
50 Petavius.
51 Reichenbach.
52 Neauder.
53 Fracastor.
54 Sacrobosco
55 Santbech.
65 Beaumont.
57 Catharina.
58 Cyrillus.
59 Théophile.
60 Tacito.

par un effet de perspective : la carte les représente ovales, comme on les voit. Enfin cette carte figure l'aspect de la Lune *tel qu'on le voit dans les lunettes*, c'est-à-dire *renversé*. Le *Sud* est en haut, le *Nord* en bas, l'*Est* à droite, l'*Ouest* à

Fig. 61.

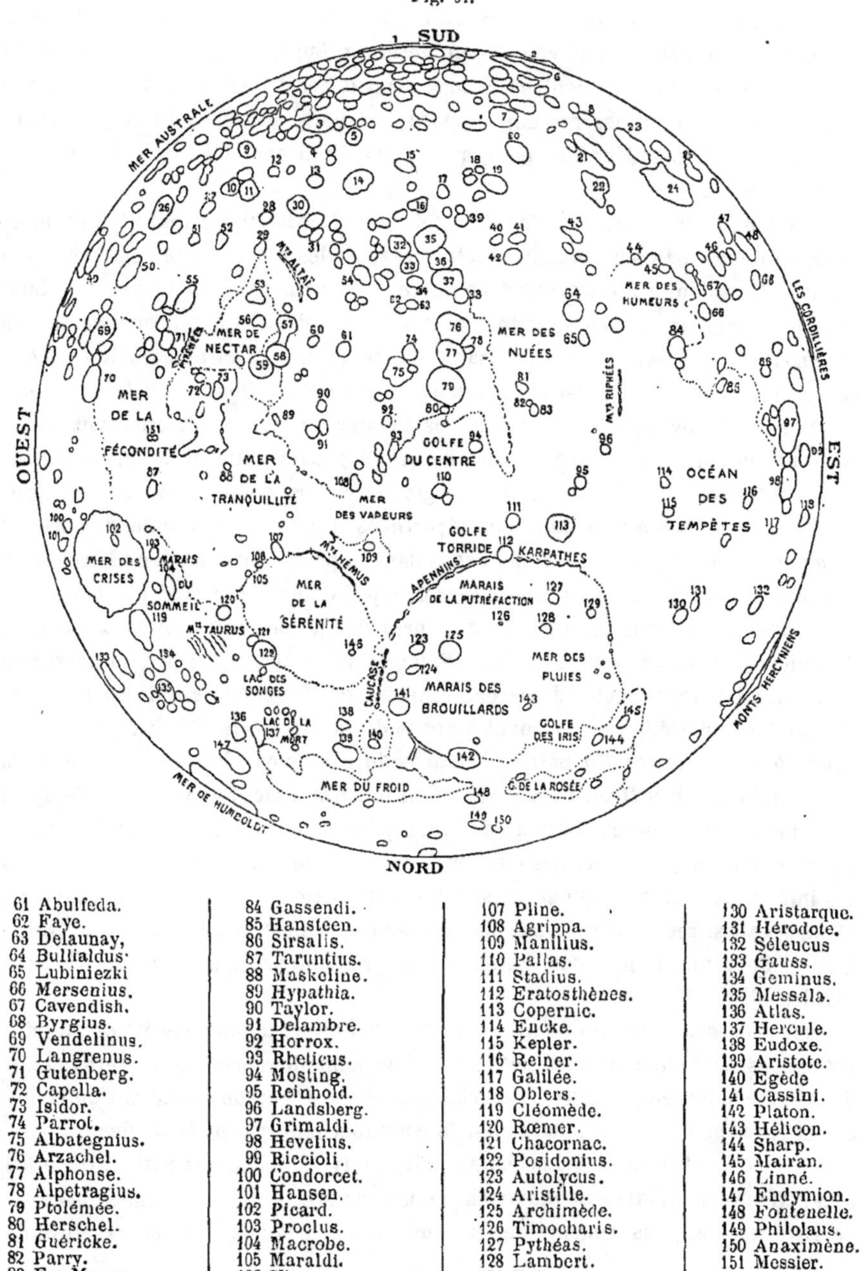

61 Abulfeda.
62 Faye.
63 Delaunay,
64 Bullialdus.
65 Lubiniezki
66 Mersenius.
67 Cavendish.
68 Byrgius.
69 Vendelinus.
70 Langrenus.
71 Gutenberg.
72 Capella.
73 Isidor.
74 Parrot.
75 Albategnius.
76 Arzachel.
77 Alphonse.
78 Alpetragius.
79 Ptolémée.
80 Herschel.
81 Guéricke.
82 Parry.
83 Fra Mauro.
84 Gassendi.
85 Hansteen.
86 Sirsalis.
87 Taruntius.
88 Maskeline.
89 Hypathia.
90 Taylor.
91 Delambre.
92 Horrox.
93 Rheticus.
94 Mosting.
95 Reinhold.
96 Landsberg.
97 Grimaldi.
98 Hevelius.
99 Riccioli.
100 Condorcet.
101 Hansen.
102 Picard.
103 Proclus.
104 Macrobe.
105 Maraldi.
106 Vitruve.
107 Pline.
108 Agrippa.
109 Manilius.
110 Pallas.
111 Stadius.
112 Eratosthènes.
113 Copernic.
114 Encke.
115 Kepler.
116 Reiner.
117 Galilée.
118 Olbers.
119 Cléomède.
120 Rœmer.
121 Chacornac.
122 Posidonius.
123 Autolycus.
124 Aristille.
125 Archimède.
126 Timocharis.
127 Pythéas.
128 Lambert.
129 Euler.
130 Aristarque.
131 Hérodote.
132 Séleucus
133 Gauss.
134 Geminus.
135 Messala.
136 Atlas.
137 Hercule.
138 Eudoxe.
139 Aristote.
140 Egède
141 Cassini.
142 Platon.
143 Hélicon.
144 Sharp.
145 Mairan.
146 Linné.
147 Endymion.
148 Fontenelle.
149 Philolaus.
150 Anaximène.
151 Messier.

gauche; on remarquera que l'ordre des points cardinaux est contraire à celui des cartes géographiques ; si l'on retournait la carte de manière à avoir le *Nord* en haut, on aurait l'*Est* à gauche et l'*Ouest* à droite. Cela tient à ce que les points cardinaux sont rapportés à la *Terre* et non à la Lune. Le pôle que nous appelons *Nord* est bien celui qu'on appellerait aussi *Nord* sur la Lune; mais nous appelons bord *oriental*, celui qui se voit à *gauche* de la Lune, parce qu'effectivement il nous apparaît à l'*Est* du centre, la Lune étant généralement dans le Ciel du côté *Sud*, mais, pour un observateur supposé transporté au centre du disque lunaire et regardant le pôle Nord, ce bord, qui se trouverait encore à sa gauche, serait le bord *occidental*.

Une longue description de l'ensemble de la surface lunaire est inutile ; l'examen attentif de la carte sera plus instructif que toute les phrases que nous pourrions écrire. Il faut que l'observateur compare avec soin cette carte avec la Lune observée dans une bonne lunette ; qu'il s'attache d'abord à reconnaître la mer des *Crises*, bien visible sur le croissant de la Lune, dans la partie boréale (en bas); on peut la reconnaître plusieurs jours avant le Premier Quartier; elle forme une sorte de tache ovale entourée de hautes montagnes. Bientôt, le croissant s'élargissant, on pourra distinguer la mer de la *Fécondité*, celle de la *Tranquillité*, et enfin la mer de la *Sérénité*, vaste région circulaire entourée de hautes montagnes et confinant à la chaîne des *Apennins* qui ne sera visible qu'après le Premier Quartier. Toutes ces mers sont dans la portion moyenne ou boréale du croissant : les régions australes sont beaucoup plus montagneuses : on distinguera les monts *Dörfel* sur le bord austral, près de la corne du croissant. Après le Premier Quartier apparaîtra d'abord *Ptolémée*, vaste cirque, un peu au-dessus du centre du disque, surmonté de deux autres montagnes circulaires, puis la chaîne des *Apennins*, qui s'élève en tournant à droite de la mer de la Sérénité, et se prolonge à l'Est par les *Karpathes*. Toute cette chaîne enveloppe les marais de la *Putréfaction* et des *Brouillards*. Au-dessus des Karpathes se voit *Copernic*, l'une des plus hautes montagnes lunaires, tandis qu'en haut, près du Pôle Sud, on apercevra *Tycho*, le plus vaste des cirques lunaires, d'où partent comme des rayons les immenses crevasses qui sillonnent toute la partie australe du disque lunaire. Il faudra aussi reconnaître la mer des *Humeurs*, la mers des *Nuées*, et, au Nord-Est de Copernic, la mer des *Pluies* qui se prolonge presque jusque sur le bord occidental.

Que l'observateur examine avec soin ces chaînes de montagnes et ces grandes taches obscures qui nous serviront plus tard de points de repère; qu'il se grave bien dans la mémoire leurs noms et leurs configurations, et l'étude des détails que nous commencerons le mois prochain pour la continuer mois par mois, deviendra pour lui facile et instructive, en même temps qu'il y trouvera le charme irrésistible que les occupations scientifiques ne manquent jamais de procurer aux hommes désireux de s'avancer progressivement dans la connaissance des lois et de la structure de l'Univers.

PHILIPPE GÉRIGNY.

LES ÉTOILES DOUBLES.

Les étoiles doubles représentent une partie notable et particulièrement

Fig. 62.

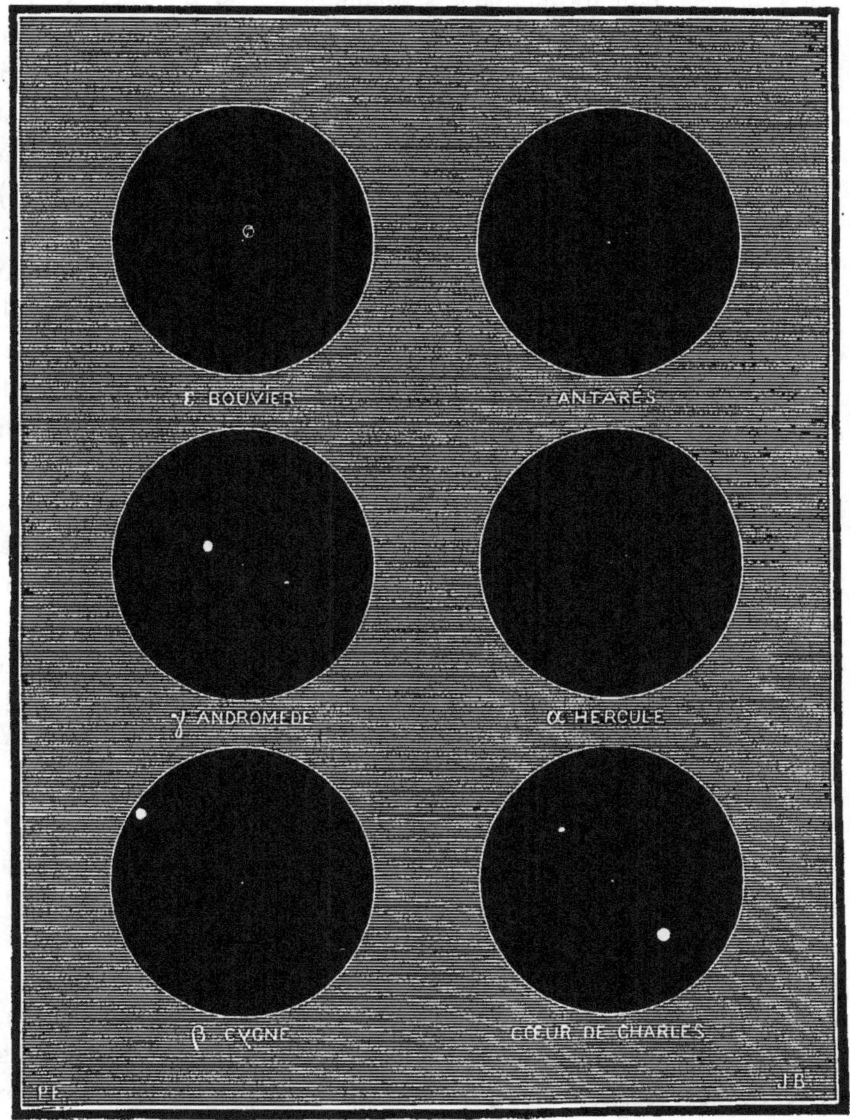

PRINCIPAUX TYPES D'ÉTOILES DOUBLES COLORÉES
(Echelle : 1mm = 1").

intéressante de la population sidérale. Au temps des galants tournois de la Renaissance, les preux chevaliers eussent salué en elles la plus glorieuse phalange de la noblesse du firmament. Gracieusement associées dans les liens d'une attraction mutuelle, on les voit bercées deux à deux au sein de l'azur profond des cieux, planant, étoiles de l'immortalité, au-dessus des agitations terrestres et des révolutions inférieures, toujours belles, toujours lumineuses, toujours pures. Suspendues dans l'infini, elles s'appuient l'une sur l'autre sans jamais se toucher, comme si leur union, plus morale que matérielle, était régie par un principe invisible et supérieur, et, suivant des courbes harmonieuses, elles gravitent en cadence l'une autour de l'autre, couples célestes éclos au printemps de la création dans les campagnes constellées de l'immensité [1]. Tandis que les étoiles simples brillent, solitaires, fixes, tranquilles, dans les déserts de l'espace, les étoiles doubles semblent animer, par leurs mouvements et par leur vie, les régions silencieuses du vide éternel. Tandis que les premières sont, en général, blanches et incolores, les secondes se montrent colorées de toutes les nuances de l'arc-en-ciel. Ici, un couple élégant nous montre le mariage du rubis avec l'émeraude, ou du grenat avec le saphir; plus loin, nous voyons la topaze associée à la turquoise ou le diamant avec l'améthyste. Ces couleurs sont vives, claires, translucides, et, lorsque nous essayons de les reproduire par la peinture, comme nous venons de le faire ici, (*fig.* 62), nous n'en obtenons qu'une image grossière, bien indigne d'être comparée à la réalité. Pour donner une idée de ces lumières, il faudrait pouvoir tremper notre pinceau dans l'arc-en-ciel et prendre pour tableau l'azur transparent du zénith. Mais heureusement, grâce aux développements accomplis en ces dernières années par l'instruction astronomique et aux progrès obtenus dans la construction des instruments populaires, chacun peut facilement aujourd'hui se donner le plaisir de contempler directement dans le Ciel ces réalités merveilleuses. Une modeste lunette de 60 millimètres d'ouverture permet déjà de dédoubler de charmantes étoiles doubles colorées, telles que β du Cygne, le Cœur de Charles, γ d'Andromède, γ du Dauphin, etc. Il serait impardonnable, pour tous ceux qui peuvent le faire, pour tous ceux qui ont quelques loisirs et qui apprécient les jouissances de la vie de l'esprit, de se priver, à notre époque intellectuelle, du

(1) Un peintre de grand talent, L. Faléro, a gracieusement exprimé ce mouvement de gravitation dans son célèbre tableau de *L'Étoile double*, que tout le monde a admiré au Salon de 1881. C'est une personnification bien humaine peut être, bien féminine surtout; mais toutes nos sensations, toutes nos idées, ne sont-elles pas essentiellement *humaines?*

bonheur de se livrer de temps en temps à la contemplation de ces grandioses et sublimes spectacles.

Les étoiles doubles paraissent simples à la vue. On ne les reconnaît doubles que si l'on dirige vers elles un instrument qui grossisse suffisamment. Si le télescope n'est muni que d'un faible oculaire, les deux étoiles semblent se toucher, mais elles s'écartent l'une de l'autre à mesure que le grossissement devient plus fort. Cette étoile double devient alors, pour l'esprit contemplateur, un système de deux soleils voisins, séparés l'un de l'autre par des millions de lieues et tournant l'un autour de l'autre en des temps qui varient, pour chaque système, suivant les lois de la gravitation universelle. L'immense éloignement qui nous sépare de ces couples célestes est la seule cause de leur invisibilité pour l'œil laissé à sa seule puissance. Les deux étoiles, dédoublées dans le télescope, paraissent encore se toucher, malgré les millions de lieues qui les séparent réellement entre elles, parce qu'elles sont éloignées de nous à des trillions, c'est-à-dire à des milliers de milliards de lieues (¹).

Une observation patiente et assidue a déjà permis de reconnaître qu'un grand nombre de ces systèmes sont animés d'un mouvement orbital certain. La même loi de gravitation qui régit les mouvements de

(¹) Lorsqu'on dirige un instrument vers une étoile et qu'au lieu de cette seule étoile on en distingue une autre tout près d'elle, il n'est pas toujours certain que ce soit là véritablement une étoile double. En effet, l'espace infini est peuplé d'astres sans nombre, disséminés à toutes les profondeurs de l'immensité. Il n'y a donc rien d'étonnant à ce que, en dirigeant une lunette vers une étoile quelconque, on en découvre une ou plusieurs autres plus petites, situées derrière elle, plus loin et à une distance aussi grande et plus grande même au delà d'elle que la distance qui la sépare de nous. De même que, dans une vaste plaine, deux arbres peuvent nous paraître se toucher, parce qu'ils se trouvent l'un devant l'autre dans notre perspective, quoiqu'ils soient fort éloignés l'un de l'autre en réalité; de même, dans l'espace céleste, deux étoiles peuvent se trouver sur le même rayon visuel et paraître se toucher, quoiqu'elles soient séparées l'une de l'autre par des abîmes. Ce sont là des couples d'étoiles qui sont purement optiques et dus à la position de deux astres sur le même rayon visuel. Pour reconnaître si cette réunion n'est pas seulement apparente, mais réelle, il faut l'étudier avec attention. La probabilité que le couple d'étoiles ainsi réunies sera réel est d'autant plus grande qu'elles seront plus rapprochées. Mais ce ne serait pas encore là une raison suffisante pour admettre sa réalité. Il faut l'observer attentivement et pendant plusieurs années. Si les deux étoiles sont véritablement associées, si elles forment un système, on reconnait qu'elles voguent ensemble dans l'espace et qu'en général elles tournent l'une autour de l'autre : elles sont liées entre elles par les liens de l'attraction universelle; elles ont la même destinée. Si la réunion n'est qu'apparente, on reconnaît avec le temps que les deux astres, ainsi fortuitement réunis par la perspective, n'ont rien de commun l'un avec l'autre : leurs mouvements propres, étant différents, les éloignent bientôt insensiblement l'un de l'autre.

notre système solaire, la translation annuelle de la Terre autour du Soleil et la révolution mensuelle de la Lune autour de la Terre, cette même loi régit aussi les mouvements observés dans ces couples lointains, perdus dans les profondeurs de l'univers sidéral. La plus brillante des deux étoiles associées dans un même couple paraît être généralement le centre du mouvement, certainement parce que sa masse est prépondérante, et la plus faible des deux composantes gravite autour de la plus puissante; mais, en réalité, elles circulent toutes deux autour de leur centre commun de gravité. Les durées des révolutions de ces systèmes sont très variées : elles s'étendent depuis quelques années jusqu'à des centaines et des milliers d'années. On s'en rendra compte par le tableau, que nous publions plus loin, des couples dont les périodes sont déterminées. Déjà, quelques-uns de ces systèmes ont parcouru une ou plusieurs révolutions sous les yeux des observateurs, quoique les plus anciennes mesures ne datent que du siècle dernier.

Dans l'état actuel de la Science, nous connaissons 830 groupes en mouvement relatif certain ([1]). Il y a 564 systèmes orbitaux certains ou probables, 319 groupes de perspective, 18 systèmes physiques dont les composantes se déplacent en ligne droite, 23 systèmes ternaires, 32 triples non ternaires formés d'un système binaire et d'un compagnon optique, etc., etc. Afin que le lecteur puisse se rendre compte de la nature et de la variété de ces orbites, nous réunissons ici les systèmes qui ont pu être calculés jusqu'à ce jour, en les inscrivant dans l'ordre croissant des périodes ; il y en a 43 qui ont parcouru, depuis l'année de leur découverte, une partie de leur orbite assez considérable pour que cette orbite ait pu être calculée et la période déterminée.

On voit que les durées des révolutions déjà calculées s'étendent depuis quelques années jusqu'à dix siècles. Nous pourrions en ajouter d'autres, presque aussi sûres, qui ne demandent pas moins de deux mille années pour s'accomplir, et d'autres encore, dont la période s'étend à quatre, cinq et six mille ans; mais l'observation de ces lointains

([1]) J'ai publié, en 1878, un premier *Catalogue des étoiles doubles et multiples en mouvement certain*, résultat de la comparaison que j'ai faite (1873-1877) des deux cent mille observations faites sur les dix mille étoiles doubles connues dans le Ciel, et de la discussion minutieuse du mouvement de chaque étoile. De ce travail est résulté un Catalogue de tous les groupes en mouvement certain (sur lesquels j'en ai mesuré micrométriquement 133 choisis parmi les plus douteux). Ce Catalogue renferme 200 000 mesures et l'histoire de chaque étoile.

systèmes est commencée depuis si peu de temps (la plus ancienne *mesure* date de 1709 : α du Centaure) (¹) que les longues périodes commencent à peine à se révéler.

Étoiles doubles dont les périodes sont déterminées.

ÉTOILES.	GRANDEURS.	COULEURS.	Distances moyennes.	PÉRIODE.	Première année de mesure.
δ du Petit Cheval.........	4.5—5	Blanches	0",3	7 ou 14 ans	1852
3130 Σ Lyre (ternaire) AB..	7.4—11	Blanches	0",3	16	1841
42 Chevelure..............	6—6	Blanches	0",5	25	1827
8 Sextant.................	5.6—6.5	Blanches	0",5	33	1854
ζ Hercule.................	3—6	Jaune et rougeâtre.	1",2	34	1782
3121 Σ Cancer.............	7.2—7.5	Blanche et jaune...	0",7	39	1832
η Couronne boréale........	5.5—6.0	Jaune d'or.........	0",6	40	1781
2173 Σ Ophiuchus..........	6—6	Jaunes	0",8	45	1829
Sirius..................	1—9	Blanches	10",5	49 (?)	1862
(527) Σ² Petit Cheval.....	7—8	Bleuâtre et blanche.	0",5	54	1846
γ Couronne australe.......	5.5—5.5	Jaune d'or.........	2",4	55	1834
ζ Cancer (ternaire) AB...	5.5—6.2	Jaunes	0",8	60	1781
ζ Cancer (ternaire) AC...	5.5—6.6	Jaunes	5",3	600	1756
ξ Grande Ourse............	4—5	Jaune et cendrée..	2",4	60	1781
(234) Σ² Grande Ourse.....	7—7.8	Blanches	0",3	68	1843
(298) Σ² Bouvier..........	7—7.4	Blanches	0",7	69	1842
α du Centaure.............	1—2	Blanche et jaune ..	11",0	88	1709
70 Ophiuchus..............	4.5—6	Jaune et rose......	4",9	93	1779
(235) Σ² Grande Ourse.....	6—7	Blanches	0",8	94	1843
γ Couronne boréale........	4—7	Jaune et pourpre..	0",4	95	1826
ξ Scorpion (ternaire) AB...	5.0—5.2	Jaunes	0",9	96	1782
2107 Σ Hercule............	6.5—8.5	Jaune et bleue.....	0",9	98	1829
3062 Σ Cassiopée..........	6.5—7.5	Jaune et olive.....	1",2	104	1782
φ Grande Ourse............	5—5.5	Blanches	0",3	115	1842
ω du Lion.................	6—7	Blanche et bleue ..	0",4	124	1782
25 Chiens de Chasse.......	6—7	Blanche et bleue ..	0",6	124	1827
ξ Bouvier.................	4.5—6.5	Jaune et rouge....	5",0	127	1780
4 Verseau.................	6—7	Jaunes	0",5	130	1783
η Cassiopée...............	4—7	Jaune et pourpre..	7",5	167	1779
γ Vierge..................	3—3	Jaunes	3",4	175	1718
4 Verseau.................	6—7	Jaunes	0",5	184	1783
o² Éridan (ternaire) BC....	9.5—10.5	Jaunes	4",0	200	1783
τ Ophiuchus...............	5—6	Blanches	1",0	218	1783
44 Bouvier................	5.3—6	Blanche et cendrée.	3",9	261	1781
μ² Bouvier................	6.5—8	Blanches	0",7	280	1782
1757 Σ Vierge.............	8—9	Blanche et jaune..	2",0	292	1825
36 Andromède..............	6—7	Orange et jaune...	1",3	316	1830
δ Cygne...................	3—8	Blanche et bleue...	1",6	336	1783
1819 Σ Vierge.............	7—8	Blanches	1",2	340	1828
μ Dragon..................	5—5	Blanches	3",2	562	1781
12 Lynx (ternaire) AB.....	6—6.5	Blanche et rougeât.	1",6	676	1782
ζ Verseau.................	4—5.5	Blanche et verte...	3",5	800	1777
Castor..................	2.5—2.8	Blanches	5",0	1000	1719

(¹) La plus ancienne observation d'étoile double date de l'année 1650 en laquelle Riccioli dédoubla Mizar. En 1685, les jésuites envoyés à Siam par Louis XIV dédoublèrent α de la Croix du Sud, et en 1689, Richaud, à Pondichéry, dédoubla α du Centaure. Mais ce n'étaient pas là des mesures. La première observation dont on puisse se servir comme position est celle de α du Centaure faite en 1709 à Lima par Feuillée; encore est-elle bien rudimentaire, puisqu'il se contente de faire remarquer que le compagnon était à l'Ouest. La première mesure (non micrométrique) est celle de γ de la Vierge, en 1718, par Bradley. Les premières mesures micrométriques sont celles de William Herschel en 1777.

Nul spectacle n'est plus imposant que celui de ces révolutions sidérales. Dans tels systèmes, la révolution est parcourue en moins d'un demi-siècle; exemple : le couple de l'étoile η de la Couronne boréale, composé de deux soleils d'or, dont le cycle est de 40 ans. En d'autres systèmes, la période se rapproche du siècle, comme dans celui de la 70e d'Ophiuchus, composé d'un soleil jaune clair et d'un soleil rose, qui gravitent l'un autour de l'autre en une révolution de 93 ans. Le couple brillant γ de la Vierge se compose de deux soleils égaux qui tournent lentement sur eux-mêmes et qui tournent ensemble autour de leur centre commun de gravité en une période de 175 ans. Le système ternaire de ζ du Cancer se compose de trois soleils; le second tourne autour du premier en un cycle de 60 ans, et le troisième autour des deux autres en 600 ans, en décrivant des épicycloïdes que j'ai découverts au commencement de l'année 1874 et qui m'avaient rendu fort perplexe; ainsi que les astronomes auxquels je les avais communiqués dès cette époque. — Mais nous consacrerons un article spécial à ces curiosités des systèmes multiples, à Sirius, à α du Centaure, etc.

Fig. 63.

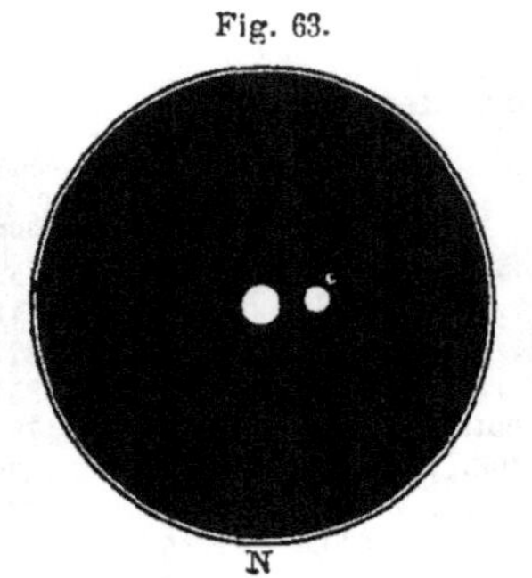

L'étoile double ζ Hercule en 1883.

Fig. 64.

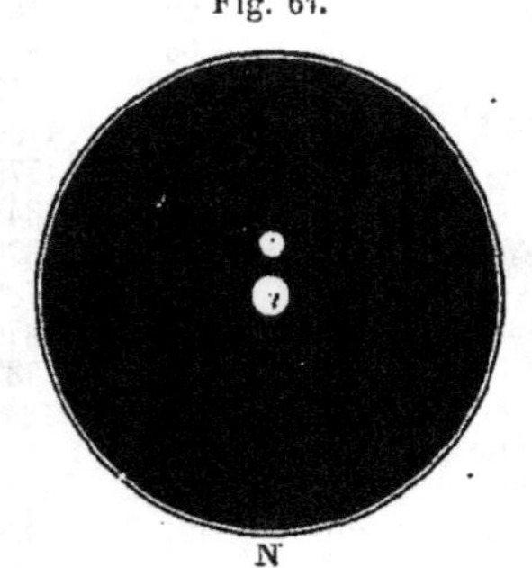

La même étoile en 1871.

Fig. 65.

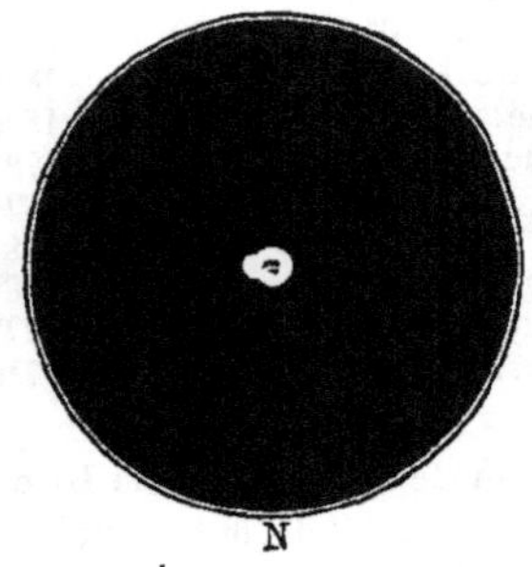

La même étoile en 1865.

Le déplacement de ces étoiles associées en couples rapides est sensible à première vue sur une série de quelques années d'observations. Prenons comme exemple le système de l'étoile ζ d'Hercule, composé de deux astres de 3e et 6e grandeur écartés l'un de l'autre en moyenne de un peu plus de 1″. Si nous dirigeons en ce moment (1883) une lunette vers cette étoile double, à l'heure de son passage au méridien, elle se présentera à nous sous l'aspect représenté (*fig.* 63).

Dans cette petite figure, le Nord est en bas et l'Est à droite, comme il arrive dans toutes les observations faites à la lunette astronomique, qui renverse les images. La circonférence est considérée comme divisée en 360°; le Nord ou 0° est au bas de la verticale passant par l'étoile principale, l'Est ou 90° est à droite, 180° en haut ou au Sud, 270° à gauche ou à l'Ouest. L'étoile secondaire se trouve dans la direction de 94°, et à la distance de 1″,5 (échelle de la *fig.* : 3^{mm} = 1″).

La même étoile double observée en 1871 montrait un aspect tout différent, car alors la petite étoile était juste au-dessus de la grande et à 1″,3 au lieu de 1″,5 (*fig.* 64). Les astronomes qui l'ont mesurée en 1865 lui ont encore trouvé un aspect bien différent, car la petite étoile passait alors juste à l'Ouest, ou à gauche de la grande, et était si serrée contre elle, qu'elle disparaissait presque, éclipsée par elle. On ne distinguait alors le couple que sous la forme d'une étoile allongée, comme on le voit (*fig.* 65).

Or cette étoile double est observée, suivie, épiée, mesurée, depuis plus de cent ans, la première mesure micrométrique en ayant été faite par William Herschel, le 18 juillet 1782. Le compagnon est passé en 1849 par la direction de 94° où nous le voyons actuellement; il est passé en 1848 par l'angle de 102° où nous l'avons revu l'année dernière; il était passé en 1847 par l'angle de 110°, où il a été retrouvé en 1881, etc., d'où il résulte que sa période de révolution est de 34 ans en nombre rond. (Un résultat plus précis peut être obtenu par un calcul plus minutieux des éléments de l'orbite.) Ce couple a donc déjà parcouru près de trois fois le cycle de sa révolution depuis sa découverte.

Les disques plus ou moins larges sous lesquels nous voyons les étoiles, quelque petits qu'ils soient, ne sont que des disques factices dus à l'irradiation de la lumière. En réalité, les étoiles sont si éloignées de nous qu'elles ne peuvent avoir aucun diamètre pour nos yeux : ce sont de simples points. Si nous considérons les deux étoiles composantes du couple dont nous nous occupons en ce moment comme de simples points lumineux, et si nous faisons passer une courbe par toutes les observations, nous obtenons l'orbite suivante (*fig.* 66) pour le mouvement apparent de cette étoile double.

C'est là l'orbite *apparente*, telle que nous l'observons de la Terre. Mais la Terre n'occupe pas une situation privilégiée pour voir de face les grands spectacles de l'Univers. Nous sommes placés « n'importe où » et nous voyons la plupart des choses de travers — je veux dire obliquement. Les étoiles doubles, entre autres, ne tournent pas de face devant nous; leurs plans sont inclinés à tous les degrés, et il en résulte que l'orbite apparente observée ne représente pas du tout l'orbite réelle telle que nous la verrions de face. Mais le calcul nous permet de rétablir les

Fig. 66. Fig. 67.

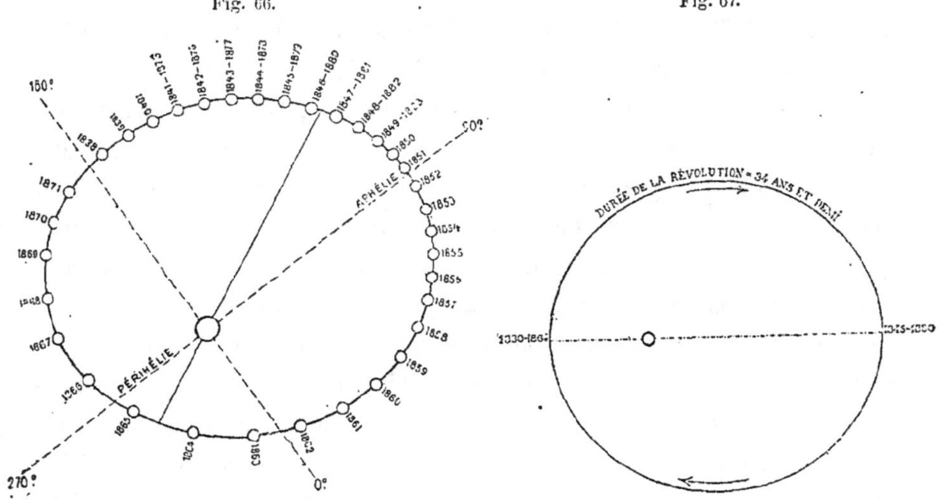

Orbite apparente de l'étoile double ζ Hercule. Orbite absolue de la même étoile.

choses comme elles sont. Dans la *fig.* 66, par exemple, on voit que l'étoile intérieure n'occupe pas le foyer de l'ellipse. C'est là un effet de perspective. En réalité, elle y est, et la petite étoile tourne autour de la grande comme la Terre autour du Soleil. En tenant compte de l'inclinaison de cette orbite sur notre rayon visuel et en la relevant de manière à la voir de face, on trouve pour l'orbite réelle la courbe plus symétrique représentée (*fig.* 67).

Prenons un second exemple dans un couple dont les étoiles soient plus écartées et ne se touchent pas en apparence lorsqu'elles passent l'une près de l'autre; soit le système ξ Grande Ourse, composé de deux étoiles de 4e et 5e grandeur dont l'écartement moyen est de 2″,4 et ne descend jamais au-dessous de 0″,9. En 1865, l'étoile secondaire était à l'Est de l'étoile primaire et à 2″,3 de distance; en 1873, elle est passée à son périhélie apparent, au Nord de l'étoile principale et à 0″,9; actuellement, elle est à l'Ouest et à 1″,9 (*fig.* 68).

Cette étoile double est observée depuis l'année 1781. Elle est passée, en 1821, par la ligne Est-Ouest qu'elle vient de traverser : sa période est de 60^{ans},8 ou de 60 ans et 10 mois environ, ou presque 61 ans. L'ensemble de toutes les positions observées donne, pour l'orbite apparente, l'ellipse représentée (*fig.* 69), et, pour l'orbite absolue, l'ellipse représentée (*fig.* 70).

Ces exemples suffisent pour donner une idée de la nature de ces

Fig. 68.

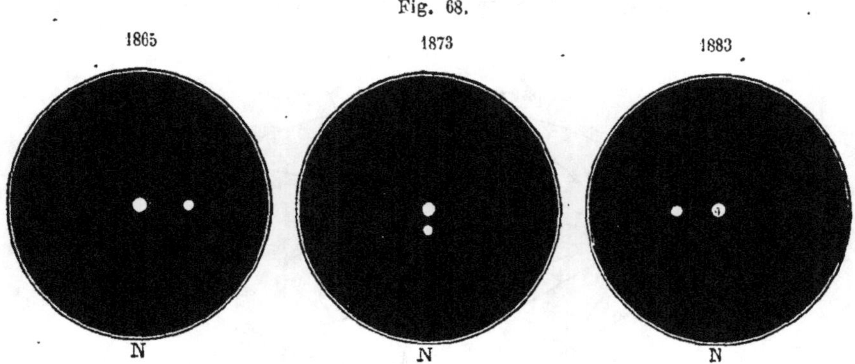

L'étoile double ξ de la Grande Ourse en 1865, 1873 et 1883.

orbites. En général, elles sont plus elliptiques, plus allongées, que celles des planètes de notre système. Celle du magnifique système de γ de la Vierge, que nous reproduisons plus loin (*fig.* 71), montre la grande excentricité de quelques-unes de ces orbites : c'est une de celles qui se présentent

Fig. 69. Fig. 70.

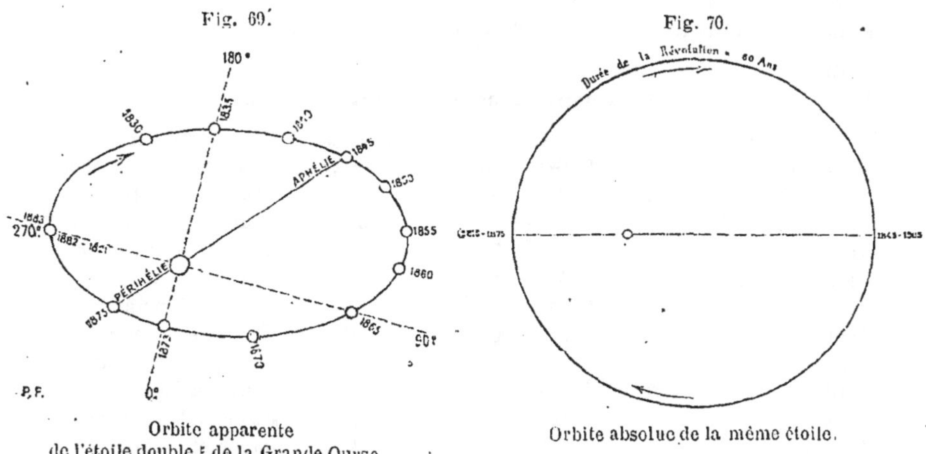

Orbite apparente de l'étoile double ξ de la Grande Ourse.

Orbite absolue de la même étoile.

à nous presque de face. Sa période est de 175 ans. On voit qu'en chacune de ses années, ce couple étoilé embrasse bien des révolutions terrestres et sociales. L'étoile secondaire repassera en 1900 au point où nous l'avons observée en 1725... Quelle situation politique cette horloge du destin marquera-t-elle alors pour la France?

En parcourant la liste publiée plus haut des étoiles doubles dont les périodes ont été calculées, et qui peuvent être considérées comme appartenant aux plus rapides, on remarquera que le contraste des couleurs y est à peu près insignifiant. Dans toute cette liste, il n'y a guère que η Cassiopée qui puisse être mise au nombre des belles étoiles doubles colorées (jaune d'or et pourpre); encore les couleurs ne sont-elles

Fig. 71.

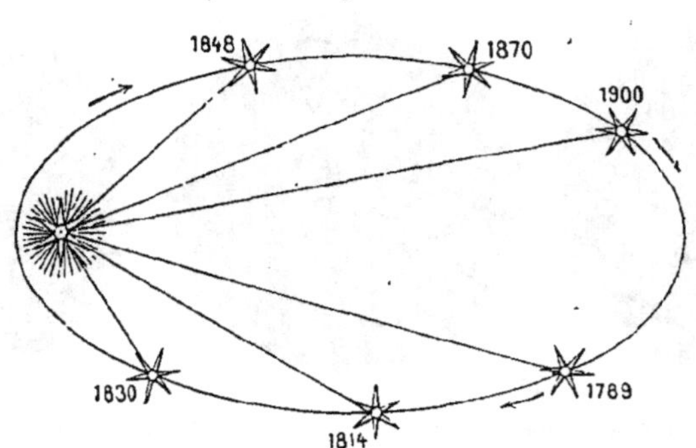

Cadran stellaire perpétuel formé par l'étoile double γ de la Vierge.

pas bien intenses, car les appréciations diffèrent sensiblement suivant les observateurs. Au contraire, la liste suivante des plus belles étoiles doubles colorées ne contient aucun système en mouvement rapide. Ce partage est si marqué qu'il doit y avoir là une loi de la nature.

Plus belles étoiles doubles colorées.

ÉTOILES.	GRANDEURS.	DISTANCES.	COULEURS.
γ Andromède............	2,2—5,5—6,5	10"-0",5	Orange, verte et bleue.
Le Cœur de Charles	3,2—5,7	20"	Jaune d'or et lilas.
β Cygne.................	3,4—6,0	34"	Jaune d'or et saphir.
ε Bouvier (1)............	2,4—6,5	2",9	Jaune d'or et saphir.
95 Hercule	5,5—5,8	6"	Jaune d'or et azur.
α Hercule	4 (var.) — 5,5	4"7	Rubis et émeraude.
γ Dauphin...............	3,4—6,0	11"	Topaze et émeraude.
32 Éridan...............	4,7—7	6",7	Topaze et lapis-lazuli.
ε Hydre.................	3,5—7,5	3",5	Jaune et bleue.
γ Baleine................	3,2—7	3"	Jaune pâle et bleue.
ζ Lyre..................	4,5—5,5	44"	Jaune et verte.
ι Cancer.................	4,5—7	30"	Pâle orange et bleue.
6 Triangle..............	5,5—6,5	3",7	Jaune d'or et vert bleu.
Antarès.................	1,7—7	3",3	Orange et verte.
ο Cygne.................	4,3—7,5—5,5	1'47"-5'38"	Jaune et bleue.
24 Chevelure...........	5,6—7	21"	Orange et lilas.
ο Céphée................	5,4—8	2",5	Jaune d'or et azur.
94 Verseau	5,5—7,5	14"	Rose et bleu clair.
39 Ophiuchus	5,7—7,5	12"	Jaune et bleue.

(1) Ravissante par sa finesse. W. Struve l'avait surnommée *Pulcherrima* « la plus belle. »

Comme nous le remarquions tout à l'heure et comme je l'avais déjà signalé (en 1879, dans la livraison 99, p. 787, de l'*Astronomie populaire*), les plus beaux contrastes de coloration ne se présentent pas dans les systèmes à mouvement rapide, mais dans les systèmes à mouvement lent et même dans ceux qui sont restés immobiles depuis leur découverte. Cette remarque curieuse n'empêche pas que les planètes qui gravitent autour de ces derniers soleils ne subissent les plus singulières alternatives d'illuminations, de saisons et d'années. Notre Soleil blanc et solitaire, notre système solaire formé d'un seul foyer, autour duquel gravitent des mondes obéissants, suivant des orbites régulières, ne constitue pas le type et le modèle de la création universelle. Les soleils multiples que nous étudions ici tantôt marient leurs couleurs, tantôt les opposent l'une à l'autre, tantôt les alternent successivement dans un même ciel, soleils de volumes et de masses dissemblables agissant souvent en directions contraires, pour déformer les singulières orbites des mondes inconnus qui gravitent sous leur puissance. Nul spectacle n'est plus magnifique que la contemplation télescopique de ces étranges lumières. Lorsque, pendant la nuit silencieuse, pendant le sommeil de la nature terrestre, en ces heures nocturnes où l'humanité qui nous entoure est endormie dans une mort anticipée, nos regards et nos pensées s'élèvent, à l'aide du merveilleux télescope, vers ces phares célestes qui sont allumés là-haut pour d'autres mondes et rayonnent autour d'eux la chaleur, l'activité et la vie, le contraste est si grand que l'on croit rêver.

Quelle est la nature des orbites décrites par les mondes appartenant à ces singuliers systèmes? Ces planètes inconnues tournent-elles autour des deux soleils à la fois pris pour centre, et ont-elles pour foyer de leurs mouvements le centre de gravité de ces soleils jumeaux, ou bien chacun des deux soleils a-t-il son propre système planétaire? Ce dernier cas doit être le plus probable et le plus général.

Malgré la différence essentielle qui existe entre ces systèmes et le nôtre, nous pouvons cependant nous servir de la disposition même de celui-ci pour deviner l'arrangement possible de ceux-là. Déjà, dans notre système, une planète surpasse toutes les autres par son volume, et sans doute aussi par sa chaleur intrinsèque, et elle forme le centre d'un petit système de quatre mondes qu'elle emporte avec elle dans sa révolution de onze années autour du Soleil. Supposons que Jupiter, qui déjà est 1240 fois plus gros que la Terre, soit encore d'un volume plus considérable et brille d'une lumière bleue; cette seule supposition modifie notre système planétaire au point de créer trois espèces de mondes: 1° des planètes, comme la Terre et Mars, suivant une orbite régulière autour du soleil principal, et en situation d'être illuminées pendant la nuit par un soleil d'une autre couleur; on a aussi 2° des mondes tournant autour du soleil secondaire, comme le seraient alors les satellites de Jupiter, éclairés en même temps par le soleil primaire plus lointain et moins important pour eux, et l'on a encore 3° des mondes tels que Saturne, Uranus et Neptune, gravitant suivant d'immenses orbites tracées extérieurement aux deux soleils. Mais il peut se présenter d'autres cas incomparablement plus curieux, que la Mécanique céleste peut prévoir, et

Fig. 72.

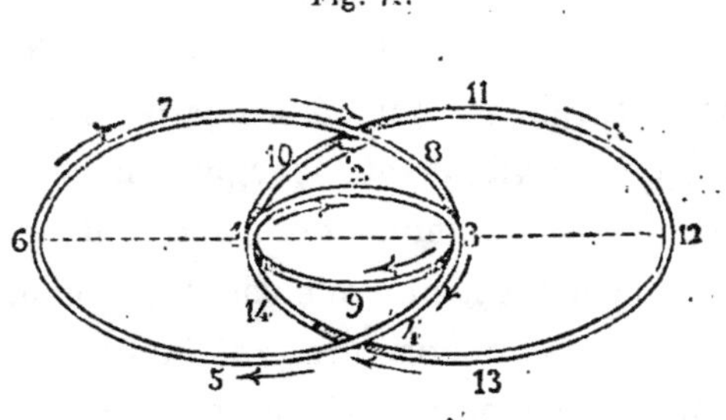

Singulière orbite décrite par une planète dans un système d'étoiles doubles.

parmi lesquels nous ne signalerons ici que celui d'une planète décrivant une triple spirale, symétriquement formée, avant de revenir à son point de départ. Dans un tel système, la planète partant, par exemple, du point marqué n° 1 (*fig.* 72), suit la ligne tracée et passe successivement par les points 2, 3, 4, 5... 12, 13, 14, pour revenir au point 1. Lorsqu'elle revient pour la seconde fois au point 3, sur le grand axe, elle a parcouru la moitié de sa révolution, qui dessine ainsi trois ellipses entrelacées. Quelles singulières années, quelles bizarres saisons de telles révolutions ne doivent-elles pas produire! Mais le panorama de l'Univers est infini, et chaque pas conduit à de nouvelles surprises.

Dans tout système planétaire régi par un double soleil, notre double alternative du jour et de la nuit est remplacée par une alternative quadruple : 1° un jour double éclairé par deux soleils à la fois; 2° un jour simple éclairé par un seul soleil; 3° un autre jour simple éclairé par l'autre soleil; 4° enfin quelques heures de nuit complète, lorsque les deux soleils sont à la fois au-dessous de l'horizon.

La splendeur de ces illuminations naturelles peut à peine être conçue par notre imagination terrestre. Les teintes que nous admirons d'ici sur ces étoiles ne peuvent que donner une idée lointaine de la valeur réelle de leurs couleurs. Déjà, en passant de nos latitudes brumeuses aux régions limpides des tropiques, les couleurs des étoiles s'accentuent et le ciel devient un véritable écrin de pierres précieuses; que serait-ce si nous pouvions nous transporter au delà des limites de notre atmosphère? Vues de la Lune, ces couleurs doivent être splendides.

Jours bleus, jours violets, jours roses où lilas, jours rouges éblouissants, jours verts livides! L'imagination des poètes, le caprice des peintres créeront-ils, sur la palette de la fantaisie, un monde de lumière plus hardi que celui-là?

Si, comme notre Lune, qui gravite autour du globe, comme celles de Jupiter, de Saturne, qui réunissent leurs miroirs sur l'hémisphère obscur de ces mondes, les planètes invisibles qui se balancent là-bas sont entourées de satellites qui sans cesse les accompagnent, quel doit être l'aspect de ces lunes éclairées par plusieurs soleils! Celle-ci est divisée en quartiers diversement colorés, l'un rouge, l'autre vert; celle-là n'offre qu'un croissant d'azur; une autre est dans son plein, et toute bleue!

Et que sont les éclipses de soleil sur de tels mondes? Un soleil bleu et un soleil jaune se rapprochent; leur clarté combinée produit le vert sur les surfaces éclairées par tous deux, le jaune ou le bleu sur celles qui ne reçoivent qu'une lumière. Bientôt le jaune s'approche sous le bleu; déjà il entame son disque, et le vert répandu sur le monde pâlit jusqu'au moment où il meurt, fondu dans l'or que verse dans l'espace ses rayonnements cristallins. Ajoutons à ce phénomène celui qui se produirait si quelque lune noire venait, au beau milieu de cette éclipse dorée, couvrir le soleil jaune lui-même et plonger le monde dans l'obscurité, puis, suivant la relation existant entre son mouvement et celui du soleil d'or, continuer de le cacher après sa sortie du disque bleu, et laisser alors la nature retomber sous le rideau d'une nouvelle couche azurée! Ajoutons encore... Mais non, c'est le trésor inépuisable de la nature : y plonger à pleines mains, c'est n'y rien prendre.

Pourquoi ne sommes-nous pas là pour admirer ces merveilleux tableaux? — Mais on ne peut pas être partout, et nos frères d'Andromède, du Cygne ou du Bouvier regrettent peut-être de n'être pas ici.

Ces descriptions suffisent pour donner une idée de la nature du sujet et de l'intérêt captivant qui s'attache à ces études. La Science commence seulement à pénétrer dans l'immensité étoilée. Hier encore, on ignorait le nombre des étoiles doubles réelles actuellement observées, la diversité des mouvements et leur proportion dans l'organisation des cieux. On peut estimer que le cinquième environ des soleils dont l'Univers se compose ne sont pas simples comme celui qui nous éclaire, mais associés en systèmes binaires, ternaires ou multiples. Ainsi les étoiles doubles sont de véritables soleils, gigantesques et puissants, gouvernant, dans les régions de l'espace éclairées par leur splendeur, des systèmes différents de celui dont nous faisons partie. Elles marquent sans arrêt, dans leur majesté silencieuse, la marche inexorable du temps, qui s'écoule là-haut comme ici, et laissent voir à la Terre, du fond de leur insondable distance, les années et les siècles des autres univers, — l'éternité du véritable empyrée!... Horloges éternelles de l'espace! votre mouvement ne s'arrête point : comme le doigt du Destin, il montre aux êtres et aux choses la roue toujours tournante qui élève aux sommets de la vie et plonge dans les abîmes de la mort! Et, de notre séjour inférieur, nous pouvons lire, sur vos révolutions séculaires, l'arrêt de notre sort terrestre, qui emporte notre mesquine histoire et qui emportera notre génération comme un tourbillon de poussière s'envolant sur les routes du ciel, tandis que vous continuerez de tourner en silence dans les mystérieuses profondeurs de l'infini!...

CAMILLE FLAMMARION.

LA GRANDE COMÈTE DE 1882.

Cinq Comètes ont été observées pendant l'année 1882 :

1° La Comète Wells, découverte par M. Wells, à Boston, le 18 mars;

2° Une petite Comète, observée pendant l'éclipse du 17 mai 1882, et qui n'a pu être suivie par les astronomes ;

3° La grande Comète découverte dans le golfe de Guinée, le 1er septembre;

4° La Comète Barnard découverte, le 13 septembre, à Boston;

5° Une petite Comète, accompagnant la troisième et probablement issue d'elle par segmentation, découverte à Athènes par M. Schmidt, le 8 octobre.

De ces cinq comètes, la troisième a été de beaucoup la plus brillante. Par son éclat merveilleux et ses dimensions incomparables, elle restera dans nos souvenirs comme l'un des spectacles les plus admirables que nous ait offerts la voûte étoilée. Elle est assurément la plus belle que la génération présente ait pu contempler, et même il est probable que les hommes qui vivent aujourd'hui n'en verront plus d'aussi belle. Nous avons cru qu'il serait intéressant pour nos lecteurs, au moment où cet astre extraordinaire nous abandonne définitivement, de résumer les principales observations auxquelles il a donné lieu.

Découverte dans le golfe de Guinée, le 1er septembre 1882, la grande Comète fut aperçue le 3 septembre à l'île Auckland, le 7 à Sydney (Australie), le 8 au cap de Bonne-Espérance, par M. Finlay, et enfin le 12 à Rio-Janeiro, par M. Cruls. Son existence n'a été connue en Europe que le 17, et les dépêches qui l'annonçaient ont été communiquées à l'Académie des Sciences dans la séance du 25 septembre.

Depuis le jour de la découverte, l'éclat de la Comète s'est rapidement augmenté : le 11 septembre, elle était déjà plus brillante qu'une étoile de première grandeur, et quelques jours plus tard, elle était visible en plein midi, à l'œil nu.

C'est le 17 septembre qu'elle atteignit le périhélie, et que M. Gill, au cap de Bonne-Espérance, put l'observer sans interruption jusqu'à ce qu'elle vînt en contact avec le disque même du Soleil. Elle resta visible en plein jour plus ou moins longtemps après, suivant la pureté du Ciel au lieu d'observation. En Algérie, dans la province d'Oran, où la transparence de l'air est remarquable, on put l'observer en plein jour jusque vers le milieu d'octobre. Actuellement elle est encore perceptible dans les puissants instruments, en l'absence du clair de lune.

Plusieurs systèmes d'orbites ont été calculés. Voici les principaux :

		Chandler à Harvard College.		Kreutz d'après observations du 8 sept. au 14 nov.	
Passage au périhélie	= T =	sept. 17,2304 (t. m. de Greenwich).		sept. 17,26117 (t. m. de Berlin).	
Longitude du nœud	= ☊ =	345° 50′ 34″,0	équinoxe 1882,0	346° 1′ 27″,2	équinoxe 1882,0
Dist. du ☊ au périh.	= ϖ − ☊ =	69 22 7 ,2		69 36 1 ,5	
Inclinaison	= i =	141 54 56 ,2		141 59 40 ,1	
Excentricité	= e =	0,9999700		0,9999100	
Distance périhélie	= q =	0,0076483		0,0077531	
Demi grand axe	= a =	254,94		89,240	
Période	= P =	4071 ans.		843 ans.	

	Frisby d'après observations des 19 sept., 8 oct. et 24 nov.		Morrison d'après observations des 19 sept., 8 oct. et 11 déc.
T =	sept. 17, 22 282 (t. m. de Greenwich).		sept. 16,99876 (t. m. Washington).
☊ =	346° 1′ 7″,91	équinoxe 1882	346° 0′ 19″,2
ϖ − ☊ =	69 36 12 ,79		69 39 31 ,4
i =	141 69 52 ,16		141 56 56 ,5
e =	0,9998821		0,9998968
q =	0,0077709		0,00776371
a =	85,73		75,23
P =	794 ans.		652 ans.

Notre collaborateur, M. Ph. Gérigny, en appliquant la méthode de Gauss aux trois observations suivantes :

	Epoque.	Ascension droite.	Déclinaison.	Observateurs.
Sept. 28	$17^h 15^m 7^s$	$10^h 45^m 53^s$	5° 50′ 6″	Palisa à Vienne.
Oct. 11	17 24 9	10 24 15,97	11 51 3,9	Millosevich à Rome.
Nov. 5	16 22 3	9 48 3,92	21 24 29,9	Gonessiat à Lyon.

est parvenu aux éléments ci-dessous :

T = sept. 17,36694. (t. m. de Paris).
Ω = 345°44′37″,1
$\varpi - \Omega$ = 69 2 6,7 } Equinoxe 1882.
i = 141 58 34,8
e = 0,99986512
q = 0,0069723
a = 51,70
Période = 372 ans.

Au sujet de cette dernière orbite, la Rédaction adresse tous ses remerciements à M. C. Detaille qui a effectué une partie des calculs, et dont l'active collaboration a seule permis de mener le travail à bonne fin.

Ces cinq orbites sont intéressantes à comparer. On remarquera que, si l'accord est assez satisfaisant relativement à la position du plan de l'orbite, à la position et à la distance du périhélie, il n'en est plus de même quand on examine le grand axe ou la durée de la période de révolution. L'écart considérable tient à l'exiguité de l'arc observé. On remarquera aussi qu'on trouve des périodes de plus en plus courtes à mesure qu'on se sert d'observations plus tardives, surtout si l'on n'emploie pas les observations voisines du périhélie. Quant aux autres discordances, elles tiennent pour la plupart à ce que les observations ne se rapportent pas toutes au même point du noyau. Il aurait fallu déterminer, dans chaque observation, la position apparente du centre de gravité de la Comète, chose évidemment impossible à réaliser.

En publiant son orbite, M. Chandler a fait remarquer qu'en comparant les positions calculées d'après cette orbite avec les observations antérieures au passage au périhélie, il n'a constaté que de très faibles différences, d'où il conclut que la Comète n'a pas dû éprouver de résistance très considérable en traversant l'atmosphère solaire. Une autre conclusion qui ressort des mêmes calculs, c'est la difficulté d'identifier cette Comète avec celles de 1668, de 1843 et de 1880, comme on l'avait d'abord supposé. Les calculs de M. Chandler s'accordent parfaitement avec l'observation si remarquable, qui a été faite au cap de Bonne-Espérance, de l'occultation de la Comète par le Soleil.

M. Frisby trouve des éléments qui ressemblent considérablement à ceux de la Comète I, 371 après J.-C. ; il serait alors possible, dit-il, que la Comète fût la troisième apparition de cette Comète depuis l'an 371, d'autant plus qu'une Comète des plus brillantes fut observée en plein jour, l'an 363 avant J.-C.

Enfin nous ferons remarquer, en terminant, que la distance périhélie q est donnée en prenant pour unité la distance moyenne de la Terre au Soleil. Avec cette unité de longueur, le rayon du Soleil serait représenté par le nombre 0,004655, d'où l'on voit que, lors du passage au périhélie, la distance de la Comète au centre du Soleil n'atteignait pas le double du rayon de l'astre du jour.

MARCHE DE LA GRANDE COMÈTE SUR LA SPHÈRE CÉLESTE.

Nous résumons, dans le tableau ci-dessous et dans la carte qui l'accompagne, l'ensemble des observations. Il est assez difficile d'évaluer exactement les diverses estimations de l'éclat de la Comète et de la longueur de la queue, et de les rapporter à une même valeur photométrique, car les conditions d'observation sont très variables. Ici le clair de lune illuminant l'atmosphère diminue la clarté de l'astre chevelu; ailleurs, c'est l'atmosphère qui est loin d'être transparente; sous les tropiques, sous le ciel de la Sicile ou de l'Algérie, les conditions sont toutes différentes de ce qu'elles sont en France, en Angleterre ou en Allemagne (¹). Nous avons fait de notre mieux pour tenir compte de toutes ces différences et pour dresser un tableau correspondant aussi rigoureusement que possible à la réalité.

Pour l'estimation de la lumière de la Comète, nous avons suivi la méthode indiquée par l'*Astronomie* (T. I. p. 15), qui est d'estimer la *lumière apparente totale* en grandeurs comparables à celles des étoiles, en admettant que la dernière clarté perceptible à l'œil nu soit notée de 6, 5. Il s'agit ici de l'effet produit sur la rétine par l'ensemble de la Comète. La lumière du noyau est d'une estimation plus délicate encore, et, lorsqu'il arrive aux limites de la visibilité, elle devient pour ainsi dire impossible, l'éclat diminuant dans la proportion du pouvoir amplificateur de l'instrument.

Pour la longueur de la queue, nous avons dû inscrire, sur une première colonne, les observations directes, non corrigées de l'influence de l'atmosphère ni des appréciations individuelles, et sur une seconde colonne les chiffres qui, déduits des premiers, pesés et comparés, nous paraissent représenter la longueur réelle *la plus probable*. Nous avons fait nos efforts pour les conclure, du mieux qu'il a été possible, de l'ensemble des observations.

Les observations principales sont exposées en détail dans nos divers Numéros, depuis la découverte de la Comète. Mais chaque ligne du tableau ci-contre représente une observation.

(¹) Cependant les différences ne sont pas toujours aussi fortes qu'on serait porté à le croire *a priori*. Ainsi l'atmosphère de Nice en février est assurément bien différente de celle de la Normandie. Eh bien, il se trouve que, le 24 février dernier, MM. Perrotin et Flammarion ont observé la lumière zodiacale du haut de la terrasse de l'Observatoire de Nice et estimé son intensité lumineuse qui s'élevait en cône presque jusqu'aux Pléiades, et que, le même jour, à la même heure, à Argentan, M. Vimont et deux de ses élèves ont fait, chacun indépendamment, trois dessins du même phénomène. Sur ces dessins, la traînée lumineuse est aussi étendue et aussi intense qu'elle se montrait à Nice.

Fig. 73.

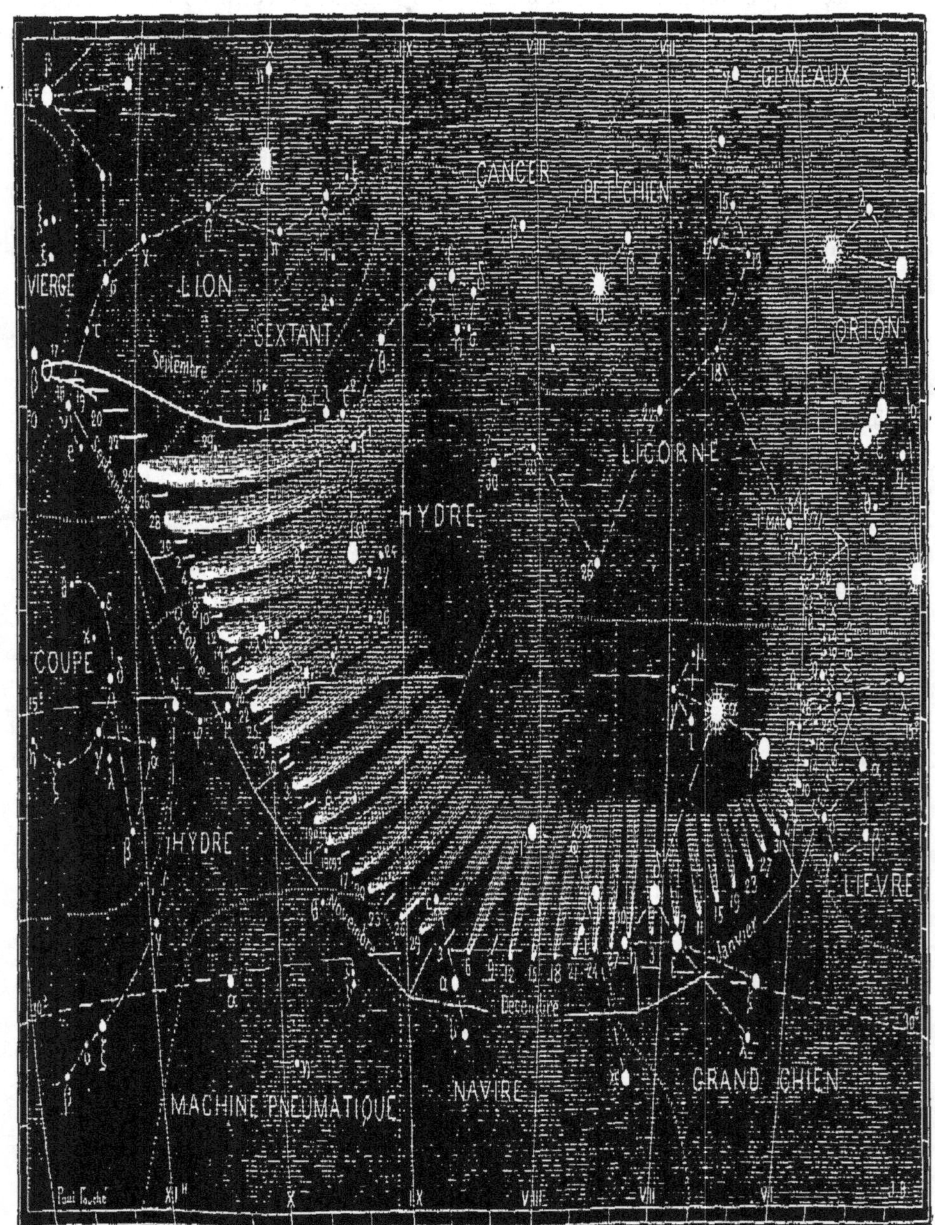

Marche de la grande Comète de 1882 sur la sphère céleste, pendant toute la durée des observations.

DATES	ASPECT ET LUMIÈRE APPARENTE TOTALE	Long. de la queue observ.	Long. de la queue prob.	OBSERVATEURS
1er Sept.	Aperçue le matin, très lumineuse.	La lumière du jour efface en partie l'éclat de la Comète.		Navire au Golfe de Guinée.
2	*id.*			
3	*id.*			Navire aux îles Auckland.
4	*id.*			
5	*id.*			
6	*id.*			
7	*id.*			Ellery, à Melbourne.
8	Vue à l'aurore, 5h matin, large tête			Finlay, Cap de Bonne-Espérance.
9	*id.* Blanche			Elkin, *id.*
10	1,0 Dans l'aurore. Lumière égale à Jupiter.			Ellery, à Melbourne.
11	1,0			
12	1,0 Dans l'aurore. Très brillante.			Cruls, à Rio-Janeiro.
13	1,0 *id.* Queue droite.			Rév. S. Reed, sur l'Océan.
14	1,0 *id.* Noyau égal à Jupiter ;			Meldrum, à l'île Maurice.
15	1,0 Queue large de 1° et longue de 12°.			Eddie à Grahamstown (Cap B.-E.).
16	1,0 Vue à l'œil nu, en plein midi, près du Soleil,			Nombreux observateurs : Amérique
17	1,0 les 16, 17, 18, et 19. *Passage au périhélie le* 17. La			du Sud, Espagne, Portugal, Italie,
18	1,0 Comète a été observée en contact avec le Soleil			Angleterre, Midi de la France, etc.
19	1,0 par M. Gill, au Cap de Bonne-Espérance.			
20	1,0 Invisible en plein jour.			Thollon, à Nice.
21	1,0 Aurore. Se dégage du Soleil.			Cacciatore, à Palerme.
22	1,0 *id.* Assez écartée pour être bien visible.			Ricco, à Palerme.
23	1,0 *id.* Queue de 8° suivie d'un filet austral de 23°			E.-D., à la Réunion.
24	1,0 *id.* à 4h 43m du matin.	25°	30°	Eddie au Cap; Ellery à Melbourne
25	1,0 Deux queues successives de 12° et de 15°.	27°	30°	Cruls, à Rio-Janeiro.
26	1,0 Splendide. Aussi belle que celle de 1843.	30°	30°	Don Pedro, empereur du Brésil.
27	1,0 Extrêmement brillante.		30°	Luciano Toschi, à Imola.
28	1,1 Côté austral convexe et très allongé.		29°	Philaire à Pondichéry.
29	1,1 Lumière supérieure aux plus belles étoiles.		29°	Guers à Oran.
30	1,1 Longueur et clarté imposantes.		29°	Clément Saint-Just, à Avignon
1er Oct.	1,1 Très lumineuse dans l'aurore.	30°	28°	Rousseau à Amiens.
2	1,1 Observée à travers les brumes.		28°	Terby, à Louvain.
3	1,1 Admirable malgré le clair de Lune.		28°	Tramblay, à Gignac.
4	1,2 Plus grandiose encore que la comète Donati.		27°	C.-L. Prince, à Crowborough.
5	1,2 Phénomène céleste, brillant et imposant.	25°	27°	Gonzalès, à Bogota.
6	1,2 Noyau inférieur à Jupiter.		26°	Courtois, à Muges.
7	1,2 La queue se prolonge à 26′ au delà du noyau.	21°	26°	Ricco, à Palerme.
8	1,2 Immense et lumineuse, largeur 3° à l'extrémité.	16°	25°	Terby, à Louvain.
9	1,3 Lumière intense. Colonne céleste oblique.	20°	25°	Flammarion, à Dinart.
10	1,3 Magnifique, queue bifurquée.	20°	25°	Folache, à Jaën.
11	1,3 Depuis trois jours, petite comète près de la grande.		24°	Schmidt, à Athènes.
12	1,3 Observée par 43° 7′ lat. Sud et 34° 36′ long. Ouest.	19° 30′	24°	Capitaine Parson, sur l'Océan
13	1,3 Largeur 1° à l'extrémité, queue bifurquée.	20°	24°	Flammarion, à Paris.
14	1,4 Queue large de 45′ dans sa partie moyenne.	19°	23°	Vimont, à Argentan.
15	1,4 Deux noyaux éloignés de 6″,47. Angle 278°.		23°	Cruls, à Rio-Janeiro.
16	1,4 Comète entourée d'une gaine vaporeuse.	23°	23°	Charlois, à Nice.
17	1,4 La queue se prolonge au delà du noyau à 1° 27′.		22°	Ricco, à Palerme.
18	1,5 Côté austral très lumineux.	20°	22°	Brun, à Nice.
19	1,5 Corne à l'extrémité australe de la queue.		22°	Artus, à Wasmes.
20	1,5 Comète très lumineuse.		22°	Gonzalès, à Bogota.
21	1,5 Petite nébuleuse cométaire à 8° S.-E. de la grande.		21°	Brooks, à New-York.
22	1,6 Queue prolongée à 2° 30′ au delà du noyau.		21°	Folache, à Jaën.
23	1,6 Côté austral beaucoup plus lumineux et plus net.		21°	Flammarion, à Paris
24	1,6 Fort belle malgré le clair de Lune, largeur 4°.	20°	21°	Terby, à Louvain.
25	1,7 Comète entourée d'une gaine vaporeuse.	20°	21°	De Boë, à Anvers.
26	1,7 Comme un météore dans le ciel du matin.	18°	20°	Observations de Madagascar.
27	1,7 Axe marqué par un filet lumineux.	16°	20°	Schleusner, à Anvers.
28	1,8 Queue bifurquée, très nette au côté austral.		20°	Bruguière à Marseille.
29	1,8 Six points lumineux dans le rayon.	19°	20°	Eddie au cap de Bonne-Espérance
30	1,8 Noyau observé, allongé et quadruple depuis le 23.		20°	C.-L. Prince, à Crowborough.
31	1,9 Distances aux étoiles prises malgré la Lune.		20°	Capitaine Parson, sur l'Océan.
1er Nov.	1,9 Queue plus allongée au pied.		19°	Castanas à Guadalajara (Mexique)
2	1,9 Six condensations circulaires.	18°	19°	Eddie au cap de Bonne-Espérance
3	2,0 Largeur de 5° à l'extrémité.		19°	Denning, à Bristol.
4	2,0 Queue légèrement courbée et bifurquée.	16°	19°	Vimont, à Argentan
5	2,0		19°	
6	2,1		19°	
7	2,1 Observée par lat. 38° 40′ S. et long. 139° 50′ W.	17° 30′	18°	Capitaine Parson, sur l'Océan.
8	2,1 *id.* 31° 29′ S. et long. 31° 5′ W.	17° 30′	18°	Capitaine Barker, *id.*
9	2,2		18°	
10	2,2	16°	18°	Flammarion, à Paris.
11	2,2 Largeur de 5° à l'extrémité.	19°	18°	Terby, à Louvain.
12	2,3		18°	
13	2,3 Noyau formé de 3 masses séparées.		17°	Holden, à Washburn.
14	2,3		17°	
15	2,4		17°	
16	2,4 Deux condensations principales distantes de 18″.		17°	Winlock, à Washington.
17	2,4 Petite nébulosité sphérique à 8° S. du noyau.		17°	Oliveira-Lacaille, à Olinda.
18	2,5		16°	
19	2,5 Deux condensations lumineuses dans le noyau.		16°	Winlock, à Washington.
20	2,5		16°	

DATES	ASPECT ET LUMIÈRE APPARENTE TOTALE		Long. de la queue		OBSERVATEURS
			observ.	prob.	
21 Nov.	2,6	Noyau double : condensation et allongement.	15°	16°	Winlock, à Washington.
22	2,6	Queue très brillante jusqu'à 10° du noyau.	14°	16°	Vimont, à Argentan.
23	2,6			15°	
24	2,7			15°	
25	2,7			15°	
26	2,7			15°	
27	2,8			15°	
28	2,8			15°	
29	2,8			14°	
30	2,9	Extrémité courbée comme une houlette.		14°	Eddie, au cap de Bonne-Espérance.
1er Déc.	2,9			14°	
2	2,9			14°	
3	3,0	Deux condensations brillantes dans le noyau.		14°	Bigourdan, à la Martinique.
4	3,0			14°	
5	3,0			14°	
6	3,1			13°	
7	3,1	Largeur de 4° à l'extrémité.	13°	13°	Terby à Louvain.
8	3,1			13°	
9	3,2			13°	
10	3,2			13°	
11	3,2	Bord austral toujours plus brillant.	12°	13°	Tramblay, à Gignac.
12	3,3	Queue toujours bifurquée.	11°	13°	Williams, à Cannes.
13	3,3			12°	
14	3,3	Queue faible, extrémité incertaine.	8°	12°	Vimont, à Argentan.
15	3,4			12°	
16	3,4			12°	
17	3,4			12°	
18	3,5			12°	
19	3,5			11°	
20	3,5	Observée après le coucher de la Lune.	8°	11°	Williams, à Cannes.
21	3,6	La queue disparait au clair de Lune.		11°	Williams, à Cannes.
22	3,6			11°	
23	3,6			11°	
24	3,7			11°	
25	3,7			10°	
26	3,8			10°	
27	3,8			10°	
28	3,9			10°	
29	3,9			10°	
30	4,9			10°	
31	4,0			9°	
1er Janv.	4,1			9°	
2	4,1	Très difficile à apercevoir.	4°	9°	Detaille, à Paris.
3	4,2	*id.*	4°	9°	Tramblay, à Gignac.
4	4,2			9°	
5	4,3	**Comète en opposition.**		9°	
6	4,3			8°	
7	4,4			8°	
8	4,4	Noyau composé de quatre nébulosités. Variations curieuses.		8°	Oliveira-Lacaille, à Rio-Janeiro
9	4,5	Invisible à l'œil nu. Clair de Lune.		8°	Vimont, à Argentan.
10	4,5	Visible à l'œil nu sous le ciel d'Athènes.	8°	8°	Schmidt, à Athènes.
11	4,6			7°	
12	4,6			7°	
13	4,7			7°	
14	4,7	Largeur de l'extrémité, 5'.	4°	7°	Tramblay, à Gignac.
15	4,8	Clair de Lune empêche toute observation.		7°	Vimont, à Argentan
16	4,8	*id.*		6°	
17	4,9	*id.*		6°	
18	4,9	*id.*		6°	
19	5,0	*id.*		6°	
20	5,0	*id.*		5°	
21	5,1	*id*		5°	
22	5,1	*id.*		5°	
23	5,2	*id.*		5°	
24	5,2	*id.*		4°	
25	5,3	*id.*		4°	
26	5,3	*id.*		4°	
27	5,4	*id.*		3°,5	
28	5,4	Clair de Lune disparu : encore visible à l'œil nu.	3°	3°30'	Schmidt, à Athènes.
29	5,5	Encore visible à l'œil nu.		3°	
30	5,6	Comète atteint Voie lactée à ν^2 Grand Chien.	2° 5'	3°	T. Backhouse, à Sunderland.
31	5,7	Difficilement visible à l'œil nu, aspect nébuleux.	50'	2°,30'	Vimont, à Argentan.
1er Fév.	5,8			2°,30'	
2	5,9			2°	
3	6,0			2°	Garnier, à Boulogne-sur-Seine.
4	6,0	Observée dans une jumelle marine.	40'	1°,5	Schmidt, à Athènes.
5	6,1	Toujours visible à l'œil nu.	1°	1°.5	Tramblay, à Gignac.
6	6,2	La nébulosité se concentre vers le noyau.		1°	Schmidt, à Athènes.
7	6,3	Encore visible à l'œil nu.	32'	1°	

DATES	ASPECT ET LUMIÈRE APPARENTE TOTALE	Long. de la queue observ.	Long. de la queue prob.	OBSERVATEURS
8 Févr.	6,4 Noyau, large de 12′, nébuleuse blanchâtre.	30′	50′	Vimont, à Argentan.
9	6,5 Vue avec lunette de 0m,075. Noyau et queue.		45′	Blot, à Clermont.
10	6,6 Noyau divisé en deux. Queue rectiligne.		40′	Baillaud, à Toulouse.
11	6,7 Encore observée à l'œil nu, la nuit sur l'Océan.		35′	Gould, sur l'Océan.
12	6,8 Vue avec jumelle marine.		30′	Vimont, à Argentan.
13	6,9 Visible avec jumelle seulement.		25′	Vimont, à Argentan.
14	7,0 Le clair de Lune rend la Comète invisible.		22′	
15	7,1 *id.*		18′	
16	7,2 *id.*		15′	
17	7,3 *id.*		12′	
18	7,4 *id.*		10′	
19	7,5 *id.*		9′	
20	7,6 *id.*		9′	
21	7,7 *id.*		8′	
22	7,8 *id.*		8′	
23	7,9 Première observation après le clair de Lune. Pâle nébulosité irrégulière. Allongement caudal encore sensible.	7′	7′	Perrotin et Flammarion, à l'Observatoire de Nice;
24	8,0 *id.*		7′	*id.*
25	8,1 Largeur 3′; longueur 7′. Observation faite comme les précédentes dans un chercheur de 0m,080. Faible oculaire.		Toute trace de queue a disparu.	*id.*
26	8,2 Nébulosité très faible.			Folache, à Jaën.
27	8,3 *id.*			Garnier, à Boulogne-sur-Seine.
28	8,4 *id.*			Vimont, à Argentan.
1er Mars	8,5 Il n'y a plus qu'une nébulosité circulaire de 5′ ± de diamètre. Lunette de 43mm, grossissant = 20.			Tramblay, à Gignac.
9	9,0 Nébulosité de 3′ de diamètre.			Garnier, à Boulogne-sur-Seine
6 Avril	11,0 Nébulosité presque imperceptible.			Ricco, à Palerme.

DISTANCES DE LA COMÈTE

	AU SOLEIL.			A LA TERRE.		
	log. r.	numérique.	en millions de lieues.	log. Δ.	numérique.	en millions de lieues.
17 Sept. (périhélie)..	7,890	0,008	0,28	0,0000	1	37
1 Octobre..........	9,813	0,65	25	0,1271	1,34	49
1 Novembre........	0,0945	1,24	46	0,1952	1,56	58
1 Décembre........	0,2877	1,94	72	0,2114	1,63	60
1 Janvier..........	0,3910	2,46	91	0,2394	1,74	64
1 Février..........	0,4653	2,92	108	0,3550	2,26	84
1 Mars.............	0,5166	3,29	122	0,4643	2,91	108
1 Avril.............	0,5665	3,69	136	0,5721	3,73	138
1 Mai..............	0,6083	4,06	150	0,6533	4,50	167

Arc parcouru par la Comète. — Depuis le 8 septembre, date de la *première observation*, jusqu'à la fin de mars, la Comète a décrit un arc héliocentrique ou orbital de 340°. Le journal anglais *Nature* remarque que, depuis la célèbre comète de 1680, aucune autre n'a décrit un arc aussi considérable sous les yeux des observateurs : entre la première observation faite par Kirch, le 14 novembre 1680, et la dernière faite par Newton, le 19 mars 1681, ce corps céleste a parcouru un arc héliocentrique de 345°.

Dernières observations. — M. Ricco nous mande de l'Observatoire de Palerme qu'il est encore parvenu à faire les deux observations suivantes :

5 avril à 8h29m21s	5h57m38s,54	— 9°12′ 9″,6
6 » 8 21 29	5 58 5,93	— 9 4 49,2

Notre savant correspondant ajoute que la Comète est réduite à une nébulosité presque imperceptible, montrant pourtant une condensation allongée dans le sens du parallèle. Dans ce noyau, on aperçoit deux ou trois points très fins et très vifs.

Premières observations précises de la Comète. — Les premières observations précises de la Comète sont celles de M. Finlay, au Cap de Bonne Espérance, faites avant le périhélie, les 7 et 8 septembre.

		Æ	D
Septembre 7	17h 23m 15s,7	9h 31m 44s,54	
7	17 26 5,3		— 0 59 49 ,3
8	17 20 10 ,5	9 40 2 ,14	
8	17 27 16 ,7		— 0 56 22 ,8

Éphéméride :

			DISTANCE A LA TERRE			DISTANCE AU SOLEIL		
	Æ	D	log. Δ.	numérique.	en millions de lieues.	log r.	numérique.	en millions de lieues.
Mai 1	6h 11m 50s	— 6°41′20″	0,65328	4,50	167	0,60827	4,06	150
3	13 6	— 6 33 6	0,65782	4,55	168	0,61082	4,08	151
7	15 40	— 6 17 57	0,66652	4,64	172	0,61583	4,13	153

Dernières réflexions sur la Comète. — M. Schiaparelli a donné récemment, à Milan, une conférence populaire de laquelle nous extrairons quelques points particulièrement dignes d'être mis en évidence.

La Comète est passée auprès du Soleil, avec une vitesse de 480000m par seconde, seize fois la vitesse moyenne de la Terre sur son orbite.

L'observation de son passage devant le Soleil est très remarquable. A ce moment, la Terre était placée très obliquement relativement à l'arc décrit par la Comète autour du Soleil; de sorte que ce passage n'a pu être observé qu'avec un grand raccourcissement de perspective. Exposée à une chaleur extraordinairement intense, la Comète était si lumineuse que tout le monde a pu la voir à l'œil nu, pendant trois jours, près du Soleil. Elle est arrivée, comme on le sait, en contact avec le Soleil et elle est passée devant l'astre du jour, sans qu'il ait été possible, dans les meilleurs instruments de l'Observatoire du Cap de Bonne-Espérance, d'apercevoir aucune trace du passage. La conclusion est que la substance dont se compose la Comète est excessivement rare, et que, si elle a un noyau solide, ce noyau est excessivement petit.

A son aphélie, la Comète s'éloigne fort au delà de Neptune.

La lumière de la Comète peut être attribuée à trois causes : la vive illumination du Soleil, sa propre lumière et des décharges électriques. La substance de la queue est si raréfiée, qu'il serait impossible d'exprimer le chiffre de cette raréfaction et qu'on a même cru pouvoir estimer le poids total de cette queue à quelques kilogrammes seulement.

M. Schiaparelli ne donne pas le chiffre de la longueur de cette queue; mais il assure que c'est la plus longue qu'on ait jamais observée, quoique d'autres comètes, comme celles de 1861 par exemple, aient paru plus longues, leur position relativement à la Terre étant plus favorable pour l'observation.

ACADÉMIE DES SCIENCES.

SÉANCE PUBLIQUE ANNUELLE. PRIX D'ASTRONOMIE.

L'Académie a tenu sa Séance publique annuelle, le lundi 2 avril dernier, sous la présidence de M. Jamin, qui, dans un éloquent discours, a tracé un résumé succinct des travaux accomplis pendant l'année. Parmi les nombreux prix décernés à divers savants, nous devons signaler ici ceux qui concernent l'Astronomie.

Le *prix Lalande* a été décerné à M. Souillart, professeur à la Faculté des Sciences de Lille, pour ses beaux travaux sur la théorie des satellites de Jupiter, dont il s'occupe sans relâche, depuis près de vingt années.

Le *prix Valz* a été décerné à M. William Huggins, le savant physicien anglais bien connu, pour ses ingénieuses recherches sur l'analyse spectrale des astres, et à M. Cruls, de l'Observatoire de Rio-Janeiro, pour ses observations sur la grande Comète et comme félicitations en faveur de l'Observatoire fondé par l'empereur du Brésil.

Le *prix Damoiseau*, qui doit être accordé au savant qui aura complété la théorie des satellites de Jupiter, n'a pas été donné cette année. Toutefois, la commission a accordé, sur les fonds de ce prix, à titre d'encouragement, deux mille francs à M. le Dr Schur, pour ses observations sur ces quatre satellites, faites de 1874 à 1880, les positions précises qu'il en a conclues, et sa nouvelle détermination de la masse de Jupiter, qu'il a trouvée égale à $\frac{1}{1047,23}$, nombre qui présente un accord remarquable avec les valeurs données par Bessel et Airy.

M. Schur a conclu en outre les corrections des divers éléments des satellites de Jupiter. Bessel et Damoiseau avaient supposé, pour le premier et le deuxième satellite, un mouvement circulaire; M. Schur fait voir que l'ellipticité des deux orbites ne peut pas être négligée, et il a déduit de ses observations les excentricités pour ces deux trajectoires.

Les travaux de M. Schur fourniront donc aux astronomes qui voudraient entreprendre la théorie de ces astres, une base très précieuse, et réalisent en partie les conditions exigées pour l'obtention du prix Damoiseau.

Prix d'Astronomie proposés pour 1884 et 1885.

(LES PRIX LALANDE ET VALZ SONT DÉCERNÉS CHAQUE ANNÉE)

Prix Lalande.

« La médaille fondée par Jérôme de Lalande, pour être accordée *annuellement* à la personne qui, en France ou ailleurs, aura fait l'observation la plus intéressante, le Mémoire ou le travail le plus utile au progrès de l'Astronomie, sera décernée dans la prochaine séance publique, conformément à l'arrêté consulaire en date du 13 floréal an X.

Ce prix consiste en une médaille d'or de la valeur de *cinq cent quarante francs.*

Prix Valz.

Mme Veuve Valz, par acte authentique en date du 17 juin 1874, a fait don à l'Académie d'une somme de *dix mille francs*, destinée à la fondation d'un prix qui sera décerné, *tous les ans*, à des travaux sur l'Astronomie, conformément au prix Lalande. Sa valeur est de *quatre cent soixante francs*.

L'Académie a été autorisée à accepter cette donation par décret en date du 29 janvier 1875.

Elle décernera, s'il y a lieu, le prix Valz de l'année 1883 à l'auteur de l'observation astronomique la plus intéressante qui aura été faite dans le courant de l'année.

Prix Damoiseau.

Un Décret en date du 16 mai 1863 a autorisé l'Académie des Sciences à accepter la donation qui lui a été faite par Mme la Baronne de Damoiseau, d'une somme de *vingt mille francs*, « dont le revenu est destiné à former le montant d'un *prix* » *annuel* », qui recevra la dénomination de *Prix Damoiseau*. Ce prix, quand l'Académie le juge utile aux progrès de la Science, peut être converti en *prix triennal* sur une question proposée.

L'Académie rappelle qu'elle maintient au concours, pour sujet du prix Damoiseau à décerner en 1885, la question suivante :

« *Revoir la théorie des satellites de Jupiter; discuter les observations et en* » *déduire les constantes qu'elle renferme, et particulièrement celle qui fournit* » *une détermination directe de la vitesse de la lumière; enfin construire des* » *Tables particulières pour chaque satellite.* »

Elle invite les concurrents à donner une attention particulière à l'une des conditions du prix, celle qui est relative à la détermination de la vitesse de la lumière.

Le prix sera une médaille de la valeur de *dix mille francs*.

Les Mémoires seront reçus jusqu'au 1er juin 1885. »

NOUVELLES DE LA SCIENCE. — VARIÉTÉS.

Comète a 1883. — Voici la suite des observations de cette comète découverte le 24 février par MM. Brooks et Swift (*voir l'Astronomie*, p. 146-148) :

OBSERVATIONS.

Mars	13 à 8h 3m 19s	1h 42m 35s,35 + 30° 6′ 18″,5	Périgaud à Paris
—	17 à 7 53 15	2 13 00,56 + 28 24 28,7	*id.*
—	19 à 7 49 56	2 26 43,99 + 27 27 3,4	Schur à Strasbourg.
—	29 à 9 10 16	3 24 10,21 + 22 22 46,1	*id.*
Avril	2 à 8 47 47	3 42 18,22 + 20 24 52,3	Périgaud à Paris.
—	5 à 8 26 56	3 54 29.73 + 19 00 27,5	*id.*
—	6 à 8 38 9	3 58 23,17 + 18 32 59,1	*id.*
—	7 à 8 17 39	4 2 3,43 + 18 6 21,0	*id.*
—	8 à 8 30 47	4 5 46,44 + 17 39 34,0	*id.*

ORBITES CALCULÉES.

	A. Graham, sur les observations des 3, 9 et 15 mars.	*Dr Oppenheim, sur les observations des 24 fév., 1, 8 et 20 mars.*	*Chandler et Wendell.*
Passage au périhélie,	fév. 18,952355 (t. m. Greenwich.)	T = février 18,96640 (t. m. de Berlin.)	T = février 18,93572 (t. m. Greenwich.)
Longitude du périhélie....	29° 2′45″,3 (Equinoxe 1883)	π — ☊ = 111°51′42″,0 (Equinoxe 1883)	π = 29° 0′ 1″,4 (Equinoxe 1883)
Long. du nœud ascendant.	278 8 15 ,6	☊ = 278 7 15 ,6	☊ = 278 7 40 ,7
Inclinaison...............	78 3 26 ,3	i = 78 5 19 ,2	i = 78 4 40 ,2
Log. dist. périhélie.......	9,8808596	log. q = 9.889722	q = 7598961
Mouvement.............	direct.		log. q = 9.8807542

POSITIONS CALCULÉES.

			DISTANCE A LA TERRE			DISTANCE AU SOLEIL		
			log Δ.	numérique.	en millions de lieues.	log r.	numérique.	en millions de lieues.
Mai 3	5.15.27,9	+ 8°37′1	0,18557	1,53	57	0,34202	2,20	81
— 7	5.24. 2,0	+ 7 27 48	0,20109	1,59	59	0,35757	2,28	84
— 11	5.32.10,6	+ 6 21 44	0,21606	1,64	61	0,37228	2,36	87
— 15	5.39.57,0	+ 5 18 20	0,23049	1,70	63	0,38619	2,43	90
— 19	5.47.24,0	+ 4 17 8	0,24445	1,76	65	0,39935	2,51	93
— 23	5.54.33,4	+ 3 17 50	0,25787	1,81	67	0,41177	2,58	96

La comète continue, comme on le voit, à s'éloigner de la Terre et du Soleil. Elle est devenue très faible et n'est plus accessible qu'aux puissants instruments. En représentant par 100 l'intensité de son éclat le jour de sa découverte (24 février), on a pour sa diminution :

1 avril = 30		15 = 5
15 = 15		1 juin = 3
1 mai = 8		

Comète d'Arrest. — On a annoncé que le Dr Hartwig a retrouvé cette Comète à l'aide du grand équatorial de l'Observatoire de Strasbourg. C'est une erreur. L'objet observé est une nouvelle nébuleuse.

Les taches du Soleil et la température. — M. C.-J.-B. Williams, qui a observé à Cannes le froid des 7-15 mars derniers dont nous avons parlé, a remarqué que cette température, presque sans précédent sur les rives de la Méditerranée, a coïncidé avec une absence presque absolue de taches sur le Soleil, malgré la période de maximum que nous traversons.

Vénus visible à l'œil nu, en plein midi. — A peine avions-nous publié, dans notre dernier Numéro, l'observation de cette visibilité faite à Jaën (Espagne) que nous recevions de l'île de la Réunion l'observation du même fait. Nous nous faisons un plaisir de la reproduire ici.

Les journées des 4 et 5 février furent surtout remarquables par la limpidité de l'atmosphère. Vénus est restée visible à l'œil nu toute la journée, et s'est trouvée si rapprochée de la Lune, que le 4, à mon réveil, j'ai eu un moment l'espoir d'observer une occultation; mais je n'ai pas conservé longtemps mon illusion, car la planète montait rapidement dans une direction qui devait la faire passer à une distance à peu près égale au diamètre du disque lunaire (*fig.* 74).

L'éclat de Vénus, à l'heure même où le Soleil, qui passe presque au zénith dans cette saison, est le plus étincelant, était assez vif pour que l'œil le moins exercé la trouvât très aisément.

Aujourd'hui encore (25 février), je l'ai observée jusqu'à 9ʰ passées, mais elle s'éloigne rapidement et disparaîtra bientôt avec le jour.

Fig. 74.

Passage de Vénus près de la Lune, observé à l'œil nu, le 4 février.

Notre horizon Sud est actuellement splendide, et, si nous sommes privés de quelques belles constellations septentrionales, nous trouvons une compensation dans la Croix du Sud, qui se montre dès 7ʰ du soir, suivie bientôt des deux splendides étoiles α et β du Centaure.

Ed. Du Buisson.
(Ile de la Réunion.)

Tache solaire visible à l'œil nu. — Une énorme tache est arrivée au bord oriental du Soleil, le 27 mars. Lorsque la perspective de la rotation solaire l'eut amenée à être vue moins obliquement, elle ne tarda pas à être visible à l'œil nu, ce qui arriva dès le 1er avril. Nous avons reçu, sur cette tache, un grand nombre de documents, parmi lesquels nous signalerons ceux de MM. Bruguière, à Marseille, Guillaume, à Péronnas, Jacquot, au Hâvre, etc. C'est assurément l'une des plus belles taches de l'époque de maximum que nous venons de traverser.

Observation d'Uranus à l'œil nu. — M. Guiot, à Soissons, a observé Uranus à l'œil nu, du 6 février au 7 mars dernier, s'élevant obliquement à l'Est de l'étoile de 6e grandeur qui suit τ du Lion à l'Orient. La planète était un peu plus brillante que cette petite étoile et presque du même éclat que τ : environ 5,5.

Le même observateur croit distinguer à l'œil nu le compagnon de Mizar. C'est certainement une illusion, car l'écartement n'est que de 14",5 et les deux astres sont de 2e et 4e grandeur. La vue de notre correspondant paraissant, d'ailleurs, exceptionnelle, nous l'engageons à l'exercer sur les exemples préparés dans les *Étoiles*, p. 686, 687 et 688, et à nous en communiquer les résultats.

Société scientifique Flammarion, à Bruxelles. — Une nouvelle Société scientifique, suivant les traces des institutions déjà établies aux États-Unis de Colombie, en Espagne et en France, sous le nom de l'auteur de l'*Astronomie populaire*, a été fondée à Bruxelles, le 1er mars 1883. Comme ses sœurs aînées, la nouvelle Société a pris pour devise SCIENCE ET PROGRÈS. Son but est de répandre les notions scientifiques et de mettre à la disposition de tous ses membres les publications, les ouvrages, les instruments qui peuvent servir à chacun pour son instruction dans la Science positive (1). La connaissance de l'Astronomie est inscrite en première ligne, parce que cette Science est la Science intégrale par excellence, qu'elle nous fait connaître notre situation et notre rôle dans l'Univers et qu'elle nous apprend à penser juste et à voir les choses comme elles sont; mais elle n'est pas le but exclusif de la Société et les fondateurs lui ont adjoint avec raison l'ensemble des autres connaissances humaines.

Nous adressons nos meilleurs vœux de succès à cette Société naissante qui compte, dès son berceau, une quarantaine de membres, parmi lesquels on remarque des députés, des ingénieurs, des hommes de lettres, etc. Elle se fonde sur un excellent terrain. La Belgique est un pays essentiellement intellectuel; le goût de l'instruction y est remarquablement développé, dans toutes les classes sociales; les Sociétés scientifiques, littéraires et artistiques, les cours populaires et les conférences y ont déjà porté les meilleurs fruits.

La Tribune astronomique. — Une nouvelle publication vient d'être fondée sous ce titre, et nous nous faisons un plaisir de lui souhaiter la bienvenue. C'est un journal lithographié, populaire, modeste, et rédigé dans un excellent esprit scientifique (2).

Un généreux ami de la Science. — L'observatoire que M. Flammarion fonde dans la propriété qui lui a été offerte par M. MÉRET (nous pouvons maintenant signaler ce nom à la reconnaissance de nos lecteurs, puisque les journaux l'ont fait connaître, contrairement à la volonté et à la modestie du donateur) cet observatoire, disons-nous, établi à Juvisy, près Paris, n'est pas encore terminé que déjà il vient d'être enrichi par le don d'une magnifique collection scientifique. Un explorateur zélé, M. H. DELAROCHE, actuellement greffier à Trun (Orne), a su em-

(1) Les personnes qui désireraient des renseignements sur les Statuts de la Société, etc. peuvent s'adresser à M. Vuilmet à Ixelles, Bruxelles.

(2) Prix de l'abonnement: 1fr25 par an. Lyon; rédacteur en chef, M. Reynier, 1, place des Jacobins.

ployer les années qu'il a passées aux îles Marquises, en réunissant tous les objets qui représentent la civilisation assurément bien primitive de ces peuplades et leur état intellectuel et matériel, tels que dieux célestes et terrestres, têtes de victimes, inscriptions, sculptures, armes de guerre, ornements, pirogues, costumes, bijoux, instruments en silex et en fer météorique, etc. C'est là une collection unique en son genre et qui a été faite au moment où cet état social disparaît de notre planète. En reconnaissance des services rendus à l'instruction publique par l'auteur de l'*Astronomie populaire*, M. Delaroche a voulu lui faire don de cette instructive collection pour être conservée dans son nouvel observatoire. C'est là un acte de générosité scientifique que nous nous empressons de signaler, et auquel tous les amis de la Science applaudiront.

OBSERVATIONS ASTRONOMIQUES

A FAIRE DU 1er MAI AU 15 JUIN

Principaux objets célestes en évidence pour l'observation.

ASPECT DU CIEL ÉTOILÉ :

Voir la Carte publiée dans l'*Astronomie*, 1re année, même mois, et les descriptions données dans l'ouvrage *Les Étoiles et les Curiosités du Ciel*, p. 594 à 635.

SOLEIL, LUNE, PLANÈTES; ETC :

Afin de répondre au désir d'un grand nombre d'abonnés des départements ou de l'étranger qui ne reçoivent pas toujours le Numéro assez tôt pour se préparer aux observations du commencement du mois, nous poursuivrons ce mois-ci la liste des phénomènes célestes jusqu'au 15 juin, et, à partir du mois prochain, nous indiquerons les observations à faire depuis le 15 jusqu'au 15 du mois suivant.

Soleil. — Le Soleil se lève le 1er mai à 4^h42^m, pour se coucher à 7^h13^m; le 15, il se lève à 4^h21^m et se couche à 7^h32^m; le 1er juin, il est visible de 4^h3^m à 7^h52^m et le 15 juin, de 3^h58^m à 8^h3^m. La durée du jour est ainsi de 14^h31^m le 1er mai, de 15^h11^m le 15, de 15^h49^m le 1er juin et de 16^h5^m le 15 juin. La déclinaison boréale du Soleil s'approche en même temps de son maximum : de 15°3′ le 1er mai, elle passe à 18°51′ le 15, puis à 22°3′ le 1er juin, et enfin à 23°10′ le 10 juin. On sait que la déclinaison du Soleil ne peut jamais dépasser l'inclinaison *apparente* de l'écliptique qui n'est pas toujours constante à cause de la nutation, et qui, cette année, à l'époque du solstice d'été, est de 23°27′8″.

Une éclipse totale de Soleil aura lieu le 6 mai dans la soirée; mais elle sera tout à fait invisible à Paris. On a vu, dans le Numéro 1 et dans le Numéro 4, quelle importance les astronomes attachent à ce phénomène, et quels préparatifs ils ont faits pour se préparer à l'observer. C'est qu'en effet, cette éclipse se présente dans des circonstances extrêmement favorables et bien rarement réalisées. On sait que la Lune et le Soleil ne sont pas toujours à la même distance de la Terre : c'est en hiver que le Soleil est le plus rapproché, en été qu'il est le plus éloigné de nous. Quant à la Lune, les époques de son retour au périgée n'ont aucune relation ni avec les phases, ni avec les saisons, d'abord parce que la durée de la révolution sidérale de la Lune est plus courte de deux jours que la période des phases, et aussi parce que le périgée lunaire se déplace rapidement dans l'espace, l'orbite lunaire tournant tout d'une pièce dans son plan, autour de la Terre, dans une période d'un peu moins de 9 ans. Aussi, est-ce tantôt à la

Fig. 75.

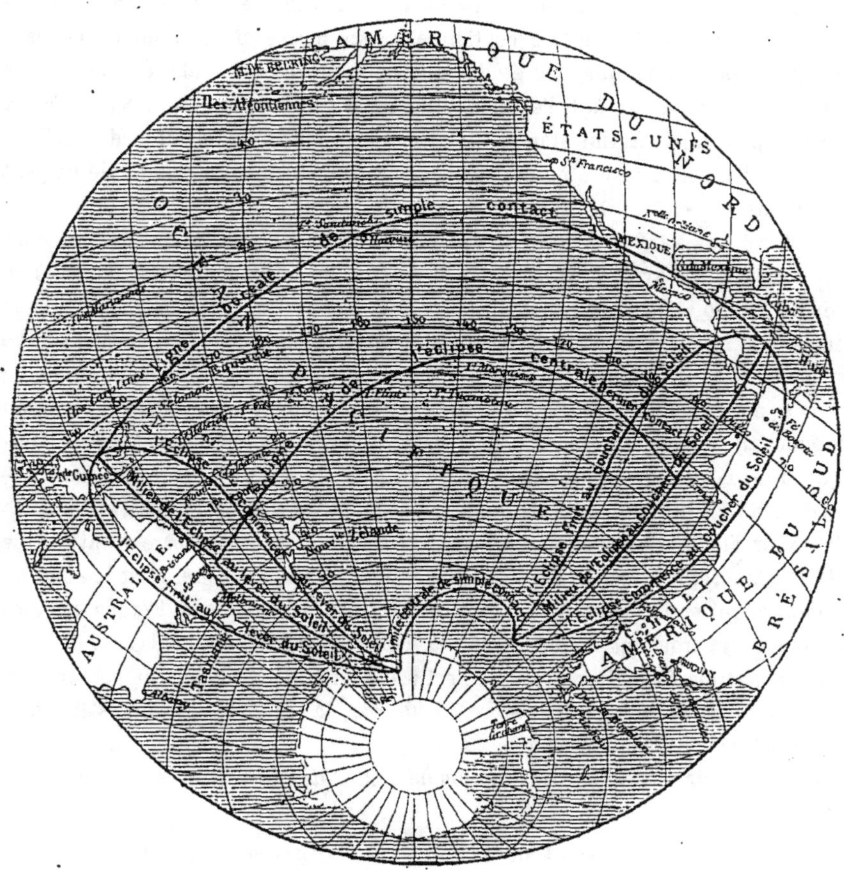

Marche de l'ombre de la Lune sur la Terre, pendant l'éclipse du 6 mai 1883.

Nouvelle Lune, tantôt à la Pleine Lune, ou même à une époque quelconque de la lunaison que la Lune est le plus près de nous. Ajoutons que les dimensions apparentes de la Lune sont évidemment d'autant plus grandes que l'astre est plus près de nous. Il en est de même pour le Soleil, et au mois de mai, peu éloigné du mois de juillet, le diamètre apparent du Soleil est notablement au-dessous de la moyenne. Or il arrive qu'au moment de l'éclipse du 6 mai, la Lune est au contraire voisine du périgée, de sorte que son diamètre apparent est presque aussi grand que possible. De cette double circonstance, un Soleil relativement petit et une Lune relativement grande, il résulte que la Lune cachera plus longtemps le Soleil, c'est-à-dire que la durée de l'éclipse totale sera plus longue que d'ordinaire. Si l'on songe que les éclipses totales de Soleil permettent de faire sur le Soleil et les milieux qui l'environnent, des observations tout à fait impossibles à d'autres époques, qu'elles constituent de la sorte l'un des moyens les plus précieux qui soient à notre portée pour arriver à bien comprendre la véritable constitution du Soleil, mais que malheureusement, ce sont des phénomènes très rares, on comprendra tout l'intérêt qu'attachent les astronomes à l'observation d'une éclipse totale dont la durée exceptionnelle leur permet de poursuivre, pendant quelques minutes de plus, des études qu'il leur est interdit d'aborder dans toute autre circonstance. En fait, l'éclipse totale du 6 mai prochain durera jusqu'à six minutes pour une certaine station, tandis que la plus longue durée de l'éclipse totale de l'année dernière ne dépassait pas $1^m 50^s$. Aucune éclipse totale ne peut durer plus de $7^m 58^s$.

C'est le 6 mai, à $7^h 30^m$ du soir (temps moyen de Paris), que le cône de pénombre arrive en contact avec la Terre, un peu au Sud de la Nouvelle-Calédonie; à ce moment, le Soleil se lève pour ce lieu et l'éclipse partielle commence en même temps. A $8^h 28^m$, le cône d'ombre arrive en contact avec la Terre en un point situé un peu à l'Est de Sidney : l'éclipse totale commence. L'ombre de la Lune se déplace alors vers l'Orient, couvrant un espace de près de 2°, soit environ 50 lieues, qu'elle plonge ainsi dans l'obscurité. Elle traverse tout l'Océan Pacifique, rencontrant quelques petites îles parmi lesquelles se trouvent les îles Marquises et l'île Flint, qui a été indiquée par M. Janssen comme une des stations les plus favorables à l'observation; bientôt, à $11^h 38^m$, elle quitte la Terre avant d'avoir atteint l'Amérique: c'est la fin de l'éclipse totale; puis, à $12^h 36^m$, c'est le cône de pénombre qui nous quitte à son tour, et l'éclipse est terminée. Toutes ces circonstances se trouvent indiquées sur la carte ci-jointe (*fig.* 75). On voit, à la seule inspection de cette carte, que l'éclipse partielle elle-même ne pourra être observée qu'en un bien petit nombre de stations, la région de visibilité s'étendant tout entière sur l'Océan Pacifique.

LUNE. — Voir plus loin la description de la *Mer des Crises* et des régions avoisinantes.

PHASES ...	NL le 6 mai à $10^h 8^m$ soir.	DQ le 29 » à 2 32 soir.
	PQ le 13 » à 11 3 »	NL le 5 juin à 6 22 matin.
	PL le 22 » à 3 21 matin.	PQ le 12 » à 2 51 soir.

Occultations.

Quatre occultations pourront être observées du 1er mai au 15 juin; les deux premières présentent cette circonstance remarquable d'avoir lieu presque en même temps, de sorte qu'on verra la deuxième étoile disparaître et reparaître quelques minutes seulement après la première.

1° χ Vierge (5ᵉ gr.), le 17 mai, de 9^h42^m à 11^h4^m. L'étoile disparaît à 9° au-dessous du point le plus oriental, et reparaît à 5° au-dessus du point le plus occidental du disque lunaire (*fig* 76).

2° 4259 BAC (6ᵉ gr.), le 17 mai, de 9^h49^m à 11^h12^m. L'étoile disparaît à 12° au-dessous du point le plus oriental, et reparaît juste au point le plus occidental du disque lunaire. On voit que cette étoile paraît suivre, derrière la Lune, à peu près la même marche que la précédente. Ces deux occultations sont représentées (*fig.* 76).

3° 14 Sextant (6ᵉ gr.), le 10 juin, de 9^h23^m à 10^h21^m. L'étoile disparaît à 41° au-dessus du point le plus à gauche (Est), et reparaît à 2° au-dessus du point le plus à droite (Ouest) du disque lunaire. L'intérêt de cette occultation réside en ce qu'elle a lieu dans

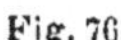

Fig. 76.

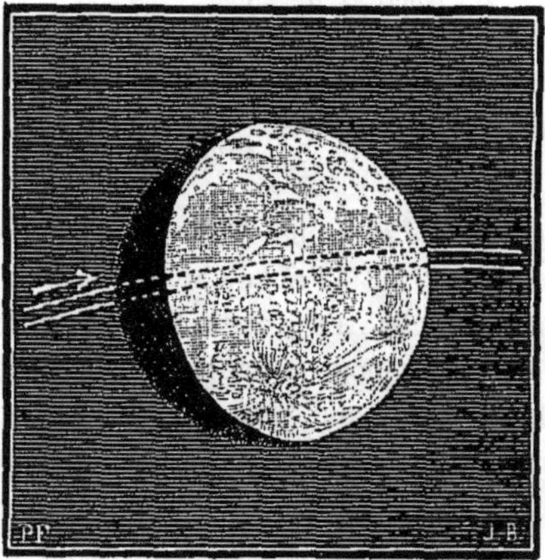

Occultations de χ Vierge et de 4259 BAC par la Lune, le 17 mai, de 9^h42^m à 11^h12^m.

les premiers jours de la lunaison, de sorte que l'étoile sera occultée par la lumière cendrée, bien visible en ce moment-là.

4° 50 Vierge (6ᵉ gr.), le 14 juin, de 9^h8^m à 10^h25^m. L'étoile disparaît toujours à gauche, à 16° au-dessus du point le plus à l'Est, et reparaît à droite, à 12° au-dessus du point le plus à l'Ouest du disque lunaire.

Lever, Passage au Méridien et Coucher des planètes visibles pendant le mois de mai et jusqu'au 15 juin 1883.

		Lever.		Passage au Méridien.		Coucher.	
MERCURE	1ᵉʳ mai	5^h10^m	matin.	$1^h\ 0^m$	soir.	8^h52^m	soir.
	11 »	5 13	»	1 24	»	9 36	»
	21 »	5 11	»	1 21	»	9 31	»
	1ᵉʳ juin	4 47	»	0 39	»	8 31	»
	11 »	4 5	»	11 40	matin.	7 14	»
VÉNUS	1ᵉʳ mai	3 38	»	9 42	»	3 47	»
	11 »	3 22	»	9 46	»	4 12	»
	21 »	3 7	»	9 52	»	4 38	»
	1ᵉʳ juin	2 52	»	9 59	»	5 7	»
	11 »	2 42	»	10 7	»	5 34	»

		Lever.		Passage au Méridien.		Coucher.	
MARS	1er mai	3 43	»	9 56	»	4 10	»
	11 »	3 18	»	9 45	»	4 12	»
	21 »	2 53	»	9 33	»	4 15	»
	1er juin	2 26	»	9 21	»	4 17	»
	11 »	2 2	»	9 10	»	4 19	»
JUPITER	1er mai	7 18	»	3 20	soir.	11 23	»
	11 »	6 47	»	2 49	»	10 52	»
	21 »	6 17	»	2 19	»	10 21	»
	1er juin	5 44	»	1 46	»	9 47	»
	11 »	5 15	»	1 16	»	9 17	»
URANUS	1er mai	2 20	soir.	8 45	»	3 14	matin.
	11 »	1 40	»	8 5	»	2 34	»
	21 »	1 0	»	7 25	»	1 54	»
	1er juin	0 17	»	6 42	»	1 11	»
	11 »	11 38	matin.	6 3	»	0 32	»

MERCURE. — Mercure atteint sa plus grande élongation orientale, le 14 mai, à 2^h du soir; il est alors à 21°48′ à l'*Est* du Soleil; il se couche ce jour-là à 9^h40^m, c'est-à-dire 2^h9^m après le Soleil. La planète se couchant, pendant tout le mois de mai, plus de deux heures en moyenne après le Soleil, se trouve ainsi dans des conditions de visibilité exceptionnellement favorables. On pourra donc voir, chaque soir, la planète Mercure brillant, moins d'une heure après le coucher du soleil, de l'éclat d'une belle étoile de première grandeur, dans le ciel de l'Occident.

VÉNUS. — Vénus est à peu près dans les mêmes conditions de visibilité que le mois dernier; elle se lève toujours un peu plus d'une heure avant le Soleil : c'est donc le matin à l'Orient qu'il faut chercher à l'apercevoir.

MARS. — Mars n'est pas encore observable. Le 10 mai, à 6^h du matin, il sera en conjonction avec Vénus, passant à 48′ seulement au Nord de cette planète.

JUPITER. — Jupiter va bientôt disparaître. Déjà il se couche de bonne heure et ne peut plus être observé qu'au début de la soirée. Le 23 mai, au matin, il passera tout près de l'étoile de 3e grandeur μ des Gémeaux; à 8^h du matin, la planète ne sera qu'à 50′ au Nord de l'étoile. Jupiter s'est notablement déplacé vers l'Orient depuis le mois dernier; il est maintenant dans la constellation des Gémeaux, au Nord des étoiles η et μ.

SATURNE. — Saturne, arrivant vers le Soleil, est à peu près invisible. Comme les deux mois précédents, la Lune va passer tout près de Saturne, plus près même qu'au mois d'avril, car, vus du centre de la Terre, les centres des deux astres ne seraient distants que de 18′, Saturne étant au Sud de la Lune. Comme le demi-diamètre apparent de la Lune mesure plus de 16′, il est certain que la Planète sera occultée par la Lune pour une grande partie de l'hémisphère boréal. C'est le 7 mai, à 5^h du soir, qu'aura lieu ce rare et intéressant phénomène qui serait probablement visible à Paris même, si l'on pouvait disposer d'une lunette assez puissante pour voir en plein jour la planète Saturne à moins d'une heure de distance du Soleil. M. Blot, de Clermont (Oise), nous écrit que, d'après ses calculs, l'occultation de Saturne par la Lune sera visible pour les lieux situés entre 19° 22′ et 52° 37′ de latitude Nord sur le méridien 67° 30′. — La zone de visibilité diminue naturellement d'étendue à mesure qu'on s'éloigne de ce méridien central. Le même phénomène se reproduira, le 4 juin, à 9^h du matin, dans des conditions encore plus favorables, car, vus du centre de la Terre, les centres des deux astres ne seront qu'à 2′ de distance. Ce sera donc une véritable occultation qui serait visible pour une grande partie de la Terre, si la grande proximité du Soleil n'en rendait l'observation des plus difficiles. Comme Jupiter, Saturne s'est déplacé vers l'Orient : il est toujours dans la constellation du Taureau; mais il s'est rapproché des Pléiades et d'Aldébaran, formant avec eux une sorte de triangle obtusangle dont l'angle obtus a son sommet dans Saturne.

Uranus. — Uranus est toujours assez facile à observer; sa position varie très peu : il est toujours dans la constellation du Lion. Son mouvement reste rétrograde jusqu'au 27 mai, après quoi il redevient direct. Voici ses coordonnées, le 15 :

Ascension droite...... 11^{h}21^{m}48^s. Déclinaison...... 4°58′3″ N.

Étoiles variables. — Algol n'est pas observable pendant le mois de mai.

ÉTUDES SÉLÉNOGRAPHIQUES.

Avant d'entamer la description détaillée de la surface lunaire, il nous paraît indispensable de dire quelques mots de la hauteur des montagnes de la Lune. Il va nous arriver à chaque instant de parler de la hauteur et des dimensions des cratères lunaires : aussi pensons-nous que nos lecteurs seront bien aises d'apprendre, s'ils ne le savent déjà, par quels moyens on a pu mesurer la hauteur de ces montagnes qui nous sont si absolument inaccessibles. En réalité, les méthodes géométriques qui conduisent au résultat sont d'une sûreté et d'une simplicité complètes, et l'on peut affirmer que l'élévation des montagnes lunaires est connue avec au moins autant de certitude que celle des montagnes de la Terre. D'abord les dimensions transversales d'un cirque ou d'une plaine s'obtiennent immédiatement par la mesure, très facile à faire, de la distance angulaire des points extrêmes : si l'on trouve, par exemple, qu'un cirque lunaire *vu de face* sous-tend un angle apparent de 18″, on n'a plus qu'à imaginer un triangle isoscèle dont l'angle au sommet serait de 18″, et dont la base serait éloignée du sommet d'une distance égale à celle qui nous sépare de la Lune, laquelle est parfaitement connue. Les formules les plus simples de la Trigonométrie permettent alors de calculer la longueur de la base qui est la dimension cherchée [1].

Si le cirque est vu obliquement, ce qui arrive toutes les fois qu'il n'est pas au

[1] La formule à employer est $l = 2d \operatorname{tang} \frac{\Delta}{2}$ ou plus simplement $l = d \operatorname{tg} \Delta$, parce que les tangentes des très petits angles peuvent être considérées comme proportionnelles à ces angles; l désigne la longueur cherchée, d la distance de la Lune à la Terre, et Δ la dimension angulaire apparente; dans notre exemple numérique, $l = 2d \operatorname{tang} 9''$ ou bien $l = d \operatorname{tg} 18''$. Or $d = 384\,400^{km}$, $\operatorname{tg} 18'' = 0{,}0000873$, d'où $l = 384\,400 \times 0{,}0000873 = 33^{km}{,}6$.

centre de la Lune, il faudra nécessairement tenir compte de cette obliquité, qui a pour effet de rétrécir les dimensions apparentes dans un certain sens.

Quant à la hauteur d'une montagne lunaire, on peut l'obtenir par deux méthodes différentes dont il est facile de se faire une idée.

1° Lorsque la Lune n'est pas pleine, sa partie visible est limitée d'un côté par la ligne qui sépare, à la surface de la Lune, la région éclairée de la région obscure. Si la Lune avait la forme d'un globe poli, cette ligne, que les astronomes anglais

Fig. 77.

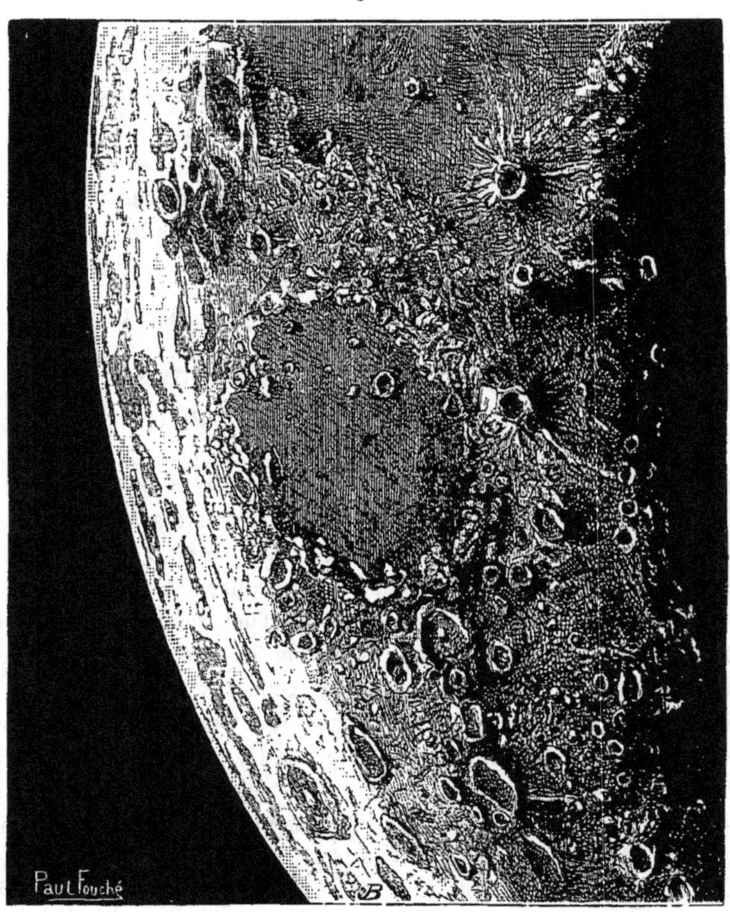

Géographie lunaire. —La mer des Crises et ses environs.

ont nommée le *terminator*, affecterait une courbure régulière; mais les aspérités du sol lunaire font que le terminator prend au contraire une forme dentelée et déchiquetée extrêmement facile à reconnaître. Il arrive même souvent que le sommet d'une montagne reçoit encore les rayons solaires, alors que la base est plongée dans la nuit. Dans ce cas, le sommet nous apparaît comme un petit point lumineux dans la région obscure, isolé du reste de la Lune, à quelque distance du terminator. On conçoit que plus la montagne est élevée, plus le sommet restera longtemps éclairé, de sorte que le petit point lumineux restera visible d'autant plus loin du terminator que la montagne est plus haute. Si alors on mesure la distance angulaire de ce point lumineux au terminator, on pourra en déduire, par un calcul de Trigonométrie assez simple, la hauteur de la montagne au-dessus du niveau de la plaine environnante.

2° La deuxième méthode est fondée sur la longueur de l'ombre que la montagne projette derrière elle : elle est plus commode en ce sens qu'elle n'oblige pas à attendre le moment où le sommet de la montagne est encore éclairé, tandis que la base est dans l'ombre. Après avoir mesuré la dimension angulaire apparente de cette ombre, on en déduit d'abord sa longueur en kilomètres, par la méthode que nous venons d'indiquer pour calculer les dimensions transversales d'un cirque. Il est facile de déterminer quelle est à un moment donné l'inclinaison des rayons solaires sur une région quelconque de la surface lunaire, et, quand on connaît l'inclinaison des rayons solaires, la longueur de l'ombre fait aisément connaître la hauteur de l'obstacle. Comme les ombres se dessinent sur la Lune avec une netteté parfaite, cette méthode est susceptible d'une très grande précision.

La mer des Crises. — Nous allons commencer par une des régions les plus remarquables de la Lune, et l'une de celles dont les détails sont les plus faciles à observer et à reconnaître. La mer des Crises est une plaine sombre située tout près du bord de la Lune, au Nord-Ouest. On peut la distinguer, à l'œil nu, dès le cinquième jour après la Nouvelle Lune : elle affecte la forme d'un ovale plus haut que large, parce qu'elle se présente obliquement; elle est bien ovale en réalité, mais en sens contraire, car elle mesure environ 450^{km} du Nord au Sud, et 570^{km} de l'Est à l'Ouest; sa superficie est de 201 000 kilomètres carrés; c'est presque le quart de la superficie de la France entière, et c'est la 111e partie de celle de l'hémisphère lunaire visible. De toutes les plaines de la Lune, la mer des Crises est celle qui se trouve le plus complètement bordée de hautes montagnes : le fond de la plaine est plus bas que les régions voisines qui sont les mers de la Fécondité et de la Tranquillité. Les montagnes environnantes sont très escarpées, et fort élevées; leur hauteur dépasse en plusieurs points celle du Mont-Blanc. Aussi l'aspect de la mer des Crises, lorsque la Lune en croissant reçoit obliquement les rayons du Soleil, est-il l'un des plus beaux spectacles de la topographie lunaire; les rochers élevés se détachent dans un relief saisissant : une foule de détails se dessinent dans une lumière éblouissante, tandis que les ombres déchiquetées s'étendent sur le sol de la plaine. Notre dessin ne peut donner qu'une idée bien imparfaite de cet admirable paysage.

A une autre époque, la même région de la Lune se présente dans des conditions d'éclairage peut-être plus favorables encore; c'est environ le troisième jour après la Pleine Lune, lorsque le cercle d'illumination vient la traverser dans sa longueur; la lumière, alors, arrive de l'Est, et les remparts occidentaux, déjà plongés dans la nuit, ne laissent voir que leurs cimes les plus hautes surgissant comme des îlots de lumière au milieu de l'obscurité qui envahit peu à peu la surface de notre satellite.

De l'intérieur de la plaine, s'élèvent quelques petits cratères dont le plus remarquable, qui a reçu le nom de *Picard*, se trouve au Sud-Est du centre; au Sud et à l'Est de Picard, les remparts de montagnes sont particulièrement escarpés et forment une région curieuse où Schrœter a cru remarquer quelques changements qu'il a attribués à des traces d'atmosphère. Beer et Mädler n'y ont vu que des variations dans le mode d'éclairage. Au Nord-Ouest, se voit une chaîne très élevée qui relie les remparts de la mer des Crises à un petit cratère appelé *Eimmart;* au Sud-Ouest, les cratères d'*Alhazen*, *Hansen*, *Condorcet*, *Auout*, *Firmicus* et *Apollonius* forment encore une sorte de chaîne; entre Firmicus et le bord de la Lune, il y a quelques bandes obscures qu'Hévélius a nommées « *Marais amers* » et où Beer et Mädler ont remarqué de curieuses variations de teintes; au Sud se trouve la mer de la Fécondité avec le grand cirque de *Taruntius*, au-dessus duquel on pourra remarquer une petite montagne en forme d'Y qui a reçu le nom de Secchi; à l'Est, la mer de la Tranquillité; enfin, au Nord-Ouest, on remarquera les cratères de *Macrobe*, *Cléomèdes*, *Tralles*, *Burckhardt*, et *Geminus*. Les quatre derniers forment aussi une sorte de chaîne élevée, au Sud de laquelle on peut distinguer une région montagneuse constituée par des collines peu élevées qui ont reçu le nom de *Monts Taurus*. Le plus important est *Cléomèdes*, vaste cirque de 130^{km} de diamètre, au centre duquel se trouve un petit piton; deux autres peuvent aussi être aperçus non loin du bord intérieur du cirque. *Tralles* est un petit cirque soudé à *Cléomèdes*; *Burckhardt*, qui vient ensuite, mesure 58^{km} de diamètre, et 3900^{m} de haut; *Geminus* a 95^{km} de large et 3700^{m} de haut du côté Est, 5100^{m} du côté Ouest. Au Sud de *Cléomèdes*, tout au bord de la Lune, est l'immense cirque de *Gauss*, qui ne mesure pas moins de 194^{km} de longueur. Au centre, s'élève une haute montagne au sommet de laquelle on aimerait à se transporter, au lever du Soleil, pour promener ses regards sur cette vaste plaine de 100^{km} de rayon, encore couverte des ombres de la nuit, tandis que le Soleil et la Terre, en deux points opposés de l'horizon, éclairent les cimes des montagnes lointaines. Au Sud de *Gauss*, se voient deux cratères plus petits : *Hahn* et *Berosus*. A l'Est, se trouve le grand cirque de *Messala*, représenté tout au bas de notre gravure; il est accompagné d'un assez grand nombre de petits cratères, et l'on peut remarquer, tout à côté de lui, au Nord, une petite dépression qui devient singulièrement obscure à l'époque de la Pleine Lune.

Ajoutons, pour terminer, que la région peu montagneuse qui se trouve à l'Est de la mer des Crises, au Sud de Macrobe, est le *Marais du Sommeil*; on n'y trouve guère que la montagne *Proclus*, dont la crête est, après *Aristarque*, la partie la plus lumineuse de la Lune. Proclus est un centre d'où rayonnent quelques traînées brillantes qui sont, il est vrai, peu faciles à voir. Le *Marais du Sommeil* confine à la mer de la Fécondité, dont une portion se voit à la partie supérieure de notre petite carte sélénographique.

PHILIPPE GÉRIGNY.

LA CHALEUR SOLAIRE

ET SES APPLICATIONS INDUSTRIELLES.

L'étude de la chaleur solaire commence à sortir de la théorie pure pour pénétrer dans l'application pratique. Nous présentons aujourd'hui à nos lecteurs une machine à vapeur fonctionnant par la seule force de cette chaleur et ayant servi à tirer, à raison de cinq cents exemplaires à l'heure, un journal spécialement composé pour la circonstance et portant le titre significatif de *Soleil-Journal*. On connaît les beaux travaux de

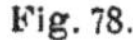

Fig. 78.

Machine à vapeur mise en mouvement par la chaleur solaire.

M. Mouchot sur l'utilisation industrielle de la chaleur solaire. Continuant ces travaux et les développant, M. Abel Pifre est parvenu à construire des appareils solaires qui utilisent jusqu'à 60, 70 et 80 pour 100 de la chaleur reçue de l'astre du jour.

La saison dans laquelle nous entrons permet d'appliquer fructueusement ces appareils, qui fonctionnent aujourd'hui régulièrement, tous les jours de beau temps, dans les ateliers de M. Pifre, à Paris. Déjà, l'année dernière, lors de la fête de l'Union française de la Jeunesse, organisée au mois d'août dans le jardin des Tuileries, on a pu voir l'un de ces appareils réflecteurs, mesurant $3^{m},50$ de diamètre, portant sur son axe central, au foyer des rayons réfléchis, une petite chaudière dont la vapeur mettait en mouvement un moteur vertical d'une force de 30^{kg}, lequel actionnait une presse Marinoni, et a permis de tirer le *Soleil-Journal* comme dans un atelier d'imprimerie. La *fig.* 78 conserve le souvenir de cette curieuse expérience. On voit, au premier plan, deux autres insolateurs, plus petits, servant à distiller de l'eau-de-vie et à faire du café.

Déjà, pendant l'Exposition universelle de 1878, et depuis la publication de son ingénieux Mémoire (1869), M. Mouchot avait réussi un grand nombre d'expériences et d'essais, parmi lesquels on a signalé les suivants :

En quatre heures d'exposition, la marmite solaire a permis de confectionner un excellent consommé, pot-au-feu formé de 1^{kg} de bœuf et d'un assortiment de légumes.

A l'aide d'une légère variation de forme, cette marmite, transformée en un four, a fait cuire, en moins de trois heures, 1^{kg} de pain ne présentant aucune différence avec celui des boulangers.

En la transformant en alambic, on a pu distiller au Soleil, en moins d'une heure, un alcool très aromatique.

Enfin, les rôtis, la cuisson des légumes et une grande partie des opérations culinaires de la cuisine de Paris ont été obtenus avec grand succès. Expérience plus curieuse encore : en projetant un jet de vapeur obtenu par le générateur Mouchot, dans un appareil Carré, M. Pifre a réalisé ce paradoxe : fabriquer de la glace avec le Soleil.

La chaleur qui nous arrive de l'astre solaire est une force considérable. Dans nos climats mêmes, qui sont loin d'être privilégiés, les rayons calorifiques du Soleil versent, sur chaque mètre carré du sol, une quantité de chaleur suffisante pour faire bouillir, en moins de dix minutes, un litre d'eau à la température ordinaire. Par un beau jour d'été, le Soleil lance, pendant huit ou neuf heures, à Paris, une force équivalente au travail de près d'un cheval-vapeur par mètre carré. L'ingénieur américain Ericson a calculé que l'effet mécanique de la chaleur solaire tombant sur les toits de Philadelphie pourrait faire marcher plus de cinq mille machines à vapeur de la force de 25 chevaux chacune. Archimède, après l'achèvement d'un calcul sur la force du levier, disait qu'avec un point d'appui il se chargeait de soulever le monde : le même ingénieur assure que la concentration de la chaleur rayonnante du Soleil produirait une force capable d'arrêter la Terre dans sa marche.

Théoriquement, la chaleur envoyée par le Soleil à la Terre est égale au travail de 217 trillions 316 milliards de chevaux-vapeur : 543 milliards de machines à vapeur, d'une force effective de 400 chevaux chacune, travaillant sans relâche le jour et la nuit : voilà le travail permanent du Soleil sur la Terre !

Les expériences faites par M. Violle, professeur à la Faculté des Sciences de Grenoble, montrent que le Soleil met à notre service une quantité de chaleur que l'on peut évaluer à 18 calories par minute et par mètre carré de surface d'insolation. (Rappelons qu'on appelle *calorie* la quantité de chaleur nécessaire pour élever de 1° C. la température de 1^{kg} d'eau : c'est l'unité conventionnelle dont on se sert en calorimétrie.)

Voici donc, selon les prédictions des alchimistes du moyen âge, « les rayons du Soleil mis en bouteilles ». Sans doute, au point de vue purement industriel, le prix de construction des appareils et l'intermittence des heures ensoleillées ne nous donnent pas encore là un combustible perpétuel et gratuit. Mais ce n'est que l'aube d'une ère nouvelle ; c'est l'enfant qui vient de naître. L'invention se perfectionnera, et un jour, sans doute, au moins dans les pays favorisés d'un soleil constant, on saura emprunter au bienfaisant astre du jour cette expansion de calorique qu'il verse sur nous avec tant de prodigalité, et que, jusqu'ici, nous avons laissée se perdre inutilement. La nature nous garde en réserve d'inépuisables trésors que nos descendants seront surpris d'avoir vus rester improductifs pendant tant de siècles. Mais chaque progrès vient à son heure, et peut-être est-il inscrit au grand livre des décrets providentiels que notre laborieuse et encore enfantine humanité sublunaire doive attendre l'épuisement complet des mines de houille et du bois combustible (ce sont encore là des rayons de soleil emmagasinés) pour être enfin gratifiée d'une source perpétuelle de force, de chaleur et de lumière, par l'utilisation directe de la chaleur solaire, par l'extraction de la chaleur intérieure du globe, par les transformations de l'électricité atmosphérique, par la déshydrogénation grandiose de l'eau des mers, et par l'application du mouvement perdu dans l'oscillation diurne des marées sur tous les rivages.

A. Lepaute.

LA CONSTITUTION INTÉRIEURE DE NOTRE PLANÈTE.

On admet généralement que notre planète est entièrement fluide dans son intérieur, à l'exception d'une mince écorce, et la plupart des études mathématiques faites sur sa figure et sa constitution supposent cette fluidité. Il est intéressant de reprendre ces recherches dans une hypothèse différente, par exemple en considérant le globe comme formé d'un noyau ou bloc solide, recouvert d'une couche moins dense qui peut être partiellement fluide à une certaine profondeur.

Je me propose de faire voir que l'hypothèse de la fluidité est incompatible avec la valeur de l'aplatissement superficiel, qui, d'après les plus récentes déterminations, est supérieur à $\frac{1}{293}$. Cet aplatissement se concilie au contraire avec

Fig. 79

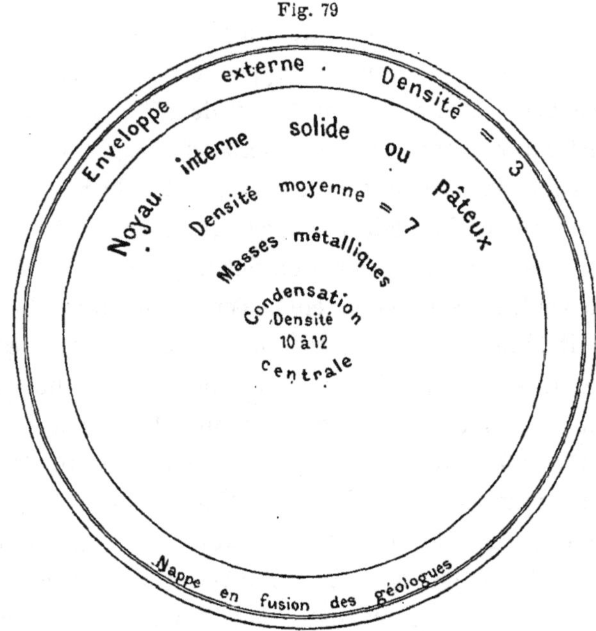

Coupe théorique du globe terrestre.

l'hypothèse du noyau solide, si l'on tient compte de ce que ce noyau s'est solidifié et a pris sa forme définitive sous l'influence d'une rotation moins rapide que celle dont la Terre est actuellement animée.

Enfin, je montrerai que les données astronomiques et physiques permettent de déterminer, avec assez de précision, le poids spécifique du noyau et l'épaisseur de la couche beaucoup moins dense qui l'enveloppe. Si l'on fait abstraction de l'écorce purement superficielle, ainsi que d'une légère condensation vers le centre, voici quelle serait la constitution du globe : un bloc dont la densité est de 7 à 7,5; une couche extérieure, de densité 3, dont l'épaisseur égale $\frac{1}{6}$ du rayon entier.

Le bloc terrestre est donc, pour le poids spécifique, analogue aux fers météoriques, tandis que la couche qui l'enveloppe est comparable aux aérolithes de nature pierreuse, où le fer n'entre qu'en faible proportion.

I

La question de savoir quels matériaux constituent l'intérieur de la Terre, et suivant quelle loi ils varient de densité, à partir de la surface jusqu'au centre, ne saurait être résolue d'une manière certaine; cependant elle n'est pas absolument indéterminée. En dehors de toute considération géologique, il existe en effet des données ou des conditions assez précises, auxquelles doit satisfaire la constitution de notre planète, et qui limitent notablement l'indétermination du problème.

Ces données sont au nombre de trois : d'abord, la valeur de la densité moyenne, environ 5,56 par rapport à l'eau; comme la densité des couches superficielles ne dépasse pas 2,5, il faut que les couches profondes et surtout la région centrale aient une densité bien plus grande. En second lieu, l'aplatissement de la surface des mers, donné par les mesures géodésiques, est essentiellement lié à la distribution de la matière dans le globe; s'il ne suffit pas plus que la densité moyenne pour fixer la loi de cette distribution, il permet du moins de formuler une équation que cette loi doit nécessairement vérifier. Enfin, la valeur numérique d'une certaine constante déterminée par le phénomène astronomique de la précession des équinoxes, dépend de la masse des couches qui constituent le globe, aussi bien que de leur figure : de là, une nouvelle relation que la loi de progression de densité doit encore vérifier.

Aucune supposition sur la constitution de la Terre n'est admissible, si elle ne satisfait aux trois conditions que nous venons d'indiquer.

Mais ces conditions ne suffisent pas à déterminer les éléments inconnus du problème, de sorte qu'il est nécessaire, pour arriver à une solution, de recourir à d'autres considérations et d'essayer successivement les hypothèses les plus probables au point de vue de la physique du globe.

En admettant la fluidité de la Terre, on peut faire, sur son état actuel, deux suppositions contraires : ou bien elle est encore fluide, à l'exception d'une mince croûte extérieure, ou bien, si elle est déjà en grande partie solidifiée, elle forme un bloc à peu près homogène, formé des corps qui ont prédominé dans la composition de la nébuleuse terrestre, et au centre duquel se sont agglomérées les substances ayant une grande densité. Ce bloc est lui-même enveloppé par une couche externe, composée de matériaux plus légers, provenant des réactions chimiques qui se sont opérées successivement à la surface du bloc, entre les divers corps simples, lorsque le refroidissement a rendu possible ces réactions.

La première de ces hypothèses, celle de la fluidité, a servi de base au plus grand nombre des recherches faites sur ce sujet, depuis Newton, qui a calculé quel serait l'aplatissement de la Terre fluide et homogène, et Clairaut, qui a résolu le même problème en la supposant formée de couches concentriques de densité croissante de la surface au centre. Cet accroissement de la densité peut tenir à deux causes : d'abord, à la nature même des couches, car les matières les plus lourdes ont dû se porter vers le centre; ensuite à la compression des couches internes par les couches supérieures. Le poids immense de ces couches, pressant sur celles qui les supportent, en augmente nécessairement la densité; de sorte que la Terre, fût-elle chimiquement homogène ou formée d'une seule substance, présenterait encore, si elle est fluide, le fait d'un accroissement progressif de la densité vers le centre.

Si l'on rejette la complète fluidité de la Terre, il n'est plus possible d'attribuer à la compressibilité de ses couches la même influence, et de considérer la loi de leurs densités comme découlant uniquement de celle des pressions. A l'état solide, comme l'a fait observer Laplace, l'adhésion des molécules diminue extrêmement leur compression mutuelle. Dans un globe fluide, la différence des pressions aux deux bases d'un cylindre fictif aboutissant au centre est égale au poids du cylindre; dans un solide, les tensions latérales sont variables et acquièrent parfois une valeur énorme. C'est ainsi qu'une couche pourrait se soutenir d'elle-même comme une espèce de voûte, sans peser sur celle qui est au-dessous; la pression se subdivise alors un peu partout, se répartit irrégulièrement, et ne suit pas une loi qu'on puisse formuler.

Au contraire, dans un fluide homogène, la variation de densité sous l'influence de la compression est régulière et susceptible d'être exprimée analytiquement, la densité de chaque couche étant une fonction déterminée de sa distance au centre. Quand il s'agit d'un gaz, la densité croît à peu près proportionnellement à la pression; mais les liquides résistent d'autant plus qu'ils sont déjà plus comprimés. En partant de cette remarque, Laplace a été conduit à admettre une certaine loi de compression, d'où résulte une loi correspondante des densités, que Legendre avait déjà examinée avant lui, parce qu'elle se prête à l'intégration des formules générales et permet de calculer l'aplatissement des différentes surfaces de niveau de la masse terrestre supposée fluide.

Ces recherches ont été poursuivies par Plana dans divers mémoires, et surtout par Saigey dans un travail remarquable où il établit cette proposition depuis lors vérifiée par l'expérience: La pesanteur, au-dessous de la surface de la Terre, doit augmenter jusqu'à une certaine profondeur, au delà de laquelle elle décroît pour devenir nulle au centre; il suffit pour cela que la densité superficielle soit moindre que les deux tiers de la densité moyenne, condition qui est évidemment remplie.

J'ai moi-même étudié ce sujet à diverses reprises. Adoptant une loi de compressibilité un peu différente de celle de Laplace, et où cette compressibilité diminue plus rapidement quand la pression augmente, j'ai été conduit à une loi des densités plus simple que celle de Legendre ; la diminution de la densité ρ serait proportionnelle au carré de la distance a au centre (¹). Ces nombres s'accordent suffi-

(¹) $\rho = \rho_0(1 - \beta a^2)$.

On satisfait convenablement aux données du problème, l'aplatissement étant supposé $\frac{1}{297}$, en prenant $\beta = \frac{7}{9}$, de sorte que

$$\rho = 10,4 - 8,1\,a^2.$$

La densité centrale ρ_0 serait 10,4, et la densité superficielle 2,3.

samment avec l'accroissement de la pesanteur mesuré par M. Airy, au fond d'un puits de mine de 385^m de profondeur, et avec la densité de la couche traversée par ce puits.

L'hypothèse de la fluidité complète, parfaitement admissible tant que l'aplatissement superficiel diffère peu de $\frac{1}{300}$, est incompatible avec la valeur actuellement adoptée pour cet aplatissement : $\frac{1}{292}$ à $\frac{1}{294}$.

Cette objection à la fluidité du globe, que je crois être le premier à signaler, vient s'ajouter à d'autres bien connues. S'il n'est pas douteux, en effet, que la Terre entière ait été primitivement dans une sorte d'état fluide, permettant de lui appliquer les lois et les formules de l'Hydrostatique, rien ne démontre qu'il en soit encore ainsi, et l'on a même de fortes raisons pour en douter. Il y a, contre cette entière fluidité, des raisons, soit astronomiques, soit mécaniques. MM. Hopkins et William Thomson déclarent que « le phénomène de la nutation, c'est-à-dire ce balancement qu'éprouve l'axe de la Terre, par suite des attractions du Soleil et de la Lune sur son renflement équatorial, devrait être tout autre qu'il n'est effectivement, si notre globe était formé d'une écorce rigide remplie par un fluide. » L'objection s'applique surtout à la nutation semi-annuelle, due au Soleil, et à la nutation de quinze jours, due à la Lune.

Les mêmes physiciens pensent que « les marées qui se produiraient nécessairement dans cette masse fluide, sous l'influence du Soleil et de la Lune, seraient telles qu'aucune enveloppe ne pourrait y résister : la croûte solide, de quelque rigidité qu'on la supposât douée, devrait se briser à chaque marée, laissant aux vagues un passage libre pour s'écouler au dehors. » Afin d'éviter cette difficulté, Ampère admettait que la consolidation du globe s'est produite dès l'origine, et Poisson pensait aussi que c'est par le centre que la Terre a commencé à se solidifier.

Cependant, les objections à la fluidité intérieure ont été combattues par d'autres astronomes qui croient encore à la possibilité d'un fluide central contenu dans une enveloppe solide de peu d'épaisseur. Quoi qu'il en soit de ces difficultés théoriques, sans aborder ici un point si controversé, et mettant même de côté, pour un moment, notre propre objection fondée sur le désaccord existant entre la grandeur de l'aplatissement et la valeur numérique de la constante de la précession, il est évident que supposer la Terre actuellement solidifiée, est une hypothèse parfaitement admissible au point de vue astronomique. Elle mérite donc d'être soumise à la même discussion que l'hypothèse de la fluidité complète.

II

Abstraction faite de la partie centrale où ont été se déposer d'abord les substances les plus lourdes, on peut assimiler la majeure partie du globe à une masse presque homogène. Cette conception semble confirmée par ce que l'on sait de l'origine commune de la Terre et des autres planètes. Si l'on a constaté, dans les diverses parties de l'Univers, une remarquable unité de composition, en ce sens que les mêmes corps simples s'y retrouvent presque partout, il n'en est pas moins vraisemblable que chacun des anneaux en lesquels s'est décomposée la nébuleuse solaire présente un caractère spécial, et que, dans chaque planète, certains matériaux doivent prédominer. Pour la Terre en particulier, la plus grande partie est probablement formée d'une substance principale dont il nous sera possible de déterminer approximativement la densité. Quant à sa nature, l'étude comparée des aérolithes et des corps qui, des profondeurs du globe, ont été amenés à sa surface par des éruptions, fournit à ce sujet de précieuses indications.

A un sphéroïde liquide et compressible, substituons donc l'hypothèse inverse; un bloc à peu près uniforme, sauf vers le centre où se trouve une région plus dense et extérieurement enveloppée par une couche assez mince et bien plus légère; cette couche, à une certaine profondeur, est peut-être encore liquide ou tout au moins pâteuse, et la croûte externe est seule accessible à nos investigations.

L'homogénéité du bloc constitue, il est vrai, une hypothèse extrême, mais elle a l'avantage de se prêter au calcul. De plus, elle est exactement opposée à celle du fluide où la condensation des couches superposées augmenterait régulièrement avec la profondeur; il est permis de croire que la réalité est comprise entre ces deux suppositions, également exagérées, mais en sens contraire. Or, on verra tout à l'heure que les résultats de l'une et de l'autre s'accordent sur certains points essentiels, qui deviennent par conséquent très probables et donnent déjà une idée approximative de la constitution de la Terre, au point de vue de la distribution de la masse.

Les trois conditions empruntées à la Mécanique céleste, dont j'ai parlé en commençant, se traduisent analytiquement par trois équations entre les inconnues du nouveau problème. Ces inconnues sont au nombre de quatre : la masse du noyau fictif que nous imaginons au centre, la densité du bloc constituant la majeure partie du globe, l'épaisseur de la couche extérieure, et enfin sa densité.

Les données seraient donc insuffisantes pour arriver à une solution, si l'on ne supposait pas connu le dernier de ces éléments. On estime généralement à 2,5, par rapport à l'eau, la densité de l'écorce superficielle; ce nombre est intermédiaire entre la densité de la surface même, qui ne dépasse guère 2, et celle des laves et basaltes, ordinairement inférieure à 3.

La densité de cette écorce est donc $\delta = \frac{2,5}{5,56}$, ou 0,45 de celle du globe entier. Si l'on assimile la couche-enveloppe du bloc au granit le plus lourd, dont la densité atteint 2,75, on devra prendre $\delta = 0,5$.

Tenant compte de ce que cette couche est en réalité très épaisse, relativement aux plus grandes profondeurs explorées, nous avons fait nos calculs en supposant $\delta = 0,55$, c'est-à-dire 3,06 par rapport à l'eau. Cette estimation ne paraît pas pouvoir être notablement dépassée; elle revient à considérer la couche en question comme formée en majeure partie de ces roches basaltiques inférieures au granit, que les éruptions amènent à la surface. A l'aide de cette nouvelle donnée physique, les trois autres inconnues deviennent calculables.

Enfin, nous prendrons le coefficient dépendant de la précession, égal à 0,00326.

III

Les équations conduisent alors aux conséquences suivantes.

Pour la valeur $E = \frac{1}{295}$ de l'aplatissement, et à plus forte raison pour les valeurs plus petites, il n'existe pas de solution qui satisfasse aux conditions du problème : l'hypothèse du bloc solide, telle que nous l'avons formulée, n'est pas compatible avec un aplatissement égal ou inférieur à $\frac{1}{295}$.

Si l'on suppose $E = \frac{1}{294,3}$, les formules fournissent une solution. On trouve, pour la densité du bloc principal, 1,36, ce qui répond à 7,6 par rapport à l'eau. Le rayon de ce bloc est 0,82 du rayon terrestre; son aplatissement $\frac{1}{316}$. La couche externe, dont nous avons estimé la moyenne densité à 3 environ, a donc pour épaisseur $\frac{1}{6}$ du rayon; son volume atteint les $\frac{4}{9}$, presque la moitié du globe entier, et renferme un quart de la masse totale. Quant à la masse fictive que nous avons imaginée au centre, pour représenter l'action des matériaux pesants qui ont pu s'y accumuler, elle serait presque nulle.

Pour un aplatissement plus grand que celui qui vient d'être considéré, on ne trouve pas plus de solution qu'il n'en existait au-dessous, de sorte que le problème ne paraît possible que pour une seule valeur de l'aplatissement. Avec les données physiques que nous avons adoptées, cette valeur est $\frac{1}{294,3}$ et la constitution du globe qui en résulte est à la fois simple et satisfaisante sous tous les rapports. Rien ne s'oppose à ce qu'elle soit effectivement réalisée dans la nature ; un sphéroïde ainsi construit remplirait les diverses conditions résultant de la densité, de la figure de la Terre, et de son influence sur le phénomène de la précession [1].

Quant à la région centrale du globe, on ne connaît rien de sa constitution chimique : les corps métalliques de grande densité qui pourraient s'y trouver libres ou associés sont nombreux et très divers. Élie de Beaumont évaluait à 18 la densité du centre ; mais elle est certainement bien inférieure, probablement 10 ou 12 (argent, plomb).

La région intermédiaire, qui occupe à elle seule la moitié du volume et contient les trois quarts de la masse totale, paraît avoir une constitution presque uniforme. Sa densité, calculée de 7 à 7,5, indique qu'elle est métallique, sans doute formée de fer, à en juger par les propriétés magnétiques du globe et la fréquence du fer dans les aérolithes.

(1) Il va sans dire que cette valeur particulière de l'aplatissement, pour laquelle le problème est possible, ne doit pas être considérée comme absolument déterminée au point de vue numérique. Je veux dire que, si, au lieu de prendre la constante de la précession égale à 0,00326, on la supposait plus petite ou plus grande, on arriverait bien toujours aux mêmes conclusions théoriques, mais les nombres seraient modifiés, et, à l'aplatissement ci-dessus, il en faudrait substituer un autre plus petit ou plus grand.

La répartition de la matière dans le globe ne serait d'ailleurs guère changée; le bloc conserverait un rayon voisin de 0,82 et une densité de 7,2 à 7,6, qui dénote sa nature complètement métallique.

C'est dans cette enveloppe du bloc métallique que se sont développés les phénomènes mécaniques et physiques, objet de la Géologie. Si gigantesques qu'ils paraissent, ces phénomènes ont une bien faible importance quand on prend pour échelle le rayon terrestre. Ils ne paraissent pas liés à l'état du noyau interne, mais ont pour siège la couche, relativement mince, dont nous parlons.

Là se trouve enfin, à une distance difficile à préciser, la région encore fluide que les géologues font intervenir dans leurs explications. La solidification successive des diverses parties du globe a donné lieu à une série de crises se manifestant extérieurement par deux sortes d'effets : rupture d'équilibre et dislocation des couches supérieures déjà solides, transport vers la surface d'une nouvelle quantité de chaleur. L'accroissement thermométrique constaté à l'intérieur de la Terre, déduction faite de la chaleur attribuable aux actions chimiques, prouve que la chaleur initiale subsiste à un haut degré dans une région médiocrement profonde où ont pu se conserver jusqu'à ce jour des restes de la fluidité primitive.

Il y a là sans doute des laves en fusion, reposant sur le noyau métallique et supportant elles-mêmes l'écorce superficielle. Quelle est l'épaisseur de ce fluide souterrain? Est-il continu ou formé de lacs isolés? Tout ce qu'on peut assurer, c'est que son étendue n'est pas assez grande, eu égard au volume de la Terre, pour que le Soleil et la Lune y produisent des marées trop sensibles ; et cela écarte la difficulté dont nous avons parlé plus haut [1].

ÉDOUARD ROCHE,
Correspondant de l'Institut,
Professeur à la Faculté des Sciences de Montpellier.

(Suite et fin au prochain Numéro).

Le savant auteur de cet article vient de mourir, quelques jours après avoir rédigé pour l'*Astronomie* une nouvelle étude sur *Les variations périodiques de la température*, que nous publierons immédiatement à la suite de celle-ci. L'Académie des Sciences a rendu un suprême hommage à M. Roche en résumant ses travaux dans l'une de ses dernières séances. Nous nous associons avec sympathie à la perte douloureuse que sa famille et la Science viennent de faire. C. F.

PHÉNOMÈNES

Dus à l'action de l'atmosphère sur les étoiles filantes, sur les bolides, sur les aérolithes.

Je n'ai pas besoin de signaler aux lecteurs de cette Revue astronomique ce qui ressort de neuf et de grand comme progrès, disons, comme conquête scientifique, du travail publié par M. Daubrée sur les *Pierres tombées du Ciel*.

Me sera-t-il permis de compléter cette œuvre, si précise et si claire? Mon intention est de me placer ici sur le domaine de la Physique mécanique et d'exa-

[1] Ici se présente une supposition qui, absolument invraisemblable dans l'hypothèse fluide, peut paraître spécieuse quand on admet un noyau solide. Si ce noyau s'est solidifié à une époque où la vitesse de rotation était moins rapide qu'aujourd'hui, n'a-t-il pas pu conserver cette vitesse, tandis que le mouvement des couches supérieures s'accélérait par suite de la contraction progressive, de telle sorte que la vitesse angulaire irait en croissant du noyau à la couche fluide et à l'écorce? Cette idée soulève des objections

miner surtout les phénomènes que présentent « ces pierres tombant du Ciel, » ces astéroïdes, en apparence et relativement, microscopiques, au moment où ils entrent en communauté avec notre globe, où ils pénètrent dans notre manteau protecteur aérien.

Chaleur et lumière, variant du très faible jusqu'à une intensité excessive; traînée de fumée blanchâtre le jour, parfois phosphorescente la nuit; explosion suivie de roulement prolongé, tantôt sourd et faible, tantôt égalant presque le bruit du tonnerre ou de l'explosion de pièces d'artillerie de fort calibre; sifflement aigu. Telles sont les manifestations qui précèdent toujours la chute des pierres du Ciel, mais qui, il s'en faut bien, ne sont pas toujours suivies de cette chute et qui se font même fort souvent défaut les unes aux autres, en remontant dans l'ordre indiqué. Bien qu'on connaisse aujourd'hui un grand nombre de chutes de pierres, il n'en est pas moins certain que le phénomène est relativement rare; les savants qui en ont été témoins forment l'exception. Les bolides ou globes de feu, d'une intensité plus ou moins grande, sont beaucoup moins rares, et il est, je crois, peu de physiciens qui, dans le cours de leur vie, n'aient pu en observer quelques-uns, contrairement à ce qu'il en est de la chute des pierres. Quant aux étoiles filantes, connues de temps immémorial, on sait qu'elles apparaissent à profusion, à certaines époques.

C'est cet ensemble de phénomènes successifs que je vais essayer d'étudier dans ce travail. Toutefois, au lieu de présenter un programme, je vais poser une suite de questions auxquelles nous chercherons une réponse successivement. J'ai tout lieu d'espérer que le lecteur sera plus d'une fois étonné de voir se souder ensemble des faits entre lesquels ne s'apercevait d'abord aucune connexion, et dont le rapprochement semblerait dépendre du hasard.

La vitesse des étoiles filantes, des bolides, est fort variable, mais elle est toujours très considérable par rapport aux plus grandes vitesses que nous voyons se produire ou que nous pouvons développer sur notre Terre, à celle de nos projectiles d'armes à feu, par exemple. Par rapport à la Terre, elle dépend, ainsi que le dit très bien M. Daubrée, de la direction de ces corps : s'ils se meuvent dans le même sens que la Terre, la vitesse de celle-ci s'en retranche en quelque sorte; s'ils se meuvent dans le sens contraire, elle s'y ajoute. Un astéroïde qui suit la Terre et qui possède une vitesse absolue de 31^{km} par seconde, n'a, par rapport à la Terre, qu'une vitesse de 31 diminuée de 29,5, vitesse moyenne du globe; au contraire, un astéroïde qui vient vers la Terre, avec une vitesse de 31^{km}, en a une de 31 plus 29,5, soit 60,5 par rapport à notre globe, par rapport à nous. D'après les premiers éléments de la Dynamique, on sait que c'est de la

considérables; nous la signalons cependant parce qu'elle rappelle la curieuse théorie de Halley, qui expliquait les variations séculaires de l'aiguille aimantée en considérant le globe comme formé de deux parties indépendantes, un noyau et une couche externe, ayant chacun un mouvement de rotation particulier. Sans aller aussi loin, on pourrait peut-être attribuer à un déplacement relatif de ces masses fluides intérieures certains changements du magnétisme terrestre, des oscillations du sol, et même de petites perturbations dans l'axe ou la durée de la rotation terrestre.

vitesse relative seule que nous avons à tenir compte pour évaluer les effets que produisent ces astéroïdes sur notre Terre. Cela posé, et rien que pour fixer les idées du lecteur, je supposerai que cette vitesse relative soit en général de 30^{km} à la seconde. Voyons quelles en seront les conséquences physiques, mécaniques, chimiques...

I

En tout premier lieu, que se passe-t-il quand l'astéroïde pénètre dans la nappe gazeuse qui forme les limites de notre atmosphère?

En amont de l'étoile filante, les particules de gaz frappées les premières sont obligées de prendre la vitesse même du corps; mais, l'air étant essentiellement élastique, les parties qui sont éloignées sont encore en repos, quand déjà les premières ont acquis l'énorme vitesse de 30^{km} en amont; il y a donc rapprochement des molécules aériennes, il y a *compression;* en aval, c'est précisément le contraire qui a lieu; il y a écartement des particules situées sur le trajet du projectile céleste, il y a raréfaction. Le calcul nous apprend que l'air, qui, sous la charge atmosphérique complète, se précipite dans le vide d'une de nos machines pneumatiques, ne prend guère que 800^{m} de vitesse à la seconde. La vitesse de l'étoile filante étant à l'origine cinquante fois plus grande que celle-ci, il se fait à l'arrière un vide parfait qui n'est comblé que successivement par l'air ambiant. Une équation bien connue d'Hydrodynamique [1] nous apprend que la résistance qu'un corps éprouve dans l'air où il se meut est, toutes choses égales, proportionnelle à la densité, au poids du mètre cube du gaz, et au carré de la vitesse. La forme du corps en mouvement influe considérablement aussi sur la grandeur de la résistance: chacun sait combien la portée de nos armes à feu a été augmentée par la modification qu'on a apportée à la forme des projectiles. Pour fixer tout de suite les idées du lecteur par un exemple numérique, je supposerai un bolide sphérique de 1^{mq} de section équatoriale, animé comme convenu d'une vitesse de $30\,000^{m}$ par seconde. Le calcul, dont je donne l'analyse en note, nous montre qu'à une hauteur où la pression atmosphérique et la densité de l'air sont réduites au centième, c'est-à-dire à environ $37\,000^{m}$, la résistance éprouvée s'élèvera encore au chiffre énorme de $582\,000^{kg}$. On sait qu'à la surface de la Terre la pression de l'atmosphère sur chaque mètre carré de surface est de $10\,333^{km}$: la pression en amont de l'aérolithe ou bolide s'élève donc à plus de 56 fois cette valeur, à plus de 56 atmosphères! En d'autres termes, la vitesse énorme du projectile fait croître la pression de l'air de $\frac{1}{100}$ d'atmosphère à 56, *elle la porte de* 1 à 5600.

Avant de nous occuper des conséquences d'une pareille résistance sur le mouvement du corps, je m'arrête à un phénomène physique de la plus haute importance, à celui qui, de fait, nous révèle l'arrivée d'une étoile filante, d'un bolide, d'un aérolithe.

(¹) Voyez, pour tous les résultats numériques donnés comme exemples dans ce travail, les développements analytiques présentés en note à la fin (au prochain Numéro).

II

Quelle est la cause de la lumière que répandent ces visiteurs étranges de notre planète ?

Il est peu de personnes, même parmi les plus indifférentes ou les plus illettrées, qui, maintes et maintes fois, n'aient été frappées par l'apparition des étoiles filantes. Une croyance populaire nous affirme qu'un vœu fait pendant le passage d'une de ces étincelles célestes a toute chance de se réaliser; il s'agit seulement, comme on voit, d'être leste, puisque l'apparition dure rarement plus d'une, deux ou trois secondes. L'éclat habituel des étoiles filantes varie entre celui des étoiles de première grandeur et de celles de troisième ou moins encore. Mais ici arrivent les exceptions : ces corps, prenant le nom de bolides ou globes de feu, jettent parfois un éclat comparable à celui du Soleil. M. Daubrée cite plusieurs exemples de ce genre. Je citerai un bolide dont l'éclat, d'après ce qu'on va voir, doit avoir été réellement extraordinaire. C'était pendant l'automne de 1845 (je ne me rappelle pas la date précise), vers les 10 heures du soir; un brouillard épais rendait la nuit complètement noire; je dormais d'un sommeil profond, les persiennes de ma chambre fermées, quand je fus brusquement réveillé par un trait de lumière pénétrant par la fente d'un volet et marchant rapidement sur le plancher. L'éclat de cette lumière projeté dans ma chambre m'a paru au moins égal à celui du Soleil le plus vif. Cinq minutes environ après cette apparition, éclata une explosion formidable, suivie d'un long roulement qui fut entendu dans tout notre Haut-Rhin. Le lendemain, j'interrogeai un vieux soldat hongrois qui avait été de garde, et le chef des gardes de nuit qui se trouvait par hasard à côté de lui au moment du phénomène.

Le premier, croyant simple et naïf, s'était jeté à genoux, s'attendant naturellement à la fin du monde; le second, esprit fort et sceptique, avait essayé de rassurer son subalterne en lui représentant que le phénomène n'avait rien que de *très ordinaire !!* A l'exagération de leurs récits, il me fut facile de me convaincre que la frayeur avait atteint son paroxysme chez le sceptique comme chez le croyant. Ce que je pus démêler de certain, c'est que l'épaisseur du brouillard les avait empêchés de distinguer la forme et l'apparence du météore, et même son mouvement. « Toute la voûte céleste, disaient-ils, avait semblé s'embraser et s'abaisser sur la Terre. » Si l'on se rappelle combien nos brouillards d'automne diminuent souvent la lumière du jour à midi même, comme ils éteignent la lumière la plus vive de nos phares électriques, on aura une idée de ce qu'avait dû être l'éclat d'un météore capable de produire les effets que je viens de relater.

Quelle est la cause de phénomènes luminiques et calorifiques qui peuvent atteindre une pareille intensité ? — Cette cause a été depuis longtemps indiquée par plusieurs savants. Ce sont, dit-on, le frottement et la compression de l'air qui enflamment les bolides. En supprimant le mot enflammer, puisque, neuf fois sur dix, les aérolithes sont, chimiquement parlant, des corps déjà brûlés, l'explication est à peu près correcte, mais elle n'est qu'*indiquée*. — Tout le monde connaît, au moins par description, l'ancien briquet pneumatique; dans un petit cylindre fermé par un bout, on refoule vivement l'air à l'aide d'un piston hermétique auquel est attaché de l'amadou; celui-ci s'allume instantanément par la chaleur que développe ainsi la compression du gaz. Tel est précisément le phénomène qui a lieu quand un bolide pénètre dans l'atmosphère, à cette différence près qu'ici notre cylindre fermé est en quelque sorte remplacé par l'inertie de la masse d'air que traverse l'astéroïde. Le gaz aérien, ne pouvant reculer *assez vite* devant le projectile qui le frappe, se trouve comprimé et s'échauffe, absolument comme cela a lieu dans le briquet pneumatique. Voilà la cause du phénomène calorifique indiquée nettement; mais, je le répète, ce n'est qu'une *indication;* l'Analyse mathématique nous donne aujourd'hui la *mesure* du phénomène. Une belle équation de la Thermodynamique nous permet de calculer exactement le changement de température que produit dans l'air un bolide animé d'une vitesse connue. Au cas particulier d'un bolide ayant une vitesse de 30^{km}, le changement de température produit par la compression de l'air s'élève au chiffre énorme de 3400°C., excès que nous ne pouvons produire dans nos foyers les plus intenses qu'aux deux tiers à peine!

Ces deux premières données de l'Analyse nous font déjà comprendre nettement les phénomènes les plus frappants que présentent les étoiles filantes et les bolides. L'énorme pression à laquelle le mobile est soumis en amont, dès son entrée dans l'atmosphère, doit désagréger, pulvériser instantanément la surface (cette remarque a été faite il y a longtemps par Regnault); la poussière minérale ainsi *râclée*, qu'on me passe le mot, se trouvant dans un gaz à quelques milliers de degrés, devient aussitôt lumineuse, comme le devient la poussière de chaux, de magnésie, qu'on projette dans la flamme du gaz oxihydrique, comme le deviennent les matières solides qui se précipitent continuellement dans le gaz incandescent de la photosphère solaire. Ainsi s'explique très naturellement la traînée lumineuse que laissent, non seulement les bolides, mais même un grand nombre d'étoiles filantes. Cette traînée, quand l'air est calme, dure parfois très longtemps après le passage du projectile. Voici une note que je tire du registre d'observation régulièrement tenu autrefois par mon frère.

« 11 juin 1867, 8^h30^m du soir. Un globe de feu tombe au Nord-Est et laisse
» derrière lui une bande argentée qui finit par ressembler à un nuage formé par
» un *serpent enroulé.* Ce nuage ne se dissipe qu'au bout de trois quarts d'heure
» environ. »

Au cas particulier, il ne me semble pas nécessaire d'admettre une phosphorescence pour expliquer la visibilité de la traînée; à 9^h15^m, le 11 juin, la lumière solaire réfractée par l'atmosphère pouvait sans doute encore éclairer la poussière météorique dans les hautes régions où elle se trouvait. J'ai été témoin de cas où cette explication était insuffisante, et où, d'un autre côté, la visibilité de la traînée ne pouvait non plus être attribuée à l'incandescence première de la matière du bolide, la chaleur développée ne pouvant avoir de durée notable et devant se disperser très rapidement par rayonnement : une phosphorescence propre à la poussière météorique peut seule expliquer ici la visibilité de la traînée.

L'Analyse nous révèle un autre fait extrêmement curieux et important, à savoir :

que la différence de température produite par le choc du bolide contre l'air ne dépend nullement de la densité du gaz, mais seulement de la différence des pressions produites par le choc, différence indépendante elle-même de la densité et dépendante seulement, toutes choses égales, de la vitesse du mobile. En d'autres termes plus précis : un bolide doué d'une vitesse de 30^{km} détermine, dans l'air, en amont, un accroissement de pression de 1 à 5632 et un accroissement de température de 273° à 3341°, que la densité de l'air réponde à une pression d'un millième d'atmosphère ou d'une atmosphère entière. On voit maintenant pourquoi les étoiles filantes deviennent visibles à des hauteurs aussi considérables que celles qu'on a pu conclure de certaines observations faites simultanément en deux lieux très distants l'un de l'autre, hauteurs qui ont atteint jusqu'à 100 000^{m}. Mais une autre conséquence bien autrement importante est celle-ci : c'est qu'il résulte positivement du même fait que notre atmosphère a une limite *définie*, à quelque hauteur qu'elle soit d'ailleurs, et qu'elle ne s'étend pas à l'infini, comme le soutiennent systématiquement et comme sont même condamnés à le soutenir les défenseurs de certaines doctrines.

Le lecteur attentif pourrait demander pourquoi, si le fait mis en relief par l'Analyse est exact, les étoiles filantes n'ont pas toutes absolument le même éclat. La raison en est fort naturelle. Sans faire remarquer que ces météores n'ont certainement pas tous les mêmes dimensions, les mêmes formes, la même vitesse, il suffira de dire que l'*éclat* d'une étoile filante ne dépend pas seulement de l'élévation de température produite en amont, mais aussi de la *quantité* de chaleur et de lumière développées dans l'unité de temps par le passage du météore. Or, tandis que la *différence* de température est indépendante de la densité de l'air, la *quantité* de chaleur développée est au contraire en rapport direct avec la quantité de gaz frappée dans un même temps, et, par suite, avec sa densité. Une étoile filante, un bolide, un aérolithe, tout en s'illuminant dès qu'il touche notre atmosphère, doit donc devenir d'autant plus brillant qu'il pénètre davantage.

III

Nous venons de voir que, même dans les parties les plus ténues de l'atmosphère, la résistance opposée par le gaz est déjà très grande; dans les régions inférieures, cette résistance devient colossale. Il en résulte une diminution très rapide de la vitesse du mobile. Pour donner une idée en quelque sorte palpable des effets de cette résistance, je prendrai deux exemples tout à fait distincts de chute appliqués chacun à deux aérolithes de dimensions très différentes aussi.

Supposons un aérolithe de 1 mètre carré de section équatoriale, pesant 2000^{kg}, et un autre de 10 mètres carrés de section, dont le poids soit de 63 246^{kg}. La densité des deux sera de 2,659, c'est-à-dire un peu plus du double de celle de l'eau : c'est celle d'un grand nombre de minéraux, pierres, marbres, etc. Supposons que l'un et l'autre se meuvent à une hauteur telle que la densité de l'air soit réduite à $\frac{1}{10}$ de ce qu'elle est à la surface terrestre (18 000^{m} de hauteur environ). — La vitesse des deux étant de 30 000^{m} par seconde, il suffira que le premier parcoure 145^{km} et que le second en parcoure 459 environ, pour que la vitesse tombe de 30000^{m} à 300^{m}, c'est-à-dire à $\frac{1}{100}$!

Prenons un cas en quelque sorte opposé; supposons que l'aérolithe de 2000^{km}, avec sa vitesse de 30000^{m}, pénètre dans notre atmosphère avec une direction exactement verticale. Quand il aura atteint le sol, sa vitesse sera réduite à 2460^{m} environ, et la durée de la chute sera à peine de 15^{s}. J'ai soin de dire toujours environ. Il ne peut s'agir, en effet, ici, que d'une approximation, par plusieurs raisons sur lesquelles je n'ai pas à m'arrêter. — Pris tels quels, ces exemples me semblent montrer bien nettement l'effet colossal qu'exerce la résistance de l'air sur des mobiles, de masses notables pourtant, et animés de la vitesse de notre Terre à peu près.

C'est ici le lieu de donner la mesure de la quantité de chaleur que peut développer un aérolithe, par suite de l'anéantissement de son mouvement de translation opéré par la résistance de l'air. Pour en faire comprendre la grandeur, il me suffira de dire que chaque kilogramme d'un bolide ou d'un aérolithe animé primitivement d'une vitesse de 30000^{m} a développé nécessairement 107946 unités de chaleur, lorsque, par la résistance de l'air, la vitesse a été réduite à zéro. En d'autres termes, il a développé la chaleur qu'il faudrait pour porter de 0° à 100°, pour porter à l'ébullition, un poids de 1074^{kg} d'eau. Pour donner une idée encore plus frappante de cette chaleur et pour faire comprendre l'emploi qui s'en fait réellement dans la nature, je dirai que notre aérolithe de 2000^{kg}, arrivant à terre tel quel et avec une vitesse très petite ou nulle, aurait développé assez de chaleur pour porter à 3000° une colonne d'air de 30^{mq} de section et de toute la hauteur de notre atmosphère, ou de porter de 0° à 30° une colonne de 3000 mètres carrés. Si je me sers de l'échauffement de l'air pour mieux faire saisir du lecteur la grandeur colossale de la chaleur produite, c'est parce que, dans la réalité, c'est en effet l'air surtout qui reçoit la plus grande partie de la chaleur développée. Les pierres qu'on a vues tomber du Ciel étaient toujours très chaudes, au moment où on les ramassait; mais elles étaient loin pourtant de cette température prodigieuse dont le calcul et dont la lumière jetée par le bolide donnent l'idée sous deux formes différentes. La plupart des aérolithes sont constitués par des matières minérales très mauvaises conductrices de la chaleur, et, d'ailleurs, cette matière fût-elle très conductrice, comme l'est le fer, par exemple, il est de toute impossibilité que, pendant le peu de durée de la chute ou du passage d'un bolide, la chaleur développée se communique de la périphérie au centre de la masse totale en mouvement. Si je ne suis dans l'erreur, les pierres tombées ne présentent jamais de traces de fusion ou seulement de température excessive dans leur intérieur.

Colmar, 30 mars 1883.

G.-A. Hirn,
Correspondant de l'Institut,
Associé des Académies de Suède, de Belgique, etc.

(*Suite et fin au prochain Numéro*).

DISTRIBUTION DES PETITES PLANÈTES DANS L'ESPACE.

MON CHER FLAMMARION,

Depuis l'époque où je vous ai envoyé le tableau de la distribution des 191 astéroïdes (1) découverts jusqu'au 30 septembre 1878, le singulier essaim des petites planètes qui gravitent entre Mars et Jupiter s'est augmenté de trente-neuf nouveaux petits corps (2). En examinant le tableau auquel vous avez bien voulu donner l'hospitalité dans votre beau volume de l'*Astronomie populaire*, vous aviez remarqué comme moi les lacunes qui existent entre les différents groupes des petites planètes. Ces lacunes sont-elles fortuites, ou ont-elles une cause naturelle? Vous penchiez vers cette dernière opinion et je crois que vous aviez raison. Aussi est-ce avec une légitime curiosité que je me hâte chaque année d'ajouter à mon tableau les planètes nouvellement découvertes. Je vous adresse aujourd'hui le résultat de cette revision, c'est-à-dire un nouveau tableau sur lequel j'ai rectifié la position de quelques planètes, mieux connue aujourd'hui, et ajouté les trente-neuf planètes découvertes depuis le mois d'octobre 1878 jusqu'au 10 septembre 1882, jour où l'infatigable Palisa découvrait sa 38e planète, la 231e du groupe des astéroïdes.

En comparant ce nouveau tableau à l'ancien, vous verrez que la physionomie d'ensemble est restée la même, malgré l'adjonction de plus de $\frac{1}{5}$ aux 191 planètes du premier tableau. *Méduse* (distance au Soleil 2,13) et *Hilda* (distance 3,95) occupent toujours les limites extrêmes du groupe. Vous retrouverez les lacunes existant entre *Méduse* (2,13) et *Flora* (2,201), — entre *Ariane* (2,203) ou la planète no 228 (distance 2,204) et *Féronia* (2,27), — entre *Thétis* (2,47) et *Hestia* (2,53), ainsi que l'importante lacune entre *Urda* (3,22) et *Sibylle* (3,38) à peine réduite par l'intercalation de la planète no 225 à la distance 3,36; et enfin la lacune extrême entre *Andromaque* (3,50) et *Ismène* (3,94). Les trente-neuf nouvellement venues se sont donc rangées dans les groupes existants, et c'est à peine si quelques petites lacunes des moins importantes se trouvent légèrement diminuées, excepté pourtant celle entre 2,92 et 2,98 qui est coupée en deux par la dernière planète découverte (no 231), si toutefois les observations ultérieures n doivent pas corriger sa position, comme il est arrivé pour plusieurs autres.

Il est bien permis de penser que la grande lacune qui se trouve aux confins du groupe des astéroïdes n'est qu'apparente, car à cette distance beaucoup de ces corpuscules pourraient échapper longtemps encore à l'attention des observateurs ou même rester absolument invisibles. Mais il n'en est pas de même dans la pre-

(1) *Voir* l'*Astronomie populaire* (p. 510). Ce tableau, publié pour la première fois en octobre 1879, dans la livraison 64, a été souvent reproduit ou imité depuis. Comparer notamment la planche (p. 276) de l'*Annuaire de l'Observatoire de Bruxelles* pour 1881 aux pages 510 et 511 de l'*Astronomie populaire*.

(2) Je ne compte pas *Hersilie*, découverte par Peters, le 13 octobre 1879, dont les éléments ne sont pas encore suffisamment connus.

mière moitié du tableau. Il est de plus en plus probable que les lacunes qui caractérisent le groupement des petites planètes ont une cause physique. Si l'on admet que tous ces petits corps proviennent de l'émiettement d'un anneau planétaire dont les différentes parties n'ont pu se condenser en un seul tout, ou qu'elles sont les fragments d'une seule et même planète mise en pièces par une cause inconnue, tous ces fragments ont dû se séparer de plus en plus les uns des autres (comme nous l'avons vu faire aux deux corps dans lesquels s'est décomposée la comète de Biéla), et chercher une position d'équilibre, c'est-à-dire modifier graduellement les divers éléments de leurs orbites, rayon, excentricité, inclinaison... jusqu'à ce qu'elles soient arrivées à décrire autour du Soleil des orbites régulières et stables. L'attraction de Mars et de Jupiter, cette dernière surtout, ont nécessairement dû exercer leur influence sur la position d'équilibre des petites planètes, et, comme vous l'avez dit, c'est dans les sous-multiples simples ($\frac{1}{2}$, $\frac{1}{3}$, $\frac{1}{4}$, etc.) de la révolution de Jupiter que nous devons trouver la raison d'être des lacunes remarquées dans le groupement des astéroïdes [1]. On peut même se demander si ces orbites calculées depuis si peu d'années sont *toutes* arrivées à une complète stabilité : il y en a plusieurs qui sont si voisines qu'elles pourraient bien exercer une action perturbatrice les unes sur les autres. L'avenir le montrera, et il est à désirer que les astronomes patients étudient toutes ces orbites comme on a étudié celles des grandes planètes.

Si le groupement des astéroïdes est resté sensiblement le même, les trente-neuf nouvellement découvertes n'ont rien apporté de remarquable non plus sous le rapport de la grandeur des excentricités et de l'inclinaison des orbites. La plus grande excentricité est toujours celle d'*Æthra* (nº 132, distance au Soleil 2,60), laquelle s'élève à 0,3799, tandis que la plus grande parmi les anciennes planètes, celle de Mercure, n'est que de 0,2056; mais la plus petite excentricité, qui était celle de *Lomia* (nº 117, distance 2,99) c'est-à-dire 0,0229; descend avec *Philomène* (nº 196, distance 3,12) à 0,0103, excentricité comparable à celles de Neptune et de la Terre (les plus petites après celle de Vénus).

(1) L'événement confirme ce que vous avez annoncé dans l'*Astronomie populaire* (p. 513) : « Les lacunes qui existent entre les orbites se trouvent précisément aux distances où des planètes tourneraient autour du Soleil en des périodes formant un rapport simple avec celle de Jupiter, et où, par conséquent, les perturbations constantes doivent produire des vides : ainsi, une période égale à la moitié de celle de Jupiter serait à la distance 3,28; c'est justement là la plus grande lacune; il n'y a pas une seule petite planète, et *il est probable qu'on n'y en trouvera jamais* ». Le vide se continue absolument.

Distances correspondantes aux périodes sous-multiples les plus simples de celle de Jupiter :

Périodes		Distances
$\frac{1}{2}$	=	3,28
$\frac{1}{3}$	=	2,50
$\frac{1}{4}$	=	2,06
$\frac{2}{5}$	=	2,82
$\frac{3}{7}$	=	2,96

DISTRIBUTION DES PETITES PLANÈTES DANS L'ORDRE DE LEUR DISTANCE AU SOLEIL

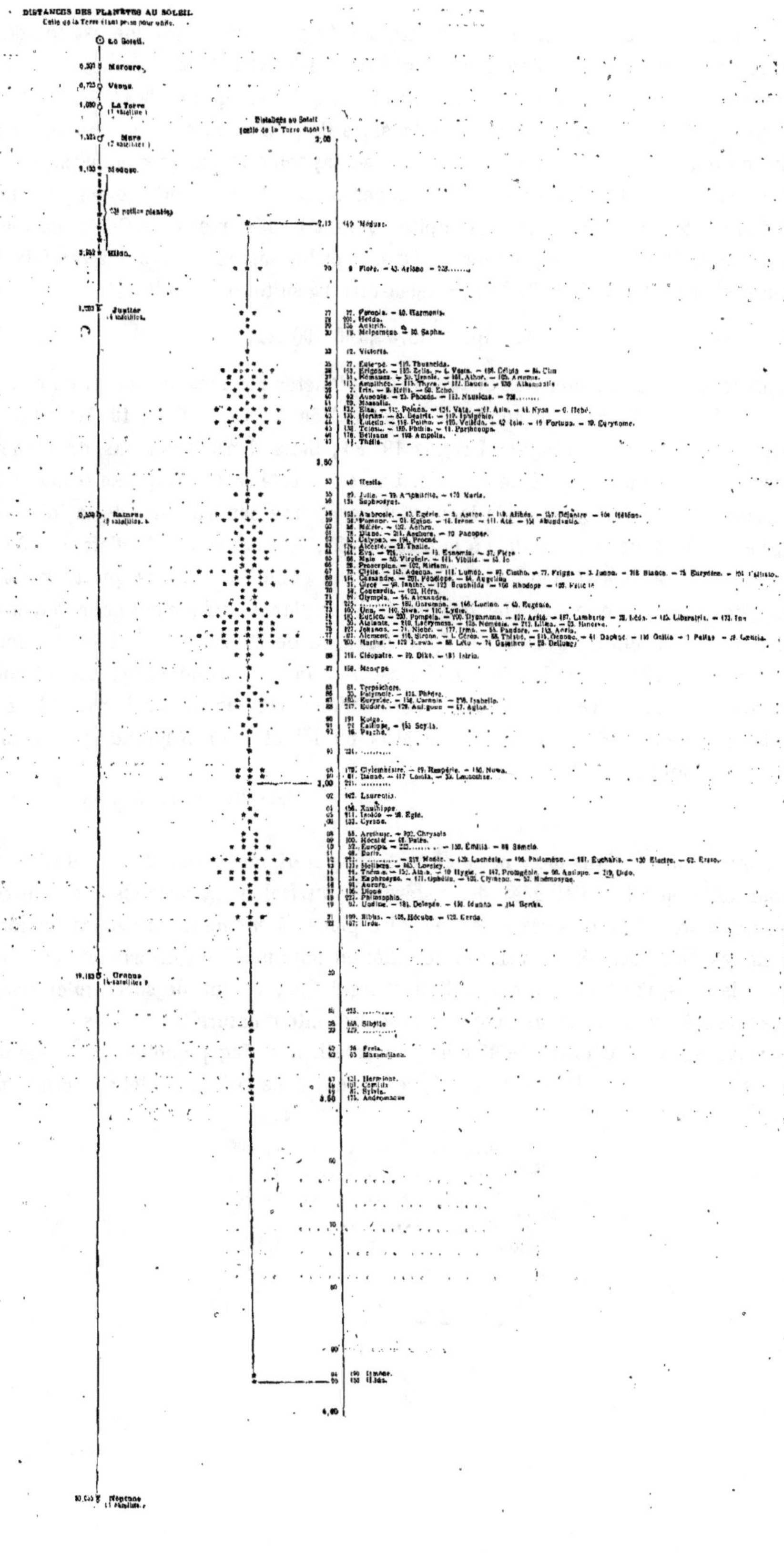

DISTANCES DES PLANÈTES AU SOLEIL.
Celle de la Terre étant prise pour unité.

☉ Le Soleil.
0,387 ☿ Mercure.
0,723 ♀ Vénus.
1,000 ♁ La Terre (1 satellite.)
1,524 ♂ Mars (2 satellites.)
2,130 Méduse.
[illegible] petites planètes
3,952 Hilda.
5,203 ♃ Jupiter (4 satellites.)
9,539 ♄ Saturne (8 satellites.)
19,183 ♅ Uranus (4 satellites.)
30,055 ♆ Neptune (1 satellite.)

Distances au Soleil (celle de la Terre étant 1).

2,00

2,13 — 149. Méduse.

20 — 8. Flore. — 43. Ariane. — 228.........

27 — 77. Frigga. — 40. Harmonia.
28 — 207. Hedda.
29 — 136. Austria.
30 — 18. Melpomène. — 80. Sapho.

33 — 12. Victoria.

35 — 27. Euterpe. — 116. Thusnelda.
36 — 163. Erigone. — 135. Zelia. — 4. Vesta. — 186. Céluta. — 84. Clio.
37 — 51. Némausa. — 30. Uranie. — 161. Athor. — 105. Artémis.
38 — 113. Amalthée. — 115. Thyra. — 172. Baucis. — 220. Athamantis.
39 — 7. Iris. — 9. Métis. — 60. Echo.
40 — 63. Ausonia. — 25. Phocéa. — 192. Nausicaa. — 226.........
41 — 20. Massalia.
42 — 132. Elsa. — 112. Polana. — 131. Vala. — 67. Asia. — 44. Nysa. — 6. Hébé.
43 — 135. Hertha. — 83. Béatrix. — 112. Iphigénie.
44 — 21. Lutetia. — 118. Peitho. — 126. Velléda. — 42. Isis. — 19. Fortuna. — 79. Eurynome.
45 — 138. Tolosa. — 189. Phthia. — 11. Parthenope.
46 — 178. Bélisane. — 198. Ampella.
47 — 17. Thétis.

2,50

53 — 46. Hestia.

55 — 89. Julia. — 29. Amphitrite. — 170. Maria.
56 — 134. Sophrosyne.

58 — 193. Ambrosia. — 13. Égérie. — 5. Astrée. — 119. Althée. — 157. Déjanire. — 101. Hélène.
59 — 32. Pomone. — 91. Égine. — 14. Irène. — 111. Até. — 154. Abundantia.
60 — 68. Mérope. — 132. Aethra.
61 — 78. Diane. — 201. Asphore. — 70. Panopée.
62 — 53. Calypso. — 194. Procné.
63 — 124. Alceste. — 23. Thalie.
64 — 164. Eva. — 221.......... — 15. Eunomia. — 37. Fides.
65 — 66. Maia. — 50. Virginia. — 141. Vibilia. — 85. Io.
66 — 26. Proserpine. — 102. Miriam.
67 — 73. Clytie. — 145. Adeona. — 111. Lumen. — 97. Clotho. — 77. Frigga. — 3. Junon. — 218. Bianca. — 75. Eurydice. — 104. Callisto.
68 — 114. Cassandre. — 201. Pénélope. — 64. Angelina.
69 — 34. Circé. — 98. Ianthe. — 123. Brunhilda. — 166. Rhodope. — 109. Felicitas.
70 — 58. Concordia. — 103. Héra.
71 — 61. Olympia. — 54. Alexandra.
72 — 225.......... — 180. Garumna. — 146. Lucina. — 45. Eugénie.
73 — 160. Una. — 140. Siwa. — 110. Lydie.
74 — 182. Eucléa. — 203. Pompeia. — 200. Dynamène. — 107. Ariane. — 187. Lamberta. — 38. Léda. — 125. Liberatrix. — 173. Ino.
75 — 36. Atalante. — 210. Lacrymosa. — 128. Nemesis. — 213. Lilaea. — 93. Minerve.
76 — 127. Johanna. — 71. Niobé. — 177. Irma. — 55. Pandore. — 133. Antia.
77 — 82. Alcmène. — 116. Sirona. — 1. Cérès. — 88. Thisbé. — 115. Oenone. — 41. Daphné. — 148. Gallia. — 2. Pallas. — 39. Laetitia.
78 — 205. Martha. — 139. Juewa. — 68. Léto. — 74. Galathée. — 28. Bellone.

80 — 216. Cléopâtre. — 99. Diké. — 183. Istria.

81 — 158. Ménippe.

85 — 81. Terpsichore.
86 — 30. Polymnie. — 174. Phèdre.
87 — 195. Euryclée. — 158. Carmen. — 210. Isabella.
88 — 217. Eudore. — 129. Antigone. — 47. Aglaé.

90 — 191. Kolga.
91 — 22. Calliope. — 155. Scylla.
92 — 16. Psyché.

95 — 224..........

98 — 179. Clytemnestre. — 69. Hespérie. — 150. Nuwa.
99 — 61. Danaé. — 117. Lomia. — 35. Leucothée.
3,00 — 211..........

02 — 162. Laurentia.

04 — 156. Xanthippe.
05 — 211. Isolde. — 96. Eglé.
06 — 133. Cyrène.

08 — 95. Aréthuse. — 202. Chryséis.
09 — 100. Hécate. — 49. Palès.
10 — 52. Europa. — 222.......... — 130. Émilia. — 86. Sémélé.
11 — 48. Doris.
12 — 221.......... — 217. Modèle. — 120. Lachésis. — 196. Philomèle. — 181. Eucharis. — 130. Electre. — 62. Erato.
13 — 137. Mélibée. — 165. Loreley.
14 — 24. Thémis. — 153. Alma. — 10. Hygie. — 147. Protogénie. — 90. Antiope. — 219. Undo.
15 — 31. Euphrosyne. — 171. Ophélie. — 104. Clymène. — 57. Mnémosyne.
16 — 94. Aurore.
17 — 106. Dioné.
18 — 227. Philosophia.
19 — 92. Undine. — 184. Dejopéa. — 130. Idunna. — 154. Bertha.

21 — 199. Byblis. — 108. Hécube. — 122. Gerda.
22 — 197. Urda.

30

34 — 223..........

38 — 168. Sibylle.
39 — 229..........

42 — 76. Freia.
43 — 65. Maximiliana.

47 — 121. Hermione.
48 — 107. Camilla.
49 — 87. Sylvia.
3,50 — 175. Andromaque.

60

70

80

90

94 — 190. Ismène.
95 — 153. Hilda.

4,00

La plus grande inclinaison de l'orbite sur le plan de l'écliptique est toujours celle de *Pallas* (n° 2, distance 2,77) qui est de 34°41'31", et la plus petite est encore celle de *Massalia* (n° 20, distance 2,41) qui n'est que de 0°41'13".

Bien qu'il soit puéril de voir, dans la série de Titius, dite *loi de Bode*, autre chose qu'un moyen mnémotechnique de se rappeler la distance approximative des planètes au Soleil, on peut se demander ce que devient cette loi en présence des 231 astéroïdes entre Mars et Jupiter. Avant la découverte de Cérès, en 1801, la série de Titius dont le premier terme est 4 et les suivants $4 + 3 \times 2^n$ en faisant successivement $n = 0, 1, 2, 3, \ldots$, c'est-à-dire la suite des nombres

4.7.10.16.28.52.100.196......

représentait passablement les distances des planètes connues au Soleil, en comptant celle de la Terre pour 10 : Mercure 3,87; Vénus 7,23; la Terre 10; Mars 15,24; Jupiter 52,03; Saturne 95,39; Uranus 191,83; mais il n'y avait pas de planète correspondant au terme 28 de la série. La découverte de *Cérès* qui se trouve à la distance 27,67 vint combler la lacune et parut une confirmation de la loi. Peu après, la découverte de *Pallas* à la distance 27,72, de *Junon* à la distance 26,68, et de *Vesta* à la distance 23,62, n'infirma pas cette loi, car ces quatre petites planètes considérées comme les fragments d'une planète unique ont pour moyenne distance 26,42, chiffre qui ne s'éloigne pas trop de 28. Aujourd'hui la moyenne distance des 230 astéroïdes du tableau est de 2,75 — ou 27,50 en prenant 10 pour la distance de la Terre. La loi se vérifie donc très bien pour l'ensemble des petites planètes. Elle est beaucoup plus en défaut pour Neptune, puisqu'elle donne 388 au lieu de 300.

Général PARMENTIER.

NOTA. Comme dans mon premier tableau, j'ai dû me borner à deux décimales pour exprimer les distances des astéroïdes au Soleil, la seconde étant forcée quand la troisième dépasse 5, c'est-à-dire placer à *même distance* les planètes dont les distances ainsi évaluées ne diffèrent pas; mais, en inscrivant les noms des planètes, j'ai tenu compte de leur ordre d'éloignement, de sorte qu'en lisant ces noms, à partir de Méduse, comme ils se présentent naturellement, les astéroïdes seront disposés par ordre de distance au Soleil. Les cinq planètes, par exemple, qui sont indiquées à la distance 2,36, se suivent dans l'ordre de leur inscription :

	Distances.
Érigone..................	2,3560
Zélia.....................	2,3577
Vesta.....................	2,3616
Céluta....................	2,3623
Clio......................	2,3629

LES ÉTOILES o^1 ET o^2 DU CYGNE.

RECTIFICATION A APPORTER AUX CATALOGUES ET CARTES CÉLESTES.

Lorsque vous levez les yeux vers les régions opulentes de la Voie lactée, sur

Fig. 80.

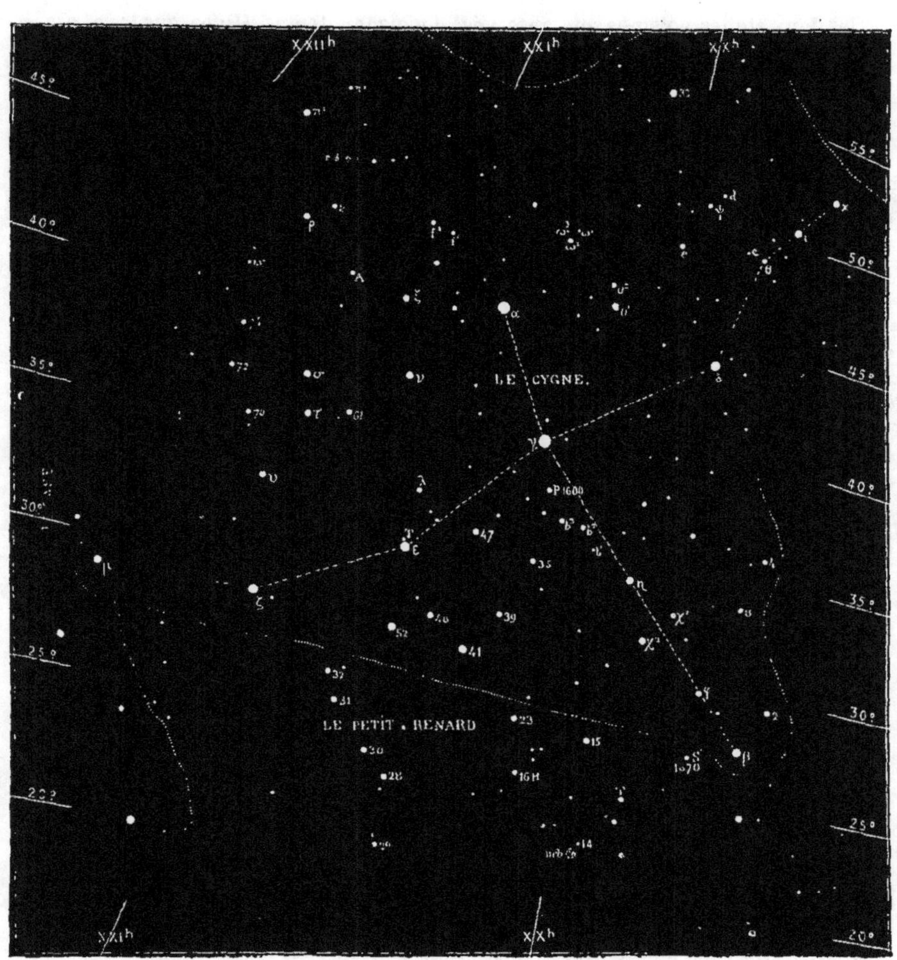

Étoiles de la constellation du Cygne visibles à l'œil nu pour les vues moyennes.

lesquelles s'étend la blanche constellation du Cygne, vous ne tardez pas à remarquer (*fig.* 80) la croix formée par les belles étoiles α, γ, β (¹) d'une part, $\varepsilon, \gamma, \delta$ d'autre part, dessinant dans le Ciel deux lignes qui se croisent à peu près à angle

(¹) Les plus belles étoiles du Ciel étant désignées par des lettres grecques, nul ne peut nommer ces étoiles s'il ne connaît l'alphabet grec. Quelques personnes s'imaginent que

droit sur l'étoile γ. L'étoile α est de 2e grandeur; l'étoile γ de 2e $\frac{1}{2}$, l'étoile β de 3e; les étoiles δ et ε sont entre la 2e$\frac{1}{2}$ et la 3e.

Examinez le triangle formé par les étoiles α, γ et δ. Au-dessus de cette figure, vers le milieu de la ligne joignant α à δ, vous remarquerez, toujours à l'œil nu, une étoile de 4e grandeur, et, si vous regardez attentivement, vous ne tarderez pas à en remarquer deux à peu près d'égal éclat, celle du haut, ou du Nord-Est, étant toutefois un peu moins brillante (*fig.* 81).

Ces deux étoiles voisines sont observées depuis longtemps. Hipparque les a catalogués il y a deux mille ans, et Ptolémée donne leur position dans l'*Almageste*. L'astronome persan Abd-al-Rahman al-Sûfi les a vérifiées au dixième siècle de notre ère; le Tartare Ulugh-Beigh, petit-fils de Tamerlan, les a observées de même au quinzième siècle, Tycho-Brahé au seizième, et tous les astronomes modernes les ont suivies depuis. On les nommait « les deux étoiles de la serre droite du Cygne ».

Lorsque, en 1603, pour éviter les périphrases, le jurisconsulte astronome Bayer assigna des lettres grecques aux étoiles visibles à l'œil nu (la lunette d'approche n'a été inventée qu'en 1609), il grava sur ses cartes un omicron (o) entre ces deux étoiles, qui restèrent ainsi désignées par cette lettre. Nous reproduisons ici (*fig.* 81) la carte de Bayer se rapportant à cette section du Cygne.

Lorsque ensuite on voulut distinguer plus spécialement ces deux étoiles l'une de l'autre, on appela o^1 la première, celle qui précède l'autre dans le mouvement diurne apparent de la sphère céleste, celle qui est à droite ou à l'Ouest, et o^2 la seconde, celle qui suit et se trouve plus à l'Est. Celle-ci est également la plus au Nord. C'est du reste là un usage adopté dans tous les cas analogues.

Jusqu'ici rien que de très simple, comme on le voit. Mais voici où commencent les complications.

L'étoile o^1, celle du bas (Sud-Ouest), est double, composée de deux étoiles de 4e et de 5e grandeur, écartées à une distance notable l'une de l'autre, à 5′ 38″. De fait, on peut les séparer dans une simple jumelle. L'étoile de 5e grandeur est au Nord-Ouest (à 324°) de l'étoile de 4e grandeur, de sorte qu'elle la précède dans le mouvement diurne. Nous avons donc là un couple écarté formé de deux étoiles brillantes, à chacune desquelles on peut également appliquer une lettre. C'est ce qu'on a fait. Et l'on a nommé la précédente, la plus occidentale, o^1, et la suivante, la plus

c'est fort long à apprendre, et que c'est là tout un travail. Mais il n'y a rien au monde de plus simple et de plus facile. Voici les vingt-quatre lettres de cet alphabet. Prenez le plaisir de les transcrire avec leurs noms, et vous les connaîtrez en un quart d'heure d'attention. Quoi qu'il en soit, il sera bon de recourir à ce petit tableau lorsqu'on aura oublié le nom de la lettre grecque désignant une étoile.

α alpha.	ζ zêta.	λ lambda.	π pi.	φ phi.
β bêta.	η êta.	μ mu.	ρ rho.	χ chi.
γ gamma.	θ thêta.	ν nu.	σ sigma.	ψ psi.
δ delta.	ι iota.	ξ xi.	τ tau.	ω ôméga
ε epsilon.	κ cappa.	o omicron.	υ upsilon.	

orientale, o^2. Celle-ci étant la plus brillante des deux a donné son nom au couple, de sorte que, dans les catalogues d'étoiles doubles et de curiosités célestes (Struve, Webb, etc.), ce couple est désigné sous la lettre o^2.

Ce petit groupe a conquis une certaine célébrité, parce qu'il n'est pas seulement double, mais triple. Il y a, en effet, une troisième étoile, de 7e grandeur, à 1′ 47″ de distance de l'étoile de 4e grandeur. De plus, tandis que l'étoile principale est orangée, les deux autres sont bleues et forment avec elle un charmant contraste.

Fig. 81.

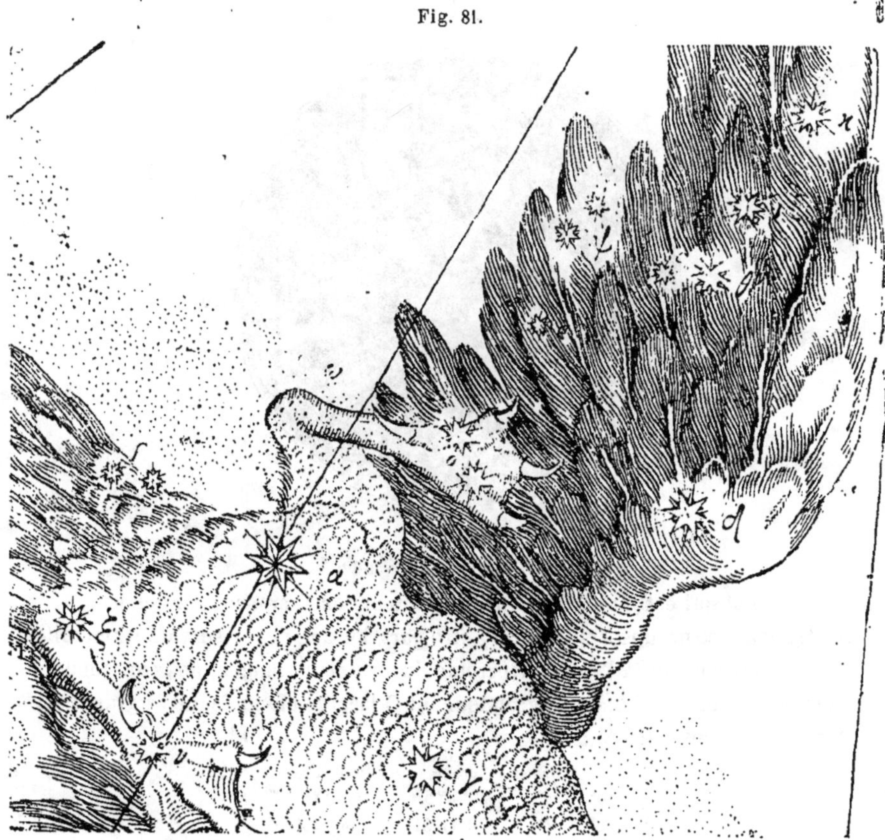

Fragment de la carte de Bayer (aile et serre droites du Cygne).

Cette observation peut être faite à l'aide de la plus petite lunette, ce qui donne une certaine popularité à ce petit groupe. Dans les puissants instruments, on découvre encore une quatrième étoile, minuscule, de 16e grandeur.

Notre *fig.* 82 montre cette étoile triple, telle qu'on peut la voir dans une petite lunette, à l'aide d'un oculaire terrestre ne renversant pas. Le Sud est en bas; l'Ouest à droite. Nous écrivons Ouest avec un W, pour que ce point ne puisse être confondu avec le 0 (zéro) de la graduation du cercle, qui marque le Nord. L'échelle de cette petite figure est de 1mm pour 1″.

Maintenant voici la conclusion de cette enquête :

On voit au ciel à l'œil nu deux étoiles nommées o (omicron). Il est naturel de conserver l'usage d'appeler la première o^1 et la seconde o^2; autrement on occasionnerait là une exception dans le Ciel, dont on pourrait du reste ne pas se souvenir.

De ces deux étoiles, c'est la première o^1 qui est multiple.

Il importe donc *d'effacer des catalogues et des cartes la lettre o^2 lorsqu'elle a été appliquée à cette étoile,* et de la remplacer par o^1.

Fig. 82.

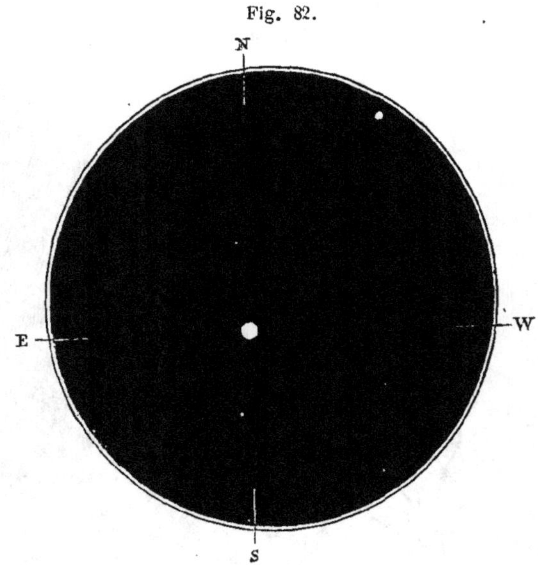

L'étoile triple o^1 du Cygne.

C'est bien o^1 qui est multiple, et non o^2, comme on l'imprime en général.

En décrivant ce groupe, on suivra, d'autre part, l'usage des observateurs d'étoiles multiples, en appelant A l'étoile principale du groupe, l'orangée, de 4e grandeur, B sa voisine la plus proche, de 7e grandeur, et C la plus éloignée, de 5e grandeur.

Positions actuelles (1883) :

		Grandeur.	Ascension droite.	Déclinaison.
31	o^1	4e	20h 9m 57s	+ 46° 23′ 13″
32	o^2	4e½	20 11 51	+ 47° 20′ 20″

Pour plus de sûreté encore, on peut adjoindre les Numéros du Catalogue de Flamsteed, comme nous venons de le faire, 31 s'appliquant à o^1 et 32 à o^2, ainsi que le portent les catalogues usuels d'Argelander et Heis. Les catalogues de l'Observatoire de Greenwich portent 30 o^1 et 31 o^2. Il y a encore ici un éclaircissement à apporter. C'est évidemment par erreur que Flamsteed a appliqué la lettre de Bayer à ces deux étoiles non séparables à l'œil nu. La logique veut que cette lettre s'applique aux étoiles 31 et 32 visibles à l'œil nu. Nous soumettons le litige à l'astronome royal d'Angleterre pour les éditions futures du perpétuel catalogue de Greenwich, si admirable à tous égards.

L'important est de s'entendre. CAMILLE FLAMMARION.

ACADÉMIE DES SCIENCES.

COMMUNICATIONS RELATIVES A L'ASTRONOMIE ET A LA PHYSIQUE GÉNÉRALE.

Température à la surface du sol et jusqu'à 36m de profondeur, pendant l'année 1882, par MM. Edm. Becquerel et Henri Becquerel.

« Nous avons l'honneur de présenter à l'Académie les tableaux météorologiques contenant les résultats des observations de températures faites au Muséum d'Histoire naturelle depuis le 1er décembre 1881 jusqu'au 1er décembre 1882 inclusivement, à des profondeurs variant de 1m à 36m et dans les parties supérieures du sol, suivant qu'il est dénudé ou couvert de gazon. Ce travail est la continuation des recherches entreprises au Muséum par A.-C. Becquerel, il y a vingt ans, à l'aide des appareils thermo-électriques qu'il a imaginés.

Les moyennes trimestrielles et annuelles, déduites des maxima et des minima, observés avec un thermométrographe ou avec un maximum Negretti et un minimum Rutherfort, indiquent une température moyenne peu différente de la moyenne générale de Paris et un peu inférieure à celle de l'année précédente 1881. On a en effet :

	1880.		1881.		1882.	
	Thermométrographe.	Therm. Negretti et Rutherfort.	Thermométrographe.	Therm. Negretti et Rutherfort.	Thermométrographe.	Therm. Negretti et Rutherfort.
	°	°	°	°	°	°
Hiver (déc., janv., fév.)......	− 0,44	− 0,68	3,73	3,80	3,11	3,02
Printemps (mars, avr., mai)..	11,68	11,75	10,82	10,84	11,62	11,84
Été (juin, juillet, août).......	18,90	18,84	19,40	19,26	17,63	17,46
Automne (sept., oct., nov.)...	11,48	11,46	10,71	10,67	11,51	11,41
Année moyenne........	10,40	10,34	11,16	11,14	10,97	10,93

Au printemps et en automne, la température a été assez élevée, mais, pendant l'été, la moyenne a été relativement plus basse qu'à l'ordinaire. Les températures moyennes mensuelles et annuelles déduites des observations des thermomètres placés au Nord et de celles faites au haut du mât, ont donné en moyenne annuelle :

	1880		1881		1882	
	Au haut du mât.	Au Nord.	Au haut du mât.	Au Nord.	Au haut du mât.	Au Nord.
	°	°	°	°	°	°
6h du matin.....	7,54	7,64	8,24	8,51	8,18	8,36
9h du matin.....	9,80	10,04	10,79	10,96	10,57	10,66
3h du soir.......	13,81	13,81	13,90	14,31	13,72	13,85
Moyenne....	10,38	10,49	10,98	11,26	10,82	10,96

La température au haut du mât, à 10m au-dessus des autres appareils, est, comme les années précédentes, un peu plus faible que la température moyenne au Nord; celle-ci, comme on le voit, est presque identique à celle donnée par les maxima et les minima.

Les observations de température à diverses profondeurs dans la terre, par les méthodes thermo-électriques, ont présenté encore, cette année, quelques perturbations dues à la manière dont les jonctions des extrémités des câbles sont faites avec les fils du galvanomètre. Nous modifions cette partie de notre installation pour éviter désormais ces perturbations.

On a, pour la moyenne annuelle :

Profondeur en mètres.	Temp. moyenne annuelle en 1881.	en 1882.	Temp. moyenne annuelle des 14 années précédentes.
	°	°	°
1	11,18	11,93	11,25
2	11,61	11,49	»
6	11,65	11,95	11,91
11	11,99	12,12	12,01
16	12,16	12,27	12,10
21	12,23	12,15	12,13
26	12,35	12,36	12,38
31	12,31	12,35	12,34
36	12,44	12,45	12,44

A 16^m et à 26^m se trouvent, sous le sol du Muséum, deux nappes d'eau souterraines qui se dirigent vers la Seine et qui modifient la loi d'augmentation de température avec la profondeur. Cette année, cet effet a été fort appréciable à 16^m, alors qu'il l'avait été moins l'année dernière ; ces différences tiennent à la plus ou moins grande abondance d'eau tombée sur le sol, ainsi qu'aux époques où cette chute a lieu. »

Le Mémoire renferme ensuite les résultats des observations faites sous des sols dénudés et gazonnés, à des profondeurs variant de 0^m,05 à 0^m,60, le matin et le soir, chaque jour de l'année.

L'examen de ces Tableaux conduit aux conséquences suivantes. A 0^m,05 de profondeur, à 6^h du matin, la moyenne de chaque mois, sauf en avril, est plus élevée sous le sol gazonné que sous le sol dénudé. A 3^h du soir, à la même profondeur, c'est en général l'inverse que l'on observe depuis février jusqu'en octobre, et l'action solaire, sur le sol sablonneux, donne à celui-ci un excès de température variant en moyenne de 0°,06 à 2°,68 sur la température observée sous le sol gazonné ; en hiver, le contraire a eu lieu.

A partir de 0^m,10 jusqu'à 0^m,60 de profondeur, ces effets ont été de moins en moins marqués et, en moyenne générale, la température a été plus élevée, sous le sol gazonné que sous le sol dénudé, d'une quantité qui a varié de 0°,1 à 0°,7, suivant la profondeur.

Résumé :

La température moyenne annuelle de l'air à Paris est de 10°,9 ;

A 6^m de profondeur, la température moyenne du sol est d'un degré plus élevée, soit de 11°,9 ;

A 36^m de profondeur, elle est de 12°,4.

NOUVELLES DE LA SCIENCE. — VARIÉTÉS.

La grande tache solaire du mois d'avril 1882. — La grande tache solaire du mois d'avril 1882, qui a coïncidé avec une perturbation magnétique générale (¹), a subi de curieuses transformations. Elle est apparue pour la première fois le 12 avril au bord oriental du Soleil. Sa longueur était de 8°, c'est-à-dire d'environ

Fig. 83.

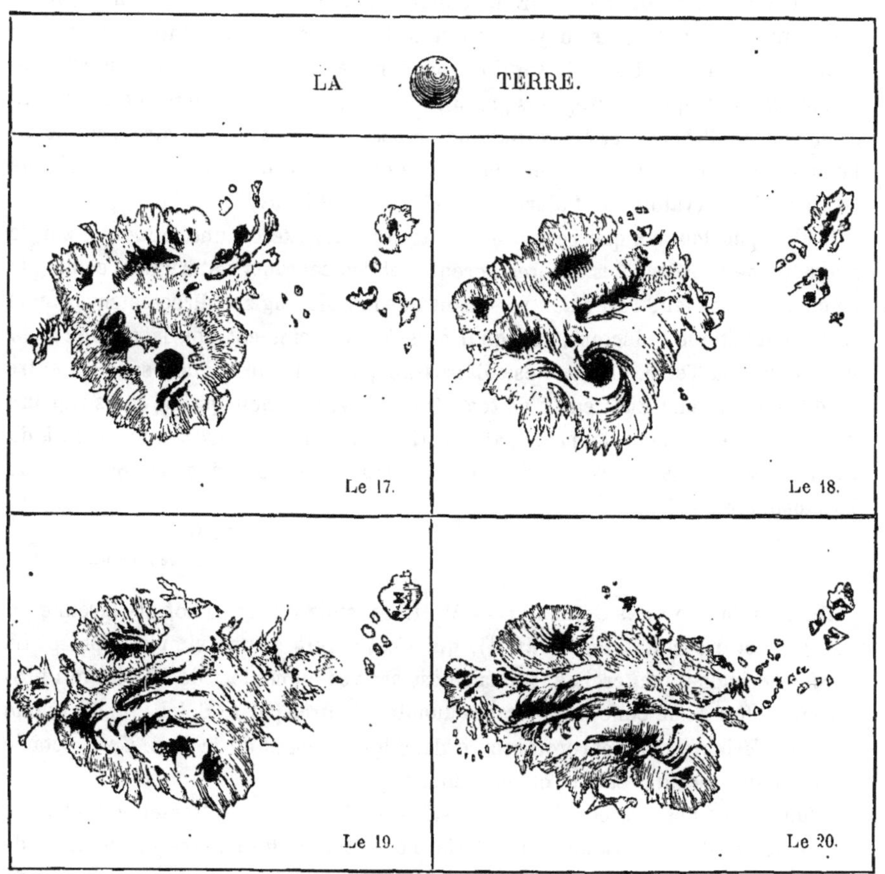

La grande tache solaire des 17, 18, 19 et 20 avril 1882. Grandeur comparée avec celle de la Terre.

8 diamètres terrestres ou de 100 000^{km}. La rotation du Soleil l'amena graduellement vers son méridien central où elle arriva le 19. Elle continua son mouvement et disparut le 26 au bord occidental. On la vit revenir, après une demi-rotation, le 10 mai, mais beaucoup amoindrie, et elle resta sur le Soleil jusqu'à

(¹) Voir l'*Astronomie*, 1ᵉʳ juin 1882, p. 152.

sa disparition le 24 mai au bord occidental. A la troisième rotation, il n'en restait plus aucune trace.

Le 17, on remarqua un grand changement dans la forme de la tache et comme une dislocation. Dans la partie boréale, on apercevait une grande masse photosphérique extrêmement brillante, qui paraissait se précipiter dans l'intérieur de la tache. Le lendemain, divers détails dans la structure intime de la tache lui donnaient en quelque sorte un aspect plus élégant par les spires roses et jaunes qui en contournaient la substance lumineuse. Le 19, grand changement et allongement dans la tache. Le 20, on voit un grand nombre de langues lumineuses lécher comme des flammes le contour des noyaux obscurs. La superficie apparente de la grande tache (sans compter les petites qui l'avoisinent) atteint les 2925 millionièmes de la surface du disque solaire, presque 3 millièmes. On se formera une idée de la grandeur, de l'aspect, et des variations de cette tache par les quatre dessins ci-dessus qui la représentent fidèlement, telle que je l'ai observée à l'équatorial de $0^{m},25$ de l'Observatoire de Palerme, les 17, 18, 19 et 20 avril.

Il n'est pas douteux que cette énorme tache n'ait exercé une influence sur le magnétisme terrestre, les aurores boréales et les courants telluriques, comme la coïncidence des faits l'a démontré — soit que le Soleil agisse directement comme corps magnétique inducteur, soit qu'il agisse indirectement par la chaleur qu'il irradie vers la Terre. Les taches solaires ne peuvent s'expliquer sans admettre en elles de grandes différences de température avec la photosphère, et les vapeurs de fer qui en forment la principale partie constituante sont soumises là à de grandes agitations, à des éruptions qui les lancent au loin dans les hauteurs de l'atmosphère solaire.

A. Ricco,
Observatoire de Palerme.

Occultation de λ des Gémeaux. — M. H. Courtois, à Muges (Lot-et-Garonne), a observé cette occultation, (13 avril), qui s'est réduite à une simple appulse. La corne méridionale du croissant lunaire est arrivée au contact de l'étoile qui produisait l'effet d'une cime de montagne lunaire éclairée par le Soleil, tandis que la plaine inférieure reste encore obscure dans les ténèbres de la nuit. Ce spectacle était d'une beauté calme et charmante (1).

L'un de nos observateurs les plus assidus, M. Bruguière, à Marseille, a observé la même occultation. Tandis qu'à Paris, l'occultation devait être complète et de trente-neuf minutes, et qu'à Muges, il n'y a eu qu'une simple approche de

(1) Remarquons à ce propos que M. Courtois ne se contente pas de faire des observations astronomiques pour son plaisir personnel, mais que son observatoire et son cabinet de physique sont ouverts aux étudiants de tout âge, et que, de plus, son zèle scientifique le conduit à faire des conférences, à transporter au loin les meilleurs appareils de démonstrations. Les progrès de l'instruction publique avanceraient vite s'il y avait par département un apôtre comme M. Courtois, dans le Lot-et-Garonne; comme M. Vimont, dans l'Orne; comme MM. Blot et Fenet, dans l'Oise; comme M. Tramblay, dans le Vaucluse; comme M. Baude, dans le Calvados, etc.

l'étoile au bord de la Lune, à Marseille il y a eu une occultation de quinze minutes juste au sommet brillant de la corne du croissant lunaire : là, dit l'observateur, l'étoile brillante comme un petit diamant mobile a disparu à 9^h12^m pour reparaître à 9^h27^m.

A Grenoble, M. Rambaud a vu l'immersion de l'étoile, non à 8^h39^m comme à Paris, mais à 9^h7^m, et l'occultation n'a duré que quelques minutes.

Ces observations de nos lecteurs suffisent pour faire apprécier la proximité de la Lune, pour montrer que, vue de deux points différents de la France, elle ne se projette pas sur le même point du Ciel. C'est ainsi que des observations très simples donnent à ceux qui les pratiquent une idée de l'échelle sur laquelle les Cieux sont construits et les font vivre dans la connaissance de l'Univers.

M. Bruguière, à Marseille, a observé l'occultation de χ Vierge, du 17 mai, à une heure différente de celle de Paris, naturellement, et a vu, le 18 à 9^h30^m, l'Épi de la Vierge passer très près du bord supérieur de la Lune. Cette appulse a pu être parfaitement observée à l'œil nu.

Occultation de Saturne par la Lune. — Cet intéressant phénomène a été visible, comme nous l'avons annoncé (p. 155), dans le Nord de l'Amérique.

Fig. 84.

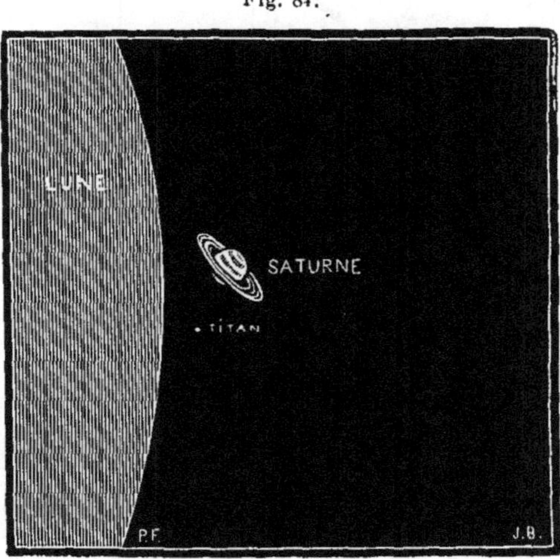

Occultation de Saturne par la Lune, observée à Carrolton (Illinois), par M. Loomis.

M. L. W. Loomis l'a observé à Carrolton (Illinois), le 9 avril, à 8^h du soir. La planète est arrivée en contact avec le côté obscur de la Lune, se dirigeant presque vers le centre du disque lunaire. Le plus gros satellite, Titan, a été occulté au moment même où le bord de l'anneau de Saturne arrivait en contact. Observée dans une lunette de 5 pouces, armée d'un grossissement de 150, l'occultation a été fort intéressante. On devinait que la Lune est beaucoup plus près de nous que Saturne. Pendant plusieurs secondes après la disparition de la planète à l'œil nu, la lunette a permis de voir les anneaux glissant doucement derrière l'écran lunaire.

Où commence lundi? où finit dimanche?. — Comme corollaire de l'intéressant et ingénieux article de M. Lepaute publié dans la *Revue* du 1er mars dernier, je me fais un plaisir de vous adresser la carte de la ligne de démarcation des jours encore actuellement en usage vers le 180e degré de longitude (*fig.* 85). Elle a été publiée en 1870 par feu mon père, le Dr Gleuns, dans l'*Album der Naturen*. Cette ligne laisse évidente l'influence que la voie, suivant laquelle la

Fig. 85.

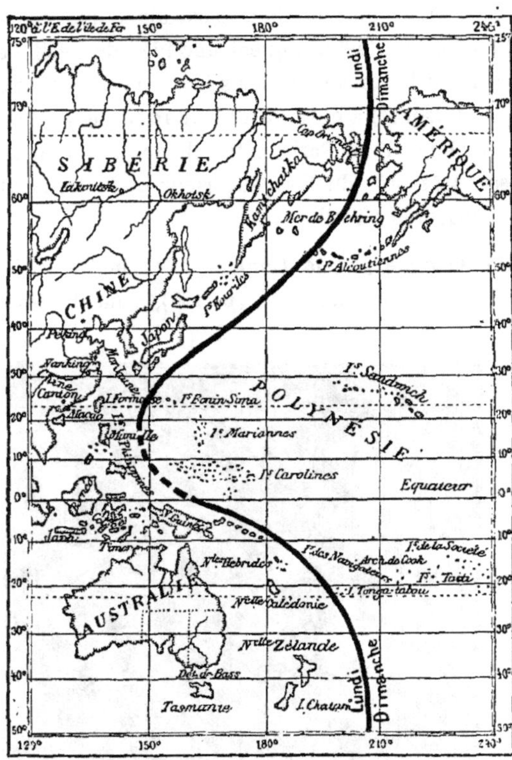

Ligne de démarcation actuellement en usage pour le changement du jour.

civilisation s'est répandue dans les îles de l'océan Pacifique, a eue sur la manière de compter le temps dans ces parages.

Sur cette carte, on trouve tracée une ligne irrégulière, à l'Est de laquelle se trouvent les îles où l'on a *dimanche* au même moment que l'on a *lundi* pour les régions à l'Ouest de la même ligne. Depuis quelques années, le gouvernement espagnol a introduit une modification dans le cours de cette ligne : la partie ponctuée passait à l'Ouest de Manille et des Philippines; elle passe maintenant à l'Est. Les îles Mariannes et les îles Carolines gardent la date du lendemain, et sont à lundi quand on est à dimanche aux Philippines.

Les Portugais et les Hollandais voyageaient autour du Cap de la Bonne Espérance, et ils arrivaient dans les régions qu'ils ont découvertes et dont ils ont pris possession, en venant de l'*Ouest;* les Espagnols, au contraire, firent voile par le détroit de Magellan et venaient ainsi de l'*Est* sur les îles dont ils se sont rendus maîtres. Chaque nation a introduit sa manière de compter le temps à bord des navires, et, comme chaque jour devient un peu plus long en voyageant vers l'Ouest, et un peu plus court en voyageant vers l'Est, il est clair que, par exemple, les habitants de Formosa, jadis une colonie hollandaise, ont *lundi* au moment où les Marianes, découvertes par les Espagnols, ont *dimanche*.

Lorsque la frégate autrichienne *le Novara*, sous le commandement du baron de Wullersdorf, fit, en 1857-59, un voyage scientifique autour du monde, on passa 180° de Greenwich, le 10 janvier 1859, en venant d'Auckland sur la Nouvelle-Zélande, en se dirigeant vers Papiete sur une des îles de Société. On nota dans le journal : *A* 11^h *de l'après-midi, passé le méridien de* 180° *et pour cela répété le* 10 *janvier* 1859. Le journal contient insi lundi le 10 janvier I, et lundi le 10 janvier II.

W. GLEUNS,
Professeur à Zutphen (Pays-Bas).

Curieuse étoile filante. — M. Rambaud, élève au lycée de Grenoble, nous écrit :

1° Le 23 février, à 7^h du soir, observant le Ciel du côté d'Orion, c'est-à-dire au Sud, je vis, quoique ce ne fût pas la saison des étoiles filantes, un point lumineux se détacher derrière α Orion et glisser en faisant un crochet représenté sur cette figure

Fig. 86.

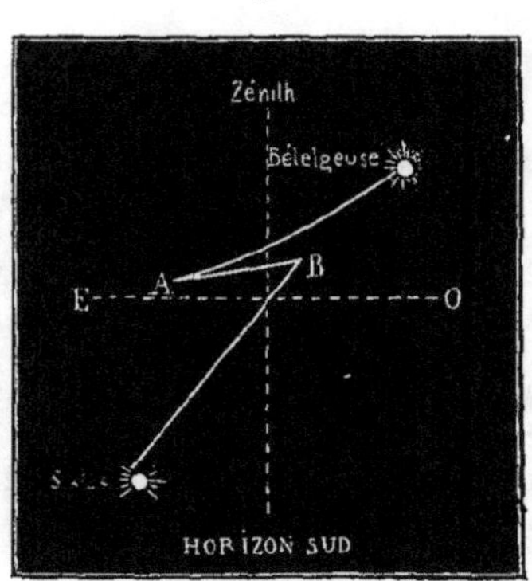

jusqu'à Sirius. Le bolide présentait l'éclat d'une étoile de 4° grandeur. Il eut un éclat maximum que j'ai estimé à 3° grandeur arrivé au point A, puis un minimum au point B, où il est resté un moment stationnaire. Il a continué son chemin jusqu'à Sirius, présentant un éclat de 4° grandeur. Je l'ai perdu de vue comme s'il eût passé derrière Sirius et y fût resté.

Cette observation est fort intéressante et méritait d'être signalée.

Origine des uranolithes. — Nous avons reçu la lettre suivante, que nous nous empressons d'insérer :

Une personne amie me communique la livraison d'avril de votre *Revue d'Astronomie populaire*, où vous avez mentionné mes travaux sur les météorites.

Permettez-moi de vous dire que vous avez choisi, dans mes publications, pour les citer, des points auxquels je n'attache qu'une importance fort secondaire, tandis que vous avez laissé dans l'oubli les choses fondamentales.

Vos lecteurs doivent nécessairement croire que mes travaux se réduisent à l'échafaudage d'une théorie relative à l'origine des pierres tombées du Ciel.

Je tiens à constater qu'il n'en est rien : l'hypothèse est venue se présenter d'elle-même comme une conséquence, très secondaire d'ailleurs, de longues années d'études de laboratoire. Celles-ci m'ont amené à établir d'une façon indubitable que les météorites, jusque-là étudiées séparément les unes des autres, proviennent d'un gisement commun où elles affectaient réciproquement des situations comparables à celles des diverses catégories de roches sur notre propre globe.

Mes recherches, qui relèvent d'une vraie *Paléontologie sidérale*, conduisent à la constitution d'une Science nouvelle, la *Géologie comparée*, qui a reçu droit de cité dans les *Comptes rendus de l'Académie des Sciences*. Elles ont obtenu de l'Académie la plus haute distinction dont celle-ci puisse disposer, la médaille de Lalande, jusque-là exclusivement réservée à des découvertes d'Astronomie pure. En proposant d'accorder le prix à mes travaux, M. Faye disait : « M. Stanislas Meunier semble en droit de conclure que ces masses (les météorites) ont dû appartenir autrefois à un globe considérable, qui aura eu, comme la Terre, de véritables époques géologiques, et se sera plus tard décomposé en fragments séparés sous l'action de causes difficiles à préciser, mais que nous avons vues à l'œuvre, plus d'une fois, dans le Ciel même. »

Vous reconnaîtrez sans doute, Monsieur, que si les faits signalés par moi ne démontrent pas, je le reconnais très volontiers, l'existence de l'ancien satellite contre lequel vous vous déclarez, ils rendent du moins inadmissible, à tous égards, l'hypothèse volcanique qui a vos préférences.

STANISLAS MEUNIER,
docteur ès Sciences.

Nous répondrons à M. St. Meunier que le sujet de l'article auquel il se réfère ayant été l'examen des diverses hypothèses émises sur l'*origine* des uranolithes, nous n'avons pas eu à nous y occuper d'autre chose que de cette *origine*. Par conséquent, il eût été hors de propos d'allonger cette étude, déjà fort développée, pour y décrire des travaux de laboratoire ou de « Paléontologie sidérale. »

Parmi ces hypothèses sur l'origine des pierres qui tombent du Ciel, celle de M. Meunier, sur *un satellite brisé*, nous a paru la moins probable de toutes, et nous l'avons avoué. Nous voyons avec satisfaction, d'ailleurs, que l'auteur semble n'y plus attacher aujourd'hui « qu'une importance fort secondaire. » Nous l'en félicitons.

L'origine éruptive paraît plus rationnelle, ces éruptions pouvant, d'ailleurs, avoir eu pour origine, non seulement la Terre, mais encore le Soleil, la Lune, les Planètes et même les Étoiles.

L'auteur rappelle, avec un sentiment de satisfaction bien légitime, que l'Académie des Sciences a confirmé ses déductions par l'énoncé même des termes du rapport. Les Académies ne sont peut-être pas infaillibles. N'est-ce pas à propos même d'une chute de météorites que l'illustre Lavoisier a déclaré, au nom de l'Académie, que des pierres *ne peuvent pas* tomber du Ciel (séance du 13 septembre 1768), à une époque où la plupart des savants étrangers admettaient ces chutes, observées d'ailleurs par des témoins irrécusables?

Mais il nous siérait mal, à nous qui avons nous-même l'honneur d'être lauréat de l'Institut, de faire le procès des Académies. Nous voulons seulement dire que tout le monde peut se tromper, et que, lors même que l'Institut se déclarerait en faveur de l'hypothèse d'un satellite détruit, ce ne serait pas là une raison *suffisante* pour affirmer la véracité de cette hypothèse. Un écrivain de beaucoup d'esprit et de beaucoup d'indépendance, M. Victor Meunier, ne rappelait-il pas un jour ce fait, assez mémorable dans l'histoire de la Science et de l'instruction publique, que, cent ans après Galilée, la Sorbonne interdisait encore à ses professeurs d'enseigner publiquement « l'hérésie » du mouvement de la Terre? Ne nous abritons donc plus aujourd'hui sous l'ancien adage *Magister dixit*, car il ne prouve rien. Il est préférable, pour chacun de nous, de chercher simplement et modestement cette origine, *encore problématique aujourd'hui*, malgré les beaux travaux de M. Stanislas Meunier. C. F.

Même question. — M. Joseph Kleiber nous écrit de Saint-Pétersbourg, sur le même sujet, que les bolides nous arrivent avec une vitesse *trop grande* pour être originaires de la Terre, et il cite, comme exemples de cette vitesse, celle de la chute de Pultusk, évaluée à 53 000^{m}, et celle de la météorite tombée en Hollande le 4 mars 1863, évaluée à 67 000^{m}. Or, nous avons dit que de tels projectiles pourraient nous revenir avec une vitesse propre de 41 700^{m}, à laquelle s'ajoute celle de la Terre (29 500^{m}), s'ils arrivent de face, « ce qui donne au total une vitesse de **71 200^{m}** comme maximum pour l'arrivée d'un aérolithe dans notre atmosphère. » Donc, ici aussi, l'auteur s'est trop pressé de conclure.

Le même auteur ajoute qu'on a trouvé des hyperboles pour les courbes décrites par certains bolides. Nous le savons (voir *Astronomie populaire*, p. 671). Mais nous ferons remarquer que ces courbes ne sont pas applicables à la route totale du bolide dans l'espace, parce que l'arc d'observation est trop peu étendu, trop mal déterminé en général, et modifié lui-même par l'attraction et le mouvement de la Terre.

Le savant russe ajoute encore qu'il y a, dans les chutes de météorites, des cas de périodicité remarquables, notamment la date de l'averse d'étoiles filantes du 27 novembre (1872) :

29	novembre	1809	30	novembre	1821	26	novembre	1829
28	—	1810	27	—	1823	26	—	1831
29	—	1820	27	—	1824	30	—	1834
						29	—	1839

« Cette périodicité, dit-il, semble indiquer qu'il existe quelque rapport inconnu entre les comètes et les uranolithes. »

Nous signalons cette périodicité, parce qu'elle est, en effet, fort intéressante à étudier et à compléter.

Notre honorable correspondant repousse l'hypothèse d'un satellite brisé pour s'inscrire en faveur de celle qui attribue ces fragments célestes à des ruines de mondes éparses dans l'espace.

C'est avec bonheur que nous voyons cette curieuse question de l'origin des uranolithes entrer dans la voie d'une discussion effective, qui ne pourra manquer de porter d'excellents fruits.

Les saints de glace. — Une vieille tradition rapporte que les journées des 11, 12 et 13 mai (St Mamert, St Pancrace et St Servais) sont généralement marquées par un abaissement de la température. Il serait intéressant de voir ce qu'il y a de vrai dans cette tradition.

L'année dernière, 1882, après plusieurs journées chaudes, et surtout celle du 12, qui a été très chaude, le vent a tourné au Nord pendant la nuit du 12 au 13, et la température s'est immédiatement abaissée. Du 13 au 18, le vent du Nord, qui a soufflé avec intensité, a rendu ce froid intempestif particulièrement désagréable. Toutefois, il n'y a pas eu de gelées.

Cette année, le temps a été froid et pluvieux jusqu'au 12. Il a changé dans l'après midi de ce jour. A partir du 13, le Soleil a brillé dans un Ciel pur et nous a donné de chaudes journées jusqu'au 20, où le Ciel s'est partiellement couvert, pour se continuer fort beau les jours suivants.

Il y a eu changement de temps comme l'année dernière, mais en sens absolument contraire. (Observations faites à Paris).

Un nouveau journal scientifique. — Nous venons de recevoir le 1er Numéro (ou, pour mieux dire, le nº 5) d'un nouveau journal scientifique américain *Science* paraissant une fois par semaine à Cambridge, Mass., dirigé par M. Moses King. Nous adressons nos meilleurs vœux de succès à cette publication parfaitement rédigée, très variée et très intéressante.

OBSERVATIONS ASTRONOMIQUES

A FAIRE DU 15 JUIN AU 15 JUILLET

Principaux objets célestes en évidence pour l'observation.

1° CIEL ÉTOILÉ :

Pour l'aspect du Ciel étoilé, en cette saison, et les curiosités sidérales à observer, il suffit de se reporter perpétuellement à la Carte publiée dans l'*Astronomie*, 1re année, même mois, et aux descriptions données dans l'ouvrage *Les Étoiles et les Curiosités du Ciel*, p. 594 à 635.

2° SYSTÈME SOLAIRE :

SOLEIL. — Le Soleil se lève, le 15 juin, à 3^h58^m pour se coucher à 8^h3^m. Le 21, à 7^h12^m du soir, il atteint le solstice d'été : c'est à ce moment que commence la saison d'été; le 21 juin est le plus long jour de l'année : le Soleil reste visible depuis 3^h58^m du matin jusqu'à 8^h5^m du soir, c'est-à-dire pendant 16^h7^m. Le

1er juillet, le Soleil se lève à $4^h 2^m$ pour se coucher à $8^h 5^m$, et, le 15, il reste sur l'horizon de $4^h 14^m$ à $7^h 57^m$. La durée du jour n'est plus que de $15^h 43^m$; elle diminue ainsi de 24^m depuis le solstice. En même temps, la déclinaison du Soleil diminue de près de 2°: égale à 23°27′ le jour du solstice, elle tombe à 21°23′ le 15 juillet.

Le 3 juillet, à 5^h du soir, la Terre passe à l'aphélie; c'est à ce moment qu'elle est le plus éloignée du Soleil. Au sujet des variations de distance de la Terre au Soleil et de leur influence sur le régime des saisons, nous renverrons le lecteur à ce que nous en avons dit l'année dernière [Voir T. I, n° 5 (juillet)]. Rappelons seulement ici que l'excentricité de l'orbite terrestre est d'environ $\frac{1}{60}$, de sorte que, si l'on représente la distance moyenne de la Terre au Soleil par le nombre 60, la distance maximum (aphélie) sera représentée par 61; et la distance minimum (périhélie) par 59 : ces nombres peuvent donner une idée de l'importance assez faible des variations qui nous occupent.

Fig. 87.

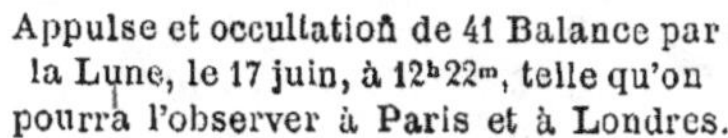
Appulse et occultation de 41 Balance par la Lune, le 17 juin, à $12^h 22^m$, telle qu'on pourra l'observer à Paris et à Londres.

Fig. 88.

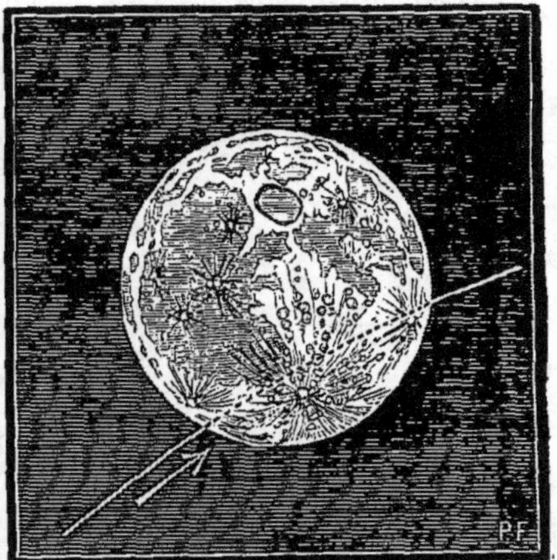

Occultation de 16 Sagittaire par la Lune, le 20 juin, de $9^h 5^m$ à $10^h 6^m$.

LUNE. — Voir plus loin la description de la *Mer de la Fécondité* et des régions avoisinantes.

PHASES ...	PL	le 20	juin	à	$4^h 41^m$	soir.
	DQ	le 27	»	à	7 47	»
	NL	le 4	juillet	à	3 13	»
	PQ	le 12	»	à	7 59	matin.

Occultations.

Une appulse et deux occultations pourront être observées du 15 juin au 15 juillet.

1° 41 Balance (6e gr.), appulse à 0′,8 du bord, le 17 juin, à $12^h 22^m$; le point du bord de la Lune dont l'étoile s'approche le plus est à 23° à gauche (Est), et au dessus du point le plus bas du disque lunaire. Il est bon de remarquer que les appulses se font toujours en un point très peu éloigné de l'extrémité du cercle d'illumination. Une circonstance que nous avons déjà souvent rencontrée se présente encore cette fois-ci; c'est que l'étoile

41 Balance, qui, à Paris, ne fera que frôler le bord de la Lune, sera complètement occultée à Greenwich pendant quatorze minutes. Ce phénomène est représenté (*fig* 87), tel qu'on pourra l'observer dans les deux stations. Nous engageons vivement nos lecteurs, surtout ceux qui habitent sous des latitudes intermédiaires entre Paris et Londres, à faire cette intéressante observation, afin de pouvoir juger par eux-mêmes de l'effet de la parallaxe de la Lune.

2° 16 Sagittaire (6° gr.), le 20 juin, de $9^h 5^m$ à $10^h 6^m$. L'étoile disparaît à gauche (Est), à 25° au-dessus du point le plus bas, et reparaît à droite (Ouest), à 13° au-dessous du point le plus occidental du disque lunaire (*fig.* 88).

3° 28 Balance (6° gr.), le 14 juillet, de $11^h 26^m$ à $12^h 36^m$. L'étoile disparaît à gauche, à 26° au-dessus du point le plus oriental du disque lunaire. Comme la Lune se couche, ce soir-là, à $12^h 23^m$, on ne pourra pas voir réapparaître l'étoile. Déjà la disparition sera bien difficile à observer à cause du faible éclat de l'étoile et de son peu de hauteur à l'horizon.

Enfin, du 15 juin au 15 juillet, la Lune passera très près des planètes Mars, Saturne et Mercure, à tel point que des occultations pourraient être observées en des stations convenables. Nous dirons quelques mots de ces curieux phénomènes à propos des planètes correspondantes.

Lever, Passage au Méridien et Coucher des planètes visibles du 11 juin au 11 juillet 1883.

		Lever.		Passage au Méridien.		Coucher.	
MERCURE	11 juin	$4^h 5^m$	matin.	$11^h 40^m$	matin.	$7^h 14^m$	soir.
	21 »	3 21	»	10 51	»	6 21	»
	1er juillet	2 52	»	10 32	»	6 13	»
	11 »	2 48	»	10 45	»	6 42	»
VÉNUS	11 juin	2 42	»	10 7	»	5 34	»
	21 »	2 34	»	10 17	»	6 0	»
	1er juillet	2 34	»	10 29	»	6 24	»
	11 »	2 40	»	10 42	»	6 43	»
MARS	11 juin	2 2	»	9 10	»	4 19	»
	21 »	1 39	»	8 59	»	4 20	»
	1er juillet	1 18	»	8 49	»	4 21	»
	11 »	0 58	»	8 39	»	4 20	»
SATURNE	11 juin	3 10	»	10 45	»	6 20	»
	21 »	2 34	»	10 10	»	5 47	»
	1er juillet	1 58	»	9 36	»	5 13	»
	11 »	1 23	»	9 1	»	4 40	»
URANUS	11 juin	11 38	»	6 3	soir.	0 32	matin.
	21 »	11 0	»	5 24	»	11 49	soir.
	1er juillet	10 22	»	4 46	»	11 10	»
	11 »	9 44	»	4 8	»	10 32	»

MERCURE. — Mercure atteint sa plus grande élongation occidentale, le 2 juillet, à 10^h du matin; il est alors à 21° 26′ à l'*Ouest* du Soleil. Ce sera donc le matin qu'il faudra chercher à l'apercevoir, dans la lueur de l'aurore. Pendant la première moitié du mois de juillet, il se lève plus d'une heure avant le Soleil; ses conditions de visibilité ne sont pas aussi favorables que pendant l'élongation orientale du mois de mai dernier.

Le 2 juillet, à minuit, a lieu la conjonction de Mercure et de la Lune, particulièrement intéressante en ce sens que la planète ne serait qu'à 17′ au Nord du centre de la Lune, pour un observateur placé au centre de la Terre. Dans l'hémisphère Nord, cette distance sera augmentée par la parallaxe; mais, dans l'hémisphère Sud, elle sera au contraire diminuée. Seulement, comme la Lune se couche, à Paris, ce soir-là, à 5^h52^m, il faudrait se transporter vers l'Occident d'au moins sept heures de longitude, c'est à dire d'au moins 105°. C'est dans les environs du 140° de longitude Ouest et au Sud de l'Équateur que l'on pourrait observer une occultation de Mercure par la Lune; malheureusement, dans ces régions perdues en plein Océan Pacifique, il n'y a personne pour faire l'observation.

Vénus. — Vénus est toujours visible le matin; elle se lève encore près d'une heure et demie avant le Soleil. Le 19 juin, à minuit, Saturne et Vénus vont passer en conjonction tout près l'un de l'autre; Vénus sera seulement à 35′ au Nord de Saturne.

Mars. — Mars redevient facilement visible le matin; il se lève vers 1^h30^m du matin à la fin du mois de juin. Le 1er juillet, à 4^h du matin, Mars arrive en conjonction avec la Lune, à 37′ seulement au Nord du centre de la Lune pour un observateur qui serait au centre de la Terre. La conjonction sera bien visible à Paris même; malheureusement la parallaxe augmente encore la distance apparente des deux astres dans l'hémisphère boréal. Il faudrait se transporter dans l'hémisphère austral pour observer une appulse ou peut-être même une occultation.

Jupiter. — Jupiter est invisible à cause de sa proximité apparente du Soleil; c'est le 5 juillet, à 3^h du soir, qu'il arrive en conjonction avec le Soleil.

Saturne. — Saturne redevient aussi visible le matin; il se lève un peu après Mars. Il est à remarquer qu'au commencement du mois de juillet, on pourra voir, avant le lever du Soleil, quatre planètes groupées dans la lumière encore faible de l'aurore : Mars la plus haute, Saturne au-dessous d'elle, puis Vénus, et enfin Mercure à moitié noyé dans les brumes de l'horizon.

Comme le mois précédent, Saturne passe encore tout près de la Lune; seulement il est maintenant au Nord de notre satellite; la distance des centres a aussi un peu augmenté : elle est de 22′. Ce serait dans l'hémisphère austral qu'on pourrait voir la planète occultée; le phénomène sera visible, dans l'Océan Pacifique austral, à peu près dans la même région déserte que l'appulse de Mars : il se produit le 1er juillet, à 11^h du matin.

Uranus. — Uranus va disparaître; il se couche à 11^h au début du mois de juillet; il n'a pas quitté la constellation du Lion. On le trouvera un peu au Nord-Est de l'étoile τ, entre les 2 étoiles β et σ, presque à égale distance de chacune d'elles. Voici ses coordonnées, le 15 juin, à midi :

Ascension droite...... $11^h22^m8^s$. Déclinaison...... 4°54′32″ N.

ÉTUDES SÉLÉNOGRAPHIQUES.

Le dessin que nous publions ce mois-ci (*fig.* 89) représente la mer de la Fécondité et les régions qui l'avoisinent au Sud. Il a été dressé à la même échelle que celui du dernier Numéro; la partie boréale, c'est-à-dire le bas de la figure, est la reproduction pure et simple de la partie supérieure de notre dernier dessin; il est important que les régions qui se trouvent sur le bord des gravures soient reproduites deux fois, afin qu'on puisse voir d'un seul coup d'œil les contrées qui entourent un point quelconque de la Lune (¹).

La mer de la Fécondité est une vaste plaine obscure, assez mal délimitée, qui s'étend au Sud de la mer des Crises, dont elle est séparée par une chaîne de hautes montagnes, et qui, du côté du Nord-Est, confine à la mer de la Tranquillité. La partie Sud-Ouest de cette dernière est visible en bas et à droite de notre figure; du reste, rien ne sépare nettement les deux mers, qui sont, pour ainsi dire, la continuation l'une de l'autre. Le grand cratère *Taruntius* et la petite montagne *Secchi* forment à peu près seuls la ligne de démarcation. La mer de la Fécondité est environ deux fois plus étendue que la mer des Crises; elle est bien moins obscure et n'est point entourée de hautes montagnes; aussi est-elle moins facile à observer à l'œil nu, quoiqu'on puisse en aisément retrouver la place sur le croissant lunaire. A l'œil nu, la mer des Crises se présente sous l'aspect d'un petit ovale obscur très net, tandis que la mer de la Fécondité ne se distingue que comme une tache vague et indéfinie. Ajoutons à ce propos que c'est surtout quand la Lune est visible *en plein jour* qu'il est le plus facile de l'observer *à l'œil nu* et d'en distinguer les détails. La nuit, sa lumière trop vive éblouit l'œil, et les contours des mers se noient dans l'éclat des surfaces environnantes. On peut cependant l'observer avec bien plus de netteté, si on la regarde à travers un verre légèrement fumé, qui donne plus de douceur à la lumière, et empêche la vue de se fatiguer.

Dans la partie de la mer de la Tranquillité qui est figurée sur notre gravure, nous n'avons rien d'intéressant à signaler; mais, presque au milieu de la mer de la Fécondité, se voient les deux petits cirques de Messier, célèbres par les changements certains dont ils ont été le siège depuis les premières observations. Du temps de Beer et Mädler, ils se présentaient comme deux petits cratères très profonds, offrant la plus curieuse identité d'aspect, de forme, de profondeur et d'éclat. Le point culminant lui-même se trouvait juste à la même place, sur les deux crêtes circulaires. Aujourd'hui, *cette ressemblance parfaite n'existe plus.* En 1855, Webb observa que le cratère oriental était plus grand que l'autre; en 1856, il remarqua que le cratère de l'Ouest, outre qu'il était le plus petit, était de plus allongé de l'Est à l'Ouest, tandis que l'autre est allongé du Nord au Sud. Les observations de Webb ont été depuis confirmées par d'autres astronomes; quant à celles de Beer et Mädler, on peut leur accorder toute confiance, car ces deux astronomes ont examiné et dessiné *plus de trois cents fois* les cirques Messier. Leur attention avait été attirée sur ces deux petites montagnes à cause de quelques traînées blanches qui s'étendent à partir de l'une d'elles jusqu'à une

(¹) Le lecteur est prié de ne pas oublier que l'image est représentée telle qu'on la voit dans un instrument astronomique qui renverse les objets. Le *Nord* est en *bas*, le *Sud* en *haut*, l'*Est* à *droite*, et l'*Ouest* à *gauche*.

grande distance vers l'Orient, formant avec les ombres qu'elles rencontrent un dessin qui rappelle une queue de comète. Ces traînées avaient été découvertes par Schrœter; Gruithuisen les attribuait à des travaux d'art effectués par les

Fig. 89.

Mer de la Fécondité.

Sélénites, et c'était pour examiner s'il ne s'y produirait pas quelques modifications que Beer et Mädler avaient ainsi multiplié leurs observations. Ils ont toujours vu les deux cirques identiques, sans jamais y découvrir le moindre changement; il est remarquable que ce soient justement leurs observations, si soignées et si nombreuses, et dont le résultat avait été pour eux si complètement négatif, qui nous permettent d'affirmer aujourd'hui que la configuration des deux montagnes s'est certainement modifiée depuis leurs travaux.

A l'Ouest de la mer de la Fécondité, on observe une région plus claire, où se trouvent *Isidore* et *Capella*, deux cirques accolés dont la cime, située entre les deux, s'élève à plus de 4000^{m}. Les cratères doubles abondent dans cette région; on y trouve aussi de nombreuses montagnes en forme de poire. Tel est *Gutenberg*, situé à l'extrémité Nord-Est du massif montagneux qui borne au Nord la mer de la Fécondité; dans ce même massif, on rencontre, en allant du Nord au Sud, *Goclénius*, *Magellan*, *Colomb*, *Cook*, et *Bohnenberger*, un peu détaché vers l'Orient.

Une belle chaîne de montagnes, qui a reçu le nom de *Pyrénées*, relie la mer de la Fécondité à l'immense amas de cirques et de cratères qui s'étend vers le Sud; elle part du Sud de Gutenberg et se dirige vers le Sud-Ouest en s'élevant à une hauteur de 3600^{m}, pour aller rejoindre les monts Santbech et Borda.

Si l'on part de l'Ouest de la mer de la Fécondité, pour s'élever vers le Sud, on rencontre les quatre grands cirques de *Langrenus*, *Vendelinus*, *Pétavius* et *Furnérius* qui se trouve tout dans le haut de notre gravure; ils sont admirables à observer dans les premiers jours de la lunaison; le premier a plus de 4500^{m} de hauteur; il est orné d'un piton central qui s'élève à 2800^{m}. *Pétavius* présente l'un des plus beaux spectacles de la topographie lunaire, on peut le considérer comme l'un des types les plus complets des cirques lunaires : un double rempart circulaire, de 3300^{m} de hauteur, sillonné par de profondes vallées qui forment, ici et là, de magnifiques terrasses annulaires, encadre une vaste plaine dominée par une haute pointe centrale. Enfin, une grande crevasse relie ce piton central au rempart circulaire : il faut l'observer le 3e ou 4e jour de la lunaison; on la voit partir de la pointe centrale et se diriger vers le Sud-Est, jusqu'au rempart où elle se termine. Nos lecteurs savent que les crevasses et les rainures ne sont pas rares sur la Lune; mais celle dont nous parlons est l'une des plus remarquables que l'on puisse observer. Tout cet ensemble forme un paysage grandiose au lever ou au coucher du Soleil; mais tous les détails deviennent entièrement invisibles, dès que les rayons solaires ne sont plus très obliques, c'est-à-dire longtemps avant le Premier Quartier. *Furnérius*, qui est moins grand et moins escarpé que *Pétavius*, possède au centre du cirque un petit cratère sur les flancs duquel on peut voir, avec un fort grossissement, une assez remarquable crevasse en forme d'arc. Toutes ces grandes et belles montagnes sont entourées d'une multitude de cirques plus petits qui viennent s'accoler à leurs flancs et augmentent encore la splendeur du paysage.

Signalons enfin, tout à fait à l'Orient et juste sur le bord de la Lune, le cirque *Kœstner*, au Nord duquel s'étend une vaste plaine grise, dont on n'aperçoit que le bord oriental, même par la libration la plus favorable. Il semble que cette plaine, si on pouvait la voir tout entière, rappellerait l'aspect et la disposition de la mer des Crises : on l'a nommée la *mer de Smyth*.

PHILIPPE GÉRIGNY.

LA CONQUÊTE DES AIRS

ET LE CENTENAIRE DE MONTGOLFIER.

Paris, 5 juin 1883.

Il y a aujourd'hui cent ans que le premier ballon s'est élevé dans

Fig. 90

LA PREMIÈRE ASCENSION DE BALLON. — Annonay, 5 juin 1783.

les airs. Paris, la France, le monde, célèbrent par des fêtes aérostatiques ce glorieux centenaire. Nous ne pouvons pas laisser passer cette date inoubliable sans rappeler ici les magnifiques débuts de la navigation aérienne, sans présenter à nos lecteurs l'historique de cette lumineuse aurore.

Le jeudi 5 juin 1783, les frères MONTGOLFIER, qui avaient déjà fait plusieurs expériences à cet égard dans les ateliers de leur papeterie d'Annonay, et qui avaient ainsi préparé d'avance, par la théorie et par la pratique, un succès assuré, convoquèrent les membres des États particuliers du Vivarais, alors réunis à Annonay, pour assister à l'expérience qui devait rendre publique leur découverte. En présence de la foule assemblée, un globe de toile doublé de papier, de 110 pieds de circonférence et d'une capacité de 22000 pieds cubes, s'enleva, au grand ébahissement de tous les spectateurs, jusqu'à la hauteur d'environ 1000 toises. L'atmosphère était calme, le vent était au Midi et il pleuvait. La machine aérostatique resta environ dix minutes dans les airs, emportée doucement le long d'une ligne presque horizontale de 1200 toises environ; puis, dégonflée, elle descendit si légèrement qu'elle effleura à peine les échalas de la vigne sur laquelle elle vint se poser.

C'était là une expérience à la fois simple et magnifique. Depuis des siècles, bien des chercheurs avaient essayé de s'élever dans les airs. Lorsque l'expérience avait été tentée, c'était à l'aide d'ailes et de parachutes, et généralement les expérimentateurs avaient subi le sort d'Icare. Le calcul le plus élémentaire montre, en effet, que l'homme ne peut pas s'élever dans les airs par sa seule force musculaire, par cette raison que la pesanteur tend à le faire tomber de $4^{m},90$ par seconde, et que sa force musculaire ne peut, ni par un, ni par deux, ni par trois battements d'ailes, contrebalancer l'attraction de la planète. A côté de ces expérimentateurs, on trouve des théoriciens qui ont inventé des ballons avant Montgolfier. Ainsi, au moment où nous écrivons ces lignes, nous avons sous les yeux un petit poème latin, intitulé : *Navis aeria*, par BERNARD ZAMAGUA, *Societatis Jesu*, (Rome, 1768), dans lequel non seulement toute la théorie des ballons est donnée avec ses applications météorologiques, mais encore dans lequel on voit, représenté par le dessin, un navire aérien composé de quatre ballons sphériques et d'une nacelle emportant trois aéronautes. Cent ans avant cette publication, avait été imprimé, avec une figure analogue qui a certainement inspiré l'auteur de celle-ci, le livre du jésuite Lana : *Prodrome dell arte maestria*, (Brescia, 1670).

Antérieurement encore, en 1650, Cyrano de Bergerac n'avait-il pas imaginé deux espèces originales de montgolfières : l'une décrite dans son *Voyage à la Lune*, consistant en un système de « fioles pleines de rosée, sur lesquelles le soleil dardait des rayons si violents, écrit-il, que la chaleur, qui les attirait, comme elle fait pour les nuages, m'éleva si haut qu'enfin je me trouvai au-dessus de la moyenne région; » l'autre, décrite dans son *Histoire des États et Empires du Soleil*, consistant en un icosaèdre de verre destiné à recevoir les rayons solaires qui en échaufferont l'air et l'élèveront par le vent froid venu d'en bas. Il ne serait pas difficile de trouver d'autres essais théoriques plus ou moins ingénieux. Mais, quoi qu'on en ait imaginé, quoiqu'on ait vu, depuis des milliers

Fig. 91

L'EXPÉRIENCE DE VERSAILLES, (19 septembre 1783), fac-simile d'une figure du temps.

d'années, la fumée monter, personne n'avait fait l'*expérience* du ballon, personne n'avait gonflé un globe d'air chaud et ne l'avait fait monter.

L'anecdote du jupon de Mme Montgolfier posé au-dessus d'un réchaud est plausible. Nous ajouterons même que le seul fait d'être fabricant de papier plaçait Montgolfier dans les meilleures conditions possibles pour les essais à faire. Oui, cette expérience du 5 juin 1783 est toute simple. C'est l'œuf de Christophe Colomb. C'est la marmite de Papin. Elle n'en est pas moins magnifique, et Joseph Montgolfier ne serait-il connu que par cette seule journée, qu'il mériterait une statue au panthéon des héros du travail [1].

Ce premier ballon libre, envolé dans les régions surhumaines, ne portait ni nacelle ni passagers, et peut-être Montgolfier lui-même n'osait-il pas rêver aux applications de la navigation aérienne. Mais cette première ascension fut une étincelle. Un enthousiasme indescriptible rayonna de toutes parts, se répandit sur la France, arriva à Paris et atteignit même les savants officiels. Le procès-verbal dressé par les États du Vivarais fut envoyé à l'Académie des Sciences, qui, sur l'invitation du comte de Breteuil, ministre, nomma une commission. La renommée, plus rapide que la commission scientifique et plus enthousiaste que les académiciens, avait d'un seul essor franchi la distance d'Annonay à Paris et exalté l'ardeur anxieuse des amis de la Science et du Progrès. Dès l'arrivée de la nouvelle, ce fut à qui reproduirait l'expérience des Montgolfier, quoique le procès-verbal, ainsi que les explications des inventeurs fissent un certain mystère sur « l'espèce de gaz employé pour donner un fluide moins lourd que l'air. » C'était simplement de *l'air chaud* produit par la combustion de paille hachée avec de la laine.

Dès le 27 août, c'est-à-dire quatre-vingt-trois jours seulement après l'expérience d'Annonay, un ballon de 38 pieds de circonférence et de 943 pieds cubes, gonflé, celui-ci, à l'hydrogène (découvert six ans auparavant), était lancé du Champ-de-Mars, à Paris, devant des milliers et des milliers de spectateurs, s'élevait à 488 toises de hauteur, traversait la capitale émerveillée, disparaissait dans les nuages, malgré la pluie, et allait retomber aux environs de Paris, à Gonesse, où les paysans épouvantés le percèrent de coups de fourches, l'assommèrent à coups de fléaux et finalement le mirent en pièces en l'attachant à la queue d'un cheval.

Cet aérostat avait été construit par un jeune professeur de physique, Charles, secondé par deux constructeurs, les frères Robert.

Le roi Louis XVI et la reine Marie-Antoinette ayant exprimé le désir d'être témoins d'une ascension, les frères Montgolfier transportèrent à Versailles, dans la cour du château, un magnifique aérostat de 57 pieds de hauteur sur 41 de diamètre, très élégant de forme et d'aspect, peint de bleu azur, portant des ornements d'or et présentant l'image d'une tente richement décorée. L'expérience eut lieu le 19 septembre, en présence de centaines d'invités et de milliers de curieux. On suspendit au globe aérostatique une cage dans laquelle on plaça un mouton, un coq et un canard. Au signal donné par le roi, l'aérostat s'éleva dans les airs,

[1] M. de Montgolfier, petit neveu de l'illustre inventeur, actuellement à Paris au moment où nous corrigeons cette épreuve, nous annonce que cette statue sera élevée à Annonay, le 29 juillet prochain.

jusqu'à la hauteur de 280 toises, pour aller descendre à quelques kilomètres, dans

Fig. 92.

le bois de Vaucresson. On s'empressa autour du navire aérien. Il était descendu si tranquillement que l'on ne put s'empêcher de faire la remarque que s'il eût porté des voyageurs, ceux-ci n'auraient couru aucun danger. Le canard paraissait n'avoir aucunement souffert, et le mouton continuait, après la descente, de manger correctement l'herbe jetée dans sa cage, sans s'être certainement aperçu du voyage qu'il venait de faire.

L'esprit humain n'est pas accoutumé à s'arrêter sur le chemin de la solution d'un problème. La cage d'osier de Versailles se transformait, devant le regard de l'ardeur française, en un char aérien, et les *Mille et une nuits* déroulaient leurs visions dans l'espace. Les poètes rêvaient. Les mathématiciens calculaient. Pourquoi l'homme ne tenterait-il pas lui-même le voyage?

Une entreprise aussi nouvelle demandait certes un grand courage chez celui qui oserait le premier se confier à l'inconnu d'un voyage aérien. Deux hommes surtout temporisaient et craignaient : Montgolfier et le roi. Le roi s'opposa d'abord à l'expérience, craignant que les voyageurs ne fussent trompés dans la région perfide des météores, qu'ils ne périssent égarés dans le mystère, et que le feu de la montgolfière, que les expérimentateurs se proposaient d'emporter pour prolonger la durée de l'ascension et être maîtres de la descente, ne mît leur vie en danger ou ne semât l'incendie sur son passage. Finalement, Louis XVI permit qu'on tentât l'expérience sur deux condamnés à mort que l'on embarquerait dans la nacelle.

A cette nouvelle, l'un des esprits subjugués par la découverte, le jeune Pilâtre de Rozier, qui brûlait du désir de s'élever dans les airs, s'indigna. Quoi! de vils criminels auraient les premiers la gloire de monter au ciel! Non. Cela ne peut-être; cela ne sera point. Il conjure, il supplie, il s'agite de cent manières, il remue la ville et la Cour, il s'adresse aux personnes le plus en faveur à Versailles, il met dans son jeu la duchesse de Polignac, gouvernante des enfants de France et toute puissante sur l'esprit de Louis XVI. Celle-ci plaide chaleureusement sa cause. Le marquis d'Arlandes, gentilhomme du Languedoc, avait fait avec enchantement une ascension captive en compagnie de Pilâtre; il s'offre au roi pour partager l'honneur du premier voyage aérien. Sollicité de tous les côtés, vaincu par tant d'instances, Louis XVI se rendit.

Les jardins de la Muette, près Paris, furent le théâtre de ce premier voyage aérien. Dans une magnifique montgolfière mesurant 70 pieds de hauteur sur 46 de diamètre, cubant 60 000 pieds cubes, ornée de l'image du Soleil et des chiffres du roi, portant une nacelle circulaire élégamment drapée, Pilâtre de Rozier et le marquis d'Arlandes prirent pour la première fois congé de la Terre, le 21 octobre 1783, à 1^h de l'après-midi.

Un vent léger soufflait du Nord-Ouest. Le ciel, d'une délicieuse pureté, semblait s'être mis en fête ; quelques nuages vaporeux voltigeaient dans l'atmosphère. La montgolfière s'éleva majestueusement jusqu'à 3000 pieds de hauteur, traversa Paris, soutenue pendant vingt-cinq minutes par le feu des deux vestales nouvelles, — ou plutôt des deux Prométhées, — et vint descendre dans la campagne, près du moulin de Croulebarbe, à Montrouge. Le soir, à 5^h, le procès-verbal en était dressé au Château de la Muette. Parmi les signatures, on remarque celle de Benjamin

Franklin, lequel, consulté sur « l'utilité » de la nouvelle invention, répondit simplement : « C'est l'enfant qui vient de naître. »

Fig. 93.

Le deuxième voyage aérien (gaz hydrogène). — Paris, 1er décembre 1783.

Que l'on juge de l'enthousiasme produit par cette ascension! La conquête du ciel paraissait faite. Dans l'histoire entière de l'humanité, jamais découverte n'excita pareil applaudissement; jamais le génie et le courage de l'homme n'avaient remporté un triomphe à l'apparence plus éclatante. Les Sciences mathématiques et physiques recevaient le plus magnifique des témoignages, dans lequel on saluait l'aurore d'une ère inattendue. Désormais l'homme régnait en maître sur la nature. Après avoir asservi le sol à sa puissance, après avoir fait courber la tête frémissante des vagues sous la carène de ses navires, il allait, triomphateur sublime, prendre possession des célestes domaines; l'imagination à la fois orgueilleuse et confondue ne distinguait plus aucune limite à cette puissance; les portes de l'infini s'étaient écroulées sous le dernier coup de pied de la témérité humaine. La plus grande des révolutions venait de sonner au cadran séculaire des destinées.

Il faut avoir assisté à la frénésie de cet enthousiasme pour s'en rendre compte. Paris n'avait qu'une voix pour acclamer les conquérants de l'espace céleste, et, alors comme aujourd'hui, Paris donnait le signal à la France et la France le donnait au monde. Nobles et roturiers, savants et ignorants, grands et petits, le cœur de tous palpitait d'un seul battement.

Les rues débordaient de chansons, les librairies débordaient d'images et d'estampes, les salons ne s'entretenaient que de la nouvelle découverte, le poète se délectait déjà dans la contemplation supérieure des vastes scènes de la création, le prisonnier songeait à son évasion nocturne, le physicien visitait le laboratoire de la foudre et des météores, le général faisait son plan de bataille, le jeune garde-française s'envolait au ravissement de la fleur du castel, l'esprit fort proclamait un nouvel empiètement sur le domaine de Dieu, la piété craintive tremblait à l'approche des temps, le savant enregistrait un nouveau chapitre aux annales des connaissances humaines. Nul ne restait indifférent. Revoyez, dans un coup d'œil général, la marche progressive de l'esprit humain, depuis les périodes les plus reculées jusqu'à nos jours : ni les chefs-d'œuvre de l'art et de l'éloquence, ni les législations souveraines, ni les conquêtes du sabre, ni la locomotive, ni le télégraphe ne suscitèrent mouvement comparable à celui-là. C'était l'audace humaine, altière et victorieuse, brillant au rang d'étoile dans l'immense étonnement des cieux!

Hélas! le premier aéronaute devait être aussi le premier martyr de la navigation aérienne. Deux ans plus tard, le 15 juin 1785, voulant entreprendre la traversée de la France en Angleterre, Pilâtre de Rozier fut précipité, avec son aérostat incendié, sur les bords de la mer, près de Boulogne : il était dans sa vingt-neuvième année. Huit jours plus tard, une jeune pensionnaire, sa fiancée, le suivait au tombeau.

Pendant que les préparatifs du premier voyage en montgolfière occupaient nos hardis aéronautes, Charles et Robert préparaient de leur côté, par une souscription nationale, une ascension en aérostat gonflé au gaz hydrogène. Le 1er décembre, aux Tuileries, les deux constructeurs s'élevaient, aux yeux de tout Paris assemblé, couvrant littéralement non seulement le jardin et les quais avoisinants, mais encore les ponts, les rues, les balcons, les fenêtres et les toits : de quelque côté qu'on regardât du haut de la nacelle, on ne voyait que des têtes.

Fig. 94.

EXPÉRIENCE AEROSTATIQUE
Faite a Lyon en Janvier 1784, avec un Ballon de cent pieds de diametre.
Vue prise du Pavillon méridional de S.t Anarnu Spréafico aux Brotteaux.

un espace infini nous séparoit des cieux;
mais, grace aux MONTGOLFIER que le génie inspire,
l'aigle de Jupiter a perdu son Empire
et le faible mortel peut s'approcher des dieux........ [illegible]

Mais déjà, ô faiblesses humaines ! deux partis rivaux sont nettement dessinés : les partisans de Montgolfier que le roi venait d'anoblir, et ceux du professeur Charles. On se jette au visage des épithètes malsonnantes. Vers midi, le bruit d'une émeute circule, et l'on assure que le roi s'oppose au départ du globe gonflé « d'air inflammable. » Charles accourt chez le ministre de Breteuil, et lui représente que, si le roi est maître de sa vie, il n'est pas maître de son honneur. Enfin le canon qui doit annoncer le départ se fait entendre, les doutes se dissipent; Charles, prêt à partir, s'approche gracieusement d'Etienne Montgolfier et lui présente un petit ballon captif : « C'est à vous, monsieur, lui dit-il, qu'il appartient de nous montrer la route des cieux. » Le bon goût et la délicatesse de cette pensée trouvent un écho prolongé dans les applaudissements du public. Le petit ballon s'envole vers le Nord-Est, faisant resplendir au soleil sa brillante couleur d'émeraude.

« Le petit globe, échappé des mains de M. de Montgolfier, écrit Charles lui-même dans sa relation, s'élança dans les airs et sembla y porter le témoignage de notre réunion : les acclamations l'y suivaient. Pendant ce temps, nous préparions à la hâte notre fuite; les circonstances orageuses qui nous pressaient nous empêchaient de mettre à nos dispositions toute la précaution que nous nous étions proposée la veille. Il nous tardait de n'être plus sur la terre. Le *Globe* et le char en équilibre touchaient encore au sol : nous jetons dix-neuf livres de lest et nous nous élevons au milieu du silence concentré par l'émotion et la surprise.

« Jamais rien n'égalera ce moment d'hilarité qui s'empara de mon existence lorsque je sentis que je fuyais de terre : ce n'était pas du plaisir, c'était du bonheur. Échappé à la persécution et à la calomnie, je sentis que je répondais à tout en m'élevant au-dessus de tout. A ce sentiment moral succéda bientôt une sensation plus vive encore : l'admiration du majestueux spectacle qui s'offrait à nous. De quelque côté que nous abaissions nos regards, tout était têtes; au-dessus de nous, un ciel sans nuages; dans le lointain, l'aspect le plus délicieux. « O mon ami, disais-je à Robert, quel est notre bonheur! J'ignore dans quelle disposition nous laissons la Terre, mais comme le ciel est pour nous! Quelle sérénité! Quelle scène ravissante! Que ne puis-je tenir ici le dernier de nos détracteurs et lui dire : Regarde, malheureux, tout ce qu'on perd à arrêter le progrès des Sciences! »

L'aérostat s'éleva à 300 toises, se dirigeant du côté d'Asnières, traversa la Seine à Saint-Ouen, puis à droite d'Argenteuil, passa au-dessus de Sannois, de Saint-Leu-Taverny, de l'Ile Adam, et descendit à Nesles, à neuf lieues de Paris, parcourues en deux heures. Le duc de Chartres, qui les avait suivis à franc étrier, en compagnie de plusieurs gentilshommes, arriva pour les embrasser à la descente. Robert descendit le premier, et Charles voulut faire une seconde ascension. L'aérostat délesté s'élança comme une flèche jusqu'à la hauteur de 1500 toises, où l'aéronaute revit le Soleil, qui venait de se coucher. Le froid était très vif. La Lune se levait dans les nuages. Une demi-heure après, il redescendit sur une belle plage en friche, auprès du bois de la Tour-du-Layn.

Ce second voyage ouvrait définitivement l'ère de la navigation aérienne. Charles organisa les agrès de l'aérostation, tels que nous les avons encore aujourd'hui : soupape, lest, appendice pour la dilatation, etc. Nous n'y avons presque rien ajouté depuis cent ans.

Au moment du départ, il y avait, à l'une des fenêtres des Tuileries, la marquise de Villeroy, octogénaire et sceptique (car, disait-elle, ce serait tenter Dieu lui-même que de prétendre s'élever dans les airs). Elle était là, roulée dans son fauteuil, n'admettant pas la possibilité de l'ascension. Mais à peine les aéronautes, après avoir salué le public, eurent-ils dépassé la hauteur des arbres, que, passant tout à coup de la plus complète incrédulité à une confiance sans bornes dans la puissance du génie : « Oh! les hommes, s'écria-t-elle en tombant à genoux, ils trouveront le secret de ne plus mourir, et ce sera quand je serai morte! »

Tels furent les débuts [1] de la navigation aérienne. (Joseph Montgolfier s'éleva, à Lyon, le 19 janvier 1784; c'était la troisième ascension, et l'intrépide Pilâtre en faisait partie.) L'enthousiasme qu'ils inspirèrent était bien justifié, ne serait-ce qu'au point de vue purement artistique et esthétique. Aucun spectacle de la nature ne donne une impression comparable à celle que peut ressentir l'aéronaute suspendu à sa bulle de gaz au-dessus des campagnes illuminées par le Soleil, endormies sous l'aile de la nuit, ou vaguement éclairées par la lumière argentée de la Lune. J'ai passé bien des heures dans cette contemplation sublime. On ne sait vraiment lequel est le plus merveilleux, ou d'un coucher de soleil vu du haut des nuages embrasés, ou d'un lever de l'astre du jour éclatant comme une fanfare après le prélude de l'aurore, ou d'une nuit étoilée silencieusement traversée dans la nacelle de l'aérostat solitaire. Dans les douze voyages aériens que j'ai eu le bonheur de faire, dans les six ou sept cents lieues que j'ai parcourues au-dessus des paysages terrestres, aucune minute n'a ressemblé à une autre. Visions charmantes des panoramas aériens, elles ont glissé comme des rêves! Lorsqu'on a goûté à ces sensations délicieuses, on regrette d'être condamné à habiter la surface de la Terre. Il serait doux de demeurer en ces régions célestes.

Lorsque le problème de la direction sera résolu — et il paraît sur le point de l'être — la locomotion aérienne détrônera toutes ses devancières. Nos successeurs sur la scène du monde verront l'atmosphère sillonnée en tous sens par de légers navires, à une époque où, par l'harmonie même des progrès accomplis, il n'y aura plus de frontières entre les peuples, et où l'Europe entière sera une République d'états unis, vivant dans la lumière et dans la Liberté.

CAMILLE FLAMMARION.

[1] Nous avons voulu mettre sous les yeux de nos lecteurs les figures du temps qui rappellent ces débuts. Ces gravures laissent à désirer comme finesse d'exécution; mais elles sont de l'époque, et c'est là leur intérêt spécial pour cet historique du premier essor de la navigation aérienne.

LA CONSTITUTION INTÉRIEURE DE NOTRE PLANÈTE.

(*Suite et fin.*)

IV

On ne saurait se faire une idée précise de la température de ces profondeurs, parce qu'elle tient à diverses causes, en outre de la chaleur originelle du globe. Ainsi, la conflagration qui a transformé en oxydes et puis en sels une partie des métaux de la surface, a dû être la source d'un énorme échauffement; pour les silicates, par exemple, qui jouent un si grand rôle, M. Daubrée a fait remarquer que l'oxydation du silicium développe trois fois autant de chaleur que celle du carbone. Enfin, il y a les actions chimiques actuelles, manifestées par les volcans.

En tout cas, ces régions profondes sont, sinon liquides, au moins à l'état *pâteux*. Ainsi peut s'expliquer, comme l'a fait M. Faye, que la pression lente, mais continue, de l'écorce superficielle sur cette nappe liquide, se transmettant en tous sens, soit capable de déterminer la rupture ou le relèvement des couches aux points faibles et les oscillations plus ou moins lentes de la surface. Lorsque la lave liquéfiée s'est épanchée à l'extérieur, elle y a porté des échantillons empruntés aux terrains traversés, offrant ainsi un indice irrécusable des substances qui les constituent et de leur état physique. Ces phénomènes se sont reproduits à diverses époques de l'histoire de la Terre, quand l'écorce, par ses retraits successifs, se ridant et s'affaissant peu à peu, a donné naissance à des dislocations et à des fissures assez considérables pour que l'action interne pût se transmettre jusqu'à la surface.

Les astronomes qui persistent à admettre la fluidité, non seulement de quelques couches de peu d'étendue, mais du noyau lui-même, cherchent à éluder les objections de Hopkins et de Thomson, en attribuant, comme Delaunay, au liquide central une viscosité assez grande pour que, entraîné peu à peu par la rotation de son écorce, l'ensemble en arrive à tourner tout d'une pièce. C'est ce que Newcomb appelle un mouvement tourbillonnaire, c'est-à-dire dans lequel la masse tournante offre une telle rigidité qu'elle est assimilable, sous ce rapport, à un bloc solidifié. Mais admettre cette assimilation revient à dépouiller le milieu interne des propriétés ordinaires des liquides, et à lui en conserver le nom, tout en l'identifiant à un corps solide. Au fond, cette dénomination importe peu, vu l'ignorance où nous sommes des propriétés de la matière, dans les conditions particulières de température et de pression qu'elle aurait à subir, vers le centre de la Terre, dans l'hypothèse fluide. On se demande quel serait l'état d'un corps soumis à une pression de *plusieurs millions d'atmosphères*, en même temps qu'à une température de *plusieurs milliers de degrés*.

La pression supportée par les couches centrales, dans la supposition d'une complète fluidité, dépasserait *deux millions et demi d'atmosphères!* La grandeur même de ce nombre est à elle seule une objection péremptoire à l'hypothèse qui y conduit. Dans une masse solide, au contraire, on l'a déjà vu, les couches peuvent s'équilibrer sans faire supporter tout leur poids aux couches inférieures, et la pression au centre est alors bien moindre.

L'hypothèse du bloc nous fournit, de plus, une indication assez précise sur un élément important complètement inconnu jusqu'ici : la profondeur où les matériaux, si divers et si comparativement légers de la surface, font place à une substance différente, beaucoup plus dense, à peu près homogène, dont le fer semble l'élément principal. Notre calcul fixe à $\frac{1}{6}$ du rayon, au plus, l'épaisseur de la couche superficielle qui recouvre les masses purement métalliques, et cette évaluation permet de constater que le volume relatif de ces deux parties du globe n'est pas très différent, bien que la masse y soit fort inégalement répartie.

Au-dessus du bloc, analogue au fer météorique, viennent des couches comparables aux aérolithes ordinaires; et, dans cette région, au-dessous de la croûte superficielle, se trouve la nappe en fusion des géologues, dont la réaction, tant mécanique que chimique, sur l'écorce qui l'enveloppe et la presse, est l'origine des grands phénomènes de la Géologie.

V

En résumé, l'hypothèse de la fluidité intérieure du globe ne pouvant plus être soutenue, puisqu'elle est en contradiction avec les données récentes sur l'aplatissement superficiel et la grandeur de la précession, nous en avons adopté une nouvelle, qui échappe aux mêmes objections. La Terre étant *en majeure partie solide*, nous la supposons formée d'un *noyau* sensiblement homogène, avec une légère condensation vers le centre, puis d'une couche extérieure, beaucoup plus légère, dont la densité peut être estimée à 3 par rapport à l'eau, et qui est *fluide* à une certaine profondeur.

Cette constitution de la Terre permet de satisfaire très exactement à toutes les conditions relatives à la précession et à l'aplatissement. Ces conditions elles-mêmes déterminent les dimensions et le poids spécifique du bloc terrestre. Tout à fait comparable aux aérolithes entièrement composés de fer, ce bloc aurait une densité à peu près égale à 7.

Abstraction faite de l'écorce purement superficielle, l'enveloppe externe du bloc doit être assimilée aux météorites alumineuses ou péridotiques. Sa densité est donc peu supérieure à 3, et l'épaisseur de cette couche ne doit pas atteindre $\frac{1}{6}$ du rayon de la Terre.

Pour ce qui est de l'accélération que la rotation terrestre a éprouvée depuis la solidification du bloc, il serait prématuré de vouloir en préciser la valeur, vu l'incertitude qui règne encore sur l'aplatissement. Mais le but que nous avions en vue en commençant ces recherches est suffisamment atteint, si elles ont établi, comme nous le croyons, que cette accélération est susceptible d'être déterminée, qu'il est indispensable d'en tenir compte pour concilier la grandeur de l'aplatissement avec la constante de la précession, et qu'elle conduit à rejeter l'hypothèse de la fluidité interne du globe.

ÉDOUARD ROCHE,
Correspondant de l'Institut.

P. S. Expériences sur la chaleur intérieure de la Terre. — Les causes de la chaleur interne du globe terrestre ont été étudiées avec un soin tout particulier par le professeur Mohr, de Bonn. Après avoir indiqué les objections faites contre la théorie plutonienne de l'origine de la chaleur centrale, il discute les données obtenues par le indications d'un thermomètre descendu jusqu'à une profondeur de 4000 pieds, à travers la roche, à Speremberg, près de Berlin.

Si l'intérieur du globe terrestre est encore à l'état de fusion, l'espace nécessaire pour produire un même accroissement de chaleur sera d'autant plus mince que l'on descendra plus bas et que l'on approchera davantage de la fournaise. La chaleur venue de l'intérieur se transmet par conduction en traversant des sphères de plus en plus vastes, et, en supposant que la conductibilité des matériaux soit uniforme, la température des couches extérieures de la sphère terrestre doit diminuer en proportion de l'accroissement de leur volume; en d'autres termes, l'accroissement de la chaleur, par cent pieds, doit devenir de plus en plus grande, à mesure que nous descendons. Telle est la première proposition formulée par l'auteur. Maintenant, voici les résultats du thermomètre du forage de Speremberg.

Pour une profondeur de]	Degrés Réaumur.	Accroissement par 100 pieds.
700 pieds	15°,654	—
900	17°,849	1°,097
1100	19°,943	1°,047
1300	21°,939	0°,997
1500	23°,830	0°,946
1700	25°,823	0°,896
1900	27°,315	0°,846
2100	28°,906	0°,795
3390	36°,756	0°,608

La troisième colonne est une proportion arithmétique décroissante du premier ordre, montrant pour chaque descente de cent pieds des différences égales de 0°,050 ou de $\frac{1}{20}$ du degré Réaumur. En appliquant cette décroissance aux profondeurs situées au-dessous de 700 pieds et entre 2100 et 3390 pieds, le professeur Mohr établit la table suivante pour l'accroissement de la chaleur dans toute l'épaisseur de la couche creusée.

Profondeur.	Accroissement par 100 pieds de profondeur.	Profondeur.	Accroissement par 100 pieds de profondeur.
100 à 200 pieds	1°,35	1500 à 1700 pieds	0°,896
200 à 300	1°,30	1700 à 1900	0°,846
300 à 400	1°,25	1900 à 2100	0°,795
400 à 500	1°,20	2100 à 2300	0°,745
500 à 600	1°,15	2300 à 2500	0°,695
600 à 700	1°,10	2500 à 2700	0°,645
700 à 900	1°,097	2700 à 2900	0°,595
900 à 1100	1°,047	2900 à 3100	0°,545
1100 à 1300	0°,997	3100 à 3300	0°,495
1300 à 1500	0°,946	3300 à 3390	0°,445

De cette série, l'auteur conclut qu'à une profondeur de 5170 pieds, l'accroissement devient *nul*.

Une pareille diminution dans l'accroissement de la température selon la profondeur a été observée au puits artésien de Grenelle. Mais ici la profondeur atteinte était beaucoup moindre, et la diversité des roches traversées pouvait apporter des doutes sur la valeur du résultat. Ces expériences ont été pour M. Mohr une confirmation des objections faites d'autre part à la théorie plutonienne. « La cause de l'accroissement de la chaleur dans l'intérieur du globe, dit-il, doit appartenir aux couches supérieures de la croûte terrestre. La théorie des volcans doit s'adapter elle-même aux résultats précédents; la fluidité des laves ne vient pas d'une incandescence existant actuellement dans le globe, mais c'est une évolution locale de la chaleur résultant des tassements qui ont toujours été produits par la mer et par son action sur les roches solides. On a remarqué d'ailleurs que tous les volcans sont situés dans le voisinage des mers. Ce surchauffement local des foyers volcaniques contribue grandement à la chaleur intérieure du globe. Le noyau interne de la Terre ne peut perdre que peu de chaleur, à cause de la mauvaise conductibilité des roches calcaires et siliceuses, tandis qu'avec le temps il doit propager uniformément dans l'intérieur tous les effets calorifiques dus aux volcans et entretenir ainsi une certaine température constante assez élevée. La conclusion est donc que l'accroissement de chaleur que l'on rencontre partout est le résultat de toutes les actions calorifiques précédentes uniformément disséminées par conductibilité dans le noyau intérieur du globe. » L'auteur fait remarquer que d'autres causes de chaleur terrestre doivent provenir de la formation de nouvelles roches cristallines sous l'action de la chaleur solaire, d'infiltrations de produits chimiques, tels que ceux qui résultent de l'évolution de l'acide carbonique par le contact de l'oxyde de fer avec les restes organiques, la formation de pyrites par la réduction de sulfates en contact avec des matières organiques, la décomposition de la tourbe et des substances carbonées. Quoi qu'il en soit, la proportion d'accroissement de la température interne du globe diminue avec la profondeur.

PHÉNOMÈNES

Dus à l'action de l'atmosphère sur les étoiles filantes, sur les bolides, sur les aérolithes.

IV

On cite des bolides dont les dimensions apparentes étaient au moins celles de la Lune; en ne partant que de mon observation personnelle, j'en ai vu deux qui m'ont semblé avoir plus du quart du diamètre de notre satellite. Je dis : en apparence. Il y a, en effet, deux causes qui nous empêchent d'évaluer, même à peu près, le diamètre réel de ces corps. L'une de ces raisons est toute subjective; elle provient de l'éclat éblouissant que prend le bolide et qui nous empêche de juger du diamètre. L'autre raison dérive de la manière même dont se produit, comme nous avons dit, la lumière. Ce n'est pas le bolide, en effet, que nous voyons pendant son court trajet; ce que nous voyons, c'est la poussière qui s'en détache et qui devient incandescente dans l'atmosphère ardente qui précède le mobile; le volume apparent est, par suite, bien plus considérable que le volume réel. En faisant toutes les réductions possibles, il n'en reste pas moins certain que quelques-uns au moins de ces fragments planétaires ou cométaires affectent des dimensions considérables, et que celui auquel j'ai supposé un poids de plus de 60000^{kg} a été parfois réalisé. — Et cependant, comme M. Daubrée le fait remarquer, les masses météoriques qu'on a pu retrouver ont, en général, des dimensions et des poids relativement minimes. D'où dérive ce fait? Par suite des conditions auxquelles il se trouve soumis dès son entrée dans notre atmosphère, par suite de la pression énorme de centaines et souvent de milliers d'atmosphères en amont, par suite de la température de trois, quatre et peut-être cinq mille degrés auxquels il se trouve subitement soumis, l'aérolithe formé de la matière la plus tenace, un aérolithe de fer pur, par exemple, eût-il 10^{m} de diamètre à son arrivée, serait réduit instantanément à une faible fraction de ce diamètre, pendant son trajet, et avant d'arriver à terre. Il doit en être ainsi à plus forte raison pour les aérolithes ordinaires, formés de matériaux relativement très friables et qui sont violemment arrachés de la masse primitive par le choc de l'air incandescent. Notre atmosphère, qui joue ici sous une face toute nouvelle son rôle de manteau protecteur, nous met à l'abri d'un danger réel dont nous menaceraient sans cesse ces voyageurs rapides de l'espace.

On comprend aisément ainsi pourquoi, sur des milliers et des milliers d'étoiles filantes que l'on voit pendant une seule nuit, à certaines époques de l'année, il en est si peu qui deviennent bolides, et si extrêmement moins encore qui tombent réellement sous forme de pierres. Par suite de leur direction, un grand nombre d'entre elles peuvent simplement *raser* notre atmosphère et continuer leur route dans l'espace, avec une vitesse moindre toutefois; d'autres, et ce doit être la majorité d'entre elles, doivent, par suite de leurs petites dimensions, s'évaporer complètement par l'action de l'énorme élévation de température que provoque leur choc contre l'air. — On a souvent affirmé que les étoiles filantes sont d'une autre nature ou une autre espèce de phénomènes que les bolides et les aérolithes; mais ceci est une affirmation dénuée de fondement. Humboldt remarque expressément que, pendant les belles nuits tropicales, où il a pu observer des chutes d'étoiles filantes plus considérables que d'habitude, les bolides, c'est-à-dire les étoiles filantes de plus grandes dimensions et pénétrant plus avant dans notre atmosphère, étaient plus fréquents aussi (¹).

(¹) Voici la description d'une pluie d'étoiles filantes qui a eu lieu pendant le séjour de Humboldt et Bonpland à Cumana:

« Le 12 novembre 1799, pendant quatre heures de suite, à partir de 2^{h}30^{m} du matin, des milliers et des milliers d'étoiles filantes et de globes de feu se succédèrent alternativement, en suivant régulièrement la direction du Nord au Sud. La partie du ciel, s'étendant à 30° vers le Sud et à 30° vers le Nord, à partir du point Ouest, était littéralement remplie de ces corps lumineux. Le ciel était pur de toute trace de nuage. Bonpland, qui avait remarqué le phénomène en premier lieu, assure qu'au début il ne se trouvait pas, sur toute l'étendue du ciel visible, un espace égal à trois fois le diamètre de la Lune, qui ne fût rempli d'étoiles filantes ou de globes de feu. Ainsi que c'est fréquemment le cas sous le ciel tropical, ces météores laissaient, les uns et les autres, une traînée lumineuse de dix degrés environ de longueur, dont la phosphorescence

V

Comme on peut le voir, il n'est nullement nécessaire de recourir à une explosion des aérolithes pour expliquer la réduction fragmentaire et la multiplicité des pierres qu'on voit souvent tomber en même temps. Le fait de la désagrégation de la masse primitive par l'action de l'air suffit pour rendre parfaitement compte de ces détails. — Faut il recourir à une explosion, à une rupture violente de toutes les parties de la masse de l'aérolithe entre elles pour expliquer le bruit, d'une intensité souvent prodigieuse, qui se manifeste à l'apparition de ces corps? Nul doute qu'une pareille rupture puisse et doive se produire fort souvent. La masse minérale, primitivement à la température de l'espace, c'est-à-dire à une température de près de 150° au-dessous de notre zéro, se trouvant brusquement enveloppée d'une couche d'air embrasé par la compression, peut certainement, en bien des cas, se rompre et éclater, comme un bloc de verre froid que nous plongeons dans le feu. Ce phénomène, toutefois, ne suffirait pas pour expliquer la détonation si intense et le roulement de tonnerre qu'on entend presque régulièrement à chaque apparition d'un aérolithe de grandes dimensions. L'explication réelle et correcte du bruit est tout autre.

Quelle est la cause du bruit que produit l'étincelle électrique traversant l'air : du bruit du tonnerre ? Sur tout le parcours de l'éclair et en un instant presque inappréciable, le gaz aérien se trouve porté instantanément aussi d'une basse température à quelques milliers de degrés. Une veine d'air de quelques kilomètres de longueur prend tout d'un coup un volume centuple, *milluple*, par la dilatation due à cet échauffement. Le bruit produit a absolument la même cause que celui que détermine l'explosion d'une de nos poudres fulminantes; la prolongation du bruit est due à ce que le son, produit instantanément sur toute l'étendue traversée par l'éclair, ne peut nous arriver que successivement, en raison de la distance croissante du lieu de l'explosion.

Ce que nous venons de dire de l'éclair et du tonnerre s'applique presque mot pour mot à l'action d'un aérolithe. Ces corps, sans doute, ne vont point *instantanément* d'un point en un autre; mais leur vitesse relative n'en est pas moins colossale. Dans l'exemple de vitesse que j'ai pris (et cette vitesse est souvent dépassée de beaucoup), une longueur de 1^{km} est parcourue en $\frac{1}{30}$ de seconde; en ce court intervalle de temps, les parties aériennes sont écartées entre elles, non seulement parce que l'aérolithe prend leur place sur toute l'étendue traversée, mais encore parce que le gaz, porté brusquement à quelques milliers de degrés, passe instantanément à un volume centuple, *milluple*. Il y a bien plus; nous avons vu que l'aérolithe doit se désagréger avec une rapidité extrême,

durait de sept à huit secondes. Un bon nombre d'étoiles filantes avaient un noyau très net égal au disque de Jupiter. »

J'ai traduit littéralement le mot *Feuerkugeln* : globes de feu. Il est visible que c'est *bolide* qu'il faut écrire. Pour Bonpland, comme pour Humboldt, la distinction repose ici uniquement sur les dimensions apparentes : les étoiles filantes (Sternschnuppen) et les bolides (Feuerkugeln) se succédaient alternativement dans la nuit du 12 novembre.

par suite de l'énorme pression exercée sur lui par le gaz; mais tous les fragments détachés frappent alors eux-mêmes l'air avec leur vitesse primitive et l'échauffent sur une étendue beaucoup plus considérable. Ce n'est donc point un sifflement que doit produire un aérolithe, ainsi qu'on pouvait être porté à le croire; c'est une explosion, avec roulement souvent bien plus intense que le bruit du tonnerre, qui doit être la conséquence de la chute d'un de ces corps. Le sifflement ne peut commencer que quand les fragments dispersés ont perdu presque toute leur vitesse.

VI

M. Daubrée nous a montré comment la Science est parvenue à classer les diverses pierres tombées du Ciel, qu'on a pu recueillir, et, ainsi que je l'ai fait remarquer dès l'abord, c'est certes là un des plus beaux progrès qu'on ait jamais pu espérer. — Des spécimens d'aérolithes tombés effectivement, il ne serait pourtant pas permis de conclure que ce sont là les seules espèces de corps qui circulent dans l'espace, ou même qui pénètrent dans notre atmosphère. — D'après ce que nous avons vu au paragraphe IV, de l'action à la fois physique et mécanique qui s'exerce sur ces corps en raison de la rapidité de leur marche dans l'air, il doit être clair pour chacun qu'il est certains corps qui ne pourraient tomber jusqu'à nous, être recueillis à la surface de notre Terre. Pour spécifier ce fait par des exemples, nous ferons remarquer que des masses de zinc, d'étain, de phosphore, de soufre, etc., etc., qui pénétreraient dans l'atmosphère avec l'énorme vitesse de 20 000^{m} à 50 000^{m} par seconde, seraient vaporisées et brûlées avant d'avoir pénétré seulement à des hauteurs où la pression atmosphérique serait $\frac{1}{10}$ de ce qu'elle est à la surface. Une sphère d'étain, par exemple, de quelques centaines de kilogrammes, qui entrerait dans l'atmosphère avec la vitesse de 30 000^{m}, serait brûlée à peu près comme une lame de ce métal par laquelle nous faisons passer la décharge d'une puissante batterie de Leyde. Une traînée de splendide lumière, un épais nuage, blanc le jour, et probablement une détonation extraordinaire: voilà ce que nous observerions. Mais d'étain, il n'en tomberait certainement pas un globule!

VII

Nous voyons que les phénomènes les plus frappants par lesquels nous apparaissent les astéroïdes errant dans l'espace, que la lumière, l'explosion, la dispersion fragmentaire, la fumée blanche et nuageuse, dépendent directement et exclusivement de la vitesse relative de ces corps. Ici encore, l'Analyse nous prête son secours pour déterminer le minimum de vitesse nécessaire pour que l'un quelconque des phénomènes indiqués se manifeste; elle nous apprend que les astéroïdes animés d'une vitesse inférieure à 2500^{m} par seconde ne produisent plus, par leur choc contre l'air, que des élévations de température inférieures à 500°, température qui est certainement la limite inférieure de visibilité.

Tout astéroïde qui pénétrera dans notre atmosphère, avec une vitesse moindre que 2500^{m}, passera donc inaperçu, à moins qu'il ne tombe à terre et que le hasard ne nous fasse assister à cette chute, dépourvue désormais de tous les phénomènes accessoires par lesquels les chutes de pierres attirent notre attention. On pourrait conclure de là, au premier abord, que ces chutes sans phénomènes de lumière, de bruit, etc., sont peut-être assez fréquentes et que ce doivent être celles qui amènent sur la Terre les pierres de la plus grande dimension, puisque le corps en tombant n'est plus désagrégé par la chaleur et par la pression de l'air. Cette conclusion pourtant n'est pas généralement juste, comme on va voir.

Les astéroïdes, animés d'une très grande vitesse relative, ne sont pour ainsi

Fig. 95.

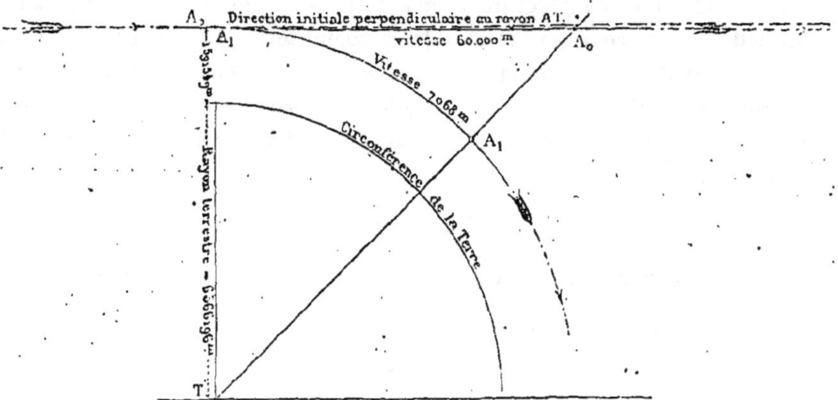

dire pas déviés dans leur course par l'attraction terrestre, si près de nous qu'ils passent. Un de ces corps, doué de la vitesse de 60 000m et passant à une hauteur égale au quart du rayon terrestre, soit environ 1 591 549m, éprouve la très légère déviation que j'ai indiquée sur la *fig*. 95. La rencontre de tels corps

Fig. 96.

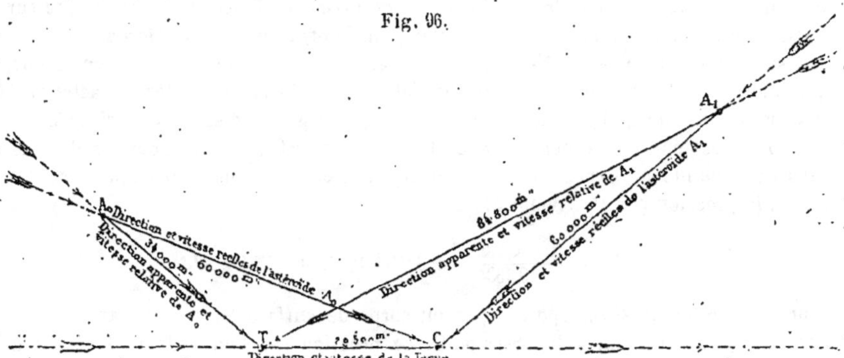

avec la Terre dépend donc exclusivement de la direction rectiligne des deux mobiles, et peut s'étudier à peu près comme le problème des courriers, traité en Algèbre élémentaire. La *fig*. 96 donne une idée très claire et de la direction et de la vitesse dont *nous* sembleraient doués ces astéroïdes à très grande vitesse, s'ils étaient visibles dans l'espace. Les lignes TC, A_0C, A_1C, représentent, en grandeur et en direction, les mouvements de la Terre T et des astéroïdes A_0, A_1; c'est suivant les lignes A_0T, et A_1T, que nous verrions accourir le projectile, avec une vitesse représentée aussi par la longueur de ces lignes. Il n'en est nullement ainsi quant aux astéroïdes doués d'une faible vitesse relative. Ceux-là sont énergiquement déviés de leur route et souvent modifiés dans leur vitesse par l'action de la Terre; la *fig.* 95 donne encore l'idée de la déviation éprouvée par un astéroïde A_1, animé de la vitesse de 7068^m. Ce corps décrirait un cercle autour de nous. Il semble, d'après cela, que les chances de chute sont plus grandes pour eux que pour les premières. Il n'en est pourtant pas ainsi; et, si l'on se rappelle que les astéroïdes, comme la Terre elle-même, sont sans cesse soumis à l'action puissante du Soleil et qu'ils ne parcourent jamais de lignes droites, on comprend que l'attraction terrestre se borne ici à jeter complètement les astéroïdes à petite vitesse, hors de leur orbite primitive, sans accroître pour cela, en aucune façon, les probabilités d'une rencontre. Le problème considéré à ce point de vue est extrêmement difficile, et peut-être insoluble, mathématiquement, en raison même de l'énergie des forces perturbatrices en jeu.

DÉVELOPPEMENTS ANALYTIQUES RELATIFS AU TRAVAIL PRÉCÉDENT.

L'équation bien connue de Hutton et de Borda

$$R = \alpha S^{1,1} \delta V^2$$

nous donne la résistance, la pression en kilogrammes qu'éprouve un corps qui se meut, avec une vitesse relative V, dans un gaz dont la densité, ou le poids du mètre cube, est δ, la section transversale du corps étant S. Le facteur α, très variable en grandeur, dépend de la forme du corps; pour la forme sphérique, on a $\alpha = 0,05$.

Cette équation ne répond certainement plus aux exigences actuelles d'exactitude de nos Sciences mécaniques; toutefois, comme, dans les résultats discutés dans le texte, il ne peut être question que d'approximations, en raison de l'incertitude qui règne sur la valeur d'un grand nombre des termes qui y figurent, l'équation de Borda sera ici plus que suffisamment correcte. Nous pouvons même, pour l'usage que nous en ferons, la simplifier notablement. Nous admettrons d'abord, une fois pour toutes, le facteur relatif aux corps sphériques : 0,05; nous supposerons que le gaz, obéissant à la loi de Mariotte, se trouve partout à une même température, à notre 0°C., et nous pouvons de plus ici substituer l'unité à l'exposant 1,1. En désignant, en un point quelconque de l'atmosphère, la pression par P, il vient ainsi

$$R = \frac{0,05 \times 1,2932}{10\,333} PSV^2 = 0,0000062576\, SPV^2,$$

pour la pression totale supportée par un corps de surface S, se mouvant, avec une vitesse V, dans de l'air à la pression P. La pression sur l'unité de surface est donc

$$R' = 0,0000062576\, PV^2,$$

et le changement de pression dû à la vitesse V est

$$\frac{R}{P} = 0,0000062576\, V^2.$$

On voit qu'il est indépendant de la densité ou de la pression absolue de l'air.

Une équation bien connue de la Thermodynamique nous donne l'accroissement de température qu'éprouve un gaz qu'on fait passer brusquement d'une pression à une autre plus forte. Cette équation est, pour l'air,

$$t = 273\left[\left(\frac{R}{P}\right)^{0,29} - 1\right].$$

On voit que l'accroissement $t - 0$ est indépendant aussi de la densité et qu'il dépend seulement de l'accroissement $\frac{R}{P}$ de pression que subit l'air.

En désignant par Π le poids d'un aérolithe, on a, pour la quantité de chaleur qu'il développe lorsque sa vitesse tombe de V_0 à V_1,

$$\frac{\Pi(V_0^2 - V_1^2)}{2g.425} = q.$$

La capacité calorifique à pression constante de l'air étant 0,2375, on a, pour la valeur du poids M d'air qu'un aérolithe porte de 0° à $t°$, lorsque sa vitesse est complètement annulée :

$$0,2375\, t\text{M} = \frac{\Pi V^2}{2g.425}.$$

Avec ces données, il est facile de calculer tous les résultats que j'indique comme exemples dans le texte.

Occupons-nous maintenant des changements de vitesse que produit la résistance de l'air dans tel ou tel cas donné.

Pour de l'air à densité constante, c'est-à-dire pour un bolide marchant horizontalement pendant une partie de son trajet, on a

$$\frac{v\,dv}{dx} = -\frac{0,05\,g\delta\text{S}}{\Pi}v^2$$

et

$$\text{X} = 4,694968\,\frac{\Pi}{\text{S}\delta}\log\frac{V_0}{V_1},$$

équation où il suffit d'introduire les valeurs particulières de S, δ, Π, admises dans le texte, soit

$$\text{S}\left\{\begin{array}{l} = 1^{m^2} \\ = 10^{m^2} \end{array}\right. \quad \delta = 0^{kg},12932 \quad \Pi\left\{\begin{array}{l} = 2000^{kg} \\ = 63246^{kg} \end{array}\right.,$$

pour trouver l'espace parcouru X pour une réduction de vitesse de $V_0 = 30000^m$ à $V_1 = 300^m$.

La durée du trajet X est facile à trouver aussi. On a, en effet,

$$\frac{dv}{dt} = -\frac{0,05\,g\delta\text{S}}{\Pi}v^2,$$

d'où

$$\frac{1}{V} - \frac{1}{V_0} = \frac{0,05\,g\text{S}\delta}{\Pi}\text{T}.$$

Écrivant, à la place de V_1 et de V_0, les valeurs admises dans l'équation (X), on a visiblement la valeur du temps pendant lequel se fait la réduction de V_0 à V_1 et aussi celui du parcours X.

Pour le cas d'une chute verticale, le problème est un peu plus difficile à traiter. L'équation différentielle du mouvement est en ce cas

$$-\frac{v\,dv}{dh} = g\frac{R^2}{(R+h)^2} - g\frac{\alpha\text{S}\delta v^2}{\Pi}.$$

Mais ici δ est variable en fonction des hauteurs, et l'on a

$$\delta = \frac{\Delta}{B} p, \quad -dp = \delta dh,$$

d'où l'on tire aisément

$$\delta = \Delta e^{-\frac{\Delta}{B} h}.$$

Introduisant cette valeur dans l'équation du mouvement, on a

$$-\frac{v dv}{dh} = g \left(\frac{R^2}{(R+h)^2} - \frac{\alpha S \Delta v^2 e^{-\frac{\Delta}{B} h}}{H} \right)$$

dont l'intégrale, si elle existe sous forme définie, ne peut en tous cas plus se résoudre par rapport à l'une des variables autrement que par un pénible tâtonnement. — Nous pouvons toutefois tourner la difficulté, sans nuire à l'approximation dont nous nous contentons.

Faisons d'abord abstraction de la pesanteur. Il vient

$$-\frac{v dv}{dh} = \frac{\alpha g S \Delta v^2 e^{-\frac{\Delta}{B} h}}{H},$$

d'où

$$\log \frac{V_0}{V_1} = \frac{\alpha g SB}{H} \left(e^{-\frac{\Delta}{B} h_0} - e^{-\frac{\Delta}{B} h_1} \right).$$

En posant $h_0 = 0$, on a $e^{-\frac{\Delta}{B} 0} = 1$; d'autre part, sans faire h_1 infiniment grand, mais seulement notablement grand, la fraction $e^{-\frac{\Delta}{B} h_1}$ devient négligeable. Pour 100000^m, par exemple, on a déjà $\frac{1}{e^{12,8}}$. Il résulte de là que nous avons

(A) $$\log \frac{V_0}{V_1} = \frac{\alpha g SB}{H}.$$

Faisant toujours abstraction de la pesanteur, supposons la densité de l'air constante sur toute la hauteur H. On a

$$\delta = \frac{B}{H} = \frac{10\,333}{H},$$

et par suite

$$-\frac{v dv}{dh} = \frac{\alpha g SB}{HH} v^2,$$

d'où

(B) $$\log \frac{V_0}{V_1} = \frac{\alpha g SB}{HH} h$$

et, si nous supposons que le chemin vertical parcouru est $h = H$, il vient

(B) $$\log \frac{V_0}{V_1} = \frac{\alpha g SB}{H},$$

équation identique à la précédente (A), ce qui nous apprend que la force vive annulée par la résistance de l'air dépend de la masse totale de matière traversée, et non du mode de répartition de cette matière. Supposons en conséquence la densité invariable et égale à $\delta = \frac{B}{H}$ et tenons compte de la pesanteur, mais en admettant toutefois $g = \text{const.}$; il vient

$$-\frac{v\,dv}{dh} = g\left(1 - \frac{\alpha SB}{HH}v^2\right),$$

d'où

$$\log \frac{1 - \frac{\alpha SB}{HH}V_0^2}{1 - \frac{\alpha SB}{HH}V_1^2} = \frac{2g\alpha SB}{HH}h,$$

et, en faisant $h = H$,

$$\text{(C)} \qquad \log \frac{1 - \frac{\alpha SB}{HH}V_0^2}{1 - \frac{\alpha SB}{HH}V_1^2} = \frac{2g\alpha SB}{H}.$$

En introduisant maintenant dans nos deux équations (B) et (C) les mêmes valeurs numériques respectives, nous trouvons, pour la valeur de V_1 : $2380^m,5$ et 2460^m, selon que l'on fait ou non abstraction de la pesanteur. L'accroissement de vitesse dû à l'action de la pesanteur est donc, au cas particulier, à peine de 80^m. Nous avons ainsi pu, avec raison, négliger la variation de la pesanteur pendant la chute; l'effet de cette variation eût été de diminuer de 1^m à peine notre vitesse en excès de 80^m.

Cherchons la durée de la chute. Nous avons ici

$$\frac{dv}{dt} = g\left(1 - \frac{\alpha SB}{HH}v^2\right),$$

d'où

$$\int \frac{dv}{1 - \frac{\alpha SB}{HH}v^2} = gt + c,$$

équation dont l'intégrale est

$$\log\left(1 + v\sqrt{\frac{\alpha SB}{HH}}\right) - \log\left(1 - v\sqrt{\frac{\alpha SB}{HH}}\right) = 2gt\sqrt{\frac{\alpha SB}{HH}} + c.$$

En remarquant qu'on a, pour vitesse initiale, V_0 (soit 30000^m), on trouve, pour la durée T quand v a été réduit à V_1 (soit à 2460^m),

$$T = \frac{2,30259}{2g\sqrt{\frac{\alpha SB}{HH}}} \log \frac{\left(1 + V_1\sqrt{\frac{\alpha SB}{HH}}\right)\left(1 - V_0\sqrt{\frac{\alpha SB}{HH}}\right)}{\left(1 - V_1\sqrt{\frac{\alpha SB}{HH}}\right)\left(1 + V_0\sqrt{\frac{\alpha SB}{HH}}\right)},$$

$$T = 15^s,01.$$

Il me semble résulter de cette analyse que les bolides ont fort souvent une vitesse initiale bien plus grande que celle de 30^{km} que nous avons admise comme moyenne. On connaît, en effet, plusieurs cas où l'espace parcouru s'est élevé à plus de 600^{km}, et, à ma connaissance, jamais la durée du phénomène n'a atteint un quart de minute.

Colmar, 30 mars 1883.

G.-A. HIRN,
Correspondant de l'Institut,
Associé des Académies de Suède, de Belgique, etc.

L'ATMOSPHÈRE DE VÉNUS.

L'Astronomie a déjà donné d'amples détails au sujet de l'important phénomène du 6 décembre dernier. Comme complément à l'histoire de ce récent pas-

Fig. 97.

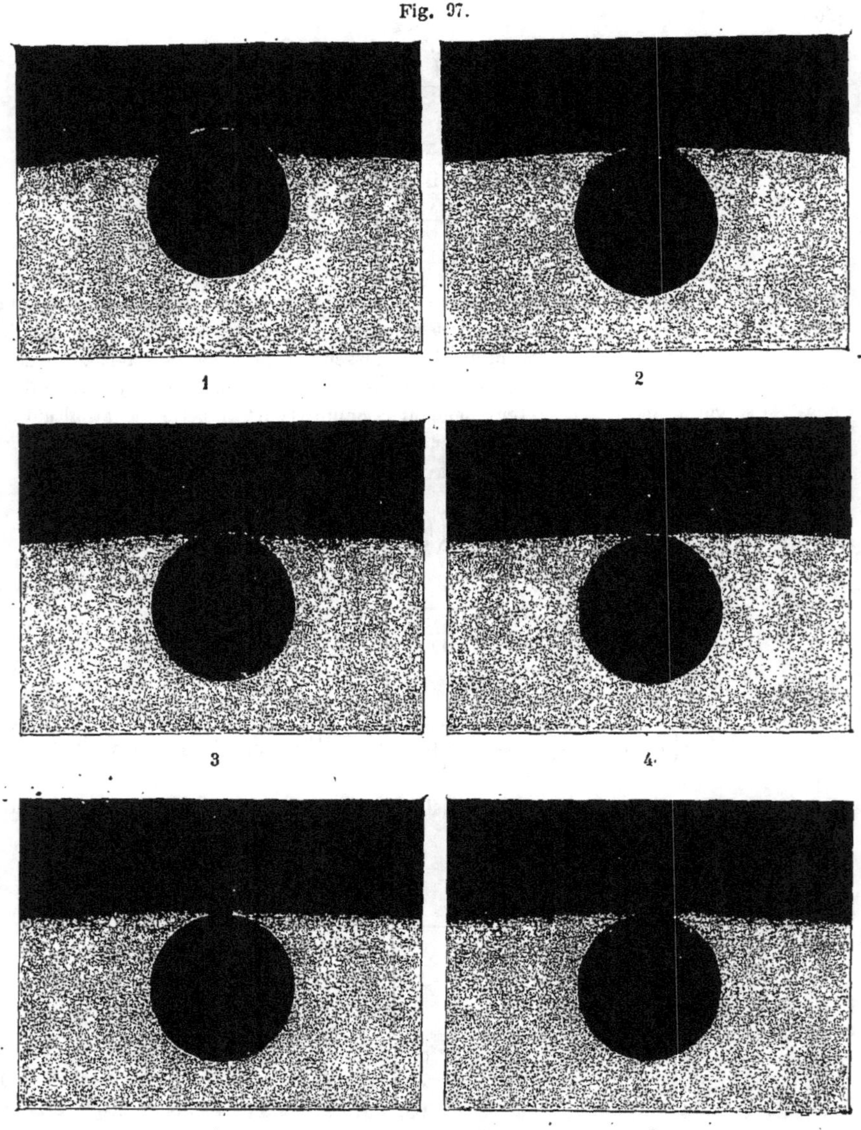

Observation de l'atmosphère de Vénus,
faite par M. Vogel pendant le passage de la planète devant le Soleil.

sage de Vénus sur le disque du Soleil, nous décrirons les observations de M. H.-C. Vogel à l'observatoire d'Astronomie physique de Potsdam. Elles offrent un intérêt particulier au point de vue de l'atmosphère de la planète. Le professeur Vogel observait avec un réfracteur de presque trente centimètres d'ouverture et un grossissement de 170 fois.

Malgré la transparence de l'air, qui était parfaite au moment de l'entrée de Vénus sur le Soleil, l'observateur ne put rien voir de la partie du disque de la planète qui n'était pas encore entrée sur celui du Soleil. Vers $3^h 3^m$, Vénus était entrée à moitié. Quelques nuages vinrent alors interrompre les observations; heureusement ils se dissipèrent, et, au bout de quelques minutes, le Soleil fut de nouveau complètement découvert. C'est alors, à $3^h 10^m,8$, que M. Vogel vit la planète tout entière. La partie du disque non encore entrée sur le Soleil, (environ 90° de la périphérie de Vénus), était bordée d'un mince filet lumineux; le disque même de Vénus était parfaitement noir. A $3^h 11^m,6$, cette luminosité fut notée comme étant « très intense. » Cette lueur était plus accentuée à l'intérieur et pouvait avoir de 1" à 1",5 de largeur; elle se dégradait vers l'extérieur tout en étant également distribuée autour de la circonférence de Vénus. Il ne fut pas pas possible de déterminer si cette lueur était à l'extérieur ou à l'intérieur du disque de la planète, à cause des perturbations atmosphériques, cependant l'astronome de Potsdam pense plutôt qu'elle était extérieure à Vénus. La luminosité s'affaiblit à mesure que Vénus s'avançait sur le Soleil.

Le contact interne géométrique eut lieu à $3^h 12^m 36^s,4$. « Les cornes de la planète, dit-il, étaient encore à quelque distance l'une de l'autre; les pointes en étaient fortement émoussées et l'anneau lumineux, qui existait toujours, quoique faible, rendait l'observation difficile. J'ai estimé l'arc de contact à 30° ou 40°. Plus tard je conclus que l'instant du contact avait été noté trop tôt, car Vénus ne se dégageait pas encore du limbe du Soleil. Ce n'est que trente ou quarante secondes plus tard qu'un fin trait de lumière se montra entre Vénus et le Soleil. C'est cet instant que j'ai pris comme instant du contact des bords. »

Il n'y eut aucun trouble entre les deux astres à ce moment; ce n'est qu'un peu plus tard qu'il se fit, entre le bord de Vénus et celui du Soleil, un brouillard plus prononcé du côté du limbe du Soleil que de celui de la planète. Ce phénomène fut de courte durée; il n'y eut aucune apparence de goutte noire. A $3^h 14^m 5^s,1$ Vénus s'est montrée tout à fait détachée du bord du Soleil et séparée par un intervalle d'environ 1",5 à 2".

Notre *fig.* 97 reproduit les dessins très précis et très minutieux de M. Vogel. Voici les heures correspondantes aux différentes phases.

Fig. 1.......	$3^h 10^m,8$	Temps moyen de Potsdam.
2.......	3 12 ,6	»
3.......	3 13 ,2	»
4.......	3 13 ,5	»
5.......	3 13 ,8	»
6.......	3 14 ,1	»

L'auteur de ces observations s'est servi d'un oculaire polarisant, de sorte que les images ont subi seulement l'inversion due à la lunette, sans aucun autre retournement, comme cela aurait eu lieu avec un appareil à réflexion. Cette méthode a surtout le grand avantage de pouvoir graduer à volonté l'intensité de la lumière.

M. Vogel remarque que dans les appareils destinés à imiter le passage de Vénus, on n'a pas tenu compte du fait que l'intensité lumineuse décroît rapidement vers le bord du Soleil. C'est pourquoi, dit-il, ces dispositions artificielles ne reproduisent pas fidèlement les circonstances du vrai passage, car l'anneau lumineux qui entoure Vénus est alors trop fort ou trop faible; dans le premier cas, il n'y a aucun trouble; dans le dernier, il se forme une goutte noire.

L'étude du savant astronome allemand est particulièrement intéressante comme constatation nouvelle, sûre et précise, de l'atmosphère de Vénus.

C. DETAILLE,
Licencié ès Sciences.

ACADÉMIE DES SCIENCES.

COMMUNICATIONS RELATIVES A L'ASTRONOMIE ET A LA PHYSIQUE GÉNÉRALE.

Sur la figure de la grande comète de septembre, par M. TH. SCHWEDOFF.

« Dans la séance du 22 août 1881, j'ai eu l'honneur de présenter à l'Académie mon Ouvrage sur la *Théorie mathématique des formes cométaires*, dans lequel je démontre que les formes des queues des comètes sont identiques à celles que

Fig. 98.

La grande comète de septembre 1882, d'après l'observation de M. Gonnessiat, le 12 octobre, 16h, temps moyen de Lyon.

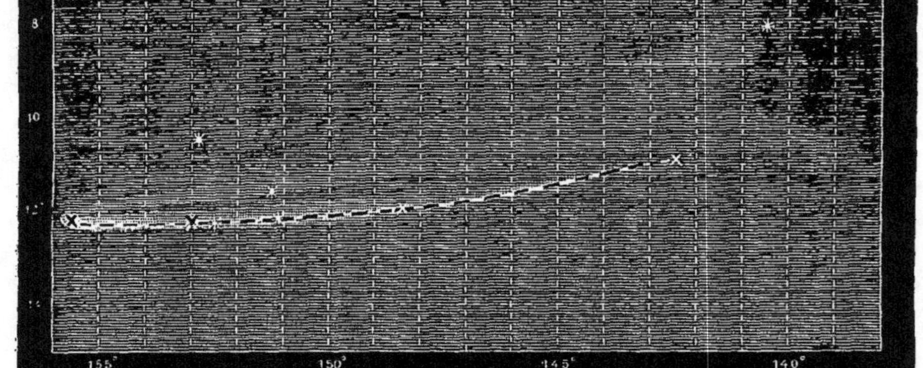

✶ - - - - Direction théorique de l'axe pour le même moment, d'après la théorie de Th. Schwedoff.

présenteraient des ondes produites par le noyau dans un milieu résistant. Ce point de départ a cet avantage qu'il permet de supprimer l'intervention des agents problématiques et de déduire la théorie d'une expression strictement analytique des phénomènes observés; il nous permet de prédire la forme et la position de la queue d'une comète dont on connaît les éléments; c'est ce que j'ai fait pour la comète de 1882, dans une Note datée du 6 avril 1882.

Cette fois, j'ai l'honneur de présenter à l'Académie deux dessins qui résument la confrontation de ma théorie avec les faits observés. On y voit bien que l'axe théorique de la queue (courbe pointillée forte) coïncide parfaitement avec la zone la plus lumineuse observée sur tout le parcours de la queue.

Pour arriver au même degré de coïncidence en partant de l'hypothèse d'une force répulsive émanant du Soleil, on aurait dû poser $1 - \mu = 1$, $\mu = 0$. Or, puis-

Fig. 99.

La grande comète de septembre 1882, le 17 octobre, 16ʰ, et le 7 novembre, 16ʰ 30ᵐ, temps moyen d'Odessa, d'après l'observation de M. Kononowitch.

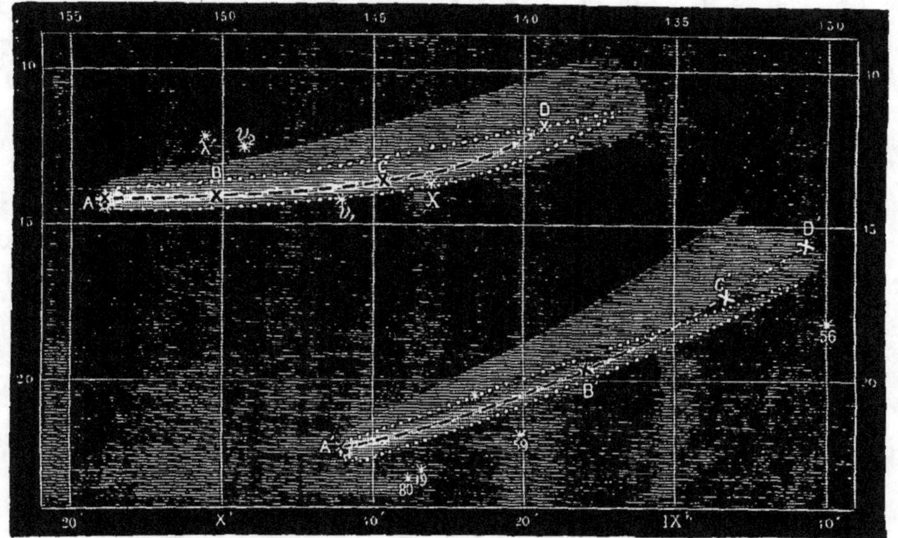

..... Limites observées de la partie la plus lumineuse. ★ - - - - Direction de l'axe de la queue, d'après la théorie de Th. Schwedoff.

que μ représente la force définitive agissant sur la matière cométaire, il en résulterait, pour cette matière, une propriété singulière, celle de se déplacer dans l'espace suivant une direction rectiligne, malgré les forces qui agissent sur elle. Par contre, une telle propriété serait tout à fait naturelle pour une *onde propagée dans l'espace cosmique.* »

NOUVELLES DE LA SCIENCE. — VARIÉTÉS.

L'éclipse totale de Soleil du 6 mai. — Nous venons de recevoir des nouvelles de l'observation de la grande éclipse totale de Soleil du 6 mai dernier. Les astronomes sont arrivés à temps pour s'installer à l'île Caroline et un ciel magnifique les a favorisés. Comme nos lecteurs le savent, la France était représentée par MM. Janssen et Trouvelot; l'Angleterre, par MM. Lawrence et Woods; l'Italie, par M. Tacchini; l'Autriche, par M. Palisa. Au milieu de cette longue éclipse (la plus longue du siècle), la nuit n'a pas été complète, quoique les étoiles aient brillé au ciel, et l'atmosphère est restée éclairée comme par un clair de lune. Tout autour du Soleil éclipsé par la Lune, les observateurs ont admiré une couronne lumineuse s'étendant à la distance de deux diamètres du Soleil. Ils ont étudié cette couronne au spectroscope et en ont pris un grand nombre de photographies. Naturellement, on n'a découvert aucune planète intra-mercurielle.

M. Janssen a envoyé la dépêche suivante à l'Académie :

« *Janssen :* découverte du spectre de Fraunhofer et des raies obscures du spectre solaire dans la couronne, accusant matière cosmique autour du Soleil. Grandes photographies de la couronne et des régions circumsolaires jusqu'à 15° de distance pour planètes intramercurielles. *Palisa* et *Trouvelot* : exploration des régions circumsolaires. Point trouvé planètes intramercurielles. *Trouvelot :* dessin de la couronne. *Tacchini :* polarisation couronne et panaches, spectre panaches montrant analogie avec spectre comètes, spectre continu couronne, spectre protubérances, protubérances blanches et dessin. ».

Tel est le sommaire télégraphique des résultats obtenus. Nous publierons prochainement les détails des observations.

Tache solaire visible à l'œil nu. — L'observation attentive du Soleil montre que décidément ce fait est moins exceptionnel qu'il ne le paraît. Nous sommes, il est vrai, à une époque de grande activité solaire, et, malgré certaines intermittences déjà bien sensibles, la surface de l'astre du jour continue à se montrer presque constamment couverte de taches. Nous devons à nos observateurs du Ciel, principalement, en ce qui concerne le Soleil, au zèle persévérant de MM. Brugnière à Marseille, Raymond à Marly, Guillaume à Péronnas, Cornillon à Arles, Jeanrenaud à Nogent-le-Roy, Courtois à Muges, Maurice Jacquot au Hâvre, de posséder maintenant chaque jour le bulletin de l'état de l'astre du jour. Le 1er juin, un magnifique groupe de taches s'est formé presque juste au milieu de l'hémisphère solaire tourné vers nous et a pris des proportions si rapides que le lendemain il était visible à l'œil nu. Il n'y avait rien le 31 mai. On l'a suivi jusqu'au 7, jour où il a disparu, porté par la rotation solaire au bord occidental. Du 22 au 30 mai, le Soleil s'est montré presque libre de taches. Ensuite de belles taches de la rotation précédente sont revenues.

Brouillard sec. — Nous avons eu ici (Fontenay, Côte-d'Or), le 17 mai, un brouillard sec qui me paraît être un événement météorologique assez rare. J'ai observé le phénomène, et voici comment il s'est manifesté.

A 5^h du matin, l'air était limpide ; un thermomètre suspendu en plein air, dans une cour, indiquait 12°. A $7^h 30^m$, je fus étonné d'éprouver, dans le jardin, une sensation de froid brusque : le thermomètre avait perdu 2°. Ce qui me sembla plus extraordinaire, ce fut la persistance d'une odeur désagréable semblable à celle que produit une soudure de ferblanterie en voie d'exécution. Un voile rougeâtre, livide, couvrait la montagne et donnait au paysage un aspect sinistre, et au Soleil une teinte de fer rouge. Jusqu'à 9^h, le brouillard continua de s'épaissir ; à 10^h, éclaircie et élévation de température ; à 11^h, augmentation rapide du brouillard, mais la température ne diminue plus; on éprouve au contraire une sensation de lourdeur; de gros *cumulus* se forment dans la brume. L'hygromètre de Saussure n'accuse aucune humidité. La mauvaise odeur est devenue très désagréable et on ferme les fenêtres avec soin. A midi, éclaircie nouvelle, mais, à partir de 1h, le brouillard augmente d'intensité jusqu'à 4h30m; à ce moment, le Soleil paraît comme un globe rouge; il donne une lumière rouge vif, et peut être fixé sans fatigue pour les yeux; l'odeur est insupportable, la chaleur accablante. A 5h le brouillard a diminué et à 8h la Lune brille, presque entièrement dégagée des vapeurs. J'ai constaté à 7h15m, à l'air libre et à l'ombre, 26°.

Plusieurs vignerons vinrent me questionner et m'exprimer leurs craintes : — Nous allons avoir de grandes maladies, disait l'un. — C'est la grande sécheresse qui vient, disait l'autre. — Mauvais signe! disait un troisième.

S'il m'était permis d'expliquer ce phénomène, voici ce que je dirais: Ce brouillard sec ne pourrait-il pas avoir pour cause les éruptions des volcans d'Islande? La direction des vents et le brusque abaissement de la température avant l'action solaire indiquent une provenance boréale : un de ces courants polaires, trop fréquents pour nos vignobles, a dû, après avoir balayé le sol accidenté et les sommets glacés de l'île danoise, s'élever à l'altitude des *cirrus* et tomber sur nos régions dans un de ces tourbillons descendants qui troublent notre atmosphère, en nous apportant les cendres et les gaz de l'Hékla, avec l'air glacial de ces régions. Pendant le jour. la radiation solaire, absorbée par les poussières, les avait chauffées à tel point que, le soir, on éprouvait l'impression du calorique émis par des matières terreuses brûlantes.

Le lendemain, le ciel était pur et les gens rassérénés.

F. BAZEROLLE.

P. S. Le phénomène a été observé à Besançon, à Langres, à Autun, à Châlon-sur-Saône, à Salins, et par M. Bazin à Dijon. L'odeur étrange dégagée par ce brouillard sec a frappé tout le monde. On croyait généralement à un incendie.

L'hypothèse de notre correspondant est exacte. Des lettres d'Islande nous ont appris que le printemps dernier a été marqué par de violentes éruptions volcaniques, notamment aux dates du 12 et du 21.

Il y a toutefois une autre hypothèse. Les Hollandais mettent le feu à de vastes bandes de terre infertiles, et, lorsque le vent du Nord souffle, cette « fumée des tourbières, » comme on l'appelle en Allemagne, s'étend jusqu'à la vallée du Rhin, qu'elle remonte jusqu'en Alsace. Il ne serait pas impossible que ce brouillard sec, observé également à Phalsbourg les 17, 19 et 31 mai dernier, n'eût pour cause ces incendies des tourbières du Nord, quoique l'odeur sulfureuse caractéristique donne quelque crédit à l'hypothèse des produits volcaniques.

Chute d'un uranolithe à Alfianello (Italie). — Nous avons annoncé cette chute très sommairement dans un précédent Numéro. Voici d'importants détails qui ne manqueront pas d'intéresser particulièrement nos lecteurs.

Le 16 février dernier, à 2h 43m de l'après-midi, une forte détonation se fit entendre sur beaucoup de points de la province de Brescia et même des provinces voisines de Crémone, de Vérone, de Mantoue, de Plaisance et de Parme. La détonation fut épouvantable dans la commune d'Alfianello, arrondissement de Verolanuova, province de Brescia.

C'était une météorite qui éclatait à quelques centaines de mètres au-dessus d'Alfianello. Un paysan la vit tomber dans la direction de Nord-Est à Sud-Ouest ou, plus exactement, de Nord-Nord-Est à Sud-Sud-Ouest, à la distance de 150^{m} environ. Quand la masse tomba à terre, il se produisit, dit- on, sur le sol, par suite de la transmission du choc, un mouvement sussultoire, comme celui d'un tremblement de terre, qui fut ressenti dans les endroits environnants; on vit osciller les fils télégraphiques et les carreaux des fenêtres. Un témoin tomba évanoui sur le sol par le double effet de la secousse et de l'épouvante.

Avant que la météorite heurtât le sol, on aperçut comme une commotion dans les nuages légers dont le ciel était couvert, et l'on entendit, aussitôt après, un bruit prolongé, comparable à celui d'un train de chemin de fer marchant rapidement sur les rails.

On ne vit aucune lumière; mais le bolide a dû être accompagné, comme d'habitude, d'une légère vapeur, produite par la volatilisation de la substance fondue à la surface; car quelques-uns de ceux qui le virent tomber le comparèrent à une cheminée se précipitant du haut du ciel et surmontée de son panache de fumée. La météorite tomba à 300^{m} environ au Sud-Ouest d'Alfianello, dans un champ de la propriété dite Forsera, appartenant aux frères Bonetta. Elle pénétra dans le sol obliquement, à peu près dans la même direction qu'on l'avait vue s'avancer dans l'air, de l'Orient à l'Occident, et s'y enfonça à environ 1^{m},50. Au-dessus de la météorite s'ouvrait un trou d'environ 1^{m} de profondeur.

Le laboureur dont nous avons parlé, avec deux autres paysans qui survinrent, furent les premiers à toucher la pierre qui venait de tomber, et la trouvèrent encore un peu chaude.

Il convient de remarquer que les faits qui accompagnèrent la chute de la météorite d'Alfianello ont une grande analogie avec ceux qui se produisirent lors de la chute de la météorite tombée en 1856 à Trenzano, dans cette même province de Brescia.

La météorite tomba entière, mais elle fut presque aussitôt réduite en menus morceaux par le fermier de la propriété, et ces morceaux furent dispersés parmi la foule qui s'était pressée sur le lieu de l'événement.

La forme était ovoïde, mais un peu aplatie au centre; la partie inférieure était plus large et convexe, présentant la forme d'un chaudron; la partie supérieure était tronquée. La surface était recouverte de la croûte noirâtre habituelle et parsemée de petites cavités, appelées *piézoglyptes*, tantôt séparées, tantôt groupées ensemble, si bien que ceux qui étaient accourus crurent voir dans certaines parties l'empreinte d'une main, en d'autres celle d'un pied de chèvre.

Quant aux dimensions et au poids de la météorite, les appréciations sont diverses. D'après le témoignage de plusieurs, sa hauteur dépassait 0^{m},50. Selon quelques-uns, son poids aurait été de 50^{kg}; selon d'autres, de 100^{kg}, ou de 200^{kg}, ou même de 250^{kg}. Il paraît toutefois très probable que son poids véritable n'était pas beaucoup au-dessous de 200^{kg}. Ce qu'il y a de plus certain, c'est que le professeur Bombicci en emporta plus de 25^{kg} à Bologne, pour en doter la riche collection de météorites qu'il a réunie au musée de Minéralogie de l'Université de cette ville; qu'il en reste à peu près 40^{kg} auprès d'autres personnes; que l'échantillon le plus considérable pèse 13^{kg},5 et se trouve chez MM. Ferrari; que la municipalité d'Alfianello envoya un échantillon de 3^{kg} à l'Athenæum de Brescia; enfin que deux morceaux, de plus de 12^{kg} chacun, furent jetés dans l'eau d'un torrent et s'y perdirent, sans parler d'une quantité considérable d'autres petits fragments, distribués çà et là, dont je possède quatre, ayant un poids total de 39^{gr}, le plus gros pesant 30^{gr}.

Par sa structure, la météorite d'Alfianello appartient, selon le professeur Bombicci, au groupe des *sporadosidères-oligosidères* et se rapproche du type *Aumalite*, se montrant pour ainsi dire identique à la météorite de New-Concord (Ohio).

La substance est finement granulaire, d'un gris cendré; du reste, dans les surfaces polies, elle apparaît finement grenue et bréchiforme, avec des éléments offrant diverses gradations de couleur. De nombreux grains métalliques y sont disséminés; on y trouve de petits nids dans lesquels on voit le fer et peut-être une de ses combinaisons à éclat métalloïde et d'un blanc jaunâtre ou bronzé. Des auréoles de rouille se forment rapidement autour des parcelles de fer.

A part les portions où le fer est très concentré, les grains métalliques de la matière pierreuse sont dans la proportion de poids de 68 pour 1000. L'écorce noirâtre est âpre, rude, en quelque sorte grumeleuse dans quelques parties de la surface, et plutôt lisse et unie dans d'autres; elle est peu luisante en général. Les piézoglyptes sont très profondes sur tous les échantillons, et, d'ordinaire, il y correspond un vernis blanchâtre, laissant paraître, à travers, la couleur gris-clair qu'il recouvre.

Le poids spécifique est de 3,47 à 3,50.

P.-A. Denza,
Directeur de l'Observatoire de Moncalieri.

OBSERVATIONS ASTRONOMIQUES

A FAIRE DU 15 JUILLET AU 15 AOUT

Principaux objets célestes en évidence pour l'observation.

1° CIEL ÉTOILÉ :

Pour l'aspect du Ciel étoilé, en cette saison, et les curiosités sidérales à observer, il suffit de se reporter perpétuellement à la Carte publiée dans l'*Astronomie*, première année, même mois, et aux descriptions données dans l'ouvrage *Les Étoiles et les Curiosités du Ciel*, p. 594 à 635.

2° SYSTÈME SOLAIRE :

Soleil. — Le Soleil se lève le 15 juillet à 4^{h}14^{m}, pour se coucher à 7^{h}57^{m}; le 1er août, il se lève à 4^{h}34^{m}, et se couche à 7^{h}37^{m}, et enfin, le 15 août, il reste sur l'horizon de $4^h 53^m$ à $7^h 14^m$. La durée du jour est ainsi de $15^h 43^m$, le 15 juillet, et de $14^h 21^m$, le 15 août : elle diminue donc, pendant ce mois, de $1^h 22^m$ En même temps, la déclinaison boréale du Soleil descend de 21°33', le 15 juillet, à 14°6', le 15 août, diminuant ainsi de 7°27'.

On sait que c'est vers le milieu ou la fin du mois de juillet que se présente le maximum normal de la température annuelle. Nous avons déjà expliqué, l'année dernière, la raison de cette circonstance qui amène les plus fortes chaleurs un mois environ après le solstice d'été, la Terre continuant à s'échauffer tant que la quantité de chaleur qu'elle reçoit chaque jour du Soleil excède celle qu'elle perd en même temps par le rayonnement incessant vers les espaces célestes. (Voir *Astronomie*, T. I, n° 6, août 1882.)

LUNE. – Voir plus loin la description des régions montagneuses qui sont au Sud de la mer de la Fécondité et de la mer de la Tranquillité.

PHASES ...	PL le 20	juillet	à	$3^h 40^m$	matin.
	DQ le 27	»	à	0 23	»
	NL le 3	août	à	1 36	»
	PQ le 11	»	à	1 39	»

Occultations.

Deux occultations et deux appulses pourront être observées du 15 juillet au 15 août, avant 1^h du matin.

Fig. 100.

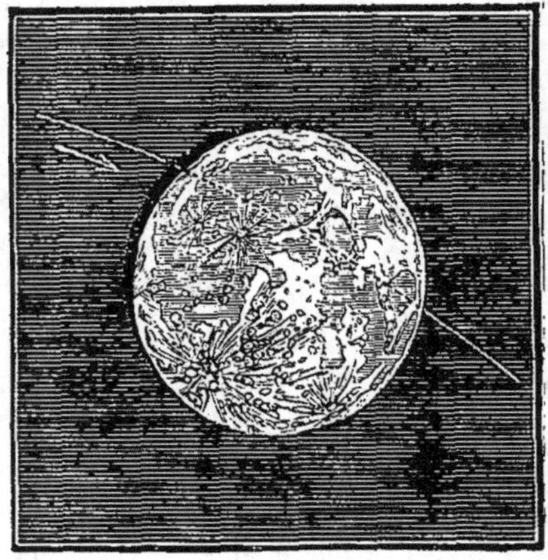

Occultation de 6081 B.A.C par la Lune, le 17 juillet, de $11^h 44^m$ à $12^h 57^m$

Fig. 101.

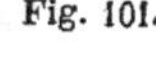

Occultation de ρ^2 Sagittaire par la Lune, et appulse de ρ^1 Sagittaire, le 15 août, à $8^h 16^m$.

1° 6081 B.A.C. (6° gr.), le 17 juillet, de $11^h 44^m$ à $12^h 57^m$. L'étoile disparaît à l'Orient, à 43° au-dessus du point le plus à gauche du disque lunaire, et reparaît à l'Occident, à 17° au-dessous du point le plus à droite. Cette occultation est représentée (*fig.* 100).

2° 5580 B.A.C. (6° gr.), le 12 août, à $10^h 13^m$. Simple appulse. L'étoile s'approche jusqu'à 0',1 du point du bord de la Lune qui se trouve à 28° à droite du point le plus élevé du disque. Cette appulse est remarquable par la grande proximité de l'étoile avec la Lune : il est certain que, pour des stations situées légèrement au Sud de Paris, cette appulse se transformera en occultation. C'est pourquoi nous en recommandons tout spécialement l'observation.

3° ρ² Sagittaire (6ᵉ gr.), le 15 août, de 7ʰ37ᵐ à 8ʰ42ᵐ. L'étoile disparaît par la gauche (Est) à 44° au-dessus du point le plus bas, et reparaît ensuite à droite, à 31° au-dessous du point le plus occidental du disque lunaire (*fig.* 101).

4° ρ¹ Sagittaire (4ᵉ gr.), le 15 août, à 8ʰ16ᵐ. Appulse à 2',9 du bord de la Lune, par la gauche du point le plus élevé du disque. Les deux étoiles ρ¹ et ρ² Sagittaire sont éloignées l'une de l'autre de 28'; c'est presque la dimension apparente du diamètre de 7° Lune. La plus petite, ρ², sera d'abord occultée, et l'appulse de la grande ρ¹ aura lieu avant la réapparition de la première : c'est une observation qui ne manque pas d'intérêt. Toutes les circonstances du phénomène sont indiquées sur la *fig.* 101.

A propos des occultations de ce mois, nous avons reçu de M. Paul Garnier l'intéressante note qui suit :

Une des plus fortes occultations visibles à Paris durant l'année 1883 sera celle de

Fig. 102.

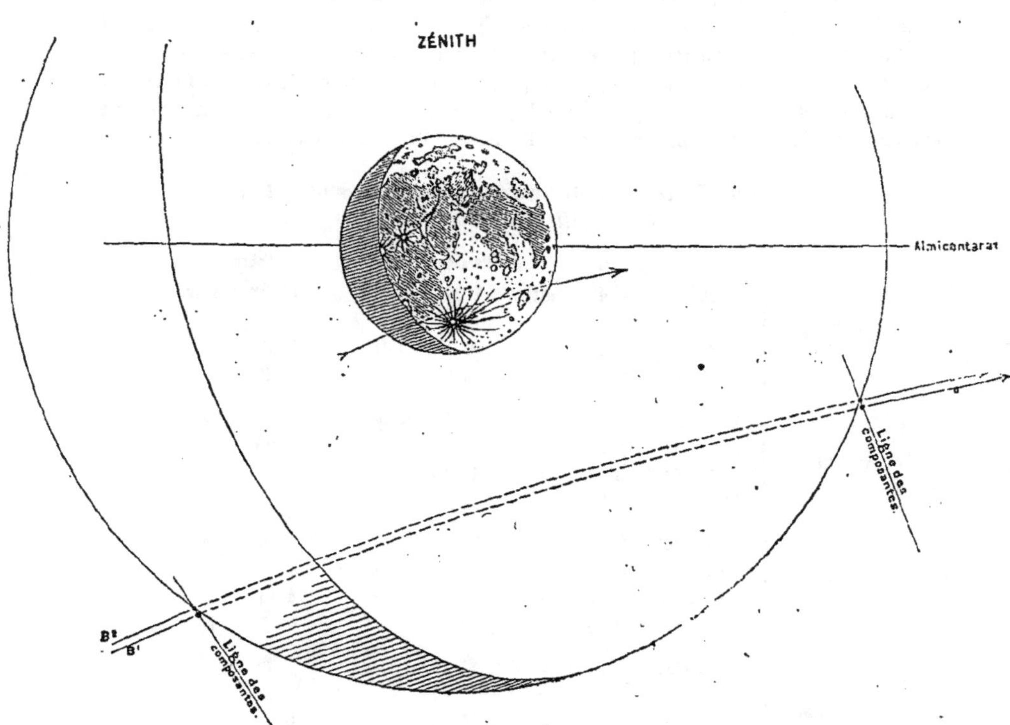

Occultation de β Scorpion par la Lune, le 15 juillet, de 7ʰ27ᵐ à 8ʰ 31ᵐ.

l'étoile double β Scorpion, le 15 juillet prochain. Effectivement, cette étoile est la seule de 2ᵉ grandeur qui soit occultée à Paris ; à vrai dire, le 24 avril, le phénomène s'est déjà produit; mais l'immersion était invisible et l'émersion avait lieu alors que la Lune était encore basse à l'horizon.

Voici, pour le 15 juillet, les conditions astronomiques du phénomène que la *Connaissance des temps* n'indique pas comme visible à Paris :

L'étoile β' disparaît à $7^h16^m6^s$, en un point situé à 34° à gauche (Est) du point le plus bas, et reparaît à l'Ouest à $8^h31^m1^s$, à 21° au-dessous du point le plus occidental du disque lunaire.

L'étoile étant double, l'observation ne manquera pas d'être fort intéressante, car la disparition de l'étoile secondaire de $5^e \frac{1}{2}$ grandeur précédera de dix-sept secondes celle de l'étoile principale, tandis que sa réapparition suivra de trente-deux secondes celle de β'. D'ailleurs, la distance des composantes étant de 13",9, l'observation du phénomène sera accessible aux plus petits instruments.

Le Soleil se couchant à 7^h57^m, on assistera à l'immersion d'une étoile de 2ᵉ grandeur en plein jour, car on la trouvera sans beaucoup de peine à l'aide de la *fig.* 102. Par exemple, il sera plus difficile d'apercevoir le compagnon situé au Nord-Est, à cause de la clarté du jour.

Quant à l'observation de l'émersion de ces deux soleils, elle se fera dans de bonnes conditions, la Lune passant au méridien à 8^h26^m.

Cette occultation pourra être observée dans l'Europe entière, le Sud-Ouest de l'Asie, et un peu dans le Nord de l'Afrique, mais avec cette différence qu'en avançant vers le Sud-Est, le phénomène s'opérera à une heure plus avancée dans la soirée; ainsi, en Turquie, pourra-t-on observer l'immersion de nuit.

Le dessin ci-dessus représente le phénomène; celui du centre donne une idée d'ensemble de l'occultation à Paris; il est fait à l'échelle de 1ᵐᵐ par minute d'arc. — Le deuxième grand cercle, concentrique au premier, représente également la Lune, mais sur une échelle quatre fois plus grande; cet agrandissement permet de mettre en évidence les détails de l'immersion et de l'émersion de l'étoile double.

Lever, Passage au Méridien et Coucher des planètes,
du 11 juillet au 11 août 1883.

		Lever.		Passage au Méridien.		Coucher.	
MERCURE.	11 juillet	2^h48^m	matin.	10^h45^m	matin.	6^h42^m	soir.
	21 »	3 23	»	11 26	»	7 27	»
	1ᵉʳ août	4 41	»	0 20	soir.	7 57	»
	11 »	5 52	»	0 56	»	7 58	»
VENUS....	11 juillet	2 40	»	10 42	matin.	6 43	»
	21 »	2 54	»	10 55	»	6 56	»
	1ᵉʳ août	3 17	»	11 10	»	7 2	»
	11 »	3 43	»	11 22	»	7 0	»
MARS.....	11 juillet	0 58	»	8 39	»	4 20	»
	21 »	0 39	»	8 28	»	4 18	»
	1ᵉʳ août	0 21	»	8 17	»	4 13	»
	11 »	0 5	»	8 6	»	4 7	»
JUPITER...	11 juillet	3 49	»	11 47	»	7 45	»
	21 »	3 21	»	11 17	»	7 13	»
	1ᵉʳ août	2 50	»	10 44	»	6 39	»
	11 »	2 21	»	10 14	»	6 7	»
SATURNE.	11 juillet	1 23	»	9 1	»	4 40	»
	21 »	0 47	»	8 26	»	4 6	»
	1ᵉʳ août	0 7	»	7 47	»	3 27	»
	11 »	11 27	soir	7 11	»	2 52	»

Mercure. — Mercure est encore visible le matin, jusque vers le 22 ou 23 juillet : le 21, il se lève tout près d'une heure avant le Soleil; on pourra donc l'apercevoir par les matinées très claires, à peine élevé au-dessus de l'horizon, perçant difficilement la lumière de l'aurore.

Le 29, il aura tout à fait disparu, car il arrive ce jour-là, à 11^h du soir, en conjonction supérieure avec le Soleil : c'est le moment où il est le plus éloigné de nous.

Le 20 juillet, à 10^h du matin, Mercure va se trouver en conjonction avec Jupiter : il passera à 32′ seulement au Nord de Jupiter. Le 21, Mercure passera au périhélie; on sait que, si l'on excepte les astéroïdes circulant entre Mars et Jupiter, Mercure est, de toutes les planètes du système solaire, celle dont l'orbite est le plus excentrique : l'excentricité de cette orbite est en effet de $\frac{1}{5}$; la plus courte distance de Mercure au Soleil (distance périhélie) est donc les $\frac{2}{3}$ de sa distance maximum (distance aphélie), et les $\frac{4}{5}$ de sa distance moyenne, laquelle est, comme on sait, d'environ 14 millions de lieues.

Vénus. — Vénus est toujours visible le matin, bien plus facilement que Mercure; elle se lève d'abord une heure et demie avant le Soleil, mais elle se rapproche lentement de l'astre du jour, et, le 11 août, elle ne se lève plus que 1^h5^m avant lui. Vénus se trouvera le 26 juillet, à 1^h du soir, en conjonction avec Jupiter : les deux astres ne seront qu'à 10′ de distance, Vénus au Nord. Du 19 au 26 juillet, les trois planètes, Mercure, Vénus et Jupiter se trouveront groupées dans une même région du Ciel, Jupiter entre les deux, formant une ligne oblique partant de l'horizon; ce sera un beau spectacle que d'observer le lever de ces trois astres magnifiques, par un clair matin d'été. Vénus apparaîtra la première, puis Jupiter, et enfin Mercure. En même temps, on verra briller, déjà hautes sur l'horizon et tout près l'une de l'autre, les planètes Mars et Saturne qui seront levées depuis minuit 30^m. Ainsi, *toutes les planètes visibles à l'œil nu peuvent être observées en même temps le matin*, avant le lever du soleil. C'est là une circonstance assez rare, et d'autant plus curieuse cette fois-ci que toutes ces planètes se trouvent groupées dans la région orientale du ciel; on les verra toutes à l'Est; aucune n'atteint le méridien avant le lever du soleil.

Mars. — La planète Mars devient de plus en plus facile à observer, quoiqu'on ne puisse encore la voir que pendant la deuxième moitié de la nuit : elle se lève vers minuit dans le milieu du mois d'août. Nous avons vu, le mois dernier, que Mars se levait avant Saturne et apparaissait au-dessus de lui, dans le ciel du matin; mais les deux planètes se rapprochent, et arrivent en conjonction le 20 juillet, à 1^h du soir : Mars au Nord, à 1°28′ de Saturne. A partir de ce jour-là, c'est Saturne qui se lève le premier et se montre le plus haut dans le ciel.

Les coordonnées de Mars, le 15 juillet à midi, sont :

Ascension droite....... 4^h6^m. Déclinaison........ 20°26′ N.

La planète est donc dans la constellation du Taureau, entre Aldébaran et les Pléiades.

Jupiter. — Jupiter redevient visible le matin, à partir du 15 juillet : il faut le chercher peu de temps avant le lever du Soleil : le 15 août, il se lève près de trois heures avant le Soleil. Il est dans la constellation des Gémeaux, entre les étoiles δ et ζ; ses coordonnées, le 15 juillet à midi, sont :

Ascension droite....... $7^h 6^m 59^s$. Déclinaison....... 22°39′3″ N.

La tache rouge de Jupiter a complètement disparu depuis le mois de mai : elle avait commencé à se montrer pendant l'été de 1878, de sorte qu'elle est restée visible pendant près de cinq ans, à la surface de la planète. Il semble que le monde de Jupiter en soit encore aux premières périodes de sa géologie : la grande tache rouge ainsi que d'autres taches remarquables qui ont été observées à certaines époques, paraissent indiquer que le globe de Jupiter possède déjà une surface liquide ou solide, ou tout au moins qu'une croûte solide est en voie de formation. Plusieurs théories ont été émises pour expliquer la présence de cette vaste région rougeâtre qui ne mesurait pas moins de 50 000^{km} de longueur sur 10 000^{km} ou 12 000^{km} de large : les uns l'attribuent à quelque gigantesque action volcanique qui aurait projeté dans l'atmosphère des torrents de fumée et de matière éruptive. D'autres pensent que la croûte solide de la planète se serait trouvée, par suite de quelque cause exceptionnelle, suffisamment échauffée dans cet endroit pour chasser ou dissoudre les nuages de l'atmosphère supérieure. D'autres enfin y ont vu un précipité de matières solides se formant au sein d'un milieu liquide ou gazeux, et capable de devenir par la suite le noyau de l'un des continents futurs de la planète géante.

Saturne. — Saturne devient de plus en plus facilement observable, mais toujours après minuit. Les conjonctions de Saturne avec la Lune deviennent moins intéressantes. Ce mois-ci, la conjonction des deux astres a lieu le 29 juillet à 10^h du matin : la distance de la planète au centre de la Lune est de 44′ pour le centre de la Terre, Saturne étant au Nord. Peut-être pourrait-on encore observer une occultation dans l'hémisphère austral, assez loin de l'Équateur, un peu à l'Ouest du méridien de Paris. Saturne est dans la constellation du Taureau; le 15, il est un peu à l'Ouest de l'étoile ε, et à peu près à la même hauteur; mais il se déplace lentement vers l'Orient, et arrive, le 13 août à 11^h du matin, en conjonction avec la belle étoile Aldébaran, au Nord de laquelle il passe à une distance de 3°40′.

Voici les coordonnées de Saturne, le 15 juillet à midi :

Ascension droite....... $4^h 18^m 44^s$. Déclinaison...... 19°34′55″ N.

Uranus. — Uranus est invisible; nous n'en reparlerons plus que quand il recommencera à se montrer dans la soirée, c'est-à-dire dans six ou sept mois.

Étoile variable. — Voici les minima observables de l'étoile Algol ou β Persée :

23 juillet.......	1^h matin.	12 août........	$2^h 43^m$ matin.
25 juillet.......	$9^h 49^m$ soir.	14 août........	$11^h 32^m$ soir.

Étoiles filantes. — Du 26 au 29 juillet, riche essaim de météores ignés répandus sur toutes les parties de la sphère céleste.

Du 9 au 14 août, nombreux courant de corpuscules, avec points radiants principaux dans les constellations de Persée, d'Andromède et du Cygne.

ÉTUDES SÉLÉNOGRAPHIQUES.

La région dont nous présentons aujourd'hui la carte à nos lecteurs s'étend au Sud-Est de la mer de la Fécondité, jusque près du pôle Sud de la Lune; elle est hérissée d'un nombre considérable de cratères et de cirques de toutes dimensions, qui sont souvent accolés les uns avec les autres de manière à présenter les formes les plus singulières et les plus pittoresques.

Avant de commencer la description détaillée de toutes ces montagnes, nous allons revenir un instant sur les cirques Messier (151) (1), qui présentent un si grand intérêt, comme on a pu le voir dans notre dernier article. La *fig.* 103 montre les différents aspects que présentent aujourd'hui ces deux petites montagnes, suivant la manière dont elles reçoivent les rayons du Soleil. Au 4e jour

Fig. 103.

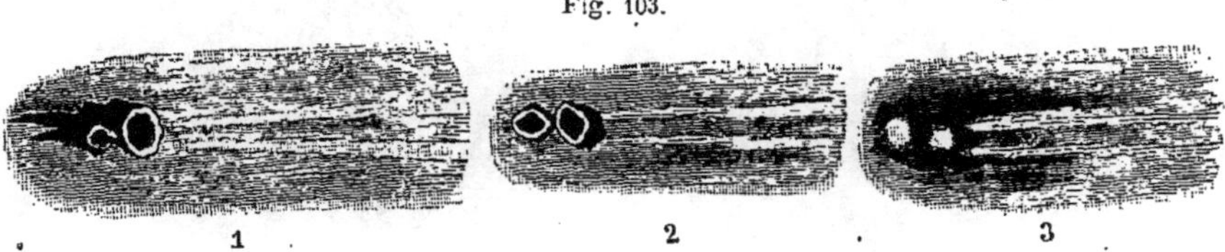

Différents aspects des cirques Messier suivant leur éclairage.

de la Lune (n° 2), elles sont éclairées de l'Ouest à l'Est : la totalité de la crête est visible, et le fond des cratères est tout entier dans l'ombre; à la pleine Lune (n° 3), elles n'apparaissent plus que comme deux petites taches blanches, tandis qu'au 18e jour (n° 1), elles se trouvent très près du cercle d'illumination, reçoivent la lumière de l'Est à l'Ouest, et projettent de longues ombres pointues sur le sol de la mer de la Fécondité. Dans les trois dessins, on voit nettement les traînées blanches en forme de queue de comète qui avaient attiré l'attention de Beer et de Mädler, comme nous l'avons déjà expliqué.

La région que nous allons décrire ne renferme qu'une seule grande plaine : c'est la *Mer du Nectar*, presque aussi grande que la mer des Crises; elle prolonge, au Sud-Est, la mer de la Fécondité, au delà de Gutenberg (71) que l'on voit encore sur le coin Nord-Ouest de notre gravure. Cette mer du Nectar se termine au Sud par une sorte de baie demi-circulaire, fermée par le cirque à moitié détruit de *Fracastor* (53), que nous avons représenté à part (*fig.* 104). Il ne

(1) Ce numéro (151), comme tous les suivants, est le numéro qui désigne la montagne en question sur notre carte du n° 4, Tome II, page 159, à laquelle nous prions le lecteur de se reporter, car il est impossible de mettre des chiffres ou des lettres sur les gravures ombrées qui représentent chaque mois une portion du disque lunaire.

faudrait cependant pas croire qu'il ne reste rien du rempart boréal de Fracastor, cette montagne, observée quand elle est tout près du cercle d'illumination, surtout pendant le décours de la Lune, apparaît comme un cirque à peu près complet, dont la moitié boréale est formée de blocs détachés invisibles à d'autres époques; un tout petit cratère, situé à l'Est de Fracastor, devient très brillant à la Pleine Lune; une singulière montagne en forme de zigzag est accolée à ses flancs du côté de l'Est.

A partir de Fracastor, le rivage de la mer du Nectar descend vers le Nord-Ouest et va rejoindre les Pyrénées et Gutenberg (71), après avoir rencontré le cirque de *Bohnenberger* [1]; du côté du Nord-Est, il se rattache à *Beaumont* (56) [2], et se

Fig. 105.

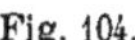

Fig. 104.

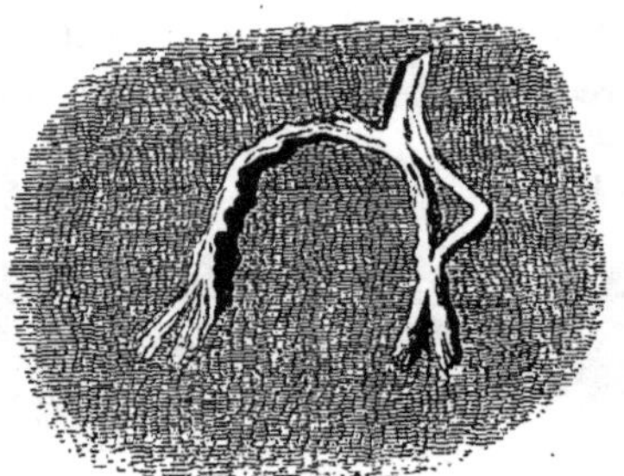

Fracastor.

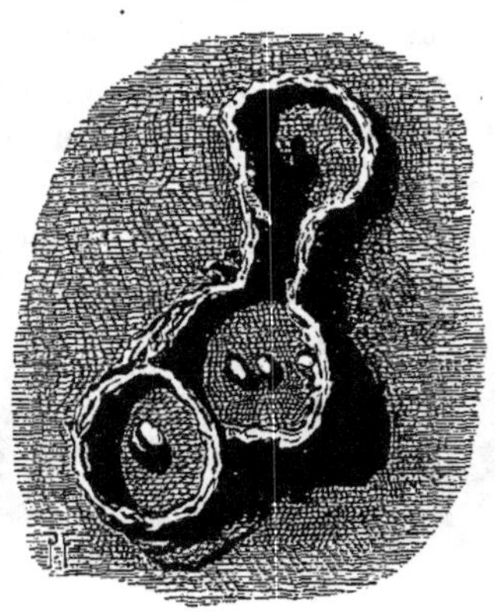

Catharina, Cyrillus, Théophile.

prolonge ensuite jusqu'aux trois cirques accolés de *Catharina*, *Cyrillus* et *Théophile*, (57), (58), (59), qui constituent l'un des plus curieux et des plus singuliers objets qu'on puisse observer sur la Lune; nous les avons fait représenter à part, (*fig.* 105); *Catharina*, qui est le plus au Sud, est le plus vaste des trois; les dentelures de l'ombre qui se projette à l'intérieur révèlent la forme escarpée de sa crête; une étroite et profonde vallée la relie à *Cyrillus* dont la forme est plutôt celle d'un trapèze que celle d'un cercle; on remarquera les deux pics qui s'élèvent au milieu, et le petit cratère brillant sur la courbure intérieure du rempart oriental. *Théophile* est le seul des trois qui ait conservé partout sa forme circulaire; c'est le cratère le plus profond de toute la Lune : le rempart s'élève à certains endroits jusqu'à 5400^m au-dessus du fond du cirque dont le diamètre dépasse 100^{km}. On ne saurait rien trouver sur la Terre qui ressemble, même de loin, à de pareils paysages. Ajoutons qu'au centre se dresse un large piton de 1600^m de hauteur.

[1] *Bohnenberger* n'est pas mentionné sur la carte de la page 159, l'exiguité du format n'ayant pas permis de multiplier les détails. On le voit très bien sur notre gravure : c'est un petit cratère juste au Sud de Gütenberg.

[2] Et non 65, comme il est imprimé par erreur à la page 158.

Au Sud de Fracastor s'étend une vaste région à peu près plate, limitée à l'Ouest par *Santbech* (55), *Borda* et *Reichenbach* (51), d'où part vers le Sud une immense vallée qui se prolonge jusqu'à *Rheita* (27), au Nord par *Néander* (52) (¹) et *Piccolomini* (29), à l'Est par les monts *Altaï*, longue chaîne de montagnes qui, par-

Fig. 106.

Région montagneuse au Sud de la mer de la Fécondité.

tant de Piccolomini se prolonge jusqu'à l'Est de Cyrillus et se termine par le petit cratère de *Tacite* (60). *Piccolomini* est un des plus grands cirques de la Lune son diamètre est de 91^{km}; sa hauteur atteint presque celle du Mont-Blanc, et il est orné d'un pic central; les monts Altaï s'élèvent à près de 4000^{m}, sur une lon-

(¹) Et non pas *Néauder*, comme il est imprimé par erreur, page 158.

gueur de 450km. C'est avant le premier quartier qu'on peut le plus facilement les observer dans toute leur étendue.

A l'Est de Tacite, se trouve *Almanon*, et un peu vers le Nord *Abulfeda* (61); ces deux montagnes sont reliées par une série de très petits cratères qui sont bien visibles dans les environs du Premier Quartier, et produisent l'effet d'une crevasse. En s'élevant vers le Sud, on rencontre *Geber*, *Azophi* et *Abenezra*, accolés l'un à l'autre, puis, en revenant vers la gauche, le grand massif de *Sacrobosco* (54) formé de plusieurs cirques qui se pénètrent les uns les autres. Entre *Sacrobosco* et les monts Altaï, mais un peu au Sud, se trouve *Pons* dont la crête circulaire est parsemée de taches très sombres et très remarquables.

Encore plus au Sud, se voit le massif formé par *Rabbi-Levi*, *Zagut* (31), et *Lindenau* dont le rempart oriental s'élève par une succession de quatre étages.

Nous avons déjà parlé de Reichenbach (51) et de la vallée qui le relie à Rheita (27). De là part une série de grands cirques qui se poursuit vers le Pôle Sud à peu près parallèlement au bord de la Lune, et où l'on rencontre successivement, après Rheita, *Metius* (10), à l'Ouest duquel une grande vallée s'étend encore dans la direction de *Véga*, puis *Fabricius* (11), *Janssen*, qui se trouve à l'Est de *Steinheil*, le cratère double le plus profond de la Lune, et enfin la vaste agglomération de *Hommel* (3), *Vlacq*, *Rosenberger*, *Nearchus* et *Hagecius* [1].

Nous ne pouvons terminer sans signaler un groupe de montagnes plus colossal encore : c'est celui qui entoure l'immense cirque de *Maurolycus* (14); les remparts se sont si bien pénétrés les uns les autres, que tout le sol de cette contrée n'est plus qu'un assemblage de vallées et de hautes collines se croisant et se contournant dans tous les sens, en ménageant cependant au milieu, tout autour d'un piton central, une belle plaine que Beer et Mädler ont vue sillonnée de 12 bandes divergentes, apparaissant à la Pleine Lune, comme autant de lignes brillantes. La hauteur de ce massif montagneux est d'environ 4000m; outre *Maurolycus*, on y remarque aussi *Barocius*, tandis qu'au Sud se trouvent *Clairaut* et *Bacon* (5); ce dernier présente sur son rempart oriental un pic presque aussi élevé que Maurolycus, tandis qu'au Sud-Est se voit une rangée de cinq petits cratères.

Tout en haut de notre gravure, on peut voir aussi les deux cirques de *Mutus* et *Manzinus*, rendus ovales par la perspective. Le premier est le plus au Nord : il renferme deux pics intérieurs.

Enfin, sur la limite orientale de notre dessin, il faut remarquer cette longue succession de grands cratères qui s'accolent à la file les uns des autres, suivant un méridien lunaire, et qui sont représentés tout déchiquetés par la lumière et les ombres. Cette série de montagnes présente un intérêt spécial et fera l'objet d'un de nos prochains articles.

PHILIPPE GÉRIGNY.

[1] Le premier seul de ces cinq grands cirques est indiqué à la page 159.

PHOTOGRAPHIE DIRECTE DE LA NÉBULEUSE D'ORION.

La photographie dont nous offrons aujourd'hui à nos lecteurs la reproduction fidèle (*fig.* 107) nous a été adressée par M. COMMON, l'astronome anglais bien connu de tous ceux qui suivent les progrès de l'Astro-

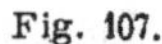

Fig. 107.

La nébuleuse d'Orion, photographiée par M. Common.

nomie physique. Cet habile observateur est parvenu, après un grand nombre d'essais, à obtenir, le 30 janvier dernier, un résultat aussi magnifique que précieux, à l'aide de son grand télescope de trois pieds anglais ($0^{m},91$) de diamètre. La pose a été de trente-sept minutes.

« Ce résultat obtenu aujourd'hui suffit, dit l'auteur, pour montrer que nous approchons de l'époque où la Photographie nous fournira les moyens d'enregistrer par son fidèle, précis et inimitable procédé, l'aspect réel d'une nébuleuse et l'éclat relatif de ses différentes parties. Pour constater si certaines variations de forme ou d'éclat s'accomplissent dans ces créations, on comparera des photographies prises à des intervalles de temps indéterminés. La meilleure chose à faire maintenant me paraît être de prendre autant de photographies que possible, afin de constituer une base de comparaison pour l'avenir, et c'est ce que je fais actuellement.

« Les grandes masses lumineuses disposées en forme de flocons s'accordent avec l'aspect télescopique offert dans les puissants instruments. La lumière de cette nébuleuse offre de telles différences d'intensité dans ses diverses parties que, si l'on donne une exposition suffisante pour photographier les régions extérieures, la région centrale est trop longuement exposée et comme brûlée; de là résulte la nécessité de prendre des photographies avec diverses durées d'exposition. Ainsi une exposition de une à trois minutes donne les portions les plus brillantes des parties centrales, de telle sorte qu'elles peuvent être facilement comparées entre elles. De plus longues expositions produisent un résultat analogue pour les portions les moins lumineuses. On peut traiter les étoiles de la même manière. La photographie ci-contre, ayant eu une pose de trente-sept minutes, est surtout destinée à montrer les parties les moins brillantes de cette vaste nébuleuse.

« En comparant les photographies prises pendant l'hiver dernier, j'ai remarqué la variabilité certaine de l'étoile n° 822 de la monographie de Bond, marquée 10,7 dans cette monographie. Le 5 janvier, elle était plus faible que l'étoile n° 707, laquelle est de 11,2. Les photographies prises en décembre la montrent au contraire plus brillante que l'étoile n° 784 (10,8), et, le 4 mars, elle est plus brillante encore, égalant l'étoile 724 (10,5). Plusieurs autres étoiles de cette région paraissent également variables.

C'est avec bonheur que nous signalons ce beau progrès, accompli par l'initiative privée de M. Common — et non pas Commen comme les journaux scientifiques l'ont imprimé; (M. Common habite à Londres, à Ealing, et s'est installé là un magnifique observatoire particulier) — et c'est avec le même bonheur que déjà nous avons signalé le remarquable progrès réalisé, dans cet ordre de recherches, par M. Gill, au cap de Bonne-Espérance, lors de ses admirables photographies de la grande comète (*L'Astronomie*, février 1883). Voici la photographie sidérale entrée dans sa vraie voie.

L'observateur anglais a été heureusement inspiré en poussant aussi loin que possible l'étude photographique de cette magnifique nébuleuse, la plus belle, en vérité, du ciel tout entier. Quant on songe que c'est là une véritable nébuleuse *gazeuse*, donnant un spectre linéaire comme celui des nébuleuses planétaires, qu'il y a là une masse de gaz incandescent dans laquelle dominent l'azote et l'hydrogène, et que pourtant il y a aussi là une surprenante agglomération d'étoiles, c'est-à-dire de soleils (Bond en a catalogué 956) ; quand on songe que le noyau même de la nébuleuse est formé par la merveilleuse étoile sextuple que nos lecteurs connaissent; quand on songe surtout que la nébuleuse proprement dite occupe dans le ciel une surface égale au disque apparent de la Lune, mais que la nébulosité a pu être suivie dans l'immensité noire, sur une étendue de 4° de l'Est à l'Ouest, et de 5° du Sud au Nord, on se demande quelle est la véritable grandeur d'une telle création. En effet, en supposant que cette nébuleuse et ces étoiles ne soient pas plus éloignées de nous que les étoiles les plus proches — cette hypothèse est la plus modeste qu'il soit possible d'émettre — et qu'elles planent seulement à la distance de la 61° du Cygne : là, une demi-seconde d'arc représente 37 millions de lieues, une seconde équivaut à 74 millions et une minute d'arc vaut 4440 millions de lieues. Mais cette prodigieuse nébulosité s'étend sur 5° de longueur. Or, un degré équivaut déjà à 60 fois le chiffre précédent, c'est-à-dire à 266 400 millions de lieues. Il y aurait donc là, au minimum, une étendue de 1 332 000 millions, ou plus d'un *trillion* de lieues de gaz ou de matière cosmique plus ou moins dense!... un train express courant avec la vitesse constante de 60^{km} à l'heure, n'emploierait pas moins de 10 millions d'années pour traverser ce brouillard!

Cette genèse des soleils à venir est aujourd'hui fixée sur la plaque du photographe. D'année en année, l'astronome pourra suivre ses métamorphoses. Et tout curieux des merveilles de la nature peut l'observer à l'aide du plus modeste instrument, voire même à l'aide d'une simple jumelle d'opéra, car on la devine presque à l'œil nu, doux foyer de lumière attirant le regard au-dessous de l'antique baudrier d'Orion.

LES GRANDES MARÉES AU MONT SAINT-MICHEL.

Celui qui douterait encore de l'influence attractive de la Lune sur la Terre, celui qui n'aurait pas encore assisté aux mouvements grandioses de la mer, obéissant avec docilité aux lois directrices de l'Univers, celui-là n'aura jamais sous les yeux de spectacle plus éloquent, plus imposant, plus magnifique, que l'envahissement de la baie du mont Saint-Michel le jour d'une grande marée d'équinoxe. Nulle part la leçon de la Nature n'est mieux donnée ; nulle part l'expérience de physique n'est faite sur une plus vaste échelle. Imaginez-vous cette île merveilleuse, isolée au milieu d'une plaine de sable si étendue qu'elle semble sans bornes. A perte de vue, du côté de la terre comme du côté de la mer, les sables succèdent aux sables, les grèves perpétuent les grèves ; pas une oasis, pas une ferme, pas une campagne ne viennent tempérer, par une fleur ou par un sourire, le sévère et silencieux désert qui nous environne.

Assis sur les rochers dorés par le soleil couchant, ou debout sur les remparts de l'antique forteresse, nous attendons l'arrivée de la mer. On la distingue au loin, vers l'horizon du Nord, et on en retrouve les récents vestiges dans les lacs que les dernières eaux descendantes ont laissés sur les grèves ravagées. Il y a seulement dix heures, toute cette plaine immense était inondée sous les flots mugissants d'une mer en courroux. En ce moment, la marée basse la laisse à découvert et les pêcheurs ou les curieux peuvent la traverser à pied, en tous sens.

Ce matin, la haute mer est arrivée à 7 heures. Comme la Lune retarde de trois quarts d'heure par jour sur le Soleil, c'est à $7^h 23^m$ que la mer atteindra ce soir sa plus grande hauteur. Il semble que l'intervalle de douze heures vingt-deux minutes trente secondes qui sépare deux pleines mers devrait se partager également entre le mouvement de hausse et le mouvement de baisse, et que la basse mer aurait dû avoir lieu aujourd'hui vers $1^h 12^m$. Or, il n'en est rien. A 2 heures, à 3 heures, la marée baissait toujours. Il est 4 heures et elle ne monte pas encore.

A 5 heures, elle ne monte pas davantage, et la rivière du Couesnon, qui, de temps immémorial, sépare la Normandie de la Bretagne, continue tranquillement son cours vers la mer encore lointaine.

Cependant, un bruit sourd se fait entendre au large. C'est d'abord comme un simple bruissement de feuillage, léger, intermittent, ondulant avec la brise. En prêtant mieux l'oreille, on remarque qu'il est permanent, et l'on pressent en lui le signal précurseur de l'inondation. Malheur au pêcheur, malheur au touriste qui resterait confiant sur l'un de ces îlots de sable déjà séchés par le soleil ! Plus d'un a payé de sa vie l'imprudence de se laisser surprendre par la mer envahissante !

Le flot arrive. Le bruit de la mer, plus intense, plus fort, plus général, laisse percevoir le froissement des flots entre eux, l'entrechoquement des vagues. A l'horizon, dans la direction du Nord, on distingue une ligne blanche qui semble rouler comme un serpent. Cette ligne blanche se divise, se coupe, se rejoint, se resserre, se divise encore. En voici une autre à l'Ouest, qui semble se rapprocher de nous. En voici une autre à l'Est qui semble s'éloigner. Mais quel bruit et quelle ampleur! Où regarder! Où fuir, si nous étions là! La barre aquatique arrive comme un mur liquide, ondulant mais formidable. Tout l'Océan est derrière cette muraille, et c'est lui qui la pousse. Ah! nous distinguons maintenant la forme du phénomène, parce que nous dominons jusqu'au loin la vaste plaine liquide. Ce n'est pas une ligne blanche, ce n'est pas une muraille, ce n'est pas un torrent; c'est une nappe, une nappe d'eau immense,

Fig. 108.

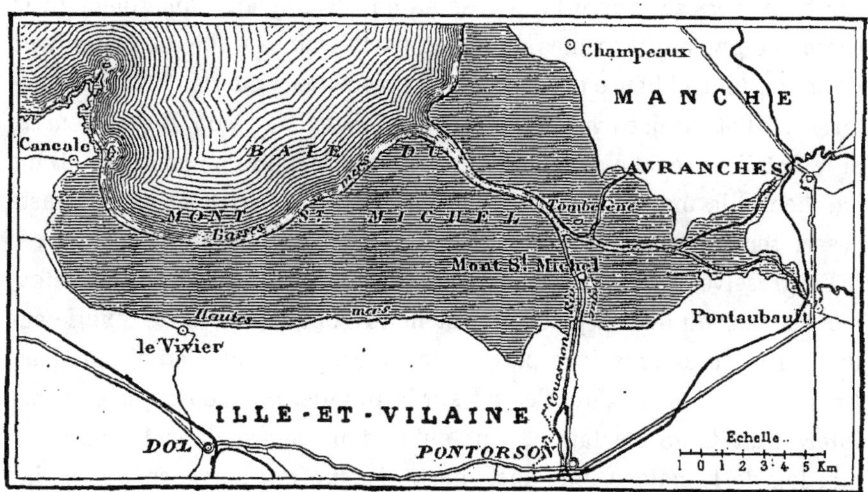

E. Hellé.

La baie du mont Saint-Michel aux hautes et basses mers.

miroitante, qui coule, calme, tranquille, douce, mais qui arrive, forte, puissante, irrésistible.

Ce matin, le vent soufflait de terre, un vent du Sud-Ouest, violent, capricieux, plein de colères: il semblait vouloir lutter avec le flot, retarder sa marche, empêcher sa domination! Quoi de plus léger, de plus subtil, de plus insaisissable, de plus invisible que le vent? Quoi de plus doux, de plus mobile, de plus fugitif que l'onde? Eh bien! ni le feu, ni la poudre, ni le fer, ni l'airain, ni le volcan, ni le tonnerre n'arriveraient, dans tous leurs efforts réunis, au résultat produit par cette simple rivalité du vent contre la marée. Soulevés par la tempête, excités par les obstacles, les flots se sont élancés du large, les uns par dessus les autres, les uns contre les autres, furieux, éperdus, comme fous de colère, bondissant sur les rochers, revenant sur eux-mêmes, se précipitant sur les remparts, les bastions, les tours, et le mont Saint-Michel tout entier fut enveloppé par l'ouragan maritime. Aucune barque ne put tenir la mer. Non loin de là, sous les remparts de Saint-Malo, un bateau de pêche fut jeté sur le roc et les deux matelots qui le montaient restèrent noyés dans la tempête.

Ce soir, une légère brise glisse coquettement à travers l'atmosphère transparente, et la mer calmée s'avance comme une nappe de mercure réfléchissant la douce lumière des cieux, moirée de rose et de pourpre, bordée d'argent. Mais le flot n'en a pas moins de puissance. Il fait remonter vers sa source le Couesnon, qui descendait tranquillement la pente des grèves. Il avance de toutes parts et inexorablement. La baie de sable, tout à l'heure découverte, ne mesure pas moins de 25 300 hectares. Le flot avance avec la rapidité d'un cheval au galop. Il est 6 heures, et le Soleil se couche dans un rayonnement de gloire empourprée. Dans une heure, la mer aura atteint le fond de la baie. A 8 heures, le vaste désert sera recouvert d'une couche d'eau de dix mètres d'épaisseur.

Progressivement, la première nappe avance, sûre de sa force, ici refoulant les eaux du fleuve, plus loin s'étendant comme une tache d'huile sur toutes les dépressions de la plage. Elle n'a pas plus d'un pied d'épaisseur. En voici une seconde, qui s'étend sur la première, la pousse, la domine, interdisant toute hésitation, tout oubli, tout retard dans l'obéissance aux lois de la nature. En voici une troisième qui n'avance pas moins vite et ne recule plus. Elles s'étendent les unes sur les autres, poussant de toutes parts la rive mobile le long des grèves envahies, se fondant ensuite en ondes et en vagues, et bientôt (en moins d'une heure) la mer houleuse se répand sur l'immense baie, entourant entièrement l'île merveilleuse, qui semble un palais de granit sculpté par un Titan, dominant l'espace à plus de cent cinquante mètres au-dessus du niveau des flots.

Ce phénomène diffère essentiellement de celui du mascaret, qui d'autre part est lui-même si fantastique, lorsqu'on l'observe, aux jours de grandes marées d'équinoxe, à Caudebec et à Villequier. Là-bas, le fleuve de la Seine, qui remonte avec impétuosité vers sa source, fait songer à une immense armée de chevaux blancs arrivant en lignes serrées, la crinière au vent, et se précipitant avec violence en renversant tout sur leur passage. Au mont Saint-Michel, au contraire, l'envahissement de la mer opéré sur une vaste échelle est moins bruyant, moins brusque, moins frappant,

Fig. 109.

Le mont Saint-Michel.

moins formidable; mais, tout en étant plus calme, il est réellement plus fort, plus immense, plus inexorable, et nous donne l'impression d'une puissance plus prodigieuse encore.

L'île granitique du mont Saint-Michel, couronnée par la splendide, la merveilleuse abbaye que tout le monde connaît, est unique sur notre planète, et, par sa situation au milieu de l'immense baie qu'elle domine, offre au spectateur, à l'artiste, au naturaliste, au savant, au poète, une curiosité à la fois naturelle et historique sans seconde. Depuis bien des siècles déjà, elle fait l'admiration de tous ceux qui l'ont contemplée. Mais elle a désormais assez vécu pour la valeur intellectuelle moyenne de l'humanité terrestre, et en particulier pour le sentiment esthétique des Français du dix-neuvième siècle. On vient de déclarer *inutile* la baie du mont Saint-Michel. Le gouvernement vient — de laisser faire? non pas! — de construire lui-même une belle digue qui désormais réunit l'île à la terre ferme, empêche les grandes marées de se croiser en avant du mont et d'environner comme autrefois les remparts de l'antique cité féodale.

L'île est devenue presqu'île. La digue part du rivage de Pontorson-Moidray et aboutit aux remparts mêmes. Une autre digue est commencée dans la direction d'Avranches. On espère conquérir sur la mer quelques centaines d'hectares de terrain que l'on pourra ensuite livrer à la culture, et, si l'on réussit, le vingtième siècle, qui approche à grands pas, aura l'insigne honneur de voir disparaître l'île du mont Saint-Michel, envahie au Sud-Est par des pâturages de prés salés, des champs de diverses couleurs, et peut-être même par de fructueuses usines et de belles maisons de campagne. Arrêtée par la digue, la mer ronge déjà les remparts, et la tour du guet commence à se crevasser. Il est probable, du reste, qu'on démolira ces antiques donjons, pour faire place à une gare neuve, et qu'on expropriera les vieilles maisons de la rue trop étroite des chevaliers pour construire un boulevard à l'instar des avenues géométriques de New-York. Quand on songe, en effet, que cette vieillerie du mont Saint-Michel *ne sert à rien* et qu'il y a tant de terrain perdu tout autour, on comprend que *ça ne peut pas durer,* et qu'il est grand temps de mettre cette valeur négative en actions de banque et de partager ces sables mouvants en lots bien achalandés.

Ah! que la prochaine marée serait donc divinement inspirée de balayer d'un bon coup cette digue des Ponts et Chaussées, avec les millions que nos députés ont votés pour sa construction. O Lune brillante et pure, qui, sur la plaine argentée coupée par la ligne noire, fais glisser tes rayons enchanteurs, daigne ressentir l'outrage des hommes qui ne comprennent ni le Ciel ni la Terre, et, par un phénomène d'attraction dont la patrie du bon goût te sera éternellement reconnaissante, concentre tes efforts, tends, ô Diane, ton arc vers cette plage au doux miroir, lance tes flèches rapides sur les défenseurs du pont-aux-ânes, et doucement, mystérieusement, divinement, couche les ingénieurs dans les périls amers, gonfle les vagues, amoncelle les flots, appelle le Zéphiros; soufflez, renversez la digue impie, et répandez autour de la montagne céleste ce magique miroir dans lequel se reflète l'un des plus grandioses spectacles de la nature et l'un des plus hardis chefs-d'œuvre de l'humanité.

CAMILLE FLAMMARION.

P.-S. — Ces pages ont été écrites du haut des remparts du mont Saint-Michel, le lendemain de la grande marée d'équinoxe de l'année dernière (29 septembre). Elles peuvent s'appliquer à toutes les grandes marées dans lesquelles la mer enveloppe entièrement l'île. Les prochaines grandes marées auront lieu le 18 septembre et le 17 octobre. La hauteur de la mer sera de 1,12 et de 1,13, c'est-à-dire, en admettant 6^{m} pour l'unité de hauteur entre Granville et Saint-Malo, que la mer s'élèvera à 6^{m},72 et à 6^{m},78 au-dessus de son niveau moyen. La différence est donc de 13^{m},44 et de 13^{m},56 entre la basse mer et la haute mer. Le 10 mars dernier, la hauteur de la marée était de 1,15, c'est-à-dire que la mer s'est élevée à 6^{m},90 au-dessus du niveau moyen et que la différence entre la hauteur de la mer à six heures d'intervalle a été de 13^{m},80. Ce sont là les plus grandes marées possibles. Généralement elles sont inférieures à 1. On voit que, sur une étendue de 25 300 hectares, cette épaisseur d'eau, qui peut être évaluée en moyenne à 10^{m}, à cause de la surélévation de la grève vers les rivages, est en réalité de 2 530 000 000^{mc}, c'est-à-dire de 2 595 780 000^{kg}. Voilà ce que l'attraction de la Lune et du Soleil jette sur cette plaine en quelques heures. — Nous engageons fort nos lecteurs à faire le voyage du mont Saint-Michel le 18 septembre ou le 17 octobre prochain.

DISPARITION DE LA TACHE ROUGE DE JUPITER.

J'ai l'honneur de vous adresser mes dernières observations de la tache rouge de Jupiter, et j'espère bientôt pouvoir vous envoyer ma série entière d'observations de cette planète depuis 1879.

7 mai 1883. — La tache rouge est sur le méridien central, à 8^{h}5^{m}, t. m. Palerme, (moyenne du passage des deux extrémités et du centre de la tache) : cela donne pour sa longitude jovigraphique 57° (éphéméride de M. Marth). La tache est extrêmement pâle

et faible; au-dessous d'elle, il y a un corps ovale suivi de deux autres plus petits superposés (les mêmes qu'on voit à gauche dans la *fig.* 110).

12 mai, $7^h 44^m$. — La tache rouge a son extrémité Est sur le méridien central, qui a la longitude jovigraphique 75°, ce qui donne à peu près 59° pour longitude du centre de la tache; elle est mieux visible que le 7, grâce à la pureté de l'air. Le système du corps ovale et des deux autres qui le suivent est déplacé à l'Ouest par rapport à la tache rouge.

14 mai, $7^h 52^m$. — La tache rouge doit être entièrement levée à l'Est, mais elle est invisible; on voit seulement l'enfoncement de la bande très sombre qui passe au-dessous d'elle. Plus tard, on parvient à distinguer une trace de la tache, lorsqu'elle arrive vers le méridien central de la planète; mais elle est si faible qu'il est impossible de préciser le moment de ce passage.

17 mai, $7^h 33^m$ (*fig* 110).—La tache rouge a son extrémité Est éloignée de 0,4 du rayon de son parallèle du méridien central, qui a la longitude 100°, ce qui donne pour longitude du centre de la tache à peu près 60°. La bande plus forte est brune, double, très

Fig. 110.

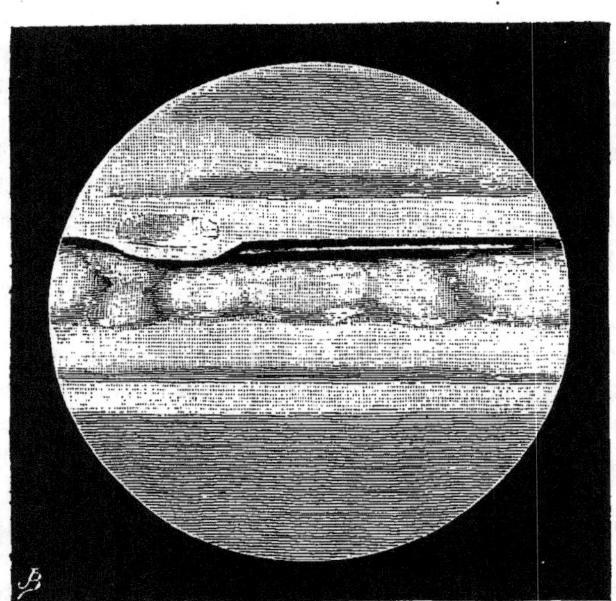

Dernière observation de la tache rouge de Jupiter. (Dessin de M. Riccò.)

déprimée au-dessous de la tache. A présent, les deux corps superposés qui suivent le corps ovale se sont portés au-dessous de la tache : le corps ovale est sur le point de disparaître par la rotation de la planète. Plus en bas, vers le Nord, il y a une bande très faible de couleur grise neutre. La tache (qui ne pourrait plus garder son qualificatif, car elle n'offre plus la moindre nuance de rouge) se trouve dans une zone blanche, très vive, qui l'entoure en formant une espèce d'auréole brillante : la limite australe de cette zone est formée par une bande faible, diffuse, de couleur gris azuré. Les deux calottes polaires sont grisâtres, la boréale plus obscure que l'australe.

31 mai, $7^h 55^m$. — On voit la dépression de la bande brune à peu près sur le méridien

central (longitude 56°) ; on croit même reconnaître encore une trace de la tache rouge, mais cela est tout à fait incertain. L'air n'est pas très pur, et la planète est trop près de l'horizon : en effet la bande brune ne se voit pas double.

L'éloignement de la planète de la Terre, sa marche vers le Soleil et la clarté de la Lune vont en croissant, et j'ai peu d'espoir de faire une observation plus décisive sur la disparition complète de cette curieuse tache rouge, qui, depuis cinq ans, nous pose un étrange problème.

RICCÒ,
Astronome à l'Observatoire de Palerme.

Nous avons reçu, trop tard malheureusement pour l'insérer dans notre dernier Numéro, une lettre sympathique et une intéressante étude de M. A. Roche, frère du savant astronome et mathématicien dont la Science déplore aujourd'hui la perte. L'article qu'on va lire se rattache à des travaux météorologiques dont l'importance et l'originalité n'échapperont à personne. Nous sommes honorés d'apprendre que M. Édouard Roche nous destinait un résumé de son Mémoire, et nous adressons nos plus vifs remerciements à M. A. Roche, qui vient de nous le communiquer.

LA RÉDACTION.

MONSIEUR LE DIRECTEUR,

Mon frère ayant déduit de son travail sur le climat de Montpellier des conclusions générales, voulait vous envoyer, pour l'*Astronomie*, un article sur les variations périodiques de la température dans le cours de l'année.

C'est ce dernier vœu de mon frère mourant que je viens accomplir, en vous adressant un résumé et des extraits de son Mémoire sur le climat de Montpellier.

A. ROCHE,
Professeur au Lycée.

LES VARIATIONS PÉRIODIQUES DE LA TEMPÉRATURE

DANS LE COURS DE L'ANNÉE.

L'Astronomie française a perdu le mois dernier un de ses représentants, M. Édouard Roche, professeur de Mathématiques à la Faculté des Sciences de Montpellier. Dès le début de sa carrière, M. Roche n'était resté étranger à aucune des branches de l'Astronomie. Après avoir acquis dans les recherches d'Astronomie physique, à l'Observatoire de Paris, des qualités qu'il n'eût tenu qu'à lui d'utiliser davantage, il préféra se livrer entièrement à la Science théorique, qui, mettant en œuvre les données de l'observation, les réunit dans de vastes conceptions mathématiques et en tire comme conséquences la prévision et la rectification d'observations nouvelles. Les services qu'il avait rendus dans cette voie à l'Astronomie et à la Physique du globe avaient décidé l'Académie des Sciences à l'admettre en 1873 au nombre de ses correspondants pour la section d'Astronomie, et dernièrement encore la section elle-même à le présenter pour le fauteuil de Liouville.

Mais, en même temps qu'il poursuivait sans relâche, dans ses recherches de Mécanique céleste, le développement de l'idée première qui a inspiré ses plus importants travaux, il consacrait une partie de son temps à de patientes et minutieuses observations météorologiques, qu'il a pu, vers la fin de sa vie, réunir et comparer à d'autres plus anciennes, déjà soigneusement classées et résumées par lui ; montrant ainsi une véritable abnégation dont on doit lui savoir gré, celle de l'esprit qui, des considérations les plus élevées sur la constitution de l'Univers, consent à descendre, dans l'intérêt de la Science et de l'Agriculture, aux détails arides, mais indispensables, dont l'accumulation seule permettra de poser les jalons d'une théorie véritable et ne donnera la pleine satisfaction de la vérité découverte qu'aux successeurs du premier ouvrier qui en a tracé le chemin.

Dans son dernier travail, *Le climat actuel de Montpellier*, M. Roche avait réussi à dégager des conclusions générales pour la climatologie de tous les pays, dont il se proposait de faire part au journal *l'Astronomie* : la mort l'en a empêché. Mais sa famille a considéré comme un devoir de remplir sur ce point autant que possible les intentions qu'il avait manifestées. Voici donc quelques extraits de son travail, où se trouvent consignés les résultats de ses réflexions.

L'objet du Mémoire est surtout de comparer les observations faites à la Faculté des Sciences de Montpellier pendant onze ans (1857-1867), sous la direction de l'auteur, et celles qu'il a faites lui-même pendant trente ans, avec trente-six années d'observations faites aussi à Montpellier par Badon au siècle dernier (1756-1792). L'auteur s'est demandé ensuite quelle est l'influence du lieu d'observation, et il a comparé ces deux séries météorologiques à une troisième effectuée en un lieu suffisamment éloigné; il a choisi les observations faites à Bruxelles pendant quarante ans (1833-1872) par MM. Quetelet.

La première conséquence qui en découle, c'est la stabilité du climat. Rien n'indique que, depuis un siècle et demi, notre climat ait subi quelque modification appréciable. L'étude des moyennes est importante pour fixer les éléments qui caractérisent un pays au point de vue météorologique : les phénomènes extraordinaires ne sont pas moins essentiels à noter; ils constatent que notre climat est aujourd'hui ce qu'il était il y a cent ans. L'examen des maxima et des minima annuels de la température conduit à reconnaître que les étés et les hivers n'ont guère changé. Ils n'est pas jusqu'aux plaintes sur la détérioration du climat, qui ne se reproduisent presque régulièrement : ces plaintes se retrouvent dans les plus anciens documents, et nous les entendons répéter aujourd'hui dans les mêmes termes où nos pères les formulaient.

Voici un point de vue qui met mieux en lumière la généralité et la permanence des causes qui régissent les climats. Chacun sait que la température ne va pas en croissant d'une manière continue, depuis son minimum en janvier jusqu'à son maximum en juillet, pour décroître ensuite progressivement. En réalité, on arrive de l'hiver en été en passant par des alternatives de chaud et de froid, variables d'un an à l'autre et tout à fait irrégulières en apparence. Si ces irrégularités étaient absolument accidentelles et dues à des causes fortuites, on le reconnaîtrait en multipliant suffisamment le nombre des années d'observation. L'influence des causes perturbatrices, diminuant sans cesse, finirait par disparaître; et la courbe qui représente, pour chaque jour, la température déduite d'une très longue série d'observations, perdant peu à peu ses sinuosités, tendrait à devenir parfaitement régulière et continue. C'est ce qui aurait lieu si la marche de la température était uniquement réglée sur le mouvement annuel du Soleil.

Cette idée toute naturelle a été longtemps admise par les météorologistes; elle est pourtant inexacte. A mesure que le nombre des années d'observations augmente, on reconnaît en effet que certaines inégalités de la température, au lieu de s'affaiblir, deviennent de plus en plus manifestes : la courbe dont je viens de parler offre des irrégularités qui, loin de s'atténuer, se dessinent avec encore plus de netteté dans une longue série. On obtient ainsi une représentation de la marche *moyenne* du thermomètre, dégagée des perturbations purement accidentelles qui viennent en déranger le cours régulier. Les sinuosités de cette courbe correspondent à des alternatives de réchauffement et de refroidissement qui ne sont pas fortuites, mais au contraire constituent un élément essentiel de la climatologie.

Un grand nombre des oscillations que la température subit dans le cours de l'année sont *bien réellement périodiques;* elles se montreraient tous les ans à jour fixe, si elles n'étaient en partie dissimulées par les perturbations accident telles. Ces variations périodiques sont constantes : nous les trouvons dans les observations du siècle dernier comme dans les nôtres. Enfin elles ne sont pas purement locales : la courbe des températures tracée d'après les observations de Bruxelles (1833-1872) présente le même aspect général, les mêmes inflexions principales, sauf de légers écarts dans la date et quelques différences dans l'intensité des perturbations. La *fig.* 111 représente la courbe des températures moyennes de chaque jour de l'année, à Montpellier et à Bruxelles.

De cette concordance, nous concluons que les causes auxquelles sont dues les variations thermométriques s'exercent sur une immense échelle, qu'elles se développent à la surface du globe suivant une progression régulière et se maintiennent constantes pendant une longue durée. Ces causes sont encore peu connues, mais il est d'un haut intérêt d'en établir expérimentalement la permanence et l'universalité.

Au point de vue de la Météorologie pratique, la connaissance de la courbe des températures, la détermination des jours critiques correspondant à ses irrégularités, deviendra l'un des principes de la prévision du temps. Non pas que l'on puisse en déduire un système de prédictions absolues destinées à se réaliser invariablement chaque année, car les diverses courbes annuelles s'écartent notablement de la courbe moyenne qui résulte de leur combinaison. Mais, associé aux autres données que l'on a aujourd'hui pour prévoir le temps, cet élément servira à les compléter ou à les rectifier. De plus, la courbe offre dans sa marche certains traits assez prononcés et assez constants pour qu'il soit permis d'en annoncer chaque année le retour comme très probable à un jour déterminé.

En résumé, la discussion des diverses séries que nous avons étudiées prouve *la permanence* de notre climat dans les limites de précision que comportent les observations elles-mêmes. Sans contester que les changements de culture, les déboisements et les autres modifications survenues depuis un siècle aient pu, sous quelques rapports, influer sur ce climat, il reste établi que, au point de vue thermométrique, le changement est inappréciable. D'un autre côté, la comparaison des courbes représentatives de l'ensemble des observations met en évidence la loi des *variations périodiques* de la température, jusqu'ici méconnues ou imparfaitement étudiées. Nous retrouvons dans les courbes thermométriques de Bruxelles, à très peu près, les mêmes ondulations que dans celles de Montpellier. Il faut donc que ces variations périodiques de la température dépendent d'une cause générale et durable qui exerce une égale influence sur des points très éloignés.

La courbe des températures, quand elle résulte d'un très grand nombre d'observations, représente le type idéal du climat, dans ce qu'il a d'essentiel et de durable, dégagé de ce qui est accidentel et fortuit. Le tracé que l'on obtient ainsi n'est jamais une courbe proprement dite, mais une ligne irrégulière présentant une série de zigzags qui s'accentuent d'autant plus nettement que les moyennes portent sur une série d'années plus longue. Les accidents du tracé, loin d'être dus au hasard, constituent des anomalies systématiques dans la marche du thermomètre, répondant pour certains jours à un chaud ou à un froid exceptionnels. Ils tiennent donc à des causes bien réelles, se reproduisant chaque année à des époques régulières, avec une intensité à peu près constante.

Ces variations thermométriques sont faibles du 15 juillet au 15 novembre. A partir de cette époque, elles augmentent beaucoup d'intensité. C'est d'abord une diminution brusque, suivie d'une réaction considérable qui se prolonge jusqu'au milieu de décembre. La période des grandes gelées du 20 décembre au 22 janvier, en moyenne, est elle-même suivie d'un réchauffement, fin janvier, puis d'un nouveau refroidissement. Le caractère de la marche des températures, depuis ce moment jusqu'au maximum de juillet, est une lutte continue de la chaleur croissante avec les masses refroidies par l'hiver. Au lieu de monter régulièrement, elle procède par élévations rapides, interrompues par des abaissements subits, comme pourraient l'être des refroidissements résultant, soit de la fonte des neiges et glaces, soit de grandes pluies dans la montagne : c'est ce qui arrive à la fin d'avril, de mai et de juin. Au contraire, le réchauffement qui suit les minima de novembre et de janvier peut être attribué au phénomène inverse de dégagement de chaleur, conséquence des chutes de neige. Mais, pour le plus grand nombre de ces variations périodiques, l'explication reste inconnue.

Dans tous les cas, on ne saurait les attribuer à des causes purement accidentelles, dont l'influence tendrait à s'annuler avec le nombre des observations, ni à une origine cosmique, sans quoi on les verrait disposées symétriquement dans les deux moitiés de l'année. Elles ne tiennent pas davantage à des circonstances locales, telles que le voisinage des montagnes ou de la mer, qui ont souvent pour effet de rendre très différents les climats de deux points très rapprochés. Les irrégularités dont nous parlons sont à la fois générales et permanentes : elles se superposent aux anomalies distinctives des divers climats, et étendent leur influence à très grande distance, ainsi qu'il résulte de leur action comparée à Montpellier et à Bruxelles.

Fig. 111.

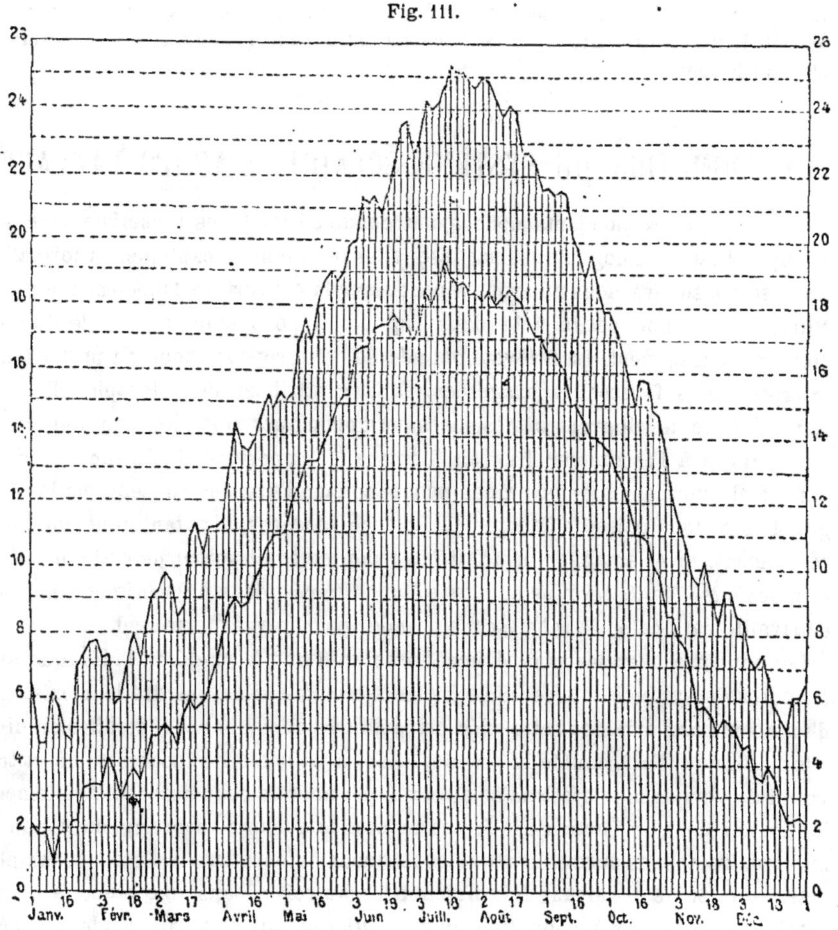

Température moyenne de chaque jour à Montpellier et à Bruxelles.
(La courbe supérieure est celle de Montpellier.)

Au reste, quelle que puisse être l'origine des oscillations régulières du thermomètre, un point nous semble hors de doute. Comme le Soleil est, au fond, le grand régulateur de la température, ainsi que des autres influences si diverses qui agissent sur elle indirectement, tout doit en réalité être réglé sur son mouvement. C'est pour cela que la plupart des phénomènes terrestres tendent à se reproduire périodiquement aux mêmes dates de l'année, et il ne saurait en être autrement pour les variations thermométriques. A. ROCHE.

NOTA. — Il est remarquable que les deux courbes ci-dessus montrent 26 oscillations et que $\frac{365}{26} = 14$, nombre de jours représentant le retour du même méridien solaire en face de la Terre. Ne serait-ce pas la rotation solaire qui influerait, plutôt que la révolution annuelle? Les perturbations dans les périodes seraient dues à la variabilité même du Soleil et à la diversité de la surface terrestre pour l'établissement des courants atmosphériques. C. F.

LA FORMATION DU SYSTÈME SOLAIRE, D'APRÈS LAPLACE.

Un de nos correspondants nous ayant demandé quelques renseignements sur les hypothèses cosmogoniques par lesquelles on a tenté d'expliquer la formation du système solaire, nous lui avons répondu, sur la couverture d'un de nos derniers Numéros, par une petite note dans laquelle il nous était impossible de nous étendre suffisamment. La brièveté obligée de cette réponse pourrait prêter à des interprétations fausses ou exagérées, et faire attribuer au philosophe allemand Kant, dans le développement des idées cosmogoniques, une gloire qui appartient tout entière à l'astronome français Laplace. Il importe d'établir nettement la part de chacun de ces deux grands penseurs dans l'une des conceptions les plus grandioses dont puisse s'honorer la Science moderne, d'autant plus que, tout récemment, en Allemagne, on a fait beaucoup de bruit autour de cette question, *Laplace oder Kant*, certains auteurs s'étant efforcés, dans un sentiment mesquin de rivalité nationale, de rabaisser le premier pour exalter le second.

Les connaissances les plus élémentaires suffisent à suggérer l'idée que tous les corps du système solaire : Soleil, planètes et satellites, ont tiré leur existence d'une commune origine; cette idée est déjà très ancienne, et il serait bien difficile de dire qui l'a formulée le premier. Kant a eu le mérite incontestable et très grand de voir dans le système solaire, tel que nous le connaissons actuellement, le résultat final de l'action des forces naturelles sur une vaste agglomération de matière. Toutes les substances qui constituent aujourd'hui le Soleil et les planètes auraient été, suivant lui, disséminées autrefois dans une étendue considérable, de manière à constituer une *nébuleuse*, qui se serait condensée progressivement vers son centre, tandis que les planètes prenaient naissance pendant le cours de cette condensation.

Réduite à ces termes vagues, la conception d'une nébuleuse primitive est aussi le point de départ de l'hypothèse de Laplace; mais c'est tout ce qu'il y a de commun aux deux hypothèses. C'est en cela *seulement* qu'on peut dire que Kant a devancé Laplace. A partir de là, nous allons voir les deux systèmes diverger complètement.

Toutes les personnes qui se sont occupées d'Astronomie connaissent l'admirable théorie de l'illustre Laplace. Il faut la lire dans le texte même de l'auteur, qui l'a développée, dans un style magistral, à la fin de l'*Exposition du Système du Monde* (¹). C'est un chef-d'œuvre de netteté, de précision et de logique. On suit pas à pas toutes les évolutions de cette immense nébuleuse, qui s'étendait bien au delà de l'orbite actuelle de Neptune, sans qu'aucun point reste dans l'ombre, sans qu'aucun détail ne dérive d'une cause naturelle et nécessaire. La nébuleuse primitive est gazeuse; c'est une *atmosphère* animée d'un mouvement de rotation d'ensemble et qui tourne sur elle-même à la manière d'un corps solide. La condensation qui résulte du refroidissement détermine au centre l'agglomération d'une masse plus compacte qui s'augmente avec le temps. Mais, le point capital de toute la théorie, c'est l'augmentation de la vitesse de rotation, *conséquence mécanique et nécessaire de la condensation*. C'est, en effet, par suite de cette augmentation de vitesse que la force centrifuge, à l'équateur de la nébuleuse, finit par l'emporter sur l'attraction. Alors se détache, tout autour de l'équateur, un anneau qui cesse de faire partie de la nébuleuse et continue à tourner avec sa vitesse propre, pendant que la nébuleuse se condense à l'intérieur. Le moindre défaut d'homogénéité détermine la rupture de l'anneau, dont les fragments continuent à tourner suivant les lois de Kepler; puis l'attraction de ces divers fragments les uns sur les autres, combinée avec leurs différences de vitesse, suivant qu'ils proviennent de l'intérieur ou de l'extérieur de l'anneau, finit par les réunir en un seul globe de gaz qui reproduit pour son propre compte les évolutions de la nébuleuse mère, donnant ainsi naissance à des satellites, et finissant par devenir plus tard une des planètes du Système. Cependant, la condensation de la masse principale détermine l'abandon de nouveaux anneaux et la formation de nouvelles planètes. Les choses se sont ainsi continuées jusqu'à nos jours, et le Soleil est le résidu de la condensation progressive de l'antique nébuleuse.

D'après Kant, au contraire, la nébuleuse primitive est formée de *corpuscules isolés* qui tournent autour d'un centre commun suivant les lois de Kepler, c'est-à-dire que les plus éloignés ont un mouvement beaucoup plus lent que ceux qui sont voisins du centre. La condensation résulte de l'attraction des particules les unes sur les autres; seulement cette condensation ne s'opère pas uniquement par le centre, qui plus tard deviendra le Soleil; il se forme aussi des agglomérations secondaires qui s'accroissent, en attirant les particules voisines, et deviendront plus tard les planètes, quand tous les corpuscules isolés seront allés rejoindre l'un ou l'autre des centres de condensation. Ainsi, les planètes, au lieu de se former à l'*extérieur* de la nébuleuse par l'abandon d'anneaux équatoriaux, se seraient formées dans l'*intérieur* même, par suite d'une condensation secondaire accidentelle.

Cette théorie soulève des objections considérables; la formation des centres de condensation en *dehors* du centre de la nébuleuse n'est nullement expliquée, de sorte qu'il semble que la nébuleuse de Kant devrait finir par former un Soleil unique, au lieu du système de planètes que nous connaissons.

(¹) Elle a été réimprimée, comme notice scientifique, à la fin de l'*Annuaire du Bureau des Longitudes* pour 1867.

Bien différente est l'hypothèse de Laplace. Plus grandiose comme conception, elle ne laisse échapper aucune des particularités que l'observation a signalées; les satellites de Mars ont été considérés pendant quelque temps comme donnant lieu à une objection grave, parce que l'un d'eux tourne autour de la planète plus vite que celle-ci ne tourne sur elle-même; il est aujourd'hui reconnu que la théorie de Laplace, convenablement interprétée, peut donner de ce fait une explication satisfaisante. Il n'y a pas jusqu'à la loi de Bode, cette singulière série arithmétique qui donne les distances des planètes au Soleil, qui ne puisse peut-être se rattacher à la même doctrine. M. Édouard Roche a montré, il y a quelques années, que la loi de Bode se présentait comme une conséquence de la théorie du refroidissement de la nébuleuse primitive, et il a trouvé des séries analogues pour les distances des satellites de Jupiter et de Saturne.

Le lecteur peut maintenant juger par lui-même si *Laplace a copié Kant*, comme on le dit quelquefois, avec trop de complaisance, de l'autre côté du Rhin. Kant a laissé une œuvre philosophique assez considérable; la grandeur de son nom est assez solidement établie, et son influence assez bien reconnue pour que sa mémoire n'ait pas à souffrir de la gloire de Laplace. Quels que soient les mérites de son hypothèse cosmogonique, il faut bien reconnaître qu'elle n'approche pas de la hauteur de vues, de la puissance d'analyse et de synthèse dont Laplace a fait preuve, en cette circonstance comme en tant d'autres, et qui font de l'auteur de la *Mécanique céleste* le digne continuateur de Newton, et l'homme qui a peut-être le plus contribué aux progrès de l'Astronomie contemporaine.

PHILIPPE GÉRIGNY.

LA RÉFORME DU CALENDRIER.

> ... Et nous ordonnons qu'il soit enlevé dix jours pleins au mois d'octobre, savoir : du 5 au 15 du mois, et que le jour qui suit la fête de saint François soit appelé 15 octobre...
>
> (*Bulle pontificale de Grégoire XIII.*)
> Frascati, 24 février 1582.

Trois siècles nous séparent maintenant du jour mémorable où le pape Boncompagni (Grégoire XIII), s'appuyant sur les études du médecin calabrais Luigi Lulio, sanctionnées par les mathématiciens et les astronomes les plus célèbres de l'époque consultés à cet effet, opérait la réforme du Calendrier. Il nous a paru opportun de passer en revue la nécessité d'une telle réforme, la façon dont elle fut effectuée et les précautions prises pour en assurer la durée.

L'année tropique est le temps qu'emploie le Soleil, dans son mouvement apparent, pour revenir à l'équinoxe du printemps. En prenant pour unité le jour moyen, cette durée est de $365^j 5^h 48^m 46^s,43 - 0^s,00595$ (en 1800). La petite variation que l'on remarque est fonction du temps et tient à ce que la précession annuelle n'est pas constante. Ainsi, à la naissance de Jésus-Christ, l'année tropique était de $365^j 5^h 48^m 57^s,14$, tandis qu'elle est aujourd'hui de $365^j 5^h 48^m 45^s,94$. En négligeant cette légère différence, il est certain que l'année de $365^j \frac{1}{4}$ environ ne put servir de base à l'établissement d'un calendrier qui, tout en rejetant les fractions de jour, devait répondre à la succession des phénomènes physiques, en même temps qu'aux convenances sociales et religieuses.

Le désordre du calendrier romain était arrivé à un tel point, à l'avénement de Jules César, que cet illustre homme d'État résolut d'y mettre un terme. S'étant aidé des lumières de Sosigène, qu'il avait fait venir d'Alexandrie dans ce but, il décréta la réforme julienne. A cet effet, l'année — 46 (dite *année de la confusion*) fut de 445 jours, et la réforme prit pour point de départ le jour de la Nouvelle Lune qui suivait immédiatement le solstice d'hiver de l'année précédente. Ce jour fut appelé le 1er janvier —45. César ordonna ensuite que trois années seraient de 365 jours et la quatrième de 366. Une fausse interprétation de cet ordre fut régularisée sous Auguste, et la réforme julienne subsista sans changement jusqu'en 1582.

En faisant trois années de 365 jours et une de 366, on suppose l'année tropique de $365^j,25$, c'est-à-dire trop longue, en réalité, de $11^m 2^s,86$ à l'époque de Jésus-Christ et de $11^m 12^s,27$ en 1582, ou, en prenant une moyenne, de $11^m 7^s,57$ vers l'année 800.

Quatre années donc après la réforme julienne, il s'était écoulé 1461 jours du calendrier, tandis que les révolutions tropiques nous donnent pour la même période $1460^j,969092$. La différence est, pour ces quatre années, de $0^j,030908$; en 400 ans, elle s'élève à $3^j,0908$, et à 12 jours environ en 1600 ans.

Le concile œcuménique de Nicée (en 325) avait établi la célébration de la fête de Pâques dans les termes suivants : « La fête de Pâques aura lieu le dimanche qui suivra le quatorzième jour de la lune (Pleine Lune) si l'équinoxe de printemps, fixé au 21 mars, coïncide avec la Pleine Lune, sinon elle aura lieu après. Donc, si la Pleine Lune arrive le 21 mars et que ce jour soit un samedi, Pâques aura lieu le jour suivant, c'est-à-dire le 22 (date la moins avancée). En supposant, au contraire, que la Pleine Lune arrive le 20 mars, on devra attendre une autre Pleine Lune, c'est-à-dire le 18 avril; mais, si ce jour-là est un dimanche, la fête sera célébrée le dimanche suivant, savoir le 25 avril (date la plus reculée). » C'est donc entre le 22 mars et le 25 avril inclusivement que peut être célébrée la fête de Pâques. Pour que cette résolution du concile fût appliquée invariablement par la suite, il était nécessaire que l'équinoxe ne s'écartât guère de la date du 21 mars, ce qui était impossible avec le calendrier julien; il importait en outre d'établir une corrélation entre l'année tropique et la révolution synodique de la Lune. Or l'année tropique est actuellement de $365^j,2422$ environ et la révolution synodique de la Lune est, à peu près, de $29^j,5306$: 19 années tropiques équivalent donc à $6939^j,6818$, et 235 lunaisons à $6939^j,6910$. Si les deux nombres eussent été égaux, le cycle de Méton eût naturellement servi pour ramener les lunaisons aux mêmes dates dans une période de 19 années tropiques; mais, la différence étant de $0^j,0892$ en 19 ans, les deux causes d'erreur devinrent évidentes dans la suite des siècles après le concile de Nicée, et divers pontifes, sans parler du concile de Trente, proposèrent la réforme désirée. Elle fut enfin mise à exécution par le pape Grégoire XIII, en 1582, sur les données fournies par le médecin calabrais Luigi Lilio.

En 1582, l'équinoxe avait lieu le 11 mars. Pour corriger l'erreur existante, le pape ordonna, par la bulle *Inter gravissimas...*, que le lendemain du 4 octobre 1582 serait appelé 15 octobre, que les années divisibles par 4 seraient bissextiles, à l'exception des années 1700, 1800, 1900, 2100, 2200, 2300, 2500, etc.; c'est-à-dire que les années séculaires dont le millésime, après la suppression des deux zéros, ne serait plus divisible par 4 resteraient communes. Il ressort de là que, dans un intervalle de 400 ans, il y a 303 années communes et 97 années bissextiles. 400 années tropiques représentent donc aujourd'hui $146096^j,88$ environ et $303 \times 365 + 96 \times 376 = 146097^j$. L'erreur résiduelle se trouve ainsi réduite à $0^j,12$ en 400 ans, soit à 1 jour environ en 4000 ans; aussi sera-t-il opportun de faire une année commune de l'an 4000, qui devrait cependant être bissextile; mais nos successeurs y penseront lorsque l'heure sera venue.

En ce qui concerne les lunaisons, nous voyons que, après 19 années tropiques, le retard sur l'instant de la lunaison est de $0^j,0892$, tandis qu'après 19 années juliennes de $365^j\frac{1}{4}$ l'accélération est de $0^j,059$, c'est-à-dire de 8 jours pour une période de 2500 années juliennes. Lilio proposa donc, et sa proposition fut agréée par le pontife, que les mois lunaires fussent alternativement de 29 et de 30 jours, de manière qu'il y eût 12 lunaisons entières plus 11 jours dans l'année solaire commune et 12 lunaisons plus 12 jours dans l'année bissextile. Mais 12 lunaisons de 29 et de 30 jours ne font, dans le cours de 19 années juliennes, que 288 jours: il restait donc 7 jours pour arriver à 235 (lunaisons embolismiques). Or, dans une période de 19 années (en supposant 5 années bissextiles), il sera nécessaire d'intercaler, tous les 3 ans, une des six lunaisons embolismiques de 30 jours, et il restera encore 5 jours; la dernière lunaison embolismique, qui sera de 29 jours, viendra s'ajouter à la fin du cycle. Dans cet ordre d'idées, on suppose évidemment nulle l'erreur que comporte le cycle de 235 lunaisons comprises en 19 années juliennes; mais Lilio pourvut aussi à cette erreur par une intercalation (équation lunaire) et par une correction qu'il fit à l'époque de la réforme du Calendrier.

La partie essentielle et vraiment utile de la réforme grégorienne consiste dans la concordance de l'année civile et de l'année solaire tropique, de façon que l'équinoxe du printemps se maintienne toujours aux environs du 21 mars; ce qui regarde l'époque de la lunaison n'offre qu'un intérêt purement religieux, et les lunaisons astronomiques ne correspondent qu'à *peu près* à celles de l'Église catholique, car il peut se faire que Pâques corresponde au comput ecclésiastique sans répondre au comput astronomique. Dans la réforme grégorienne, un intérêt religieux a conduit à une réforme vraiment utile à tous, et, pour ce motif, le pape Boncompagni a bien mérité de la Science.

Je n'avais nullement l'intention de parler du Calendrier; je désirais seulement traiter la question de la réforme grégorienne au point de vue astronomique; aussi ai-je omis de nombreuses particularités que l'on pourra lire avec profit dans les ouvrages spéciaux.

Les pays catholiques, la France, l'Espagne, le Portugal, acceptèrent immédiatement la réforme grégorienne; l'Allemagne l'adopta quelques années plus tard. Quant à l'Angleterre, le changement de style n'eut lieu dans ce pays que le 2 septembre 1752; le lendemain du 2 septembre 1752, au lieu d'être appelé 3, fut appelé 14. On supprima donc, non 10 jours, mais 11; en outre, l'année 1700, qui était commune pour les catholiques, avait été bissextile pour l'Angleterre. L'année commençant en Angleterre le 25 mars, on dut supprimer de l'année 1751 le nombre de jours nécessaire pour que l'année 1752 commençât le 1er janvier.

Les Russes ne voulurent point se conformer à ces prescriptions; aussi leur calendrier est-il en retard de 12 jours sur le nôtre. En effet, l'année en Russie commence le 13 janvier, ce qui explique l'usage qui règne en ce pays d'écrire ainsi les dates : 1/13 janvier.

En commémoration de la réforme grégorienne, il a été frappé une médaille qui porte sur une face l'effigie de Grégoire XIII et au revers la conception de la réforme; un bas-relief sculpté, que l'on admire dans la basilique patriarcale du Vatican, est également destiné à perpétuer le souvenir de ce fait historique.

Prof. E. MILLOSEVICH,
Astronome à l'Observatoire de Rome.

ACADÉMIE DES SCIENCES.

COMMUNICATIONS RELATIVES A L'ASTRONOMIE ET A LA PHYSIQUE GÉNÉRALE.

Sur les mouvements du sol de l'Observatoire de Neuchâtel, par M. FAYE.

M. le Dr Hirsch, directeur de l'Observatoire de Neuchâtel, vient de publier une intéressante Notice sur les mouvements des piliers qui supportent sa lunette méridienne.

Cet Observatoire est situé sur la colline du Mail, et, comme les piliers sont des monolithes posés et cimentés avec soin sur la solide assise de calcaire qui forme cette colline, les mouvements observés sur l'instrument ne font que traduire des mouvements opérés dans la colline elle-même.

Tous les astronomes savent que l'azimut et l'inclinaison de leurs lunettes méridiennes sont soumis à de très petits dérangements provenant du sol même des fondations, lequel se dilate ou se contracte faiblement sous l'influence de la température, des alternatives de sécheresse ou d'humidité, des variations du niveau des eaux souterraines, ou même des tassements qui se produisent pendant un certain temps. Si l'emplacement a été bien choisi, ces dérangements n'ont pas, en général, assez d'étendue et de régularité pour appeler l'attention sur leurs causes. On se contente de les mesurer avec soin et d'en purger les observations par le calcul.

Mais à Neuchâtel, où toutes les précautions ont été prises, ces phénomènes ont une allure tout autre. L'éminent directeur n'a pas manqué de les suivre depuis l'époque de la fondation de son Observatoire, en 1859. Voici les résultats de cette curieuse étude :

	Mouvement en azimut.		Inclinaison		Nombre
Années.	Hiver. Sept.-Fév.	Été. Mars-Août.	vers l'Ouest.	Différences annuelles.	des taches du Soleil.
1860....	+42″	−56″	6″	+ 6″	95,7
1861....	+52	−67	16	+10	77,2
1862....	+12	−26	30	+14	59,1
1863....	+42	−38	52	+22	44,0
1864....	+22	−46	81	+29	46,9
1865....	+36	−31	112	+31	30,5
1866....	+39	−21	135	+23	16,3
1867....	+44	−24	176	+14	7,3
1868....	+46	−30	207	+31	37,3
1869....	+37	−23	233	+26	73,9
1870....	+40	−27	257	+24	139,1
1871....	+48	−45	284	+27	111,2
1872....	+48	−53	308	+24	101,7
1873....	+30	−34	325	+17	66,3
1874....	+33	−41	341	+16	45,6
1875....	+38	−36	354	+13	17,1
1876....	+44	−38	372	+18	11,3
1877....	+38	−43	394	+21	12,3
1878....	+39	−55	424	+30	3,4
1879....	+29	−46	450	+26	6,0
1880....	+44	−51	482	+32	32,3
1881....	+40	−55	519	+37	54,2
1882....	+37	−29	550	+31	»
Moy.	+38″,2	−39″,8		+24	

Les variations en azimut s'étendent à une mire placée à 100^m de l'instrument, mais non à la mire très éloignée de Portalban. Les variations négatives d'été, dans le sens E.-S.-O., dont la durée moyenne est de 162^j, ne compensent pas exactement les variations positives d'hiver (163^j), dans le sens O.-S.-E. La somme des premières est de 915″; celle des dernières est de 879″.

Les inclinaisons sont celles qui auraient été directement observées au niveau si elles n'avaient été corrigées à l'aide de la vis d'un des coussinets, chaque fois qu'elles devenaient incommodes pour le calcul des réductions.

Les nombres de la dernière colonne sont les *nombres relatifs* de M. Wolff, de Zurich. Ils expriment, en parties d'une certaine unité, la fréquence des taches du Soleil de chaque année. M. Hirsch les a comparés à ceux de la colonne précédente.

Ainsi :

1° La colline du Mail oscille chaque année autour de la verticale. Elle tourne de 39″,8. en moyenne, chaque été, de gauche à droite, et de 38″,2 chaque hiver, de droite à gauche.

2° La colline s'incline progressivement d'environ 24″ par an, toujours dans le même sens, vers l'Ouest, en sorte que, depuis 1859, elle a penché ainsi de 550″.

Évidemment ces deux phénomènes se rapportent à des causes différentes. Le premier suit de très près la vicissitude des saisons; par conséquent, il est dû aux contractions et dilatations alternatives d'une couche terrestre peu profonde, presque superficielle, et, ce qu'il offre à mes yeux de singulier, c'est que ces faibles tractions ou pressions imprimées par là à la puissante assise calcaire sur laquelle l'Observatoire est construit suffisent à déplacer immédiatement celle-ci, tantôt dans un sens, tantôt dans l'autre, à peu près comme la main d'un enfant fait osciller certains rochers énormes posés en équilibre instable sur le sol.

Le second mouvement, au contraire, est essentiellement progressif; il s'opère chaque année vers l'Ouest, et ne dépend pas du tout des saisons ou de la température. Il s'agit d'expliquer par quelle cause, située bien au-dessous de la surface, la colline, ou du moins l'assise de l'Observatoire, est poussée peu à peu et s'incline toujours dans le même sens.

M. Hirsch, frappé de l'allure des petites inégalités que présente d'année en année le mouvement progressif d'inclinaison (avant-dernière colonne), inégalités qui lui ont paru avoir une période de onze années comme les taches du Soleil, en conclut que ces phénomènes sont en rapport avec les taches.

« Il résulte de cette étude, dit-il en terminant, que le sol le plus solide est sujet à de faibles mouvements, lents, réguliers et en partie oscillatoires; et, en outre, que l'intensité variable de ces mouvements dépend, d'une part, du caractère météorologique de l'année, et que, d'autre part, elle se trouve en rapport avec la marche périodique des perturbations qui se produisent dans la photosphère du Soleil. Ainsi ce sont les observations des étoiles fixes, infiniment éloignées, qui apprennent à un astronome l'existence de certains mouvements presque imperceptibles de la surface terrestre qui porte son observatoire; et, en les étudiant de plus près, il est ramené au ciel en reconnaissant des rapports entre les mêmes mouvements de l'écorce terrestre et les taches du Soleil. »

Ce qui paraît avoir confirmé le Dr Hirsch dans cette opinion, c'est que M. Fœrster, directeur de l'Observatoire de Berlin, a cru remarquer, de son côté, une périodicité analogue dans l'inclinaison de sa lunette méridienne, et est disposé, lui aussi, à attribuer ces phénomènes aux taches du Soleil.

Comme la théorie que j'ai donnée des phénomènes solaires ne se concilie guère avec une action pareille, ces idées m'ont vivement frappé; j'ai été ainsi conduit à examiner avec attention les données, d'ailleurs si remarquables, sur lesquelles M. le Dr Hirsch appuie son opinion. Le résultat de cet examen est que les phénomènes observés à Neuchâtel dépendent, non pas des taches du Soleil, mais de la constitution géologique particulière au Jura.

On sait, disent les géologues qui ont fait une étude particulière de cette vaste contrée, que les assises calcaires et marneuses dont la superposition forme le caractère principal du Jura n'adhèrent pas bien ensemble; elles peuvent glisser les unes sur les autres, lorsqu'elles éprouvent des tractions latérales, comme les diverses pièces d'un meuble à coulisse. Ces glissements sont fréquemment favorisés par l'eau qui pénètre entre les strates marneuses et les bancs calcaires. A la vérité, les marnes sont imperméables, mais leur surface se délaye aisément au contact de l'eau, en sorte que les couches calcaires qui les surmontent fléchissent par leur propre poids à mesure qu'une partie quelconque de la couche sous-jacente se trouve enlevée, ou glissent sur elles si les couches ont une inclinaison notable et ne sont pas suffisamment étayées par en bas.

D'autre part, les couches calcaires sont fracturées en divers sens et présentent de nombreuses cavités, dues à l'action des eaux plus ou moins chargées d'acide carbonique qui circulent dans ces fissures. Cette constitution caverneuse, les failles étendues et les fendillements multipliés qui divisent les assises calcaires donnent aux nappes aquifères du Jura un rôle tout particulier. Celles-ci ne sont pas seulement alimentées, en un point donné, par la pluie qui tombe juste au-dessus : leur régime dépend de causes plus étendues, et même des eaux des nappes situées bien au-dessous qui peuvent surgir à un niveau plus élevé par les failles qui interrompent aussi, çà et là, les couches marneuses elles-mêmes. C'est ainsi, mais par des circonstances tout autres, que le rendement des puits artésiens de Paris ne se modèle nullement sur les quantités de pluie enregistrées à l'Observatoire de cette ville.

Si la colline calcaire du Mail sur laquelle s'élève l'Observatoire de Neuchâtel présente quelques fissures (moins nombreuses, il est vrai, que dans notre Jura) qui la décomposent en plusieurs fragments, on comprend que ces fragments puissent glisser, par leur poids, sur l'assise marneuse qui les supporte, et présenter dès lors le double phénomène si bien décrit par M. Hirsch. Sous l'action dissolvante et délayante d'une couche aquifère profonde, la surface du banc de marne étant attaquée, il y aura glissement, et, comme ces bancs sont bombés par le soulèvement en voûte qui a formé la colline du Mail, le glissement d'un fragment de l'assise calcaire superposée produira une dénivellation bien capable d'atteindre 9' d'arc en un quart de siècle (1).

Cet effet progressif est indépendant de la température superficielle et fort peu proportionnel aux quantités de pluie qui tombent annuellement à l'Observatoire. Il est difficile qu'un pareil mouvement, soumis à diverses circonstances accessoires, possède une uniformité mathématique ; il présentera donc, d'une année à l'autre, de petites inégalités dues à la vitesse de circulation de la nappe aquifère, à la facilité avec laquelle les appuis du fragment calcaire considéré seront corrodés, etc.

(1) Il est remarquable que le Dr Hirsch ait tout d'abord entrevu, puis abandonné la véritable explication. Il a pensé, en effet, que l'eau de pluie, en pénétrant dans le sol, pourrait laver plus ou moins la couche de marne sur laquelle repose le banc calcaire qui forme la colline du Mail, et provoquer ainsi l'inclinaison de ce dernier. Mais, croyant que cet effet devait dépendre exclusivement de la quantité d'eau tombée à l'Observatoire, il a cherché si ces quantités annuelles présenteraient les mêmes variations que le mouvement annuel du niveau. N'ayant pas trouvé de concordance assez marquée entre ces quantités de pluie et les nombres de l'avant-dernière colonne du Tableau précédent, il a renoncé à cette idée pour recourir aux taches du Soleil.

D'autre part, le même fragment calcaire pourra tourner horizontalement tout d'une pièce sur sa base marneuse lubrifiée, pour peu que les terrains cultivés qui le surmontent se dilatent et se contractent par l'effet de la température et le poussent ainsi horizontalement dans un sens ou dans l'autre suivant les saisons. M. Hirsch nous indique ici une cause immédiate de ces tractions ou pressions tangentielles, en disant que la colline du Mail est couverte au Sud de vignobles et au Nord de forêts. Sur ce sol, les dilatations et contractions périodiques sont bien plus marquées au Sud qu'au Nord ; elles agissent sur les divers fragments de la vaste assise calcaire qui porte les piliers de la lunette méridienne, et leur impriment de faibles mouvements de gyration alternative, suivant la période des saisons, avec une fidélité presque parfaite, grâce à la facilité avec laquelle une couche de calcaire rigide doit se mouvoir sur une couche marneuse délayée par les eaux.

Ce sont les petites irrégularités que l'on remarque d'une année à l'autre dans l'amplitude de ces divers mouvements que M. Hirsch croit devoir rapporter aux taches du Soleil. Après avoir tracé la courbe des irrégularités annuelles de l'inclinaison, par exemple, il la compare à celle des taches et il trouve que les deux courbes convenablement rapprochées présentent un maximum commun en 1860, un minimum en 1867, un second maximum en 1870. Mais il est facile de voir que, dès 1871, toute analogie disparaît, car la première prend, jusqu'à 1883, une marche ascendante d'abord, puis descendante; tandis que la courbe des taches *va, au contraire, en descendant d'abord, puis en remontant.* D'ailleurs, ce qu'il faut expliquer ici, c'est le fait capital de l'inclinaison constamment progressive pendant un quart de siècle, ce sont les nombres de la quatrième colonne, et non les petites inégalités de leurs variations annuelles.

NOUVELLES DE LA SCIENCE. — VARIÉTÉS.

L'éclipse totale de Soleil du 6 mai. — L'observation de ce phénomène astronomique si important (la plus longue éclipse du siècle) a parfaitement réussi, grâce aux clairvoyants préparatifs des missionnaires de la Science et à un heureux concours de circonstances atmosphériques. L'expédition française, composée, comme nos lecteurs le savent, de MM. Janssen, directeur de l'Observatoire de Meudon, Trouvelot, son collègue, Tacchini, directeur de l'Observatoire de Rome, et Palisa, astronome de l'Observatoire de Vienne, est arrivée, malgré un départ un peu tardif, à rencontrer, le 22 mars, à Callao, les expéditions anglaise et américaine, au moment où elles se mettaient en route pour l'île Caroline.

Cette île, qu'il ne faut pas confondre (comme le font les journaux) avec les îles Carolines, est située au milieu de l'Océan Pacifique, par 152°26′ de longitude occidentale et 9°14′ de latitude australe. Malgré son nom, ce n'est pas une seule île, mais plutôt une chaîne de petites îles formées par des récifs de corail, anneau ovale de 12^{km} de longueur et de $2^{km},5$ de largeur. Ce récif perdu, au milieu de l'Océan n'est pas sans aucune valeur productive; il est fertile en guano et les cocotiers y abondent, ce qui fait qu'une maison de Londres (Houlder Brothers) la connaît et l'exploite. C'est une île ordinairement déserte. Cependant, à l'arrivée des astronomes, on y a trouvé sept habitants : quatre hommes, une femme et deux enfants, qui y étaient arrivés de Tahiti depuis deux mois. On y a trouvé aussi deux vastes constructions vides et plusieurs autres petites, qui permirent aux observateurs de s'abriter et de s'installer plus rapidement.

Le jour de l'éclipse, le ciel, assez chargé, et même pluvieux les jours précédents, s'éclaircit vers 9 heures du matin, et l'éclipse tout entière put être observée, du premier au dernier contact.

La durée de la totalité a été un peu plus longue que le calcul ne l'avait indiqué. Au lieu de $5^{m}20^{s}$ (*voir* l'*Astronomie*, janvier 1883, p. 24), elle a été de $5^{m}25^{s}$.

Au moment où le dernier croissant solaire disparut sous l'écran noir de la Lune envahissante, l'obscurité parut aussi complète que celle de la nuit. Mais insensiblement les yeux s'y accoutumèrent. Une gloire éclatante brillant autour du Soleil éclipsé remplaçait le flambeau absent par une clarté nouvelle, et l'atmosphère semblait éclairée comme pendant les nuits de la Pleine Lune. Les étoiles de première et deuxième grandeur étaient visibles dans les éclaircies. Une clarté vague se répandait sur l'île, sur les bois de cocotiers et sur la mer assombrie. La température descendit à celle de la nuit précédente.

La Couronne s'étendait tout autour du Soleil, jusqu'à une distance égale au double de son diamètre (lequel mesure, comme chacun sait, 345 500 lieues). Dans son caractère général, elle a offert la plus grande ressemblance avec celle de l'éclipse de l'année dernière. On y remarquait cinq courants bien définis.

Un grand nombre de photographies ont été prises, tant par les observateurs français que par leurs collègues des États-Unis et d'Angleterre. Les plaques qui n'ont eu que deux minutes d'exposition montrent autant de détails que celles qui ont été exposées pendant toute la durée de la totalité, et les petites sont mieux réussies que les grandes.

Le Soleil était presque entièrement dépourvu de protubérances, tandis que, lors de l'éclipse de l'année dernière, il était environné d'un grand nombre. On a conclu de ces différences une décroissance dans l'activité solaire, mais il est imprudent de tirer une conclusion générale d'un fait momentané.

Les raies noires du spectre solaire ont été vues au spectroscope dans la Couronne, ce qui accuse la présence d'une matière cosmique dans le voisinage immédiat de l'astre radieux. La ligne brillante de l'hydrogène, près de G, a été suivie jusqu'à la distance d'un diamètre solaire, ainsi que les lignes h, F, 1474 et b. [1]

[1] Il y aura ici un résultat à éclaircir. M. Janssen télégraphie dans sa dépêche : « Découverte des raies obscures du spectre solaire dans la couronne. » M. Helder, au contraire : « Aucune raie obscure dans la couronne, sauf D. » Les observations de M. Hastings conduiraient à conclure que la couronne est un phénomène de diffraction : fort changement en longueur de la ligne 1474 à l'Est et à l'Ouest du Soleil.

Il résulte de ces observations que la Couronne appartient au Soleil, et que, selon toute probabilité, elle est formée par la réflexion de la lumière solaire sur de la matière météorique et cométaire gravitant autour du foyer central. Cette matière, toutefois, ne peut être fort dense, car, dans leur vol céleste, les comètes la traversent sans éprouver aucune résistance sensible aux observations. On se souvient en effet que, le 17 septembre de l'année dernière, la grande comète a traversé ces parages avec une vitesse de 480 000^{m} *par seconde*, sans subir aucune perturbation.

Fig. 112.

L'éclipse totale de Soleil du 6 mai, observée à l'île Caroline.

Nos lecteurs se souviennent aussi que, lors de l'éclipse de l'année dernière, M. Thollon avait observé, à l'aide de son excellent spectroscope, un épaississement des raies du spectre solaire manifesté sur le bord de la Lune, épaississement qui pourrait bien être causé par l'absorption d'une mince atmosphère lunaire. Cette observation intéressante est l'une de celles qui avaient le plus vivement appelé l'attention des savants sur l'importance de la dernière éclipse. Les amis de la Science ont regretté de ne pas voir M. Thollon parmi les observateurs envoyés par le gouvernement français.

Remarquons encore un fait sur lequel on n'insistera peut-être pas assez. C'est que ces cinq minutes vingt-cinq secondes d'éclipse totale employées à rechercher avec les soins les plus minutieux la prétendue planète intramercurielle ont donné un résultat absolument négatif. Nous consacrerons prochainement un article spécial à ce mythe astronomique, que l'on peut s'étonner de voir pris encore aujourd'hui en grande considération par des astronomes sérieux (M. Tisserand, dans l'*Annuaire du Bureau des Longitudes* pour 1882; M. Janssen, dans son *Rapport à l'Académie des Sciences* sur les préparatifs de l'éclipse du 17 mai).

Aussitôt les observations faites, dès le lendemain de l'éclipse, les astronomes anglais et américains quittaient leur éphémère séjour, en lui laissant leurs souvenirs, et même, écrivent-ils, leurs regrets (car les paysages de l'île ne sont pas sans charmes pour les yeux et pour la pensée), et, dès le 9 mai, le navire *le Hartford* les emportait avec leurs légers bagages, réduits au strict nécessaire. Le 30, ils abordaient à Honolulu, et, le 11 juin, ils étaient à San Francisco. Le retour de l'expédition française a été un peu plus long. Il n'est pas encore effectué à l'heure où nous publions cette notice (27 juillet).

Voici les plus longues éclipses observées :

Montpellier.	1706. . . .	4ᵐ10ˢ
Londres	1715. . . .	3 57
États-Unis	1806. . . .	4 37
Dantzig.	1851. . . .	2 56
Melbourne	1871. . . .	4 22
Cap de Bonne-Espérance	1874. . . .	3 31
Chine.	1875. . . .	4 38
États-Unis	1878. . . .	3 11
Ile Caroline	1883. . . .	5 25

Taches solaires visibles à l'œil nu. (Suite de l'*Astronomie*, juillet, p. 264). Un groupe de taches, analogue à celui du 1ᵉʳ juin, s'est formé sous les yeux des observateurs vers le milieu du disque solaire, dans la matinée du 20 juin, et, dès le lendemain 21, il était aussi visible à l'œil nu. Le 22, il était colossal. Le 27, il disparaissait au bord occidental.

Pendant ce temps-là, indépendamment des autres taches qui couvraient la surface de l'astre, un beau groupe arrivait, le 22, par le bord oriental; était, dès le 25, à cause de sa moindre obliquité, visible dans une jumelle, et, le 26, parfaitement visible à l'œil nu. Il s'est déformé le 29, a diminué rapidement, et, en arrivant au bord, le 4 juillet, il était presque entièrement fondu.

Un troisième groupe a encore été visible à l'œil nu en cette même période : tache jumelle arrivée, le 25, par le bord oriental; visible dans une jumelle, le 26 ; et à l'œil nu, du 28 juin au 3 juillet. Couchée le 6.

Le 24 juillet, nouveau groupe visible à l'œil nu : hémisphère sud, Orient.

Bolides remarquables. — Il nous est impossible de signaler ici tous les bolides observés, car cette seule relation prendrait plusieurs pages de chacun de nos Numéros. Cependant, lorsque ces météores sont particulièrement remarquables par leur éclat, leurs dimensions, leur aspect ou l'étendue de la trajectoire observée, il importe de ne pas les passer sous silence. L'un de ces bolides extraordinaires a été observé, le 2 mars dernier, à $10^h 30^m$ du soir, à Ouville (Manche), par M. Cirou, ancien instituteur, ses deux sœurs et sa nièce. Une lueur très intense frappa soudain les yeux, illuminant subitement la cour et les murs d'une maison. Ce fut comme un jour subit. On n'eut pas le temps de voir le bolide lui-même, car la première impression fut celle d'une illumination terrestre. Toutefois on put remarquer que la lueur a passé du S.-E. au N.-O.

Fig. 113.

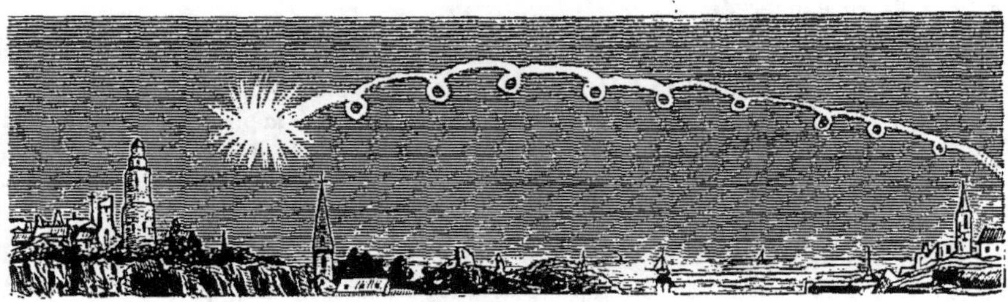

Bolide observé à Boulogne-sur-Mer.

Ce bolide a traversé la Manche et a été observé en Angleterre. A Capel, dans le comté de Surrey, sa lumière a été assez vive pour illuminer la campagne comme le plus brillant clair de lune.

Un météore non moins brillant a été observé, le 4 mars, à Sainte-Marie-aux-Mines (Haut-Rhin), se dirigeant du N.-E. au S.-O.

Fig. 114.

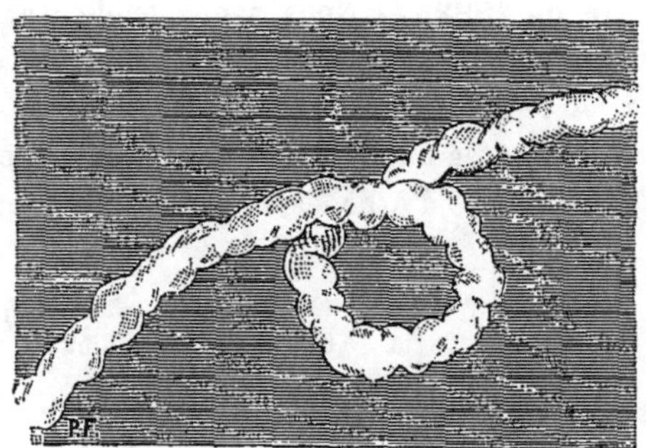

La lueur projetée sur le passage de ce bolide a produit dans les chambres, pendant quelques secondes, l'effet d'un éclair. On a vu le météore se séparer en fragments lumineux de couleur pourpre et rouge feu.

Ce bolide est passé sur Chaumont (Haute-Marne), où il a été observé par M. Cousin, qui, de plus, a entendu un sourd sifflement dans l'air, et qui pensait qu'il avait dû tomber près de Chaumont.

Mais il a continué sa route fort au delà. M. Gaboreau nous écrit de Paris que, se trouvant ce soir-là au bois de Boulogne, il croit avoir été témoin de la chute d'un magnifique bolide qui aurait éclaté à trente ou quarante mètres de distance, sans bruit. Il est certain que le bolide a continué sa route plus loin encore.

En effet, à Bregner, Bournemouth (Angleterre), M. H. Cecil l'a vu passer, se dirigeant du S.-E. au N.-O.

Les observateurs s'accordent pour donner à ce bolide un mouvement assez lent. Son passage a eu lieu vers $9^h 0^m$, temps de Paris.

Ce même jour (4 mars) on a observé en Suède une aurore boréale d'une étendue et d'un éclat extraordinaires.

A propos de bolides remarquables, voici une observation intéressante qui mérite d'être conservée.

Pendant la guerre franco-prussienne, me trouvant à Boulogne-sur-Mer, j'ai observé la curieuse trajectoire de bolide dont je vous envoie le croquis.

C'était en plein jour, à 11^h du matin, un jour de marché, sur la place d'Alton. Le bolide est arrivé du Sud-Ouest, après avoir traversé la Manche, et a éclaté près de Saint-Omer.

A juger de la spirale que formait sa traînée, on pensait involontairement à un être invisible courant dans le Ciel en brandissant une torche (*fig.* 113).

Le bolide devait être d'assez grandes proportions, d'après le volume considérable de cette fumée qui s'étendait au loin à perte de vue. La fumée dense qui sort d'une vaste fournaise pourrait seule en donner une idée.

Je l'ai vu éclater et le son de la détonation m'arriva de dix à douze secondes plus tard; et puis j'ai entendu le sifflement produit par la dispersion violente des fragments du corps. Le sol et les maisons en ont tremblé.

Rien de plus gracieux que la forme de ce nuage, tracé et appliqué comme une garniture d'argent mat sur un ciel limpide, formant des festons et des anneaux d'une régularité surprenante (*fig.* 114).

ALFRED DAWSON,
à Alassio (Italie).

La grande Comète de 1882. — Nous avons publié (p. 181) les dernières observations de la Comète, faites, les 5 et 6 avril dernier, par M. Riccò à l'Observatoire de Palerme. A la communication que nous devons à l'obligeance de M. Riccò, nous pouvons ajouter aujourd'hui deux observations ultérieures faites par M. Schmidt à l'Observatoire d'Athènes, à l'aide de son équatorial de 5 pouces.

		Æ	ⅅ
26 avril	à $8^h 19^m 35^s$	$6^h 8^m 34^s,76$	$-7° 3' 48'',4$
27 —	à 8 23 56	6 9 10 ,67	—6 59 5 ,1

Le 29, il fut impossible de retrouver aucune trace de la comète (vers 14° de hauteur; objectif de 122^{mm}; grossissement = 20 à 25 fois). La dernière observation a été faite lorsque sa distance au Soleil était de 4,04, ou de 149 millions de lieues, et sa distance à la Terre de 4,43, ou de 164 millions de lieues.

Nos lecteurs possèdent maintenant une série complète d'observations, depuis les premières jusqu'aux dernières.

M. Raoul Gautier vient de reprendre l'analyse du mouvement de la comète par les positions observées *avant* son passage au périhélie, afin de décider si oui ou non elle a subi une perturbation sensible en frôlant de si près le corps central de notre système. Ces positions antérieures au périhélie l'ont conduit au système d'éléments elliptiques que voici :

Moment du passage	T = sept. 17,265033, t. m. de Berlin.	
Longitude du nœud	☊ = 346° 10′ 16″,6	Equinoxe
Distance du nœud au pér.	ϖ = 69 37 7,8	moyen
Inclinaison	i = 141 59 59,9	1882,0
Log. dist. du périhélie	q = 7,899475	
Log. excentricité	e = 9,9999173	
Demi grand axe	a = 41,7	
Révolution	P = 269 ans.	

Il résulte de la presque identité de ces éléments avec ceux qui ont été calculés d'après les observations postérieures au passage au périhélie (*L'Astronomie*, p. 175), et de la discussion du moment de la disparition de la comète dans les rayons du Soleil, le 17 septembre, que la Comète n'a vraiment subi aucune perturbation *sensible*, et que l'on peut représenter par une même courbe les observations faites dans les deux portions de l'orbite voisine du périhélie. C'est là un point important acquis à la Science.

La comète est désormais invisible. — Voici cependant ses positions :

15 août :	7h20m20s,7	— 7°33′57″	Log. Δ = 0,7753	Log r = 0,7191
1er septembre :	7 27 26,1	— 8 51 50	0,7769	0,7326

Souvenir du passage de Vénus. — A notre grand regret, l'abondance des matières nous a fait retarder jusqu'à présent l'intéressante observation qui suit :

« Je ne me suis pas proposé d'autre but que de montrer le passage de Vénus à trente ou quarante personnes que le phénomène intéressait vivement. J'employai une méthode qui m'avait déjà servi autrefois, à une époque où mes loisirs me permettaient de cultiver plus assidûment l'Astronomie. J'avais remarqué que le meilleur moyen d'étudier les phénomènes solaires, éclipses ou taches, consistait à projeter sur un papier blanc l'image fournie par une lunette. Il faut disposer le foyer de manière que cette image vienne se former un peu au delà du point où l'on place l'œil quand on observe directement à travers un verre obscur; les rayons extérieurs du Soleil doivent être interceptés par un rideau que l'on suspend autour de la lunette. Cette méthode est bien connue; on l'a souvent employée, en adaptant une chambre noire à l'instrument. Par ce moyen, une petite lunette achromatique de 32 pouces de distance focale et de 2 ½ pouces d'ouverture suffit à nous faire voir toutes les circonstances principales du passage, que je n'ai pas besoin de décrire, car la description en a été donnée par des astronomes plus compétents.

» Nous avons pu faire cette observation, sans fatigue pour la vue et sans l'addition de ces couleurs accessoires qu'il est impossible d'éviter avec l'emploi d'un verre noirci. Il y a plus, à l'heure où le coucher du Soleil approchait, vers 3h30m, nous pûmes jouir du charme de la coloration naturelle des objets projetés, charme qui vint s'ajouter à l'intérêt même du phénomène. Comme dans le ciel d'Italie, le globe d'or du Soleil, avec la tache sombre que faisait la planète sur son disque, se mit à colorer vivement les nuages qu'il surmontait, tandis que des bandes d'ombre d'un gris tendre s'étendaient dans l'azur supérieur, au-dessus d'un horizon bleuâtre et des sommets roses des montagnes. C'était un spectacle aussi étonnant par sa grandeur et sa beauté que par l'intérêt scientifique de l'observation. Toutes les teintes apparaissaient clairement, quoique faiblement, dans l'image projetée par la lunette.

» Une circonstance bien remarquable, c'est que, tandis que les ombres des montagnes se peignaient en *bleu*, la tache ronde de la planète se projetait en *noir* sur le disque solaire. C'était elle l'objet le plus obscur de tout le champ d'observation. Je pense, sans vouloir l'affirmer, qu'on peut expliquer cette apparence par la plus grande hauteur du Soleil, dont les rayons ne subissaient pas au même degré l'action des couches inférieures de l'atmosphère. J'ai essayé de représenter à l'aquarelle l'aspect du passage de Vénus. Il est certain qu'un pareil spectacle ne peut être exactement reproduit par la peinture; mais, si quelque lecteur de l'*Astronomie* passe un jour à Cannes, il me ferait plaisir en prenant la peine de venir voir ce tableau, souvenir original d'un événement des plus rares. »

C.-J.-B. Williams.

Errata à la *Connaissance des Temps* **pour 1884.**

Page 646, ligne 8 en remontant : mars, 3, δ^1 Taureau; au lieu de $12^h37^m,0$, temps sidéral, il faut lire : « $10^h37^m,0$. »

Page 646, ligne 2 en remontant : mars, 10, 34 Sextant; au lieu de $6^h22^m,9$, il faut lire : « $6^h20^m,9$. »

Page 647, ligne 6 en descendant : mai, 8, λ Vierge; au lieu de $13^h46^m,8$, il faut lire : « $14^h46^m,8$. »

Page 648, ligne 5 en descendant : novembre, 7, 68 Gémeaux; au lieu de $10^h20^m,5$, il faut lire : « $12^h20^m,5$. »

Page 648, ligne 6 en remontant : décembre, 7, π Lion; au lieu de 82°, il faut lire « : 182°. »

Errata à l'*Annuaire du Bureau des Longitudes* **pour 1883.**

Page 31, au lever d'Uranus, au lieu de *matin*, lisez *soir*.

Page 67, avril 30, au lieu de $11^h41^m26^s$, lisez $10^h41^m26^s$.

OBSERVATIONS ASTRONOMIQUES

A FAIRE DU 15 AOUT AU 15 SEPTEMBRE.

Principaux objets célestes en évidence pour l'observation.

1° CIEL ÉTOILÉ :

Pour l'aspect du Ciel étoilé, en cette saison, et les curiosités sidérales à observer, il suffit de se reporter perpétuellement à la Carte publiée dans l'*Astronomie*, 1re année, même mois, et aux descriptions données dans l'ouvrage *Les Étoiles et les Curiosités du Ciel*, p. 594 à 635.

2° SYSTÈME SOLAIRE :

SOLEIL. — Le Soleil se lève, le 15 août, à 4^h53^m, pour se coucher à 7^h14^m ; le 1er septembre, il se lève à 5^h17^m et se couche à 6^h42^m ; enfin, le 15 septembre, il reste visible de 5^h37^m à 6^h12^m. La durée du jour est donc de 14^h21^m le 15 août, de 13^h25^m le 1er septembre, et de 12^h35^m le 15 septembre. Les jours se raccourcissent rapidement à mesure qu'on se rapproche de l'équinoxe, parce que le Soleil décrit sur l'écliptique un arc de plus en plus incliné sur l'Equateur. La déclinaison boréale du Soleil, qui est de 14°6′ le 15 août, n'est plus que de 8°19, le 1er septembre, et de 3°4′ seulement le 15 du même mois. Du 15 août au 15 septembre, la durée du jour diminue de 1^h46^m, et la déclinaison de 11°2′.

Comme nous l'avons déjà fait remarquer l'année dernière, la période qui comprend la fin d'août, le mois de septembre et le commencement d'octobre est la plus favorable aux observations astronomiques. Les belles nuits y sont fréquentes, l'atmosphère généralement calme et transparente, et la température assez élevée pour que l'astronome n'ait pas à redouter les dangereux effets du refroidissement nocturne. Les nuits d'été, pleines de repos et de mystère, invitent l'âme à la contemplation et à la rêverie, et c'est avec un délicieux plaisir que l'observation ajoute au charme déjà si puissant de la nature terrestre celui de sonder les profondeurs de l'espace, et de chercher à surprendre les secrets des mondes les plus lointains.

LUNE. — La Pleine Lune commence à s'élever davantage dans le ciel de minuit; mais, en revanche, le Premier Quartier reste plus bas sur l'horizon. Si l'on tient à faire les observations sélénographiques dans les meilleures conditions, il faut avoir le courage de devancer le lever du Soleil, et observer le Dernier Quartier un peu avant l'aurore. La mer de la Tranquillité, dont nous donnons plus loin la description, s'observera très bien, ce mois-ci, pendant la seconde moitié de la nuit, entre la Pleine Lune et le Dernier Quartier. On pourra aussi l'observer avant le Premier Quartier, quoique dans de moins bonnes conditions.

PHASES...	PL le 18	août	à	1^h 3^m	soir.
	DQ le 25	»	à	5 41	matin.
	NL le	1er sept.	à	2 23	soir.
	PQ le 9	»	à	6 47	»

Quatre occultations pourront être observées, du 15 août au 15 septembre, avant 1^h du matin.

1° ε Poissons (4e gr.), le 21 août, de 12^h20^m à 12^h59^m. L'étoile disparaît à gauche (Est), à 42° au-dessous du point le plus élevé, et reparaît à droite (Ouest), à 33° au-dessous du point le plus élevé du disque lunaire. Cette occultation représentée (*fig.* 115) mérite d'être observée avec soin, car les occultations d'étoiles de 4e grandeur sont relativement rares.

2° 1206 B.A.C. (6e gr.), le 24 août, de 10^h35^m à 11^h27^m. L'étoile disparaît à l'Orient (gauche), à 26° au-dessous du point le plus à l'Est du disque de la Lune, et reparaît à 32°

au-dessus du point le plus à l'Ouest. Comme on est presque au Dernier Quartier, la disparition sê fait au contact du bord éclairé et l'étoile reparaît ensuite subitement, assez loin de la partie visible de la Lune.

3° c^1 Capricorne (5° gr.), le 14 septembre, de 8h46m à 9h24m. L'étoile disparaît, toujours à gauche (Est), à 25° au-dessous du point le plus élevé, et reparaît à droite (Ouest), à 45° du même point (*fig.* 116).

4° c^2 Capricorne (6° gr.), le 14 septembre, de 8h58m à 10h10m. La disparition s'effectue à l'Orient, à 6° au-dessous du point le plus à gauche du bord de la Lune, et la réappa-

Fig. 115.

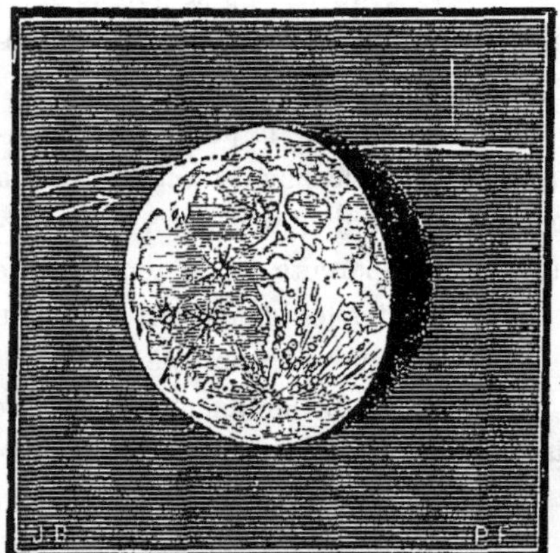

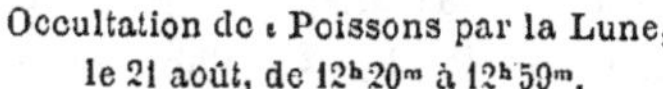

Occultation de ι Poissons par la Lune, le 21 août, de 12h20m à 12h59m.

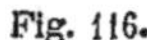

Fig. 116.

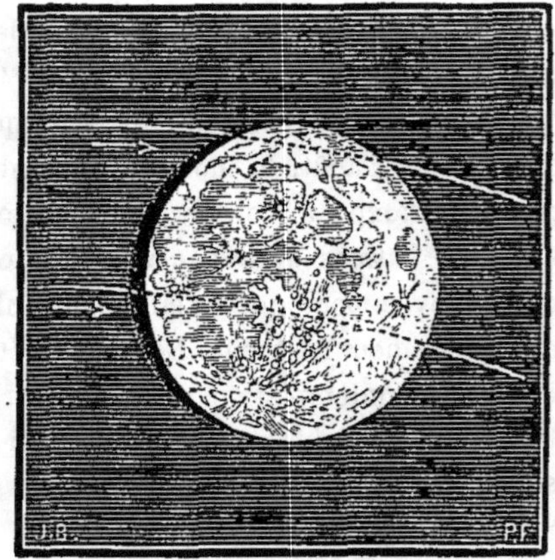

Occultation des étoiles c^1 et c^2 Capricorne par la Lune, le 14 septembre, de 8h46m à 10h 10m.

rition à l'Occident, à 39° au-dessous du point le plus à droite du bord du disque de la Lune. On voit que les occultations des deux étoiles c^1 et c^2 se font presque en même temps; seulement c^2, qui disparaît douze minutes plus tard que c^1, reste occultée trente-quatre minutes de plus, parce qu'elle se trouve plur rapprochée du centre de la Lune; aussi ne reparaît-elle que quarante-six minutes après c^1. Les deux étoiles sont éloignées l'une de l'autre de 27'; c'est presque le diamètre apparent de la Lune; le phénomène de leur double occultation ne manquera pas d'intérêt. Nous l'avons représenté sur une seule figure (*fig.* 116).

Lever, Passage au Méridien et Coucher des planètes, du 11 *août au* 11 *septembre* 1883.

		Lever.		Passage au Méridien.		Coucher.		Constellations.
MERCURE.	11 août	5h52m	matin.	0h56m	soir.	7h58m	soir.	LION, puis VIERGE.
	21 »	6 49	»	1 18	»	7 45	»	
	1er sept.	7 38	»	1 30	»	7 22	»	
	11 »	8 6	»	1 31	»	6 55	»	
VÉNUS...	11 août	3 43	»	11 22	matin.	7 0	»	LION.
	21 »	4 11	»	11 32	»	6 52	»	
	1er sept.	4 44	»	11 42	»	6 39	»	
	11 »	5 13	»	11 49	»	6 24	»	

		Lever.	Passage au Méridien.	Coucher.	Constellations.
Mars.....	11 août	0h 5m matin.	8h 6m matin.	4h 7m soir.	Taureau, puis Gémeaux.
	21 »	11 50 soir.	7 55 »	3 58 »	
	1er sept.	11 37 »	7 42 »	3 46 »	
	11 »	11 25 »	7 29 »	3 32 »	
Jupiter...	11 août	2 21 matin.	10 14 »	6 7 »	Gémeaux, puis Cancer.
	21 »	1 53 »	9 44 »	5 34 »	
	1er sept.	1 21 »	9 10 »	4 58 »	
	11 »	0 51 »	8 38 »	4 25 »	
Saturne.	11 août	11 27 soir.	7 11 »	2 52 »	Taureau.
	21 »	10 50 »	6 34 »	2 16 »	
	1er sept.	10 8 »	5 53 »	1 35 »	
	11 »	9 30 »	5 15 »	0 57 »	

Mercure.—Mercure, qui est devenu étoile du soir depuis le 29 juillet, s'éloigne peu à peu du Soleil; il atteint sa plus grande élongation orientale le 11 septembre, à 5h du matin, et se trouve ce jour-là à 26°42′ à l'Est du Soleil. Malheureusement sa déclinaison boréale diminue de jour en jour, et finit même par devenir australe, de sorte qu'à mesure qu'il s'éloigne du Soleil, il reste de moins en moins longtemps au-dessus de l'horizon. Il en résulte que, du 15 août au 15 septembre, il se couche, tous les soirs, environ une demi-heure après le Soleil, et même, chose curieuse, le jour de sa plus grande élongation, il reste moins de temps au-dessus de l'horizon, après le Soleil couché, que le 1er septembre par exemple. Aussi peut-on dire qu'il est inobservable.

Le 24 août, à 3h du soir, Mercure se trouve en conjonction avec Uranus : il passe à 50′ au Sud de cette planète. Ce phénomène ne sera pas observable. Mercure passe à l'aphélie le 3 septembre, à 2h du soir; il traverse les constellations du Lion et de la Vierge.

Vénus. — Vénus se rapproche du Soleil; elle devient de plus en plus difficile à observer; le 1er septembre, elle ne se lève plus que trente-trois minutes avant le Soleil; on peut dire qu'elle est à peu près invisible. Elle passe au périhélie le 22 août, à 10h du matin. Elle reste dans la constellation du Lion.

Mars. — Mars redevient plus facile à voir de jour en jour, mais toujours dans la seconde moitié de la nuit; pourtant il commence à se lever un peu avant minuit. Il passe de la constellation du Taureau dans celle des Gémeaux; le 29 août, à 10h du soir, il arrive en conjonction avec l'étoile double μ des Gémeaux, au Nord de laquelle il passe à la distance de 1°4′. Les coordonnées de Mars, le 15 août à midi, sont :

Ascension droite....... 5h35m30s. Déclinaison........ 23°20′24″ N.

Jupiter. — Comme Mars, Jupiter se montre le matin de plus en plus tôt, mais toujours après Mars : il se lève toujours après minuit; il passe de la constellation des Gémeaux dans celle du Cancer. Ses coordonnées, le 15 août à midi, sont :

Ascension droite....... 7h35m58s. Déclinaison...... 21°45′57″ N.

Saturne. — Saturne commence à briller vers la fin de la soirée; au commencement de septembre, il se lève vers 10h du soir. Sa conjonction avec la Lune est beaucoup moins intéressante que les mois précédents, car la distance des deux astres sera cette fois-ci de 1°3′ pour le centre de la Terre, Saturne passant au Nord de la Lune : cette distance est un peu plus du double du diamètre de la Lune.

Saturne est toujours dans la constellation du Taureau, au Nord d'Aldébaran. Voici ses coordonnées, le 15 août, à midi :

Ascension droite....... $4^h29^m49^s$. Déclinaison....... 19°57′18″ N.

Comme le mois dernier, les trois belles planètes, Mars, Jupiter et Saturne resplendissent en même temps à l'Orient, pendant la seconde moitié de la nuit. Saturne est la plus élevée, Mars entre les deux, et Jupiter la plus basse; mais Vénus et Mercure ont disparu. En tous cas, il est assez remarquable qu'aucune planète ne soit visible le soir.

Petites Planètes. — Les petites planètes entre Mars et Jupiter sont difficilement observables en dehors des époques de leurs oppositions; elles sont toutes invisibles à l'œil nu, à l'exception de Vesta qui brille à son opposition comme une étoile de 6e grandeur. Viennent ensuite Cérès, Junon et Pallas, qu'on peut estimer de 7e grandeur en moyenne.

Pallas approche de l'opposition qui aura lieu le 6 octobre prochain : c'est pourquoi nous donnons aujourd'hui la position de cette planète; on la trouvera dans la constellation de la Baleine, entre l'étoile θ et la célèbre variable o, à peu près à égale distance, mais un peu au Nord de la ligne qui joint ces deux étoiles. Elle se lève vers 9h à la fin d'août et au commencement de septembre. Pour s'assurer qu'on a bien observé la planète, il est indispensable de noter avec soin sa position par rapport aux petites étoiles voisines, et de recommencer l'observation pendant plusieurs nuits consécutives : si l'astre se déplace, c'est bien la planète; sinon, c'est une étoile fixe. Voici les coordonnées de Pallas, le 1er septembre, au moment de son passage au méridien, c'est-à-dire vers 3h du matin :

Ascension droite....... $1^h38^m29^s$. Déclinaison....... 4°39′1″ S.

Étoile variable. — Minima observables d'Algol ou β Persée.

17 août..........	8h20m soir.	4 septembre........	1h14m matin.
1er septembre....	4h25m matin.	6 septembre........	10h 3m soir.

ÉTUDES SÉLÉNOGRAPHIQUES.

La région lunaire que nous mettons aujourd'hui sous les yeux de nos lecteurs (*fig.* 117) s'étend au Nord de celle que nous avons décrite le mois dernier; elle comprend toute la mer de la Tranquillité, une petite portion de la mer de la Sérénité, et, du côté du Sud et du Sud-Est, un vaste territoire couvert de cirques montagneux qui sont cependant plus petits et moins nombreux que ceux des contrées plus australes. Dans la partie Sud, qui se double avec notre dernier dessin, on remarquera les trois curieux cratères, Catharina, Cyrillus et Théophile, à l'Orient desquels on peut retrouver Tacite (60) et Abulféda (61). Au Nord-

Ouest de ce dernier est un cirque plus petit où se montre une pointe accolée au bord intérieur, du côté de l'Est : c'est *Descartes*.

Entre Descartes et Théophile, se voit aussi un cratère encore plus petit, orné d'un piton central, et qui a reçu le nom de *Kant*; le grand cirque qui se montre à moitié éclairé dans le coin Sud-Est est *Albatégnius*, sur lequel nous aurons l'occasion de revenir plus tard. Au Nord d'Albatégnius est un immense cirque que notre dessin fait aussi voir à moitié éclairé : c'est *Hipparque* : il n'a pas moins de 145km de diamètre, et renferme toutes sortes de formations montagneuses. Le rempart occidental est interrompu par un petit cratère, et se rattache à la muraille boréale par un angle presque droit dont le sommet est occupé par un autre petit cratère, tandis que, dans l'angle, et dans l'intérieur même de ce vaste cirque, on en voit nettement un plus petit qui a reçu le nom d'*Horrox* (92); ces trois petites montagnes sont très brillantes à la pleine Lune, et plus visibles même que l'immense couronne d'escarpements dont elles font partie.

On remarquera aussi la ligne de petits cratères qui descend vers le Nord-Ouest en partant du point de jonction d'Hipparque avec Albatégnius.

Si l'on se déplace vers l'Orient à partir d'Hipparque, on traverse d'abord une région plate et brillante, puis on rencontre un groupe de cratères isolés : les deux plus grands s'appellent *Taylor* (90), au Sud, et *Delambre* (91) au Nord; un peu plus loin, on arrive sur *Hypathia*, cirque de forme ovale et irrégulière, surmonté d'un petit cratère à sa pointe australe; on se retrouve ensuite de nouveau sur un terrain plat et brillant au milieu duquel s'élève le petit cratère de *Torricelli*, allongé de l'Est à l'Ouest, et, si l'on fait un coude pour remonter vers le Sud-Ouest, on rencontrera les deux beaux cirques accolés *Isidore* (73) et *Capella* (72) dont nous avons déjà parlé dans la description de la mer de la Fécondité : on les voit aujourd'hui sur la gauche de notre gravure, et l'on remarquera l'espèce de double mur rectiligne qui se dresse en biais des deux côtés de Capella; ces deux cirques possèdent chacun un piton central.

La mer de la Tranquillité s'étend au Nord-Est de la mer de la Fécondité qu'elle relie pour ainsi dire à la mer de la Sérénité. Elle fait partie de cette vaste région grisâtre qu'on distingue à l'œil nu dans le haut du Premier Quartier. Cette immense plaine assez mal définie, plus étendue que la mer de la Fécondité, renferme un certain nombre de montagnes isolées. Ce sont d'abord *Maskelyne* [1] (88) au Sud, puis *Janssen* au Nord et, plus au Nord encore, un peu vers l'Occident, *Vitruve* (106) [2], orné d'une pointe centrale; il se trouve sur le rivage même de la mer de la Tranquillité : son intérieur est très sombre et le sol environnant apparait comme recouvert d'une légère teinte bleue. Au Nord-Ouest de Vitruve, en dehors de la mer de la Fécondité et dans une région brillante, on observera *Maraldi* (105) [2].

(1) Et non *Maskeline* (*voir* p. 159).

(2) Les nos 105 et 106 ont été mal placés sur notre carte de la page 159 : il faut les reporter vers la gauche, car ils se rapportent aux deux petits cratères presque contigus qu'on voit juste au-dessous de Maskelyne (88); 105 est le plus à gauche.

A l'extrémité Sud-Est de la mer de la Tranquillité, il faut remarquer une réunion de petits cratères au Nord-Ouest de Delambre; on y trouve d'abord deux cirques accolés de l'Est à l'Ouest : *Ritter* et *Sabine*, ce dernier à l'Ouest; puis vers l'Est le brillant petit cratère *Dionysius*. Cet amas se termine au Nord par *Arago*, petite montagne circulaire très nettement définie. Si de là on descend vers le Nord, on laisse *Maclear* sur la gauche, et l'on arrive à la limite de la mer de

Fig. 117.

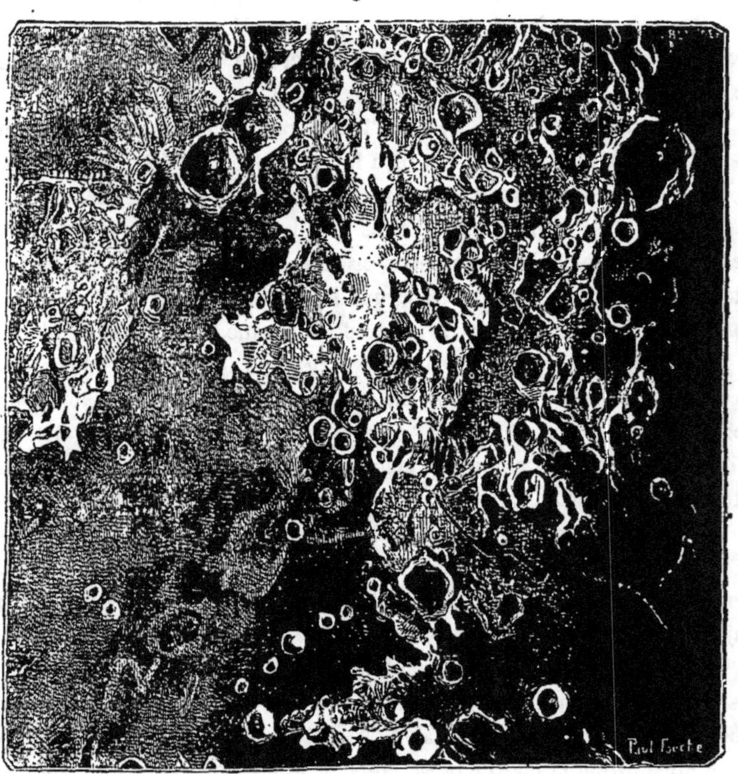

La mer de la Tranquillité et ses environs.

la Sérénité après avoir traversé *Ross* et laissé *Pline* (107) sur la droite. Ce dernier cirque est remarquable par les terrasses qui s'étalent sur sa ceinture de montagnes, et par les pointes qui remplissent son intérieur : il mesure 50^{km} de diamètre. Au-dessous de Pline est le petit cratère de *Dawes* qui se dresse au milieu d'une région plus claire que le reste des plaines environnantes ; plus bas encore et un peu vers l'Ouest, se voient les *Monts Argée* qui partent d'un sommet assez élevé, se dirigeant au Sud-Ouest vers Vitruve. Ils se font remarquer par les ombres en spirale qu'ils projettent au lever du Soleil; le meilleur moment pour les observer est quand Pline se trouve traversé par le cercle d'illumination, ce qui arrive environ quatre jours et vingt et une heures après la Nouvelle-Lune. Oubliée par Beer et Mädler, qui ont pourtant catalogué des objets bien moins importants, cette chaîne de montagnes a reçu son nom de l'astronome anglais *Webb*.

A l'Est de Pline s'avance une pointe montagneuse, le *Promontoire d'Achéruse*, qui marque la limite entre la mer de la Tranquillité et la mer de la Sérénité. A partir de là, le rivage de cette dernière mer se contourne en demi-cercle du côté de l'Est où bientôt il rencontre *Ménélaus*, cirque très escarpé, profond de 2000^{m}, dont la crête apparaît très brillante à la Pleine Lune, et d'où partent des traînées blanchâtres qui s'étendent au loin vers le Sud-Ouest. Une autre traînée part aussi de Ménélaus, se dirigeant vers le Nord; mais ce n'est que le prolongement d'une des plus longues qui rayonnent autour de Tycho : celle-là s'étend, à travers presque tout l'hémisphère visible, sur une longueur de plus de 3000^{km}.

Manilius (109) est au Sud-Est du précédent, tout à fait en dehors de la mer de

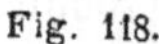

Fig. 118.

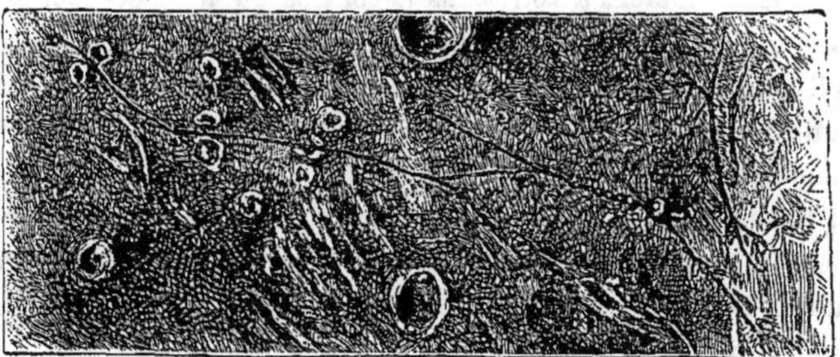

Crevasses d'Ariadée et d'Hyginus.

la Sérénité : c'est une belle cavité de 40^{km} de diamètre, entourée de larges et brillantes terrasses qui alternent avec des escarpements hérissés de pointes : un pic central est au milieu. Schrœter, qui a plusieurs fois observé cette montagne et la précédente, quand elles ne reçoivent que la lumière cendrée réfléchie par la Terre, a cependant remarqué que leur visibilité dans ces conditions était soumise à des variations considérables et bien difficiles à expliquer. A l'Est s'étend la *mer des Vapeurs*.

Au Sud de Manilius se voit *Jules César*, vaste cavité très obscure, terminée en pointe du côté du Nord : elle est séparée de la mer de la Tranquillité par le petit cratère *Sosigène* et accompagnée vers l'Orient d'une cavité semblable, mais plus petite, *Boscovich*.

C'est en remontant vers le Sud qu'on rencontre les remarquables crevasses d'*Ariadée* et d'*Hyginus* (*fig.* 118.) La crevasse d'*Hyginus* commence dans la mer des Vapeurs, au pied d'une petite éminence; elle se dirige d'abord vers le Sud-Ouest, rejoint deux petites crevasses semblables qui lui arrivent du côté de l'Est, et parvient enfin, après avoir traversé quatre petits cratères, au cirque d'*Hyginus* dont il est presque impossible d'apercevoir les remparts, si toutefois il y en a : il se pourrait qu'Hyginus ne fût qu'une cavité dénuée de couronne montagneuse. Alors la crevasse s'infléchit un peu vers le Nord : elle rencontre cinq très petits cratères, devient plus large et moins profonde, et se termine enfin après s'être étendue sur une longueur d'environ 170^{km}. Cette rainure est si distincte qu'on peut la voir avec un grossissement de quarante fois seulement, quel que soit l'éclairage de la Lune. C'est dans les environs d'Hyginus qu'elle apparaît le plus étroite et le plus escarpée : sa largeur en cet endroit ne dépasse pas un kilomètre, sa profondeur est énorme; le bord est même plus élevé que le sol de la plaine : Beer et Mädler ont vu la ligne noire de la crevasse encadrée de deux filets brillants. Au Sud se trouvent deux taches sombres dont l'une assez vaste est à l'Ouest d'Hyginus. Au Nord existe une région bien remarquable par les changements de couleur qu'on y observe suivant l'époque de la lunaison, et que Beer et Mädler n'ont pas cru pouvoir expliquer par de simples variations dans le mode d'éclairage. Leur témoignage est loin d'être suspect en pareille matière : ils étaient plutôt portés à nier qu'aucune modification pût se produire en un point quelconque de la Lune, et cependant ils inclinaient à voir, dans la contrée qui nous occupe, des changements d'aspects produits par des causes analogues aux vicissitudes de nos saisons.

Quoi qu'il en soit, la crevasse d'Hyginus est l'un des objets qui ont le plus attiré l'attention des sélénographes; c'est l'une de ces formations extraordinaires qui révèlent une différence complète entre la géologie de notre satellite et celle de la Terre, et l'on se demande, en en sondant les abîmes, quels sont les bouleversements et les cataclysmes qui ont pu disloquer les roches de la Lune au point d'y produire des crevasses aussi larges et aussi profondes sur une longueur de plusieurs centaines de kilomètres.

La crevasse d'Ariadée fut découverte par Schrœter, comme la précédente; elle est plus longue, plus large et probablement plus profonde. Webb a reconnu que ces deux crevasses étaient réunies par une branche assez difficile à voir, de sorte que la rainure d'Ariadée ne serait que le prolongement vers l'Ouest de celle d'Hyginus. Sa longueur est de 280^{km}; elle se dirige de l'Est à l'Ouest, longe le petit cirque d'*Ariadée*, à l'Est duquel elle descend vers le Sud pour former comme une sorte d'accolade, puis reprend sa direction vers l'Occident, et se termine enfin entre deux très petites montagnes.

Au Sud d'Ariadée et un peu vers l'Orient, on remarquera les deux beaux cirques *Agrippa* et *Godin*. Le plus grand, Agrippa, est le plus au Sud; tous deux ont un piton central. Schrœter vit une fois, sur le bord obscur d'Agrippa, un très petit point lumineux; mais cette apparition ne dura que quelques instants.

Signalons enfin *Rhœticus* (93), au Sud d'Hipparque : c'est un assez grand cratère de forme irrégulière; le fond, très sombre, est dominé par une pointe centrale. Cette montagne se trouve juste sur l'équateur de la Lune. Comme elle est, de plus, très peu éloignée du méridien central, il peut arriver que la libration l'amène juste au centre de l'hémisphère visible, de sorte qu'elle peut recevoir verticalement les rayons de la Terre aussi bien que ceux du Soleil. Les points qui jouissent de ce double privilège sont confinés dans un très petit espace au centre de la Lune.

PHILIPPE GÉRIGNY.

LE TREMBLEMENT DE TERRE D'ISCHIA.

Ischia, l'île voluptueuse qui sommeillait, mollement étendue sur les

Fig. 119.

Après le tremblement de terre : scène photographiée.

flots bleus du golfe de Naples, Ischia, dont le nom a charmé nos rêves adolescents lorsque le poétique auteur de *Graziella* nous berçait dans la cadence de ses rimes enchanteresses, Ischia n'est plus en ce moment qu'un lugubre cimetière, empoisonné d'émanations cadavériques.

Par une douce et belle soirée, le 28 juillet dernier, tandis que ses charmantes petites villes étaient en fête, que les théâtres se remplissaient de spectateurs, et que, dans les salons et les boudoirs, la musique aux ailes frémissantes laissait envoler ses harmonies dans le mystérieux songe d'une nuit d'été, un effroyable coup de tonnerre retentit dans les profondeurs du sol, une commotion formidable secoua l'île, un tourbillon de poussière s'éleva dans l'atmosphère; en quinze secondes, la population était ensevelie sous un monceau de ruines. La ville de Casamicciola, villégiature et station thermale de l'île, s'était écroulée tout entière: églises, bains, théâtre, hôtels, maisons, tout, absolument tout, s'est effondré sur les habitants; pas une seule maison n'est restée debout. Près de deux mille (1992) êtres humains furent écrasés. A part quelques exceptions, les seules personnes dont la vie soit restée sauve sont celles qui se trouvaient à cette heure-là (9^h50^m) hors des demeures, dans les promenades écartées ou sur les bords de la mer. Outre Casamicciola, toutes les localités de l'île ont été atteintes. Forio s'est également écroulée tout entière. La ville d'Ischia a gravement souffert; Lacco Ameno est entièrement détruit; Porto d'Ischia a été très éprouvé; l'île de Procida a été ébranlée. Le nombre total des victimes s'élève à 2443. Le tremblement de terre s'est fait sentir jusqu'à Naples. Le lendemain, l'atmosphère est restée toute troublée. Pour la première fois depuis trois mois, la pluie tomba sur le golfe, pluie diluvienne accompagnée d'orages.

Quelle plume saurait décrire l'épouvantable confusion qui suivit le désastre? Le Dante, dans son voyage aux enfers, n'a pas rencontré de pareilles horreurs. Herculanum et Pompéï, lentement ensevelies sous la pluie de cendres du Vésuve, n'ont pas présenté un spectacle aussi dramatique que cette brusque et terrifiante surprise. Nous résumerons ici l'ensemble des récits des témoins.

Pendant toute la nuit, on n'entendit que plaintes déchirantes et gémissements lugubres. La population affolée désertait les maisons, poussait des cris épouvantables, se cherchait dans l'obscurité et se précipitait vers le rivage dans un désordre inénarrable. C'était à qui se jetterait le premier dans les barques de pêcheurs amarrées dans les criques de l'île.

Un témoin de la scène, qui se trouvait au théâtre de Casamicciola au moment de la catastrophe, en a donné la description suivante :

« Il était à peu près neuf heures un quart, quand un de mes amis me proposa d'aller au théâtre.

» Le rideau fut levé à neuf heures et demie, mais à peine avions-nous entendu les premiers mots de la comédie, que nous ressentîmes une secousse terrible. Je fus jeté à plusieurs pieds en avant et tombai tout de mon long. Imaginez-vous en même temps un vacarme assourdissant, comme celui que produirait un train lourdement chargé et passant à toute vitesse sur un pont de fer. Pendant la secousse, le sol s'éleva pour s'affaisser ensuite, comme les flots de la mer pendant une tempête.

» Ce qui survint ensuite, je ne saurais le dire. Tout ce qui s'est passé pèse sur moi comme un cauchemar, comme un songe horrible. Ce que je me rappelle seulement, c'est que nous étions tout un troupeau d'êtres humains entassés; que les lampes à pétrole, en tombant, avaient mis le feu aux sièges, que nous nous efforçâmes, pendant un moment, d'éteindre l'incendie, et qu'ensuite nous nous précipitâmes dehors comme un torrent. Ce que je me rappelle encore, c'est que, m'appuyant à un tronc d'arbre, je levai les yeux, et je vis que toutes les branches étaient couvertes d'êtres humains.

» Des morceaux de bois étaient empilés près du rivage pour allumer des feux afin de demander du secours. Je vis autour de moi une foule qu'il est absolument impossible de décrire, des femmes et des vieillards en toilette de nuit, et des enfants tout nus. Les femmes, à demi vêtues, avec des torches dans les mains, se précipitaient en pleurs et comme des furies au milieu des ruines, appelant à grands cris ceux qu'elles avaient perdus, et courant à chaque personne qu'elles rencontraient, lui demandant, avec d'étranges éclairs dans les yeux : « Avez-vous vu mon mari? Avez-vous vu mon fils?... »

Un autre survivant raconte qu'au moment de la secousse, il jouait aux cartes dans sa chambre de l'hôtel Sauvet. Les lampes qui éclairaient la chambre s'éteignirent, et il put, par miracle, se sauver dans le jardin. L'obscurité ne lui permettait de rien voir.

Pendant toute la nuit, il n'osa faire un pas; on n'entendait que des cris implorant du secours. A l'aube, il tenta de descendre vers le rivage.

Ça et là sortaient de dessous les décombres des membres humains qui s'agitaient dans les convulsions de l'agonie; un bras, une jambe, une épaule, parfois une tête à demi écrasée!

Il réussit à sauver deux enfants.

Il avait entendu, durant la nuit entière, au milieu des lugubres lamentations de la ville ensevelie, un gémissement continuel, la voix d'une femme qui criait : « Mes enfants! mes enfants! »

A l'aube, il vit cette femme, en chemise, sur un fragment de terrasse resté debout; elle répétait toujours son cri navrant : « Mes enfants! mes enfants! »

Une autre scène n'est pas moins émouvante.

En poursuivant son chemin, il vit sortir de dessous les décombres une épaule cassée de femme et une main gantée et couverte de bagues.

Cette femme était adossée à son mari, qui, d'une voix lamentable, de dessous le décombres qui le cachaient entièrement, criait : « Sauvez-la ! Ne vous occupez pas de moi ! »

Le témoin s'approcha de ce groupe, et il reconnut immédiatement dans la femme une très belle dame égyptienne qui demeurait en face de l'hôtel Sauvet. Il lui tendit la main et tenta d'enlever les pierres, lorsqu'un éboulement se produisit et rendit tous ses efforts inutiles.

A ces détails, nous pouvons ajouter les suivants, dus à plusieurs correspondants des journaux de Paris :

« En débarquant dans l'île, le lendemain de la catastrophe, écrit un visiteur, on est véritablement stupéfié de l'aspect de la pauvre ville. Toutes les maisons du quai n'ont plus qu'un pan de façade. L'intérieur est écroulé. Le clairon sonne sinistrement l'appel des pompiers, qui descendent à terre. Un navire de l'État, au moyen d'un tube de toile, apporte de l'eau potable à cette île extraordinaire où il ne pleut presque jamais, où la magnifique végétation est entretenue seulement par les vapeurs souterraines.

» Ce ne sont que des cris de désespoir, des appels à la miséricorde divine : *Maria santissima! Gesu! Anime del Purgatorio!*

» Mon compagnon et moi, nous passons sous la voûte lézardée de l'octroi de la ville. La route monte, encombrée de décombres, les maisons sont écroulées, quelques pans de murs subsistent encore, menaçant les survivants. Deux sœurs de charité passent, portant des cordiaux. Nous enjambons trois cadavres de paysans, la face écrasée, puis un gendarme et un garde à moitié recouverts de pierres.

» Quelques habitants descendent précipitamment, emportant leurs matelas sur leur dos : au milieu de la rue, un pauvre cheval agite une jambe brisée, qui se balance à droite et à gauche.

» A ce restaurant en plein air, où peu de jours avant nous nous étions reposés, nous ne retrouvons que deux blessés et un mort.

» Nous montons toujours vers l'hôtel de la *Piccola Sentinella*. A quelques pas en avant, nous voyons le propriétaire, le pauvre Dambré, dans une vigne, entouré de quatre blessés, étendus sur des matelas, et une pauvre femme moribonde.

« Que pouvons-nous faire pour vous? lui disons-nous.

» — Envoyez-nous de l'eau et des brancards! »

» Et, d'une voix lamentable. il nous raconte la catastrophe.

» Nous montons jusqu'à la pension Sauvet, et nous apprenons avec un bonheur indicible que nos amis ont échappé à la mort et sont repartis pour Naples.

» De la rue qui monte à pic au centre de la ville, nous jetons un coup d'œil au-dessous de nous.

» J'ai assisté à des combats, j'ai parcouru des champs de bataille, j'ai entendu les plaintes des mourants et des blessés, j'ai vu l'incendie de Paris pendant la Commune. Je croyais avoir assisté aux scènes les plus horribles que présente l'humanité. Je m'étais trompé, ce n'était rien en comparaison du spectacle qui se déroulait sous nos yeux.

» La ville entière a disparu. C'est une plaine de ruines. *Il ne reste pas une seule maison*.

» A notre droite, sous des figuiers, deux vieillards, mari et femme, étendus moribonds, entourés de leurs enfants et petits-enfants.

» Au milieu de la rue, j'assiste à une scène que je n'oublierai de ma vie. Un vieillard étendu, appuyé à un pan de mur écroulé, le crâne aplati, sanglant, sur lequel des nuées de mouches vont se repaître. A droite, trois moribonds étendus

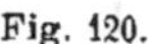
Fig. 120.

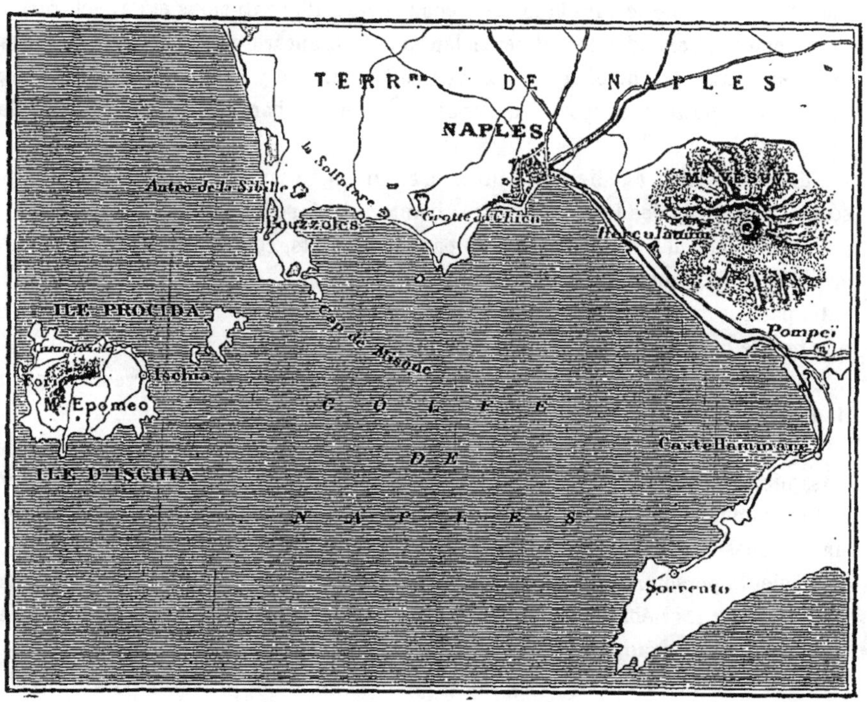

Le golfe de Naples.

dans la poussière, tournant leurs yeux déjà presque obscurcis par la mort, vers le milieu du chemin, et debout, tête nue, un vieux prêtre récitant les prières des agonisants, et donnant la suprême absolution : « *Padre mio*, disait de sa voix » expirante le vieillard au crâne brisé, *Vi confesso tutti i miei peccati*. (Je vous » confesse tous mes péchés.) »

» — *Va, en paix, mon ami, Dieu te pardonne.* »

» Et il lui impose les mains sur la tête.

» Nous entendons rire derrière nous : ce sont deux femmes devenues folles de terreur !

» Nous descendons, en passant par dessus les cadavres et les monceaux de décombres. Les superbes établissements de bains Manzi, Gurgetiello, Belliazzi n'existent plus; quelques habitants encore vivants sont là, inertes, ne s'occupant plus de rien, hébétés, comme des gens qui ont perdu la raison.

» Nous arrivons au magnifique établissement créé par les anciens rois, sous le nom du *Monte della Misericordia*, pour faire prendre les bains minéraux aux enfants pauvres, scrofuleux. Tout est écroulé, pas un mur debout.

» Parmi les pierres, on aperçoit une chevelure et l'on croit entendre un soupir. Immédiatement, chacun travaille, et, peu à peu, on découvre une pauvre femme, complètement ensevelie sous les décombres, mais respirant encore après dix-sept heures. On l'emporte sur une table. Elle ouvre ses yeux injectés de sang, les paupières sont violettes, les bras, les pieds couverts de contusions et de déchirures. On ne pouvait l'abandonner, et cependant aucun brancard pour la porter. Dans le rez-de-chaussée de l'hôtel Manzo, on aperçoit un lit; on y place la pauvre blessée, que nous emportons au port : là, nous la faisons embarquer, avec le lit, sur le vapeur *Tifeo*. »

L'épouvantable tragédie du 28 juillet a eu un signe caractéristique ; elle a desséché les sources des larmes. Les survivants sont insensibles.

Leur douleur ne se manifeste pas par les sanglots, comme dans les malheurs ordinaires : la grandeur de l'infortune les a pétrifiés.

Ils parlent de leurs morts comme d'une chose indifférente. On s'entretient du nombre de parents perdus comme à la Bourse du taux de la rente.

Une seule sensibilité leur est restée : celle des nerfs. Ils ont horreur d'entrer dans une maison ; ils ont peur de dormir seuls.

A l'hôpital de Naples, lorsque le canon de midi fut tiré, tous les blessés de Casamicciola, même les mourants, tressautèrent dans leur lit. C'est qu'une détonation comme celle du canon a été le signal de la catastrophe. Après le tonnerre, une secousse, un tourbillon de pierres, — la sépulture !

Plusieurs personnes sont devenues folles. Les sources chaudes, qui avaient été détruites par les débris, ont recommencé à couler avec une force extraordinaire. Leur eau est presque bouillante.

Détail curieux : à l'hôtel de la Sentinelle, le soir de la catastrophe, un Anglais jouait dans le salon la marche funèbre de Chopin. Un Italien sortit en disant qu'il ne pouvait entendre cette musique jouée de cette façon. Il fut seul sauvé de tout l'hôtel, car, peu d'instants après, la maison s'écroulait, et le pianiste et tout son auditoire étaient tués. On a retrouvé le corps du dilettante. Il était assis au piano, ses mains étendues sur le clavier, ses doigts indiquant presque les notes interrompues par l'effondrement des étages supérieurs, et sa tête écrasée sur le cahier de musique ouvert devant lui. La mort avait été instantanée.

Le roi s'est rendu, le 30, à Ischia : son arrivée a produit une excellente impression et a ranimé la bonne volonté de tous. Le monarque était très ému et n'a pu retenir ses larmes devant les ruines de l'église. L'édifice s'est écroulé entièrement et le clocher s'est couché de tout son long sur les décombres; le cadran de l'horloge marque $9^h 50^m$, l'heure à laquelle a été ressentie la première secousse. Le roi s'est aussi arrêté devant le petit théâtre en bois, qui est resté debout, et dans lequel il y avait une centaine de personnes, qui ont ainsi pu se sauver. L'affiche rouge, encore intacte sur la porte, annonçait les *Brigands* d'Offenbach et une farce italienne qui, par une coïncidence singulière, commence par la parodie d'un tremblement de terre!...

A Lacco, le maire, qui a perdu sa femme et ses enfants dans la catastrophe, est allé au devant du roi avec son écharpe et ses habits ensanglantés. Il lui a dit : « Sire, le devoir avant tout. »

A Panza, les maisons sont détruites; mais il n'y a eu que trente morts, parce qu'au moment du tremblement de terre, la population était dehors, accompagnant, suivant l'usage, le viatique porté à deux malades.

« Les habitants, écrivait-on à la date du 1er août, sont très surexcités, parce que, disent-ils, la statue de San-Leonardo, protecteur du pays, qui avait été transportée de l'église en ruines dans une chapelle voisine, a été trouvée, hier matin, pleurant. On lui a essuyé les yeux, et elle continue de pleurer. La population est persuadée qu'il y aura un nouveau tremblement de terre prochainement. »

A Forio, comme à Camicciola, il a été impossible d'enterrer tous les morts. On a dû désinfecter les décombres en versant des sacs de chaux dans les ruines.

La circulation est excessivement difficile, parce que les rues n'existent plus : elles sont obstruées par les ruines, et l'on voit des places entièrement barricadées par les restes des édifices amoncelés. La ville est en amphithéâtre et les maisons se sont écroulées les unes sur les autres.

Quel inoubliable spectacle que celui de ces cadavres ensevelis! On les découvrait par tas, groupés d'une façon horrible; ceux dont on apercevait le visage avaient une expression de terreur et de souffrance indicibles; ils étaient noircis par la décomposition qu'a accélérée la chaleur. A chaque pas, on rencontrait des tronçons de corps humains sortant de dessous les décombres : c'est un mélange horrible de chair humaine et de plâtras.

Mais c'est assez de ces sinistres descriptions, qu'il importait cependant de fixer ici comme un souvenir.

A quelle cause est due cette terrible catastrophe?

Il y a des tremblements de terre de diverses natures.

La théorie si longtemps admise du feu central n'est plus guère soutenue aujourd'hui que par de rares partisans. Il n'est pas probable que notre planète soit brûlante, liquide et gazeuse, et que sa surface seule soit solide, comme une coque d'œuf. L'hypothèse de la fluidité paraît incompatible avec la valeur de l'aplatissement ($\frac{1}{294}$) du sphéroïde terrestre, et avec le phénomène astronomique de la précession des équinoxes. De plus, si le globe était liquide, les marées qui s'y produiraient ne seraient pas insensibles et compromettraient la stabilité de la surface entière. Il paraît plus rationnel d'admettre que le noyau de notre globe est en partie solide, peut-être pâteux, à cause de l'énorme pression que les couches exercent les unes sur les autres, d'une densité égale à celle du fer (7), et qu'il soutient, loin de réagir contre lui et de lui ménager des surprises dramatiques, le sol sur lequel nous vivons, lequel sol est beaucoup plus léger et d'une densité égale à celle de la pierre, ou à 3 fois celle de l'eau environ.

L'accroissement de température que l'on remarque à mesure qu'on descend dans ce sol ne paraît pas se continuer jusqu'à une grande profondeur. Des expériences conduiraient à conclure que cet accroissement, qui est en moyenne de 1° par 30^m en commençant à la surface, ne serait plus que de 0°,9, pour la même étendue, lorsqu'on a dépassé 600^m, de 0°,8 lorsqu'on arrive à 650^m, de 0°,7 lorsqu'on arrive à 850^m, de 0°,6 lorsqu'on arrive à 1000^m et de 0°,5 lorsqu'on dépasse 1100^m à 1200^m. En suivant cette proportion, l'accroissement deviendrait nul dès 2000^m à 2300^m de profondeur, ce qui n'est rien comparativement au demi-diamètre du globe, lequel est de 6371000^m.

Ainsi, la température moyenne du sol de Paris, par exemple, étant de 10°,8, un thermomètre enfoncé dans le sol, à 30^m de profondeur, marque 11°,8 (caves de l'Observatoire); il marquerait 12° à 36^m, 15° à 126^m, 20° à 276^m, 25° à 440^m, 30° à 620^m, 35° à 820^m, 40° à 1050^m, 45° à 1310^m, 50° à 1590^m, 55° à 1920^m et 60° à 2300^m. Au delà, l'augmentation s'arrêterait.

Dans cette théorie, qui réunit un grand nombre de partisans, la température des sources minérales, comme celle des laves volcaniques, ne viendrait pas de l'intérieur du globe, mais d'elles-mêmes. Ce seraient là des actions chimiques locales. Et ce seraient au contraire ces opérations chimiques qui échaufferaient, par conductibilité, l'écorce du globe, depuis la surface jusqu'à deux kilomètres environ de profondeur.

Les volcans ne seraient plus des soupapes de sûreté de l'immense chaudière bouillante à laquelle notre planète était comparée. Ils auraient leurs sources à une profondeur relativement restreinte, et seraient principalement causés par des infiltrations de l'eau de la mer et la combinaison chimique de cette eau avec certaines roches qu'elle tend à décomposer. En versant de l'eau sur de la chaux, nous produisons une source de chaleur. De fait, *tous* les volcans du globe sont distribués le long des rivages des mers. Les volcans éteints, actuellement dans l'intérieur des terres, étaient, à l'époque de leur vitalité, dans le voisinage des anciennes mers.

Dans les régions volcaniques et thermales, les mouvements du sol, les tremblements de terre seraient produits par ces opérations chimiques intérieures, par l'expansion des gaz auxquels elles donnent naissance, par les tassements du sol qui succèdent aux déplacements locaux internes. De l'air comprimé, de la vapeur d'eau produite et emprisonnée, cela suffit pour remuer des montagnes.

Quelque dramatiques qu'ils soient au point de vue de l'humanité, les tremblements de terre ne sont que d'insignifiants mouvements au point de vue géologique. Ce n'est même pas un frisson dans l'épiderme de la planète.

Ces oscillations du sol peuvent encore avoir une autre cause.

La surface de notre globe est loin d'être parfaitement unie. Nous y rencontrons des irrégularités sensibles, des Alpes, des Pyrénées, des Andes, des Cordillières. Ces soulèvements du sol n'ont pu se former sans amener des déplacements à leurs bases, sans produire des vides. On voit des dislocations superficielles si évidentes que l'on peut souvent ressouder par la pensée les deux rives d'un ravin de Suisse ou d'Algérie. La pesanteur, les glissements, les pluies agissent lentement; à certains moments un vide se comble, et c'est un tremblement de terre pour toute la contrée.

Quelquefois ces mouvements sont très lents et ne sont sensibles que pour les astronomes. Nous avons vu que la colline du Mail, à Neuchâtel, sur laquelle est construit l'Observatoire, s'incline graduellement vers l'Ouest. Depuis la fondation de l'Observatoire, en 1859, elle a déjà penché de 550 secondes d'arc, ou de plus de neuf minutes. A l'Observatoire de Paris, les piliers qui soutiennent le cercle méridien du jardin descendent insensiblement par suite d'un tassement du terrain. On peut dire que, d'une manière ou d'une autre, la surface de la Terre est en mouvement perpétuel. Les Pays-Bas continuent de s'abaisser au-dessous du niveau de la mer du Nord; ailleurs le sol s'élève. On n'a pas oublié le soulèvement des îles de l'Archipel. Ce sont là autant de faits qui prouvent que (quoique, selon toute probabilité, l'intérieur de la Terre soit solide au moins comme une pâte métallique très dense, comme du plomb chaud par exemple) les cours d'eau souterrains, les réactions chimiques des acides et des oxydes, les gaz emprisonnés dans les bassins houillers, les vides laissés dans les dislocations géologiques, les soulèvements dus à l'expansion des vapeurs, les tassements amenés par la pression ou le glissement des couches supérieures, l'effet inévitable d'une diminution rapide dans la pression atmosphérique, baisse barométrique appelant l'éruption des gaz intérieurs, etc., constituent autant de causes de mouvements du sol, bien suffisantes pour expliquer tous les tremblements de terre.

Il est possible d'ailleurs, il est probable même, que, tout en n'étant pas à l'état non solide, à l'état d'instabilité d'une chaudière sous forte pression, comme on le pensait naguère, l'intérieur du globe demeure en un degré de température que nous avons le droit d'appeler chaud, car il doit être fort supérieur à celui de l'eau bouillante. Selon toutes les probabilités cosmogoniques, notre planète a commencé par être nébuleuse et soleil. Sa température intrinsèque a été autrefois fort élevée. Pendant le règne de la vie organique même, la température de la surface était encore si élevée qu'elle surpassait en tous lieux celle qui résulte de l'échauffement solaire, qu'il n'y avait ni saisons ni climats (quoique l'inclinaison de l'axe du globe fût peu différente de celle d'aujourd'hui), et qu'il y avait aux pôles la même végétation qu'à l'équateur : toutes les plantes fossiles de l'époque carbonifère rendent témoignage de ce fait caractéristique. Notre planète n'est pas entièrement refroidie. . . . .

D'ailleurs, tout en ayant, selon toute probabilité, une origine locale, et non une source commune dans un globe en fusion, les tremblements de terre ont des retentissements à d'énormes distances. Celui de Lisbonne, (1er novembre 1755) s'est fait sentir, d'une manière ou d'une autre, non seulement en Portugal et en Espagne, mais encore en France, en Angleterre, en Suède, en Scandinavie et jusque dans l'Amérique du Nord. Dans les petites Antilles, où la marée n'est guère que de $0^m,70$ à $0^m,75$, les flots montèrent, noirs comme de l'encre, à plus de 7^m, raz de marée épouvantable. Le 20 septembre 1867, il y eut un tremblement de terre à Malte : sept minutes avant, en Russie, à l'Observatoire de Pulkowa, M. Wagner avait remarqué des oscillations de $3''$ dans le niveau de la lunette méridienne. Le 4 avril 1868, au même Observatoire, on fit une remarque analogue cinq minutes avant le tremblement de terre du Turkestan. Le 10 mai 1877, à Pulkowa encore, M. Nyren observa des oscillations d'une amplitude de $1'',5$ à $2''$ et d'une durée de vingt secondes, une heure quatorze minutes après le tremblement de terre d'Iquique, dont la distance est de 10600^{km} en ligne droite et de 12500^{km} sur un arc de grand cercle. Le 20 mars 1881, à 9^{h} du soir, un horloger de Buenos-Ayres observa que toutes ses pendules dont le balancier oscillait du Nord au Sud augmentèrent soudain leur amplitude : il y avait à cette heure-là un tremblement de terre à Santiago et à Mendoza (*Nature* of 16 august 1883). Ainsi, ces commotions du sol se transmettent au loin, comme celle d'un canon qui fait trembler une ville. Mais ces transmissions, par la mer et par la terre, ne prouvent pas la fluidité intérieure du globe. Les roches les plus denses sont élastiques et vibrantes.

Il y a malheureusement des régions privilégiées. Le sol volcanique de l'Italie la condamne à ces sinistres périodiques. Il y a tout juste cent ans, la Calabre et la Sicile tremblaient comme a tremblé hier Ischia, et le désastre qui, vingt-huit ans auparavant, avait atteint Lisbonne s'abattait sur Messine, sur Reggio, sur Polistema. Les morts aussi se comptaient par milliers. En 1755, le jour de la Toussaint, le mémorable tremblement de terre de Lisbonne avait fait d'un seul coup 60000 victimes.

Que la catastrophe d'Ischia soit due non à un simple effondrement local du sol des villes ruinées, mais à une cause plus générale, c'est d'autant plus probable que le volcan Époméo n'est éteint que depuis 580 ans (le Vésuve était éteint depuis un temps immémorial quand a eu lieu l'éruption qui a englouti Herculanum et Pompéï); que la base de ce volcan est minée de ravins profonds; que déjà, le 4 mars 1881, un tremblement de terre avant-coureur s'était fait sentir à Casamicciola; que, les jours précédant la catastrophe, on avait remarqué à Ischia une élévation subite dans la température des eaux thermales et dans l'expansion des fumerolles; — à la solfatare d'Albano, le 25 et le 27, des bruits inaccoutumés, ainsi que des oscillations aux pendules seismographiques de Pesaro et de Fermo; — au Vésuve quelques commotions le 27, — et que, par dessus tous ces indices encore, les tremblements de terre ont été particulièrement fréquents en ces derniers temps comme on peut en juger par la petite statistique que voici :

Le 19 juin, tremblement de terre, éruption volcanique et dévastation de l'île d'Ometepec (Nicaragua).
27 » tremblement de terre à Corfou.
28 » trois chocs, à Darmstadt.
29 » secousse, à Alger.
6 juillet, à Constantinople.
25 » choc violent à Catanzaro (Calabre).
28 » catastrophe d'Ischia.

30 juillet, nouvelle secousse.
31 » à Oporto (Portugal).
même jour, à Gibroy (Californie).
2 août, nouvelle secousse assez violente à Ischia.
4 » forte secousse au Pirée (Athènes).
7 » tremblement de terre à Aquila.
10 » commotion à Niort.
12 » nouvelle secousse à Casamicciola.
14 » violente secousse à Serajevo (Bosnie).
même jour, secousse dans les montagnes du Lyonnais.
16 août, commotion à Pontrésima, Schusls et Tarasp (Suisse).
17 » légère secousse à Valls (Espagne).
26 » éruption volcanique, commotion et raz de marée à Batavia (Océanie).

Il suffit, du reste, d'une visite au golfe de Naples pour se rendre compte de l'état particulier de cette région. Je n'ai jamais passé huit jours en ce pays enchanteur sans être plus frappé encore des périls du sous-sol que des fleurs de la surface. A Pompéï, à Torre del Greco, sur les pentes du Vésuve, tout nous parle de destruction. De l'autre côté de Naples, à peine avons-nous traversé le Pausilippe que les feux intérieurs se font sentir. Ici, les étuves de Néron sont traversées d'une galerie si chaude que le petit lazzarone, nu, rouge comme un homard, fait cuire un œuf pendant les trois minutes qu'il emploie à la parcourir. Plus loin, la grotte du Chien nous présente ce lent dégagement d'acide carbonique qui endort du dernier sommeil les êtres qui s'y couchent. A Pouzzoles, le temple de Sérapis nous montre ses colonnes vermoulues qui tour à tour descendent dans la mer et remontent. A la

Fig. 121.

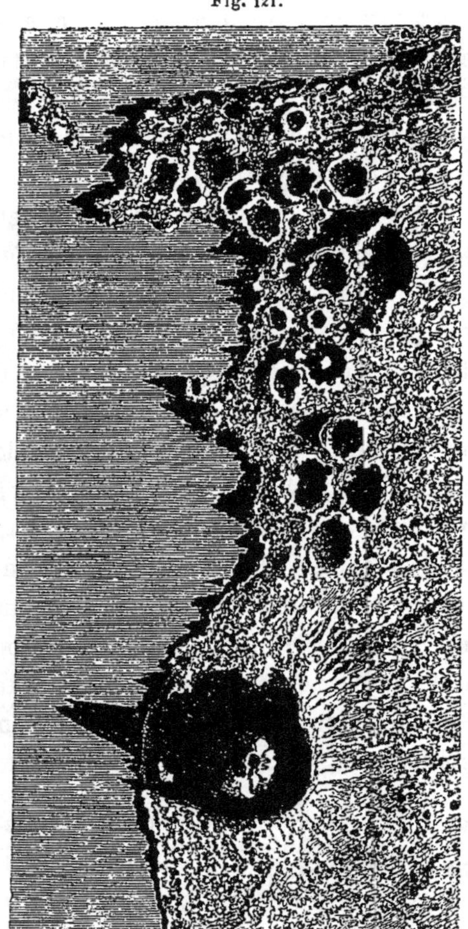

Le Vésuve et les champs phlégéens (relief géologique).

solfatare, nous frappons du pied la montagne, qui rend un son creux comme une voûte de caveau sonore. Au fond du golfe, nous trouvons l'enfer de Virgile et l'antre de la Sybille ([1]). Le sol d'Ischia est formé des rochers trachytiques d'un ancien volcan; ces rochers reposent sur un banc d'argile; les eaux thermales, riches en acide carbonique, les rongent depuis des siècles, créent des vides souterrains, auxquels l'homme lui-même a ajouté des excavations pour l'extraction de l'argile, qui arrivent jusque sous la ville de Casamicciola. Qu'une bulle de gaz, qu'un peu de vapeur fasse explosion, et la ville s'écroule. Au point de vue de l'histoire naturelle, la catastrophe est un fait extrêmement simple. L'homme est confiant et oublieux, et il tient à son sol natal. Au lieu d'abandonner l'île trompeuse, on relèvera les cités détruites, comme on l'a fait pour Herculanum. Tous les quarts de siècle en moyenne, une montagne s'écroule en Suisse et écrase un village. L'année suivante, le village est rebâti. On se fie à la lenteur des œuvres de la nature et à la brièveté de la vie humaine, et l'on espère la sécurité pour une ou deux générations, ce qui suffit pour l'intérêt particulier. En réalité, malgré ses petits frissons, la planète reste, l'homme passe, et la vie continue son cours. Ainsi va le monde. Après l'orage, le soleil; après les deuils, le plaisir; mieux encore, les deuils eux-mêmes donnent naissance aux fêtes; la catastrophe d'Ischia éveille les plus nobles sentiments de la charité publique, et Paris s'est mis en fête pour envoyer de l'or aux survivants et aider à relever les églises et les théâtres. Les inondations de Murcie ont fait courir à l'Hippodrome toute la fleur du dandysme parisien. La vie se compose d'impressions et de contrastes. Lorsqu'une nation s'est reposée dix ans, elle éprouve le besoin de voir des morts, des blessés, des orphelins et des veuves, et le canon du vaincu gémit encore lorsque les ministres du roi vainqueur chantent au milieu de l'encens et des fugues de l'orgue, un triomphant *Te Deum* au Dieu des armées. Comme si la médiocrité de notre planète ne nous fournissait pas assez de misères! Il semble pourtant que les tremblements de terre, les inondations, les épidémies, les ruines et les chagrins inévitables de la vie devraient suffire.

L'humanité est une fourmilière sur un globe errant dans l'infini.

CAMILLE FLAMMARION.

([1]) Un coup d'œil jeté sur notre *fig.* 121 fait immédiatement apprécier le caractère

L'OBSERVATOIRE DU PIC DU MIDI.

Le bel et important Observatoire météorologique, créé avec tant de persévérance au sommet du Pic du Midi par le général de Nansouty et M. l'ingénieur Vaussenat, à une hauteur de 2859^{m}, offre une admirable position pour établir la station astronomique permanente la plus favorablement située qui existera dans le monde. La pureté et la transparence de l'atmosphère à cette altitude y sont extrêmes et donneront certainement aux instruments de puissance moyenne une force de pénétration plus considérable que celle des plus grands instruments établis dans les couches inférieures de l'atmosphère. Le ciel étoilé y prend un éclat extraordinaire et permet souvent, comme l'a constaté le général de Nansouty, de lire pendant la nuit à la seule clarté des étoiles et de la voie lactée. MM. Henry, qui étaient allés s'y établir pendant le mois de décembre de l'année dernière pour l'observation du passage de Vénus, ont pu voir cette planète en plein jour, à l'œil nu, le surlendemain du passage, à 3° ou 4° du Soleil. Quinze ou seize Pléiades sont visibles à l'œil nu.

Les observations d'Astronomie physique, de Spectroscopie et de Physique solaire qu'on pourra y faire seront aussi nombreuses que variées. Nul doute, par exemple, qu'on ne puisse appliquer avec un succès complet le très ingénieux procédé nouvellement proposé par M. Huggins pour photographier en tout temps la couronne solaire sans attendre les éclipses totales. Les satellites de Mars eussent été certainement découverts depuis longtemps si l'on avait eu un instrument de moyenne puissance établi à cette hauteur.

La possibilité de pouvoir faire des travaux d'un haut intérêt et probablement même des découvertes importantes dans cette station fait donc vivement désirer qu'on y établisse un pavillon astronomique avec un bon équatorial ou télescope, à côté de l'Observatoire météorologique et du laboratoire de Chimie déjà édifiés. Cet Observatoire pourrait se faire à très peu de frais et sans qu'il soit nécessaire d'y entretenir aucun personnel spécial; tout astronome qui voudrait faire quelques recherches particulières pourrait aller s'y établir pendant quelques mois avec la certitude d'y trouver des conditions particulièrement favorables, qu'on ne

éminemment volcanique de toute la campagne de Naples. Cette figure montre le squelette de cette campagne, le relief du sol, supposé éclairé obliquement. Ne croirait-on pas avoir sous les yeux un morceau de la Lune?

rencontrerait dans nul autre observatoire du globe, et les besoins maté-

Fig. 122.

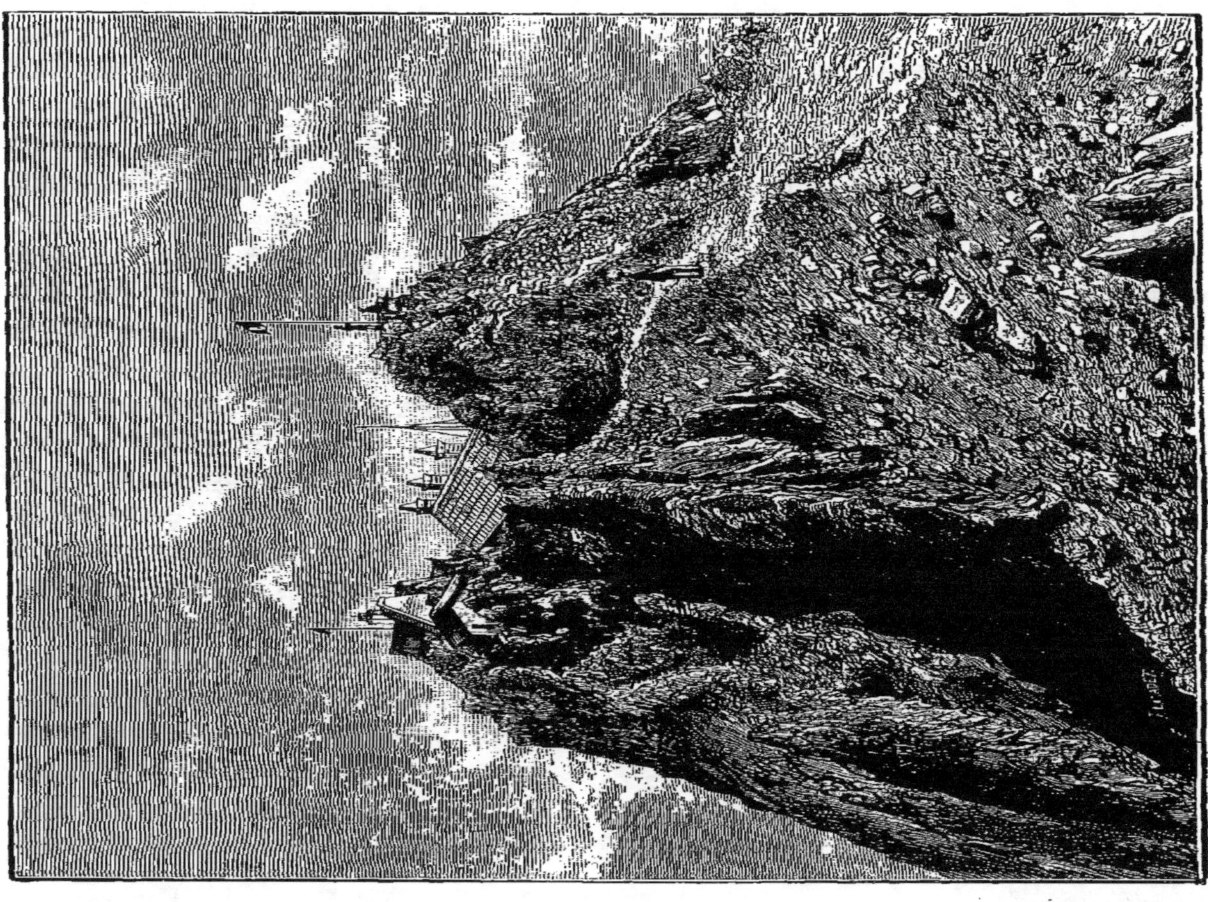

Le Pic du Midi ; emplacement du nouvel Observatoire

riels de la vie assurés en tout temps par l'existence de l'établissement météorologique.

L'Observatoire de Paris, dont les travaux sont si souvent entravés par la nébulosité du ciel, pourrait pendant les plus mauvais mois de l'année y envoyer régulièrement deux ou trois de ses astronomes profiter du beau ciel du Pic du Midi pour y faire de nombreuses et importantes observations.

Quelques milliers de francs seraient suffisants pour ajouter ce petit observatoire à l'établissement du Pic du Midi, qui est appelé à devenir un laboratoire scientifique d'un haut intérêt, non seulement pour la Météorologie et l'Astronomie, mais pour bien d'autres Sciences encore, telles que la Physique, la Chimie, la Physiologie, etc. Ce projet est en cours d'exécution. On va raser la colline supérieure que l'on voit à droite de la photographie (*fig.* 122) et c'est-là qu'au dessus d'un horizon splendide s'élèvera le nouvel observatoire.

CONTRE-AMIRAL MOUCHEZ,
Directeur de l'Observatoire de Paris.

TACHES SOLAIRES ET PROTUBÉRANCES.

Une observation curieuse a été faite au mois de novembre dernier, sur une tache réapparue le 12 novembre. Le 13, elle était déjà assez loin du bord pour que l'on pût voir aussi cette partie de la pénombre avec les noyaux secondaires qui étaient occultés le jour précédent par l'élévation des facules. La tache se trouvait entre + 14°10′ et + 23°40′. Le 16, elle atteignait déjà son maximum d'extension dans la direction du parallèle. Le 18, une nouvelle tache apparaissait auprès de la plus grande, et les deux taches étaient séparées par une espèce de grand pont; on pouvait encore distinguer deux autres petites taches et six trous. Le groupe était assez considérable pour que l'œil, armé d'un seul verre noirci, pût très bien le distinguer. Le 19, ce groupe de taches occupait 3′ le long du parallèle et 2′30″ en latitude.

La tache la plus grande avait une longueur de 2′15″ et une largeur de 1′40″; l'autre tache, qui était séparée de la première par le pont, était longue de 50″ et large de 25″; le pont avait une longueur de 1′18″ et une largeur moyenne de 30″. Les petites taches qui environnaient les précédentes variaient de 8″ à 10″. Les jours précédents, on avait observé l'inversion de la raie C dans certaines parties du groupe; le phénomène était absolument identique à ce qu'on a observé autrefois dans les taches.

Le 19, nous fûmes surpris par la façon extraordinaire dont on distinguait le renversement de cette ligne sur le groupe : le phénomène était beaucoup plus net que dans les éruptions métalliques qu'on observe au bord du Soleil. J'ai pensé alors à élargir la fente du spectroscope, comme dans les observations ordinaires du bord; au lieu de trouver là une difficulté, j'ai vu aussitôt apparaître des protubérances très brillantes.

A $1^h 4^m$, avec la fente étroite, j'ai même vu l'image des parties plus brillantes à la place des lignes Bc et Ba, comme dans les éruptions au bord, et j'ai obtenu l'inversion des lignes 5883 A°, D^3 et 1474 *h*. Ces magnifiques protubérances embrassaient un arc de parallèle de 147″, c'est-à-dire qu'elles mettaient $7^s,6$ pour traverser la fente, et quand celle-ci était normale au mouvement diurne.

Pour établir leur position par rapport aux noyaux des taches, en même temps que j'en observais le passage au spectroscope, M. Chistoni notait, à un fil fixe du chercheur, le passage des taches. De cette manière, on a pu établir que les protubérances étaient au dehors des noyaux et correspondaient presque entièrement au *grand pont brillant* interposé entre les deux taches. Le pont, observé avec l'oculaire à réflexion, au lieu de se montrer uniforme, est apparu comme désagrégé, formé de grains et de feuilles, et contenant même des points de pénombre.

A 2^h, les protubérances étaient moins vives; on ne distinguait plus les lignes Bc, Ba, ni la ligne 5883. Il restait seulement la ligne D^3, sur toute la longueur, et des traces de la raie coronale. Le 20, mauvais temps; le 21, traces faibles d'inversion sur la raie C, mais seulement avec la fente étroite. Le 22, même résultat. Le 23, pas d'inversion. Le 24, mauvais temps.

Le 25 au matin, la tache était encore visible comme un mince filet noir, tout près du bord occidental, entre les latitudes $+16°50'$ et $+20°50'$. Dans le spectroscope, la chromosphère dans cet endroit paraissait calme; elle présentait seulement de légers renflements, des deux côtés de la tache, peu brillants, et rien autre chose. La tache passait dans l'autre hémisphère par une période de calme, tandis qu'elle a manifesté son maximum d'activité au milieu du centre du disque; elle nous a offert l'occasion bien rare de pouvoir distinguer des *protubérances solaires en plein disque*, avec la même facilité que sur le bord du Soleil.

TACCHINI,
Directeur de l'Observatoire de Rome.

NOUVELLES MESURES DES ANNEAUX DE SATURNE

Saturne s'est trouvé en 1882 dans la même position relative au Soleil et à la Terre qu'il occupait en 1851, lorsque M. O. Struve, Directeur de l'Observatoire de Pulkowa, mesura les anneaux. Cette circonstance, jointe au temps favorable de l'année dernière, a déterminé M. O. Struve à faire une nouvelle série de mesures.

Dans son mémoire de 1851, *Sur les dimensions des anneaux de Saturne*, le savant astronome montre que les mesures effectuées depuis Huygens semblent indiquer que le système des anneaux est le siège d'importantes modifications que l'on pourrait expliquer d'une manière suffisante en admettant que le système des anneaux s'élargisse, le diamètre extérieur restant constant tandis que le diamètre intérieur diminue. D'après les données de cette époque, et après avoir tenu compte de l'irradiation, qui joue un grand rôle dans les plus anciennes mesures, M. Struve a cru pouvoir conclure que l'anneau intérieur se contractait de 0",013 par an. Si, depuis 1851, l'anneau avait continué à se rapprocher de la planète avec une vitesse uniforme, il aurait avancé vers celle-ci de 0",4, quantité fort appréciable, d'autant plus que les erreurs probables des mesures ne dépassent pas 0",04.

Les deux séries de mesures (1851 et 1852) ont été faites par M. Struve avec le même instrument (la lunette de 14 pouces de Pulkowa), avec le même grossissement (412 pour la plupart des observations), et dans les mêmes conditions d'illumination solaire. Ces circonstances éliminent toute correction personnelle.

En 1851, l'anneau sombre de Saturne était partagé en deux par une ligne noire

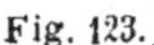

Fig. 123.

Aspect actuel de Saturne.

près de son bord externe; la partie interne de l'anneau sombre se trouvait ainsi nettement détachée du deuxième anneau brillant. Il était au contraire difficile de saisir la démarcation entre ce dernier et la partie externe de l'anneau sombre. L'année dernière, M. Struve n'a pu retrouver aucune trace de cette séparation, ce qu'il attribue à des changements dans les anneaux.

Les mesures faites en 1882 ont donné les résultats suivants :

	ab	*ad*	*ae*	*ag*
Anse occidentale..........	1",44	3",72	8",27	11",20
Anse orientale............	1 ,53	3 ,61	8 ,13	11 ,20
Différences................	+0 ,09	−0 ,11	−0 ,14	0 ,00

Désignons par A l'anneau externe, B le deuxième anneau et C l'anneau sombre. Les distances sont comptées à partir du bord de la planète, en désignant par :

ab la distance de la planète au bord interne de C
ad » » » » » B
ae » » » externe de B
ag » » » » » A

Les mesures des deux anses ont été faites séparément; on voit que les différences sont négligeables et qu'il n'y a pas lieu d'admettre une excentricité du système des anneaux.

La mesure *ad* a présenté de grandes difficultés, car la délimitation entre B et C est difficile à préciser.

Fig. 124.

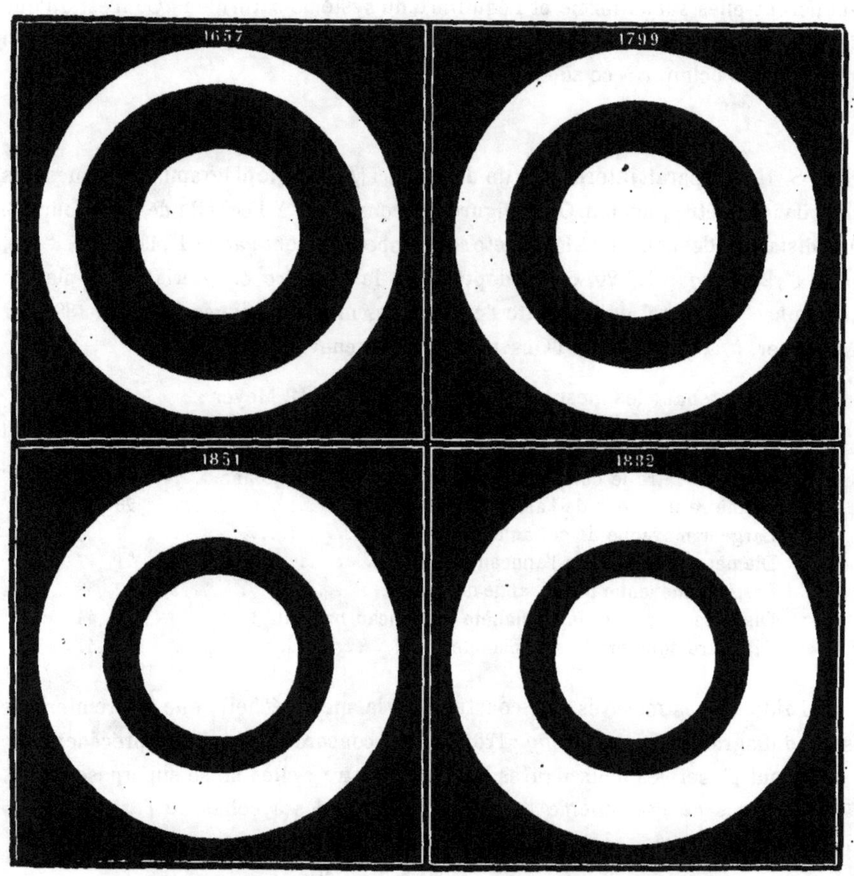

Diagrammes des mesures des anneaux de Saturne.

En prenant les moyennes arithmétiques des résultats obtenus pour les deux anses, on arrive au tableau suivant :

	1851	1882	Différence 1882-1851
ab..................	1″,61	1″,49	— 0″,12
ad..................	3 ,64	3 ,66	+ 0 ,02
ac..................	8 ,24	8 ,20	— 0 ,04
ag..................	11 ,03	11 ,20	+ 0 ,17

On voit que l'anneau sombre s'est un peu rapproché de la planète, tandis que le bord extrême de l'anneau externe s'en est un peu éloigné. Cela montre que le système des anneaux s'élargit et que son diamètre extérieur n'est pas plus constant que son diamètre intérieur, ainsi qu'il fut admis en 1851. C'est ce qui explique pourquoi l'on ne trouve pas le rapprochement de 0",4 calculé au début.

La disparition de la raie noire dans l'anneau sombre et les mesures que nous venons de citer semblent mettre hors de doute que le système des anneaux de Saturne subit des changements. De quelle nature sont ces variations et comment influeront-elles sur la forme et l'équilibre du système saturnien ? Ce n'est qu'une longue et persévérante suite d'observations, appuyée de mesures précises, qui pourra nous éclairer à ce sujet.

C. DETAILLÉ.

P. S. Il nous paraît intéressant de donner ici (*fig.* 125) le diagramme des mesures dont il vient d'être question. Cette figure est construite à l'échelle de 1mm pour 4". Les distances des anneaux à la planète sont respectivement : *ab* = 1",49, *ad* = 3",66, *ae* = 8",20 et *ag* = 11",20. On a adopté pour le diamètre équatorial de la planète le nombre 17",42, tel qu'il résulte des mesures micrométriques faites en 1880 par M. Meyer, à l'équatorial de l'Observatoire de Genève.

Voici maintenant les mesures micrométriques de M. Meyer :

Diamètre extérieur du système des anneaux	40",47
Distance entre le bord ouest et la séparation cassinienne.....	3 ,00
Diamètre intérieur de l'anneau brillant.......................	26 ,32
Largeur moyenne de cet anneau..............................	7 ,08
Diamètre intérieur de l'anneau obscur........................	21 ,17
Largeur moyenne de cet anneau..............................	2 ,58
Distance moyenne de la planète à l'anneau brillant...........	4 ,44
Diamètre équatorial de la planète............................	17 ,42

A l'aide de ces mesures, on construit, à la même échelle que le premier, le second diagramme suivant (*fig.* 126) qui ne concorde pas avec le précédent.

On peut placer ces deux figures l'une sur l'autre : elles ne se superposent pas. Les mesures de l'astronome de Genève comparées à celles de l'astronome de Pulkowa donnent :

	O. Struve.	Meyer.	M — S.
ab	1",49	1",88	+ 0",39
ad	3 ,66	4 ,45	+ 0 ,79
ae	8 ,20	8 ,52	+ 0 ,32
ag	11 ,20	11 ,52	+ 0 ,32

Les différences sont toutes positives en faveur de M. Meyer. On peut en conclure que, dans ses mesures, la distance est un peu trop forte entre le bord de la planète et les anneaux, et que probablement il admet pour la planète un diamètre un peu trop faible. Comme ces mesures sont prises d'une extrémité à l'autre d'un diamètre des anneaux, et non du bord de la planète aux anneaux, si l'on suppose que la planète est un peu plus grosse qu'il ne l'a mesurée, on corrige une partie de la différence. En donnant, par exemple, à ce diamètre 18",06 au lieu de 17",42, on obtiendrait, pour les distances en question,

		M.— S.
ab =	1",55	+0",06
ad =	4 ,13	+0 ,47
ae =	8 ,20	0 ,00
ag =	11 ,20	0 ,00

Fig. 125.

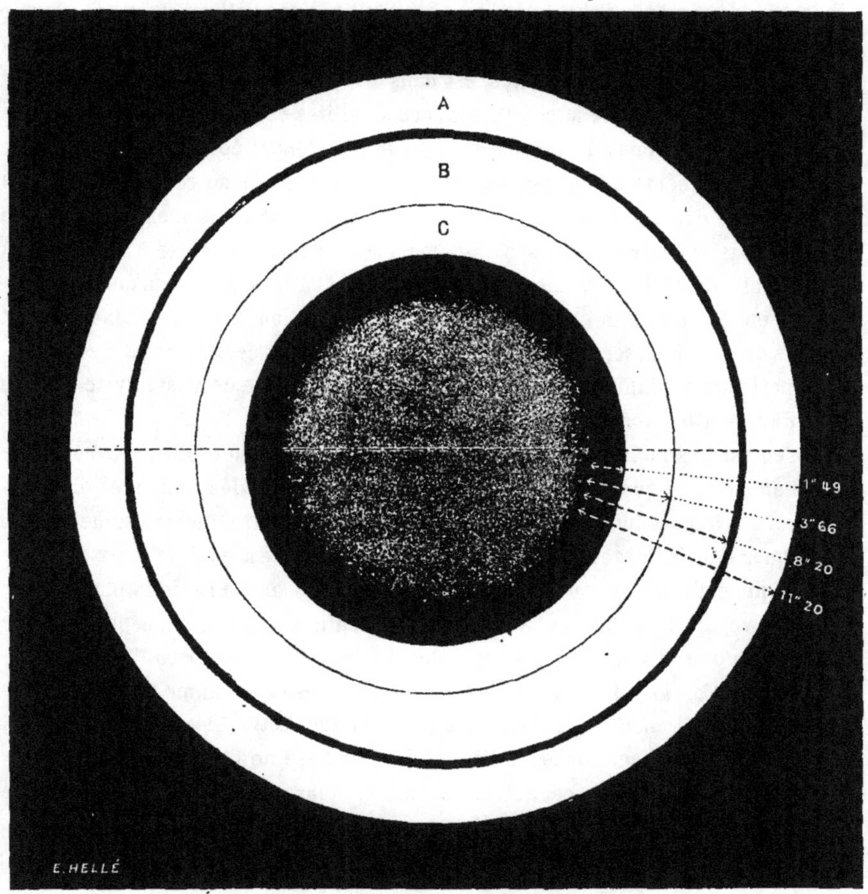

Le système de Saturne (mesures de M. Struve).

L'accord serait complet pour les deux derniers nombres et satisfaisant pour le premier. Il resterait, toutefois, une différence remarquable pour la distance du bord intérieur de l'anneau brillant. Elle ne peut pas être due à des erreurs d'observations, car ces observations s'accordent parfaitement entre elles. Il faut que M. Meyer ait pris pour ce bord intérieur une autre zone que M. Struve, et c'est d'autant plus probable que cet anneau brillant se fond insensiblement dans l'anneau sombre. Les observations de Genève s'étendent du 12 août au 6 décembre 1880; celles de

Pulkowa sont de 1882. Il est probable que cette zone a varié d'éclat dans l'intervalle.

Il résulte de ces divergences la conséquence que nous ne devons pas attacher aux mesures de M. O. Struve une précision qu'elles ne comportent pas, quant aux jugements à porter sur le rapprochement des anneaux de Saturne.

La conclusion la plus probable est que ce système d'anneaux, composé, comme les recherches de M. Hirn conduisent à l'admettre, de particules solides séparées les unes des autres et gravitant autour de la planète en des périodes réglées par les distances des zones au centre de gravité du système, il est probable, disons-nous, que ce système d'anneaux, tenu en équilibre par l'attraction de la planète d'une part, par son mouvement de révolution d'autre part, et aussi par les positions variables des huit satellites, est dans un état d'équilibre *instable*, variant très rapidement, puisque la circulation des satellites est très rapide. Les ellipses dessinées par les zones d'anneaux, tout en se maintenant concentriques par suite de l'attraction même des particules constitutives de l'anneau considéré dans son ensemble, se déplacent assez néanmoins, pour qu'en certains moments Saturne n'occupe pas le centre de son système, mais soit visiblement porté à l'Ouest ou à l'Est, tandis qu'en d'autres moments, on ne parvient à reconnaître aucune excentricité. Il en est de même pour les lignes de séparation entre les zones, tantôt visibles, tantôt si resserrées qu'elles disparaissent. C'est certainement à ces variations périodiques, inhérentes à la constitution même de ce vaste système, que nous devons attribuer les différences observées.

Il n'en est pas moins vrai, néanmoins, que l'ensemble du système se modifie de siècle en siècle et que les anneaux se sont élargis depuis les anciennes observations. Il est impossible de regarder Saturne avec n'importe quel instrument, sans remarquer que la largeur totale des anneaux brillants est environ deux fois plus grande que celle de l'espace sombre qui sépare ces anneaux de la planète. Or, Huygens voyait, au contraire, à la fin du dix-septième siècle, cet espace sombre aussi large que les anneaux, et tous les anciens dessins (Riccioli, 1648; Gassendi, 1650; Cassini, 1675, etc.) représentent cet espace comme beaucoup plus large. Cette différence ne peut pas être due à l'imperfection des instruments, car, au contraire, elle exagérait les parties claires à cause de l'irradiation.

On se rendra compte de cet accroissement de la largeur des anneaux de Saturne par la comparaison des nombres suivants :

		Distance entre l'anneau brillant et la planète.	Largeur totale des anneaux brillants.	Diamètre du système.	Diamètre de la planète.
Huygens...	1657	6″,5	4″,6	45″ ±	18″
Cassini.....	1695	6 ,0	5 ,1	45 ±	18
Bradley....	1719	5 ,4	5 ,7	41 ,25	17,64
Herschel...	1799	5 ,12	5 ,98	46 ,68	—
W. Struve.	1826	4 ,36	6 ,74	40 ,10	17,99
Galle......	1838	4 ,04	7 ,06	40 ,90	17,91
O. Struve..	1851	3 ,64	7 ,43	39 ,74	17,61
Meyer......	1880	4 ,45	7 ,0	40 ,47	17,42
O. Struve...	1882	3 ,66	7 ,54	—	—

Il est probable que le diamètre de M. Meyer (17",42) est trop petit et que le diamètre réel est plus voisin du chiffre obtenu par M. O. Struve en 1851 (17",61), et sans doute un peu plus fort.

L'anneau lumineux n'a pas continué de se rapprocher depuis 1851, et la largeur totale des anneaux brillants se montre soumise à des oscillations.

Fig. 126.

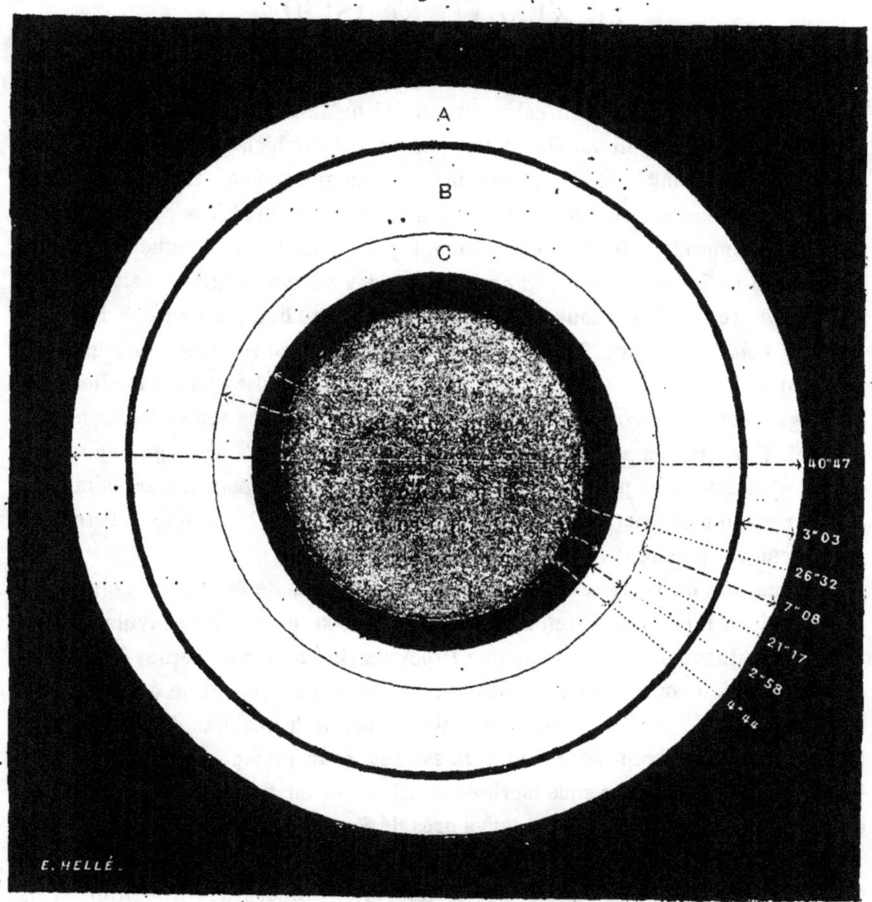

Le système de Saturne (mesures de M. Meyer).

Quant à l'anneau obscur, voici ses distances mesurées :

O. Struve.............	1851	1",61
id.	1882	1 ,49

Le rapprochement n'est que de 0",12 pour 31 ans. Ce n'est pas insignifiant, mais il paraît n'y avoir là qu'une variation d'intensité.

Conclusion : Selon toute probabilité, les anneaux de Saturne ne se rapprochent pas de la planète et ne s'effondreront pas prochainement à sa surface, comme M. Otto Struve le faisait craindre en 1851 ; mais leur éclat, c'est-à-dire leur puissance réflectrice, varie selon les années. La zone contiguë intérieurement à l'anneau médian (B) est plus lumineuse et sans doute plus dense qu'au dix-septième siècle, ce qui donne plus de largeur à cet anneau. Ce sont probablement là des variations périodiques.

LE VÉSUVE ET ISCHIA.

Dans la région volcanique dont le Vésuve est le foyer principal, nous voyons un exemple remarquable du calme trompeur qu'affectent souvent les volcans pendant des siècles entiers. On ne sait pas durant combien de siècles le Vésuve resta en repos avant l'ère chrétienne, mais on est sûr que ce volcan n'avait point donné de signes d'activité depuis le débarquement de la première colonie grecque dans l'Italie méridionale. Strabon reconnut que c'était une montagne volcanique, mais Pline ne le comprenait pas dans la liste des volcans actifs. A cette époque, le Vésuve présentait un tout autre aspect qu'aujourd'hui. Au lieu des deux pics que l'on voit maintenant, il n'y en avait qu'un, aplati au sommet, sur lequel une légère dépression marquait l'endroit d'un ancien cratère. Les pentes fertiles de la montagne étaient couvertes de champs bien cultivés, et les villes florissantes de Pompéï, Herculanum et Stabies s'élevaient à la base de la montagne endormie. L'idée d'un danger se présentait si peu à l'esprit, à cette époque, que les milliers d'esclaves, de meurtriers, de pirates qui se portaient en bandes sous l'étendard de Spartacus choisirent le cratère même pour refuge.

Quoique le Vésuve fût en repos, la région avoisinante était loin d'être tranquille. L'île de Pithécuse (l'Ischia moderne) était secouée par des convulsions terribles et fréquentes. On dit même que Procytha (la Procida moderne) fut séparée de Pithécuse au cours d'un immense soulèvement, quoique Pline dérive le mot Procytha (ou *coulée*) du fait que cette île serait le résultat d'une coulée de lave pendant une éruption d'Ischia. Il est beaucoup plus probable qu'elle a été formée par des éruptions sous-marines, ainsi qu'on en a eu un exemple récent dans la formation des îles volcaniques près de Santorin.

Les éruptions de Pithécuse étaient si violentes que plusieurs colonies grecques qui essayèrent de s'établir dans cette île furent forcées de la quitter. Vers l'an 380 avant l'ère chrétienne, des colons, sous le roi Hiéron de Syracuse, qui avait construit un fort sur Pithécuse, furent chassés par une éruption. Mais ce n'étaient pas là les seules sources de danger. Des vapeurs toxiques, telles qu'en répandent souvent les volcans après les éruptions, semblent s'être élevées, de temps à autre, sur de vastes étendues à Pithécuse, et avoir rendu l'île inhabitable.

Le fameux lac Averne était encore plus près du Vésuve. On dit que le nom *Averne* est une corruption du mot grec ἄορνος, qui signifie « sans oiseaux, » parce que les exhalaisons méphitiques de ses eaux détruisaient tous les oiseaux qui passaient par-dessus. Les propriétés vénéneuses attribuées par les anciens au lac Averne sont fort douteuses. Le lac est maintenant un voisinage sain et agréable, fréquenté par différentes espèces d'oiseaux, qui rasent impunément la surface de ses eaux. Sans aucun doute, l'Averne cache le cratère d'un volcan éteint. Il est probable qu'il a pu mériter le nom d' « atri janua Ditis, » en répandant, longtemps après l'extinction du volcan dont il cachait l'emplacement, des vapeurs aussi nuisibles à la vie animale que les gaz suffoquants émis par le lac Quilotoa, à Quito, en 1797, lesquels empoisonnèrent des troupeaux entiers de bestiaux, ou aussi destructives que les émanations délétères qui asphyxièrent tout le bétail de l'île de Lancerote, une des Canaries, en 1730.

Tandis qu'Ischia était en pleine activité, non seulement le Vésuve était en repos, mais l'Etna lui-même semblait s'éteindre graduellement, de sorte que Sénèque le range parmi les volcans presque éteints. Plus tard, Allian prétendait que la montagne s'enfonçait, de sorte que les marins la perdaient de vue à une distance plus courte que dans les anciens temps. Cependant, nous avons eu, dans ces derniers temps, des éruptions de l'Etna égalant et surpassant même les convulsions citées par les anciens auteurs.

Je n'essaierai pas de montrer ici que le Vésuve et l'Etna sont du même système volcanique, quoiqu'on ait toutes les raisons pour le supposer, et que, de plus, toutes les actions souterraines qui ont fait sentir leurs effets, de temps à autre, sur toute la région s'étendant des Canaries aux Açores, à travers toute la Méditerranée et dans la Syrie elle-même, appartiennent à un même grand centre d'activité interne. Toutefois, il est certain que le Vésuve et Ischia ont une source commune.

Nous avons vu que, pendant que le Vésuve s'endormait, Ischia était déchirée par de nombreuses convulsions. Mais le temps s'approchait où le Vésuve devait reprendre ses fonctions naturelles et la suprématie du système volcanique napolitain, avec d'autant plus d'énergie qu'il s'était reposé pendant plus longtemps.

En l'an 63 après Jésus-Christ, il y eut un violent tremblement de terre, autour du Vésuve, qui détruisit en partie les villes avoisinantes en faisant de nombreuses victimes. Dès ce moment, on sentit, de temps en temps, des trépidations du sol, pendant seize ans. Elles devinrent de plus en plus violentes, jusqu'à ce qu'il fut évident que le feu intérieur allait retourner au centre principal. L'obstruction qui avait si longtemps empêché la sortie des matières éruptives ne se laissa point vaincre facilement; ce ne fut qu'au mois d'août de l'année 79 que la masse superposée au feu fut projetée hors du cratère après de nombreux et violents efforts. Le cratère vomissait des roches, des cendres, de la lave et des scories qui se répandaient, à plusieurs lieues à la ronde, autour du Vésuve.

Dans cette violente éruption, le Vésuve vomit de petites pierres, du sable, des cendres, des fragments de vieille lave; il ne s'écoula aucune nouvelle lave. Il ne semble pas non plus qu'il y ait eu écoulement de lave dans les six éruptions qui se suivirent pendant dix siècles. C'est en 1036, pour la première fois, que le Vésuve lança de la lave. Treize ans plus tard, une autre éruption eut lieu; puis quatre-vingt-dix ans se passèrent sans trouble ; après cela, encore un long intervalle de 168 ans de repos. Il n'y eut dans cette période que deux éruptions. On rapporte qu'en 1198, le cratère du lac Solfatare fut en éruption, et qu'en 1302, Ischia, silencieuse pendant une période d'au moins 1400 ans, redevint active. Pendant plus d'un an, des tremblements de terre bouleversèrent cette île, jusqu'à ce que la région atteinte ait été soulagée par l'éruption d'un nouveau cratère au Sud-Est d'Ischia. Le fleuve de lave se jeta directement dans la mer à une distance de 3200^{m} environ. Cette terrible éruption dura deux mois; un grand nombre d'habitations furent détruites; et, quoique les habitants d'Ischia n'eussent pas été obligés de quitter l'île comme les anciens colons grecs, ils furent contraints en partie d'émigrer.

Après l'éruption du Vésuve de 1306, trois siècles un quart s'écoulèrent, pendant lesquels il n'y eut qu'une éruption insignifiante (1500). On remarqua, dit Sir Charles Lyell, que, pendant ce long intervalle de repos, l'Etna fut très actif, de façon à confirmer l'hypothèse que le grand volcan de la Sicile peut parfois servir de canal à des fluides et à de la lave qui se reporteraient sans cela aux évents de la Campagne.

L'activité anormale de l'Etna n'était pas le seul phénomène indiquant que la tranquillité du Vésuve ne devait pas être considérée comme un état de quiétude du système volcanique tout entier. En 1538, une nouvelle montagne s'éleva subitement sur les champs phlégréens, contrée qui comprend, dans ses limites, Pouzzoles, l'Averne et les solfatares. La nouvelle montagne fut soulevée près de la baie de Baïes. Elle s'élève à 134^{m} au-dessus du niveau de la baie, sa base a environ 2400^{m} de circonférence. La profondeur du cratère est de 128^{m}, de sorte que le fond n'est qu'à six mètres au-dessus du niveau de la baie. L'endroit où la montagne fut soulevée était anciennement le lac Lucrin, qui fut presque totalement rempli par la matière éruptive, ne laissant qu'une mare petite et peu profonde.

Les récits qui nous sont parvenus de la formation de cette nouvelle montagne ne sont pas sans intérêt. Falconi, écrivant en 1538, rapporte que plusieurs tremblements de terre eurent lieu pendant les deux années qui précédèrent l'éruption, et que plus de vingt chocs furent ressentis la veille et l'avant-veille de l'éruption. Celle-ci commença le 29 septembre 1538 : c'était un dimanche, vers 1^{h} du matin; des flammes apparurent entre les bains chauds et Tripergola; en peu de temps, le feu augmenta à un tel degré que la terre fut fendue à cet endroit, et qu'une quantité de cendres et de pierre ponce, mêlées à de l'eau, furent lancées sur tout le pays. Le matin suivant, les habitants de Pouzzoles quittèrent leurs habitations, terrifiés, couverts par cette pluie noire et boueuse, qui continua tout le jour dans ce pays; ils fuyaient la mort. Les uns tenaient leurs enfants dans les bras, d'autres s'enfuyaient avec leurs biens vers Naples. La mer s'était retirée du côté de Baïes, abandonnant une vaste étendue de terrain. La plage semblait presque sèche à cause de l'immense quantité de cendres et de pierre ponce jetées par le volcan.

Toute cette région resta ensuite en repos pendant près d'un siècle. Il y avait eu près de cinq siècles sans grande éruption du Vésuve même; le volcan semblait s'éteindre. L'intérieur du cratère est décrit par Bracini, qui visita le Vésuve un peu avant l'éruption de 1631, dans des termes qui répondraient assez bien à une description antérieure à l'éruption de 79. « Le cratère avait cinq milles de circonférence et environ mille pas de profondeur; ses côtés étaient couverts de broussailles, et il y avait au pied une plaine où paissait le bétail. Des sangliers avaient leurs repaires dans la partie boisée. Dans une partie de la plaine, couverte de cendres, se trouvaient trois petites mares, l'une remplie d'eau chaude et amère, l'autre plus salée que la mer, la dernière chaude, mais sans saveur. » En 1631, la montagne lança au loin cette couverture de roches et de cendres qui supportait ces bois et pâturages. Sept torrents de lave s'écoulèrent du cratère, ensevelissant et brûlant tout sur leur passage. Résina, bâtie sur l'emplacement d'Herculanum, fut entièrement brûlée par un flot de lave. De fortes averses, résultant de la condensation des vapeurs aqueuses dégagées pendant l'éruption, firent presque autant de dommages que les flots de lave, car, tombant sur le cône de la montagne, elles en charriaient des masses de cendres et de poussières volcaniques, en formant des fleuves d'une boue assez épaisse pour mériter le nom de « lave aqueuse, » qu'on lui donne généralement.

Un intervalle de trente-cinq ans s'écoula avant l'éruption suivante, mais, à dater de 1666, il y eut une série continuelle d'éruptions. La montagne n'est guère restée tranquille pendant dix années consécutives depuis cette époque. Quelquefois il y a eu deux éruptions dans l'espace de quelques mois. D'autre part, depuis la formation du Monte Nuovo, il n'y a eu aucun trouble volcanique dans la région napolitaine, sauf au Vésuve même. On aurait pu croire que la série constante des éruptions du Vésuve pendant les deux derniers siècles avait suffi pour soulager la région dont ce volcan est l'évent principal.

Le grand tremblement de terre d'Ischia nous montre au contraire que les choses sont à peu près dans le même état aujourd'hui que dans les anciens temps.

R.-A. PROCTOR.

ACADÉMIE DES SCIENCES.

COMMUNICATIONS RELATIVES A L'ASTRONOMIE ET A LA PHYSIQUE GÉNÉRALE.

Perturbations solaires nouvellement observées, par M. L. THOLLON.

« Il se produit depuis quelque temps, dans l'hémisphère sud du Soleil, de nombreuses et importantes perturbations qui méritent d'être signalées. On y voyait, le 22 juillet, comme une chaîne de grandes et belles taches presque régulièrement espacées, accompagnées d'une foule d'autres très petites et très nettes. L'une d'elles, la plus occidentale, à pénombre faible, offrait un noyau très sombre et parfaitement délimité. Le diamètre de ce noyau, mesuré avec soin, a été trouvé égal à 25′, soit 18 000^{km} environ; celui de la Terre n'est que de 12 700^{km}. Cette tache n'était pas la plus grande, mais elle était la plus régulière et la mieux définie.

Du côté opposé, à l'Est, se trouvait un large groupe formé d'un si grand nombre de petites taches qu'il m'a été impossible de les compter. L'arrivée de ce groupe a été signalée, dès le 16 juillet, par une protubérance assez petite, mais extrêmement brillante. A 4^h de l'après-midi, elle était formée de traits de feu rectilignes, paraissant diverger du même point du bord et s'amincissant en pointes vers leurs extrémités, sans rien perdre de leur éclat. Sur cette protubérance, j'ai pu observer

Fig. 127.

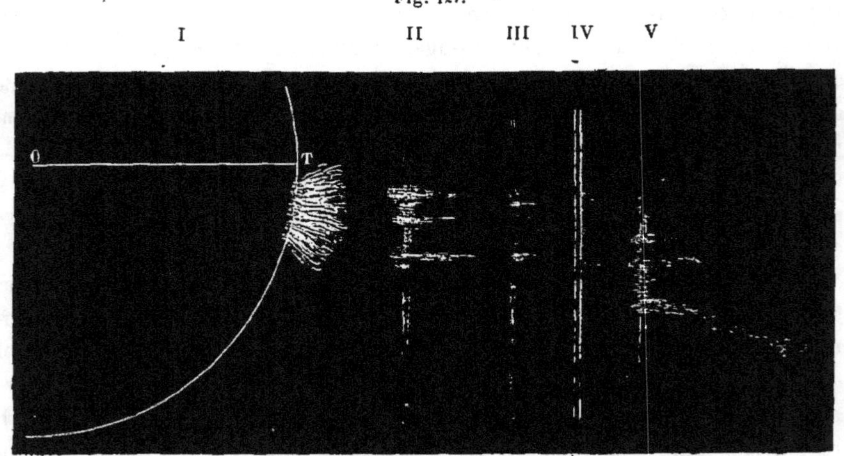

T — Bord oriental.
OT — Rayon horizontal dans l'image au moment de l'observation.

I. — Protubérance très brillante observée le 15 juillet à 4^h 5^m du soir. Hauteur : 40″ environ (fente large).

II. — Même protubérance observée avec la fente étroite. Déviation très prononcée et très brillante du côté du violet dans les raies C, D, F.

III. — Même protubérance donnant des déviations moindres dans D_1, D_2, b_1, b_2, b_3, la moins réfrangible du couple (appartenant au nickel), b_4.

IV. — Mêmes déviations dans la raie de la couronne.

V. — A 5^h 20^m, aspect de la raie C sur la même protubérance. Vitesse = 300^{km} environ par seconde.

des déplacements très prononcés de la raie C; l'un d'eux atteignit, à 5^h 20^m, du côté du violet, des proportions considérables, correspondant à une vitesse d'environ 300^{km} par seconde. Une heure auparavant, j'avais observé, dans la même région, un déplacement moindre du côté du rouge, non seulement dans les raies de l'hydrogène et du groupe *b*, mais encore dans la raie de la couronne (1474 de Kirchhoff). Ce déplacement de la raie de la couronne, constaté de la manière la plus sûre, est un fait important. Il suffira, pour s'en convaincre, de voir ce qu'écrit à ce sujet le savant et habile observateur M. Young, dans son excellent Ouvrage *le Soleil* (traduction française, p. 189).

En profitant des éclaircies du 21 juillet et de la belle matinée du 22, j'ai pu continuer et compléter mes observations. Presque toute la moitié méridionale du disque solaire donnait des signes manifestes d'une violente agitation. En promenant l'image de cette région sur la fente du spectroscope, la raie C n'avait plus l'aspect d'une ligne sombre continue; elle paraissait réduite en une infinité de fragments, les uns brillants, les autres très noirs, semblant osciller rapidement autour d'un axe commun au moindre mouvement de l'image solaire. Fréquemment, on voyait un de ces fragments se transporter à une grande distance, à droite ou à gauche de la raie, en s'étalant et s'estompant sur les bords, particulièrement dans le voisinage des taches.

Le 22 juillet, à $7^h 33^m$ du matin, une petite protubérance, qui se montrait au bord occidental, attira mon attention par son éclat et un déplacement très marqué de la raie C. En la maintenant sur la fente et parcourant le spectre, je vis un nombre considérable de raies métalliques se renverser et devenir très brillantes, Le renversement des raies D se présentait avec un éclat surprenant, comparable à celui que donne le sodium dans l'arc électrique. Vers la base de la protubérance, le renversement était double, c'est-à-dire que les raies D, larges et très brillantes, étaient partagées en deux par un noyau noir. Les nuages, qui à ce moment ne laissaient voir le Soleil que par rares éclaircies, ne me permirent pas de noter la position de toutes les raies devenues brillantes. Voici les longueurs d'onde de celles qui ont pu être déterminées :

5189
5197
5274
5323
6673,

auxquelles il faut ajouter la raie rouge de Tacchini, celle de la couronne, b_1, b_2, la moins réfrangible des deux composantes de b_3, appartenant au nickel, et la plus réfrangible des deux composantes de b_4 appartenant au magnésium.

Dans le cours de mes observations spectroscopiques, je n'ai jamais vu le renversement des raies métalliques et surtout des raies D se produire, à beaucoup près, avec autant d'éclat que dans la matinée du 22. Quant aux déplacements de raies, j'en ai mesuré de plus amples; je ne les ai jamais vus aussi fréquents dans une période de temps aussi courte. »

NOUVELLES DE LA SCIENCE. — VARIÉTÉS.

La catastrophe d'Ischia. — Les jours précédant la catastrophe, les instruments microseismiques à Rocca di Papa, en communication avec des microphones à Rome, indiquèrent un grand surcroît d'activité souterraine. Le tremblement de terre du 25 juillet à Cosenza et Catanzaro semble avoir été prédit par ces indications.

La persistance et l'accentuation de ces mouvements indiquaient nettement l'arrivée d'une nouvelle action souterraine. La Science n'est pas encore à même de déterminer le point topographique ainsi menacé, car nous n'avons pas assez d'observatoires et ils manquent surtout là où les forces souterraines sont le plus à craindre. C'est ainsi que nous ne pouvions que conjecturer la direction générale du mouvement, et conclure des observations faites çà et là, en Italie, que le centre d'action était dans le Sud de la péninsule. Le tremblement de terre du samedi 28 juillet fut enregistré par les seismographes de Rome, Velletri et Ceccano à 9^h30^m soir, avec des vagues lentes du Nord au Sud et de l'Est à l'Ouest. Les autres instruments qui enrègistrent les mouvements vifs et brusques du sol ne furent point affectés. Autant que l'on peut conclure des observations faites jusqu'ici, ce tremblement de terre fut une reproduction exacte de celui du 4 mars 1881 et de ceux qui le précédaient. Il est à déplorer que mes conseils relatifs à l'installation d'un service régulier d'observations dans ces régions n'aient pas été suivis, car de telles observations auraient, sans aucun doute, donné l'alerte d'une catastrophe imminente. Je donnai ces conseils, non seulement aussitôt après la commotion du 4 mars, mais aussi lors de ma visite à Naples au congrès météorologique. A la suite de cette visite, j'écrivis, au nom de l'Observatoire, à un des directeurs des principaux bains d'Ischia, le priant de noter journellement la température des eaux thermales et l'état de la fumerolle (ouverture naturelle de laquelle s'échappent de la vapeur et de la fumée). Les variations anormales de la température des sources thermales sont un indice des plus sûrs d'orages souterrains. Ces variations ont été remarquées à Casamicciola même sans observations scientifiques suivies. Cette fois-ci, comme toujours, le desséchement des puits, le tonnerre souterrain, les oscillations du sol ont précédé la catastrophe, ce qui prouve que les microphones, téléphones et autres instruments seismologiques très délicats, que la Science possède aujourd'hui, auraient pu fournir des indications précieuses. C'est à contre cœur que mes avis furent reçus, car l'établissement d'un Observatoire météorologique à Casamicciola aurait pu donner l'éveil d'un danger prochain et éloigner les visiteurs de l'île. Les personnes, même les plus instruites, sont si imbues de cette idée, que l'on ne m'envoie qu'avec beaucoup de réserve les indications des phénomènes souterrains. Espérons que ce préjugé ne continuera pas longtemps à retarder les progrès de la Science.

Prof. De Rossi.

Le journal anglais *Nature*, qui publie la note précédente, ajoute les remarques suivantes.

Les blessés des hôpitaux disent que les signes précurseurs du danger ne peuvent avoir échappé à l'observation des habitants de l'île; mais que malheureusement ils n'en soufflèrent mot, de peur d'effrayer les baigneurs et de gâter une saison exceptionnellement prospère. L'avocat Jeremiah Tonti, d'Andria, qui est grièvement blessé à l'église de Pellegrini, près du grand hôpital, raconte qu'il était allé prendre les eaux pour ses rhumatismes. La source est si chaude qu'il faut y ajouter un quart d'eau froide pour le bain; mais, deux jours avant le désastre, la température de cette source s'éleva tellement qu'on fut obligé d'augmenter considérablement la proportion d'eau froide. Selon le docteur Bucco, actuellement à l'hôpital Pellegrini, les secousses à Forio et Lacco Ameno étaient verticales en même temps qu'ondulatoires, de sorte que les maisons s'écroulaient de fond en comble en laissant quelquefois les murs extérieurs debout. Il perçut aussi un mouvement giratoire comme s'il était entraîné dans un tourbillon.

Il est à remarquer que les tremblements de terre de 1827 et 1881 se ressemblent beaucoup. Le premier fit 50 victimes, le second 127; la catastrophe actuelle a 2443 morts à son compte, à cause de la saison des bains et parce que les maisons se sont écroulées à l'heure du coucher des paysans et des réunions mondaines.

M. Palmieri est en désaccord avec M. de Rossi sur la cause du tremblement de terre : il assure qu'il n'y a eu là qu'un effondrement local dû aux cavernes souterraines et aux extractions de terre glaise, que ses seismographes du Vésuve n'ont rien indiqué, que le mouvement ne s'est pas étendu jusqu'à Naples, et que la source du choc d'Ischia ne devait pas se trouver à une grande profondeur dans le sol.

Les faits qui pourraient rattacher ce phénomène au système volcanique napolitain sont l'écoulement de lave du Vésuve du 31, et l'augmentation du volume en même temps que l'élévation de la température des bains d'Ischia. On remarque que l'écoulement de la lave vers Torre del Greco est postérieur de trois jours à l'événement du 28; c'est peut être un fait indépendant de celui-ci. Quant au trouble apporté au régime des eaux minérales, c'est une conséquence inséparable d'une si violente secousse, quelle qu'en soit la cause.

L'hypothèse d'un éboulement de cavernes n'est cependant pas à rejeter. De telles cavernes existent sans doute sous les évents volcaniques qui ont lancé beaucoup de matières au dehors. Les géologues savent que l'une des phases finales de l'existence d'un volcan est l'affaissement du cône. Ce mouvement descendant continue probablement pendant longtemps. Il peut être en général lent et invisible, mais si, de temps à autre, les toits des immenses poches, d'où sont sorties la lave et la vapeur, s'effondrent, la secousse suffira pour produire des tremblements de terre dans le voisinage, sans qu'il se fasse un changement de niveau perceptible. Sans toutefois pouvoir conclure avec certitude, nous pouvons considérer la catastrophe d'Ischia comme due à un état vésiculaire de la croûte terrestre, résultant de la sortie des laves et autres matières éruptives.

Éruptions et taches solaires. — M. Tacchini a pu constater, au moyen du spectroscope, la présence d'éruptions de gaz hydrogène sur les bords des taches solaires. Voici des observations qui paraissent en rapport avec ce fait :

Le 6 avril dernier, à 6^{h} du soir, examinant la tache qui était sur le point de disparaître le 8, j'ai remarqué que la partie supérieure du noyau était rousse, tandis que l'autre partie était noire. Or, le dimanche 1er avril, j'avais examiné cette même tache.

1° à 10^{h} du matin; le noyau était noir, bien défini.

2° à 5^h45^m du soir, le Soleil étant recouvert d'un léger voile de vapeurs; je me suis permis l'observation de la tache sans me servir de la bonnette. La partie inférieure du noyau était noire, tandis que l'autre, celle qui correspondait à la partie rousse (verre noir) dans l'observation du 6 avril, était d'un rouge sang foncé. Je ne puis mieux en comparer la nuance qu'à celle de la planche des éruptions solaires publiée dans l'*Astronomie populaire*. Seulement la teinte en était plus foncée. Si réellement cette coloration rouge, qui se montre d'une nuance rousse en se servant du verre noir, est produite par la combustion de l'hydrogène, il est à supposer que, dans mon observation du 22 avril 1882, j'ai assisté à une éruption de ce gaz, et que ce que j'ai pris pour des bouffées de vapeurs était d'immenses flammes entraînées sur la pénombre par un courant violent: cette observation est à refaire, si toutefois je puis me retrouver dans les mêmes conditions.

H. NAGANT.

Observatoire de Paris. — Nous apprenons avec bonheur que M. le contre-amiral Mouchez, qui arrivait à l'expiration de son mandat, vient d'être de nouveau nommé Directeur de l'Observatoire de Paris pour cinq ans. M. Mouchez est un administrateur intègre et dévoué, auquel notre grand établissement scientifique doit déjà une transformation remarquable. Loin d'absorber les individualités qui agissent sous sa direction, comme le faisaient ses prédécesseurs, il tient au contraire à les mettre en évidence et n'a d'autre souci que le progrès de la Science. Nous adressons nos sincères félicitations à l'Académie, au Bureau des Longitudes et au Ministre de l'Instruction publique.

C. F.

Explosions solaires. — Le 22 juillet, à 7^h du matin, M. Bruguière observant à Marseille, à l'aide d'une lunette de 50^{mm}, a vu apparaître sur le Soleil, à côté d'une belle tache (tache arrivée le 17 juillet au bord oriental et alors approchant du méridien central) un jet lumineux rapide comme un éclair. Le 29, nouvelle observation semblable, au-dessous de la tache visible à l'œil nu du 24 au 29 juillet. Ce jet lumineux a été moins fort que celui du 22.

Exemple à suivre. — L'Académie de Lausanne a la bonne habitude d'offrir chaque année à ses étudiants un certain nombre de sujets de concours pour les forcer à étudier par eux-mêmes les grands problèmes de la Science. Si leur travail est jugé favorablement, ils obtiennent un certificat qui peut leur être utile, accompagné d'une récompense en argent,

Dans le concours de la Faculté des Sciences préparé pour cette année par le professeur Ch. Dufour, on remarque les trois sujets suivants relatifs à l'Astronomie :

54. Étude du VIe volume des *Études et Lectures sur l'Astronomie,* par Flammarion. Astronomie stellaire; concours oral.

55. Effectuer les calculs relatifs à la détermination de la position des astres, tels qu'on les voit *dans une localité donnée.*

56. État actuel de nos connaissances, relativement à la constitution physique du Soleil.

Ne serait-ce pas là un excellent exemple à suivre dans nos Facultés françaises?

OBSERVATIONS ASTRONOMIQUES

A FAIRE DU 15 SEPTEMBRE AU 15 OCTOBRE.

Principaux objets célestes en évidence pour l'observation.

1° CIEL ÉTOILÉ :

L'aspect du Ciel étoilé a été donné l'année dernière dans l'*Astronomie* (1re année, même mois). Voir aussi les descriptions dans l'Ouvrage *Les Étoiles et les Curiosités du Ciel* (p. 594 à 635).

2° SYSTÈME SOLAIRE :

Soleil. — Le Soleil se lève le 15 septembre à 5^h37^m, pour se coucher à 6^h12^m; le 1er octobre, il se lève à 6^h et se couche à 5^h38^m; enfin, le 15 octobre, il se lève à 6^h21^m et se couche à 5^h10^m. C'est à cette époque de l'année que les jours diminuent le plus rapidement, car c'est dans le voisinage des équinoxes que le mouvement apparent du Soleil se fait le plus sentir en déclinaison. La durée du jour aura diminué de 1^h46^m ce mois. En effet, le 15 septembre elle est de 12^h35^m, le 1er octobre de 11^h38^m, et le 15 octobre de 10^h49^m seulement. La déclinaison boréale du Soleil, le 15 septembre, est de 3°4′.

Le Soleil, astronomiquement, entre dans le signe de la Balance, constellation ainsi nommée, dit-on, par les anciens à cause de l'égalité des nuits et des jours quand le Soleil s'y trouve; mais en réalité l'astre du jour traverse une partie de la constellation de la Vierge.

C'est le 23 septembre, à 9^h41^m du matin, qu'a lieu l'équinoxe d'automne, cette année. C'est donc à cet instant que se termine astronomiquement l'été et que commence la saison suivante. Le Soleil passe alors dans l'hémisphère austral; le 1er octobre, sa déclinaison australe est de 3°9′, et le 15 octobre, de 8°29′.

Le Soleil continue toujours à offrir, de temps à autre, de beaux groupes de taches à l'observateur. Les nuits sont déjà plus longues et plus sombres, le crépuscule se prolonge moins, la température est douce: l'astronome doit profiter de toutes ces circonstances favorables.

Lune. — Le Soleil étant près du point équinoxial d'automne, la Pleine Lune se fait naturellement près du point vernal.

La Pleine Lune du 16 septembre est celle que les Anglais appellent *harvest-moon* ou lune des moissons: elle jouit de la propriété singulière de se lever à peu près à la même heure pendant plusieurs soirées consécutives, ce qui la distingue des autres pleines lunes. La cause de cette particularité est que le retard des levers, dû au mouvement de la Lune dans son orbite, se trouve en partie compensé par l'augmentation rapide de sa déclinaison boréale qui avance le lever de l'astre.

Le Dernier Quartier se présente très avantageusement pour l'observateur, la Lune s'élevant beaucoup au-dessus de l'horizon, à cette époque de la lunaison.

Voir plus loin la description de la *Mer de la Sérénité* et des régions avoisinantes.

PHASES...	PL	le 16	sept.	à	$9^h 51^m$	soir.
	DQ	le 23	»	à	1 0	»
	NL	le 1er	oct.	à	6 4	matin.
	PQ	le 9	»	à	10 29	»

Trois occultations pourront être observées du 15 septembre au 15 octobre, avant 1^h du matin.

Fig. 128.

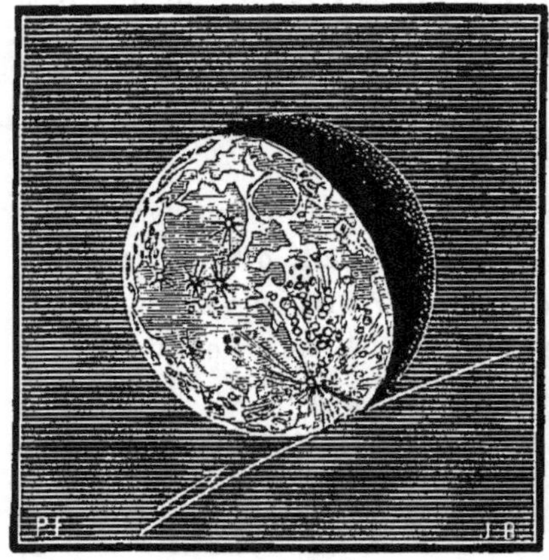

Occultation de B.A.C. 1119 par la Lune, le 20 septembre, de $12^h 6^m$ à $12^h 14^m$.

Fig. 129.

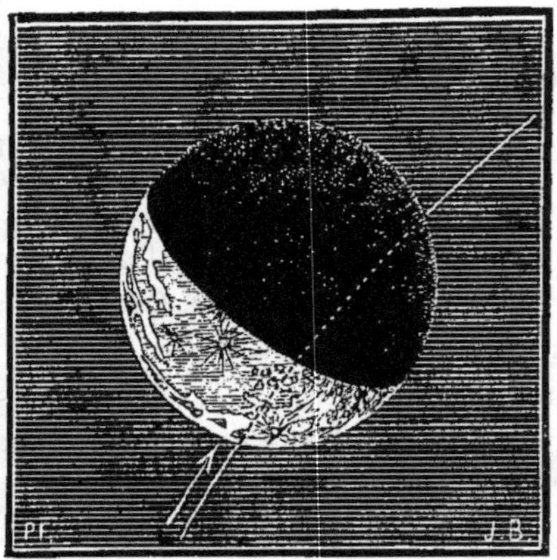

Occultation de 68 Gémeaux par la Lune, le 24 sept., de $12^h 34^m$ à $13^h 24^m$ (ou 25 sept. $1^h 24^m$ m.).

1° B.A.C. 1119 (6e gr.), le 20 septembre, de $12^h 6^m$ à $12^h 14^m$. L'étoile disparaît à droite (Ouest), à 19° au-dessus du point le plus bas de la Lune, et reparaît à 31° comptés de la même manière. Cette occultation ne dure pas huit minutes pour Paris. Certaines localités la verront durer plus longtemps; d'autres ne verront qu'une appulse. La *fig.* 128 représente cette occultation pour Paris.

2° 120 Taureau (6e gr.), le 22 septembre, de $9^h 34^m$ à $10^h 23^m$. L'étoile disparaît à gauche (Est), à 50° au-dessus du point le plus bas du disque lunaire, et reparaît à droite (Ouest), à 63° au-dessous du point le plus élevé. Comme on le voit, cette occultation est presque centrale. L'immersion ne sera point visible, la Lune ne se levant à Paris qu'à $9^h 47^m$.

3° 68 Gémeaux (5,5 gr.), le 24 septembre, de $12^h 34^m$ à $13^h 24^m$ (ou 25 septembre $1^h 24^m$ matin). L'étoile disparaît à gauche (Est) à 18° au-dessus du point le plus bas de la Lune et reparaît à droite (Ouest), à 69° au-dessous du point le plus élevé du disque lunaire. La *fig.* 129 représente cette occultation.

Ces trois occultations ayant lieu dans le voisinage du Dernier Quartier, les étoiles seront d'abord cachées par le bord brillant de notre satellite pour reparaître subitement à une certaine distance de la partie visible.

Lever, Passage au Méridien et Coucher des planètes, du 11 septembre au 11 octobre 1883.

		Lever.		Passage au Méridien.		Coucher.		Constellations.
MERCURE.	11 sept.	8h 6m	matin.	1h 31m	soir.	6h 55m	soir.	VIERGE.
	21 »	8 8	»	1 15	»	6 22	»	
	1er oct.	7 15	»	0 27	»	5 40	»	
	11 »	5 30	»	11 13	matin.	4 58	»	
VÉNUS...	11 sept.	5 13	»	11 49	»	6 24	»	LION, puis VIERGE.
	21 »	5 43	»	11 56	»	6 8	»	
	1er oct.	6 12	»	0 2	soir.	5 51	»	
	11 »	6 42	»	0 9	»	5 34	»	
MARS.....	11 sept.	11 25	soir.	7 29	matin.	3 32	»	GÉMEAUX, puis CANCER.
	21 »	11 14	»	7 16	»	3 15	»	
	1er oct.	11 3	»	7 1	»	2 56	»	
	11 »	10 52	»	6 45	»	2 35	»	
JUPITER...	11 sept.	0 51	matin.	8 38	»	4 25	»	CANCER.
	21 »	0 21	»	8 6	»	3 50	»	
	1er oct.	11 47	soir.	7 33	»	3 16	»	
	11 »	11 14	»	6 59	»	2 40	»	
SATURNE.	11 sept.	9 30	»	5 15	»	0 57	»	TAUREAU.
	21 »	8 51	»	4 36	»	0 18	»	
	1er oct.	8 12	»	3 57	»	11 38	matin.	
	11 »	7 32	»	3 17	»	10 57	»	

MERCURE. — Mercure arrive en conjonction inférieure avec le Soleil, le 7 octobre, à 1h du matin. C'est dire qu'il est complètement invisible le matin, durant les premiers jours du mois. Mais, le 12 octobre, la planète se lève à 5h21m du matin, soit 56m avant le Soleil; le 15, lever à 5h0m, c'est-à-dire 1h21m avant le Soleil. Mercure pourra donc être très facilement observé le matin, dans le ciel de l'Orient, pendant tout le mois. Diamètre : 9",6 le 10 octobre.

VÉNUS. — Vénus arrive en conjonction supérieure avec le Soleil le 20 septembre à 11h du soir; elle est par conséquent invisible. Elle passe de la constellation du Lion dans celle de la Vierge. Diamètre : 9",8 le 10 octobre.

MARS. — Cette planète se lève vers 11h, sa forte déclinaison boréale la place très favorablement pour l'observation. Du 15 septembre au 3 octobre, elle forme le sommet d'un magnifique triangle dont la base est la ligne qui unit Castor à Pollux; le 10 octobre, elle se trouve dans le prolongement de αβ Gémeaux. Son diamètre apparent est faible : 8" seulement. Elle passe de la constellation des Gémeaux dans celle du Cancer. Ses coordonnées pour le 15 septembre sont à midi :

Ascension droite....... 7h0m10s. Déclinaison....... 23°15'37" N.

Mars arrive en conjonction avec l'étoile double δ des Gémeaux le 20 septembre, et se trouve à 50′ au Nord de cette étoile. Le 27, il sera en conjonction avec l'amas d'étoiles Herschel VI, 1.

JUPITER. — Le géant des planètes se lève vers minuit. Cette belle planète, toujours si facile à reconnaître, se trouve, le 15 septembre, sur le prolongement de la ligne qui joint Castor à Pollux, puis elle forme ensuite le quatrième sommet d'un curieux quadrilatère dont les trois autres sommets sont Mars, Castor et Pollux. Jupiter passe entre θ et μ^2 du Cancer. Son diamètre apparent est de 34″. Ses coordonnées, le 15 septembre, sont à midi :

Ascension droite....... $8^h 1^m 9^s$. Déclinaison.. ... 20°44′43″ N.

SATURNE. — Saturne est visible dès la fin de la soirée. Ce n'est pas une raison pour braquer les lunettes sur cette curieuse planète immédiatement après son lever. Il vaut mieux attendre 2^h ou 3^h du matin, l'air est alors beaucoup plus transparent et l'on pourra jouir du merveilleux spectacle que nous offre le système saturnien dans des conditions exceptionnelles. Nous ne saurions trop recommander à nos lecteurs de devancer l'aurore, surtout s'ils habitent dans le voisinage d'une grande ville. Saturne est magnifique à voir en ce moment ; le matin, l'anneau largement ouvert laisse voir le Ciel entre lui et la planète, l'ombre de celle-ci se détache nettement sur l'anneau et semble en couper un secteur derrière le globe de Saturne. Cet astre est dans la constellation du Taureau au-dessus et à gauche des Hyades. Ses coordonnées, pour le 15 septembre à midi, sont :

Ascension droite....... $4^h 35^m 2^s$. Déclinaison....... 20°3′57″ N.

PETITES PLANÈTES. — Dans la même constellation que Saturne (le Taureau), on trouvera la petite planète *Cérès*, invisible à l'œil nu. C'est la première des petites planètes découverte. Piazzi la trouva le 1er janvier 1801 en notant exactement la position des petites étoiles du Taureau. Ses coordonnées, le 1er octobre, à son passage au méridien vers $4^h 45^m$ du matin, sont :

Ascension droite....... $5^h 21^m$. Déclinaison..... . 18°36′ N.

L'astéroïde se lève dès $9^h 10^m$ du matin le 1er octobre.

La petite planète *Pallas* se trouve actuellement dans la constellation de la Baleine. Elle est en opposition avec le Soleil, le 6 octobre, entre θ et ζ Baleine. Pallas est la deuxième des petites planètes par ordre de découverte. Elle fut découverte par Olbers, le 28 mars 1802. Ses coordonnées, pour le 1er octobre, à son passage au méridien vers minuit 45^m, sont :

Ascension droite....... $1^h 25^m$. Déclinaison....... 12°49′ S.

Le lever de Pallas a lieu vers $7^h 42^m$ du soir le 1er octobre.

Cérès et Pallas sont de 6e grandeur environ, à leur opposition. Pour trouver ces petits astres, observer avec soin et noter les étoiles dans les environs de la position indiquée, et constater le déplacement de la planète. Une bonne jumelle suffit en général [1].

ÉTUDES SÉLÉNOGRAPHIQUES.

La mer de la Sérénité, dont nous allons donner la description, et qui est représentée (*fig.* 130), apparaît entourée de hautes montagnes; elle se trouve au Nord-Est de la mer de la Tranquillité, et à l'Est de la mer des Crises. Notre dessin se double donc dans la partie supérieure avec le bas de celui du dernier Numéro, et dans la partie occidentale avec la limite de droite de la gravure qui a paru dans le Numéro 5 et qui représente la mer des Crises.

Dans la partie supérieure, on retrouvera Manilius (109), Ménélaüs, le promontoire d'Achéruse, Pline (107), les monts Argée, Vitruve (106) et Maraldi (105), dont nous avons parlé la dernière fois. Au Nord-Est de Maraldi, juste au-dessous de Vitruve, on observera deux cirques singulièrement accolés qui ont reçu le nom de *Littrow*. Le bord occidental traverse Proclus et Tralles; dans la partie qui se double avec la *fig.* 77 (p. 194), on retrouvera, en descendant du Sud au Nord, Macrobe (104) et Messala (135).

Tout le bord Nord-Ouest de la Lune, jusqu'au pôle Nord, est rempli de grands cirques entre lesquels s'en trouvent de nombreux, plus petits; le tout forme une sorte de large chaîne parallèle au bord même de la Lune; la partie australe de cette chaîne se compose de Geminus (134), *Berzélius*, *Franklin*, *Céphée*, *Œrsted*, la partie boréale de Messala (135), *Hooke*, *Schuckburgh* et *Goldschmidt*, tandis que, plus au Nord encore, on trouve sur une ligne partant de Messala, *Schumacher* et *Mercure*. Au Nord de Schumacher, et tout près de Messala, est *Struve*, petite dépression très obscure à la Pleine Lune. A l'Est d'Œrsted et de Goldschmidt, la double chaîne semble se réunir sur les deux grands cirques d'*Atlas* (136) et d'*Hercule* (137). Le premier se présente comme un magnifique amphithéâtre de 88^{km} de diamètre; sa couronne, riche en hautes pointes et en terrasses, s'élève à 3300^{m}. A l'intérieur, s'observe une petite tache très sombre, un pic central et quelques crevasses qu'on peut distinguer avec un bon instrument. L'anneau d'Hercule est encore plus découpé, et se montre double du côté de l'Est; à l'intérieur, un peu vers l'Ouest, se trouve un petit cratère, qui paraît d'origine plus récente. Il faut l'observer cinq ou six jours après la Nouvelle Lune, ou trois jours et demi après la Pleine Lune. Au Nord, à 75^{km} de distance, est un petit cratère bien remarquable, et, plus au Nord encore, on admirera le vaste cirque d'*Endymion* qui se relie aux petites montagnes *Strabon* et *Thalès* par une vaste chaîne irrégulière appelée *De la Rue*. Le fond d'Endymion est très sombre à l'époque de la Pleine Lune, surtout quand

[1] Qu'il nous soit permis d'adresser publiquement nos remerciements à M. C. Detaille pour le bienveillant concours qu'il nous a prêté dans la rédaction de cet article.

P. G.

la libration est favorable; le diamètre est de 125^{km}; la muraille assez irrégulière s'élève à 4500^{m}, dépassant ainsi la plupart des sommets des Alpes.

Au Nord d'Endymion, mais juste au bord de la Lune, se montre la *mer d'Humboldt,* qui fut découverte par Beer et Mädler; elle est presque à moitié aussi grande que la mer des Crises; malheureusement on ne peut jamais l'observer en entier; quelquefois seulement la libration laisse voir de profil les pics qui la bordent à l'Ouest et qui s'élèvent jusqu'à 4800^{m} de hauteur. Quelquefois aussi, dans certaines conditions de libration, on peut observer dans cette région un singulier aplatissement du limbe lunaire, avec une pointe saillante qui la divise en deux parties égales, et qui fut découverte par Key en 1863.

En s'avançant encore vers le pôle Nord, on rencontre le grand cirque de *Gartner,* puis *Démocrite* et *Arnold,* avec deux petits cratères vers le Sud-Est. Nous sommes arrivés tout au bord de la *Mer du Froid,* et nous pourrons revenir dans la *Mer de la Sérénité* en nous dirigeant au Sud-Ouest à travers le *lac de la Mort* et le *lac des Songes.*

La *mer de la Sérénité* est une plaine immense et magnifique, presque circulaire, qui mesure environ 690^{km} du Nord au Sud, et 675^{km} de l'Est à l'Ouest. Beer et Mädler lui trouvèrent une légère teinte verte à la Pleine Lune; Schrœter ne fait pas mention de cette coloration, qui, du reste, est très difficile à distinguer; elle est coupée en deux par une longue bande blanchâtre et rectiligne qui devient tout à fait invisible quand le cercle d'illumination s'en approche; c'est cette bande, qui part de Ménélaüs, dont nous avons déjà parlé dans notre dernier Numéro, et qui provient en réalité de Tycho. Non loin du rivage occidental, on remarque une longue ligne serpentine découverte par Schrœter; c'est une sorte de colline peu élevée qui n'est guère visible que d'après l'ombre qu'elle projette quand elle est près du cercle d'illumination, ce qui arrive le 5e ou le 6e jour de la lunaison. Un peu à l'Est de celle-ci, Webb en a observé une seconde plus basse encore, et présentant une courbure opposée.

Dans l'intérieur même de la mer de la Sérénité, on ne remarque guère que trois petits cratères; ce sont *Sulpicius Gallus,* au Sud, *Bessel,* juste sur la traînée blanche qui part de Ménélaüs, et enfin, à l'Est, *Linné* (146), célèbre par les observations nombreuses dont il a été l'objet, et d'où l'on peut conclure qu'il a singulièrement changé d'aspect depuis un siècle. Du temps de Beer et Mädler, c'était un cratère comme les autres, un anneau montagneux avec une cavité au centre. Lohrmann le voyait *très profond;* Beer et Mädler le mentionnaient *profond.* Aujourd'hui *la cavité centrale a disparu,* comme l'a constaté, le premier, M. Schmidt, d'Athènes : Linné n'apparaît plus que comme un petit nuage blanc, et l'élévation même de la montagne paraît avoir diminué; le nom de cratère ne convient plus à cette éminence; la cavité intérieure s'est *comblée;* il est même probable qu'une partie du rempart s'est éboulé. Cette modification est, avec celle des cirques Messier, l'une des meilleures raisons que l'on ait de croire que tout travail géologique n'est pas encore terminé à la surface de la Lune.

La mer de la Sérénité est bornée au Sud par la mer des Vapeurs, dont elle est séparée par les monts Hémus et la mer de la Tranquillité, à l'Ouest par une région

Fig. 130.

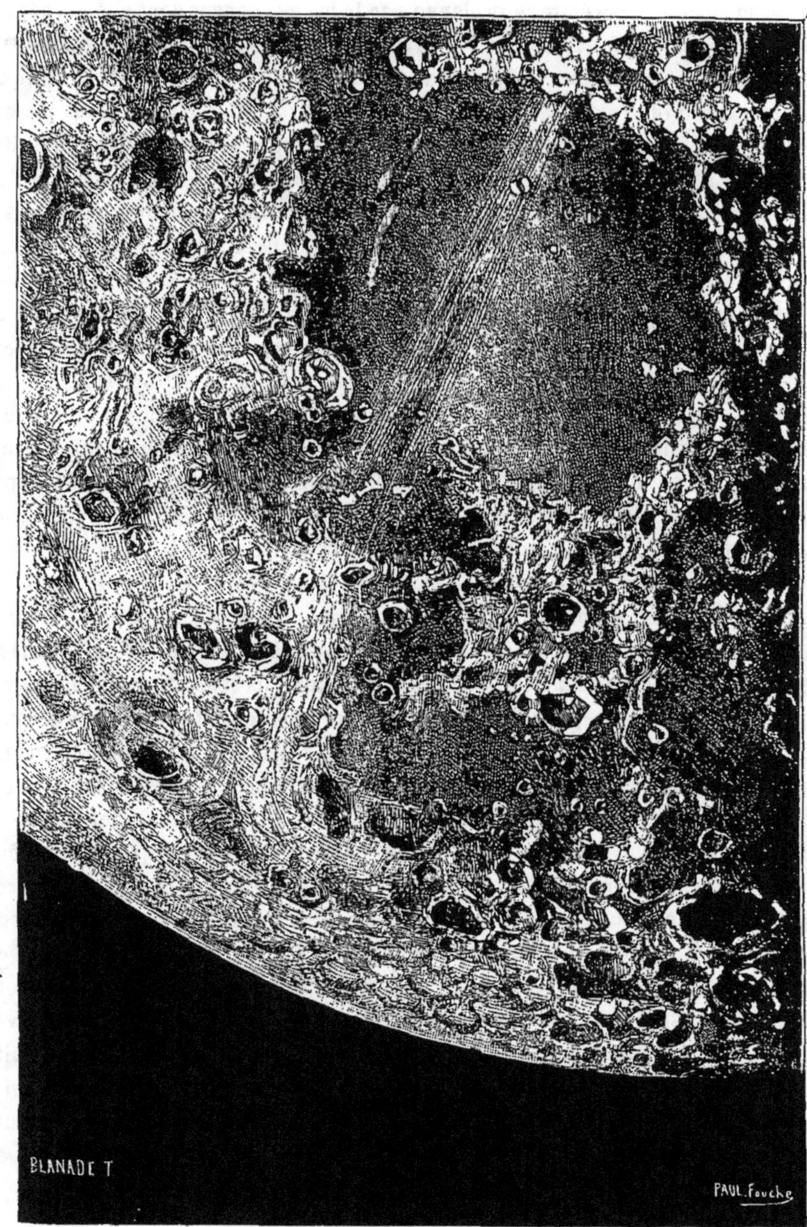

La mer de la Sérénité et ses environs.

assez claire où se trouvent le cirque *Rœmer* (120), orné de terrasses et d'un pic central, et les *Monts Taurus*; formés de plusieurs rangées de collines parallèles s'étendant du Sud-Ouest au Nord-Est, entre Rœmer et la chaîne de cratères dont nous avons parlé tout à l'heure : Géminus, Berzélius, Franklin, etc. Au Nord-Ouest, la mer de la Sérénité se prolonge par le lac des Songes dont elle est séparée par *Chacornac* (121) et *Posidonius* (122). Ce dernier est un cirque de 100^{km} de diamètre dont l'intérieur renferme une foule de petits détails parmi lesquels Shrœter a cru observer des changements répétés : l'ombre d'un brillant pic central lui a paru d'une forme anormale; une fois même il l'a trouvée invisible. Beer et Mädler n'y ont jamais rien vu d'insolite. Gaudibert a observé une rainure sur la plaine intérieure. De très petits cratères sont accolés aux flancs extérieurs de Posidonius. Le lac des Songes est séparé du lac de la Mort par *Plana, Mason* et *Burg,* trois montagnes circulaires.

Le rivage boréal de la mer de la Sérénité s'étend d'abord au Nord du lac des Songes, puis il s'élève et se prolonge vers l'Est par le *Caucase,* vaste masse de montagnes qui sépare la mer de la Sérénité du marais des Brouillards, et qui renferme un grand nombre d'*aiguilles* qu'on peut classer parmi les plus hautes de la Lune, car elles s'élèvent jusqu'à 5500^{m}. Dans le voisinage du Premier Quartier, ces aiguilles projettent sur le sol de longues ombres qui se découpent en pointes aiguës et font de cette région de la Lune l'un des plus beaux spectacles que les télescopes aient révélés aux yeux de l'humanité.

A l'Est du Caucase, se voient *Theœtetus,* et au Nord, *Calippus,* à l'Ouest duquel est une tache sombre appelée *Alexandre.* Entre le Caucase et la mer du Froid, vous trouverez, en descendant vers le Nord, *Eudoxe* (138) et *Aristote* (139). Ces deux grands cirques méritent de fixer l'attention; ils sont assez difficiles à voir à la Pleine Lune parce qu'ils s'élèvent dans une région qui apparaît comme recouverte d'une poussière lumineuse; mais, au Premier Quartier, ils surgissent magnifiques et brillants au-dessus de la plaine environnante. Le mur d'Eudoxe forme de belles terrasses et s'élève à 3400^{m}; du côté de l'Ouest, il est flanqué de deux tourelles de 4500^{m} de hauteur. Aristote a plus de 80^{km} de large; il est presque aussi profond qu'Eudoxe, mais sa muraille est plus richement découpée. Le fond du cratère ressemble au sol environnant, ce qui est assez rare; mais ce qu'il y a surtout de remarquable, ce sont les innombrables pointes qui se dressent autour de ces grandes montagnes et qui s'alignent en rayons divergeant à partir d'Aristote; c'est là une disposition peu commune, et qui demande, pour être bien observée, un éclairage favorable. Au Sud-Ouest d'Eudoxe, et jusqu'à la mer de la Sérénité, le sol est hérissé d'un nombre incalculable de petites pointes. Signalons aussi le petit cratère *Miss Mitchell,* avec une pointe centrale, accolée au flanc occidental d'Aristote, et enfin de nombreux petits cratères, et une petite rainure qui ont été oubliés par Beer et Mädler.

PHILIPPE GÉRIGNY.

Erratum

N° 8, page 285, ligne 27. *Au lieu de* 2 595 780 000^{kg}, *lire* 2 595 780 000 tonnes.

CURIEUX PHÉNOMÈNES MÉTÉOROLOGIQUES.

Dans un Numéro précédent (mars 1883), nous avons exposé quelques-

Fig. 131

Spectre aérien observé en Andalousie, le 4 avril 1883.

uns des aspects les plus curieux observés soit en ballon, soit sur les hautes montagnes. Aujourd'hui, nous signalerons un autre genre de phénomènes non moins bizarres et plus frappants peut-être encore par l'exceptionnelle rareté de leurs manifestations.

Mais, avant d'y arriver, nous sommes heureux de présenter à nos lecteurs l'observation faite le 4 avril dernier, en Espagne, par un groupe de membres de la Société scientifique Flammarion de Jaën. Ce jour-là, à $6^h\,20^m$ du matin, M. Ildefonse Rincon se trouvait, accompagné d'un garde et d'un domestique, au sommet de la Sierra de Valdepegnas, à 15^{km} au Sud de Jaën. Un brouillard très épais cachait entièrement aux regards la vallée et le ciel du côté de l'Ouest, tandis qu'à l'Est de légères vapeurs laissaient percer les rayons solaires et permettaient d'admirer le plus splendide lever de soleil.

En se retournant du côté de l'Ouest, l'observateur fut tout surpris d'avoir exactement sous les yeux le spectacle décrit et représenté à la page 94 du Numéro de l'*Astronomie* que nous venons de rappeler. Son spectre, celui de ses deux compagnons, celui du chien, leurs silhouettes précises, leurs moindres gestes, étaient fidèlement reproduits. Un cercle blanc, dont le diamètre apparent semblait être de 3^m, enveloppait d'une même auréole la tête des trois spectres, puis quatre anneaux concentriques, nuancés des plus brillantes couleurs de l'arc-en-ciel, complétaient cet admirable tableau : le rouge dominait dans le cercle intérieur, le jaune dans le second, le bleu dans le troisième, et le violet dans le plus grand. L'observateur s'empressa de dessiner le croquis de ce curieux spectacle, qui ne tarda pas à s'évanouir lorsque le brouillard se dissipa, et c'est à regret, nous écrivait-il, qu'il s'éloigna des lieux où il lui avait été donné d'observer un aussi merveilleux phénomène (*fig.* 131).

Le 8 septembre 1881, je me trouvais sur les hauteurs de l'Abendberg (Oberland bernois), à 1140^m d'altitude. La matinée avait été belle, mais, vers 2 heures, le temps s'était mis à la pluie, et, pendant trois heures, elle n'avait cessé de tomber, fine et serrée. La plaine d'Interlaken, qui s'étend comme une nappe à 570^m au-dessous de la station d'où j'observais, avait entièrement disparu derrière le voile brumeux de la pluie, ainsi que le lac de Brienz, qui la continue à l'Orient, et les hautes montagnes qui encadrent de toutes parts ce charmant paysage si connu des touristes. Mais, vers $5^h\,30^m$, le ciel s'éclaircit et la pluie diminua par gradations entremêlées de légères reprises.

Tandis que la pluie tombait encore, de légers nuages se formèrent au-dessous de nous, s'élevant de la plaine et de quelques vallées, vapeurs produites par l'évaporation de l'eau même qui venait de tomber sur les tièdes prairies. La campagne étendue à nos pieds reparut graduellement, avec ses tons variés de verdure et son damier multicolore, à mesure que la pluie s'éclaircit; les nouveaux nuages suspendus dans l'air flottèrent comme des flocons sur les prés et les bois en se déchiquetant et se métamorphosant en mille formes imprévues.

Aucun souffle d'air, aucun bruit, à peine un léger bruissement produit par l'agitation du feuillage des hêtres de la forêt voisine. Tout à coup, nous vîmes se dresser devant nous une colonne géante, droite et mince, formée dans l'air, colorée des nuances translucides de *l'arc-en-ciel*, transparente, laissant voir derrière elle les prairies, les jardins, les bouquets d'arbres, les habitations de la plaine, et plus loin, les rives du lac, et, plus loin encore, le lac lui-même, et, plus loin encore, le village de Brienz éclairé par le soleil et dominé par les montagnes. Au premier aspect, cette colonne paraissait bien droite; mais, en l'examinant avec attention, on reconnaissait qu'elle était légèrement courbée au-dessus et au-dessous d'une ligne un peu inférieure à notre ligne d'horizon. Il n'y avait aucun doute : c'était le côté gauche d'un arc-en-ciel immense, et, au lieu de s'arrêter comme d'habitude sur un terrain solide devant nous, ce côté gauche continuait de descendre sous notre horizon; mais la courbure était à peine sensible, et la colonne était presque droite.

Devant nous, à l'Est, et à notre gauche, au Nord, l'atmosphère s'illuminait de plus en plus, et le panorama s'égayait de toutes les tendres colorations du paysage et des montagnes, rehaussées par cette arche aérienne dont les nuances devenaient de plus en plus vives; mais, à notre droite, au Sud, d'épais nuages, des cumuli, formés dans la froide vallée de la Lutschine, s'élevaient gris, sombres, s'entassaient et se dirigeaient lentement vers l'arc-en-ciel. Ils ne l'avaient pas encore atteint, quand de nos quatre poitrines s'échappa à la fois le même cri : « Regardez ! » Et mille exclamations. Là, à notre droite, devant nous, dans les nuages sombres, apparaissait un étrange foyer de lumière, ovale, jaune-orange, vaguement bordé de violet, d'une intensité lumineuse égale à celle de la Pleine Lune enveloppée de légers nuages. En traçant par la pensée le cercle immense de l'arc-en-ciel, continué au-dessus et au-dessous de nous et à droite, ce foyer de lumière en occupait juste le centre. Le Soleil était derrière nous, masqué par l'hôtel de l'Abendberg et par des arbres. Le foyer de lumière occupait précisément la place de notre ombre. Il pouvait être à quatre ou cinq cents mètres devant nous, sur les nuages qui se condensaient là, en avant du massif de montagnes de la Scheinige-Platte (2100^m).

Nous avions sous les yeux un double phénomène atmosphérique : une branche d'arc-en-ciel plongeant sous notre horizon, et une anthélie brillant au centre sur des nuées sombres. C'est là un spectacle que, pour ma part, je n'avais jamais vu, et dont je n'ai lu non plus nulle part aucune description. Il faut, du reste, pour en être témoin, se trouver après la pluie, vers le coucher du soleil, sur une montagne élevée et escarpée, avoir alors à l'Est, devant soi, une chaîne d'horizon assez profonde, et non loin, vers le centre de l'arc-en-ciel, des nuages disposés pour donner naissance à une anthélie (*fig.* 132). Peut-être le brave et savant général de Nansouty a-t-il pu le contempler maintes fois du haut de son observatoire du Pic-du-Midi.

L'apparition a été si soudaine et si merveilleuse, et les tableaux qui l'ont suivie ont été si bizarres, si captivants, que je ne songeai pas à regarder ma montre et à noter l'heure. Il pouvait être environ 6 heures.

Mais ces tableaux appartiennent plutôt au domaine de l'art et de la poésie qu'à celui de la Science météorologique, et je ne les décrirai pas ici. Qu'il me suffise de dire que l'apparition dont je viens de parler dura environ deux minutes, subissant des intermittences, selon la nature des nuages qui se succédaient; que l'arc-en-ciel s'éteignit le premier, masqué par les nuages qui arrivèrent devant lui en le laissant toutefois encore entrevoir de temps en temps ; et que bientôt toute l'atmosphère à notre droite (Sud) s'assombrit, s'obscurcit, tandis qu'à notre gauche le soleil continuait d'illuminer les montagnes et la coquette petite ville d'Interlaken. Alors, des profondes et froides vallées de Saxeten, de Lauterbrunnen, de Grindelwald, arrivèrent en bataillons serrés des nuages énormes qui se précipitèrent vers nous en roulant silencieusement leurs dômes ; tantôt ils s'élevaient plus haut que nous et nous cachaient entièrement le ciel et la terre; tantôt ils n'arrivaient pas à notre hauteur et développaient au-dessous de nos pieds leurs collines de neige, en laissant apparaître au loin les montagnes rougies par les feux du soleil couchant, le ciel bleu marbré de cirri et le clair miroir du lac calme et tranquille. Pendant une demi-heure, ils passèrent ainsi devant nos yeux émerveillés, comme une toile fantastique déroulée par

Fig. 132.

Phénomène d'optique observé en Suisse, le 8 septembre 1881.

la fée Morgane, avec mille fantasmagories de formes, d'aspects et de couleurs, transformant ciel, terre, lac, montagnes, chalets, villages, prairies; ils passaient silencieux, parfois formidables, parfois si légers qu'ils se dissolvaient en fumée au moindre souffle d'air, se levant de l'abîme comme des fantômes, étendant leurs ailes plus vastes que les glaciers de la Jungfrau, et tout d'un coup disparaissant comme dans une trappe, au moment même où de nouveaux venus semblaient se précipiter sur eux pour les terrasser. On se serait cru dans un rêve, et dans un *rêve ultra-terrestre,* en quelque monde imaginaire. Pourtant, en bas, au casino d'Interlaken, personne ne se doutait de ce qui se passait là. Le vent s'éleva; les nuages arrivèrent plus nombreux, plus denses, plus froids, et posèrent devant nous une muraille impénétrable, tandis que l'atmosphère restait absolument pure derrière nous, à dix mètres de cette muraille, et que le Soleil se couchait dans un beau ciel d'été, environné de gloire et de splendeur. Vers 8 heures, la Lune apparut dans un halo au sommet des Alpes, les vents du Sud et du Nord se livrèrent un violent combat, et pendant toute la nuit la tempête sévit sur la montagne.

Mais, de tous les phénomènes de ce genre, le plus étrange et le plus bizarre encore est sans contredit celui dont M. Whymper a été témoin sur le Cervin, le 14 juillet 1865, surtout à cause des dramatiques circonstances au milieu desquelles l'apparition s'est produite. On se souvient de cette horrible catastrophe. Après une ascension fort heureuse, les périls de la descente s'ouvrirent tout d'un coup sous les pas des infortunés touristes, et deux compagnons de M. Whymper furent précipités dans les abîmes de la montagne. Les survivants reprenaient, au milieu du silence et de l'effroi, le chemin de la descente, lorsqu'en levant les yeux ils aperçurent devant eux, dans le ciel, un halo partagé en deux par une colonne verticale, et, dans chaque compartiment aérien ainsi formé, une croix gigantesque. Ces deux croix aériennes semblaient planer dans le ciel au-dessus de l'abîme où les deux infortunés venaient de rendre le dernier soupir. Elles étaient sans doute dessinées par l'intersection de cercles dont le reste était invisible, et leur formation s'explique par la théorie des halos. Le hasard seul, sans contredit, a fait coïncider ces deux croix avec ces deux morts, et nous serions mal fondés à laisser courir notre imagination à travers le surnaturel pour justifier la coïncidence. Mais le fait n'en est pas moins remarquable en lui-

Fig. 133.

Croix aériennes observées après la catastrophe du Cervin, le 14 juillet 1865.

même, et, même au seul point de vue météorologique, ce phénomène aérien méritait d'être enregistré ici (*fig.* 133).

Nous n'abuserons jamais ici de la Météorologie ni de la Physique du globe, car l'Astronomie possède un champ trop vaste, des trésors trop innombrables, pour lui préférer aucune autre branche des connaissances humaines Mais, lorsque certaines observations appartenant aux Sciences qui s'y rattachent offriront une importance ou un intérêt dignes d'une attention spéciale, elles seront toujours présentées à nos lecteurs, pour agrandir notre étude du grand livre de la nature.

CAMILLE FLAMMARION.

LES MOUVEMENTS SIDÉRAUX ÉTUDIÉS AU SPECTROSCOPE.

Quand on compare deux cartes de la même région du Ciel, faites à des époques différentes avec toute la précision que comportent les déterminations astronomiques, on constate que les étoiles de cette région ne conservent pas la même position relative. Donc elles se déplacent et sont improprement appelées *étoiles fixes*. En admettant que ces déplacements soient proportionnels au temps, il est facile, d'après les mesures déjà faites, de représenter le Ciel tel qu'il sera au bout de quelques milliers d'années. Or son aspect serait si différent de ce qu'il est aujourd'hui, que nous aurions peine à y reconnaître les constellations qui nous sont le plus familières.

L'étude du mouvement des astres présente à coup sûr un intérêt de premier ordre. Mais l'observation directe ne nous fournit, sur ce mouvement, que des notions très incomplètes. Elle nous le montre en projection, et de cette manière nous ne pouvons connaître que le plan dans lequel il s'opère et la valeur angulaire de la composante perpendiculaire au rayon visuel [1]. Si la distance de l'étoile à la Terre était exactement connue, nous pourrions déterminer la valeur absolue de cette composante; mais il resterait encore une incertitude de 180° sur la direction et une incertitude plus grande encore sur la vitesse.

Grâce à la théorie de Döppler, mise en évidence et formulée par M. Fizeau, le spectroscope nous donne la possibilité de trouver la valeur absolue de la composante dirigée suivant le rayon visuel. De sorte que si la première était connue

(1) Ainsi, par exemple, soit (*fig.* 134) *mn* la voûte céleste; l'étoile A, qui marche vers B, perpendiculairement à notre rayon visuel, paraît bien marcher suivant la ligne A'B'; mais l'étoile C, qui se dirige vers D en s'éloignant de nous, paraît immobile en C'; l'étoile E paraît se déplacer lentement de E' en F', etc. Nous n'observons directement que les projections des déplacements véritables.

de la même manière, nous aurions tous les éléments nécessaires pour déterminer avec précision la route que suit dans l'espace chacune des étoiles que nous aurions observées.

Le lecteur ne me saura pas mauvais gré, j'espère, de lui rappeler en quelques mots les principes sur lesquels repose une théorie aussi intéressante et qui est sans doute appelée à un grand avenir.

On sait que les phénomènes lumineux aussi bien que les phénomènes sonores sont dus à un certain mode de mouvement, *le mouvement vibratoire*. Quand la matière, à un état quelconque, émet de la lumière, c'est que chacun de ses atomes exécute autour de sa position d'équilibre une série d'oscillations isochrones

Fig. 134.

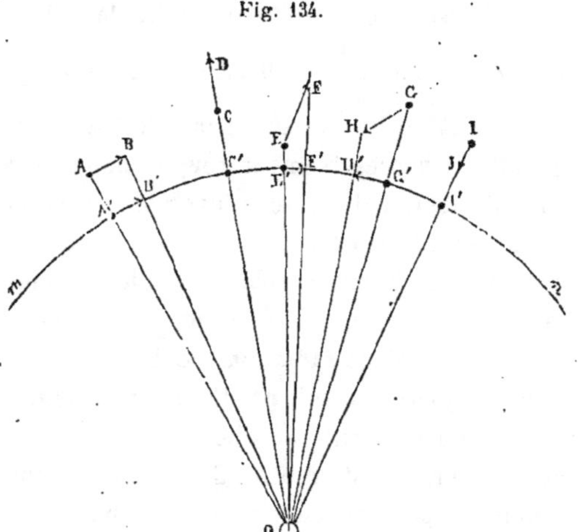

Déplacements réels et déplacements apparents des étoiles.

d'une prodigieuse rapidité. Ce mouvement se transmet à l'éther sous forme d'ondes sphériques et s'y propage avec une vitesse constante de 300 000^{km} par seconde. La distance qui sépare deux ondes successives est ce qu'on appelle *la longueur d'onde* de la lumière émise, qui se représente ordinairement par λ. Or, comme la vitesse de propagation reste toujours la même, on conçoit sans peine que, si le mouvement vibratoire de l'atome lumineux devient plus rapide, les ondes qu'il provoque dans le milieu éthéré se succèdent plus vite, et leur distance λ devient plus petite dans la même proportion. La valeur de λ peut donc servir et sert toujours, en optique, à caractériser une espèce de lumière, comme le nombre des vibrations sert à caractériser un son déterminé. En prenant pour unité le millième de millimètre, la valeur de λ, pour le rouge qui est à l'une des extrémités du spectre visible, est 0,7600; pour le violet, qui se trouve à l'autre extrémité, cette valeur est 0,3933; comme on le voit, la gamme des couleurs ne forme pas tout à fait une octave. Ces nombres ont été déterminés par Angström; l'erreur dont ils sont affectés n'atteint certainement pas 2 dix-millionièmes de millimètre.

Considérons maintenant, avec Döppler, un point lumineux, une étoile, par exemple, qui se meut en ligne droite avec une vitesse constante v. Il est bien évident que les ondes sphériques nées de chaque vibration n'ont plus pour centre un point unique, mais une succession de points régulièrement distribués sur la trajectoire de l'étoile. Elles ne peuvent plus être équidistantes, et la valeur de λ change avec la direction; elle est minimum dans le sens du mouvement et maximum dans le sens contraire. On conçoit du reste *a priori* que, si le point lumineux se dirige vers nous, la deuxième onde succédera plus vite à la première, la troisième à la deuxième, etc., que s'il était à l'état de repos. La valeur de λ devient donc plus petite et *le ton* de la lumière s'élève. Supposons en ce cas que la lumière soit simple, du rouge par exemple, dont la longueur d'onde est 0,7600, et que la vitesse v soit 150 000^{km}, moitié de celle de la lumière. Par le fait du déplacement, λ deviendra $\frac{\lambda}{2}$, ou 0,3800, c'est-à-dire que le rouge deviendrait pour nous du violet. Si la vitesse variait de 0 à 150 000^{km}, le même point lumineux nous paraîtrait successivement rouge, jaune, vert, bleu, violet. Les mêmes effets se produiraient, mais en sens inverse, si ce point s'éloignait de nous et que la lumière émise fût le violet.

Or, on sait que dans le spectroscope chaque radiation simple se manifeste par une raie brillante occupant une place rigoureusement définie sur l'échelle spectrale. Si la longueur d'onde d'une radiation vient à changer, la raie qui lui correspond change aussi de place. On voit par là que, si dans le spectre d'une étoile les raies bien connues données par certaines substances ne sont pas à la place qu'elles devraient occuper, on est en droit de conclure, d'après la théorie précédente, que cette étoile s'approche ou s'éloigne de nous, et qu'en mesurant le déplacement de ces raies on peut calculer la vitesse de ce mouvement.

Cette théorie parfaitement vérifiée pour les ondes sonores n'est pas encore généralement admise pour les ondes lumineuses. Les vérifications faites sur les étoiles n'ont pas donné de résultats bien décisifs. Le défaut de lumière ne permettant pas d'employer des appareils assez puissants, les déplacements de raies correspondant même à de grandes vitesses étaient trop petits pour être bien constatés : ils rentraient dans l'ordre des erreurs de parallaxe et de lecture. Sur le Soleil, les mêmes vérifications ont rencontré d'autres difficultés. La quantité de lumière était suffisante pour permettre l'emploi des plus puissants spectroscopes; mais, d'autre part, la vitesse de rotation, 2^{km} par seconde, est relativement bien lente. Le déplacement de raies dû à ce mouvement représente au maximum la 150e partie de l'intervalle qui sépare les deux raies du sodium. Une énorme dispersion, jointe à une parfaite netteté d'images, peut seule nous mettre à même de constater et surtout de mesurer un déplacement si faible.

Ayant réussi, après de longues et pénibles études, à construire, avec l'aide de M. Laurent, un spectroscope dont le pouvoir dispersif équivaut à celui de 31 prismes ordinaires, mon premier soin fut de chercher à vérifier sur le Soleil la loi de Döppler. En opérant comme on le fait d'habitude, c'est-à-dire en projetant sur la fente du collimateur, à l'aide d'un héliomètre, deux images solaires tangentes extérieurement par leur bord équatorial, j'ai vu se produire très nettement au point de tangence une solution de continuité dans les raies métalliques. Les deux moitiés du spectre offraient l'aspect de deux règles divisées de la même manière et appliquées l'une contre l'autre, de façon que les divisions ne fussent pas tout à fait concordantes. Les déplacements du côté du violet correspondaient bien au bord oriental, et les autres au bord occidental, ce qui devait être. Malheureusement, en faisant varier les conditions de l'expérience à l'Observatoire de Paris, il m'arriva d'obtenir des résultats diamétralement opposés à ceux qui devaient se produire. De plus, j'observai plusieurs fois que les raies telluriques présentaient des solutions de continuité analogues à celles des raies métalliques. La cause de ces anomalies provenait évidemment de ce que, en opérant avec l'héliomètre, on

Fig. 135.

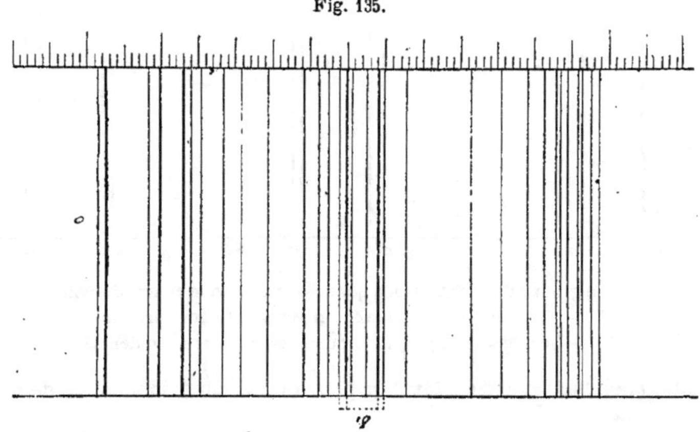

Fragment du spectre solaire, où se trouve le groupe de raies servant à constater la rotation du Soleil.

introduit dans l'appareil deux faisceaux lumineux dont les axes ne sont pas rigoureusement parallèles et ne traversent pas les prismes dans des conditions identiques. Ce mode d'expérimentation me parut entaché d'une incertitude irrémédiable.

C'est alors que j'eus la bonne fortune de trouver dans une région de l'orangé, représentée (*fig.* 135) dans les dimensions où on la voit dans mon appareil, un groupe de quatre raies désigné par la lettre φ, qui me donna la démonstration la plus incontestable de la théorie de Döppler. Dans ce groupe, les deux raies intérieures sont métalliques (fer), *elles appartiennent au Soleil*; les deux extérieures sont telluriques et sont produites *par l'atmosphère terrestre.*

Quand on projette sur la fente du spectroscope le milieu du disque solaire, les quatre raies sont disposées comme l'indique la *fig.* A (136); les intervalles *ab* et *cd* sont à peu près égaux. Si l'on amène sur la fente le bord oriental, les mêmes intervalles cessent d'être égaux : le premier augmente, le second diminue, et leur rapport devient sensiblement de 2 à 1 (*fig.* B). Sur le bord occidental, c'est au contraire *cd* qui est le double de *ab* (*fig.* C). Ces variations d'intervalles sont tellement nettes, si bien prononcées, si évidentes, que tous les savants qui ont répété l'expérience en ont été frappés. Tous ont reconnu qu'elle n'admet aucune objection. La seule explication possible du phénomène, c'est que le bord oriental du Soleil, se *rapprochant* de nous, nous envoie des ondes lumineuses plus courtes et partant plus réfrangibles que le bord occidental qui s'éloigne. Les raies telluriques, produites par l'atmosphère terrestre, n'éprouvent aucune variation de longueur d'onde,

Fig. 136.

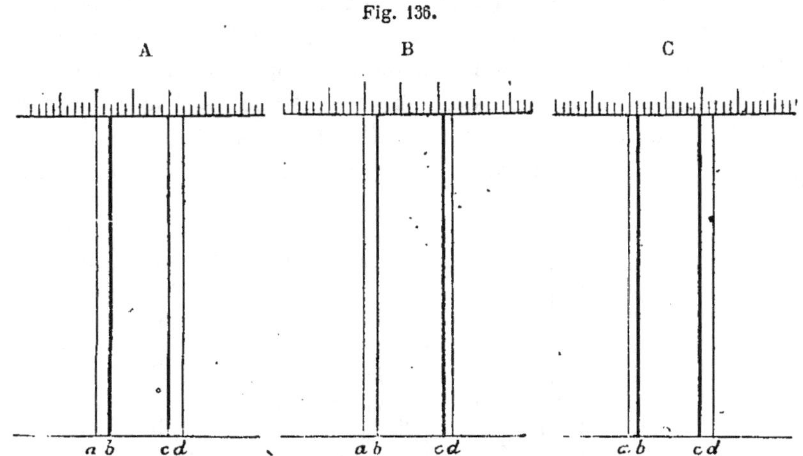

A. — Le groupe des quatre raies quand on observe le centre du Soleil.
B. — Le même groupe quand on observe le bord oriental.
C. — Le même groupe quand on observe le bord occidental.

ni de position ; elles servent de *témoin* pour mettre en évidence les déplacements des raies du fer.

Pendant son séjour à Nice, M. Flammarion a bien voulu consacrer quelques heures à faire avec moi des mesures sur ces déplacements. Elles ont été d'une concordance remarquable, et nous ont donné pour la vitesse de rotation du Soleil une valeur qui se rapporte bien à celle qu'on a déduite du mouvement des taches.

Je puis donc affirmer aujourd'hui, sans crainte d'être jamais démenti par les faits, que la théorie de Döppler est vraie, aussi bien pour la lumière que pour le son. La mesure du mouvement des étoiles ne dépend donc plus que de la puissance et de la perfection des instruments.

L. THOLLON,
Astronome à l'Observatoire de Nice.

L'ATMOSPHÈRE DE VÉNUS.

L'Académie des Sciences vient de publier un recueil des rapports préliminaires envoyés par les diverses missions françaises qui sont allées observer le passage de Vénus du 6 décembre 1882. Nous avons parcouru ces rapports pour en extraire les observations spéciales relatives à *l'atmosphère de Vénus*, voici ces observations :

MISSION DE L'ILE D'HAITI.

A $2^h27^m45^s$ (21^h27^m), *toute* la partie de Vénus en dehors du Soleil était entourée d'un croissant de lumière gris-perle; j'en estimai alors la plus grande largeur à 2". Ce croissant avait ses cornes appuyées sur le Soleil de chaque côté, et, après avoir vu cette lumière dans la partie moyenne du verre obscur, j'ai pu l'apercevoir dans son bout le plus sombre.

A. D'ABBADIE.

Équatorial de 0^m,21.

A $2^h34^m21^s$, fin des mesures micrométriques. Images nettes. On aperçoit l'auréole de Vénus. Légères ondulations. L'auréole de Vénus s'étend à droite et à gauche. Le centre de Vénus est plus noir que les bords, lesquels sont teintés en violet. L'auréole est plus sensible. Bonnes images.

A $2^h39^m23^s$, instant du contact. L'auréole s'est affaiblie. Les deux pointes se joignent nettement.

O. CALLANDREAU.

Équatorial de 0^m,16.

Lorsque je mis l'œil à la lunette pour la première fois, c'est-à-dire à $21^h26^m42^s$, je vis la partie du disque de la planète extérieure au Soleil entourée d'une auréole grise, un peu violacée, qui se détachait nettement sur le fond du ciel. Cette auréole, assez lumineuse dans le voisinage du Soleil, paraissait plus large du côté gauche que du côté droit et était à peine sensible au sommet de la planète.

Peu après, à $21^h29^m42^s$, l'auréole s'était complétée et présentait la même largeur dans toutes ses parties. Comprenant que ce phénomène gênerait beaucoup l'observation du contact interne, j'ai essayé de le faire disparaître en employant une partie plus obscure du verre noir. Mais j'ai été conduit, dans cette voie, à assombrir tellement le champ de vision que j'ai jugé préférable de remettre le verre dans sa première position.

L'auréole a reparu à la sortie, mais très faiblement et seulement du côté droit. Elle a d'ailleurs cessé peu de minutes après le contact.

A. DE LA BAUME-PLUVINEL.

Lunette de 0^m,08.

MISSION DU MEXIQUE.

Avant le deuxième contact, Vénus était entourée comme d'un fil d'argent dans sa position extérieure; j'en mesurai l'épaisseur par comparaison avec celle d'un fil d'araignée, et je la trouvai d'environ 0",6. L'atmosphère de Vénus était donc cette fois apparue très distincte.

BOUQUET DE LA GRYE.

Équatorial de 0^m,21.

Auréole extérieure : $6^h10^m3^s$,5. — Le disque est complété en dehors du Soleil par une auréole argentée très pâle et sa surface présente même une teinte un peu moins sombre que celle du fond du ciel. Cette auréole est plus mince et moins brillante que celle que j'ai vue, en 1874, à Saïgon, dans les mêmes circonstances : elle est un peu renforcée en épaisseur, sur le côté gauche de l'image, c'est-à-dire vers le bord sud du Soleil. Ce filet augmente tout entier d'éclat à mesure que le contact interne s'approche.

G. HÉRAUD.

Équatorial de 0^m,16.

MISSION DE LA MARTINIQUE.

A $22^h12^m2^s$, temps moyen, le ciel s'étant éclairci, je vois *toute* la partie de Vénus extérieure au Soleil; cette partie est entourée d'une auréole assez brillante, superposée à la planète. J'estime que son épaisseur doit être comprise entre une demi-seconde et une seconde.

F. TISSERAND.

Équatorial de 0m,21.

A 22h 1m 32s, le Soleil reparaît. Le fond du ciel est bleu, les images sont brillantes et calmes. Un quart environ du disque de Vénus est déjà sur le Soleil. Les cornes se terminent avec une netteté parfaite, mais de leur extrémité se détache une auréole pâle qui entoure Vénus sur une étendue de 5° à 6° vers l'extérieur, à partir des points d'intersection de sa circonférence avec celle du Soleil. Je m'assure à plusieurs reprises que l'arc lumineux n'est pas complet. Je substitue au grossissement de 110, employé jusqu'ici, un oculaire grossissant 160 fois. L'aspect du phénomène n'est pas modifié, non plus que par l'emploi d'une partie plus sombre du verre gradué.

Des nuages couvrent le Soleil pendant plusieurs minutes, dans l'intervalle des deux contacts. Une éclaircie se produit à 22h 12m 27s. Le disque de Vénus est aux trois quarts entré sur le Soleil. Cette fois l'auréole est continue et *complète le disque* de Vénus, mais son éclat est bien *inférieur à celui du Soleil*, et je la vois pâlir, sans doute par un effet de contraste, jusqu'à devenir invisible. Je ne saurais dire à quel moment s'est faite cette disparition.

P. PUISEUX.

Équatorial de 0m, 16.

Quelques minutes avant le premier contact intérieur, je vis une couronne de lumière qui entourait la partie du disque de Vénus qui était en dehors du disque du Soleil.

TÉRAO.

Lunette de 0m, 08.

MISSION DE LA FLORIDE.

A 2h 21m 24s, je commence à apercevoir comme une lueur qui délimite le bord extérieur de la planète à gauche de la ligne des centres.

A 2h 22m 48s, cette lueur s'accentue, surtout dans la région Nord-Ouest de la planète et va toujours croissant.

Les cornes sont assez bien délimitées et se terminent en pointe effilée. Je me réserve tout entier pour le contact intérieur.

A 2h 24m 50s, *tout le contour extérieur de la planète est visible*, bordé par une faible lueur légèrement estompée, due à l'illumination de l'atmosphère de Vénus.

A 2h 29m 18s, cette lueur devient plus vive sur la région Nord-Ouest et semble empiéter de 3' ou 4' sur les bords, où elle produit un effet d'oscillation ou de battement incessant assez singulier.

Colonel PERRIER.

Équatorial de 0m,21.

A 20h 52m 55s, je vois sur le bord de Vénus, à gauche de la ligne des centres, un filet lumineux qui fait ressortir très nettement le quart environ du contour non éclairé.

A mesure que la planète avance, ce filet s'étend de plus en plus.

A 20h 56m 45s, il entoure complètement l'arc obscur et subsiste, de sorte que la planète se voit tout entière avant l'entrée totale. Je ne remarque ni pont, ni ligament : l'arc lumineux est un peu estompé.

A 20h 58m 11s,1, les bords du Soleil se sont rejoints; c'est l'heure que j'adopte pour l'instant du *premier contact interne*.

A 20h 59m 6s,2, le filet lumineux paraît plus vif : mais le passage à la teinte vive a été graduel.

A la sortie, le deuxième contact intérieur se produit géométriquement, sans pont ni ligament, par disparition du filet lumineux interposé.

Après le contact, je ne vois pas le filet lumineux entourant complètement le bord obscur de la planète, comme à l'entrée; mais il apparaît à droite de la ligne des centres, sur le quart environ de l'échancrure, faisant ressortir nettement cette fraction du contour de Vénus en dehors du Soleil. A 2^h34^m, ce filet lumineux est encore visible; à 2^h36^m, il a disparu.

Équatorial de $0^m,16$.

Commandant Bassot.

MISSION DU CHILI.

Aperçu en dehors du bord du Soleil, à une distance de 10″ à 15″, une sorte de croissant éclairé, faisant partie d'un disque ne se dessinant à l'opposé du Soleil que par une auréole lumineuse. L'aspect de ce disque a de l'analogie avec celui que présentait Vénus deux ou trois jours avant le phénomène. Ce croissant disparaît comme une image fugitive.

A $14^h22^m17^s$, le bord de Vénus est entouré d'une auréole lumineuse plus claire que celle du contour de la planète qui est déjà engagée sur le Soleil.

Équatorial de $0^m,21$.

De Bernardières.

A $14^h13^m13^s$, une sorte d'auréole lumineuse se forme en dehors du Soleil, on croit distinguer le disque de Vénus.

Bien avant le contact, on voit la partie du disque qui est en dehors du Soleil. Tout autour du disque on distingue une auréole lumineuse qui se rapproche de plus en plus du bord du Soleil et pourrait faire croire à un contact.

Vénus a l'aspect suivant : au centre un noyau très noir et tout autour une partie moins foncée, mais qui limite assez bien les bords de la planète. L'auréole lumineuse est comme l'illumination des contours de cette partie moins foncée. Une minute et demie avant mon premier top, l'auréole lumineuse est bien accentuée, *surtout autour de la partie du disque qui a déjà pénétré sur le Soleil*. A mesure que Vénus entre, l'auréole lumineuse gagne sur le bord du Soleil et pourrait faire croire à un contact.

Pendant tout son trajet sur le Soleil, Vénus a toujours été vue par nous sous l'aspect décrit plus haut, c'est-à-dire présentant un noyau central très noir, entouré d'une ombre *légèrement moins noire*, mais aux contours bien définis. Nos mesures nous ont permis de constater souvent que ces contours faisaient bien partie du disque de Vénus. A son entrée sur le Soleil, elle présentait le même aspect, mais de plus elle était entourée d'une auréole lumineuse parfois très brillante.

Équatorial de $0^m,16$.

Barnaud.

A $14^h31^m45^s$. A ce moment, encore éloigné de plusieurs minutes de l'instant du contact, *tout* le bord de Vénus m'apparaît en dehors du Soleil, entouré d'une auréole lumineuse. Le corps même de la planète, situé à l'extérieur du Soleil, est éclairé d'une lumière cendrée.

A $14^h32^m49^s$, le bord extérieur de Vénus s'éclaire davantage. Les cornes continuent à être très nettes. Je n'ai pas vu se produire à la sortie le même phénomène d'illumination du bord de Vénus extérieur au Soleil que j'avais constaté à l'entrée.

Lunette de $0^m,11$.

Favereau.

MISSION DE CHUBUT.

Moins de cinq minutes après le contact extérieur, le *disque entier* de la planète m'est apparu; une petite auréole blanchâtre l'entourait, principalement vers le Sud. Le ciel n'était pas d'une pureté parfaite et, quand la brume s'épaississait par moments, je ne voyais plus l'auréole. Six minutes avant le contact, l'auréole a reparu entourant toute la planète, qui se détachait nettement du Soleil, apparaissait avec sa forme sphérique et était très manifestement située en avant du Soleil. Le spectacle était très beau et je ne pus m'empêcher de l'admirer, malgré l'appréhension que j'éprouvais au point de vue de la netteté du contact.

Trois minutes avant le contact, la brume s'épaissit et l'image disparaît pendant près d'une minute, puis elle reparaît; l'auréole est toujours visible; grâce à sa présence, j'apprécie assez nettement le moment où le disque apparent de Vénus semble en contact avec le bord prolongé du Soleil; ce contact géométrique a lieu à $14^h 55^m 30^s$.

A $4^h 55^m 56^s$, le contour extérieur de l'auréole me semble en contact à son tour.

A $20^h 54^m 8^s,2$, Vénus est sortie. Aucune trace d'auréole.

A $14^h 55^m 30^s$, temps sidéral, le bord du Soleil, prolongé par la pensée au delà de la

Fig. 137.

Fig. 138.

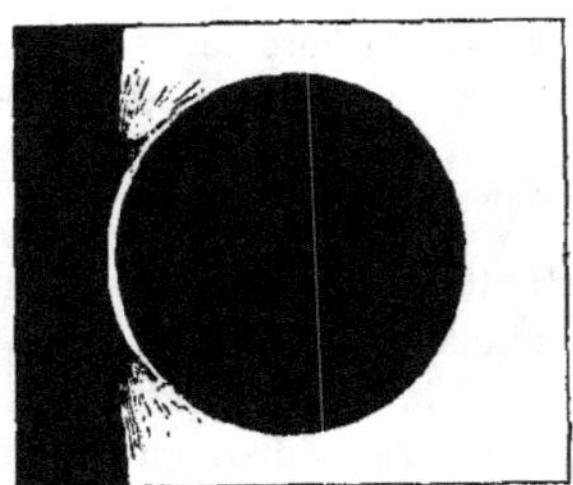

partie relevée qui avoisine le point de contact, se trouve tangent au bord de Vénus l'auréole reste très brillante; des franges existent de part et d'autre de la région du contact (*fig.* 137).

Fig. 139.

A $14^h 55^m 56^s$, le contour extérieur de l'auréole paraît être en contact avec le bord prolongé du Soleil; les franges s'accentuent; le bord encore relevé du Soleil montre que le contact n'a pas lieu (*fig.* 138).

A $14^h 56^m 11^s,5$, l'auréole disparaît subitement, les franges viennent se rejoindre et remplir tout l'espace compris entre la planète et le Soleil (*fig.* 139).

Ph. HATT.

Équatorial de $0^m,21$.

MISSION DU CAP HORN.

A $9^h 33^m$, le disque solaire redevient visible, une belle et large éclaircie se fait rapidement dans les cumulo-nimbi qui cachaient jusque-là le Soleil; l'astre apparaît tout d'un coup absolument net et dégagé au milieu du bleu du ciel; une auréole entoure le disque de Vénus.

9h40m. Le disque de la planète se déforme légèrement, l'auréole pâlit et diminue sensiblement.

9h40m50s. La planète a repris sa forme ronde, l'auréole diminue encore d'intensité.

9h41m. Légers ligaments.

9h41m2s. Auréole devenue gris pâle, ligament de plus en plus foncé; en prolongeant le disque par la pensée, apparence du contact des bords, le moment est pris comme heure du contact.

A 3h5m, commencement du troisième contact; à 3h40m30s, réapparition de l'auréole; à 3h40m39s, dernier contact.

COURCELLE-SENEUIL.

Équatorial de 0m,16.

Telles sont les remarques des observateurs des missions françaises sur les phénomènes d'illumination produits par l'atmosphère de Vénus pendant son dernier passage devant le Soleil. Elles sont toutes indépendantes les unes des autres, et néanmoins d'une concordance remarquable. Après les avoir ainsi réunies et comparées, le doute ne nous paraît plus possible sur l'existence de cette atmosphère.

Les estimations sur l'épaisseur ne sont pas concordantes. D'ailleurs l'épaisseur de cette auréole lumineuse a varié pendant la durée de l'entrée du disque de Vénus sur le Soleil. Les observations s'accordent sur le fait que l'auréole a été beaucoup plus marquée pendant l'entrée que pendant la sortie, c'est-à-dire que l'atmosphère de Vénus était plus pure sur son bord oriental que sur son bord occidental.

CHOIX D'UN PREMIER MÉRIDIEN.

« Voici, dit M. Faye, dans ses *Leçons de Cosmographie*, la règle que les marins suivent aujourd'hui pour éviter toute erreur de date et se trouver partout d'accord, sur ce point, avec les pays qu'ils visitent : chaque fois qu'ils passent à 180° de longitude, c'est-à-dire chaque fois qu'ils traversent le méridien opposé à leur premier méridien, ils changent de date, ajoutent une unité quand ils vont vers l'Ouest et retranchent une unité quand ils vont vers l'Est...

» Comme les nations européennes n'ont pas le même premier méridien, il s'ensuit que deux navires qui se rencontrent, dans l'Océan Pacifique, vers le 180e degré, peuvent avoir très légitimement des dates différentes. Cette discordance cesserait par l'adoption commune d'un même premier méridien.

» Quoi qu'on fasse, il restera toujours incertitude de date au 180e méridien, qui heureusement ne passe *guère* que sur l'Océan. »

Cette dernière remarque, qui s'applique d'ailleurs spécialement au méridien opposé à celui de Paris, contient en germe la solution de la question.

En effet, la condition *sine quâ non* de l'adoption générale d'un même premier méridien est évidemment que l'opposé de celui-ci, c'est-à-dire le méridien 180, ne traverse *absolument* aucune terre habitable; car tout pays traversé par ce dernier méridien se trouverait ainsi divisé en deux parties où les dates différeraient d'une unité, ce qui est pratiquement inadmissible. (Voir l'*Astronomie*, mars 1883, p. 101, et juin 1883, p. 226 : Carte de la ligne de démarcation actuelle.)

Or, parmi les méridiens dont la longitude relative à celui de Paris est multiple de 10, il en est un et un seul qui semble satisfaire à ce *desideratum* : c'est le méridien 10 à l'Est, dont l'opposé, 170 à l'Ouest, paraît, en effet, ne rencontrer aucune terre.

C'est pourquoi nous croyons qu'on devrait adopter ce méridien, ou plutôt celui de quelque ville très voisine, assez célèbre pour mériter cet honneur, mais qui ne soit la capitale d'aucun état.

Or nulle, mieux que Venise, ne remplit à la fois ces diverses conditions. N'a-t-elle pas d'ailleurs été, pendant plusieurs siècles, l'intermédiaire commercial entre l'Orient et l'Occident? Il lui siérait donc bien de déterminer désormais la ligne de démarcation.

Nous n'insisterons pas sur ce point spécial; mais nous devons insister sur la nécessité de choisir, dans les étroites limites où l'on peut le rencontrer, un premier méridien dont l'opposé soit exclusivement maritime, ne fût-ce que pour remettre en place la pointe orientale de l'Asie, dans les planisphères, selon la projection cylindrique de Mercator.

Rio-Janeiro, 9 juillet 1883.

Charles Lemaire Teste,
Observatoire de Rio-Janeiro.

LES TACHES DU SOLEIL.

La *Revue* de décembre 1882 a publié, page 390 et suivantes, l'observation d'une tache solaire par M. J. Dessans.

Cette tache, outre les modifications qu'elle a subies dans la structure du noyau, de la pénombre et des contours, est surtout digne d'attention à cause d'*une bande lumineuse très brillante*, remarquable par ses changements de forme et de position. « Elle n'était pas moins singulière par *son mouvement propre* que par ses curieux changements de forme. »

L'explication des phénomènes que la tache a présentés découle si naturellement de notre théorie sur la constitution physique du Soleil, qu'elle nous donne une nouvelle preuve de son exactitude, ainsi que nous allons le montrer.

L'existence d'une tache se compose de *deux époques bien distinctes et parfaitement caractérisées*. Dans la première, *celle de la formation*, il n'y a pas de pénombre; la tache est noire, parfaitement terminée, et les facules, qui partent du bourrelet lumineux qui entoure la tache, sont en saillie et se répandent irrégulièrement *en divergeant* sur la surface du disque solaire. La seconde époque, *celle de la disparition*, commence avec la formation de la pénombre dont le contour est irrégulier; la matière lumineuse s'y précipite sous forme de ruisseaux, plus ou moins réguliers et distincts, *convergents* vers le centre; la surface du noyau va en se rétrécissant, finit par disparaître sous la matière lumineuse qui le recouvre; et, quelquefois avant, il s'y forme un anneau lumineux concentrique au contour extérieur d'où partent d'autres ruisseaux qui s'y ramifient, suivant les aspérités et les irrégularités qu'ils y rencontrent, et que l'on a pris faussement pour des ponts. Enfin, le niveau de la matière lumineuse en s'élevant dans la pénombre, arrive à la surface du disque, comble la pénombre et la tache disparaît, laissant parfois des restes de facules qui finissent aussi par s'effacer.

On doit reconnaître :

1° Que la surface du disque solaire est liquide;

2° Que les facules sont produites par une force ascendante intérieure dirigée du centre à la surface;

3° Que le noyau des taches est solide;

4° Que le noyau offre une résistance réelle aux ruisseaux lumineux de la pénombre, qui se rebroussent en y arrivant, comme l'a constaté le P. Secchi;

5° Qu'un afflux de matière lumineuse plus considérable sur un point doit y produire un ruisseau, qui coule sur le noyau et s'y modifie en direction et en dimensions, suivant les aspérités et les inégalités qu'il y rencontre.

Revenons maintenant à la tache de M. Dessans.

Elle est évidemment à la deuxième époque, et vers la fin, puisque, observée pour la première fois le 13 septembre, elle a disparu le 18, soit qu'elle ait été comblée par la matière lumineuse incidente, soit qu'elle ait passé dans l'hémisphère invisible et n'ait plus reparu.

Le 13 septembre, « on remarquait une bande blanche lumineuse, placée à la partie supérieure du noyau et qui n'était pas moins singulière *par son mouvement propre* que par ses curieux changements de forme. »

Cette bande blanche lumineuse n'est autre chose qu'un ruisseau formé par l'arrivée plus considérable de la matière lumineuse au point où il est uni à la pénombre, et qui coule sur le noyau.

Le lendemain, 14 septembre, l'afflux plus considérable ayant cessé, la matière lumineuse arrivée sur le noyau a continué son mouvement, s'est séparée de la pénombre et s'est trouvée isolée, « au centre du noyau, et, tant en grandeur qu'en éclat, elle avait augmenté. »

C'est-à-dire qu'elle s'était étendue, et qu'entourée complètement par l'obscurité du noyau et plus éloignée de la pénombre, elle paraissait plus lumineuse par l'effet du contraste.

Le 15 septembre, la surface du noyau a permis au ruisseau lumineux de s'étendre davantage, de former un voile mince qui, diminuant l'obscurité de la partie inférieure, « lui a donné l'aspect d'une pénombre, lorsque la partie supérieure conservait son obscurité primitive. Cette expansion de la matière lumineuse a fait disparaître une partie du ruisseau lumineux et il n'en restait plus qu'une portion très-petite et recourbée presque à angle droit. »

Le 16 septembre, « l'aspect de la tache avait considérablement changé; en même temps que le noyau était devenu moins obscur, la bande lumineuse s'était agrandie. Sa longueur était à peu près la même que le 14 et sa largeur le double de celle qu'elle avait le 15; elle était alors située, partie dans le noyau, partie dans la pénombre. »

Ce jour-là, la bande lumineuse a disparu en se répandant sur le noyau, qu'elle a rendu moins obscur, et l'on a vu se renouveler à la partie inférieure le phénomène du 13, une nouvelle bande lumineuse, plus large que la première : c'est de toute évidence.

Telle est l'explication simple et naturelle des faits constatés par M. Dessans et qui donnent à notre théorie un nouveau degré de certitude.

Nous ne quitterons pas ce sujet sans dire un mot des deux taches dont il est question à la suite de celle de M. Dessans :

1° Celle observée par M. Nagant, à Uccle Bruxelles, a présenté des vapeurs analogues aux voiles roses observés bien des fois par le P. Secchi. Ce sont des vapeurs minérales ou de l'hydrogène, ou bien encore un mélange des deux, qui arrivent parfois dans l'intérieur de la pénombre par quelques points du contour du noyau;

2° Quant à la tache de M. Trémeschini, dont le dessin a été pris par M. Jeanrenaud, elle est à la deuxième époque et présente bien nettement les ruisseaux lumineux tombant dans la pénombre, ainsi que l'anneau lumineux concentrique au contour extérieur formé par leurs extrémités.

La collection des dessins faits par les observateurs qui apportent leur collaboration à la *Revue*, notamment celle de MM. Dessans, Bruguière, Cornillon, Nagant, Jeanrenaud et de leurs émules, rendra certainement de grands services à la Science. Dans les taches à noyau double, triple ou quadruple, la division du noyau doit n'être qu'apparente, c'est-à-dire produite par des ruisseaux lumineux qui se rencontrent.

Colonel Gazan.

P. S. — Nous laissons aux observateurs du Soleil le soin de décider.

Note de la Rédaction.

ACADÉMIE DES SCIENCES.

COMMUNICATIONS RELATIVES A L'ASTRONOMIE ET A LA PHYSIQUE GÉNÉRALE.

Sur la possibilité d'accroître dans une grande proportion la précision des observations des éclipses des satellites de Jupiter, par M. A. Cornu.

« La nécessité de tirer parti des éclipses des satellites de Jupiter s'impose de plus en plus à mesure que la discussion des méthodes susceptibles de fournir la parallaxe solaire accorde aux méthodes physiques, telles que la détermination de la vitesse de la lumière et de la constante de l'aberration, une importance croissante.

Malheureusement les incertitudes qui se révèlent, lorsqu'on discute les séries d'observations de ces éclipses, sont si graves qu'il est impossible de comparer les résultats de ces séries avec ceux que fournissent les méthodes précitées : c'est ce qui explique l'abandon dans lequel ces observations sont tombées depuis un demi-siècle, malgré leur intérêt pour la détermination des longitudes.

Cependant un retour de faveur paraît actuellement se dessiner à l'égard de ce phénomène, dont l'importance serait considérable s'il fournissait des données précises; mais, d'après les publications parvenues à ma connaissance jusqu'ici, il ne paraît pas que le perfectionnement des méthodes d'observation ait modifié beaucoup les anciens errements; aussi est-il à craindre qu'on retombe sur les mêmes difficultés si l'on n'introduit pas une modification profonde dans la méthode d'observation.

Le problème consiste, comme on le sait, à déterminer les époques successives de retour d'un même satellite sur son orbite à la même position par rapport aux cônes d'ombre et de pénombre que projette la planète. On cherche à y parvenir en observant l'époque de l'apparition (émersion) ou de la disparition (immersion) de l'astre : en réalité, on note le moment où la sensibilité visuelle atteint sa limite inférieure.

Comme l'intérêt consiste à sommer les avances ou les retards que la variation de distance de la planète à la Terre produit sur l'époque de ces retours, il est indispensable d'observer la série de ces phénomènes tant au moment du minimum de distance (opposition) qu'au moment le plus rapproché possible du maximum (conjonction).

Les observations se présentent forcément dans des circonstances toutes différentes : à l'opposition, la planète passe au méridien à minuit; à la conjonction, à midi : dans le premier cas, les observations peuvent se faire de nuit; dans le second cas, elles sont impossibles à cause du voisinage du Soleil, ce qui oblige à ne pas dépasser beaucoup les quadratures pour que les satellites soient encore visibles malgré le crépuscule.

Les deux groupes décisifs d'observations doivent donc être effectués l'un sur un champ le plus souvent sombre, l'autre sur un champ relativement très éclairé; en outre, la différence de distance entraîne une différence notable dans l'éclat des astres.

De là, une dissymétrie fâcheuse, mais inhérente au problème.

En dehors de cette cause inévitable d'erreur, on peut dire que chacune des circonstances de l'observation apporte une complication nouvelle, empêchant les résultats d'être comparables; ce sont d'abord les conditions météorologiques : les brumes, l'absorption atmosphérique, l'hétérogénéité des couches d'air rendant les images onduleuses, etc.; les conditions astronomiques, qui règlent l'heure variable des éclipses vis-à-vis du crépuscule, la hauteur variable de l'astre, la présence périodique de la Lune illuminant l'atmosphère, l'influence de l'atmosphère de Jupiter, etc.; les conditions instrumentales : le pouvoir optique de l'instrument, la netteté de l'image du satellite, l'illumination inévitable des milieux réfringents ou des surfaces réfléchissantes, etc.; enfin les conditions physiologiques de l'observateur : la sensibilité de sa vue, la persistance de ses impressions, son état nerveux, etc.

Il serait superflu d'insister sur la grandeur des incertitudes que causent toutes ces influences, puisque la discussion des séries d'observations l'établit d'une manière malheureusement surabondante.

En réfléchissant aux moyens d'atténuer ces incertitudes, on reconnaît bientôt que la cause fondamentale qui les produit est due à l'utilisation d'une impression physiologique dans les plus mauvaises conditions où elle puisse se présenter : en effet, c'est une impression *absolue*, sans aucun point de comparaison; c'est une impression *limite;* enfin, c'est une impression que l'observateur éprouve à des *intervalles* relativement fort *éloignés*.

Le perfectionnement de la méthode d'observation doit donc consister à rétablir les meilleurs conditions où une impression physiologique peut être utilisée : l'impression, au lieu d'être absolue, doit être *relative*, c'est-à-dire employée à obtenir une comparaison d'égalité, ce qui détruira d'un même coup la première et la troisième des conditions fâcheuses que l'on vient de signaler; enfin, au lieu d'être mise en œuvre au moment où la perception visuelle s'évanouit, elle doit être utilisée, au contraire, dans la période où la sensibilité visuelle est en pleine possession de sa vigueur.

Le type de la méthode qui me paraît remplir ces conditions est le suivant : produire à côté de l'image du satellite observé l'image d'un satellite artificiel, d'éclat variable, au gré de l'observateur; chercher à égaliser les deux images à des intervalles de temps très rapprochés et enregistrer l'intensité photométrique de l'image artificielle au moment de l'égalité.

Cette production d'astres artificiels a été réalisée bien des fois par les astronomes; mais il n'en est pas de même de l'enregistrement des indications d'un photomètre. Voici, en quelques mots, l'un des dispositifs qui m'ont réussi. L'astre artificiel est produit par le foyer conjugué d'un très petit trou éclairé par une source convenable (¹); l'ouverture de l'objectif qui produit cette image est réglée par un *œil-de-chat*, mû par une crémaillère dont le pignon est manœuvré par l'observateur. L'une des plaques mobiles de l'œil-de-chat porte un appendice muni d'un tracelet s'appuyant sur le cylindre enfumé d'un chronographe. La loi des intensités de l'astre artificiel avec le temps s'inscrit automatiquement, et un signal spécial de l'observateur marque l'époque où l'éclat des deux points lumineux a paru identique. Cet appareil photométrique est si facile à manœuvrer que, avec un peu d'habitude, on peut réduire à moins de trois secondes la durée nécessaire à l'exécution d'un pointé.

(¹) Je n'ai opéré qu'avec des sources artificielles; mais il est évident qu'on aura souvent intérêt à employer pour les observations définitives une petite image du disque de Jupiter, comme l'ont fait les astronomes du Harvard College; *Annals*, vol. XI, Part. II.

Ce dispositif permet en même temps de réaliser une condition importante, celle de l'égalisation du champ sur lequel se détachent les deux images. En effet, le miroir à 45° qui amène l'image artificielle à côté de l'image réelle peut réfléchir aussi l'illumination produite par l'un des dispositifs employés pour éclairer le champ des instruments méridiens.

En résumé, on voit qu'on peut obtenir avec ce type d'appareils *la loi expérimentale de la variation de l'éclat du satellite avec le temps*, cet éclat étant finalement exprimé en fonction de l'éclat normal du satellite.

Il reste maintenant à montrer quelle est la phase du phénomène la plus favorable à la précision des résultats.

Pour la déterminer *a priori*, il faudrait connaître :

1° La loi théorique de variation de l'éclat du satellite avec le temps;

2° Les lois qui régissent la sensibilité visuelle dans les circonstances de l'observation.

Si l'on veut se borner à une première approximation, on peut se contenter de la connaissance de la forme approchée des fonctions qui représentent ces deux genres de lois.

1° *Loi de variation de l'éclat de l'astre avec le temps.* — La détermination théorique de cette loi, pendant une émersion ou une immersion, dépend évidemment de toutes les circonstances astronomiques dans lesquelles a lieu le phénomène; l'expression mathématique de cette loi est donc nécessairement compliquée.

Mais, pour l'approximation que nous avons en vue, il suffit de remarquer qu'on connaît l'allure de cette fonction et qu'on peut la représenter géométriquement par la courbe ci-jointe.

Fig. 140.

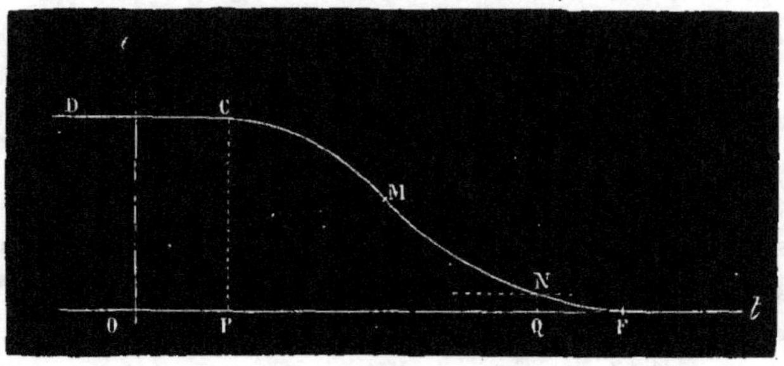

C'est le cas de l'immersion : l'ordonnée représentant l'éclat e est constante tant que le satellite est en dehors des cônes de pénombre et d'ombre; l'époque de l'entrée dans la pénombre est donnée par l'abscisse P : l'éclat diminue d'abord lentement, ce qui est exprimé par la tangence en C de la courbe à la parallèle DC. L'époque de la disparition théorique est l'abscisse F où l'intensité est nulle et la courbe tangente à l'axe Ot.

La courbe présente donc nécessairement, vers le milieu M, un point d'inflexion, c'est-à-dire une portion sensiblement rectiligne. Ces conditions de tangence, au début et à la fin du phénomène, qui caractérisent l'allure de la courbe, sont évidemment imposées par la forme circulaire du disque solaire et du disque du satellite : quant à l'*ordre* du contact, c'est le calcul exact qui seul peut le donner.

2° *Lois physiologiques qui régissent la sensibilité visuelle dans les circonstances de l'observation.* — L'impression lumineuse reçue par l'œil de l'observateur est produite : 1° par l'éclat intrinsèque réel e de l'astre, considéré comme un petit disque de surface appréciable; 2° par l'éclat intrinsèque e_0 du champ lumineux sur lequel l'astre se projette. Comme l'illumination du champ est due en majeure partie, sinon en totalité, à la diffusion produite par les milieux interposés, on ne peut pas s'éloigner beaucoup de la vérité en considérant l'impression totale comme la somme de deux impressions : l'*éclat apparent* de l'astre est donc mesuré par $e + e_0$; cette expression rend bien compte de l'idée qu'on se fait de la *visibilité absolue* représentée par $e + e_0$, et de la *visibilité relative* $(e + e_0) - e_0 = e$, ou différence d'éclat entre l'astre et le champ.

Les conclusions déduites de ces études sont les suivantes :

1° *Il paraît nécessaire de renoncer à définir le phénomène de l'immersion et de l'émersion par l'époque de la disparition ou de la réapparition de l'astre à cause des incertitudes physiologiques et géométriques inhérentes à cette définition;*

2° *Il serait préférable de définir ces phénomènes par l'époque où l'astre présente la moitié de son éclat normal;*

3° *On doit recommander la méthode d'enregistrement photométrique, spécialement pendant la période du demi-éclat;*

4° *Il est fort utile, dans tous les cas, d'ajouter aux observations du satellite une détermination de l'éclat du champ comparé à celui de Jupiter, pour caractériser l'illumination du champ et permettre certaines corrections.*

Remarque. — Il est bon de noter que la méthode proposée, n'utilisant ni le début ni la fin du phénomène, n'empêche en rien l'emploi simultané de la méthode ordinaire.

Tous les appareils de mesure indiqués ci-dessus ont été réalisés et expérimentés, soit au laboratoire de Physique de l'École Polytechnique, soit à l'Observatoire de Paris, et les résultats sont assez satisfaisants pour que M. Mouchez, Directeur de l'Observatoire, ait autorisé l'installation définitive de ces appareils sur l'un des grands équatoriaux de l'établissement; quelques-uns sont déjà en construction. M. Obrecht, aide-astronome, s'est consacré depuis quelques mois aux études dont les principes viennent d'être exposés. »

NOUVELLES DE LA SCIENCE. — VARIÉTÉS.

Le cataclysme de Java. — Notre planète paraît agitée depuis quelque temps de convulsions effrayantes. L'émotion du tremblement de terre d'Ischia était à peine calmée que le récit de la catastrophe de Java nous arrivait plus terrible, plus dramatique et plus émouvant encore. Dans l'île charmante du golfe de Naples, une secousse de quelques secondes avait, le 28 juillet, au milieu d'une tranquille soirée d'été, renversé une ville entière, détruit plusieurs villages et

Fig. 141.

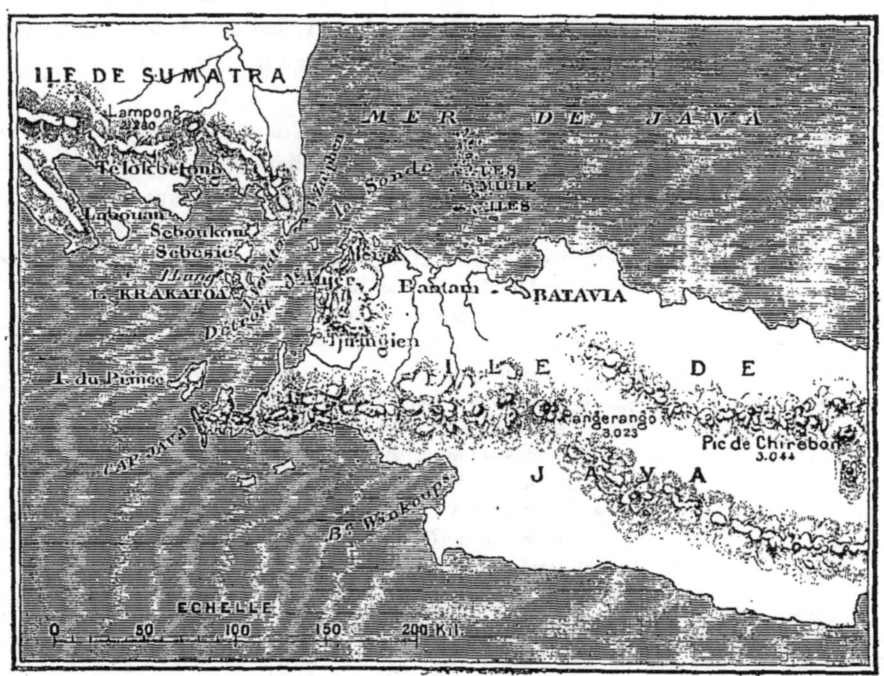

Le détroit de la Sonde, Java et ses volcans.

enseveli sous les ruines 2443 victimes qui, une minute auparavant, étaient florissantes de santé et cueillaient en souriant les douces fleurs de la vie. Dans l'archipel de la Mer des Indes, le 26 août, l'île de Krakatoa, de 16^{km} de tour, est descendue sous les flots avec ses habitants, le volcan de Payandayang lança des flammes et des torrents de lave, une pluie de pierres tomba sur une étendue de plusieurs milles, la montagne s'effondra et fut remplacée par sept pics distincts vomissant des flots de vapeurs et de lave embrasée. Un raz de marée de 30^{m} de hauteur balaya tout sur son passage, aussi bien du côté de Sumatra que du côté de Java; quatre villes populeuses, Anjer, Merak, Telokbetong et Tjiringien et un grand nombre de villages furent anéantis; à Batavia seulement, on compte 20000 victimes; tout le district de Bantam à la région occidentale de Java a été ravagée; on évalue à plus de soixante le nombre des îlots volcaniques qui ont surgi du fond des flots; tout le fond du détroit de la Sonde, toute la ligne de navigation suivie par les bâtiments a été bouleversée ([1]).

La nouvelle de la catastrophe est arrivée à Batavia par un steamer de ce port qui était à la mer au moment de l'éruption. Il a fait route sur Anjer pour donner l'alarme et a trouvé cette ville détruite.

Le pont du vapeur était couvert d'une couche de poussières volcaniques de $0^m,50$ d'épaisseur, et le capitaine de ce bâtiment affirme qu'il a navigué pendant un certain temps au milieu d'une masse de pierres ponceuses de 2^m à 3^m d'épaisseur, qui flottaient à la surface de la mer.

On ne connaîtra jamais le nombre exact des victimes, car les indigènes de Java n'ont pas d'état civil régulier; mais, suivant les évaluations les plus optimistes, ce nombre doit atteindre 40000. L'horreur du cataclysme dépasse tout ce que l'imagination peut concevoir.

Nous avons déjà signalé dans notre dernier Numéro la recrudescence actuelle des tremblements de terre. De nouveaux documents nous permettent de remplacer la petite liste publiée par la suivante, plus complète et plus éloquente encore.

Le 19 juin, tremblement de terre, éruption volcanique et dévastation de l'île d'Ometepec (Nicaragua).
27 » tremblement de terre à Corfou,
28 » trois chocs à Darmstadt.
29 » secousse à Alger.
6 juillet, secousse à Constantinople.
25 » choc violent à Catanzaro (Calabre).
28 » catastrophe d'Ischia.
29 » nouvelle secousse à Ischia.
31 » secousse à Oporto (Portugal).
même jour, à Gibroy (Californie).
1er août, trois secousses à Ischia.
2 » nouvelle secousse assez violente à Ischia.
3 » secousse moins forte.
4 » forte secousse au Pirée (Athènes).
7 » tremblement de terre à Aquila.
8 » nouvelle secousse faible à Ischia.

([1]) Le détroit de la Sonde a son entrée dans la Mer des Indes, à peu près par 6° de latitude sud. C'est l'un des passages les plus fréquentés pour aller dans les mers de la Chine; les bâtiments à voiles suivent toujours cette route pour passer de l'océan indien à la mer de Chine et *vice versâ*. C'est également la route que prennent les navires venant de l'Amérique du Sud et ceux qui ont doublé le cap de Bonne-Espérance, à destination de l'Extrême-Orient. Les navires à vapeur venant d'Europe passent en général par le détroit de Malacca, qui sépare Sumatra de la presqu'île indo-chinoise; mais, dans le mousson du Sud-Ouest, beaucoup d'entre eux rentrent dans l'Océan Indien par le détroit de la Sonde, de façon à profiter des brises favorables qui les conduisent jusqu'à l'entrée de la Mer Rouge.

Ce détroit marque, dans la géographie maritime, les plus grandes profondeurs connues: la sonde est descendue à 8000^m sans toucher le fond. Toutes ces îles sont des sommets de montagnes deux fois plus élevées que les Alpes et le Mont Blanc.

Le 10 août commotion à Niort.
12 » nouvelle secousse à Casamicciola.
14 » violente commotion à Serajevo (Bosnie).
même jour, secousse dans les montagnes du Lyonnais.
16 août, commotion à Pontrésima, Schusls et Tarasp (Suisse).
17 » légère secousse à Valls (Espagne).
17 » choc à Fjosanger (Norwège).
26 » cataclysme de Java.
28 » choc violent et bruits souterrains à Agram.
fin août, catastrophe à Pachucha (Mexique), 20 victimes.
2 septembre, violente secousse à Frascati (campagne de Rome).
4 » légère secousse à Torio, Barano et Serrafontaine (Naples).
7 » Oscillations et bruits souterrains à Sancey (Doubs).
10 » nouvelles secousses et bruits souterrains à Casamicciola.

Nouvelle comète : retour de celle de 1812. — Le 2 septembre, M. Brooks a découvert une petite comète télescopique, de l'éclat d'une étoile de 10e grandeur mesurant environ 1' de diamètre, circulaire et sans queue. Voici les positions observées :

		Æ	Ⓓ	
Sept. 3 16h 9m24s	(t. m. de Greenwich)	16h35m15s,6	+64°49'33"	Wendell à Cambridge.
5 10h 5m45s	(t. m. de Kiel)	16h33m30s,2	+64°27'59",6	E. Lamp à Kiel.
9 10h58m26s	(t. m. de Paris)	16h29m53s,0	+63°36'32",0	Bigourdan à Paris.

Cette comète paraît identique avec la comète de Pons (1812) ; du moins un calcul préliminaire semble le décider. La comète passerait alors au périhélie vers la fin de janvier 1884 et aurait eu par suite une durée de révolution inférieure seulement d'une demi-année à la valeur que les calculs de MM. Shulhof et Bossert lui avaient assignée comme la plus probable. Si l'on prend comme unité l'intensité de la comète en 1812, au moment où elle fut visible à l'œil nu, on voit qu'en 1884, 30 janvier, son intensité de lumière sera représentée par 3 ou 4.

Phases de Vénus observées à l'œil nu. — M. du Buisson, observateur à l'île de la Réunion, qui a suivi de février à juin, pendant le jour et à l'œil nu, la marche de Vénus dans le Ciel, a observé son passage près de la Lune le 3 juin dernier. Ce jour là, à 8h30m du matin, par un soleil resplendissant, la phase de Vénus était bien perceptible à *l'œil nu*, quoique très pâle. L'atmosphère de l'île est d'une pureté exceptionnelle. Le 6 mai dernier, la *jonction optique de l'île de la Réunion avec l'île Maurice* (225km de distance) a été réalisée par M. Adam, à l'aide des appareils du colonel Mangin. C'est là un fait extrêmement intéressant au point de vue physique. De l'île de la Réunion, on voit parfois très nettement l'île Maurice à l'œil nu au lever du soleil. — L'instrument employé pour les expériences optiques est tout simplement un miroir plan d'un mètre carré : ce sont les éclats solaires projetés sur cette glace qui ont été vus à Maurice comme une étoile orangée, moins brillante que Vénus, mais plus grosse.

Lors de la jonction géodésique de l'Afrique avec l'Espagne, par le colonel Perrier, la lumière solaire n'a jamais été aperçue, et ce n'est qu'après trente jours de patientes recherches qu'on a pu apercevoir les signaux à la lumière électrique.

De la même île, M. Mantovani nous écrit que la visibilité de Vénus en plein jour n'est pas rare et qu'il est regrettable que son compatriote, M. Schiaparelli, n'habite pas sous ce ciel privilégié.

Almanach astronomique Flammarion. — Il y a longtemps que l'on désire en France un véritable almanach astronomique. Certes, des légions d'almanachs pleuvent chaque année, mais aucun ne répond au but que doit atteindre un ouvrage périodique de cette sorte. En effet, le but que doit poursuivre un almanach vraiment scientifique n'est-il pas de donner toutes les indications possibles, et cela d'une manière tout à fait élémentaire, sur les principaux phénomènes célestes qui devront s'accomplir dans le courant de l'année, phénomènes que le lecteur attentif pourra toujours être à même d'observer?

C'est pour combler cette importante lacune qu'un Comité s'est formé pour organiser la rédaction de l'*Almanach astronomique Flammarion.*

Ce Comité se compose de rédacteurs de la *Revue mensuelle d'Astronomie populaire*, de plusieurs membres des *Sociétés scientifiques Flammarion*, qui se sont fondées depuis quelques années en France, en Espagne, en Belgique, à Sumatra, dans les États-Unis de Colombie, etc., dans le but de développer et de répandre l'instruction astronomique, des rédacteurs du *Bulletin mensuel* de ces Sociétés, et de plusieurs amis dévoués de la Science.

ON TROUVE DANS CET ALMANACH :

Les articles généraux du calendrier;

La concordance des principaux calendriers usités: grégorien, julien, républicain, israélite et musulman;

Les jours du mois, de la semaine, de l'année, de la lunaison;

Les levers et les couchers du Soleil pour tous les jours de l'année:

Les levers et les couchers de la Lune, ainsi que les heures de son passage au méridien, pour tous les jours de l'année;

Les heures des levers des planètes, de leurs couchers, de leurs passages au méridien pour les époques de leur complète visibilité;

Des cartes célestes indiquant la marche des principales planètes à travers les constellations;

Les levers et les couchers des astéroïdes les plus importants : Cérès, Pallas, Junon et Vesta;

Des cartes célestes permettant de suivre la marche de ces astéroïdes parmi les constellations;

La hauteur du Soleil au-dessus de l'horizon chaque jour à midi, la durée du jour, en tenant compte du crépuscule;

La durée du clair de Lune et la hauteur de la Lune, au-dessus de l'horizon, lors de son passage au méridien;

Les phases de la Lune, les éclipses du Soleil et de la Lune;

Les marées dans les principaux ports;

Le temps vrai à midi moyen, ou la manière de régler sa montre sur un cadran solaire;

La température moyenne de chaque jour de l'année, déduite des observations faites à l'Observatoire de Paris.

L'état probable du Soleil et de ses taches pendant l'année;

Les occultations d'étoiles par la Lune observables en France, en Belgique, en Espagne, en Italie, en Suisse, en Algérie, en Angleterre, etc.

Les occultations des planètes par la Lune, avec les indications des contrées où le phénomène sera observable;

Les rapprochements et conjonctions des

planètes entre elles ou avec les étoiles, ou avec la Lune;

Les éclipses des satellites de Jupiter et leurs passages devant la planète:

L'aspect de Saturne et de ses anneaux;

La distance des planètes à la Terre et au Soleil, leur diamètre apparent vu de la Terre, le diamètre apparent de la Terre vu de chaque planète, et enfin les époques les plus favorables pour les observations de ces astres;

Le temps sidéral à midi moyen pour les lecteurs qui voudraient faire des observations;

Les périodes de visibilité de la lumière zodiacale;

L'aspect perpétuel du Ciel étoilé;

Des cartes célestes donnant mois par mois toutes les principales constellations visibles au-dessus de l'horizon de Paris;

Les époques d'étoiles filantes, etc., etc.

Ce sont là les éléments fondamentaux d'un véritable almanach scientifique. Ils sont encore complétés par des notices instructives, telles qu'une *Revue générale des récents progrès de l'Astronomie* pendant l'année 1883, un article sur *les autres Mondes*, par M. Camille Flammarion, une *Instruction pratique pour l'usage des instruments et pour la détermination de la méridienne*, par M. Vimont, ainsi que divers articles de fond sur les beaux sujets de la Science du Ciel, etc.

Les millions dépensés par l'État pour les services météorologiques, et les efforts faits par des observateurs consciencieux n'ont pas encore permis d'aboutir au moindre résultat, ni en France, ni en Angleterre, ni aux États-Unis, ni ailleurs, quant à la prédiction du temps un an à l'avance. Mais il n'en est pas moins vrai que la Météorologie commence à se fonder. Les observations faites à l'Observatoire de Paris depuis le commencement du siècle ont permis de calculer la température qui en résulte pour chaque jour de l'année. On a publié ces chiffres, parce qu'ils ont une base scientifique, et qu'ils représentent la température probable de chaque jour. On trouvera aussi dans le cours de cet Annuaire un chapitre où les variations périodiques de la température sont étudiées ex-professo.

On raconte que l'Académie de Berlin avait anciennement pour principal revenu le produit de la vente de son almanach. Honteux de voir figurer dans cette publication des prédictions de tout genre, faites au hasard, ou qui, du moins, n'étaient fondées sur aucun principe acceptable, un savant distingué proposa de les supprimer et de les remplacer par des notions claires, précises et certaines, sur des objets qui lui semblaient devoir intéresser le plus le public; on essaya cette réforme, mais le débit de l'Almanach fut tellement diminué, et conséquemment les revenus de l'Académie tellement affaiblis, qu'on se crut obligé de revenir aux premiers errements, et de redonner des prédictions auxquelles les auteurs ne croyaient pas eux-mêmes.

Nous voulons espérer que le monde a marché depuis cette époque, et que les hommes d'aujourd'hui préfèrent la réalité à l'illusion, la vérité au mensonge, la lumière à l'obscurité, et que nos lecteurs sont plus avancés que les indigènes de Berlin.

L'*Almanach astronomique Flammarion* pour l'année 1884 vient de paraître [1].

[1] Prix : 1 franc, chez tous les libraires.

Taches solaires visibles à l'œil nu. — Les derniers Numéros de la *Revue* ont signalé les taches solaires qui ont été visibles à l'œil nu, aux dates des 2, 21 et 26 juin, 1er et 25 juillet. Celle du 1er juillet, mesurée la veille, avait 80450km de diamètre et occupait (ombres et pénombres de son groupe) une surface neuf fois plus étendue que la surface entière de notre planète. (M. Bruguière.)

Celle du 25 juillet, mesurée le 27, avait un diamètre de 84920km. (M. Cornillon.) Elle est arrivée, le 31, au bord occidental. Ces taches se sont principalement formées au-dessous de l'équateur solaire, c'est-à-dire dans son hémisphère sud.

A partir du 28 juillet, Soleil relativement calme : taches peu nombreuses et petites. Le 16 août, beau groupe, visible dans une jumelle : limite de visibilité à l'œil nu. (M. Jacquot.) Belles et nombreuses taches dans l'hémisphère sud. Le 28 un groupe formé vers le méridien central s'agrandit rapidement; il devient visible à l'œil nu du 29 au 31. Le 31, un autre groupe, arrivé le 29 par le bord oriental, est visible à l'œil nu, concurremment avec le précédent, et sa visibilité dure jusqu'au 6 septembre. Le 10 septembre, nouvelle tache visible à l'œil nu.

OBSERVATIONS ASTRONOMIQUES

A FAIRE DU 15 OCTOBRE AU 15 NOVEMBRE.

Principaux objets célestes en évidence pour l'observation.

1° CIEL ÉTOILÉ :

L'aspect du Ciel étoilé dans cette saison est donné dans l'*Astronomie*, Tome Ier, même mois, et dans l'ouvrage *Les Étoiles et les Curiosités du Ciel*, p. 594 à 635.

2° SYSTÈME SOLAIRE.

SOLEIL. — Le Soleil se lève, le 15 octobre, à 6^h21^m, pour se coucher à 5^h10^m; le 1er novembre, il ne se lève plus qu'à 6^h48^m et se couche à 4^h39^m. Enfin, le 15 novembre, il ne reste plus sur l'horizon que de 7^h10^m à 4^h19^m. La durée du jour, qui est ainsi de 10^h49^m le 15 octobre, de 9^h51^m le 1er novembre, et de 9^h9^m le 15 novembre, diminue donc de 1^h40^m pendant cette période. En même temps, la déclinaison australe du Soleil augmente de 9°59 : elle est de 8°30′ le 15 octobre, de 14°25′ le 1er novembre, et de 18°29′ le 15 novembre ; on voit avec quelle rapidité le Soleil s'éloigne de l'Équateur. C'est ce qui explique pourquoi la mauvaise saison s'avance si vite à cette époque de l'année, malgré la petite période de beaux jours que l'on observe souvent au commencement de novembre, et pendant laquelle la température s'élève notablement, ce qui lui a fait donner le nom d'*Été de la Saint-Martin*. Nos lecteurs savent que l'été de la Saint-Martin constitue l'une de ces remarquables oscillations de température qui se reproduisent périodiquement aux mêmes dates de l'année, et dont l'étude a formé le sujet de l'intéressant article de M. Roche, publié dans notre no 8 (Août).

Une *éclipse annulaire de Soleil* aura lieu le 30 octobre, à 11^h du soir. Elle sera naturellement *invisible* à Paris, le Soleil éclairant à cette heure l'hémisphère opposé à celui que nous habitons.

Ce jour là, le volume apparent de la Lune sera inférieur à celui du Soleil et l'éclipse sera *annulaire*. La pénombre de la Lune vient atteindre la Terre le 30 octobre, à 9^h27^m, temps moyen de Paris, au point qui a pour longitude 137°56′ E., et pour latitude boréale 31°14′ : ce point est situé au Sud du Japon; c'est en ce lieu, et à cet instant, que commence l'éclipse partielle. Le prolongement du cône d'ombre vient ensuite rencontrer la surface de la Terre à 10^h14^m, en un point qui a pour longitude 124°1′ E., et pour latitude boréale 41°35′ N.; ce point est au Nord de la presqu'île de Corée. C'est là que commence l'éclipse annulaire; puis l'ombre de la Lune se déplace de l'Ouest à l'Est, traversant une partie du Japon, et continuant sa route sur l'Océan Pacifique. Elle quitte enfin la surface de la Terre le 31 octobre, à 1^h47^m du matin, en un point dont la longitude est de 123° 57′ O. et la latitude boréale 16°39′. C'est en plein Océan Pacifique. L'éclipse annulaire est terminée; mais le cône de pénombre continue sa marche et n'abandonne notre planète qu'à $2^h57^m9^s$, par 139° 4′ de longitude Ouest et 5°26′ de latitude boréale. Il résulte de là que l'éclipse annulaire ne pourra être observée que dans une partie du Japon, et dans certaines régions de l'Océan Pacifique boréal. On observera une éclipse partielle dans la région orientale de la Sibérie, le Kamtchatka, la presqu'île de Corée, l'Amérique russe, la côte occidentale de l'Amérique septentrionale jusqu'au Sud de la Californie, ainsi que dans l'Océan Pacifique et la plupart des îles de la Polynésie.

LUNE. — La Lune reste encore assez basse au Premier Quartier, mais, en revanche, la Pleine Lune commence à s'élever assez haut au-dessus de l'horizon et la période comprise entre la Pleine Lune et le Dernier Quartier est très favorable à l'observation.

PHASES...	PL	le 16 oct.	à	6^h55^m	matin.
	DQ	le 22 »	à	11 28	soir.
	NL	le 31 »	à	0 6	matin.
	PQ	le 8 nov.	à	0 14	»
	PL	le 14 »	à	4 47	soir.

Dans la nuit du 15 au 16 octobre, il y aura une *éclipse partielle de Lune* en partie *visible à Paris*. Malheureusement, cette éclipse ne sera pas très forte, car les $\frac{28}{100}$ seulement du diamètre de la Lune seront cachés par l'ombre de la Terre. L'éclipse commencera le 16 octobre, à 4^h52^m du matin, et se terminera à 9^h16^m. A Paris, on ne pourra observer que le commencement de cette éclipse, car le milieu est à 7^h4^m, tandis que la Lune se couche, ce jour-là, à 6^h25^m.

C'est à peine même si l'on verra la moindre portion du disque lunaire échancrée par l'ombre de la Terre, car, si la Lune entre dans la pénombre à 2^h52^m, elle n'entre dans l'ombre proprement dite qu'à 6^h9^m. En somme, l'observation de cette éclipse est loin de présenter l'intérêt qu'offrent souvent les éclipses de Lune.

Occultations.

Nous devons d'abord signaler une appulse de Neptune qui aura lieu le 18 octobre, à 3h38m du matin; la planète arrivera jusqu'à 3',5 du bord de la Lune, le point du disque lunaire dont elle s'approchera le plus se trouvant à 43° au-dessous et à droite (Ouest) du point le plus élevé.

En outre, on pourra observer, du 15 octobre au 15 novembre, quatre occultations d'étoiles pendant la première partie de la nuit.

1° 1272 B.A.C. (6e gr.), le 18 octobre, de 7h54m à 8h39m. L'étoile disparaît à l'Orient, à 26° au-dessus et à gauche du point le plus bas du disque lunaire, et reparaît à droite, à 2° au-dessous du point le plus occidental du bord de la Lune.

Fig. 142.

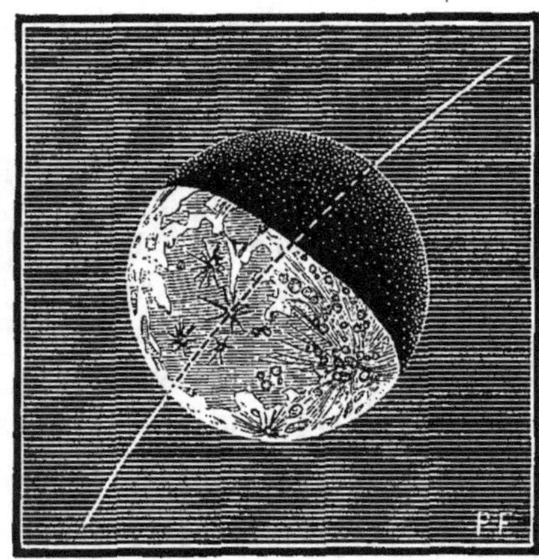

Occultation de λ Gémeaux par la Lune, le 21 octobre, de 12h7m à 13h11m.

Fig. 143.

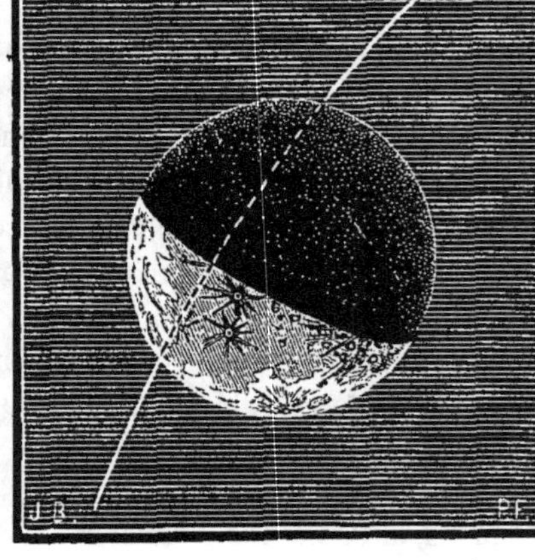

Occultation de κ du Cancer par la Lune, le 23 octobre, de 13h57m à 15h1m.

2° λ Gémeaux (4e gr.), le 21 octobre, de 12h7m à 13h11m. L'étoile disparaît à l'Est (gauche), à 43° au-dessus du point le plus bas, et reparaît à l'Ouest, à 42° au-dessous et à droite du point le plus haut du disque lunaire. Les occultations d'étoiles de 4e grandeur étant relativement rares, nous recommandons tout particulièrement l'observation de celle-ci que nous avons fait représenter (*fig.* 142). Rappelons aussi que, le phénomène se produisant dans les environs du Dernier Quartier, on verra l'étoile venir en contact avec le limbe éclairé de la Lune, du côté de l'Est, et reparaître subitement dans le vide, du côté de l'Ouest, à une certaine distance de la partie visible de la Lune.

3° κ du Cancer (5e gr.), le 23 octobre, de 13h57m à 15h1m. L'étoile disparaît toujours à l'Orient, à 39° au-dessous du point le plus à gauche, et reparaît encore dans le vide, à 19° au-dessous et à droite du point le plus élevé du disque lunaire. Quoique cette occultation ait lieu à une heure assez avancée dans la nuit, nous avons cru devoir la signaler et même la faire représenter (*fig.* 143) à cause de la rareté relative des occultations d'étoiles de 5e grandeur.

4° 1119 B.A.C. (6e gr.), le 14 novembre, de 8h22m à 9h5m. L'étoile disparaît à 16° au-dessus et à gauche (Est) du point le plus bas, et reparaît à 25° au-dessous du point le plus à droite (Ouest) du disque lunaire. Comme la Lune est pleine, l'immersion et l'émersion se font au contact même de la partie visible de notre satellite.

Lever, Passage au Méridien et Coucher des planètes, du 11 octobre au 11 novembre 1883.

		Lever.		Passage au Méridien.		Coucher.		Constellations.
MERCURE.	11 oct.	5h30m	matin.	11h13m	matin.	4h58m	soir.	VIERGE, puis BALANCE.
	21 »	4 46	»	10 40	»	4 33	»	
	1er nov.	5 20	»	10 50	»	4 19	»	
	11 »	6 12	»	11 11	»	4 9	»	
VÉNUS...	11 oct.	6 42	»	0 9	soir.	5 34	»	VIERGE, puis BALANCE.
	21 »	7 12	»	0 16	»	5 20	»	
	1er nov.	7 46	»	0 27	»	5 7	»	
	11 »	8 16	»	0 38	»	5 0	»	
MARS.....	11 oct.	10 52	soir.	6 45	matin.	2 35	»	CANCER.
	21 »	10 39	»	6 27	»	2 12	»	
	1er nov.	10 23	»	6 5	»	1 14	»	
	11 »	10 5	»	5 43	»	1 17	»	
JUPITER...	11 oct.	11 14	»	6 59	»	2 40	»	CANCER.
	21 »	10 41	»	6 24	»	2 4	»	
	1er nov.	10 2	»	5 45	»	1 23	»	
	11 »	9 25	»	5 7	»	0 46	»	
SATURNE.	11 oct.	7 32	»	3 17	»	10 57	matin.	TAUREAU.
	21 »	6 51	»	2 35	»	10 16	»	
	1er nov.	6 6	»	1 50	»	9 29	»	
	11 »	5 24	»	1 7	»	8 46	»	

MERCURE. — Mercure atteint sa plus grande élongation occidentale le 22 octobre, à midi; il se trouve, à ce moment, à 18°16′ à l'Ouest du Soleil. Quoique cette distance soit notablement inférieure à celles qui se produisent lors de certaines élongations, quoique, de plus, Mercure soit encore dans l'hémisphère austral, puisque sa déclinaison est de 2°22′ S., cependant, comme il se trouve beaucoup plus près de l'Équateur que le Soleil, dont la déclinaison australe est de 11°2′, il arrive qu'il se lève presque deux heures avant le Soleil, de sorte qu'il se trouve, le 22 octobre et les jours suivants, dans des conditions favorables à l'observation. Ajoutons que Mercure passe au périhélie le 17 octobre, à 2h du soir, et que le 20 octobre, à 7h du soir, il arrivera en conjonction avec la célèbre étoile double γ de la Vierge, au Sud de laquelle il passera à la faible distance de 1°8′ seulement.

VÉNUS. — Vénus, qui s'est trouvée en conjonction supérieure avec le Soleil au commencement du mois d'octobre, est toujours invisible; elle va devenir étoile du soir; le 11 novembre, elle se couche déjà 36m après le Soleil, de sorte qu'on la verra bientôt briller dans la lueur affaiblie du crépuscule.

MARS. — La planète Mars se rapproche de nous; elle se lève de plus en plus tôt chaque soir; sa déclinaison boréale reste toujours très forte, ce qui la place dans de bonnes conditions d'observation, quoique son diamètre apparent reste encore petit, 9″ environ. Son mouvement plus rapide la rapproche de Jupiter avec lequel elle se trouve en conjonction, le 19 octobre, à 7h du soir; elle passera au Nord de

Jupiter à la faible distance de 59′ seulement. C'est toujours un spectacle curieux que le rapprochement de deux belles planètes qui arrivent à se trouver assez près l'une de l'autre pour que leur distance n'atteigne pas le double du diamètre de la Lune. Mars reste dans la constellation du Cancer. Voici ses coordonnées, le 15 octobre à midi :

Ascension droite....... $8^h 11^m 47^s$. Déclinaison....... 21°10′24″ N.

JUPITER. — Cette admirable planète devient de jour en jour plus facile à observer. Sa déclinaison boréale, assez forte, comme celle de Mars, la place dans des conditions très favorables. Nous venons de dire qu'elle arriverait le 19 octobre en conjonction avec Mars. Avant cette date, elle passe au méridien après Mars, et se trouve par conséquent à gauche de cette dernière planète; mais, après le 19 octobre, elle est dépassée; c'est Mars qui est à gauche et Jupiter qui arrive le premier dans le plan méridien. La *Revue* publiera dans son prochain Numéro d'importantes observations, dues à M. Denning, de Bristol, et à M. Riccó, de Palerme.

Jupiter est dans la constellation du Cancer. Voici ses coordonnées, le 15 octobre à midi :

Ascension droite....... $8^h 19^m 4^s$. Déclinaison... ... 19°53′50″ N.

SATURNE. — Saturne s'est notablement éloigné de Jupiter; il est maintenant bien visible pendant toute la nuit; nous ne saurions trop recommander l'observation des magnifiques anneaux qui entourent ce bel astre, sur lesquels notre collaborateur, M. Detaille, a déjà appelé l'attention des lecteurs de l'*Astronomie*. Comme le mois dernier, nous conseillerons de ne pas se presser pour l'observation de Saturne, et d'attendre que la planète soit montée à une certaine hauteur au-dessus de l'horizon, ce qui, du reste, arrivera d'assez bonne heure, grâce à sa forte déclinaison boréale.

Il nous faut signaler aussi le rapprochement de Saturne et d'Aldébaran. C'est le 2 novembre, à 5^h du matin, que la planète arrive en conjonction avec Aldébaran, au Nord duquel elle passe à la distance de 3°30′.

Saturne n'a pas quitté la constellation du Taureau. Voici ses coordonnées, le 15 octobre, à midi :

Ascension droite....... $4^h 33^m 16^s$. Déclinaison....... 19°56′20″ N.

URANUS. — Uranus, qui n'est visible que le matin avant le lever du Soleil, arrive le 15 octobre à 3^h du soir en conjonction avec l'étoile β de la Vierge, au Nord de laquelle elle passera à moins de 2′ de distance. Dans la matinée du 16 octobre, on pourra voir les deux autres à 2′30″ de distance, tous deux dans le champ d'une même lunette.

NEPTUNE. — La planète Neptune approche de son opposition, qui aura lieu le 12 novembre à 9^h du matin. Dans la nuit du 11 au 12, Neptune passera donc au méridien à minuit. Ce sont évidemment les circonstances les plus favorables à l'observation d'une planète, et nous engageons vivement ceux de nos lecteurs qui ont à leur disposition une lunette astronomique à ne pas laisser passer cette occasion d'observer l'astre dont la découverte a illustré le nom de Le Verrier. On trouvera Neptune dans la constellation du Taureau, au Sud de l'étoile δ, au Sud-Ouest des Pléiades; il brille comme une étoile de 8e grandeur.

Ses coordonnées le 15 octobre, à midi, sont :

Ascension droite....... $3^h 13^m 56^s$. Déclinaison...... 16°7'0" N.

Petites planètes. — *Pallas* et *Cérès* sont actuellement dans des conditions de visibilité favorables. Rappelons encore une fois que, pour être bien sûr d'avoir observé l'une de ces petites planètes, il faut la suivre quelques jours afin de constater son déplacement relatif par rapport aux étoiles environnantes.

On trouvera Pallas dans la constellation de la Baleine entre les étoiles τ et β, mais un peu au Sud de la ligne qui les joint; ses coordonnées, le 1er novembre, au moment de son passage au méridien, qui a lieu vers $10^h 30^m$ du soir, sont :

Ascension droite....... $1^h 2^m$. Déclinaison....... 19°46' S.

Cérès est actuellement dans la constellation du Taureau, un peu après Saturne; on la trouvera tout près de l'étoile ζ, du côté du Sud-Ouest; elle passe au méridien le 1er novembre, vers 3^h du matin; ses coordonnées le 1er novembre, au moment de son passage au méridien, sont :

Ascension droite....... $5^h 23^m$. Déclinaison....... 19°33' N.

Étoile variable. — Minima observables d'Algol ou β Persée :

17 octobre......	$1^h 27^m$ matin.	8 novembre......	$11^h 58^m$ soir.
19 »	10 16 soir.	11 »	8 47 »
22 »	7 5 »	14 »	5 36 »

ÉTUDES SÉLÉNOGRAPHIQUES.

La région lunaire que nous mettons ce mois-ci sous les yeux de nos lecteurs est sans contredit l'une des plus curieuses et des plus pittoresques de notre satellite. Elle se trouve à l'Est de celle que nous avons décrite dans le Numéro précédent et renferme, outre la bande verticale de gauche qui se double avec la partie orientale de notre dernière gravure, les remarquables chaînes de montagnes du *Caucase*, des *Apennins* et des *Karpathes*, les cratères bien connus de *Copernic* (113), d'*Archimède* (125) et de *Platon* (142), le *Marais de la Putréfaction*, le *Marais des Brouillards*, la *Mer des Pluies* avec le *Golfe des Iris* et le *Golfe de la Rosée*, ainsi que l'extrémité orientale de la *Mer du Froid*.

Les trois chaînes de montagnes que nous venons de citer se trouvent dans le prolongement l'une de l'autre, sur une même ligne courbe, de manière à former un gigantesque quart de cercle de montagnes élevées. Le *Caucase* en est la partie la plus boréale. Il forme, comme nous l'avons déjà dit, le rivage oriental de la mer de la Sérénité, qu'il sépare du Marais des Brouillards; il est dirigé du Nord au Sud, et se continue par les *Apennins* qui se contournent vers le Sud-Est. Les monts Apennins constituent l'une des formations montagneuses les plus intéressantes de la Lune : c'est un immense massif rempli de pointes élevées dont les ombres, quand l'éclairage est favorable, s'allongent en pointes aiguës sur le sol très plat du Marais de la Putréfaction. L'épaisseur de ce soulèvement est assez considérable; le terrain, qui apparaît très mouvementé et très rocailleux, s'élève en pente du côté de l'Ouest; mais la montagne se termine brusquement, sur le versant oriental, par des murailles à pic qui forment, en se découpant, d'innombrables précipices d'une effroyable profondeur. La longueur de cette belle chaîne dépasse 720^{km}; ses plus hauts sommets s'élèvent à plus de 6000^{m}. A son extrémité orientale, la chaîne des Apennins se termine par le cratère d'*Ératosthènes* (112), qui la sépare des monts *Karpathes*.

Ératosthènes est un grand cirque de 60^{km} de diamètre; au centre se trouve un pic élevé, et le rempart circulaire est fortement escarpé et orné de terrasses irrégulières dont la hauteur est très inégale, si bien que, du côté de l'Est, la montagne s'élève jusqu'à 4800^{m} au-dessus du fond du cratère, tandis qu'à l'Ouest sa hauteur ne dépasse pas 3000^{m}. Seulement, comme le fond du cirque est bien plus bas que le sol environnant, les murailles d'Ératosthènes ne s'élèvent pas à plus de 2300^{m} à l'Est et 1700^{m} à l'Ouest, au-dessus des régions extérieures. L'aspect de cette montagne, à la Pleine Lune, ne paraît pas très conforme à la description qu'en ont donnée Beer et Mädler; elle mériterait d'être suivie et étudiée avec soin.

A partir d'Ératosthènes, s'étend vers le Sud une sorte de contrefort qui s'élève à 1400^{m} et vient se terminer au cirque de *Stadius* (110). Quoique assez voisin d'Ératosthènes, Stadius offre avec lui de remarquables différences. Il a d'abord 8^{km} de plus de largeur, mais ses remparts sont si peu élevés que Beer et Mädler n'en ont pas fait mention, et l'ont simplement signalé comme une tache d'une teinte différente de celle des régions voisines. Webb a observé l'anneau montagneux de Stadius, mais il le trouve très difficile à voir; le fond en est presque plat, quoique Dobie y ait observé, surtout vers le Sud-Ouest, un grand nombre de très petits cratères.

Les Karpathes s'étendent de l'Ouest à l'Est à partir d'Ératosthènes ; ils passent au Sud de *Copernic* (113) qui est, après Tycho, le point le plus remarquable de toute la Lune : il mesure 90^{km} de diamètre, et présente une montagne centrale dont le sommet se termine par six pointes. La couronne de ce cirque est très escarpée et ne se compose pas seulement de terrasses, mais encore de hauteurs séparées laissant entre elles de profondes ravines, et s'élevant en moyenne à 3300^{m} au-dessus du fond. C'est la hauteur de l'Etna, dont le nom avait d'abord été choisi par Hévélius pour désigner cette montagne. Piazzi Smith a remarqué que les masses de rochers présentaient à l'intérieur des formes conchoïdes analogues à celles qu'on observe dans le cratère du pic de Ténériffe. Il faut l'observer un jour ou deux après le Premier Quartier. Copernic est un centre de rayons divergents qui s'éloignent, larges et brillants, à une très grande distance; ils ne sont bien visibles qu'à la Pleine Lune, et ressemblent à des coulées de lave; c'est un intéressant sujet d'étude.

Entre Ératosthènes et Copernic se trouve une région très curieuse entièrement parsemée de petits cratères; Beer et Mädler en ont compté 61; mais il y en a

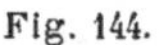

Fig. 144.

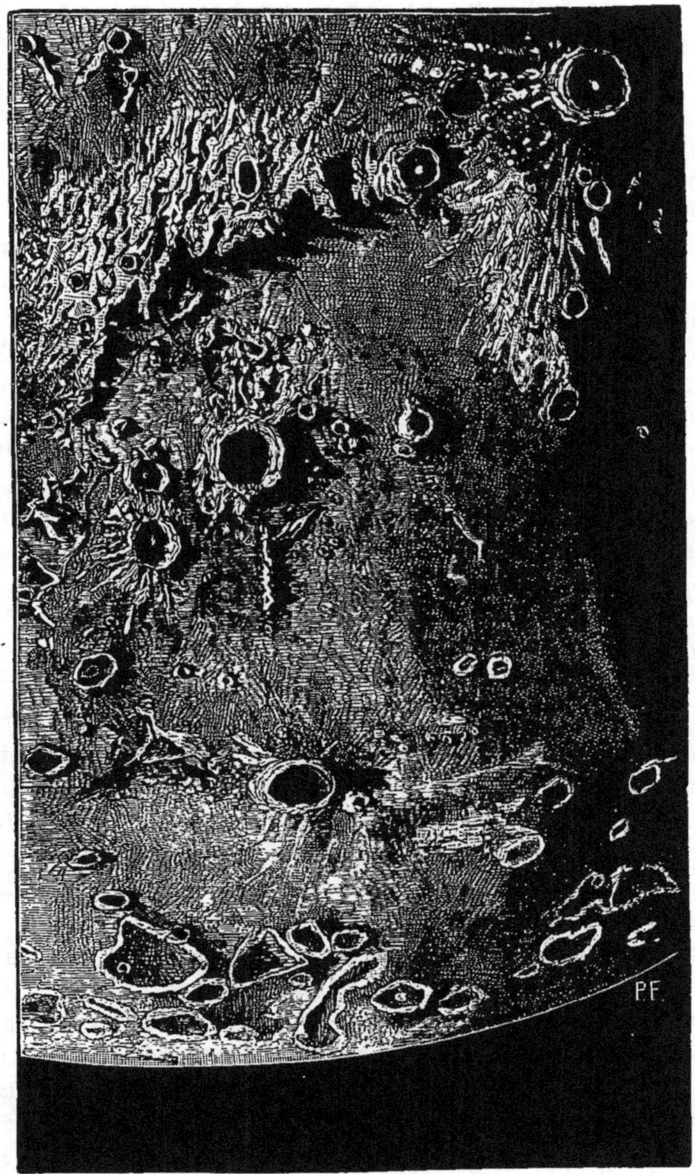

Copernic, les Apennins, le Caucase, la Mer des Pluies et les régions voisines.

plus de douze fois ce nombre; il est presque impossible de trouver dans toute cette contrée le moindre espace plat. Ces petits cratères sont généralement disposés en rangées parallèles. L'une de ces rangées est même tellement évidente, et les cratères y sont si rapprochés, qu'ils donnent l'impression d'une crevasse; en réalité, la rangée se termine effectivement par une crevasse analogue à la grande rainure d'Hyginus. Il faut dire aussi que, dans les puissants instruments, cette dernière apparaît, au moins sur la plus grande partie de sa longueur, comme formée d'une suite de petites ouvertures circulaires. On est tenté de croire que ces deux objets ont des origines semblables. La région dont nous parlons est facilement observable; mais l'époque où l'éclairage est favorable est assez courte : il faut l'examiner quand le Soleil se lève sur la muraille orientale de Copernic.

Au Sud des Apennins, et à l'Est d'Ératosthènes et de Stadius, se trouve une contrée très plate et très unie qu'on a nommée le *Golfe Torride;* c'est une sorte de prolongement de la Mer des Vapeurs.

C'est dans l'intérieur du quart de cercle formé par le Caucase et les Apennins que se trouvent les trois cirques remarquables d'*Archimède* (125), d'*Aristille* (124) et d'*Autolycus* (123). On les voit à l'Orient du point où finit le Caucase et où commencent les Apennins; ils séparent le Marais de la Putréfaction, au Sud, du Marais des Brouillards, au Nord, deux plaines si unies que des élévations de 15^{m} à 20^{m} s'y distinguent facilement par leurs ombres. Ces trois cirques forment une sorte de triangle rectangle dont l'extrémité la plus orientale est occupée par Archimède, qui est l'un des cirques les plus grands et les plus réguliers de toute la Lune : il mesure 68^{km} de diamètre. Il est probable que cette montagne existait déjà quand se sont déposés les sédiments qui ont formé les plaines environnantes et qui ont enfoui de la sorte les régions les plus basses du rempart. Celui-ci s'élève en moyenne à 1300^{m} au-dessus du fond, qui est lui-même déprimé de 200^{m} au-dessous de la plaine; mais il renferme plusieurs tourelles, dont la plus haute n'a pas moins de 2200^{m} d'élévation. Le fond apparaît aussi uni qu'un miroir; mais il est divisé en sept bandes presque parallèles d'un éclat différent; on peut y trouver six ou sept cratères extrêmement petits. Ajoutons enfin que les découpures et les terrasses du rempart en font un spectacle magnifique au lever ou au coucher du Soleil.

Il est impossible de décrire en détail toutes les merveilles de cette contrée lunaire; quoique plus petits qu'Archimède, Aristille (124) et Autolycus (123) sont aussi très intéressants à observer et tout à fait dignes de captiver l'attention. On remarquera les bandes montagneuses qui s'étendent à partir de ces trois cirques comme d'immenses contreforts destinés à soutenir les murailles circulaires, et laissant entre elles de profondes ravines et d'immenses précipices. Une petite pointe se trouve au Nord du fond d'Autolycus; plusieurs peuvent être observées dans Aristille qui est un peu plus grand. Un grand nombre de petits cratères environnent les trois cirques et se prolongent vers l'Orient jusqu'à *Timocharis* (126); les plus remarquables sont deux petits cirques accolés, à peu près à moitié chemin entre Archimède et Timocharis, qui ont reçu le nom des célèbres sélénographes *Beer et Mädler*.

De longues et profondes crevasses sillonnent aussi cette région; il y en a une qui longe le bord oriental des Apennins, et une autre qui, partant d'Archimède, vient rencontrer la première à angle droit; d'autres existent encore le long des monts Caucase. Ces immenses rainures, dont la plus longue s'étend sur plus de 150^{km}, ont une largeur qui varie de 1^{km} à $1^{km},5$, et leur profondeur peut être estimée à plusieurs kilomètres. Ce sont de véritables abîmes qui coupent les plaines de ce pays.

Depuis longtemps déjà, les splendeurs de cet admirable paysage ont attiré l'attention des astronomes, et les dessins qui le représentent sont aujourd'hui nombreux. Toutes les personnes que la topographie de la Lune intéresse connaissent l'admirable ouvrage de l'astronome anglais Nasmyth, qui, à force de soin et de persévérance, est parvenu à reproduire en relief, par un moulage en plâtre, tous les accidents de terrain visibles à la surface de notre satellite. En photographiant ensuite, sous un éclairage oblique, les différentes parties de ce moulage, il a pu obtenir des planches magnifiques qui illustrent son remarquable volume. C'est l'une de ces belles photographies que nous avons reproduite en gravure sur bois dans notre premier Numéro, et qui représente justement la région que nous venons de décrire. On la trouvera en photographie dans l'Ouvrage *les Terres du Ciel*, et l'on pourra se faire ainsi une idée fort exacte de l'aspect de ces contrées, lorsque le cercle d'illumination vient à passer à quelque distance à l'Orient d'Archimède.

La *Mer des Pluies* s'étend à l'Orient des Marais des Brouillards et de la Putréfaction; c'est une grande plaine circulaire deux fois plus étendue que la Mer des Crises; elle est assez mal définie du côté de l'Est, et l'on peut remarquer sur son rivage Sud-Est un singulier petit cratère isolé, d'un éclat très brillant, qui se trouve au Nord-Est de *Lambert* (128); il s'appelle *La Hire*. L'éclat de cette petite montagne paraît variable suivant les époques; Webb s'exprime à son sujet en ces termes : « Des observations ultérieures pourront décider si ces changements d'éclat dépendent d'une circonstance particulière dans la réflexion de la lumière, ou de quelques modifications dans une atmosphère lunaire. » Sa hauteur est d'environ 1500^{m}. Quant à Lambert (128), on le trouvera à l'Est de Timocharis (126) à peu près à la même distance qui sépare celui-ci d'Archimède. D'autres petits cratères se trouvent aussi dans la mer des Pluies; nous signalerons seulement *Carlini* au Sud de Timocharis, *Hélicon* (143) plus au Sud encore, et *Le Verrier*, qui, situé à l'Ouest du précédent, forme avec lui un curieux système de double cratère. Chacun d'eux mesure environ 20^{km} de diamètre et leur profondeur est très grande; mais la plus importante particularité qui doit les signaler à l'attention de l'astronome est la disparition complète de Le Verrier à la Pleine Lune, tandis qu'Hélicon reste parfaitement visible. Peut-être est-ce là l'explication de l'omission de Le Verrier dans les premières cartes de la Lune; il est aussi permis de se demander si deux cratères existaient réellement du temps de Beer et Mädler.

Au Nord, la mer des Pluies se prolonge par le *Golfe des Iris* sur lequel nous aurons occasion de revenir, tandis qu'au Nord-Ouest on trouvera le cirque de *Platon* (142), qui doit nous arrêter quelque temps et au Sud duquel se dresse une magnifique pyramide isolée, *Pico*, s'élevant à près de 3000^{m}. Le fond de Platon est tellement creux qu'il apparaît toujours gris et obscur, même à la Pleine Lune ; nous avons déjà dit qu'on y distinguait, suivant l'époque de la lunaison, des variations de teinte difficiles à expliquer, et donnant l'impression d'une végétation qui se développe avec les saisons. Ce cirque est au moins aussi grand qu'Archimède ; son diamètre est d'environ 100^{km}, le rempart s'élève à 1000^{m} environ du côté de l'Est ; il est un peu plus bas à l'Ouest ; mais de ce côté se dressent trois tourelles, dont la moins haute s'élève à plus de 2200^{m}. Dans le fond, Beer et Mädler ont remarqué quatre bandes irrégulières dirigées du Nord au Sud ; on y trouve aussi quelques petites pointes qui doivent être comptées parmi les plus petits détails discernables à la surface de la Lune ; il y en a deux qui sont tout à fait rapprochés et font l'effet d'une étoile double.

Ces petites pointes ont été étudiées par de nombreux observateurs ; on en a compté jusqu'à 37. Du reste la visibilité de ces petits objets est très variable suivant l'époque. Ajoutons que Elger, en 1871, a observé quelques bandes transversales dirigées de l'Est à l'Ouest.

En suivant, vers le Sud-Ouest, le bord du marais des Brouillards, on arrive à *Cassini* (141), cirque à peine déprimé renfermant vers son extrémité occidentale un petit cratère très profond dont la forme est très irrégulière et qui a été oublié par Beer et Mädler.

Au Nord de Platon s'étendent la *Mer du Froid* et le *Golfe de la Rosée*, séparés l'un de l'autre par les deux cratères de *Timée* et *Fontenelle* (171) ; Fontenelle est le plus à l'Est ; mais, entre les deux, on doit remarquer de singulières bandes parallèles, et tout près de Fontenelle, du côté de l'Ouest, une sorte de montagne en forme de losange qui, suivant l'expression de Beer et Mädler, jette l'observateur dans le plus grand étonnement. La hauteur de ce losange est très différente d'un point à un autre, mais la forme en est si régulière qu'on a peine à concevoir que ce soit là l'œuvre de la nature ; cependant sa longueur dépasse 100^{km} ; la hauteur varie de 100^{m} à 1000^{m}, et l'épaisseur du rempart atteint certainement 1^{km},5 ou 2^{km}. A l'intérieur se trouve des bandes parallèles qui, à un certain endroit, dessinent une sorte de croix ; malheureusement leur position près du bord de la Lune est si défavorable qu'il peut s'écouler des années sans qu'un éclairage convenable permette de les bien distinguer.

Signalons enfin, pour terminer, *Philolaüs* (149) et *Anaximène* (150), tout au bord de la Lune, ainsi que *Pythagoras* qui est coupé par le bord oriental de notre dessin : c'est l'une des vallées les plus profondes de notre satellite ; elle s'enfonce à plus de 2700^{m} de profondeur du côté de l'Est.

PHILIPPE GÉRIGNY.

L'ÉCLIPSE TOTALE DE SOLEIL DU 6 MAI.

RÉSULTATS DES OBSERVATIONS.

L'observation de l'éclipse totale de Soleil du 6 mai, la plus longue

Fig. 145.

L'éclipse totale de Soleil du 6 mai 1883. Dessin de M. TROUVELOT.

occultation du Soleil par la Lune que l'on ait jamais observée ($5^m 23^s$ de *totalité*) restera l'un des événements astronomiques les plus importants de l'année. Nous publions aujourd'hui les rapports de la mission française qui s'était rendue au méridien des antipodes pour l'étude du phénomène.

La mission dont nous avions été chargé par le Gouvernement, l'Académie et le Bureau des Longitudes, écrit M. Janssen, avait pour but de profiter de la rare durée de cette éclipse pour essayer de résoudre certaines questions sur la constitution du Soleil et sur l'existence des planètes dites intramercurielles.

Le lieu d'observation avait été fixé dans l'île Caroline, île située à 152° 20′ de longitude Ouest et 10° de latitude Sud, c'est-à-dire à peu près par le méridien de notre belle île de Tahiti, mais à 200 lieues plus au Nord. Cette station n'était pas absolument placée sur la ligne de centralité, mais elle s'en approchait beaucoup. Elle avait été jugée la moins défavorable pour l'observation d'un phénomène qui ne visitait que les parties maritimes de l'Océanie.

A notre mission s'étaient adjoints MM. Tacchini, l'habile directeur de l'Observatoire de Rome, et Palisa, de l'Observatoire de Vienne, auquel la Science doit tant d'astres nouveaux. La partie française de l'expédition comprenait, outre son chef, M. Trouvelot, astronome attaché à l'Observatoire de Meudon, M. Pasteur, photographe, et un aide.

Pour la recherche des planètes intramercurielles, M. Palisa avait une lunette de 6 pouces ($0^m,16$), à court foyer, à grand champ, montée équatorialement et très propre à la recherche en question. Pour le même objet, M. Trouvelot disposait de deux lunettes : une de 3 pouces ($0^m,08$) d'ouverture, à grand champ, avec réticule et cercle intérieur de position, et une de 6 pouces donnant un fort grossissement. La lunette de 3 pouces, formant chercheur et ayant un champ d'environ $4°\frac{1}{2}$, devait servir à l'exploration des régions circumsolaires; la croisée des fils permettait de relever une position; le cercle de position intérieur, dont les larges divisions étaient gravées sur une couronne de verre, était destiné à orienter les détails de la couronne pour le dessin que M. Trouvelot devait en faire. Quant à la lunette de 6 pouces, qui était également munie de réticule, elle devait servir à vérifier si un astre soupçonné d'être une planète possédait réellement un diamètre et le réticule permettait d'en relever la position exacte. MM. Palisa et Trouvelot se divisèrent le travail et voulurent bien explorer seulement chacun un côté du Soleil. On sait que la grande difficulté de ces recherches de planètes pendant les éclipses réside dans le peu de temps dont on dispose; il est donc de la plus haute importance de réduire autant que possible le champ qui doit être exploré par un observateur.

Telles étaient les dispositions prises pour la recherche des planètes intramercurielles par l'observation oculaire, mais nous y avions ajouté un élément nouveau, la Photographie.

Pour l'analyse spectrale, j'avais emporté deux télescopes :

L'un de $0^m,50$ d'ouverture, à très court foyer ($1^m,60$), muni d'un spectroscope à vision directe, à 10 prismes, très lumineux; la fente de ce spectroscope pouvait prendre diverses positions angulaires et s'ouvrir ou se fermer rapidement à la volonté de l'observateur; un excellent chercheur, muni de réticule, était placé près du spectroscope et à la distance des axes visuels, de manière que, l'un des yeux se portant par le chercheur sur un point de la Couronne, l'autre pût obtenir l'analyse spectroscopique de ce point.

Les instruments étaient montés sur un pied parallactique.

Afin de bien fixer les droits de chacun, il avait été convenu qu'aussitôt l'éclipse observée, chaque observateur rédigerait un rapport succinct de ses observations, que ces rapports seraient lus en présence de tous et signés de chacun de nous, comme constatation de cette lecture. Voici ces rapports :

RAPPORT DE M. **Janssen.**

Mes observations ont été de deux ordres : observations optiques, observations photographiques.

Les observations optiques avaient principalement pour but de décider si le spectre coronal est un spectre à fond continu avec raies brillantes, ou si les raies fraunhofériennes y existent d'une manière générale ([1]). Déjà, en 1871, j'avais annoncé que, indépendamment des raies de l'hydrogène, j'avais constaté dans le spectre coronal la présence de la raie D et de plusieurs autres.

Dans la présente éclipse je m'étais principalement proposé de résoudre cette question. Or, j'ai pu constater que le fond du spectre coronal est formé par le spectre fraunhoférien complet. Les principales raies du spectre solaire, notamment D, *b*, E, etc., étaient tellement accusées qu'aucun doute n'est possible à cet égard; j'ai reconnu une centaine de raies peut-être ([2]).

J'ai reconnu cette constitution surtout dans les parties les plus basses ou les plus brillantes de la Couronne, mais non d'une manière égale à même distance du limbe lunaire. J'ai étudié aussi la question des anneaux de Respighi. Ces anneaux ne se sont pas montrés réguliers autour du limbe lunaire, mais ils ont présenté des particularités de structure qui seront discutées principalement dans leurs rapports avec la question des raies fraunhofériennes.

A cette étude j'ai ajouté celle de la polarisation, mais en y donnant peu d'instants. C'est une excellente lunette polariscopique à biquartz, de M. Prazmowski, qui a servi à cette étude. La polarisation s'est montrée très vive et avec les caractères déjà reconnus.

Toutes ces études : étude des formes, analyse spectrale, anneaux de Respighi, polarisation, étaient associées en vue de résoudre la question des matières cosmiques extrasolaires. Nous pensons que la découverte du spectre fraunhoférien complet dans celui de la Couronne avance beaucoup cette question.

Photographie. — Deux grands appareils entraînant huit chambres photographiques avaient été dressés dans le but d'étudier la question des planètes intramercurielles et celle des formes et de l'étendue de la Couronne.

Au point de vue des étoiles et astres de la région circumsolaire, ces photographies demanderont un examen minutieux, mais à l'égard de la Couronne on peut dire déjà.

([1]) Étude faite principalement en vue de la question des matières cosmiques extrasolaires.

([2]) J'ai été tellement frappé de la netteté du phénomène que j'appelai avec joie M. Trouvelot pour le voir lui-même, en lui disant avec quelle évidence il se montrait.

que la grande puissance de plusieurs des objectifs employés [8 pouces ($0^m,21$) et 6 pouces ($0^m,16$)], et la longue durée d'exposition ont permis de constater que la Couronne a une étendue beaucoup plus grande que l'examen optique ne le montrait soit à l'œil nu, soit dans ma lunette.

Plusieurs de nos grandes protographies de la Couronne sont d'une grande netteté. Elles révèlent d'importants détails de structure qui devront être discutés. Les formes la Couronne ont été absolument fixes pendant toute la durée de la totalité.

JANSSEN.

RAPPORT DE M. P. Tacchini.

Programme de travaux à effectuer, avant, pendant et après l'éclipse.

I. Dessin des protubérances et de la chromosphère dans les jours avant l'éclipse et le matin de l'éclipse, avec l'équatorial Dembowski, et le spectroscope à réseau.

II. Observer le premier contact avec le réticule, à l'équatorial Dembowski, et le spectre des extrémités des cornes avec le même spectroscope, avant la totalité.

III. Observer le deuxième contact au chercheur de 6 pouces ($0^m,16$).

IV. Deux minutes d'observation au six-pouces avec le petit spectroscope Browning, vision directe, pour les protubérances, couronne et panaches.

V. Observations polariscopiques, pendant une ou deux minutes, à la lunette de Merz, pour la couronne et panaches.

VI. Ce qui restera de temps, observation au six-pouces, avec l'oculaire grossissant 60 fois, de la structure de la couronne et du troisième contact.

VII. Examen du spectre des extrémités des cornes après la totalité avec le spectroscope angulaire de Browning.

VIII. Observation du dernier contact à la manière ordinaire, au six-pouces, avec le grossissement de 60 fois.

I. Avec mon équatorial Dembowski et le spectroscope de diffraction, j'ai fait le dessin des protubérances et de la chromosphère pendant les jours 2, 3, 5 et 6 mai. Le bord d'aujourd'hui a été commencé à 8^h15^m et fini 15^m avant le premier contact, à cause des nuages et de la pluie; les protubérances et chromosphère furent placées dans un cercle déjà réglé le jour précédent pour savoir comment les choses étaient disposées au moment de l'éclipse.

II. Après avoir terminé le dessin des protubérances et de la chromosphère, j'ai mis mon spectroscope de diffraction en place pour observer le premier contact, selon l'angle de position donné par M. Braun; à $20^h51^m20^s$, j'ai vu la chromosphère déjà attaquée par la Lune et j'ai noté le commencement de l'éclipse à $20^h51^m40^s$.

A 21^h18^m, on voit déjà la lumière de l'éclipse sur les coraux.

A 21^h28^m, nuage couvre le Soleil.

21^h33^m, Soleil demi-couvert.

21^h42^m, encore rien sur les extrémités des cornes, mais avec la fente normale les lignes ordinaires sont plus vives et plus élevées.

21^h46^m. Idem,mais certains traits du spectre sont plus vifs, comme quand on observe le spectre d'une belle tache, en particulier entre C et D.

21^h54^m. Polarisation très faible seulement à 40^m du Soleil, mesurés avec Palisa, au cercle horaire de son équatorial : de ce point au Soleil, rien du tout, et l'on voyait la polarisation sans besoin de lunette.

22^h4^m. Traces de lignes près de la C.

$22^h4^m30^s$. Nuage sur le Soleil. Magnifique peu après la raie D^3 vers F.

$22^h8^m30^s$. Nuages. A ce moment j'ai quitté l'équatorial Dembowski et je me suis placé à la lunette Cooke de 6 pouces ($0^m,16$) munie du spectroscope Browning. J'ai déterminé le deuxième contact avec le chercheur, qui est arrivé à $22^h20^m12^s$.

Peu avant le deuxième contact, on commençait à voir les filets minces très serrés de la Couronne, le filet rouge et la grande protubérance.

III. A peine noté le temps, j'ai placé la grande protubérance au centre et je l'ai examinée au spectroscope : assez vive, en bas plusieurs lignes, et continu et vif dans la partie supérieure, depuis continu et faible, presque blanc dans la Couronne avec la ligne verte. Dans le spectre du grand panache, qui était faible et presque continu, et que l'on voyait seulement à fente large, j'ai observé deux bandes qui m'ont semblé être analogues à celles que j'ai observées tant de fois dans les spectres de comètes, c'est-à-dire la centrale et la moins réfrangible. La petite dispersion et la forme du spectroscope avec son oculaire très près de celui du chercheur, et rectifié la soirée avant, m'a facilité énormément l'observation. Je dois déclarer ici que j'avais décidé de ne pas mesurer les lignes, mais seulement d'opérer d'une manière générale.

IV. Quand le timonier a dit *deux minutes*, j'ai quitté le six-pouces et j'ai observé avec la plus grande facilité la polarisation autour de la Lune sur la Couronne et les trois grands panaches; j'ai même cherché à voir les lignes de polarisation sans la lunette, mais je n'ai rien vu; les choses décrites par Blaserna sont exactes, et j'ai pu ajouter l'observation des panaches. En dehors des panaches, pas de polarisation ou du moins très difficile à voir.

V. J'ai vite ôté le petit spectroscope et placé l'oculaire de 60 fois. Quel spectacle offrait la structure de la Couronne et de certaines particularités voisines du bord! J'ai pris beaucoup de notes et, à cause d'une combinaison très heureuse de la ligne du mouvement diurne par rapport aux panaches, j'ai pu faire un croquis très fidèle. Il y avait deux régions de hautes gerbes fines argentées, qu'on pourrait dire même protubérances blanches. Leur caractère m'a fait naître quelques doutes sur la comète que j'ai vue l'année passée en Égypte.

VI. Par certains phénomènes à l'autre côté, j'ai été averti que la fin de l'éclipse était très proche et le premier petit rayon blanc m'a indiqué la fin de la totalité à $22^h25^m35^s$.

J'ai été frappé du peu d'obscurité en comparaison de l'éclipse de mai 1882, qui dura seulement 1^m14^s. J'ai estimé l'obscurité ici seulement le double de celle de l'Égypte; cela veut dire certainement que la Couronne était plus brillante, et, en effet, les panaches étaient bien plus grandioses.

P. Tacchini.

RAPPORT DE M. **Palisa.**

La question dont je voulais m'occuper pendant l'éclipse était la recherche des planètes intramercurielles. A cet effet, j'avais préparé une carte contenant toutes les étoiles jusqu'à la 7ᵉ grandeur, 15° à l'ouest et à l'est du Soleil, et 3° au nord et au sud de l'écliptique.

La Commission française, sur la proposition de son président, a décidé de partager l'observation entre M. Trouvelot et moi, et il était convenu que l'observateur devrait consacrer au minimum trois minutes à l'exploration de la région que le sort lui donnerait. Le sort me donna l'exploration du côté est.

L'instrument que j'employai est un chercheur de Merz de $1^m,40$ longueur focale et de $0^m,160$ ouverture, monté parallactiquement. Le grossissement était de 13 et le champ de 3°.

Je commençai à chercher en partant du Soleil et allant vers Saturne, maintenant vers le sud, et quand je ne trouvais pas d'étoiles, je retournais au Soleil et j'allais plus vers le nord.

Les étoiles vues par moi sont les suivantes :

		Grandeur
Bonn. D.	+ 14°,355	5,7
	+ 16, 484	6,0
	+ 19, 477	4,2
	+ 19, 578	5,5
	+ 19, 582	6,0
	+ 20, 527	4,5
	+ 20, 542	5,0
	+ 20, 551	5,0
	+ 20, 556	5,8

Quand la quatrième minute de la totalité fut arrivée, je voulus faire des recherches de l'autre côté et je trouvai ici une étoile qui me semblait être plus lumineuse que la Carte ne la montrait.

Je pris sa position, mais je trouvai que cette étoile était l'étoile BD + 16°,355. Après cette opération, la totalité était passée.

Le résumé de mes recherches est donc que, dans les limites des régions (équinoxe 1855,0) $2^h 52^m$, entre + 14° et + 19°, jusqu'à 3^h,40, entre + 16° et + 22°, il n'y a eu aucune étoile de 5ᵉ grandeur qui ne fût pas notée dans ma Carte.

J. Palisa.

RAPPORT DE M. **E.-L. Trouvelot.**

Le travail qui m'avait été assigné durant l'éclipse était d'observer l'instant des contacts et d'en donner le signal pour les opérations photographiques; d'observer la structure de la couronne et d'en f re un dessin et, enfin, de consacrer trois minutes à recherche des planètes dites *i ramercurielles*.

L'instant du premier contact ne fut pas enregistré, la Lune ayant empiété d'une quantité très appréciable sur le disque solaire lorsqu'elle fut aperçue.

$20^h 55^m$ (chronomètre Bréguet, n° 3427, temps sidéral). Il était très facile de tracer le limbe lunaire de chaque côté du croissant solaire et en dehors du Soleil jusqu'à une distance de 3' environ, les bords de la Lune étant rendus visibles par une pâle lumière sur laquelle ils étaient projetés. Ce phénomène reste plus ou moins apparent durant la plus grande partie de la phase partielle.

$21^h 2^m$. Il semblait s'échapper des deux angles formés par l'intersection des limbes lunaire et solaire comme de petits pinceaux lumineux qui allaient en divergeant rendaient très facilement visibles les bords de la Lune en dehors du Soleil. La Lune ne paraît pas plate comme un disque, mais *renflée comme une sphère.*

$21^h 52^m 49^s$. Le limbe lunaire passe par le centre de la tache solaire principale marquée *b* sur le dessin du Soleil obtenu peu de temps avant le commencement de l'éclipse.

$21^h 58^m$. L'extrémité des cornes du mince croissant solaire entre tout à coup en mouvement et vibre avec rapidité en exhibant les couleurs prismatiques. En ce moment, l'extrémité des cornes paraît fortement arrondie dans les deux lunettes.

$22^h 0^m$. Une large bande d'un rouge intense, bien définie, surmontée d'une autre bande grisâtre très faible et de même largeur, se forme et entoure de tous côtés le mince croissant solaire. Ce phénomène, qui est évidemment optique, me cause un grand désappointement, car je comprend que ces bandes colorées vont nécessairement masquer les phénomènes importants et si délicats qui se produisent au moment des deuxième et troisième contacts.

$22^h 5^m 45^s$. La Couronne est visible et très apparente sur le côté de la Lune qui n'est as encore engagé sur le Soleil. Elle s'étend à une certaine distance du limbe obscur en s'effaçant graduellement.

$22^h 5^m 30^s$. Je donne le signal pour le second contact, et avec lui la totalité commence. Cette observation, faite avec la lunette de 6 pouces ($0^m,16$), armée d'un grossissement de 150 environ, ne laisse rien à désirer pour son exactitude, car les conditions de l'observation étaient très favorables.

Aussitôt la totalité commencée, je mis l'œil à l'oculaire du chercheur de 3 pouces ($0^m,08$) et contemplai la Couronne pendant quelques instants, après lesquels j'entrepris d'en faire le dessin. La première impression que je reçus en examinant le phénomène fut que la couronne était moins brillante que celle de l'éclipse de 1878, que j'avais observée en Amérique [1]; mais sa structure était beaucoup plus compliquée.

La reproduction de ses principaux traits était comparativement facile, au moyen du cercle divisé que j'avais adapté dans l'oculaire; aussi je considère le dessin que j'ai obtenu comme exact, sinon dans tous ses petits détails, au moins dans son ensemble et dans ses traits les plus caractéristiques. Bien que compliquée, la Couronne présentait une lacune remarquable à l'est. A l'ouest, elle présentait une espèce de touffe blanchâtre qui correspondait avec un groupe de protubérances observé au spectroscope peu de temps avant l'éclipse.

Après deux minutes et quelques secondes passées à l'étude et au dessin de la Couronne, je me mis à explorer la région à l'ouest du Soleil, à la recherche des planètes intramercurielles, comme nous en étions d'abord convenus avec M. Janssen et M. Palisa. J'éloignai d'abord la lunette de 10° en déclinaison au nord du centre du Soleil, et, arrivé là, je balayai lentement le ciel, en allant de l'est vers l'ouest, jusqu'à une distance de 15° en ascension droite. Le premier balayage amena dans le champ visuel une petite étoile blanche et pâle. Deux autres balayages, qui ne donnèrent aucun résultat, furent faits. Le quatrième balayage amena dans le champ du trois-pouces une étoile brillante, d'un rouge prononcé, que j'évaluai à la 4e ou 4e,5 grandeur. En voulant amener cet astre dans le champ très restreint de l'oculaire du 6 pouces ($0^m,16$) afin de chercher à constater s'il montrait traces soit d'un disque, soit d'une phase, il se produisit une certaine confusion parmi les deux aides que j'avais placés aux cercles horaire et de déclinaison pour guider la course des balayages, et, bien que l'étoile traversât le champ visuel, il me fut impossible de retenir en place la lunette, et dès lors de reconnaître son caractère et sa position. La position approximative de cette étoile était un peu au nord et un peu à l'ouest du Soleil.

Pendant que je cherchais à amener l'étoile en question dans l'oculaire du six-pouces, le timonier Michel Guillaume, qui était assis derrière moi, occupé au chronomètre, s'écria qu'il voyait l'étoile à l'œil nu.

Durant ma recherche pour les planètes, j'entendis M. Janssen qui m'appelait pour constater la visibilité des raies noires de Fraunhofer, qui, disait-il, étaient très fortes et faciles à reconnaître; mais je ne pouvais me rendre à son invitation sans manquer à mon programme.

Après quelques autres balayages très limités, qui n'amenèrent que la vue d'une faible étoile blanche, je fus averti que cinq minutes s'étaient déjà écoulées et, par conséquent, que je devais me préparer pour l'observation du troisième contact.

Durant la totalité, L. Hamy, marin de l'*Éclaireur*, a identifié et marqué au crayon, sur une Carte du ciel que j'avais préparée à l'avance, la position de douze étoiles et planètes qui étaient visibles à l'œil nu durant la totalité.

J'aurais vivement désiré soumettre à l'expérience une idée qui m'était venue et que j'indique ici brièvement, à savoir, de constater par le spectroscope si la Couronne est animée d'un mouvement de rotation comme le Soleil, ou de mouvements propres d'une

[1] *Voir* la description de cette éclipse et le dessin dans la *Revue*, mai 1882

nature quelconque. A cet effet, j'avais préparé un appareil avant notre départ; mais les observations déjà nombreuses que j'avais à faire durant la totalité m'obligèrent à renoncer à mon projet.

E.-L. TROUVELOT.

RÉSULTAT DES OBSERVATIONS.

Planètes intramercurielles. — On voit, par les observations de M. Palisa, que dans la région est qu'il avait à explorer, aucun astre supérieur en éclat à la 5e grandeur ne s'est montré. Dans la région ouest, M. Palisa a jeté les yeux aussi, et il y a vu un astre qu'il a reconnu être une étoile. Si l'on considère l'extrême habileté de M. Palisa dans ce genre de recherches, il est impossible de ne pas attacher la plus haute importance à ses conclusions négatives.

M. Trouvelot arrive à un résultat moins net pour le côté ouest, mais nous savons que cet observateur distingué désire revoir la région où se trouvait le Soleil au moment de l'éclipse, avant de se prononcer.

M. Holden, chef de la mission américaine, a exploré toutes les régions circumsolaires, et, à notre prière, plus spécialement la région ouest. Ce savant astronome arrive également à une conclusion négative relativement à l'existence des planètes intramercurielles.

Les contacts. — M. Trouvelot a trouvé $5^m 24^s$ pour la durée de la totalité, et M. Tacchini, $5^m 23^s$.

La Couronne. — Le Rapport de M. Tacchini témoigne que cet habile astronome a fait de remarquables observations à Caroline, notamment en ce qui concerne l'analogie de la constitution du spectre de certaines parties de la Couronne avec le spectre des comètes. C'est un point qui devra être vérifié avec le plus grand soin dans les prochaines éclipses.

Le but principal de mes observations était de décider un point de la constitution du spectre de la Couronne qui m'a toujours paru très important, à savoir, si la lumière de la Couronne contient une importante proportion de lumière solaire.

Le résultat a dépassé mon attente à cet égard. Le spectre fraunhoférien si complet dont j'ai été témoin à Caroline prouve que, sans nier une certaine part due à la diffraction, il existe dans la Couronne, et surtout en certains points, une énorme quantité de lumière réfléchie; et, comme nous savons d'ailleurs que l'atmosphère coronale est très rare, il faut qu'il se trouve dans ces régions de la matière cosmique à l'état de corpuscules solides, pour expliquer cette abondance de lumière solaire réfléchie.

Plus nous avançons, plus nous voyons se compliquer la constitution de ces régions circumsolaires immédiates; aussi n'est-ce que par des observations persévérantes et très variées et une discussion très complète de ces observations, que nous pourrons arriver à une connaissance exacte de ces régions.

Dans cette voie, la grande éclipse de 1883 nous a fait faire un nouveau pas.

Photographie de la Couronne. — Le résultat des études des photographies sera donné postérieurement, car celles-ci, accusant plusieurs phénomènes très intéressants, demandent un examen approfondi. Je dirai seulement aujourd'hui que ces photographies montrent une Couronne plus étendue que ne le donne l'examen dans les lunettes et que le phénomène a paru limité et fixe pendant la durée de la totalité.

Intensité lumineuse de la Couronne. — L'illumination donnée par la Couronne a été plus grande que celle de la Pleine Lune. Les nombres exacts seront donnés plus tard.

UNE EXCURSION MÉTÉOROLOGIQUE SUR LA PLANÈTE MARS.

NEIGES. — NUAGES. — MONTAGNES.

La planète Mars revient en ce moment briller sur nos soirées d'automne et d'hiver, et les astronomes choisissent déjà les meilleures heures de transparence atmosphérique pour diriger leurs télescopes vers cette patrie voisine et vérifier les détails de sa géographie, principalement en ce qui concerne les canaux énigmatiques dont la carte et la description ont été publiées l'année dernière (*voir* la *Revue*, août 1882).

L'étude de sa météorologie est moins avancée, et pourtant quel intérêt ne nous offre-t-elle pas en nous présentant l'image même, visible dans un petit cadre en miniature, des phénomènes atmosphériques qui s'accomplissent sur les diverses latitudes de notre propre planète.

Sur Mars, en effet, saisons et climats sont presque identiques aux nôtres. L'existence de la vapeur d'eau sous forme gazeuse est démontrée par le spectroscope; sa présence sous forme vésiculaire résulte de l'observation directe.

Quand les nuées de Mars se projettent sur les configurations foncées de la planète, elles se montrent sous l'aspect de traînées vaporeuses mal définies, généralement très blanches, quelquefois grisâtres, un peu transparentes, mais couvrant néanmoins comme un voile les contrées sur lesquelles elles passent. Ainsi, par exemple, dans la soirée du 10 octobre 1877, après avoir observé sans difficulté la région comprise entre le 240e et le 350e méridien (*voir* notre carte, *Revue*, juillet 1882, p. 170), M. Schiaparelli ayant interrompu son observation pour examiner la comète découverte quelques jours auparavant par M. Tempel, et étant ensuite revenu à l'exploration de Mars, écrivait sur son registre : « Planète très belle; la mer Érythrée est en grande partie obscurcie par des nuées; la Noachide est obscure; la terre de Deucalion est à peine visible;

au contraire, l'Arabie est très claire et le golfe Sabeus très distinct. » Le jour suivant, le même observateur écrivait : « La tempête observée hier se continue sur la Noachide et la mer Érythrée; je ne puis dire avec précision quand cet état de choses a commencé, mais ce fut certainement entre le 4 et le 10 octobre; le 14, la mer Érythrée était bien découverte à l'Est, et le 4 novembre elle l'était entièrement. » On le voit, le mauvais temps sur Mars, nous l'observons d'ici, et les météorologistes de la Terre pourraient s'instruire sur la marche des tempêtes en étudiant cette planète voisine.

Fig. 146.

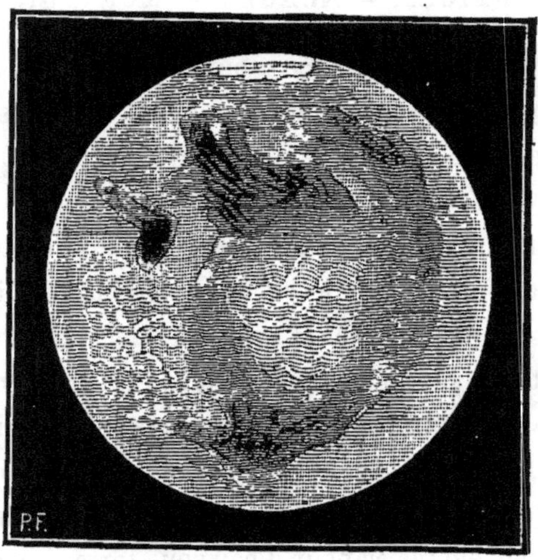

Nuages sur Mars : 20 décembre 1881.

En comparant la riche collection de dessins télescopiques de Mars que nous avons sous les yeux, nous en remarquons de fort caractéristiques à ce point de vue. Tel est, par exemple, celui que nous venons de reproduire (*fig.* 146), dessin fait le 20 décembre 1881 à l'Observatoire de lord Rosse, à Birr-Castle (Irlande), par M. Otto Boeddicker : il montre bien l'aspect des nuages, couvrant presque la moitié de l'hémisphère alors tourné vers nous.

Si les nuages de Mars sont visibles par vision positive, c'est-à-dire directement eux-mêmes sur les régions foncées de la planète, leur présence sur les régions claires se reconnaît par vision négative, en ce sens qu'ils empêchent de voir ce qui est au-dessous.

Pendant l'opposition de 1877, de septembre à décembre, une grande partie de la planète a été encombrée de nuages, principalement le continent équatorial entre la mer du Sablier et la Manche. Les grands canaux dessinés cette année-là sur la carte de M. Schiaparelli n'ont été vus qu'en février et mars, quoique la planète fût alors quatre à cinq fois plus éloignée de la Terre qu'en septembre. « Sans doute, dit l'observateur, le soleil en arrivant à l'équateur a dissipé le voile impénétrable qui, d'abord, avait rendu ces détails inaccessibles. » Les dessins faits pendant l'opposition de 1862 montrent qu'à cette époque les nuages avaient été beaucoup plus étendus et plus denses qu'en 1877; la mer polaire notamment est restée cachée ainsi que les golfes qui y conduisent. Remarquons encore que la transparence fréquente de ces nuées laisse conjecturer qu'elles n'ont qu'une faible densité ou qu'une faible épaisseur.

Il y a là, comme on le voit, de grandes analogies entre la météorologie de Mars et celle de la Terre. Mais il y a aussi des différences essentielles bien dignes d'attention. Ainsi les observations faites sur les tropiques, aux époques où les rayons du soleil dardent directement sur eux, montrent qu'il n'y a là rien d'analogue à nos zones de pluies et à nos calmes équatoriaux. Il semble qu'à l'époque des solstices, un hémisphère entier de Mars soit consacré à l'évaporation et l'autre à la condensation. Aux époques intermédiaires, une zone d'évaporation paraît limitée au Sud et au Nord, par deux calottes de condensation. On sait que les navigateurs reconnaissent de loin les îles par les nuages qui s'amoncellent au-dessus d'elles; il paraît en être de même sur Mars.

L'analogie entre le régime météorique de Mars et celui de la Terre se confirme non seulement par les phénomènes de condensation de la vapeur d'eau dont nous sommes témoins, mais encore par la diversité même des teintes maritimes. Il est digne d'attention, en effet, que les mers les plus foncées de la planète soient celles qui avoisinent l'équateur et la zone torride, et que les moins foncées soient celles qui avoisinent les pôles. Il en est de même sur la Terre. « On peut estimer la salure des eaux maritimes à leur couleur, écrit le commodore Maury dans sa *Géographie physique de la mer;* plus la teinte est verdâtre, moins l'eau est salée, et cette différence de degré dans la salure suffit pour expliquer le contraste qui existe entre le vert clair de la mer du Nord et des mers polaires et l'azur foncé des mers tropicales, spécialement de l'océan Indien. » Voilà, entre Mars et la Terre, une nouvelle coïncidence qui ne peut guère être un effet du hasard. Les mers martiennes paraissent donc avoir les mêmes propriétés physiques que les mers terrestres elles sont probablement salées aussi, ce qui n'offre rien de surprenant, le chlorure de sodium étant l'un des corps les plus communs de la chimie minérale.

On a de temps en temps remarqué à la surface de Mars quelques points d'une éclatante blancheur, que l'on a, à juste titre, considérés comme représentant des montagnes couvertes de neige. Les observations sont assez concordantes pour montrer que ces points blancs ont certainement existé. Quelquefois, cependant, c'est en vain qu'on les a cherchés, sans doute précisément parce qu'alors les neiges étaient fondues. Signalons, entre autres, dans l'océan Kepler, vers 48° de longitude et 25° de latitude

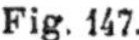

Fig. 147.

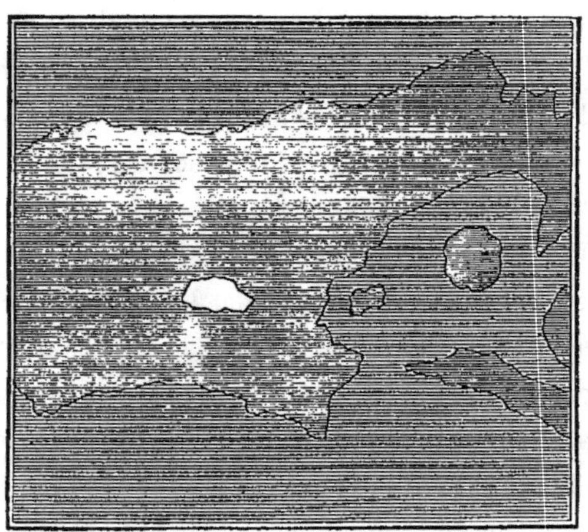

Géographie de Mars : l'île Neigeuse.

sud, le district auquel on a donné le nom d'*île Neigeuse*, qui se trouve loin des régions polaires. Tous les faits observés s'accordent pour montrer qu'il y a là une île couverte de hautes montagnes de temps en temps blanchies par les neiges ou par les nuages. L'astronome anglais Dawes a notifié là de curieux changements : il a notamment dessiné une tache blanche, parfaitement visible, les 21, 22 et 23 janvier 1865, et, au contraire, complètement invisible les 10 et 12 novembre 1864. M. Proctor l'a surnommée l'île neigeuse de Dawes, et M. Green, l'île de Hall. Le 4 avril 1871, M. Webb a revu la même tache, puis elle est devenue invisible. On l'a revue en 1877.

Cette île paraît s'élever au milieu des eaux, cime solitaire souvent blanchie par les neiges et surtout environnée de nuages qui se condensent là comme ceux que l'on voit suspendus aux sommets des Alpes,

Fig. 148.

L'île neigeuse vue de l'océan Képler : météorologie martienne.

toutes les fois que l'air humide est un peu rafraîchi. C'est l'île de Ténériffe de Mars, plus élevée sans doute, mais ne plongeant point comme les Alpes et les Pyrénées jusque dans la région des neiges éternelles. Vue de quelques lieues de distance, d'un banc de l'océan Kepler, elle doit se présenter au spectateur sous l'aspect rappelé par le dessin qui précède. Quels pâturages, quels châlets, quels villages s'abritent dans ses plis? Quels êtres habitent ses rivages? Quels navires sillonnent ses mers? Cette rive maritime, aussi variable comme climat que celle de nos plages françaises, n'est-elle pas peuplée de bains de mer où les jeux mondains agitent leurs grelots? N'est-elle pas le rendez-vous des plaisirs des jeunes Martiennes tout occupées des lois de la dernière mode? Ne voit-elle pas aussi des champs de courses sur lesquels le cheval se montre supérieur à l'homme? Ou bien, plutôt, sur ce pic du Midi, n'a-t-on pas élevé un observatoire météorologique d'où les tempêtes sont annoncées aux diverses nations de l'hémisphère austral? Peut-être, en ce moment (¹), un veilleur de nuit découvre-t-il dans une éclaircie notre planète brillant comme un phare et publie-t-il que la Terre, étant calme et lumineuse dans un ciel transparent, promet un beau temps aux navigateurs et aux touristes.

Plusieurs autres régions de la planète sont aussi remarquables que l'île neigeuse, par leurs intermittences d'éclat. Ainsi, par exemple, la terre de Secchi paraît quelquefois aussi brillante que le pôle.

Un grand nombre des taches foncées de Mars, et spécialement celles dont les bordures septentrionales forment une bande irrégulière au-dessus des régions équatoriales, sont bordées de ce côté par une ligne blanche suivant toutes leurs sinuosités. Ces bordures blanches ne sont pas permanentes, mais variables. Quelquefois elles paraissent très proéminentes et d'un vif éclat, à ce point qu'elles rivalisent même avec les neiges polaires. A d'autres époques, au contraire, elles deviennent si légères qu'on peut à peine les distinguer, et même parfois elles disparaissent tout à fait, quoique l'atmosphère soit claire et que les taches sombres se montrent parfaitement bien définies. Notre *fig.* 149 reproduit l'un des meilleurs dessins que nous possédions à cet égard : il a été fait par l'astronome anglais Phillips, le 15 octobre 1862, à l'aide d'un équa-

(¹) 1er novembre 1883, jour de la Toussaint, pour les chrétiens de la Terre. Quelle est cette date, et quelle est l'ère actuelle des habitants de Mars? Simple question; mais complexe problème pour les esprits *qui pensent*.

torial de 6 pouces, à Oxford; on voit au premier coup d'œil toute la ligne de côtes bordée par une blanche ligne de nuages.

M. Trouvelot qui a fait une étude spéciale de ces traînées blanchâtres, rapporte qu'aux époques où elles étaient invisibles, il les a souvent cherchées pendant plusieurs heures sans pouvoir en discerner aucune trace, mais qu'en plusieurs circonstances cependant il a eu la bonne fortune d'en voir quelques-unes se former graduellement sous ses yeux dans l'intervalle de moins de deux heures, sur des points où il n'y en avait cer-

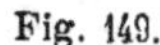

Fig. 149.

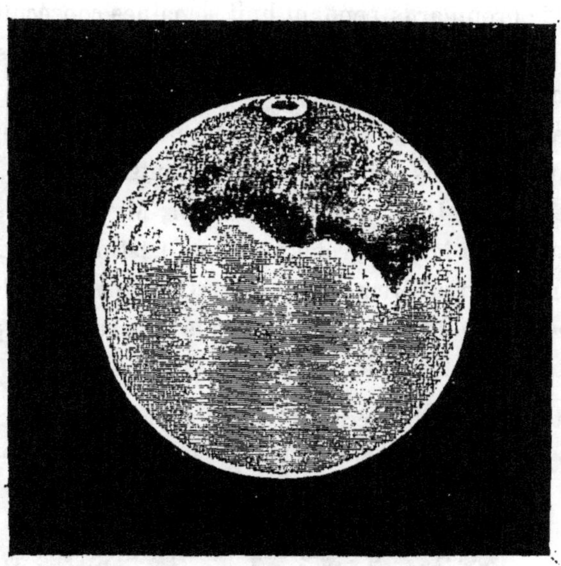

Nuages le long des côtes des mers sur Mars.

tainement aucune trace auparavant. Cet habile observateur attribue ces franges à des nuages, à des condensations de vapeurs le long des côtes des mers martiennes, principalement autour des pics élevés ou des chaînes de montagnes, qui peuvent sculpter les reliefs de ces rivages, comme les Andes et les Montagnes Rocheuses sculptent les côtes de l'Océan Pacifique. Des cîmes élevées condensant les vapeurs en brouillards ou en nuages, comme il arrive dans nos pays de montagnes, suffiraient certainement pour donner naissance aux aspects observés.

Une ligne nuageuse de côtes s'étend également le long des rives septentrionales de l'océan Képler. Nous avons vu plus haut que c'est dans cette région que l'on a observé l'île neigeuse aux blancheurs intermittentes.

Ces traînées blanchâtres se montrent plus permanentes et plus intenses sur le côté oriental de la mer du Sablier, ainsi que sur ses rives australes au-dessous de la terre de Secchi. Il doit exister une chaîne de montagnes, longue et élevée, le long de cette terre, suivant les côtes de la mer Lambert.

Il est extrêmement rare, au contraire, d'observer des nuages un peu denses sur les zones tropicales de la planète. Il est curieux, néanmoins, de noter que, dans le cours des observations faites en 1878 par M. Trouvelot, un hémisphère entier, du Nord au Sud, s'est montré couvert de nuages ou de brouillards pendant huit semaines consécutives (du 12 décembre au 6 février), tandis que l'autre hémisphère est resté absolument clair et sans le moindre nuage.

Voici maintenant, pour la connaissance de la météorologie martienne, quelques autres détails non moins intéressants.

Le 1er septembre 1877, à 10[h]40[m] du soir, M. Green, l'éminent astronome, observant à Madère, remarqua à l'Ouest de la calotte polaire, un point lumineux singulièrement brillant. Ce point est visible sur le petit dessin ci-après (*fig.* 150), qui représente le pôle sud de la planète accompagné de la particularité dont il s'agit.

« Selon toute probabilité, écrit l'observateur lui-même, c'était là de la neige restant encore sur un sol élevé, tandis qu'elle avait fondu tout autour, à des

Fig. 150.

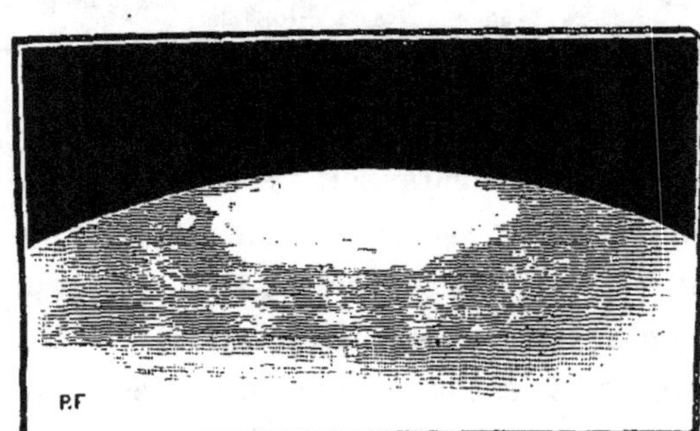

Le pôle sud de Mars : 1er septembre 1877.

niveaux inférieurs. Le point brillait comme une étoile et il était impossible de ne pas le remarquer. Le 8 septembre, à minuit 30[m], j'eus de nouveau l'occasion de l'observer; mais alors on distinguait parfaitement deux points séparés, et, deux jours plus tard, de 10[h] à 11[h]30[m], on en distinguait encore d'autres concentriques à la zone des neiges, comme on le voit (*fig.* 151). Ces altérations de formes étaient sans doute dues à la perspective, ces diverses taches neigeuses s'étant présentées presque de profil lors de l'observation du 1er septembre. On ne les a jamais vues à l'Est du cap polaire, et c'est là une circonstance d'un intérêt particulier. En effet, leur grand éclat à l'Ouest du pôle, leur décroissance en passant par le méridien central, et leur invisibilité en arrivant au côté oriental, s'expliquent naturellement en supposant que les pentes des montagnes qui conservaient cette neige étaient tournées au Sud-Ouest; de cette sorte, elles étaient abritées des rayons solaires pendant la plus grande partie d'une rotation; mais elles étaient

Fig. 151.

Le pôle sud de Mars : 8 septembre 1877.

pleinement exposées à sa lumière et par conséquent mieux vues, justement lorsqu'elles s'éloignaient vers le bord occidental.

Il est curieux de remarquer que ce point de lumière a été observé et figuré de la même façon dans un dessin fait le 30 août 1845, à Cincinnati, par Mitchel; il se rattache certainement à une configuration locale de la planète. Je lui ai donné le nom de Mitchel, en souvenir de cet enthousiaste ami de l'Astronomie. »

On le voit : peu à peu nous pénétrons en détail dans les différentes régions de la planète et dans la connaissance de ses contrées les plus extrêmes. La période qui s'ouvre en ce moment par le retour de Mars dans le champ d'études des observations terrestres, va certainement apporter une nouvelle moisson de faits intéressants. Et comment ne serions-nous pas encouragés à une telle étude? Nous connaissons mieux la géographie de ce globe que nous ne connaissions celle de la Terre au temps de Christophe Colomb; *nous connaissons actuellement beaucoup mieux ses pôles que les nôtres*, et déjà sa météorologie et sa climatologie nous sont ouvertes. Quelques progrès encore, et nous serons en relation avec la vie inconnue qui doit animer ce séjour voisin, dont la physiologie offre à la fois des analogies si intimes et des contrastes si inattendus avec celle de la planète que nous habitons.

CAMILLE FLAMMARION.

LA TACHE ROUGE DE JUPITER.

Le matin du 24 août 1883, j'ai pu revoir la tache rouge de Jupiter avec mon télescope de 10 pouces, au moment où elle passait par le méridien central de la planète. La tache était *extrêmement faible;* j'estimai qu'elle se trouvait juste sur le méridien central à 4^h48^m. L'espace blanc qui se trouve immédiatement au Nord de la tache était très distinctement visible, et la double bande que l'on voyait au Sud fut trouvée très sombre, et d'un aspect remarquablement analogue à celui qu'elle présentait au printemps dernier.

M. A. Stanley Williams de Brighton vient de m'écrire qu'il a aussi observé la tache rouge dans la matinée du 24 août. Il remarque qu'elle arriva sur le méridien central à 4^h47^m, ce qui ne diffère de ma détermination que d'une seule minute. M. Williams ajoute : « La netteté des images était très bonne, et dans un télescope de $5\frac{1}{4}$ pouces avec un grossissement de 150 fois, la tache rouge apparaissait *très faiblement* comme un objet d'une teinte *à peine plus sombre* et plus chaude que celle des régions environnantes. Cependant, dans les instants où la netteté était la plus parfaite, on pouvait non seulement voir distinctement les limites de la tache, mais encore reconnaître qu'elle était colorée d'une teinte rougeâtre très pâle et très faible. »

Quant à la tache blanche équatoriale, je suis heureux de pouvoir annoncer que cet intéressant objet n'a pas cessé d'être visible. Dans la matinée du 25 août, je la vis passer au centre de Jupiter à 4^h35^m. A cette date, elle suivait donc la tache rouge d'environ 4^h. Le mouvement très rapide de cette tache blanche l'amènera en conjonction avec la tache rouge dans les environs du 11 septembre; elle aura alors effectué 23 révolutions complètes autour de la tache rouge par rapport à la position de la tache rouge, depuis la conjonction du 19 novembre 1880.

Le tableau suivant renferme les époques où la tache rouge passera par le méri-méridien central de Jupiter dans le mois de novembre 1883, rapportées à l'heure du méridien de Paris :

Jours et heures du passage de la Tache de Jupiter par le méridien central de la planète, pendant le mois de novembre 1883 (¹).

2 novembre	2^h48^m	matin	12 novembre	$1^h\ 4^m$	matin	22 novembre	7^h10^m	soir
2 »	10 40	soir	12 »	8 55	soir	23 »	5 6	matin
3 »	31	»	14 »	2 42	matin	23 »	12 57	soir
4 »	4 26	matin	14 »	10 33	soir	24 »	8 48	»
4 »	12 18	soir	15 »	6 24	»	26 »	2 35	matin
5 »	8 9	»	16 »	4 20	matin	26 »	10 27	soir
6 »	6 5	matin	16 »	12 11	soir	27 »	6 18	»
7 »	1 56	»	17 »	8 3	»	28 »	4 14	matin
7 »	9 47	soir	18 »	5 58	matin	28 »	12 5	soir
9 »	3 34	matin	19 »	1 50	»	29 »	7 56	»
9 »	11 25	soir	19 »	9 41	soir	30 »	5 52	matin
10 »	7 17	»	21 »	3 28	matin	1er décembre	1 43	»
11 »	5 12	matin	21 »	11 19	soir			

Bristol, 27 août 1883.

W.-J. DENNING,
Astronome à Bristol.

(¹) Cette table a été prolongée d'après celle que nous avait envoyée M. Denning pour le mois d'octobre et que le défaut d'espace nous avait empêchés de publier dans notre dernier Numéro.

Le 10 septembre, j'ai observé la planète avec le réfracteur de $0^m,25$ d'ouverture armé d'un grossissement de 340, en des conditions atmosphériques assez bonnes pour que je puisse affirmer qu'à la place de la tache rouge, à présent, il y a une région blanche, claire, qui est la même qui auparavant entourait la tache. Cette région est encore reconnaissable aisément et très bien marquée par l'enfoncement de la grande bande rousse.

Le centre de cette région était sur le méridien central de la planète à $4^h 36^m$ (ou $16^h 36^m$ du 9,) t. m. de Palerme; ce qui, en interpolant dans les éphémérides de M. Marth, donne 63° pour longitude jovigraphique de cette place.

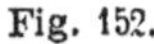

Fig. 152.

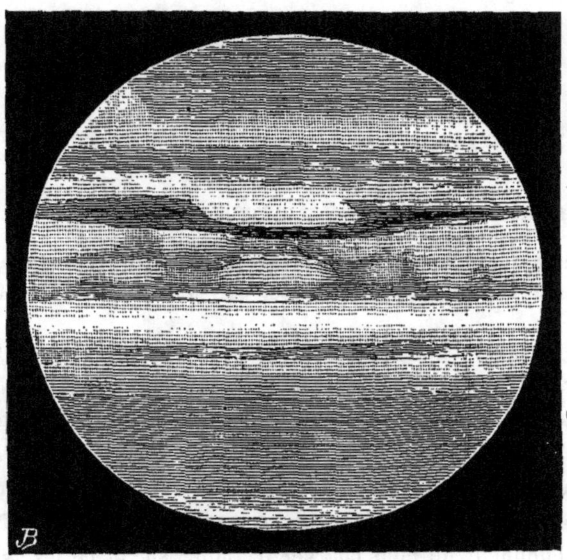

Jupiter, le 10 septembre 1883.

Cela s'accorde avec ce que M. Marth disait en 1882 : « Si le ralentissement de la tache rouge continue dans la même mesure, lorsque les observations seront possibles en août, l'extrémité précédente de la tache sera sur le méridien central quarante à cinquante minutes après le passage (à Greenwich) du premier méridien. » Cela indique que les alentours de la grande tache ont conservé le mouvement particulier de la tache même.

Voici une description succincte de la planète représentée par la *fig.* 152.

Au centre du disque, un peu en haut c'est-à-dire au Sud, il y a ladite région blanche, où se trouvait la tache rouge, qui au-dessous est contournée elliptiquement par la grande bande de la couleur des briques; au-dessous de cette bande, il y a une zone grisâtre qui contient plusieurs corps arrondis, ou nuages différents, dont ce matin les contours ne se voyaient que par moments et pas même complètement. Au-dessous de cette zone, il y en a une autre blanche, très brillante, *plus claire que les autres;* jusqu'en juin dernier la zone plus claire était celle où se trouvait la tache rouge.

Au-dessus de la région blanche, où était la tache rouge, il y a une bande faible diffuse, azurâtre.

Les deux calottes polaires sont grises; l'australe, plus obscure, tirant au bleuâtre, la boréale tirant au verdâtre.

Les 11, 14, 21 septembre, j'ai revu la dépression de la bande rousse : j'ai même suivi dans ces observations tout le 360° de longitude de la planète, sans trouver aucune trace de la tache rouge.

Dans ces observations les conditions atmosphériques étaient si favorables que j'ai pu même dédoubler la bande rousse.

Je ne crois pas qu'on puisse donner le nom de tache *rouge* à cette région désormais pâle, vague et diffuse.

Riccò,
Astronome à l'Observatoire de Palerme.

ACADÉMIE DES SCIENCES.

COMMUNICATIONS RELATIVES A L'ASTRONOMIE ET A LA PHYSIQUE GÉNÉRALE.

Etudes faites au sommet du Pic du Midi, en vue de l'établissement d'une station astronomique permanente, par MM. Thollon et Trépied.

« Depuis la création d'un observatoire météorologique au Pic du Midi, création due, comme on le sait, à l'infatigable dévouement du général de Nansouty et de l'ingénieur Vaussenat, M. l'amiral Mouchez, après une visite faite au Pic avec le Directeur de l'enseignement supérieur, à l'occasion de la remise de l'observatoire à l'État, a pensé qu'il était possible de créer sur ce sommet, aujourd'hui parfaitement habitable, une station astronomique sans rivale. Au mois d'août dernier, il nous a fait l'honneur de nous charger d'étudier sur place les avantages et les inconvénients d'une installation faite dans des conditions si exceptionnelles. Voici les résultats les plus intéressants obtenus par nous du 17 août au 22 septembre.

Lorsqu'on s'élève au sommet du Pic du Midi (2877^m) où le baromètre se tient à la hauteur moyenne de 538^{mm}, tout se passe comme si l'observateur réduisait d'un tiers environ l'épaisseur de l'écran que l'atmosphère forme au-dessus de lui. La partie qu'il laisse en dessous étant incontestablement celle qui renferme le plus de brumes, de poussières et de vapeur d'eau, il est à prévoir qu'il aura à la fois plus de lumière et moins de diffusion. C'est ainsi que, dans les matinées du 19 et du 20 septembre, en masquant le Soleil avec un écran éloigné, et explorant les alentours à l'aide d'une petite lunette de spectroscope de $0^m,02$ d'ouverture, nous avons pu voir la planète Vénus à 2° du bord du Soleil. Nous avons même pu ensuite la distinguer à l'œil nu. Mais ce qui nous a le plus vivement surpris, c'est la netteté merveilleuse des images optiques qu'on peut obtenir dans cette station. Le disque du Soleil projeté sur la fente d'un spectroscope avait des bords découpés comme à l'emporte-pièce, et d'une fixité absolue. Nous déclarons n'avoir jamais rien vu de pareil nulle part, à Nice, en Italie, en Algérie, ni même dans la Haute-Égypte. Il faut ajouter que cette absence complète d'ondulations ne se produisait que le matin, mais quand les flancs de la montagne avaient, pendant plusieurs heures, subi l'action du Soleil; les ondulations se produisaient comme partout ailleurs, et même devenaient excessives pendant le reste de la journée.

Dans les nuits claires, observant avec une lunette de $0^m,16$ d'ouverture et un télescope de $0^m,20$, de MM. Henry, nous retrouvions dans les images de la Lune, des planètes et des étoiles, jusqu'à 20° et même parfois 15° de l'horizon, la parfaite tranquillité des images solaires obtenues le matin. Il est certain que, dans de pareilles conditions, on aurait pu effectuer des pointés d'une extrême précision.

Pour les études de physique solaire, nous avions installé la lunette horizontale et le grand spectroscope dont nous nous servons habituellement. Quand, à l'heure favorable, nous observions le spectre solaire, il nous apparaissait rayé dans toute sa longueur d'un nombre considérable de fines stries, les unes brillantes, les autres obscures, distantes en moyenne de 3″ d'arc. Elles appartenaient bien à l'image solaire, puisqu'elles en suivaient tous les déplacements, et elles ne pouvaient provenir que des granulations de la photosphère. Dans les mêmes conditions, c'est-à-dire quand les images étaient parfaitement tranquilles, les raies de l'hydrogène C et F n'avaient plus aucune espèce de continuité; elles se montraient formées de fragments distincts, brillant ou obscurs, du même ordre de grandeur que les intervalles des stries. Ce phénomène ne s'observait pas seulement par instants et par places, mais d'une manière constante et sur toute la surface du disque. Il est certain, pour nous, que la chromosphère offre un système de granulations analogue à celui de la photosphère. Les deux systèmes ainsi superposés se séparent dans le spectroscope, donnant, l'un un spectre continu, l'autre un spectre de lignes, et se confondent dans une lunette comme sur une épreuve photographique. Une protubérance venait-elle à passer à travers cette chromosphère ainsi rendue visible en plein disque, la raie C s'illuminait plus fortement et sur une plus grande longueur, et, en donnant à la fente une largeur suffisante, on pouvait voir la protubérance elle-même comme sur le bord, avec moins d'éclat naturellement, et en raccourci. Ce n'est pas le premier exemple de protubérances ainsi observées en plein disque. On connaît, à ce sujet, les belles observations de Young et de Tacchini; mais, au lieu d'être accidentellement visibles, au lieu de ne se produire que dans des circonstances particulières, comme au voisinage d'une tache ou sur le pont d'une tache en voie de segmentation, ces phénomènes étaient pour nous constants, avec des degrés divers d'intensité, et sous la seule condition d'avoir des images bien nettes et tout à fait exemptes d'ondulations.

Les études faites sur le bord du disque solaire ne sont pas moins significatives. On sait que, dans le spectre à lignes brillantes de la chromosphère, il existe huit raies que l'on voit toujours dans les conditions ordinaires. Au pic du Midi, pendant les cinq journées où nous avons pu faire nos déterminations à l'heure favorable, nous avons vu le nombre des raies brillantes toujours visibles s'accroître de plus de trente dans la seule partie du spectre comprise entre D et F. Nous donnons ici le Tableau des longueurs d'onde de ces raies :

5533,6	5273,2	5204,8	5122,6
5525,8	5258,9	5199,5	5114,4
5469,9	5254,3	5196,9	5112,1
5361,5	5252,2	5183,0	5087,0
5324,3	5248,8	5172,0	5029,8
5318,7	5233,9	5168,3	5017,9
5292,4	5225,6	5166,7	4983,6
5283,1	5207,4	5147,0	4923,0
5275,0	5206,8	5130,2	4882,9
			4854,2

On voit que, à la hauteur où nous observions, on se rapproche beaucoup des conditions où l'on se trouve pendant une éclipse totale.

En résumé, les études que nous avons pu faire au Pic du Midi pendant les cinq semaines que nous avons passées à son sommet nous permettent de conclure qu'il y a un intérêt scientifique considérable à terminer la station astronomique commencée par MM. les Directeurs des Observatoires de Paris et du Pic. On aurait là une installation permanente, toujours ouverte aux savants qui voudraient y entreprendre des recherches spéciales. Pour ne parler que des points sur lesquels ont principalement porté nos études, nous pensons qu'on aurait des chances sérieuses d'y voir avancer la solution de bien des problèmes de la physique solaire et de l'analyse spectrale des étoiles. »

NOUVELLES DE LA SCIENCE. — VARIÉTÉS.

Groupe d'étoiles télescopiques. — En cherchant (mars 1883) la planète 232 que j'ai baptisée du nom de *Russia*, j'ai remarqué que, dans la carte écliptique de Chacornac n° 29, il manque un groupe de quatre étoiles de 12e grandeur très facile à voir. J'ai mesuré deux de ces étoiles au micromètre et j'ai trouvé les distances suivantes de l'étoile de 8, 6 grandeur (Durchmusterung, $9^h 34^m 18^s,9 + 14° 11',6$).

Étoile *a*..............	$\Delta\alpha = +2^m 17^s,89$	$\Delta\delta = +2'51'',4$
Étoile *b*..............	$\Delta\alpha = +2\ \ 31,76$	$\Delta\delta = +3\ \ 37,5$

1',3 au Sud de a avec la même α il y a une étoile de 12e grandeur, et 10^s après *b* avec la même δ que a il y a encore une étoile de 12e grandeur, ce qui fait ce groupe quadruple.

B. D'ENGELHARDT,
Astronome à Dresde.

Disparition des satellites de Jupiter. — Le 14 octobre dernier, de $16^h 5^m$ à $16^h 24^m$, c'est-à-dire le 15, de $4^h 5^m$ à $4^h 24^m$ du matin (temps moyen de Paris),

Fig. 153.

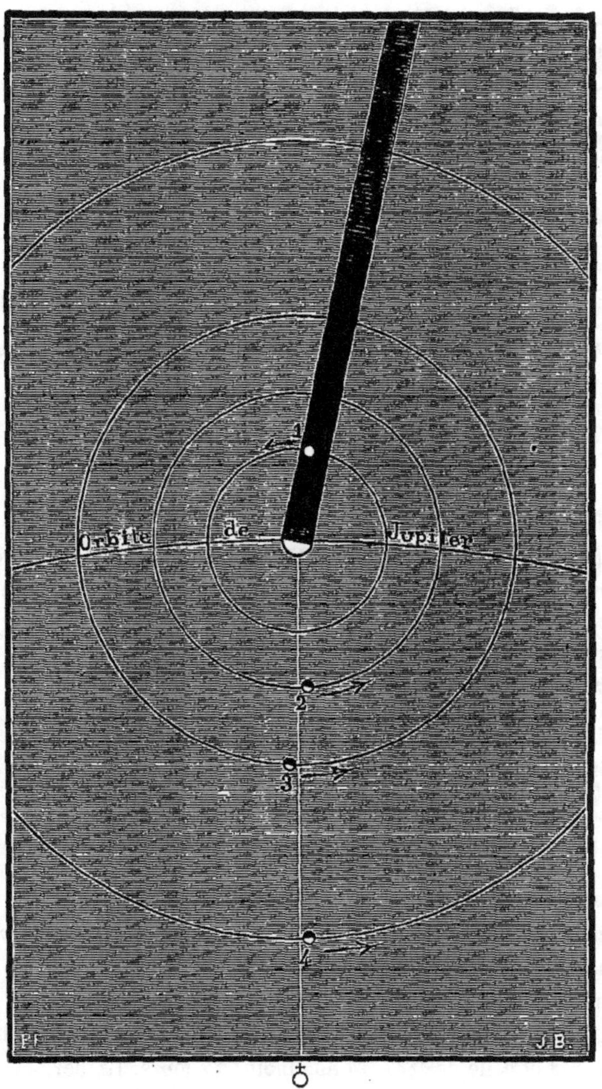

Disparition apparente des satellites de Jupiter, le 14 octobre 1883

Jupiter a été en apparence privé de son cortège accoutumé de satellites. Le premier passait derrière la planète et les trois autres passaient devant, dans la situation représentée sur notre petit plan (*fig.* 153.) Nous avons attendu patiemment à l'Observatoire de Juvisy, pour être témoin de ce rare et curieux phénomène ; mais le ciel est resté obstinément couvert pendant la nuit tout entière et ne s'est éclairci qu'au lever du soleil, ironie rappelant de très près celle qui a marqué le passage de Vénus du 6 décembre 1882. La Nature semble vraiment prendre parfois plaisir à nous convaincre qu'elle est de la dernière indifférence pour nos études comme pour toutes nos impressions humaines. Deux heures d'avance dans les éclaircies atmosphériques et ce phénomène comme le passage de Vénus eussent été visibles pour les astronomes de Paris et du Nord de la France.

Les mouvements des quatre satellites autour de la planète amenaient les occurrences suivantes :

Le 15 octobre.

A $0^h 10^m$ du matin, le 4e satellite entre sur le disque.
A 0 49 le 1er — entre dans l'ombre, puis est occulté,
A 2 42 le 2e — entre sur le disque.
A 4 5 le 4e — entre sur le disque.

De $4^h 5^m$ à $4^h 24^m$, les quatre satellites restent en conjonction avec la planète.

A $4^h 24^m$ le 1er satellite sort de derrière le disque.
A 4 24 le 4e — quitte le disque.
A 5 43 le 2e — quitte le disque.
A 7 44 le 3e — quitte le disque.

Nos lecteurs trouveront la théorie de ces phénomènes des satellites de Jupiter dans nos *Études sur l'Astronomie* (T. III, 1872, p. 185) et dans notre *Astronomie populaire* (1880, p. 538). Les observations en ont été assez rares; les voici :

	Heures	Situations des satellites.
15 mars 1611,		
12 novembre 1681,		
23 mai 1802,		
15 avril 1826,		
27 septembre 1843,	de $11^h 55^m$ à $12^h 30^m$	
21 août 1867,	de 10 13 à 11 58	2e derrière; 1er, 3e 4e devant.
22 mars 1874	à 1 46 du matin,	2e devant; 1er, 3e 4e derrière.
15 octobre 1883,	de 4 5 à $4^h 24^m$ du matin,	1er devant; 2e, 3e 4e derrière.

La première de ces observations est de Galilée et n'a suivi que de 1 an 2 mois 8 jours sa découverte des satellites; la seconde est de Molineux; la troisième, de William Herschel. Les autres ont eu plusieurs observateurs.

On remarque déjà là une certaine périodicité : « Entre l'observation de 1802 et celle de 1826, écrivions-nous, il y a une période de 24 ans moins 38 jours, et entre celle de 1843 et celle de 1867, 24 ans moins 37 jours. La période paraît être exactement de 1867,6377 — 1843,7393 = 23ans,8984 comprenant 523 révolutions du 4e satellite, 1220 du 3e, 2458 du 2e et 4934 du 1er. Elle donne les dates suivantes pour ces curieuses disparitions :

1819,841 (4 novembre)
* 1843,739 (27 septembre)
* 1867,638 (21 août)
1891,536 (16 juillet). »

Les dates 23 mai 1802 — 15 mars 1611 donnent 191ans,190 dont le huitième est également 23ans,8984.

Toutefois cette période n'est ni régulière ni constante, comme on peut s'y attendre d'ailleurs par l'effet du mouvement de translation de la Terre :

1879,219 — 1826,287 = 47ans,932, dont la moitié est 23ans,966.
1681,862 — 1611,200 = 70ans,662 dont le tiers est 23ans,554.
1883,785 — 1611,200 = 272ans,585. Ce nombre divisé par 11 donne 24ans,781 et divisé par 12 donne 22ans,715.

La période 23ans,8984 donne le cycle suivant :

* 1611,200	1778,491
1635,098	* 1802,390
1658,997	* 1826,288
* 1682,895	1850,186
1706,794	* 1874,084
1730,693	1897,983
1754,592	1921,882

Dans ce cycle, les dates de 1611, 1802, 1826 ont donné des coïncidences absolues avec l'observation, celle de 1682 prescrit une différence de 1 an 12 jours, et celle de 1874 une différence de 49 jours.

Nous pouvons, d'autre part, calculer par la même période un autre cycle en rétrogradant à partir de 1883; nous obtenons :

1597,004	1764,293
1620,903	1788,191
1644,801	1812,090
1668,699	1835,988
1692,598	1859,887
1716,496	* 1883,785
1740,395	1907,683

Dans ce cycle, il n'y a pas une seule date qui corresponde avec celles des observations. Mais

L'observation de 1802 est arrivée 14ans,198 après la date de 1788;
celle de 1826 est arrivée 14ans,196 après la date de 1812;
celle de 1843 est arrivée 7ans,749 après la date de 1835;
celle de 1867 est arrivée 7ans,749 après la date de 1859;
celle de 1874 est arrivée 14ans,331 après la date de 1859; la disparition théorique aurait dû arriver en 1874,084 ou 14ans,197 après cette date.

Ainsi, sur le cycle de 23ans,8984 ou 23 ans et 328 jours se greffe un cycle secondaire de 7ans,749 ou de 7 ans 274 jours, et de 14ans,197 ou de 14 ans 72 jours. L'irrégularité apparente de ces retours rappelle celle des passages de Vénus, et surtout celle des passages de Mercure.

L'analyse détaillée de ce problème, qui ne manque pas d'élégance, pourrait être complétée par quelques jeunes astronomes, surtout en ce qui concerne les retours des mêmes *situations* des satellites. Les périodes critiques des

16 juillet 1891,
26 décembre 1897,
et 7 septembre 1907,

se désignent dès aujourdhui comme particulièrement remarquables à l'égard de ces situations.

C. F.

La comète de 1812. — La comète découverte par M. Brooks le 1er septembre (non le 2) est bien incontestablement un retour de la comète de 1812, comme nous l'avons annoncé dans notre dernier Numéro d'après une communication de MM. Bossert et Schulhof. Voici quelques observations qui donnent une première idée de sa marche dans le Ciel depuis sa découverte (trois antérieures ont été publiées p. 383).

Sept. 12	à $14^h 43^m 54^s$	(t. m. de Königsberg)	$16^h 27^m 57^s,50$	$+62° 56' 57'',2$	Franz, à Königsberg.
22	9 6 41	id.	16 25 18,11	60 48 11,7	id.
24	8 51 17	(t. m. de Paris)	16 25 25,89	60 21 17,5	Bigourdan, à Paris.
26	9 39 35	(t. m. de Marseille)	16 25 46,14	59 54 25,6	Coggia, à Marseille.
29	9 51 12	(t. m. de Paris)	16 26 37,7	59 16 33,0	Bigourdan, à Paris.
Oct. 1	10 52 52	id.	16 27 28,5	58 47 55,0	id.
3	8 10 9	(t. m. de Dresde)	16 28 25,69	58 23 48,0	Engelhardt, à Dresde.

D'après les observations faites à l'Observatoire de Paris par M. Bigourdan : « Le 5 septembre, la comète était une faible nébulosité de 12e grandeur et à peu près ronde. Le 9, son diamètre était de 40″ environ et l'on distinguait une sorte de noyau mal défini. La présence de la Lune et les nuages ne permirent de réobserver la comète que le 23 septembre : son éclat avait beaucoup augmenté, car dans une petite lunette elle paraissait comme une étoile de 8e grandeur; c'était encore une nébulosité ronde dont la partie centrale ne se détachait pas du reste; le lendemain 24, par un ciel pur, son aspect était encore le même, et son diamètre atteignait presque 2′. Le 27, un changement considérable s'était produit, car un noyau de 10-11e grandeur se détachait nettement de la nébulosité, qui s'était bien affaiblie. Depuis lors, le noyau est allé aussi en s'affaiblissant. Le 6 octobre, il était de 12e grandeur, mais l'ensemble de la comète s'apercevait plus facilement que dans les observations du commencement de septembre. Ainsi, le 24 septembre, la comète était de 8e grandeur, tandis que son éclat calculé en partant de celui du 5 lui assigne la grandeur 11-12. Elle a donc eu pendant quelque temps un éclat trente à quarante fois supérieur à celui qu'on pouvait attendre, ce qui paraît difficile à concilier avec l'opinion qui refuse aux comètes une lumière propre. »

A l'Observatoire de Juvisy, nous l'avons observée et dessinée pendant les soirées des 24 septembre (10^h), 5 et 6 octobre (9^h), et 21 octobre (7^h), et, contrairement à notre attente, nous l'avons trouvée constamment s'affaiblissant. A cette dernière date, c'était encore une pâle nébulosité, avec condensation centrale, un petit nuage diffus à peu près circulaire, dont l'éclat total peut être assimilé à celui des étoiles de 8-9e grandeur (le 6 octobre, nous l'avions estimée de 7-8e). Aucun indice de queue. Elle est passée le 21 à 25′ environ d'une charmante petite étoile double — et même triple (1). Son aspect général offrait une ressemblance frappante avec la nébuleuse du pôle de l'écliptique.

A Anvers, MM. De Boë et Hockle ont remarqué également cette ressemblance.

A Rome, M. Millosevich a aperçu un indice de queue dans la soirée du 26.

Voici, d'après le professeur Weyer, de Kiel, les distances au Soleil et à la

Fig. 154.

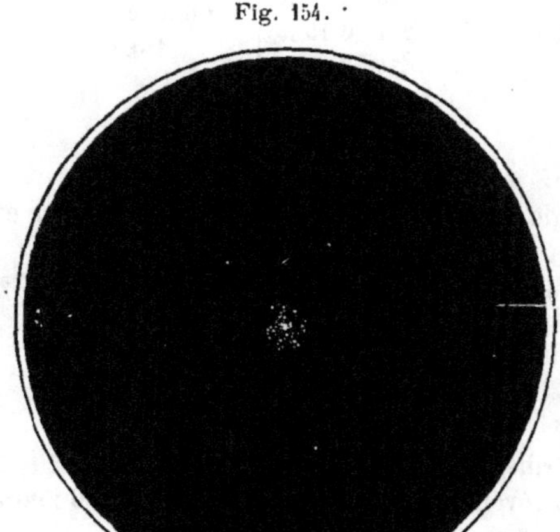

Aspect actuel de la comète (octobre 1883).

Terre correspondant à l'orbite calculée, ainsi que l'intensité d'éclat qui doit en résulter, en prenant pour unité l'éclat à l'époque de la première observation :

		Dist. ⊙.	Dist. ♁.	Éclat.			Dist. ⊙.	Dist. ♁.	Éclat.
Septembre	3	2,46	2,39	1	Février	5	0,80	0,91	65
»	23	2,20	2,16	2	»	10	0,83	0,99	51
Octobre	13	1,93	1,91	3	Mars	1	1,05	1,23	21
Novembre	2	1,66	1,61	5	»	21	1,32	1,39	10
»	22	1,37	1,26	12	Avril	11	1,60	1,48	6
Décembre	12	1,10	0,89	36	Mai	1	1,88	1,57	4
Janvier 1884	1	0,87	0,64	113	»	21	2,14	1,71	3
»	11	0,79	0,62	145	Juin	10	2,40	1,94	2
»	21	0,77	0,70	125	»	30	2,67	2,28	1
»	31	0,78	0,84	82					

On voit que l'éclat, théoriquement calculé en raison de la distance au Soleil et à la Terre, devrait être, au 11 janvier, 145 fois plus intense qu'au commencement des observations. C'est le 25 janvier prochain qu'elle doit passer au périhélie ou à sa distance minimum du Soleil.

Sa distance actuelle à la Terre (21 octobre) est de 1,77 ou de 65 millions de

(1) La comète se trouvait juste entre l'étoile μ du Dragon et la double écartée 16-17.

lieues. La voyageuse se rapproche de nous, mais très obliquement, et sa plus petite distance arrivera le 8 janvier (0,58 ou 21 millions de lieues) : éloignement respectable, aucune rencontre n'est à craindre.

On pourra probablement voir la comète à l'aide d'une jumelle à partir de la disparition de la Lune de novembre, soit à partir du 18, et à l'œil nu dès les les premiers jours de décembre.

MM. Schulhof et Bossert ont calculé l'orbite suivante :

Passage au périhélie	T = 1884, janvier 25,82434, (t. m. de Berlin.)	
Longitude du périhélie	π = 93°20′47″,8	Equinoxe moyen 1880,0.
Longitude du nœud	☊ = 254 6 15 ,3	
Inclinaison	i = 74 3 20 ,4	
Excentricité	e = 0,954996	
Distance périhélie	q = 0,77511	

L'orbite de la comète de 1812 avait pour éléments, d'après les calculs d'Encke :

Passage au périhélie	T = 1812, septembre 15, à 7h40m52s.
Longitude du périhélie	π = 92°18′44″
Longitude du nœud	☊ = 253 1 2
Inclinaison	i = 73 57 3
Excentricité	e = 0,9545412
Distance périhélie	q = 0,7771404
Durée de la révolution	P = 70ans,684, ou 70 ans 250 jours.

On voit que ces deux routes célestes sont presque identiques. La comète aurait dû revenir à son périhélie après 70 ans et 250 jours, ou le 22 mai 1883. Elle a subi un retard de 249 jours et ne repassera près du Soleil que le 25 janvier prochain. Sa révolution aura donc été de 71ans,364 ou 71 ans 133 jours, période qui se rapproche beaucoup du chiffre (71,7) trouvé par MM. Schulhof et Bossert dans leur revision du calcul (Voy. l'*Astronomie*, sept. 1882, p. 271).

Découverte le 20 juillet 1812 dans la constellation du Lynx par Pons, concierge de l'Observatoire de Marseille (c'était sa *quatorzième* découverte), elle devint distinctement visible à l'œil nu le 18 août : « Noyau assez brillant, est-il écrit sur les registres de l'Observatoire de Paris; la comète est enveloppée d'une chevelure et sa queue est d'environ 1°,5 à 2°. » Le rédacteur de la « colonne astronomique » du journal anglais *Nature* remarque que sa distance à la Terre était alors de 1,4713 et sa distance au Soleil de 0,9449, de sorte que l'intensité de lumière devait être 0,53, ce qui correspond à celle qu'elle devra présenter le 1er décembre prochain. Le matin du 14 septembre, la queue s'étendait à 3° et elle paraissait divisée en deux branches parallèles.

Le demi grand axe de l'orbite de cette comète est de 17,095 et sa distance aphélie de 33,414. Ainsi, cette nébulosité s'est éloignée jusqu'à 1236 millions de lieues du Soleil; elle était arrivée dans ce désert glacé de l'espace, invisible boule de vent, au mois de mai 1848, et là, rappelée par l'attraction, elle est revenue visiter les parages où gravitent nos planètes ensoleillées. Lorsqu'elle passa près de nous, en 1812, un soldat qui avait pris le trône de Charlemagne et qui avait distribué les royautés de l'Europe à ses frères régnait en souverain sur la meilleure partie de notre planète, et il semblait qu'une telle gloire ne dût jamais s'éteindre. Un an plus tard, le moderne César ne possédait plus ni un empire, ni un royaume, ni une province, ni une cité; à l'endroit même où j'écris ces lignes (Juvisy, la *Cour de France*), et d'où j'observais, il n'y a qu'un instant encore, l'astre de 1812 revenu des profondeurs célestes, l'empereur, abandonné, recevait (30 mars 1814) les envoyés de Paris lui annonçant l'écroulement complet de ses ambitions, préparait d'inutiles projets de défense, et décidait son départ pour les adieux de Fontainebleau. L'Europe politique de 1812 a disparu depuis longtemps avec les pompes retentissantes des grands de la Terre. Et la pauvre solitaire du ciel est là, de nouveau, sous nos yeux, nous montrant la vanité des choses humaines et la permanente grandeur de l'Astronomie.

Elle a été fixée, comme comète périodique, dans notre système solaire, par l'attraction de Neptune, non loin duquel elle est passée vers l'an 695 avant notre ère. Neptune a amené huit comètes dans notre famille : celle de Halley; celle de 1812, qui doit s'appeler désormais *la comète de Pons;* celle de 1815; celles (1e et 3e) de 1846; celle de 1847 (5e); celle de 1852 (2e) et celle de 1873 (2e). Neptune a retenu sûrement les deux premières. L'avenir nous instruira sur les autres.

La 3e comète de 1862, et l'orbite aujourd'hui parfaitement déterminée des étoiles filantes du 10 août nous prouvent que *Neptune n'est pas la dernière planète*, et qu'il y en a une au delà, vers la distance **48,** c'est-à-dire gravitant à 1780 millions de lieues du Soleil. Cette étude de la planète ultraneptunienne, incomparablement plus certaine à nos yeux que celle de planètes intramercurielles, formera le sujet d'un prochain article [1].

C. F.

Miroirs des télescopes. Argenture du verre. — Pour répondre aux désirs exprimés par un grand nombre de nos lecteurs qui se servent pour leurs observations astronomiques des télescopes Foucault, nous donnons ici le procédé d'argenture le plus généralement employé, celui de M. Martin.

On prépare quatre solutions qui, conservées isolément, ne subissent aucune altération :

1° Une solution de 40^gr^ de nitrate d'argent cristallisé dans 1^lit^ d'eau distillée.

2° Une solution de 6^gr^ de nitrate d'ammoniaque pur dans 100^gr^ d'eau.

3° Une solution de 10^gr^ de potasse caustique dans 100^gr^ d'eau;

4° On fait dissoudre 25^gr^ de sucre dans 250^gr^ d'eau; on ajoute 3^gr^ d'acide tartrique; on porte à l'ébullition, que l'on maintient pendant dix minutes environ, pour produire l'interversion du sucre, et on laisse refroidir. On ajoute alors 50^cc^ d'alcool pour empêcher la fermentation et on étend avec de l'eau pour former le volume de 0^lit^,5.

Nous prendrons pour exemple l'argenture d'un miroir de 0^m^,10 de diamètre. On verse à la surface du verre, que l'on a épousseté à l'aide d'un blaireau, quelques gouttes d'acide nitrique concentré, et, à l'aide d'un tampon de coton cardé, on nettoie le verre avec soin, on le rince à l'eau et on l'essuie avec un linge bien propre. On fait ensuite sur la même surface un mélange de volumes à peu près égaux de la solution de potasse (n° 3) et d'alcool, et l'on s'en sert pour nettoyer le verre avec une touffe de coton. Ce

(1) La Comète a augmenté d'éclat ces jours derniers. Elle est maintenant de 7-8e grandeur et on peut facilement la trouver à l'aide des petites lunettes de 75^mm^ et 60^mm^.

[26 octobre, 7^h^ soir.]

liquide a la propriété de mouiller le verre sans se retirer sur les bords, comme le ferait un autre liquide. On plonge la face ainsi couverte du miroir dans un vase contenant de l'eau distillée et par un léger balancement on entraîne le liquide adhérent à la surface du miroir.

Dans un verre à pied de grandeur convenable, on verse :
15^{cc} de la solution n° 1;
15^{cc} de la solution n° 2;
Dans un second verre :
15^{cc} de la solution n° 3;
15^{cc} de la solution n° 4, et on verse dans le premier verre.

Ce mélange est introduit dans une petite assiette et l'on y porte rapidement le miroir resté sur l'eau; on maintient ce dernier à 0^m,005 du fond à l'aide de petites cales de bois et l'on agite doucement et d'une manière continue. Si les liquides ont été bien préparés, la transparence du premier mélange n'est pas altérée lorsqu'on y verse le mélange de potasse et de sucre. Ce liquide définitif doit, au bout d'une demi-minute environ, se colorer en jaune rosé, jaune brun, puis noir d'encre. A ce moment, l'argent commence à se déposer sur les bords de l'assiette avec une couleur de platine; le verre s'argente ensuite, suivant une couche bien régulière; on continue à agiter de temps à autre et lorsque le liquide, qui est devenu trouble et grisâtre, se couvre de plaques d'argent brillant, l'opération est terminée. On retire le miroir et on le lave soigneusement, à l'eau ordinaire d'abord, puis à l'eau distillée, et on le laisse bien sécher sur la tranche en l'appuyant sur des doubles de papier buvard. La surface apparaît alors brillante et recouverte seulement d'un léger voile, que l'on enlève très facilement à l'aide d'un tampon de peau de chamois portant un peu de rouge d'Angleterre.

La nouvelle édition des TERRES DU CIEL. — Un grand nombre de nos lecteurs demandent si la nouvelle édition des *Terres du Ciel*, qui paraît actuellement en livraisons, est une simple réimpression de cet ouvrage. Il n'en est rien. Depuis l'année 1876, époque de la rédaction de cet exposé descriptif d'Astronomie planétaire, l'étude des planètes a fait des progrès assez considérables pour engager l'auteur à refondre entièrement son travail primitif, lequel ne peut plus être considéré que comme une esquisse de celui-ci. Le plan même de l'Ouvrage a ét entièrement transformé.

Cet ouvrage, dont la rédaction a été faite sur un plan tout nouveau, est illustré d'une nouvelle carte de Mars, de deux grandes photographies lunaires, de nombreuses chromolithographies et d'environ 300 figures dans le texte. Il est publié dans le format de l'*Astronomie populaire* et des *Étoiles*.

On peut aussi remarquer que l'instruction astronomique s'étant grandement développée en France pendant ces dernières années, l'auteur a pu, sans crainte de n'être pas compris, élever sensiblement le niveau de son exposition scientifique, donner plus de détails techniques et faire pénétrer plus profondément le lecteur dans la connaissance de l'Univers.

Taches solaires visibles à l'œil nu. — L'activité du Soleil ne paraît pas encore se ralentir. Observateurs assidus du Soleil, MM. Bruguière, Cornillon, Jacquot, Guillaume, Courtois, Raymond, Mavrogordato signalent la continuation de cette effervescence; presque toutes les taches continuent à se montrer au-dessous de l'équateur, c'est-à-dire dans l'hémisphère sud. Le 14 octobre on ne comptait pas moins de 9 groupes et de 32 taches, et le 11 on en avait compté jusqu'à 45. Ont été visibles à l'œil nu les taches des 10-16 septembre, 18 septembre, et trois à la fois du 11 au 15 octobre.

OBSERVATIONS ASTRONOMIQUES

A FAIRE DU 15 NOVEMBRE AU 15 DÉCEMBRE.

Principaux objets célestes en évidence pour l'observation.

1° CIEL ÉTOILÉ :

L'aspect du Ciel étoilé dans cette saison est donné dans l'*Astronomie*, Tome Ier, même mois, et dans l'ouvrage *Les Étoiles et les Curiosités du Ciel*, p. 594 à 635.

2° SYSTÈME SOLAIRE.

Soleil. — Le Soleil se lève, le 15 novembre, à $7^h 10^m$, pour se coucher à $4^h 19^m$; Le 1er décembre, il se lève à $7^h 34^m$ et se couche à $4^h 4^m$. Enfin, le 15 décembre, il reste sur l'horizon de $7^h 49^m$ à $4^h 2^m$. La durée du jour, qui est ainsi de $9^h 9^m$ le 15 novembre, de $8^h 30^m$ le 1er décembre, et de $8^h 13^m$ le 15, diminue donc de cinquante-six minutes pendant cette période. En même temps, la déclinaison australe du Soleil augmente de 4°48'; elle est de 18°29' le 15 novembre, de 21°49' le 1er décembre, et de 23°17' le 15 décembre; on voit qu'elle va bientôt devenir égale à l'inclinaison de l'écliptique sur l'équateur, ce qui arrivera le jour du solstice d'hiver; c'est alors que le Soleil se trouvera le plus éloigné de l'équateur. Il est bon de remarquer aussi que midi est loin de tomber au milieu du jour, surtout pendant le mois de novembre; ainsi, le 15 novembre, la matinée dure $4^h 50^m$, et la soirée $4^h 19^m$ seulement. Nos lecteurs savent que cette anomalie tient à l'emploi du *temps moyen* pour régler les heures, question qui a déjà été traitée avec détails par notre collaborateur, M. A. Lepaute, dans l'*Astronomie*, Tome I, n° 7 (septembre). On trouvera dans cet article, à la page 244, une table de l'équation du temps, pour les années 1876 à 1884, et l'on verra que l'équation du temps passe par un maximum dans les premiers jours de novembre; la différence entre le midi vrai et le midi moyen est alors de plus d'un quart d'heure; mais l'équation du temps diminue rapidement et devient nulle vers le 25 décembre; alors midi se trouvera au milieu du jour, et la matinée sera égale à la soirée.

Lune. — Voici bientôt les magnifiques clairs de lune d'hiver, si brillants et si lumineux par les nuits froides et sereines. Le Premier Quartier n'est pas encore aussi élevé qu'il le sera dans deux ou trois mois; mais la Pleine Lune est si haute qu'elle est peu commode à observer lorsqu'elle passe au méridien vers minuit, à cause des positions gênantes que doit prendre l'observateur; si pourtant celui-ci dispose d'une installation commode, nous l'engageons à observer de préférence la Lune et tous les autres astres le plus près possible de leur passage au méridien, les images étant d'autant meilleures que l'astre est plus élevé au-dessus de l'horizon.

Phases...	DQ le 21 nov. à 1h53m soir.
	NL le 29 » à 7 4 »
	PQ le 7 déc. à 11 55 matin.
	PL le 14 » à 3 38 »

Occultations.

On pourra observer à Paris du 15 novembre au 15 décembre, pendant la première partie de la nuit, une appulse, quatre occultations d'étoiles et enfin une occultation de Neptune par la Lune.

1° 1468 BAC (6e grandeur), 15 novembre à 10h14m; appulse à 0',2 du bord de la Lune, dans le voisinage du point situé à 29° au-dessous et à gauche (Est) du point le plus élevé du disque lunaire. L'étoile étant au Nord et très près du bord de la Lune

Fig. 155

Occultation de ι Taureau par la Lune, le 15 novembre, de 12h26m à 13h3m.

Fig. 156.

Occultation de Neptune par la Lune, le 11 décembre, de 11h7m à 11h38m.

cette appulse se changera en occultation pour les stations situées à quelque distance au sud de Paris; nous recommandons donc l'observation de ce phénomène, surtout à ceux de nos lecteurs qui habitent le Sud de la France ou les pays méridionaux, et nous recevrons avec plaisir le résultat de leurs observations.

2° ι Taureau (5-6e grandeur), le 15 novembre, de 12h26m à 13h3m. L'étoile disparaît à gauche (Est) à 37° au-dessous du point le plus haut du disque lunaire, et reparaît à droite (Ouest) à 34° au-dessous du même point. Cette occultation est représentée (*fig.* 155).

3° A² Cancer (6e grandeur), le 19 novembre, de 11h29m à 12h29m. L'étoile disparaît à l'Orient, à 36° au-dessous du point le plus à gauche du disque lunaire, et reparaît juste une heure plus tard à 18° au-dessous et à droite (Ouest) du point le plus élevé du limbe de la Lune.

4° *Neptune*, le 11 décembre, de 11h7m à 11h38m; contrairement à ce qui arrive généralement dans les occultations, la planète disparaît à l'Ouest, à 9° au-dessous et à droite du point le plus élevé du disque lunaire, et reparaît, toujours à l'Ouest, à 23° au-dessus du point le plus à droite. Cette anomalie dans la marche apparente de la planète derrière la Lune tient à la position très inclinée qu'occupe dans le Ciel notre satellite au moment du phénomène. L'occultation de Neptune est représentée (*fig.* 156).

5° 1272 BAC (6° grandeur), le 12 décembre, de 6^h24^m à 6^h46^m. Comme Neptune, cette étoile reste dans la moitié occidentale du disque lunaire; seulement l'occultation se fait dans le bas, au lieu de se faire dans le haut de la Lune; l'étoile disparaît en effet à 9° au-dessus et à droite (Ouest) du point le plus bas, et reparaît à 39° au-dessous du point le plus à l'Ouest.

6° *m* Taureau (5-6° gr.), le 13 décembre, de 4^h46^m à 5^h30^m. L'étoile disparaît à gauche à 4° au-dessous du point le plus à l'Est du disque lunaire, et reparaît à droite (Ouest) à 25° au-dessous du point le plus élevé du disque de la Lune.

Lever, Passage au Méridien et Coucher des planètes,
du 11 novembre au 11 décembre 1883.

		Lever.		Passage au Méridien.		Coucher.		Constellations
MERCURE.	11 nov.	6^h12^m	matin.	11^h11^m	matin.	4^h9^m	soir.	BALANCE, puis SCORPION, puis OPHIUCHUS, puis SAGITTAIRE.
	21 »	7 5	»	11 35	»	4 4	»	
	1er déc.	7 55	»	0 1	soir.	4 7	»	
	11 »	8 36	»	0 30	»	4 23	»	
VÉNUS...	11 nov.	8 16	»	0 38	»	5 0	»	SCORPION, puis OPHIUCHUS, puis SAGITTAIRE.
	21 »	8 44	»	0 52	»	5 0	»	
	1er déc.	9 7	»	1 7	»	5 7	»	
	11 »	9 23	»	1 23	»	5 23	»	
MARS.....	11 nov.	10 5	soir.	5 43	matin.	1 17	»	CANCER, puis LION.
	21 »	9 45	»	5 18	»	0 48	»	
	1er déc.	9 20	»	4 51	»	0 18	»	
	11 »	8 50	»	4 19	»	11 45	matin.	
JUPITER...	11 nov.	9 25	»	5 7	»	0 46	soir.	CANCER.
	21 »	8 47	»	4 29	»	0 7	»	
	1er déc.	8 6	»	3 49	»	11 27	matin.	
	11 »	7 24	»	3 7	»	10 47	»	
SATURNE.	11 nov.	5 24	»	1 7	»	8 46	»	TAUREAU.
	21 »	4 42	»	0 25	»	8 3	»	
	1er déc.	4 0	»	11 38	soir.	7 20	»	
	11 »	3 18	»	10 55	»	6 36	»	
URANUS. .	11 nov.	2 18	matin.	8 29	matin.	2 40	soir.	VIERGE
	21 »	1 41	»	7 52	»	2 2	»	
	1er déc.	1 4	»	7 13	»	1 23	»	
	11 »	0 26	»	6 35	»	0 44	»	

MERCURE. — Mercure arrive en conjonction supérieure avec le Soleil, le 26 novembre à 6^h du matin; c'est dire qu'il est à peu près invisible. Avant cette époque il se lève quelques minutes avant le Soleil; plus tard, il devient étoile du soir et se couche quelque temps après le Soleil.

VÉNUS. — Vénus, toujours étoile du soir, devient de plus en plus facilement visible dans le crépuscule du soir. Le 1er décembre, elle se couche déjà plus d'une heure après le Soleil.

MARS. — Mars commence à se montrer le soir : au commencement de décembre, il se lève vers 9^h du soir; il passe de la constellation du Cancer dans celle du Lion; voici ses coordonnées, le 15 novembre, à midi :

Ascension droite....... $9^h 9^m 21^s$. Déclinaison....... 18°26′11″ N.

JUPITER. — La fameuse tache rouge dont nous avons annoncé la disparition au printemps dernier s'est montrée de nouveau dans les mois d'août et de septembre, comme on a pu le voir par les observations de M. Denning, publiées plus haut. L'importance de cette réapparition n'échappera à personne. Le mouvement de cette planète est direct jusqu'au 21 novembre, après quoi il devient rétrograde. Aussi Jupiter reste-t-il dans la constellation du Cancer, non loin et à l'Ouest de l'étoile δ; voici ses coordonnées, le 15 novembre, à midi :

Ascension droite....... $8^h 27^m 42^s$. Déclinaison....... 19°30′7″ N.

SATURNE. — Saturne se trouve actuellement dans les conditions les plus favorables à l'observation, car il va venir en opposition avec le Soleil le 29 novembre à 4^h du matin; ajoutons que sa déclinaison boréale assez forte lui permet de s'élever à plus de 60° au-dessus de l'horizon de Paris. Il nous faut faire aussi remarquer que les conjonctions de Saturne avec la Lune redeviennent intéressantes, comme au printemps dernier, par le rapprochement des deux astres. Ainsi, le 13 décembre, à 1^h du matin, Saturne passera à 55′ au Nord du centre de la Lune, pour un observateur placé au centre de la Terre. La planète sera donc à moins de 30′ du bord de la Lune; comme la parallaxe de la Lune peut atteindre jusqu'à 1°, il est possible qu'une occultation puisse être observée dans l'hémisphère austral. Dans nos climats, au contraire, la parallaxe a pour effet d'augmenter la distance apparente des deux astres. Le mouvement de Saturne est actuellement rétrograde; la planète reste dans la constellation du Taureau, au Nord-Ouest d'Aldébaran, tout près de l'étoile ε, 3-4° grandeur au Nord de laquelle elle passe le 25 novembre, à une distance d'environ un quart de degré. Les coordonnées de Saturne, le 15 novembre à midi, sont :

Ascension droite....... $4^h 25^m 15^s$. Déclinaison....... 19°37′9″ N.

URANUS. — Uranus devient visible dans la seconde moitié de la nuit; nous nous contenterons de donner aujourd'hui ses coordonnées pour le 15 novembre, à l'aide desquelles on pourra facilement le trouver dans le Ciel.

Ascension droite....... $11^h 50^m 29^s$. Déclinaison....... 1°50′6″ N.

NEPTUNE. — Neptune est encore ce mois-ci dans des conditions très favorables; il se lève avant la nuit, et se couche après le lever du Soleil; sa position n'a guère varié depuis le mois dernier; il est toujours au Sud, mais un peu à l'Est, de l'étoile δ du Taureau; ses coordonnées, le 15 novembre à midi, sont :

Ascension droite....... $3^h 10^m 35^s$. Déclinaison....... 15°53′20″ N.

PETITES PLANÈTES. — *Cérès*, qui fut découverte la première, va se trouver en opposition le 6 décembre. Comme sa déclinaison est boréale et très forte, elle restera visible toute la nuit; on la trouvera dans la constellation du Taureau, au Nord-Est d'Aldébaran, au Sud de l'étoile ι. Le jour de l'opposition, 6 décembre, ses coordonnées au moment du passage au méridien, c'est-à-dire à minuit, sont :

Ascension droite....... 4h56m Déclinaison....... 20°51' N.

Pallas passe au méridien vers 8h30m; elle se trouve dans la constellation de la Baleine, au Sud de la ligne qui joint les étoiles β et τ, mais bien plus rapprochée de β; ses coordonnées, le 1er décembre, quand elle passe au méridien, sont :

Ascension droite....... 0h52m Déclinaison....... 21°45' S.

Junon viendra en opposition dans le commencement du mois de janvier. A la fin de novembre, elle passe au méridien vers 2h30m du matin; elle est dans la constellation de la Licorne, tout près de celle du Grand Chien, au Sud-Ouest de Procyon. Ses coordonnées, le 1er décembre, au moment de son passage au méridien, sont :

Ascension droite....... 7h16m Déclinaison....... 0°45' N.

ÉTOILE VARIABLE. — Minima observables d'Algol ou β Persée :

26 novembre....	4h52m matin.	1er décembre.....	10h30m soir.
29 »	1 41 »	4 »	7 18 »
		7 »	4 7 »

ÉTUDES SÉLÉNOGRAPHIQUES.

Quoique Ératosthènes (112), dont nous avons parlé avec quelques détails dans notre précédent article, ne figure pas sur notre carte d'aujourd'hui, nous avons cru intéressant pour nos lecteurs d'en publier un dessin isolé, que le défaut d'espace nous a empêché de donner dans le dernier Numéro; ce dessin (*fig.* 157) représente la montagne telle qu'elle est éclairée quand la Lune est âgée d'environ neuf jours et demi. On remarquera les trois pics qui se dressent au fond du cratère et les immenses contreforts qui semblent le soutenir sur les côtés. Il est vraiment curieux que cette montagne, si pittoresque quand les rayons du Soleil tombent sur elle obliquement, devienne si difficile à distinguer à l'époque de la Pleine Lune.

La gravure que nous publions aujourd'hui (*fig.* 159) se double, dans la partie boréale, avec celle du mois dernier; mais elle s'étend un peu plus à l'Est; on y retrouvera Copernic (113) non loin du coin Nord-Est, représenté dans de meilleures conditions d'éclairage.

En remontant à partir de Copernic vers le Sud-Est, on rencontre d'abord deux cirques presque accolés, dont le plus grand, qui est le plus au Sud, renferme un pic central assez irrégulier : il a reçu le nom de *Reinhold* (95); puis on arrive sur *Landberg* (96), dont l'anneau, de 45km de diamètre, s'élève assez régulièrement du côté extérieur, tandis qu'il se montre raviné et rempli d'escarpements à l'intérieur. Ce cratère, orné d'un pic central, domine une vaste plaine qui n'est autre chose que l'extrémité occidentale de l'*Océan des Tempêtes*. Celui-ci se prolonge du reste encore bien loin du côté de l'Occident, tandis qu'au Nord-Ouest il se termine à Reinhold. Quelle admirable perspective à contempler, si l'on pouvait se transporter sur la crête de Landberg, haute de 3000^{m}, et promener ses regards sur la plaine qui s'étend à perte de vue dans toutes les directions, limitée seulement comme l'horizon de la mer par la propre courbure du sol. Les hauteurs les plus voisines de Landberg sont en effet les *monts Ryphées*, que l'on rencontre au Sud à plus de 110^{km} de distance. Il faut ensuite se déplacer bien loin vers le Sud, ou plutôt vers le Sud-Sud-Ouest, toujours sur un terrain très plat et d'une teinte assez sombre, pour rencontrer d'abord un petit cratère qui se trouve sur le bord de l'Océan des Tempêtes. Le sol devient alors plus clair, et l'on arrive à *Lubiniezki* (65) et enfin à *Bullialdus* (64); celui-ci est un grand et beau cratère de 61^{km} de large, dont les murailles escarpées et de formes compliquées s'élèvent à près de 3000^{m}; au centre se dressent quatre pointes, et vers le Sud-Ouest une

Fig. 157.

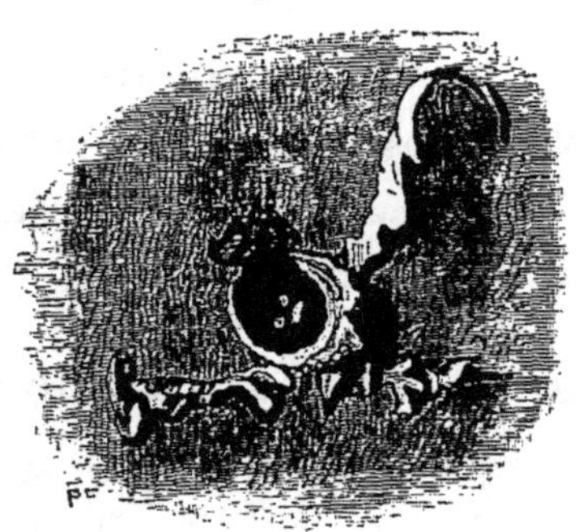

Eratosthènes.

gorge étroite et profonde le relie à un petit cratère, qui apparaît comme un singulier appendice. Tout près de là, Whitley a découvert quelques petites chaînes de cratères, et Webb a observé de larges rayonnements lumineux s'étendant tout autour.

Au Sud, on trouve d'abord deux petits cratères assez peu importants, puis le cique de *Kies*, dont la muraille offre aussi vers le Sud un petit appendice ou contrefort très court; enfin, si l'on incline vers l'Orient, on arrive sur deux cirques reliés par une large gorge et placés sur une ligne allant du Sud-Ouest au Nord-Est; ce sont *Mercator*, au Sud, et *Campanus* [1] au Nord. Ce dernier est remarquable par l'espace sombre qui se montre au centre, et dans lequel on peut observer deux très petits cratères que Beer et Mädler n'ont pas mentionnés. A l'Est de Campanus se trouvent quatre petites rainures qu'on peut voir assez nettement deux jours un quart après le Premier Quartier. Plus à l'Est encore, est un cirque incomplet, *Hippalus*, qui forme comme un golfe de la *Mer des Humeurs*. C'est naturellement du côté de la mer des Humeurs, c'est-à-dire à l'Est, que la muraille fait défaut; elle est du reste à peine visible du côté Sud,

[1] Qu'il ne faut pas confondre avec *Capuanus* (43)

mais elle se redresse au Sud-Est pour s'arrêter brusquement à la lacune orientale, figurant ainsi comme deux promontoires qui défendent l'entrée du golfe. Entre Hippalus et Campanus on peut remarquer quelques bandes montagneuses dont la plus longue descend fort loin vers le Nord après avoir traversé deux petits cratères.

Les montagnes que nous venons de décrire forment la limite orientale de la *Mer des Nuées*, qui s'étend au Sud jusqu'à *Pitatus* (42) [1] et *Hésiode*, que l'on peut voir coupés en deux par la limite supérieure de notre gravure, tandis qu'à l'Occident elle se prolonge jusqu'à cette immense agglomération de cirques et de montagnes qui couvre presque toute la région Sud-Ouest de notre satellite. On remarquera surtout ces deux bandes de cratères qui descendent presque directement

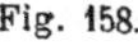
Fig. 158.

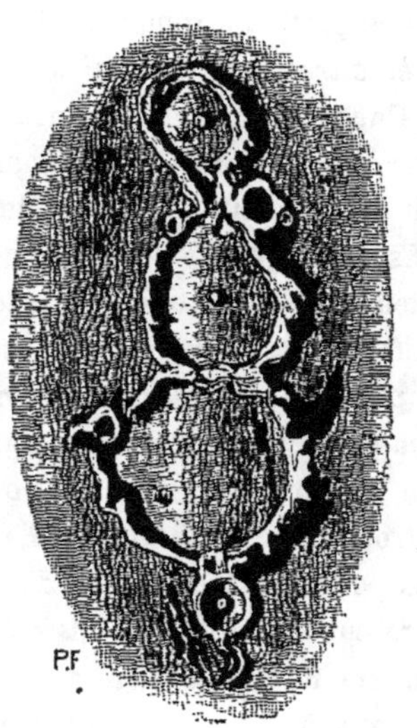

Arzachel, Alphonse et Ptolémée

du Sud au Nord; la bande orientale contient, en allant du Sud au Nord, outre les cratères situés au Sud de notre gravure : d'abord *Regiomontanus* (36), puis *Purbach* (37), profond d'environ 2000^{m}, qui présente à sa partie boréale deux pointes montagneuses encadrant un petit cratère accolé, et *Thébit* (38), un peu rejeté vers l'Orient, large de plus de 50^{km} et d'une profondeur de près de 3000^{m}. Sur le bord du Nord-Est, la muraille est interrompue par un petit cratère à côté duquel s'en trouve un plus petit encore. Un peu plus au Nord, nous arrivons à l'admirable système d'*Arzachel* (76), *Alphonse* (77) et *Ptolémée* (79), que nous avons fait représenter à part (*fig.* 158). Cet assemblage de trois grands cirques accolés à la suite l'un de l'autre dans la direction du méridien rappelle Catharina, Cyrillus et Théophile, mais dans de plus vastes proportions. Le premier, Arzachel, mesure 105^{km} de diamètre; à l'intérieur se trouvent un petit cratère et

(1) Et non *Sitatus*. V. p. 158.

une montagne, tandis que sur le rempart occidental s'élève un pic de plus de 4000^{m} de hauteur. L'intervalle que laissent à l'Est Arzachel et Alphonse est occupé par *Alpétragius* (78), si profond (3600^{m}), qu'il reste à peine une semaine éclairé pendant toute la durée de la lunaison. A l'Est de celui-ci, Webb mentionne un autre petit cratère très brillant qu'il nomme *Alpétragius* B. Alphonse mesure 135^{km} de diamètre; un pic central s'élève à 1200^{m} (1350^{m} suivant Schmidt), à peu près à la hauteur du Vésuve, tandis que plusieurs espaces grisâtres varient la teinte du fond parfaitement uni. Schmidt y a pourtant vu une rainure ainsi que dans le fond d'Arzachel. Ptolémée termine dignement la chaîne : sa largeur dépasse 180^{km}; on dirait un lac immense et magnifique dont la surface, au lever et au coucher du Soleil, paraît ondulée par des rides qui ressemblent à des vagues, et dont la hauteur ne dépasse pas 30^{m}; les murailles occidentales projettent des ombres qui s'allongent en filaments noirs; une étroite vallée le relie au précédent. Schmidt estime qu'une partie du rempart s'élève à 3800^{m}; il a compté dans l'intérieur plus de 46 cratères très petits, parmi lesquels 12 forment une chaîne sur la région orientale. Enfin, le Nord de l'anneau se contourne pour former *Herschel* (80), belle plaine circulaire de 44^{km} de diamètre, ornée d'un pic central et accompagnée d'un petit cratère situé au dehors, du côté de l'Occcident.

A quelque distance à l'Est de la grande chaîne que nous venons de décrire, il faut remarquer, à la hauteur de Thébit, une *muraille droite*, d'une longueur de 95^{km} et d'une hauteur uniforme de 300^{m}; sa teinte est légèrement brune; l'extrémité boréale se termine par une montagne embranchée à angle droit qui lui donne l'aspect d'un bâton de voyage avec une poignée en corne de cerf; on la distingue parfaitement un jour ou deux après le Premier Quartier. Non loin de son extrémité boréale se trouve le *Promontoire d'Énée* qui s'avance dans la Mer des Nuées, tandis que deux petits cratères accolés d'inégales dimensions se voient vers l'Orient. Plus au Nord encore on trouve *Lassell*, avec un petit compagnon vers l'Occident, *Davy*, qu'orne un petit cratère accolé, et enfin un cirque incomplet ouvert au Sud à peu près à la hauteur du centre de Ptolémée. L'espace compris entre Alphonse et ces petites montagnes paraît un peu plus obscur que la Mer des Nuées, qui s'étend à l'Orient.

La chaîne occidentale est celle qui a déjà été représentée (*fig.* 106, p. 275), à moitié éclairée, sur le bord oriental de la gravure; elle est formée de cirques plus petits que l'autre; sur notre gravure d'aujourd'hui, elle commence à *Werner* (33), l'un des anneaux les plus élevés de toute la Lune; il mesure 4000^{m} au-dessus du fond du cirque. tandis que du côté de l'Est, il se dresse à plus de 5000^{m} au-dessus du sol extérieur; c'est presque 300^{m} de plus que le Mont-Blanc. On y observe un pic central, et des ravines étroites et profondes. Au Sud-Est se trouve une petite tache brillante, et au Nord-Est une autre plus brillante encore, aussi éclatante qu'Aristarque, dit-on; mais ses dimensions restreintes (12^{kmq}) en font un petit point brillant semblable à une étoile et difficile à voir dans les petits instruments. Webb l'a plusieurs fois observée, mais il n'a jamais constaté cet éclat extraordinaire; il est probable qu'elle a pâli depuis le temps de Beer et Mädler.

Viennent ensuite, en inclinant vers l'Est, *Blanchinus* (34) et *La Caille*, dont la forme est irrégulière, et le fond parfaitement uni; il a 3000^{m} de hauteur, et confine à Purbach (37); la chaîne se contourne alors vers le Nord-Ouest, et se continue par *Delaunay*, *Faye*, *Donati*, à partir duquel elle redescend droit vers le Nord; on y trouve, après un massif irrégulier de larges montagnes entrecoupées de vallées, *Airy* et *Argelander*; ces cinq cratères sont ornés chacun d'un pic central.

Fig. 159.

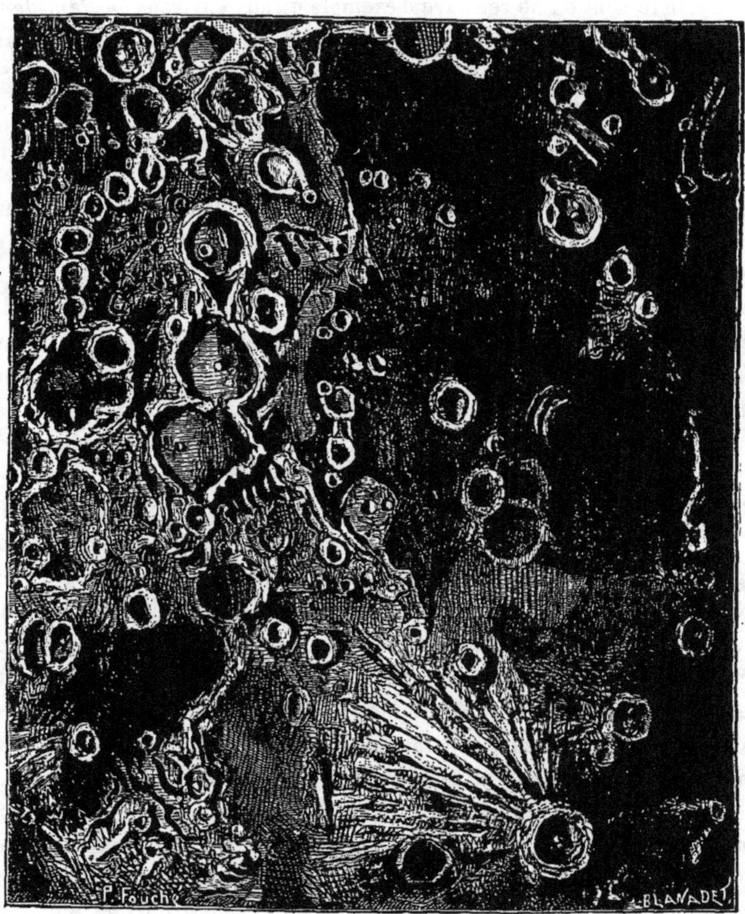

La mer des Nuées et les régions voisines.

Puis enfin viennent, après une lacune, deux grandes et belles montagnes, *Parrot* (74) et *Albategnius* (75); une troisième, moins importante, est accolée à l'Est de ces deux dernières. Albategnius (75) est une vaste plaine, large de plus de 100^{km}, entourée d'un rempart dont l'épaisseur dépasse 25^{km}, et qui paraît tout déchiqueté par l'effet de nombreuses éruptions : Beer et Mädler ont compté plus de 32 de ces formations accessoires; au Nord-Est se dresse une tourelle de 4500^{m}

de hauteur, tandis qu'au centre jaillit du milieu de l'ombre une pointe magnifique qu'on peut admirer environ dix heures avant le Premier Quartier. Au Nord d'Albategnius est Hipparque avec Horrox, puis Rhéticus, dont il a déjà été question dans notre article du mois d'août (v. p. 313 et 316). Au Sud de Rhéticus, et au Nord-Est d'Hipparque se voit *Réaumur*, qui forme la limite australe du *Golfe du Centre*, borné au Nord par *Triesnecker*, cirque remarquable à cause des nombreuses rainures très fines qui l'environnent, et qui se croisent et s'entrelacent d'une façon singulière dont on ne retrouve d'exemple qu'aux environs de *Ramsden*, qui figurera dans une de nos prochaines gravures. En s'avançant au Sud-Est, on passera entre *Ukert*, d'où partent deux chaînes de montagnes offrant l'aspect d'un V renversé, avec un petit cratère sur la branche orientale, et les deux cirques accolés *Bode* et *Pallas* (110); ce dernier est orné d'un pic central et se relie par deux montagnes allongées et presque parallèles à un petit cratère situé à l'Est de Triesnecker. A l'Ouest, au contraire, on retrouvera, dans le coin inférieur de gauche de notre dessin, le petit cratère d'Hyginus avec la moitié orientale de la célèbre rainure.

Entre le Golfe du Centre et Eratosthènes (112), s'étend le *Golfe Torride*, qui fut longtemps signalé comme une immense plaine remarquable par l'absence de la moindre élévation. C'est là une exception unique sur toute la Lune. Pourtant Lohrmann y a vu un petit cratère, et le télescope de Dorpat en a montré plusieurs. Webb en a observé deux assez facilement avec une lunette de 5 ½ pouces d'ouverture. Le Golfe Torride se termine au Sud-Est à Stadius (111), déjà signalé dans l'article précédent; si, partant de là, on s'élève vers le Sud-Ouest, on arrive sur un cratère imparfait nommé *Schrœter*, qui forme le sommet d'un triangle rectangle achevé par Stadius et Pallas. Il peut servir de guide pour trouver au Nord-Nord-Est, à une petite distance, un objet très difficile à observer qui fut étudié avec le plus grand soin par Gruithuisen : c'est une tache obscure que Beer et Mädler n'ont pu parvenir à distinguer qu'après de longs efforts et avec l'aide de la grande lunette achromatique de Berlin, de 9 ½ pouces d'ouverture; elle est formée de plusieurs bandes montagneuses parallèles si remarquablement placées que Gruithuisen voulut toujours y voir un ouvrage d'art, malgré leur très grande étendue.

En remontant toujours au Sud, on trouve *Sömmering*, puis, un peu vers l'Ouest, *Mœsting* (94), dépression profonde de 1900^m, tandis que la muraille qui l'entoure ne s'élève pas à plus de 500^m au-dessus du sol extérieur. Mœsting, Herschel et Rheticus forment un triangle qui marque le centre de la Lune. Plus au Sud encore est *Lalande*, et si, partant de Lalande, on se dirige vers le Sud-Est, on arrive à la limite boréale de la Mer des Nuées, marquée par les quatre cratères de *Guériké*(1) (81), *Parry* (82), *Bonpland* et *Fra Mauro* (83). Les trois derniers sont assez singulièrement accolés. Bonpland, qui se trouve au Sud-Est, est le plus irrégulier, Fra Mauro le plus large, et Guériké le plus élevé.

PHILIPPE GÉRIGNY.

(1) Et non *Guericke*. V. p. 159.

LES FLAMMES DU SOLEIL.

Les idées simples primitivement inspirées par la contemplation des spectacles de la nature ont été généralement modifiées, transformées,

Fig. 160.

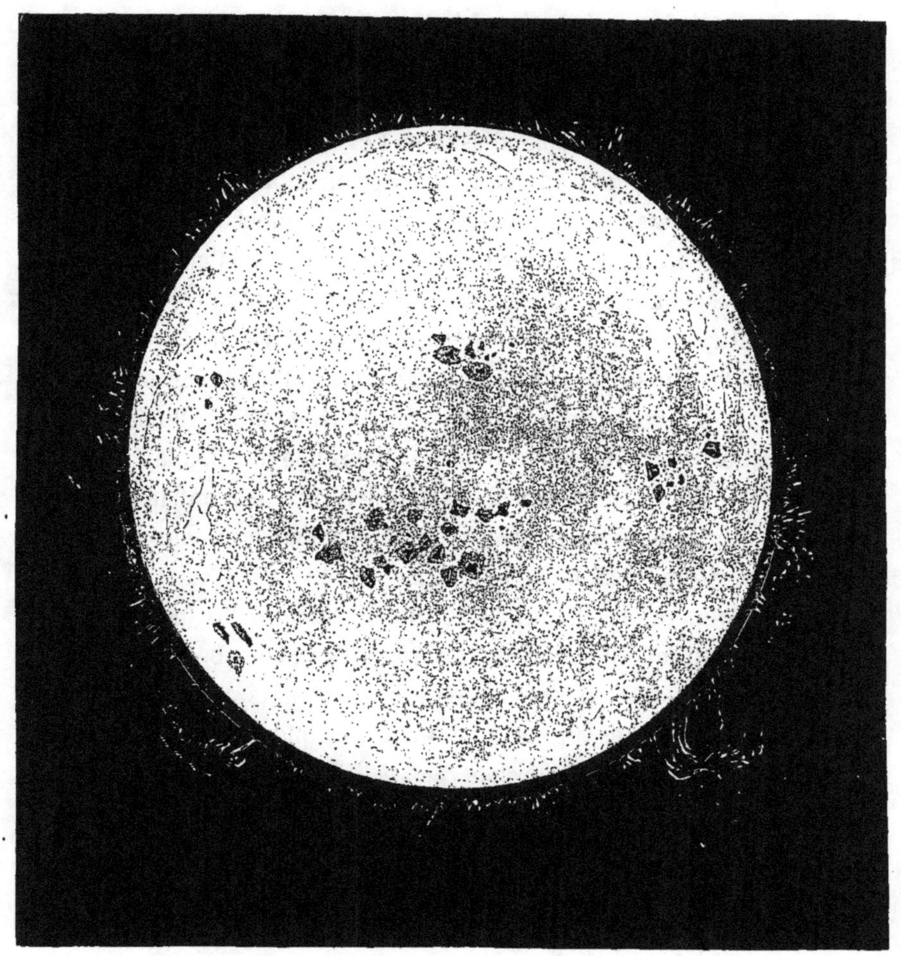

LES FLAMMES DU SOLEIL

parfois complètement détruites, par l'analyse scientifique des phénomènes. Mais bien souvent aussi la marche progressive des découvertes, modifiant à son tour les théories classiques, a ramené les esprits vers les opinions anciennes et a ressuscité ces idées en leur donnant un nouveau corps et une nouvelle vie. C'est ce qui arrive pour le Soleil.

Ce n'était plus guère, en effet, que dans la poésie et dans la musique que l'on entendait, en notre siècle, parler des *flammes* du Soleil. Il y avait sous ce mot comme un parfum mythologique que les siècles avaient dû évaporer depuis longtemps. Depuis les travaux de William Herschel surtout, c'est-à-dire depuis la fin du siècle dernier, l'astre du jour semblait avoir perdu ses feux. On sait que, pour des raisons théologiques, William Herschel croyait le Soleil habitable et habité. Son globe, aussi massif que la Terre, était considéré par lui, par Wilson et par leurs contemporains, comme environné d'une atmosphère immense couronnée d'un éternel dôme de nuages resplendissants. Les astronomes de la première moitié de notre siècle ont admis cette théorie. On avait bien remarqué, pendant les éclipses totales de Soleil, des proéminences rouges débordant autour de la Lune, et des nuages lumineux de la même nuance, paraissant suspendus autour de l'astre central; mais on n'était pas disposé à les attribuer au Soleil, et même après l'éclipse du 21 avril 1851, quand déjà la plupart des observateurs s'étaient mis d'accord sur ce fait, M. Faye affirmait encore que c'étaient là de pures illusions d'optique (¹). Quelques théoriciens, plus royalistes que le roi, allaient même jusqu'à prétendre que non seulement le Soleil n'est pas enflammé, mais qu'il est un véritable bloc de glace et que la chaleur lumineuse que nous en recevons est un phénomène subjectif.

Voici maintenant les flammes du Soleil ressuscitées pour ne plus s'éteindre. Cette qualification de *flammes* est même beaucoup mieux appropriée à la nature du phénomène que les mots actuellement employés de proéminences, de protubérances, d'explosions ou de nuages, car elle répond mieux à la légèreté, à l'inconsistance des aspects observés, aux formes aériennes, évaporées, changeantes des lueurs aperçues, à l'état calorifique de l'atmosphère solaire au sein de laquelle s'exhale et s'envole l'hydrogène incandescent. Il y a, sur la terre même, flammes et flammes. Sans abuser de la métaphore, n'observe-t-on même pas quelquefois des flammes froides? Le feu follet qui voltige la nuit

(¹) *Comptes rendus de l'Académie des Sciences* du 19 mai 1851 : « Ces effets d'un mirage produit passagèrement dans l'atmosphère (trou d'Ulloa et protubérances) dépendraient tous deux de la distribution des températures dans les couches d'air parallèles aux rayons visuels... La hauteur et l'éclat des montagnes roses dépendent essentiellement de l'épaisseur des couches atmosphériques. Il faut donc s'attendre à ce que ces montagnes soient plus grandes et plus marquées pour les observateurs de la mer Caspienne, lors de l'éclipse prochaine. »

sur les tombeaux a-t-il jamais brûlé autre chose que l'esprit du spectateur affolé qui le rencontre? Les lueurs empourprées de l'aurore boréale ne sont-elles pas aussi froides que l'atmosphère du pôle? Quel contraste entre ces flammes inoffensives et celles de la fournaise versant en flots de feu dans l'arène l'ardent métal aux bouillonnements éblouissants et emplissant la forge d'une étouffante chaleur! Quel abîme entre la douce et silencieuse flamme qui se détache en s'envolant de la bougie prête à s'éteindre et l'étourdissant éclair de la poudre qui éclate en semant sur son passage la mitraille et la mort! La variété, la diversité des phénomènes chimiques et physiques exprimés par ce même mot justifient amplement son application générale aux protubérances solaires.

Ces flammes du Soleil, nous ne les voyons se détacher sur le fond du ciel que le long de la circonférence solaire; nous ne les distinguons que lorsqu'elles se présentent ainsi de profil; et en admirant par exemple un aspect d'ensemble du Soleil tel que celui qui a été dessiné en tête de cette étude, nous devons savoir que cette couronne de flammes n'existe pas seulement sur cette circonférence perpendiculaire à notre rayon visuel, mais qu'on en apercevrait une analogue de quelque côté que l'on se plaçât pour regarder l'astre radieux. Il faut donc que par l'esprit nous considérions le globe immense du Soleil comme environné, hérissé de toutes parts, de flammes s'élevant dans son atmosphère et s'étendant parfois en nappes de feu dans les hauteurs illuminées.

La surface solaire que nous voyons et qui dessine pour nous le globe de l'astre, supporte une nappe de feu écarlate de laquelle s'élèvent constamment une multitude de flammes, véritable et perpétuel incendie. L'éblouissante lumière de l'astre du jour rend pour nous ces flammes invisibles (elles sont d'ailleurs transparentes) comme elle rend invisibles les étoiles. Avant l'invention du spectroscope, on ne les apercevait qu'aux rares instants des éclipses totales, lorsque le disque lunaire, venant s'interposer entre le Soleil et nous, masquait l'éblouissement solaire et permettait de distinguer son entourage. On conçoit que de telles observations, réduites à quelques minutes, diminuées encore par la surprise et l'étrange beauté du phénomène, étaient nécessairement fugitives et imparfaites. Le 18 août 1868, pendant l'éclipse totale qu'il était allé observer dans l'Indoustan, M. Janssen fut frappé de l'éclat des raies présentées au spectroscope par ces protubérances et pensa qu'en dirigeant de nouveau cet instrument vers le bord du Soleil au point où elles apparaissaient, on pourrait probablement les revoir après l'éclipse. Des nuages l'empêchèrent d'essayer l'expérience le même jour; mais le lendemain matin le Soleil se leva éclatant de lumière, et, en effet, l'instrument permettait de reconnaître et de dessiner les protubérances presque aussi bien que pendant l'éclipse. Coïncidence assez fréquente dans l'histoire des Sciences, un astronome anglais, M. Lockyer, conduit à la même recherche par ses études spectroscopiques, faisait en même temps la même découverte.

Depuis cette époque, les flammes du Soleil ont été quotidiennement

Fig. 161.

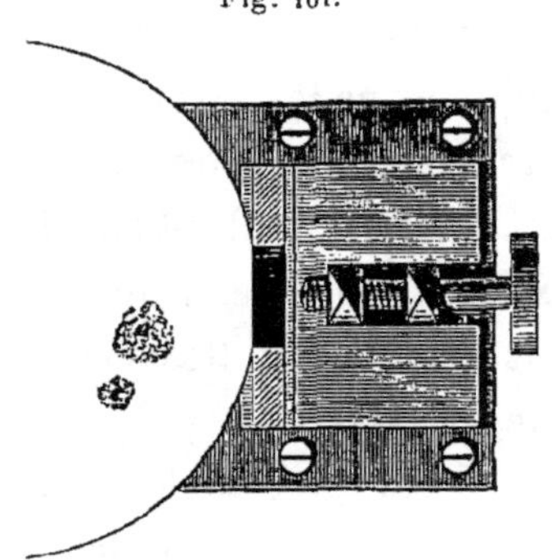

Fente ouverte du spectroscope tangente au bord du Soleil.

observées, mesurées, cataloguées, grâce à l'activité des astronomes et aux perfectionnements apportés au spectroscope lui-même. Huggins à Londres, dès le 13 février 1869; Lockyer à Londres, dès le mois de mars; Zöllner à Leipsig, dès le même moment; Respighi à Rome, dès le 26 octobre de la même année, Secchi à Rome, dès le 23 avril 1871; Tacchini à Palerme, puis à Rome; Ferrari à Rome; Young à New-Jersey (Etats-Unis); Spœrer à Potsdam; Riccò à Palerme; Thollon à Nice; Christie à Greenwich, Brédichin à Moscou, etc., etc., se sont donné la mission d'enregistrer méthodiquement les phénomènes solaires et de fournir à la Science les précieux éléments qui doivent aider à compléter notre connaissance de l'astre si important aux rayons duquel notre vie est suspendue.

Pour observer ces protubérances enflammées, on amène donc l'instrument devant le bord du Soleil et l'on fait glisser la fente du spectroscope le long de ce bord jusqu'à ce que l'existence de ces protubérances se révèle. Notre *fig.* 161 donne une idée de cette disposition: on voit que la fente peut s'élargir à volonté suivant le mouvement de la vis. Lorsque l'atmosphère est très calme, on arrive, par l'élargissement même de la ligne spectrale observée (on choisit de préférence la raie C) à voir la forme même de la protubérance brillant d'un merveilleux éclat. Ces aspects rappellent parfois de si près ceux de nos nuages terrestres que « l'on croirait presque qu'on regarde par une porte entr'ouverte un ciel de coucher de Soleil » (Young). Leur observation laisse dans l'esprit une certaine impression que l'on n'oublie plus. Pour ma part, quoique je ne les aie que rarement contemplées (à Rome, avec le regretté P. Secchi ; à Nice, avec l'habile observateur Thollon), j'ai été frappé de la beauté de

Fig. 162.

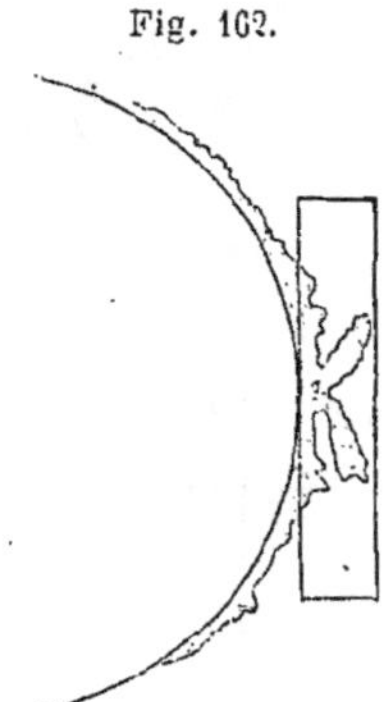

Protubérance visible dans la fente du spectroscope.

leur lumière, de la légèreté de leurs formes, en même temps que de l'étendue de ces flammes immenses brûlant comme un feu d'incendie dans la fournaise solaire.

Le nombre des protubérances varie comme celui des taches. Ainsi, la statistique du P. Secchi nous montre que, sur la circonférence solaire perpendiculaire au rayon visuel, il en comptait en moyenne 15 par jour en 1871, 13 en 1872, 9 en 1873, 7 en 1874, 6 en 1875, 5 en 1876, 4 en 1877 et en 1878. Depuis cette dernière année, minimum de taches et de protubérances, le nombre est allé de nouveau en augmentant, et il est actuellement revenu à 15 environ par jour. Quinze par jour, c'est plus de cinq mille par an (pour un seul méridien).

Elles sont plus nombreuses aux latitudes où les taches sont également les plus nombreuses, c'est-à-dire entre 10° et 40° de latitude de part et d'autre de l'équateur solaire. Cependant, tandis qu'on n'observe que très rarement de taches à l'équateur, et jamais aux pôles, on y observe des protubérances. Le diagramme (*fig.* 163) construit par M. Young représente la fréquence relative des protubérances et des taches sur les différentes parties du globe solaire, la hauteur des verticales élevées sur la circonférence solaire correspondant à gauche au nombre des taches observées à chaque latitude, à droite au nombre des protubérances. Les observations des taches sont celles de Carrington (1853-61); celles des protubérances sont de Secchi (1871). Sous la courbe des protubérances, la ligne pointillée représente la distribution des protubérances supérieures à 1′ ou à 43 000^{km}. La courbe polaire est exagérée par le fait même de la méthode de statistique employée, car aux pôles le

Fig. 103.

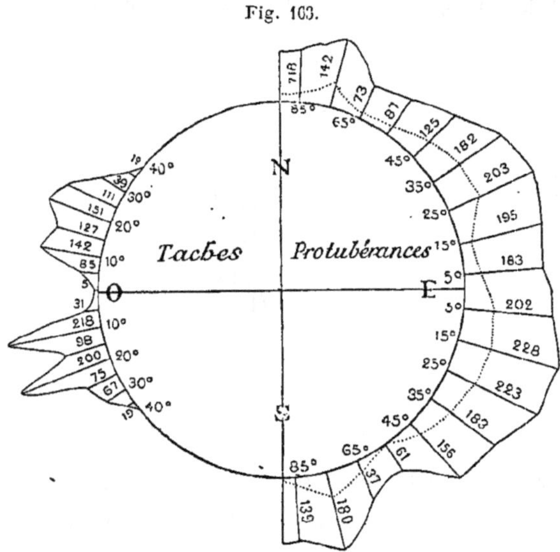

Fréquence relative des protubérances et des taches.

Soleil tourne lentement et l'on doit voir pendant longtemps les mêmes protubérances qui sont ainsi comptées plusieurs fois.

Sans doute, elles ont du rapport avec les taches; mais ce sont évidemment des phénomènes indépendants. Elles sont liées plus intimement avec les facules. Ce sont peut-être les facules elles-mêmes.

Leurs grandeurs sont très variables. La couche inférieure rouge posée sur la blanche surface solaire, et qui est désignée sous le nom de *chromosphère*, mesure de 10″ à 12″ d'épaisseur. On sait que sur le Soleil 1″ équivaut à 718^{km}. Cette couche gazeuse, cet océan de feu, mesure donc de 7000^{km} à 8000^{km} de profondeur. La Terre, en roulant dedans, ne serait pas submergée; mais elle entraînerait avec elle des flammes qui la lècheraient le long de son parcours.

De là s'élancent des flammes gigantesques s'élevant jusqu'à cent

Fig. 164.

Les flammes du Soleil. — Formes variées.

mille, deux cent, trois cent, quatre cent, et même cinq et six cent mille kilomètres de hauteur! Le 7 octobre 1880, Young en a observé une qui, en une heure, s'éleva à la hauteur de 13′ (le diamètre du Soleil est de 31′) ou de 560000^{km}, se divisa en filaments et s'évanouit. Lorsque les protubérances ne dépassent pas 20″, soit 14000^{km} en hauteur, on ne les compte pas. La Terre mesure 17″,72 : la Terre en feu posée au bord du Soleil et vue d'ici ne serait pas remarquée ou à peine. Le quart des protubérances observées surpasse 1′, ou 43000^{km}. Celles de 100000^{km} ne sont pas rares.

Elles présentent les formes les plus variées. Les unes, désignées plus spécialement sous le titre d'*éruptions*, s'élancent comme des explosions jusqu'aux élévations fantastiques que nous venons de dire. Les autres, désignées sous le nom de *nuageuses*, ressemblent tout à fait aux nuages suspendus dans notre atmosphère ; quelquefois elles paraissent posées sur le bord du Soleil comme un banc de nuages à l'horizon, mais généralement, lorsqu'on les voit entièrement jusqu'en bas, on remarque qu'elles sont réunies à la chromosphère par de minces colonnes ; quelquefois aussi la surface inférieure est bordée de filaments dirigés vers le bas rappelant une pluie d'orage qui tombe d'un gros nuage. Les flammes éruptives ne sont pas de longue durée ; elles s'élancent dans les hauteurs célestes avec une vitesse inimaginable, se déploient souvent comme un bouquet de feu d'artifice et retombent en pluie de feu sur la chromosphère enflammée où elles s'évanouissent en s'étendant comme une fumée rose ; parfois on croit voir les flammes d'un violent incendie chassées par le vent. Les protubérances nuageuses durent longtemps, au contraire, parfois plusieurs jours, parfois plusieurs semaines. La figure précédente, tirée des observations de Secchi et de Young, donne une idée de ces variétés.

Ces explosions formidables sont souvent lancées avec des vitesses d'autant plus surprenantes que la surface du Soleil n'étant ni solide ni liquide ne présente pas la résistance qui devrait correspondre à des éruptions volcaniques ou à des projections quelconques. Il faut croire que c'est là un gaz extraordinairement condensé et dans un état quasi liquide et peut-être visqueux comme de la poix. Young a mesuré des vitesses de 300 000 et 400 000 mètres par seconde ; Secchi, Respighi, Thollon en ont mesuré d'analogues. Et l'on ne peut supposer que ce soit là une illumination successive de l'atmosphère hydrogénée du Soleil (ce qui serait infiniment plus simple) car on voit les raies spectrales se déplacer et se tordre par suite du mouvement prodigieux qui emporte l'hydrogène enflammé. Pourtant un corps quelconque, gazeux, liquide ou solide, lancé du Soleil avec une vitesse initiale de 608^{km} par seconde

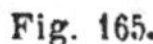

Fig. 165.

Flammes, couronne et rayonnement du Soleil pendant l'éclipse de 1860.

s'échapperait pour toujours de l'attraction solaire et ne retomberait jamais sur lui. Peut-être des uranolithes nous viennent-ils du Soleil.

Mais qu'est-ce encore que toutes ces flammes de cinq et six cent mille kilomètres de hauteur devant les magnificences de la *couronne* solaire qui enveloppe constamment l'astre éblouissant dans une auréole de gloire et de lumière et qui lance des rayons jusqu'à des distances supérieures au diamètre tout entier du Soleil! Considérez par exemple notre *fig.* 165, dessinée par Secchi immédiatement après son observation de l'éclipse du 18 juillet 1860 : quels rayonnements! quelle grandeur!

Nous ne pouvons entrer aujourd'hui dans l'examen de ce vaste sujet. Remarquons seulement que M. Huggins vient de parvenir à photographier cette mystérieuse couronne en plein jour, et renvoyons à un très prochain article l'étude de cet important problème.

Important, en effet, comme tout ce qui touche à la vie. « L'ordre de choses actuel, écrit Young, semble être borné, dans l'avenir comme dans le passé, par des catastrophes terminales, qui sont voilées par des nuages jusqu'à présent impénétrables. » C'est surtout la question de la chaleur solaire et de l'entretien de ces flammes qui nous intéresse le plus. Il est certain que cette température est si élevée que nulle de nos combinaisons chimiques n'y est possible et que les éléments y restent *dissociés*. C'est un feu si chaud qu'il ne brûle plus! L'évaluation thermométrique la plus probable est 10000°; un être qui sortirait de cette température et qui se coucherait sur une plaque de fer chauffée à blanc ou sur une coulée de fonte en fusion croirait s'étendre sur de la neige. Les rayons solaires concentrés au foyer d'une lentille fondent instantanément le platine, l'argile, le diamant lui-même; or, cette température ainsi obtenue ne peut évidemment dépasser celle de l'origine, l'effet de la lentille étant simplement de rapprocher l'objet virtuellement vers le Soleil, à une distance telle que le disque solaire y paraîtrait égal à la lentille elle-même vue de son propre foyer. La lentille la plus puissante qu'on ait encore construite transporte ainsi virtuellement un objet qui est à son foyer à 400000^{km} ou à cent mille lieues de la surface solaire. On en conclut avec certitude que si le Soleil se rapprochait de nous à la distance de la Lune, la Terre entière fondrait comme une boule de cire et s'évaporerait en grande partie.

M. Langley a fait en 1878 une étude bien intéressante sur l'intensité de la lumière solaire comparée à celle du métal fondu dans un convertisseur Bessemer. L'éclat de ce métal est si éblouissant que le courant de *fer fondu*, qui est versé pour former le mélange, semble brun foncé en comparaison, comme du café noir dans une tasse blanche. La comparaison fut conduite de telle sorte que, avec intention, tout avantage fût laissé à la fonte incandescente et qu'on ne tînt pas compte de l'affaiblissement de la lumière solaire dans l'air enfumé de la forge. Eh bien, en dépit de tous ces désavantages, la mesure photométrique montre que la lumière solaire était encore 5300 fois plus brillante que celle du métal incandescent!

Il est fort heureux pour nous que l'astre du jour soit si éloigné. Bien éloigné, en effet! Sa distance est de 148 millions de kilomètres. Les impressions se transmettent le long de nos nerfs avec la vitesse de 30^m par seconde. Si l'on pouvait imaginer un enfant ayant le bras assez long pour toucher le Soleil et s'y brûler, cet enfant ne sentirait jamais la brûlure: pour se rendre de sa main à son cerveau, l'impression nerveuse n'emploierait pas moins de 150 ans; l'enfant serait devenu un vieillard et serait mort longtemps avant que la douleur eût pu se transmettre du bout du bras au cerveau.

Qui pourrait imaginer, qui pourrait dépeindre les ardeurs de ce feu céleste, assez intense pour faire bouillir par heure deux trillions neuf cent milliards de kilomètres cubes d'eau à la température de la glace, assez riche pour brûler encore sans arrêt pendant dix millions d'années? Si nous pouvions nous en approcher sans être vaporisés comme une goutte d'eau tombant sur un fer rouge, sans être aveuglés dans l'éblouissement infernal, nous verrions, stupéfiés par le vertige, un océan lumineux, sans rivages, un océan de flammes dont les vagues agitées ont presque la hauteur du diamètre de la Terre, au sein desquelles et au-dessus desquelles, à travers les éclats fulgurants du tonnerre, les orages et les éclairs, s'élèvent, s'élancent, retombent, flamboient, se brisent en furie, se déchirent et se renouvellent, des montagnes de feu de la dimension de notre planète et plus volumineuses encore, lancées vers le Ciel par la main monstrueuse d'invisibles Titans, s'épanouissant dans l'atmosphère incendiée, se développant en nuages de lumière, ou retombant en pluie de feu sur l'océan qui toujours brûle. D'immenses rayons de lumière s'en vont au loin, à des millions de kilomètres, dans toutes les directions, projetant comme des phares l'éblouissante lumière dans l'espace empli de météores tourbillonnants. Phénomènes grandioses dans lesquels la chaleur, la lumière, l'électricité, le magnétisme, agissent ensemble avec une énergie si effroyable que nos ouragans les plus violents, nos volcans et nos tonnerres ne sont devant eux que de passagers sourires dans le rêve d'un enfant endormi.

Et comment concevoir, par dessus toutes ces forces géantes, le contre-coup magnétique que nous en ressentons d'ici, à trente-sept millions de lieues de distance? Cependant cette mystérieuse connexion n'est plus contestable aujourd'hui (quoique M. Faye se refuse encore à l'admettre) (1).

(1) « Ces deux phénomènes n'ont *aucun* rapport entre eux : cet arrêt est sans réplique;

Il y a longtemps que la nature nous invitait à la prendre en sérieuse considération. Ne se souvient-on pas que pendant le jour qui a précédé la fameuse aurore boréale du 2 septembre 1857 (laquelle s'étendit sur le globe tout entier, Italie, Cuba, Indes, Australie, États-Unis, etc.) M. Carrington d'une part, M. Hodgson d'autre part, avaient été violemment frappés par une explosion de lumière éclatant au milieu d'un groupe de taches solaires? Le premier observateur compare cet éclair à un rayon de lumière qui aurait traversé l'écran attaché à l'objectif pour prendre la projection des taches, le second à l'éclat de l'étoile de première grandeur Véga vue au télescope. Cette apparition lumineuse dura de 11^h18^m à 11^h23^m et s'évanouit. L'impression de M. Carrington (on ne songeait pas encore aux protubérances) est qu'elle avait dû se produire à une hauteur considérable au-dessus de la tache, dont l'aspect n'en fut d'ailleurs aucunement affecté. A ce même instant, les instruments magnétiques de l'Observatoire de Kew se montrèrent agités et indiquèrent l'existence d'une violente tempête magnétique; l'aurore boréale qui fut visible le soir était déjà commencée. Les lignes télégraphiques de l'Angleterre cessèrent de fonctionner. (Nous ne savons pas ce qui s'est passé en France : on n'observe rien, ou, du moins, on ne publie rien sur ce point comme sur beaucoup d'autres.) Depuis cette époque, la correspondance entre les taches solaires et le magnétisme terrestre a été surabondamment démontrée [1].

Et maintenant, comment s'entretiennent cette chaleur et cette lumière? Trois causes principales paraissent en jeu : la contraction du globe solaire, la chute des météores à sa surface et les dégagements de chaleur produits par les combinaisons chimiques. La première cause doit être la plus importante. On connaît l'équivalent mécanique de la chaleur. Tout corps qui tombe et qui est arrêté dans sa chute produit une certaine quantité de chaleur (425 kilogrammètres par calorie) et la quantité de chaleur produite est la même, que le corps soit arrêté brusquement ou successivement ralenti par des résistances. Si, comme c'est probable, le globe solaire est le résultat de la condensation d'une immense nébuleuse qui s'étendait primitivement au delà de l'orbite de Neptune, la chute des molécules à la concentration actuelle a fourni environ 18000000 de fois

il condamne la partie la plus importante et la seule plausible de la météorologie cosmique. » *Annuaire du Bureau des longitudes* pour 1878, p. 650.

[1] Voir nos *Études sur l'Astronomie*, T. IX, 1880.

autant de chaleur que le Soleil en donne maintenant par an (Newcomb). Il en résulterait que le Soleil n'aurait que 18 millions d'années d'existence. D'autre part, étant donné que ce soit la seule source de la chaleur solaire, cet astre continuant de se condenser serait réduit à la moitié de son diamètre actuel dans cinq millions d'années au plus tard, et comme, à cette dimension, il aurait huit fois sa densité actuelle, il deviendrait liquide et sa température commencerait à décroître, de telle sorte que dans dix millions d'années environ sa chaleur ne serait plus suffisante pour entretenir un état de vie analogue à celui de la vie actuelle. La vie totale du système solaire ne surpasserait pas, dans cette hypothèse, trente millions d'années. Young ajoute que la chute des matières météoriques pourrait l'accroître d'autant, ce qui conduirait à soixante millions d'années. Nous ajouterons que nous ne connaissons pas toutes les ressources de la nature et que probablement ce prodigieux rayonnement s'entretient encore par d'autres causes.

Quoi qu'il en soit, la constitution physique du Soleil est l'un des plus curieux et des plus importants sujets d'études qui s'offrent à notre attention, et tout esprit qui s'intéresse aux choses de la nature ne peut s'empêcher d'être à la fois impressionné par ces grandeurs et attiré par ces problèmes, dont l'étude double pour nous le plaisir de vivre.

CAMILLE FLAMMARION.

LES TREMBLEMENTS DE TERRE OROGÉNIQUES

ÉTUDIÉS EN SUISSE.

Les tremblements de terre sont les plus terribles et les plus fréquents dans les régions volcaniques; parfois d'horribles catastrophes, comme celle d'Ischia, 28 juillet 1883, et celle du détroit de la Sonde, 26 août de la même année, préoccupent, et pour longtemps, l'humanité attentive. Mais ce n'est pas seulement le voisinage immédiat des volcans qui est le théâtre de tels ébranlements de la surface terrestre, et l'histoire nous raconte des tremblements presque aussi terribles que celui de Casamicciola, qui ont détruit des villes et épouvanté les populations bien loin des centres d'activité volcanique. Pour ne prendre mes exemples qu'en Suisse, je citerai le grand tremblement qui renversa la ville de Bâle, le 18 octobre 1356, celui de Brigue, le 9 décembre 1755, et celui de Viège, le 1er juillet 1855, ces deux derniers dans le district montagneux du Haut-Valais.

S'il est facile de relier à l'ébullition des laves dans la fournaise ardente des volcans les tremblements de terre qui accompagnent les éruptions, et en général tous ceux qui ont lieu dans les régions volcaniques, il est plus difficile de comprendre les phénomènes sismiques qui apparaissent loin de tout volcan en activité. Or, ceux-ci sont fréquents, comme nous allons le constater, en considérant ce qui se passe en Suisse; ils sont une des manifestations presque normales des forces qui se jouent dans l'écorce terrestre; ils méritent donc d'être étudiés attentivement. Différentes hypothèses ont été mises en avant pour les expliquer, les uns y voient l'ébranlement causé par l'effondrement de cavernes souterraines; les autres des chocs dus aux marées de la mer de lave, que certains auteurs admettent sous l'écorce solide du globe; les autres y cherchent l'effet de ruptures dans les couches terrestres, quand celles-ci se plient lors de la formation des montagnes. C'est à ce dernier groupe d'hypothèses que nous rattachons plus volontiers nos théories, et c'est dans ce sens que je donne aux tremblements de terre en question le nom d'*orogéniques* (qui appartient à la formation des montagnes), en opposition aux tremblements de terre *volcaniques*.

Mais la théorie définitive de cette classe spéciale de phénomènes sismiques n'est pas encore faite; il est donc important de recueillir du matériel d'observation ; c'est ce que les naturalistes suisses ont compris, quand ils ont résolu d'aborder cette étude. La Suisse est, sous ce rapport, un champ de recherches très favorablement choisi; notre pays est loin de tout centre volcanique en activité actuelle, et même dans les époques géologiques antérieures il n'a jamais été le théâtre de ce genre d'action; dans les terrains représentés en Suisse, il n'y a pas le plus petit morceau de roches volcaniques, le plus rapproché de notre territoire étant le cône de Hohentwiel, près de Singen, dans le grand duché de Bade. Tous nos tremblements de terre sont donc certainement de nature orogénique. En vue de mener à bien ces recherches, la Société helvétique des Sciences naturelles a nommé en 1878 une Commission, dont le président est M. le professeur A. Forster, de Berne, et le secrétaire-rapporteur M. le professeur A. Heim, de Zurich. Sans entrer aujourd'hui dans les théories générales de la Sismologie, je voudrais résumer les travaux de cette Commission, indiquer notre méthode et les premiers résultats que nous avons obtenus.

La Commission suisse a établi son programme en dirigeant son activité sur trois points principaux :

1° Réunir tous les documents sur les tremblements de terre constatés en Suisse dans les temps passés, en les groupant dans les archives de l'Observatoire tellurique de Berne.

2° Collecter tous les documents possibles sur les tremblements de terre actuels; nous allons revenir sur ce travail.

3° Organiser un système d'observations méthodiques à l'aide d'appareils distribués sur tout le territoire de la Suisse, qui donnent des valeurs et chiffres comparables entre eux, et permettent une étude vraiment scientifique du phénomène Cette partie du programme s'est trouvée être de beaucoup la plus difficile. Un phénomène tel que le tremblement de terre doit être étudié à l'aide d'appareils enregistreurs; les sismomètres et sismographes sont très nombreux, et il n'est pas d'auteur qui se soit occupé de la question qui n'ait inventé un ou plusieurs instruments. Mais si la plupart de ces appareils répondent assez bien à certains desiderata, et réussissent à noter suffisamment quelques-uns des côtés intéressants du phénomène, cependant nous n'en avons pas encore trouvé un qui répondît à la fois aux conditions essentielles du problème, à savoir : être un appareil suffisamment bon marché pour qu'on puisse le distribuer en grand nombre dans tous les districts du pays, et être capable d'enregistrer d'une manière comparable et sûre, pour toute secousse perceptible par l'homme éveillé, les caractères essentiels de la secousse, à savoir son heure exacte, son intensité, sa direction, le nombre des oscillations. Plusieurs appareils sont actuellement en expérimentation dans les Observatoires de Berne, de Bâle et de Genève; nous espérons pouvoir aboutir un jour à la solution de ce problème, en nous aidant des travaux excellents des physiciens qui, dans d'autres pays, surtout en Italie et au Japon, s'occupent avec ardeur des études sismologiques.

Revenons à la collection des matériaux sur les tremblements de terre actuels; c'est le point sur lequel nous avons les résultats les plus heureux et les plus encourageants. Notre Commission s'est adressée au grand public par un appel direct et par la voie des journaux, en demandant à chacun de vouloir bien observer le phénomène et nous communiquer les détails observés. Pour aider à la compréhension et à la collection des observations sismologiques, nous avons tout d'abord répandu à profusion l'étude populaire qu'a rédigée notre collègue, M. A. Heim (1), de Zurich; puis nous avons établi un questionnaire qui précise les points principaux ayant de l'importance scientifique. Grâce à l'appui de la presse périodique, grâce surtout à la bonne volonté que notre appel a rencontré dans toutes les classes de la société, nous avons pu réunir un nombre très considérable d'observations, souvent très bien faites, quelques-unes beaucoup plus complètes et plus précises que nous n'osions l'espérer au début; il en est bien peu, même parmi les plus simples et les plus modestes, dont une comparaison et une critique intelligente ne puisse obtenir quelque chose d'utile.

L'étude de ces milliers et milliers de documents est un travail de longue haleine, et qui doit être repris à réitérées fois jusqu'à ce qu'on en ait tiré tous les résultats divers que leur comparaison peut fournir. Nous avons actuellement fait un premier dépouillement de la période qui s'étend du 1er novembre 1879 au 1er janvier 1882; quelques tremblements particulièrement intéressants ont fait l'objet de monographies dues à MM. A. Heim, Forster, Früh, Ch. Soret et Forel; l'ensemble des matériaux a été travaillé dans des rapports d'ensemble publiés par M. A. Heim dans les *Annuaires de l'Observatoire de Berne*, années 1880 et 1881 ; j'en ai donné moi-même un autre résumé dans les *Archives des Sciences physiques et naturelles de Genève*.

(1) *A. Heim*. Les tremblements de terre, leur étude scientifique. Trad. F.-A. Forel. Zurich. 1880

Avant de tirer de ces rapports les résultats généraux qu'ils peuvent déjà nous offrir, je ferai quelques définitions qui nous épargneront de vaines redites, et donneront une idée de quelques-uns des grands traits du phénomène. Le tremblement de terre est rarement un phénomène simple; il y a donc lieu de faire des distinctions,

Nous appelons un *tremblement de terre*, et pour plus de rapidité *tremblement*, l'ensemble des secousses ressenties dans une aire d'ébranlement déterminée pendant un espace de temps limité. La durée du tremblement est, en général, bornée à quelques jours; quelquefois elle est plus considérable, et la série des secousses qui se relient naturellement ensemble peut embrasser plusieurs mois. (Tremblement de Viège, 1855.)

Nous appelons *secousse* un ébranlement du sol spécial et distinct dû à une impulsion unique. La secousse est simultanée dans toute l'aire d'ébranlement, ou bien elle se propage d'un point à l'autre avec une vitesse que l'on peut mesurer plus ou moins exactement. Un tremblement de terre est généralement composé de plusieurs secousses.

La secousse est formée de plusieurs mouvements partiels que nous appelons, suivant leurs caractères : *oscillations*, quand il y a prédominance du mouvement de balancement; *vibrations*, quand il y a trépidation; *choc*, quand il y a impulsion violente et subite, etc.

Nous appelons *aire d'ébranlement* ou *aire sismique*, la surface du pays dans laquelle le tremblement ou la secousse ont été sentis.

Parfois la secousse part d'un point déterminé de l'aire sismique, et se propage dans diverses directions. Nous appelons alors *centre sismique* ou *aire centrale* la partie de l'aire d'ébranlement où nous pouvons chercher le point de départ de la secousse. Le centre sismique est caractérisé, ou bien par l'intensité plus forte de la secousse, ou bien par l'origine du mouvement au point de vue du temps, ou bien par la convergence de la direction des oscillations.

Nous appelons *lignes isosismiques* des lignes idéales tracées sur la carte d'un tremblement de terre, et qui passent par des points où l'intensité de la secousse a été la même, ou bien où la secousse a été simultanée. Quand il y a un centre sismique, ces lignes isosismiques entourent l'aire centrale.

Au point de vue de l'étendue de l'aire sismique, nous divisons les tremblements en cinq classes, d'après le diamètre maximal de l'aire :

Classe						
Classe A.	Aire sismique	de moins de 5^{km}				de diamètre.
» B.	»	de	5^{km} à	50	»	»
» C.	»	»	50	150	»	»
» D.	»	»	150	500	»	»
» E.	»	»	500 et plus		»	»

Pour essayer d'évaluer l'intensité des secousses par la simple observation des effets produits sur l'homme et ses habitations, en attendant les données plus précises de sismographes comparables entre eux, nous avons proposé, indépendamment l'un de l'autre, M. Michel-Étienne de Rossi, de Rome, et moi-même, des échelles d'intensité nommant les secousses en numéros de un à dix; les deux échelles étaient très semblables, et dans la revision que nous en avons faite nous nous sommes facilement mis d'accord pour leur donner la forme suivante.

Échelle De Rossi-Forel, 1882.

I. Secousse microsismométrique. Notée par un seul sismographe, ou par des sismographes de même modèle, mais ne mettant pas en mouvement plusieurs sismographes de systèmes différents; secousse constatée par un observateur exercé.

II. Secousse enregistrée par des sismographes de systèmes différents; constatée par un petit nombre de personnes au repos.

III. Secousse constatée par plusieurs personnes au repos; assez forte pour que la durée et la direction puissent être appréciées.

IV. Secousse constatée par l'homme en activité; ébranlement des objets mobiles, portes, fenêtres; craquements des planchers.

V. Secousse constatée généralement par toute la population; ébranlement des objets mobiliers, meubles et lits; tintement de quelques sonnettes.

VI. Réveil général des dormeurs, tintement général des sonnettes, oscillation des lustres, arrêt des pendules, ébranlement apparent des arbres et arbustes; quelques personnes effrayées sortent des habitations.

VII. Renversement d'objets mobiles; chute de platras, tintement des cloches dans les églises, épouvante générale. Sans dommage aux édifices.

VIII. Chute des cheminées, lézardes aux murs des édifices.

IX. Destruction partielle ou totale de quelques édifices.

X. Grands désastres, ruines, bouleversement des couches terrestres; fentes à l'écorce de la terre, éboulement des montagnes.

Cela dit, je vais donner quelques faits tirés de nos études dans la période qui s'étend du 1er novembre 1879 au 31 décembre 1881, soit pendant une durée de vingt-six mois. Pendant ces vingt-six mois, qui se rapportent il est vrai à une période d'activité sismique particulièrement forte, nous avons noté 232 secousses distinctes, soit 107 pour une année de 12 mois, que nous avons groupées en 63 tremblements composés, soit 29 tremblements par an. Ces premiers chiffres montrent déjà que nos tremblements de terre orogéniques sont un phénomène relativement fréquent.

Ces 63 tremblements se divisent au point de vue de l'étendue de l'aire sismique en :

Classe A.	Tremblements locaux,	aire de moins de	de 5km	de diamètre.		28
» B.	Petits tremblements,	»	5km à 50km	»	»	16
» C.	Moyens »	»	50 150	»	»	10
» D.	Grands »	»	150 500	»	»	7
» E.	Très grands »	»	500 et plus	»	»	2

Les deux tremblements de la classe E sont ceux :

du 22 juillet 1881, avec centre sismique dans la Tarentaise, et aire d'ébranlement dans l'Est de la France, la Savoie et l'Ouest de la Suisse;

du 16 novembre 1881 avec aire sismique allant du Nord de la Suisse jusqu'en Sicile.

Au point de vue de l'intensité, ces 63 tremblements se classent comme suit, en numéros de notre échelle.

N°s III	31	N°s VII	4
» IV	18	» VIII	5
» V	5	» IX	1
» VI	2		

Les tremblements d'intensité n° VIII sont ceux :

du 30 décembre 1879, Savoie et Suisse occidentale;

du 4 juillet 1880, toute la Suisse;

de septembre 1880, Fribourg;

du 27 janvier 1881, plateau Suisse, centre à Berne;

du 18 novembre 1881, nord-est de la Suisse, Saint Gall, Appenzell.

Celui d'intensité n° IX est le tremblement du 22 juillet 1881, déjà cité.

Pendant ces deux années d'observations, les phénomènes sismiques n'ont point été également distribués; il y a eu plusieurs périodes de grande activité, dont les moments culminants ont été en décembre 1879, juillet 1880, mars, juin et surtout novembre 1881. La période la plus longue de calme sismique a duré trois mois, du 25 septembre au 22 décembre 1880.

Prof. Dr F.-A. Forel,
Membre de la Commission sismologique suisse

Morges, 25 septembre 1883.

(*Suite et fin au prochain Numéro.*)

SÉLÉNOGRAPHIE.

LE CIRQUE DE POSIDONIUS ET SES RAINURES.

Le savant auteur des *Études sélénographiques* publiées dans la *Revue* fait allusion, dans son article de septembre, à une rainure que j'ai observée dans le cirque de Posidonius. Comme ce n'est pas une, mais plusieurs rainures que j'ai vues à diverses reprises dans ce vaste cirque, je me fais un plaisir et un devoir de vous envoyer une esquisse de cette intéressante localité et un résumé de mes diverses observations.

La rainure centrale L, se dirigeant du N-N-E au S-S-O, presque à travers toute la plaine de Posidonius, et la rainure σ se dirigeant du Nord au Sud depuis la montagne 10 jusqu'à l'extrémité nord de la chaîne de montagnes 6, ne sont pas difficiles à reconnaître et ont souvent été observées. J'ai remarqué que les bords de cette dernière sont très échancrés, comme si elle avait été formée par une suite de cratères confluents. Encore plus aisée est la rainure 1 située au S. de la plaine de Posidonius et se dirigeant de l'Est vers l'Ouest, si toutefois l'on peut appeler cette large et profonde tranchée, une rainure ; mais la portion occidentale qui forme avec elle un angle obtus, dont le côté se dirige vers le S-O, est beaucoup plus difficile, et on ne la voit que rarement. La rainure *q* située au Nord de 1 et qui traverse

Fig. 166.

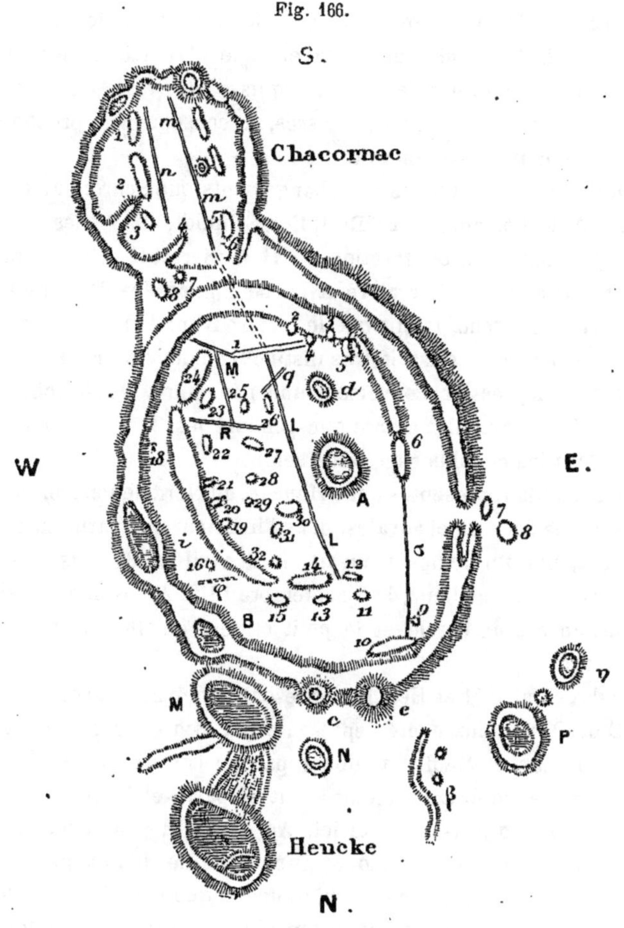

Le Cirque de Posidonius et ses rainures.

la grande rainure L du N-O au S-E est très difficile ; je l'ai vue le 14 février 1872, par une soirée magnifique, grossissement 227 appliqué à un télescope de $0^m,216$.

Très difficiles aussi sont les rainures M et R au S-O de la plaine, et on ne les voit pas toujours toutes les deux en même temps. Ainsi, le 11 janvier 1873, époque où je vis pour la première fois la rainure M, il n'y avait pas la moindre trace de la rainure R, et, le 9 décembre de la même année, de 2^h à 5^h du matin, je vis pour la première fois la rainure R alors qu'on ne voyait que quelques traces fort incertaines de la rainure M, malgré tous mes efforts pour la revoir tout entière. J'ai cru voir encore une septième rainure dans les environs de φ au sud du cratère B, mais jusqu'ici rien n'est venu confirmer mon soupçon. Il est probable qu'il y a encore d'autres rainures dans Posidonius, et que plusieurs de celles que j'ai découvertes se prolongent au delà des limites que je leur assigne dans mon esquisse.

Chacornac, au S-S-O de Posidonius, contient deux rainures, *n* et *m*. Le 18 janvier 1873, entre 1^h et 5^h du matin, il m'a semblé entrevoir la jonction de *m* avec la grande rainure L de Posidonius, à travers une région très accidentée, accidents que je ne représente pas dans mon esquisse (*fig.* 166). Les bords de cette partie de la rainure me parurent très hérissés, en conséquence, probablement, de la nature du sol lunaire en cet endroit.

M. Philippe Gérigny fait allusion aux changements que Schrœter a cru observer dans le cratère A de Posidonius. Le Dr Julius Schmidt, d'Athènes, a vu quelque chose d'analogue. Dans son observation du 11 février 1849, à 10^h p. m., la Lune étant basse et l'air mauvais, le cratère A lui sembla perdre de sa netteté et prit l'aspect d'une tache blanche, tandis que le cratère B sur le rempart, vers le N-O, à demi couvert d'ombre, paraissait très distinct comme cratère. Peu après A lui parut comme une dépression couverte d'une pénombre. Ainsi Schrœter l'avait trouvé une fois. Le Dr Schmidt ajoute que pendant les 27 années d'observations subséquentes il n'a jamais plus rien vu de semblable.

Les quelques détails représentés dans Hencke, au Nord de Posidonius, sont très difficiles à voir. Les deux objets ovales, dans l'intérieur, me parurent comme deux petites hauteurs, par un temps mauvais, le 8 avril 1878; puis, comme deux dépressions avec un air meilleur, le 3 septembre 1879. A ces deux dates la petite colline formant un arc de cercle et le petit cratère qu'elle enferme furent vus très distinctement.

La partie ombrée entre M et Hencke représente une vallée arrondie au fond.

β au N-N-E de Posidonius a été représenté par Schrœter comme un cratère profond, par Lohrman et Mädler toujours par un cratère, mais peu profond. Aujourd'hui la forme de cratère a tout à fait disparu, et il ne reste guère, en cet endroit, que ce que je représente ici. Au reste, il y a, dans ces environs, ainsi que sur les remparts de Posidonius, une foule de détails qu'il ne faut pas chercher dans mon croquis, qui n'est guère donné que pour indiquer la place où se trouvent les rainures. Ces détails, néanmoins, ne sont pas à négliger. C'est parmi eux qu'il faut chercher ces changements qui, sans nul doute, s'accomplissent même aujourd'hui à la surface de notre satellite. D'après Nasmith et Carpenter, des rainures continuent à se former, et il n'est pas improbable que des cratères minuscules à nos yeux même armés de puissants instruments ne s'ouvrent encore ici et là aux pieds des anciens cratères et des grandes chaînes de montagnes.

C.-M. GAUDIBERT.

LES ÉCLIPSES DES SATELLITES DE JUPITER.

A l'une des dernières séances de la Société royale astronomique, le capitaine Noble rappela qu'en observant une éclipse du quatrième satellite de Jupiter, le 4 avril 1883, il fut frappé de la lenteur avec laquelle l'astre disparut et des fluctuations que présenta la lumière du satellite. L'observateur est persuadé que ces phénomènes n'ont été causés ni par la scintillation ni par des effets perturbateurs de l'atmosphère terrestre. M. Marth a montré que la lenteur de la disparition est due à ce fait que le satellite s'avançait très obliquement dans le cône d'ombre porté par la planète; mais ce fait n'explique pas les recrudescences de lumière. L'observation directe de Jupiter nous conduit à admettre l'existence d'une vaste atmosphère au sein de laquelle flottent de grandes masses de nuages; j'admettrais donc volontiers qu'un satellite passant à travers les parties de la pénombre obscurcies par les nuages de l'atmosphère présentât des intermittences dans son éclat.

Le passage oblique du satellite dans la pénombre fait sans doute durer ces variations plus longtemps que lorsque le satellite entre normalement dans l'ombre.

Voici quelques observations qui tendent à montrer que Jupiter n'a pas un contour net et défini, mais que le bord de cette planète est à moitié transparent et présente çà et là des régions plus opaques.

Le docteur T. D. Siminton, de Saint-Paul (États-Unis), a observé l'éclipse du quatrième satellite dont j'ai parlé ci-dessus. Le satellite n'a fait que raser le bord nord du cône d'ombre. Dans le *Sidereal Messenger* du mois d'avril 1883, le Dr Siminton dit : « La lumière du satellite diminua rapidement jusqu'à $10^h 55^m$; c'est à peine si on pouvait alors le voir. Au bout d'une ou deux minutes, j'aperçus le satellite sûrement par intervalles et, après encore une ou deux minutes, avant $11^h 0^m$, je pus le voir nettement. » Cette observation fut faite avec une lunette de $0^m,076$.

Le 26 avril 1863, M. S. Gorton observa une occultation du deuxième satellite. Il dit (*Monthly Notices* XXIII, p. 217) : « l'occultation dura presque dix minutes, pendant lesquelles le satellite sembla disparaître et reparaître plusieurs fois, probablement à cause des mouvements de l'atmosphère. »

Le 5 octobre 1878, M. Todd, directeur de l'observatoire d'Adélaïde (Australie méridionale), observa une éclipse du quatrième satellite de Jupiter. Il fut rendu compte de cette observation aux *Monthly Notices* XL, p. 175. M. Todd dit, en parlant de l'heure de la disparition : « L'heure peut être considérée comme exacte, mais je perdis le satellite de vue plusieurs fois avant sa disparition finale; la planète n'était pas bien définie; la Lune était un peu à l'Est de Jupiter. »

Le 14 septembre 1879, M. J. Turner observa une occultation de l'étoile 64 du Verseau dans le grand réflecteur de Melbourne, avec un grossissement de 350. Il dit (*Monthly Notices* XL, p. 14) : « A l'instant du contact, l'étoile ne disparut point subitement, mais sembla avoir un disque visible et s'enfoncer graduellement dans le limbe de Jupiter. La disparition finale eut lieu à $10^h 7^m 45^s,6$ (Melbourne, t. m.); le limbe de la planète semblait alors parfait; jusqu'à ce moment l'étoile formait une petite protubérance sur le limbe qui diminua peu à peu jusqu'à disparition complète. Le premier instant de contact ne fut point noté; trente-cinq secondes au moins s'écoulèrent entre le contact et la disparition. Pendant environ dix secondes après la disparition, l'étoile fut vue à travers l'atmosphère de Jupiter comme un point lumineux à travers un verre dépoli.

Ce phénomène se termina aussi *graduellement*. Il n'y eut aucune variation brusque, mais diminution graduelle de la lumière..... A $12^h 34^m 47^s$, je vis distinctement une petite protubérance où l'étoile devait reparaître. Cette protubérance avait la forme de la moitié du disque affectée par l'étoile à l'immersion; la planète fut alors cachée par des nuages et, à $12^h 37^m 57^s$, je vis l'étoile nettement détachée du disque de Jupiter. Cela prouve que la protubérance que j'avais notée trois minutes auparavant était bien l'étoile qui reparaissait.

La même occultation fut observée par M. Ellery avec une lunette de 8 pouces

Fig. 167.

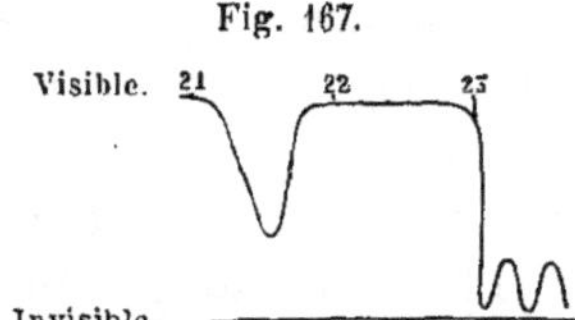

Variations d'intensité de la lumière d'une étoile observée par le professeur E.-C. Pickering.

($0^m,203$) et un grossissement de 300. « L'étoile sembla d'abord toucher la planète à $10^h 5^m 19^s$ (t. m. de Melbourne), dit M. Ellery, et fut visible dans cette position pendant environ deux minutes; puis, tout en formant toujours une protubérance sur le disque de la planète, elle s'affaiblit tout à coup comme si on la voyait à travers un brouillard et sembla *entièrement projetée sur le limbe de la planète*. Ce phénomène dura environ dix secondes, laissant toujours une protubérance sur le bord de la planète, comme une petite excroissance, sans traces de la lumière de l'étoile même. A $10^h 7^m 43^s,8$, tout s'évanouit et le contour du disque resta net. »

M. E.-J. White, de l'observatoire de Melbourne, qui observa l'occultation avec une lunette de $0^m,114$, dit : « Quoique la définition fût très bonne et le ciel pur, les oscillations constantes de la planète faisaient disparaître l'étoile par instants. A $10^h 6^m 23^s,7$ (Melbourne, t. m.), je crus que l'étoile était réellement disparue, mais, en regardant de nouveau, je la vis projetée sur Jupiter comme une protubérance brillante qui sembla diminuer peu à peu en grandeur et qui disparut à $10^h 7^m 40^s,4$. »

Le professeur E.-C. Pickering m'a obligeamment communiqué l'observation suivante qui se rapporte à une occultation d'une étoile de grandeur 7,3 observée par lui le 14 avril 1883. L'étoile occultée était l'étoile + 23°,1087 du *Durchmusterung* d'Argelander.

Le diagramme (*fig.* 167) représente les variations d'intensité de la lumière de l'étoile pendant deux minutes un quart avant sa disparition finale. M. Pickering donne les heures suivantes :

Greenwich temps moyen		Greenwich temps moyen	
$14^h21^m17^s$	Vue.	$14^h21^m\ 1^s$	Pas vue.
» » 30	Vue difficilement.	» » 13	Soupçonnée.
» » 44	Soupçonnée.	» » 24	»
» » 48	Vue.	» » 34	Pas vue.

« Pendant environ deux minutes avant la disparition finale, l'étoile disparut et reparut alternativement sans cause apparente. Les conditions de l'observation étaient bonnes. La planète fut surveillée avec attention pendant vingt-six minutes et l'étoile fut revue à $14^h49^m56^s$. L'incertitude sur cet instant est très faible, car l'observateur n'avait point ôté l'œil de l'oculaire depuis quelque temps. L'étoile continua à être visible sans présenter les fluctuations de l'immersion. L'occultation eut lieu par le bord nord de Jupiter. — E.-C. Pickering (observateur), A. Searle (rapporteur). » L'observation fut faite avec la lunette de $0^m,38$ de l'Observatoire de Harvard College.

Le 14 avril 1883, Jupiter se déplaça d'un peu moins de 11″ en vingt-six minutes de temps; son mouvement était presque parallèle à l'équateur de la planète, un peu vers le Nord. Dans l'espace de deux minutes et demie, temps écoulé entre la première fluctuation et la disparition de l'étoile, le limbe de la planète se déplaça d'environ 1″,08. En admettant 817500000^{km}, comme distance de Jupiter à la Terre le 14 avril, un arc de 1″,08 correspondrait à un mouvement de la planète de 4180^{km}. Le demi-diamètre équatorial étant de 16″,6, et le demi-diamètre polaire de 15″,6, les rayons de l'étoile, à l'instant où fut observée la première fluctuation de lumière, traversaient l'atmosphère de la planète à une hauteur de 1430^{km} au-dessus du niveau auquel passaient ces rayons à l'instant de la disparition de l'étoile.

Le 14 septembre 1879, Jupiter se mouvait dans le ciel avec une vitesse de 18″,6 par heure; le diamètre apparent de la planète était de 46″. L'étoile 64 du Verseau qui fut cachée pendant $2^h30^m10^s$ a donc dû être occultée presque suivant le diamètre de Jupiter. L'intervalle de 2^m10^s que mit l'étoile à disparaître, selon M. Ellery, correspondrait à un mouvement de la planète de 0″,67, ce qui représenterait une différence d'altitude de 1270^{km} dans l'atmosphère de la planète.

Si Jupiter n'avait pas d'atmosphère, mais un limbe opaque, la région d'ombre totale serait comprise dans un cône elliptique dont la base serait sur la planète et le sommet à 112500000^{km} environ, au delà de Jupiter. A la distance du quatrième satellite (1920000^{km}), la section elliptique de l'ombre totale serait entourée par une pénombre d'environ 3480^{km} de large. Le diamètre du satellite lui-même est de 4660^{km}.

Une atmosphère réfringente autour de la planète tendrait à diminuer l'aire de l'ombre en recourbant les rayons solaires vers l'intérieur du cône; mais le temps que mettent les satellites à traverser le cône d'ombre montre que la réfraction horizontale de l'atmosphère de Jupiter ne peut pas être bien considérable à la hauteur à laquelle les rayons solaires sont éteints en passant à travers le limbe. Il y aura toujours quelque incertitude quant au diamètre observé du cône d'ombre, car les satellites disparaissent probablement avant que le disque du Soleil ne soit totalement éclipsé sur la dernière partie du disque du satellite qui entre dans l'ombre. Les observations des éclipses de notre Lune montrent que l'ombre projetée par la Terre est plus grande que l'ombre géométrique d'un tel corps dépourvu d'atmosphère. Mädler (*Astr. Nach* XV, p. 29) estima cet accroissement à $\frac{1}{54}$ (le *Nautical Almanac* admet $\frac{1}{60}$; les éclipses des satellites de Jupiter sont calculées pour l'ombre géométrique). Nous savons cependant que les nuages dépassent rarement une hauteur de 16^{km} au-dessus du niveau de la mer.

A la distance de Jupiter, le Soleil présente un disque de 6′; et lorsque le quatrième satellite passe diamétralement à travers le cône d'ombre, un point quelconque du satellite met environ six minutes et demie à traverser la pénombre. Le satellite parcourt son propre diamètre de 4660^{km} en neuf minutes et demie environ. En tenant compte de la dégradation de la lumière vers le limbe du Soleil, nous ne pouvons guère admettre que la lumière solaire soit tellement diminuée que le satellite puisse disparaître pendant que l'on verrait encore un segment du Soleil ayant un sinus-verse de 1′,5 à un point situé à égale distance du centre du satellite et du limbe suivant — c'est-à-dire quatre minutes avant l'éclipse géométrique totale de la dernière partie du satellite. Mais nos tables actuelles ne présentent jamais une telle différence. Nous pouvons donc être certains que la réfraction horizontale de l'atmosphère du Jupiter, où le dernier rayon est transmis, ne dépasse pas 4′.

Il serait fort intéressant d'étudier le spectre des satellites lorsqu'ils disparaissent dans l'ombre de la planète pour voir si l'on pourrait constater l'absorption due au long passage des rayons lumineux à travers l'atmosphère de Jupiter.

A.-C. RANYARD.

NOUVELLES DE LA SCIENCE. — VARIÉTÉS.

La Comète de Pons. — L'astronome de Marseille mérite à tous les égards d'avoir son nom attaché à cette comète périodique, et c'est sous ce titre que nous désignerons désormais la comète de 1812. Souvenons-nous que grâce à ses infatigables recherches il n'a pas découvert moins de 25 comètes à lui seul. (*Voir* le Catalogue général, *les Étoiles*, p. 731.)

La comète de Pons, disons-nous, est maintenant parfaitement visible dans les instruments les plus faibles. Sa distance à la Terre est actuellement (1er décembre) de 1,09, ou de 40 millions de lieues. Son aspect est toujours le même que celui qui a été décrit dans notre dernier Numéro, avec la différence qu'elle est environ deux fois plus large en diamètre et quatre fois plus lumineuse. On peut la trouver désormais à l'aide d'une jumelle marine, à peu près au milieu de la distance qui sépare α Véga de γ du Dragon, et un peu à l'est. (Se servir toujours, dans les lunettes, de l'oculaire le plus faible et du champ le plus vaste.) Le noyau central a beaucoup augmenté d'éclat et brille actuellement comme une étoile de 7e grandeur; mais le contour de la nébulosité cométaire est extrêmement diffus, vague, se perdant insensiblement dans le fond noir de l'espace. Il n'y a toujours aucune trace certaine de queue. La nébulosité n'est pas circulaire ni nettement définie; elle est plus brillante et plus allongée au nord-ouest. La comète est assez brillante pour n'être pas effacée par les nuées qui éclipsent les étoiles de 7e et 8e grandeur.

Remarques.

Le 18 novembre, à 6h du soir, la Comète présentait un noyau très brillant, offrait une nébulosité environ deux fois plus large et quatre fois plus lumineuse que le 21 octobre, d'environ 5' de diamètre. Eclat total = 7,2 (M. Flammarion, à Juvisy.)

Les 20, 21 et 22 novembre, à 9h du soir, nébulosité un peu allongée vers le N-N-E; petits points brillants dans le noyau; la Comète traverse une petite constellation télescopique rappelant la Croix du Cygne; éclat total = 7,2. (M. Tramblay, à Orange.)

L'éclat de la Comète a certainement varié, contrairement à la simple loi de sa distance au Soleil et à la Terre; le 23 septembre, notamment, ainsi que le 28 du même mois, elle était très brillante; il y eut une autre recrudescence le 1er novembre. (M. d'Engelhardt, à Dresde.)

Le 25 septembre, il y avait certainement une queue frappante à première vue. Le 28, la nébulosité était redevenue circulaire. Les 9 et 18 octobre, très faible. (MM. De Boë et Hockle, à Anvers.)

Le 21 septembre, à 9h 30m (heure de Harvard College), la Comète était faible et diffuse, sans noyau, à peine mieux visible qu'une étoile de 11e grandeur. Le lendemain, 22, à 7h, métamorphose complète : au lieu d'une pâle nébulosité, on voyait une étoile de 8e ou 8e 1/2 grandeur sans trace sensible de nébulosité (excepté dans le plus faible oculaire). Le soir suivant, nouveau changement : le noyau, encore plus brillant que la veille (8e gr.), était noyé dans un disque nébuleux. Le 25, diminution de lumière et élongation SO-NE. (M. Chandler, à Harvard College.)

Le 9 septembre, la Comète a un faible noyau de 13e gr. Le 22, à 8h 32m (heure de Milan), elle est toujours faible et diffuse; ciel non pur. Le 23, à 8h 13m, accroissement d'éclat extraordinaire : la Comète paraît comme une étoile de 8e grandeur, environnée d'une nébulosité très rare. Le 25, diminution. (M. Schiaparelli, à Milan.)

Disparition des satellites de Jupiter (1). — Cette disparition, annoncée pour le 14 octobre dernier et que l'état du ciel a empêché d'observer ici, a pu être observée à travers des éclaircies en Angleterre, en Allemagne, en Alsace et ailleurs. Mais l'événement n'a pas absolument répondu à l'attente des astronomes; le IVe satellite est reparu au moment où le IIIe disparaissait, environ dix-neuf minutes plus tôt que le calcul ne l'avait indiqué, de sorte que, quoique la disposition des quatre satellites ait bien été telle qu'elle a été représentée (*fig.* 153), cependant la planète n'a pas été un seul instant sans satellite. On peut attribuer à deux causes cette différence entre le calcul et l'observation : 1° les tables du mouvement du

(1) Erratum : p. 420, ligne 14, au lieu du 4e satellite, mettre le 3e.

IVe satellite ne sont pas d'une précision parfaite; 2° l'atmosphère de Jupiter est variable, ses réfractions sont assez fortes, et, de plus, il y a des trouées considérables dans son enveloppe nuageuse, lesquelles diminuent sensiblement son diamètre au point de vue du fait spécial des occultations. — Ce petit événement astronomique n'en mérite pas moins d'être enregistré, et même l'anomalie observée accroît son intérêt scientifique.

Tache rouge de Jupiter. — Depuis le 28 septembre, M. Riccó, à Palerme, a reconnu la réapparition de la tache rouge (plus pâle que l'année dernière); le savant astronome a pu faire de bonnes observations et des dessins correspondants aux dates des 28 septembre, 5, 6, 15, 19, 27 octobre, 10, 15, 16 novembre. Nous reviendrons sur ce sujet dans notre prochain Numéro.

Rapprochement de Vénus et de Jupiter, le 25 juillet 1883. — Dès $2^h 45^m$, l'air étant d'une grande limpidité, une légère lueur était visible à l'horizon oriental; à ce moment, le triangle formé par Aldébaran, Saturne et Mars était très intéressant à observer. Saturne était plus brillant qu'Aldébaran, Aldébaran plus brillant et plus rouge que Mars.

Fig. 168. Fig. 169.

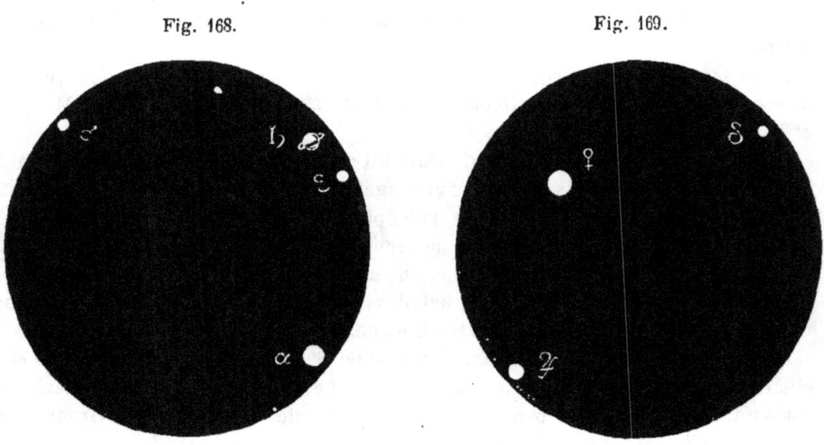

Saturne, Mars et Aldébaran réunis dans un champ de 6°.

Jupiter, Vénus et δ Gémeaux réunis dans un champ de 1°.

La couleur de Saturne était assez semblable à celle de la Chèvre et son éclat m'a paru être de 1,4, celui de la Chèvre étant 1,3.

Vers $3^h 40^m$, Jupiter et Vénus étaient admirablement visibles dans la lueur de l'aurore. Dans le champ de ma petite lunette, on voyait aussi l'étoile δ des Gémeaux, de grandeur 3,8. Malgré la pureté extrême de l'air, qui permettait de voir avec une grande netteté la cime du mont Ventoux (1912^m), éloignée de 48^{km} environ, Jupiter et Vénus étaient légèrement teintés; vers $4^h 10^m$, leurs couleurs respectives étaient bien mieux appréciables. Le disque de Jupiter, très gros à côté de Vénus, était jaune rougeâtre et comme une boule de vapeur lumineuse, malgré la netteté des bords. J'ai souvent vu de loin des lumières électriques : Vénus était semblable à une de ces lumières. Moins blanche que l'étoile δ des Gémeaux, elle l'était beaucoup plus que la Lune et Saturne. Son éclat était bien supérieur à celui de Jupiter, qui m'a paru inférieur à Saturne, à cause de la lumière de l'aurore. La distance angulaire des deux planètes Jupiter et Vénus était d'environ 26'. Aujourd'hui, à 1^h du soir, cette distance a été réduite à 9'45" environ et ce rapprochement rare a pu être visible à 9^h de longitude Ouest de Paris, c'est-à-dire au milieu du grand Océan.

G. TRAMBLAY,
à Orange.

N.-B. — On a vu, dans la correspondance, qu'une observation analogue a été faite par M. Du Buisson, à l'île de la Réunion.

Observatoire de Paris. — On lit dans le journal anglais *Nature* du 15 novembre dernier :

« Nous apprenons d'une source digne de foi qu'il est de nouveau question de transférer l'Observatoire de Paris dans les environs de la Capitale, et qu'on a choisi pour cet emplacement un site dans le voisinage du nouvel Observatoire de Flammarion. »

Nous connaissions ce projet depuis plusieurs mois, mais il nous paraissait un peu prématuré de le publier, car sa réalisation pratique ne peut s'opérer sans grandes difficultés. L'expérience prouve sans contredit que les conditions d'observation sont à tous les égards bien préférables au milieu du calme, de la tranquillité, de l'isolement et de l'obscurité complète de la campagne. Mais la situation des fonctionnaires est sensiblement différente et il est équitable d'en tenir compte.

Ajoutons que, d'après le projet actuel de M. l'amiral Mouchez, le transfert de l'Observatoire ne grèverait en rien le budget. Au contraire.

Quoi qu'il en soit, le nouveau projet du directeur de l'Observatoire doit être présenté prochainement à l'Académie des Sciences, au Bureau des Longitudes, au Conseil de l'Observatoire, et au Ministre de l'Instruction publique. L'endroit choisi ne serait peut-être pas précisément Juvisy, mais il est certain que le plateau situé au sud de Paris, entre Wissoux et Juvisy, conviendrait à tous les points de vue.

Effet des marées sur une fontaine intermittente. — A la Roche-sur-Yon, à environ 2^{km} de la mer, dans un terrain sablonneux, se trouvent trois ou quatre trous d'eau *douce*, mesurant environ $1^m,50$ de profondeur. Lorsque la mer baisse, l'eau augmente dans les réservoirs, et lorsque la mer monte, l'eau descend d'environ $0^m,75$, sans acquérir pour cela la moindre amertume ; au contraire, elle est même si douce, que l'on peut la boire. Les habitants des environs assurent qu'ils n'ont jamais vu ce niveau rester stationnaire pendant une journée ; il arrive même quelquefois qu'aux grandes marées les réservoirs sont complètement à sec.

OBSERVATIONS ASTRONOMIQUES

A FAIRE DU 15 DÉCEMBRE 1883 AU 15 JANVIER 1884.

Principaux objets célestes en évidence pour l'observation.

1° CIEL ÉTOILÉ :

L'aspect du Ciel étoilé dans cette saison est donné dans l'*Astronomie*, Tome Ier, même mois, et dans l'ouvrage *Les Étoiles et les Curiosités du Ciel*, p. 594 à 635.

2° SYSTÈME SOLAIRE.

Soleil. — Le Soleil se lève, le 15 décembre à 7^h^49^m^ pour se coucher à 4^h^2^m^. Sa déclinaison australe est de 23°17′; elle augmente jusqu'au jour du solstice d'hiver, où elle devient égale à l'inclinaison apparente de l'écliptique, c'est-à-dire à 23°27′. C'est le 22 décembre, à 4^h^1^m^ du matin que le Soleil atteint le point le plus éloigné de l'Équateur : à ce moment précis, l'hiver commence; le 22 décembre est ainsi le jour le plus court de l'année; le Soleil ne brille ce jour-là que de 7^h^53^m^ du matin à 4^h^4^m^ du soir, et la durée du jour n'est plus que de 8^h^11^m^, tandis qu'elle était encore de 8^h^13^m^ le 15. Mais le Soleil va se rapprocher de l'Équateur, et les jours vont augmenter. Déjà, le 1er janvier, sa déclinaison n'est plus que de 23°2′; il se lève à 7^h^56^m^ et se couche à 4^h^11^m^, de sorte que la durée du jour est de 8^h^15. Enfin, le 15 janvier, la déclinaison solaire est de 21°11′; le Soleil se lève à 7^h^51^m^ et se couche à 4^h^29^m^; le jour dure déjà 8^h^38^m^. Ces nombres peuvent suggérer quelques remarques intéressantes. Observons d'abord que le Soleil se lève un peu plus tard le 1er janvier que le 22 décembre : 7^h^ 56^m^ au lieu de 7^h^53^m^; il semble que ce devrait être le contraire, puisque, dans les derniers jours de décembre, le Soleil s'est rapproché de l'Équateur. Cette anomalie apparente tient à l'emploi du temps moyen, comme celle que nous avons signalée le mois dernier. L'équation du temps varie, en effet, très rapidement dans la fin du mois de décembre, de telle façon que le midi moyen recule vers le matin par rapport au midi vrai; il recule même plus vite que ne le fait l'heure du lever du soleil, de sorte que la matinée *moyenne* se raccourcit quoique, en réalité, la durée qui s'écoule depuis le lever du soleil jusqu'au midi *vrai* aille constamment en augmentant depuis le jour du solstice d'hiver. Remarquons en second lieu que la durée du jour du solstice d'hiver est de 8^h^11^m^, tandis que, au solstice d'été, le jour durait 16^h^3^m^ et la nuit 7^h^57^m^; et cependant, la déclinaison boréale de l'astre était alors de 23°27′, comme la déclinaison australe est également de 23°27′ le 22 décembre. La symétrie exigerait que la nuit du solstice d'été fût égale au jour du solstice d'hiver. La différence de 14^m^

tient à la *réfraction atmosphérique* qui a pour effet, en déviant les rayons lumineux, de laisser voir le Soleil alors qu'il est déjà en réalité descendu de 33′ au-dessous de l'horizon géométrique. Comme cet angle de 33′ est à peu près égal au diamètre apparent du Soleil, on peut dire que celui-ci est encore entièrement visible quand il est géométriquement tangent au-dessous de l'horizon; le jour est ainsi rallongé, le matin et le soir, de tout le temps que met le disque du Soleil à traverser le plan de l'horizon, ce qui fait environ sept minutes à l'époque des solstices; il faut maintenant doubler ce nombre puisque le jour d'hiver est rallongé et la nuit d'été raccourcie, et l'on retrouve ainsi les quatorze minutes de différence.

Lune. — La Pleine Lune est magnifique à cette époque de l'année; le Premier Quartier du 5 janvier a dépassé l'Équateur et s'élèvera à plus de 47° au-dessus de l'horizon; les observations sélénographiques deviennent à la fois plus faciles et plus précises.

Phases...	DQ le 21	décemb. 1883	à 8^h18^m	matin.
	NL le 29	»	à 1 9	soir.
	PQ le 5	janvier 1884	à 9 44	»
	PL le 12	»	à 3 36	»

Occultations.

Sept occultations d'étoiles par la Lune pourront être observées du 15 décembre 1883 au 15 janvier 1884.

1° λ Gémeaux (4° grandeur), le 15 décembre, de 7^h27^m à 8^h20^m. L'étoile disparaît à l'Orient à 25° au-dessus et à gauche du point le plus bas, et reparaît à l'Occident, à 28° au-dessus du point le plus à droite du disque lunaire. Cette belle occultation est représentée (*fig.* 170). L'étoile λ Gémeaux a déjà été occultée le 21 octobre dernier; aujourd'hui comme alors la disparition s'effectue par le bord éclairé de la Lune.

2° 16 Sextant (6° grandeur), le 18 décembre, de 11^h13^m à 12^h18^m. L'étoile disparait à l'Est, à 34° au-dessus et à gauche du point le plus bas, et reparaît à l'Ouest, à 29° au-dessous et à droite du point le plus élevé du limbe de la Lune.

3° 54 Baleine (6° grandeur), le 6 janvier, de 8^h25^m à 9^h33^m. L'étoile disparait toujours à l'Est, à 28° au-dessous et à gauche du point le plus haut, et reparait à l'Ouest, à 35° au-dessous du point le plus à droite du disque lunaire.

4° 1206 B.A.C (6-7° grandeur), le 8 janvier, de 11^h2^m à 12^h4^m. L'étoile disparait toujours à l'Orient, à 24° au-dessous et à gauche du point le plus élevé, et reparait à l'Occident, à 23° au-dessous du point le plus à droite du disque lunaire.

5° A^1 Cancer, (5° grandeur), le 13 janvier, de 5^h50^m à 6^h24^m. Comme la Lune ne se lève ce jour-là qu'à 6^h2^m, on ne pourra pas observer la disparition, mais, si le temps est pur, on verra la réapparition qui aura lieu du côté de l'Est, ou plus exactement du Nord, la Lune se trouvant elle-même à l'Orient, en un point situé à 10° au-dessous et à *gauche* du point le plus élevé du limbe de la Lune (*fig.* 171).

6° A^2 Cancer (6° grandeur), le même soir, 13 janvier, de 7^h31^m à 8^h12^m. Cette étoile reste au contraire dans la moitié occidentale du disque de la Lune; elle disparait à 9° au-dessus et à droite du point le plus bas, et reparaît à 8° au-dessus du point le plus à droite du limbe lunaire. L'étoile A^2 du Cancer a déjà été occultée le 19 novembre dernier; mais aujourd'hui A^1 et A^2 sont occultées dans la même soirée, ce qui ajoute de l'intérêt au phénomène. A^1 précède A^2 de trois minutes en ascension droite, et se trouve d'un demi-degré plus au Nord; le double phénomène se produisant peu de temps après le lever de la Lune, on s'explique comment A¹ peut rester dans la moitié de gauche, et A²

Fig. 170.

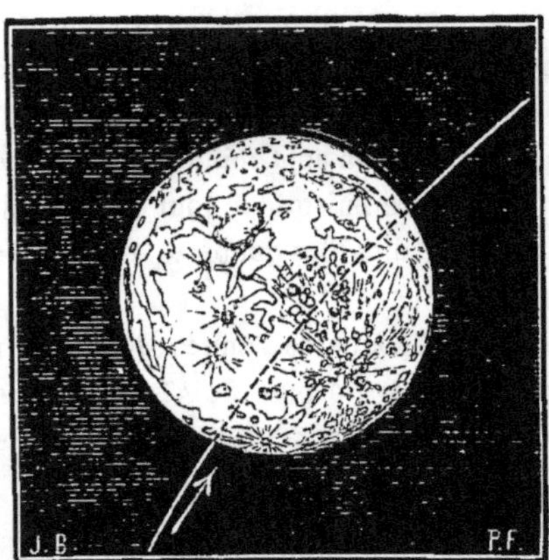

Occultation de λ Gémeaux par la Lune, le 15 décembre 1883, de 7h27m à 8h20m.

Fig. 171.

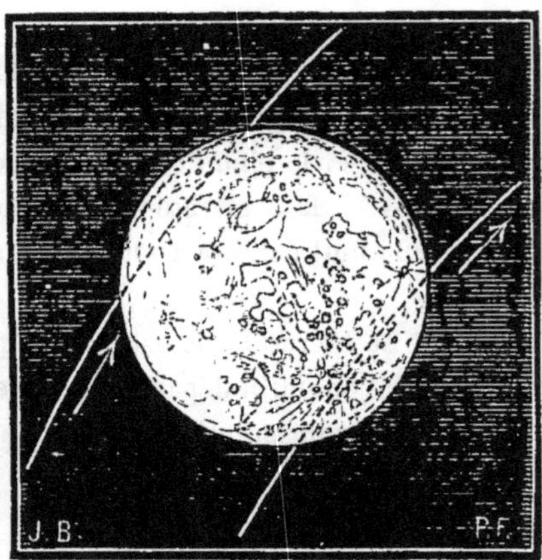

Occultations de A¹ et A² Cancer, le 13 janvier 1884, de 5h50m à 8h12m.

dans la moitié de droite du disque de la Lune. Les deux occultations sont représentées sur un même dessin (*fig.* 171).

7° 60 Cancer, le 13 janvier, de 12h8m à 13h22m. L'étoile disparaît à gauche, à 36° au-dessus et à l'Est du point le plus bas, et reparaît à droite à 2° au-dessus du point le plus occidental du limbe de la Lune. C'est la troisième occultation dans la même soirée; il y en aura même une quatrième vers la fin de la même nuit : κ Cancer (5e grandeur) sera occultée vers 7h du matin.

Lever, Passage au Méridien et Coucher des planètes,
du 11 décembre 1883 au 11 janvier 1884.

		Lever.		Passage au Méridien.		Coucher.		Constellations.
MERCURE.	11 déc.	8h36m	matin.	0h30m	soir.	4h23m	soir.	SAGITTAIRE, puis CAPRICORNE.
	21 »	9 4	»	1 0	»	4 56	»	
	1er janv.	9 10	»	1 25	»	5 41	»	
	11 »	8 39	»	1 16	»	5 54	»	
VÉNUS...	11 déc.	9 23	»	1 23	»	5 23	»	SAGITTAIRE, puis CAPRICORNE.
	21 »	9 30	»	1 37	»	5 45	»	
	1er janv.	9 28	»	1 52	»	6 17	»	
	11 »	9 26	»	2 3	»	6 40	»	
MARS.....	11 déc.	8 50	soir.	4 19	matin.	11 45	matin.	LION.
	21 »	8 14	»	3 44	»	11 10	»	
	1er janv.	7 29	»	2 59	»	10 25	»	
	11 »	6 33	»	2 13	»	9 48	»	
JUPITER...	11 déc.	7 24	»	3 7	»	10 47	»	CANCER.
	21 »	6 40	»	2 25	»	10 6	»	
	1er janv.	5 54	»	1 38	»	9 16	»	
	11 »	5 7	»	0 53	»	8 34	»	

		Lever.		Passage au Méridien.		Coucher.		Constellations.
SATURNE.	11 déc.	3 18	»	10 55	soir.	6 36	»	TAUREAU.
	21 »	2 36	»	10.13	»	5 53	»	
	1er janv.	1 54	»	9 27	»	5 4	»	
	11 »	1 12	»	8 45	»	4 22	»	
URANUS.	11 déc.	0 26	matin.	6 35	matin.	0 44	soir.	VIERGE.
	21 »	11 43	soir.	5 56	»	0 5	»	
	1er janv.	11 0	»	5 13	»	11 22	matin.	
	11 »	10 21	»	4 34	»	10 43	»	

MERCURE. — Mercure atteindra sa plus grande élongation orientale le 4 janvier à 11h du soir; il se trouvera alors à 19°15′ du Soleil, et pourra être aperçu quelque temps après le coucher du Soleil; son mouvement reste direct jusqu'au 11 janvier, à 11h du matin, après quoi il devient rétrograde.

VÉNUS. — Vénus commence à briller dans le crépuscule; le premier janvier, elle se couche déjà plus de 2 heures après le Soleil; pendant plusieurs mois nous pourrons suivre cette belle planète et observer les modifications qu'elle va subir dans sa phase et son diamètre apparent; la *fig.* 172 représente la phase de Vénus

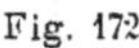

Fig. 172.

Phase de Vénus le 1er janvier 1884.

telle qu'on la verra le 1er janvier à la même échelle que les dessins que nous avons publiés autrefois (1mm pour 1″).

MARS. — La planète Mars approche de l'opposition; son observation devient de jour en jour plus facile et plus instructive, car la planète se rapproche et son diamètre apparent grandit, ce qui permet de mieux distinguer les détails de sa surface. Déjà le mois dernier, l'article de M. Flammarion a dû attirer l'attention de nos lecteurs sur cet astre, si voisin de nous, et si semblable à celui que nous habitons. Nous n'insisterons pas sur l'importance des observations de Mars.

Le mouvement de Mars reste direct jusqu'au 24 décembre à 9h du matin, après quoi il devient rétrograde, comme cela arrive toujours dans le voisinage de l'opposition. Mars reste dans la constellation du Lion. Ses coordonnées le 15 décembre à midi sont :

Ascension droite....... 9h39m50s. Déclinaison..... . 17°11′42″ N.

Jupiter. — Jupiter approche aussi de l'opposition; il en est même plus voisin que Mars. Les amateurs d'Astronomie sont réellement favorisés en ce moment pour l'observation des planètes; mais, le mois prochain, les conditions seront encore plus favorables, car toutes les belles planètes se trouveront visibles ensemble le soir. Jupiter est toujours dans la constellation du Cancer. Ses coordonnées le 15 décembre à midi sont :

Ascension droite....... $8^h24^m7^s$. Déclinaison....... 19°48′20″ N.

Saturne. — Saturne commence à s'éloigner; pourtant, comme il passe au méridien dans la soirée, il se trouve actuellement dans d'excellentes conditions; nous recommandons particulièrement l'observation des anneaux. La conjonction de Saturne avec la Lune est moins intéressante que le mois dernier, la distance centrale des deux astres étant de 1°, Saturne au Nord. Saturne reste dans la constellation du Taureau, tout près et au Nord-Ouest de l'étoile de 3e grandeur ε dont il s'éloigne par suite de son mouvement rétrograde. Ses coordonnées le 15 décembre à midi sont :

Ascension droite....... $4^h15^m10^s$. Déclinaison....... 19°15′21″ N.

Uranus. — Uranus se lève encore assez tard, il n'est bien visible que vers la fin de la nuit. Il reste dans la constellation de la Vierge, non loin et au Sud-Est de l'étoile β; voici ses coordonnées le 15 décembre à midi :

Ascension droite....... $11^h53^m50^s$. Déclinaison....... 1°29′31″ N.

Petites Planètes. — *Cérès* est toujours dans la constellation du Taureau, à l'est de Saturne et au nord d'Aldébaran; elle passe au méridien vers 10^h du soir et ne se couche que vers 5^h30^m du matin. Ses coordonnées le 1er janvier au moment de son passage au méridien sont :

Ascension droite....... 4^h32^m. Déclinaison....... 21°51′ N.

Pallas passe au méridien au début de la soirée, vers 6^h30^m et se couche bientôt après sur les 11^h; sa position est très australe, toujours dans la Baleine au sud de η, entre τ et β. Ses coordonnées le 1er janvier sont :

Ascension droite....... 1^h4^m. Déclinaison....... 19°55′ S.

Junon se trouvera en opposition le 4 janvier; ce jour-là, elle passera au méridien à minuit, et, sa déclinaison étant presque nulle, elle se lèvera vers 6^h du soir. Elle est dans la constellation de la Licorne, au Sud-Ouest de Procyon. Ses coordonnées le jour de l'opposition sont :

Ascension droite....... 6^h52^m. Déclinaison....... 0°56′ N.

Étoile variable. — Minima observables d'Algol ou β Persée :

21 décembre.....	12^h12^m soir.	11 janvier.....	1^h54^m matin.
24 »	9 1 »	13 »	10^h43^m soir.
27 »	5 50 »		

Philippe Gérigny.

TABLE DES MATIÈRES

DU DEUXIÈME VOLUME DE L' « ASTRONOMIE ».

N° 1.

N° 2

N° 3

N° 4

N° 9.

N° 10

N° 11.

Pages.

N° 12.

TABLE DES GRAVURES.

TABLE ALPHABÉTIQUE.

TABLE DES AUTEURS.

FIN DE LA DEUXIÈME ANNÉE

Paris. — Imp. Gauthier-Villars, 55, quai des Grands-Augustins.

www.ingramcontent.com/pod-product-compliance
Lightning Source LLC
LaVergne TN
LVHW080956230826
846092LV00006B/1047

* 9 7 8 2 3 2 9 7 4 8 0 3 0 *